运动场

设计、建造和维护

第3版

詹姆斯·C. 普哈拉　杰弗里·V. 克兰斯　迈克尔·格特利　著

王克华　张万军　束景丹　译

孙　彦　张训忠　浦心春　主审

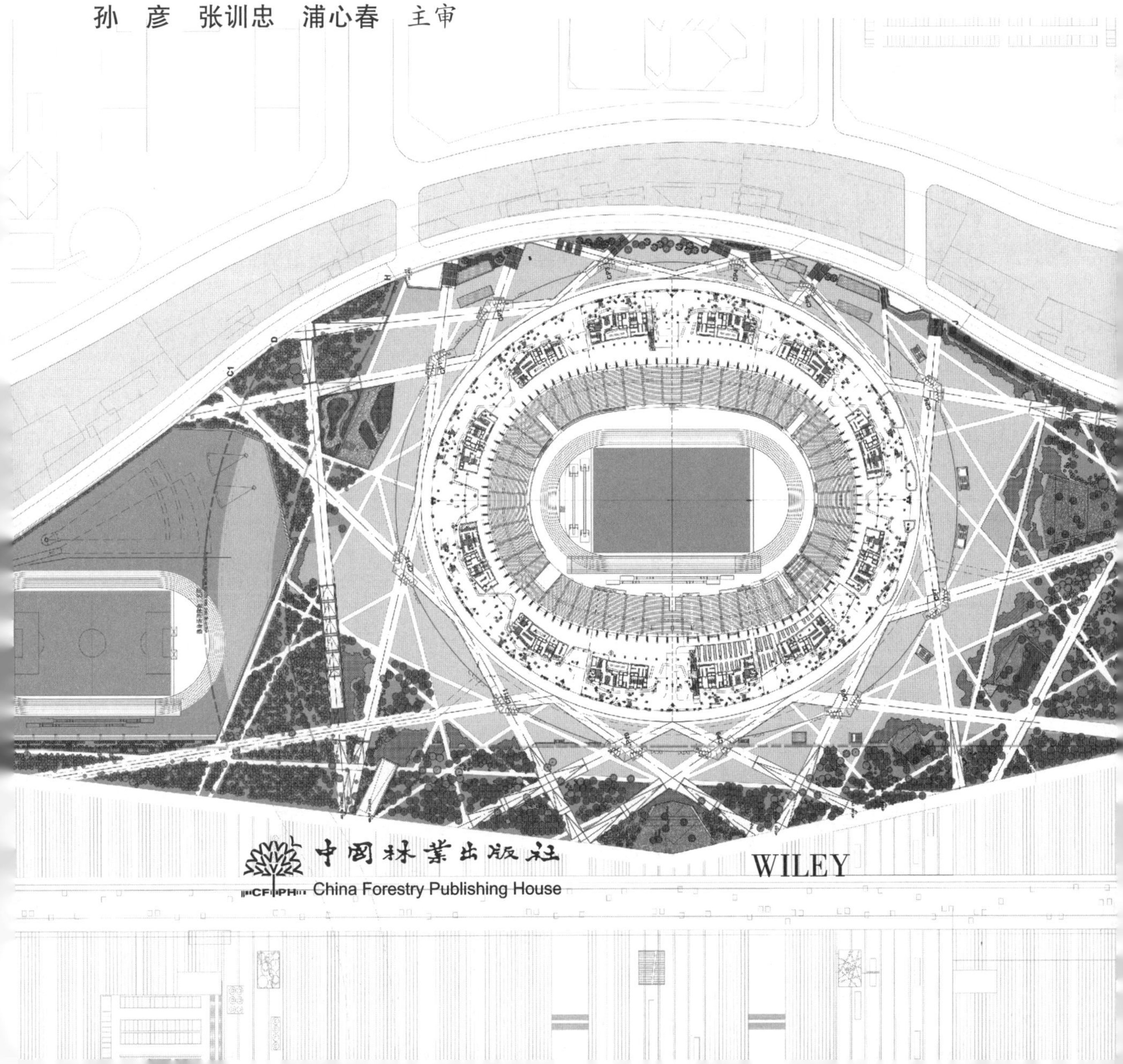

中国林业出版社
China Forestry Publishing House
WILEY

图字：01-2020-6906 号

图书在版编目(CIP)数据

运动场：设计、建造和维护：第 3 版/(美)詹姆斯·C. 普哈拉，(美)杰弗里·V. 克兰斯，(美)迈克尔·格特利著；王克华，张万军，束景丹译. —北京：中国林业出版社，2023.12

书名原文：SPORTS FIELDS：DESIGN，CONSTRUCTION，AND MAINTENANCE THIRD EDITION

ISBN 978-7-5219-2597-5

Ⅰ.①运… Ⅱ.①詹… ②杰… ③迈… ④王… ⑤张… ⑥束… Ⅲ.①体育场-建筑设计 ②体育场-工程施工 Ⅳ.①TU245

中国国家版本馆 CIP 数据核字(2024)第 027439 号

策划编辑：肖基浒
责任编辑：肖基浒　田夏青
装帧设计：傅释墨

出版发行　中国林业出版社(100009，北京市西城区刘海胡同 7 号，电话 83143549)
电子邮箱　cfphzbs@163.com
网　　址　https://www.cfph.net/
印　　刷　北京中科印刷有限公司
版　　次　2023 年 12 月第 3 版
印　　次　2023 年 12 月第 1 次印刷
开　　本　850mm×1168mm　1/16
印　　张　22.5
字　　数　547 千字
定　　价　138.00 元

威利

本版于2020年首次出版

版本历史
约翰威利父子公司(第1版，2006)；约翰威利父子公司(第2版，2010)

总部
约翰威利父子公司，美国新泽西州霍博肯沿河大街111号，邮编：07030

编辑部
美国新泽西州霍博肯沿河大街111号，邮编：07030

有关我们全球编辑部、客户服务的详细信息，以及有关威利产品的更多信息，请访问 www.wiley.com。

威利还出版各种电子格式的书籍，并按需印刷。本书标准印刷版中出现的某些内容可能无法以其他格式提供。

美国国会图书馆出版编目数据
姓名：普哈拉·C. 詹姆斯，作者。| 克兰斯·V. 杰弗里，作者。| 格特利·迈克尔，作者。
书名：运动场：设计、施工和维护/詹姆斯·C. 普哈拉，杰弗里·V. 克兰斯和迈克尔·格特利。

描述：第 3 版。| 新泽西州霍博肯：威利，2020 年。| 包括索引。
标识符：LCCN 2019057871(印刷版) | LCCN 2019057872(电子书) | ISBN 9781119534754(精装本) | ISBN 9781119534723(adobe pdf) | ISBN 9781119534747(电子出版)
主题：国会图书馆的主题标题 LCSH：运动场—美国—设计和建造。| 运动场—美国—维护和修理。| 体育设施—美国—设计和建造。| 体育设施—美国—维护和修理。| 草坪管理—美国。
分类：LCC GV413. P85 2020(印刷版) | LCC GV413(电子书) | DDC 796. 4206/8—dc23
美国国会图书馆记录 https://lccn. loc. gov/2019057871
美国国会图书馆记录电子书记录 https://lccn. loc. gov/2019057872

封面设计：威利
封面图片：由詹姆斯 · C. 普哈拉提供，背景©马甘/盖蒂图社

印度钦奈 SPi Global，10/12pt 字号和 GalliardStd 字体设置

V421095_031120

关于作者

詹姆斯·C. 普哈拉，美国俄亥俄州博德曼人，是一名提供运动场的设计、咨询和建造监督服务的运动场顾问。他在运动场管理方面的知识来自作为景观和运动场设计、建造承包商的实践经验。1990 年至 2012 年，他拥有并经营一家专门从事运动场设计、建造和维护的公司，1977 年至 2003 年，他拥有并经营一家景观公司。虽然他在 2013 年从运动场的建设和维护工作中退休，但他仍然喜欢与其他有着类似目标的人分享他的经验，他们在创造更安全、更有用的运动设施方面有着相似的目标。

杰弗里·V. 克兰斯，曾是密西西比州立大学高尔夫和运动草坪管理项目农学教授。他于 1970 年在威斯康星州立大学斯蒂文斯波恩特获得学士学位，1973 年在亚利桑那州立大学获得硕士学位，1975 年在密歇根州立大学获得博士学位。杰弗里教授曾指导高尔夫和运动草坪管理项目的学生，于 1975 年至 2002 年从事草坪育种和生理方面的研究。杰弗里一直是为参与者和观众提供安全运动的高品质天然草坪的热心支持者。

迈克尔·格特利，弗吉尼亚理工大学植物与环境科学学院的教授和草坪推广专家。他于 1983 年获得肯塔基州立大学的学士学位，1986 年获得肯塔基州立大学的硕士学位，1988 年获得弗吉尼亚理工大学的博士学位。1988 年至 2003 年，他在密西西比州立大学的高尔夫和运动草坪管理项目中为学生提供教学和指导，之后转到弗吉尼亚理工大学工作。在弗吉尼亚州担任农艺草坪科学推广服务协调员期间，他的研究兴趣集中在促进环境管理的草坪选择和管理策略上。他曾于 2012 年和 2013 年担任美国运动场草坪管理者协会（STMA）主席，并获得了 STMA 2008 年的威廉·H. 丹尼尔创始人奖和 2016 年的哈里·C. 吉尔创始人奖。

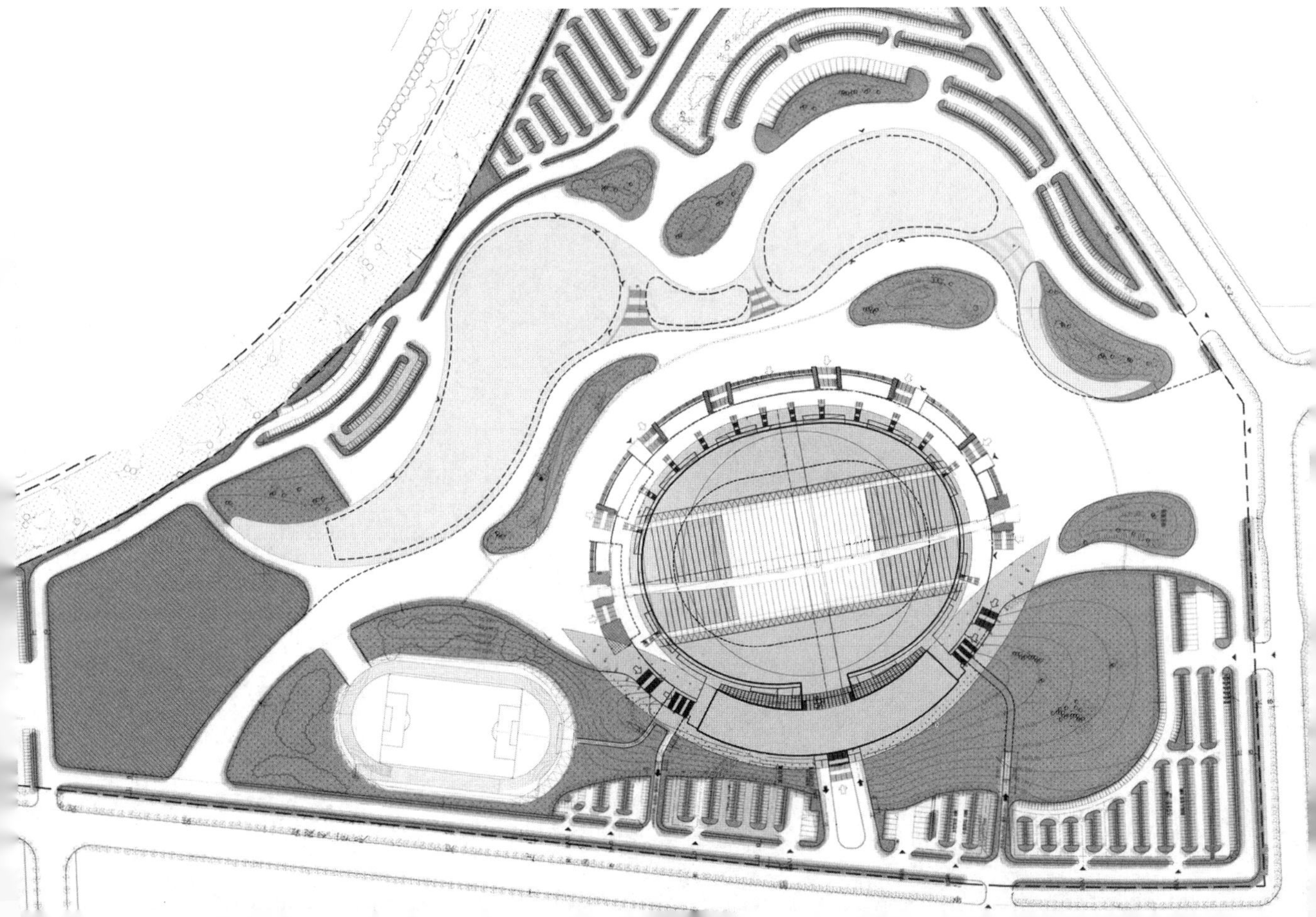

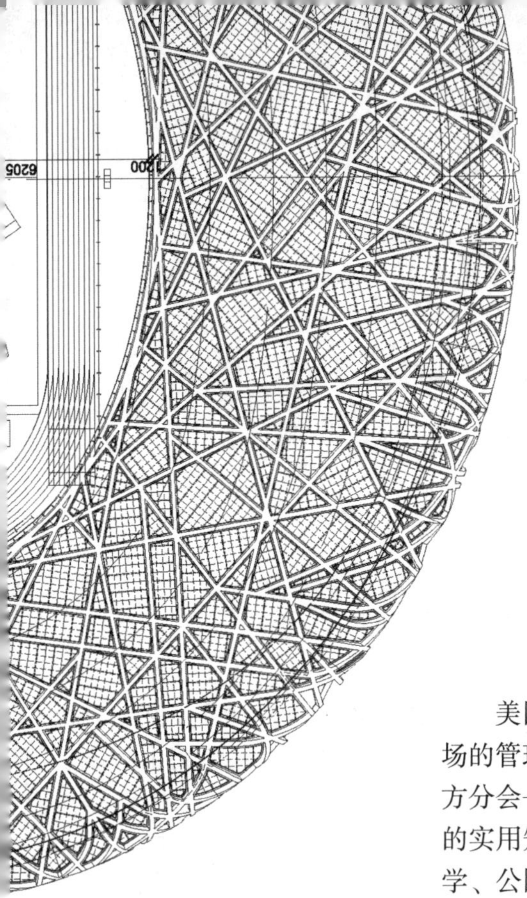

SportsTurf MANAGERS ASSOCIATION

Experts on the Field, Partners in the Game.

关于美国运动场草坪管理者协会

美国运动场草坪管理者协会(STMA)是一个非营利的为运动场的管理者服务专业协会。自 1981 年以来，协会及其 30 多个地方分会一直在提供教育、信息和分享运动场管理艺术及科学方面的实用知识。它拥有的 2500 多名会员管理着中小学、学院和大学、公园和娱乐休闲场所，以及专业体育场馆的运动场和设施。会员的目标是通过管理天然草坪和人造草坪，为不同水平的参与人员提供安全美观的场地。美国运动场管理者协会也得到了商业会员们的支持，这些商业会员通过不断地提升科学技术水平促进整个行业的发展。

美国运动场管理者协会的使命：成为促进运动草坪行业的领导者、提高会员专业知识和竞争力。

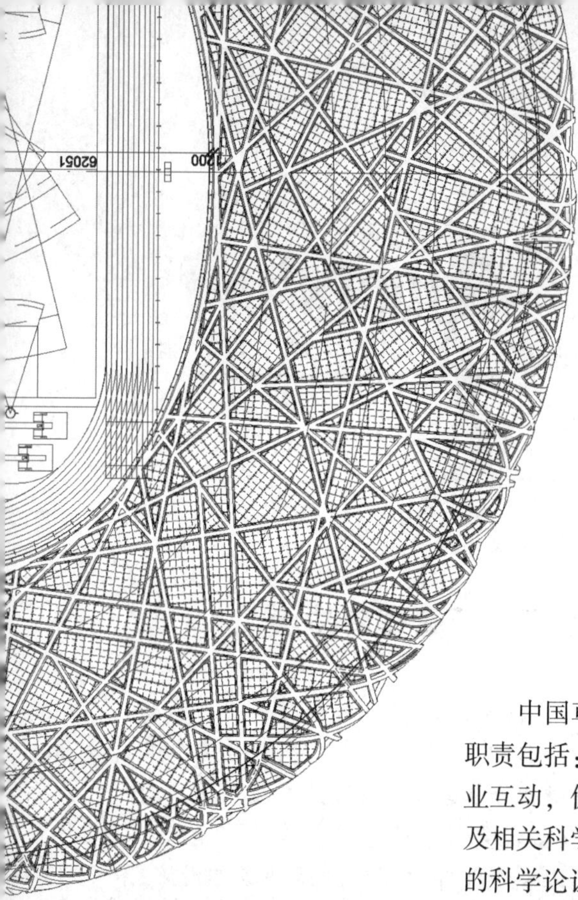

关于中国草学会草坪专业委员会

中国草学会草坪专业委员会于 1983 年在北京成立。其核心职责包括：1. 开展草坪相关的民间、国际及国内学术交流和行业互动，促进自主创新与科技进步，支持草坪产业的发展，并普及相关科学知识；2. 在相关政府部门的批准下，开展草坪相关的科学论证、咨询服务、标准制定，并就国家相关的科学技术政策、法规制定等提出科技建议。

本书的出版得到了中国草学会草坪专业委员会的部分资助。

关于度量衡转换

长度

$1km=10^3m=10^4dm=10^5cm=10^6mm\approx39370.0787$ 英寸 ≈3280.8399 英尺 ≈1093.6133 码 ≈0.6214 英里

1 码 = 3 英尺 = 36 英寸 = 91. 44cm

1 英尺 = 0. 3048m = 30. 48cm

1 英寸 = 2. 54cm

面积

$1km^2=100hm^2=10^6m^2\approx1.0764\times10^7$ 平方英尺 $\approx1.1960\times10^6$ 平方码 ≈247.1054 英亩 ≈0.3861 平方英里

1 英亩 = 43560 平方英尺 = 4840 平方码 $\approx4046.8564m^2$

1000 平方英尺 $=92.90304m^2$

体积与容量

$1m^3=10^3dm^3=10^6cm^3\approx6.1024\times10^4$ 立方英寸 ≈35.3147 立方英尺 ≈1.3080 立方码

1 立方码 = 27 立方英尺 $\approx0.7646\ m^3$

1 加仑(美) = 4 夸脱 = 8 品脱 = 16 杯 = 128 盎司≈3. 7854L = 3785. 4mL

1 盎司(液体) = 29. 57mL

重量(质量)

1kg = 0. 001t = 1000g≈2. 2046 磅≈35. 2740 盎司

1 磅(美) = 16 盎司≈453. 5924g

1 盎司(固体)≈28. 35g

压力

1 磅力/平方英寸(PSI)≈6894. 7574Pa≈0. 0689bar≈$0.0703kg/cm^2$

1bar≈$1.0197kg/cm^2$

温度

华氏度(℉)与摄氏度(℃)之间的换算公式:

(℉-32)×5/9 = ℃

32℉ = 0℃

50℉ = (50-32)×5/9 = 10℃

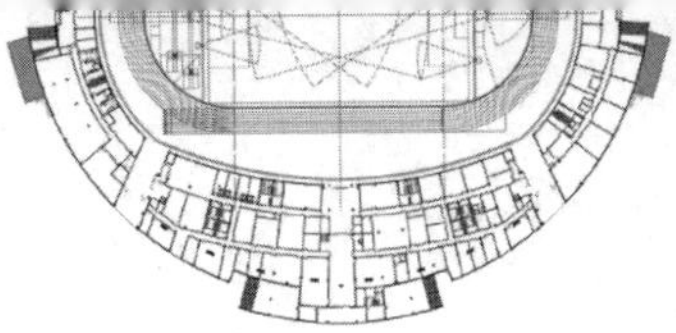

序

中国现代草坪业的发端可追溯至20世纪50年代，标志性事件是中国草学会草坪专业委员会的原主任胡叔良先生将野牛草从西北地区引入北京，并在华北地区推广种植。这一举措标志着人工草坪绿化环境的开始，进而催生了相关产业的发展。

随着草坪业的不断进步，对草坪科学技术的需求日益增长，草坪学术团体应运而生。中国草学会草坪专业委员会成立于20世纪80年代，这标志着草坪业发展的必然趋势。草坪专业委员会致力于推动草坪科学的普及，积极组织学术交流，团结草坪从业人员，促进草坪产业的发展。此外，出版书籍总结科研成果，推介新技术和新产品也是其工作的重要组成部分。

运动场草坪作为草坪产业的重要组成部分，其发展历程中有两个显著的高峰时期。首先是1990年北京亚运会期间，一批以冷季型草种直播建造的草坪运动场建成，显著提升了运动场草坪的建植和养护管理技术水平。第二个高峰期出现在2008年北京奥运会，期间借鉴国外技术成功建成了移动式草坪运动场，将运动场建造水平推向了一个新的高度。

尽管中国的运动场草坪产业有过辉煌时刻，但整体发展并非一帆风顺，高尔夫球产业的发展就是一个典型例子。高尔夫球产业曾在中国迅速发展，但近年来几乎停滞不前。政策、环境、资源和技术问题都是制约因素。解决这些问题需要时间，但随着社会需求的发展，高尔夫产业也将迎来新的发展机遇。

自20世纪90年代起，我国足球联赛开始职业化，但业界对草坪场地的认识和投入并不理想，这在一定程度上限制了我国足球水平的提升。近年来，国家频繁出台政策推动足球改革和发展，重视足球场地建设，计划到2025年全国足球场数量将超过十万块。草坪足球场将成为草坪运动场产业发展中的新亮点。

我与王克华教授的相识始于武汉举行的一个草坪科学研讨会。当时他刚从国外学成归来，尚未确定在国内的落脚点，我建议他加入中国农业大学。随后，他进入了中国农业大学的人才引进计划，并从那时起开始了在中国农业大学的草坪教学与科研工作。我与王克华教授的交流也日益频繁。他在国外学习期间专注于草坪运动场的研究，关注运动场草坪科学技术的发展，全面了解草坪运动场的设计、运营和养护，并有意将新的理念和技术介绍给同行。

王克华教授领衔翻译的《运动场：设计、建造和维护》(第3版)一书共分为4篇，包含25章。第1篇主要关注草坪的养护管理，其中场地管理内容颇具创新性；第2篇和第3篇介绍了不同类型的运动场；第4篇涉及测量、评价及相关辅助信息。该书内容丰富，覆盖面广，叙述贴近实际操作，易于理解，是运动场建造管理领域的经典之作。它不仅可作为从业人员的工作手册，也可作为草坪运动场领域的教学参考书。相信《运动场：设计、建造和维护》(第3版)的出版发行将为我国运动场的科技进步与产业发展贡献力量。

周禾

中国草学会草坪专业委员会原主任委员

2022年10月9日

译者序

《运动场：设计、建造和维护》第 1 版于 1999 年问世，迅速成为运动场草坪领域内一部备受推崇的参考著作。我在普渡大学求学期间，偶然发现同办公室的一位同学拥有这本书，便借来阅读。随后，我前往弗吉尼亚理工大学草坪专业继续博士阶段的学习，并有幸得到本书作者之一迈克·格特利博士的指导，他当时是我在研究生学习的指导委员会成员。这让我有机会向他咨询许多关于运动场草坪及其管理维护的问题。成为农业大学草坪课程的讲课老师后，我获得了购买书籍和其他资料的经费，于是购买了 2010 年出版的第 2 版。此后，我联系格特利博士得知，该书的第 3 版将于 2020 年面世。回想起 2016 年鸟巢因故取消了全球首次海外曼联与曼城的德比赛事，以及 2019 年中超联赛史上首次在客队已经进行踩场训练后，比赛(2019 世界军人运动会新修场馆武汉市五环体育中心，武汉卓尔主场对阵河南建业)突然被取消的事件，我作为一名从事草坪教学和科研的专业人士，同时也是中国草学会草坪专业委员会的秘书长，萌生了将这本书的第 3 版翻译成中文的想法。我期望通过翻译此书，为中国运动场草坪的科学和专业管理提供国外全面系统的资讯和宝贵经验，进而助力提升我国运动场地的安全性和竞技性。

本翻译作品的最终成功出版，离不开威利出版社中国区代表王琳女士和中国林业出版社编辑团队的大力支持。同时，我要感谢所有草坪领域的同行，特别是杨富裕老师的帮助以及北京布莱特草业有限公司的支持。最后，我要向我的家人表达最深的感激之情，没有他们的支持，我无法在新冠疫情期间专心致志地完成翻译工作。从计划到出版，本翻译工作历时超过两年，译者、审定和编辑团队经过多次修改，但鉴于译者能力有限，书中难免存在不足甚至错误之处，在此恳请读者提出批评和指正，以便我们进行后续的修订和完善。

译　者

2022 年 8 月于清华东路 27 号院

本书原作者之一，美国运动场草坪管理者协会(STMA)前主席，弗吉尼亚理工大学教授格特利博士(左)，前美国华盛顿特区公园和公众娱乐部体育场经理(STMA 认证)麦克弗森 (McPherson)先生(中)和本书译者之一王克华(右)。

前 言

像当代生活的许多方面一样，我们对运动和休闲的追求也越来越受到经济和后勤保障因素的影响。运动场建造和维护预算的压力越来越大。女性参加体育活动的机会激增，使一些体育设施的使用率提高了一倍，规划者们也忙于建造成千上万的新设施。由体育设施引起的人身伤害诉讼的不断增多，迫使保险费提高，也导致保险公司要求体育设施的设计和建造上更加统一。

这些因素都对运动场地的建造和维护产生了影响。紧缩的投资预算意味着用于事后维修的资金减少，并且要求在第一时间能把它建好到位。设施压力的增加意味着无法使用的场地导致比赛重新安排的问题数量是以前的两倍。诉讼增加的威胁要求对设施本身的安全性给予更多的关注。

本书的编写目的

编写本书的目的是为那些负责设计、建设、改造或维护运动场的人士提供一个全面的技术参考资料。为了解决这些问题，接下来的章节将说明受欢迎的流行体育运动设施的具体设计元素，并解释如何将这些元素整合到一个成功的项目中；探索运动场常见问题并提出相应的解决方案，为后续维护计划提供实用指导。

虽然土壤和气候变化有时会给负责建设或维护体育设施的人员带来当地独特的挑战，但本书所分享的内容提供了一个可在北美和其他类似地区使用的基本实施计划和一套实用的设计标准。

如何使用本书

第 1 篇，运动场草坪养护原则，提供了关于培育和维护运动场草坪的合理决策依据的相关信息。这一部分内容涉及草坪和土壤科学、养护实践以及全年和体育比赛期间对草坪的压力等问题。为了从本书中获得最大可能的价值，阅读最好从这些章节开始。

第 2 篇，天然草坪运动场，为特定类型运动场的设计、建造、改造和维护提供了指导。每章基于草坪的设计和建造策略，以及草坪性能预期把类似的设施结合在一起。例如，第 14 章涵盖了足球、长曲棍球和曲棍球的运动场。每章末尾都提供了相应的场地规格尺寸。

第 3 篇，其他运动场地，为设计师、承包商或设施经理提供了他们可能负责的其他类型运动设施的指南，如网球场、田径场和人造草坪。适当的设计和建造技术对这些设施管理尤其重要，这些设施必须在广泛的使用和气象条件下易于维护。

第 4 篇，辅助信息，涵盖了各种相关主题，包括测量、沙基场地、草坪涂料和覆盖物、场地评估和草坪评价、环境管理、安全、促进天然草场地的创新，以及公共关系和专业性。

书末的附录由两部分组成。第 1 篇介绍了设计师、承包商和维护人员最常用的计算。第 2 篇介绍了美国运动场管理者协会如何帮助运动场管理者跟上最新趋势的例子。

我们努力使这本书尽可能对那些负责保持运动场安全、系统、美观的人员，以及那些准备在这个有前途的领域从事工作的学生有用。本书分享了许多最新的运动草坪科学方面的学术研究和进展，主要以实际建议的形式展现出来。我们最衷心的希望就是这本书能够为所有年龄层次的人们带来新一代安全的、有竞争力的、易于维护的体育设施。

致谢

非常感谢许多学者和专家的付出，他们的建议和忠告为本书的完成作出了许多贡献。

非常感谢以下学术同行们的具体建议：宾夕法尼亚州立大学的唐纳德·瓦丁顿博士、安德鲁·麦克尼特博士和奥本大学的科尔曼·沃德博士（已故名誉教授）。特别感谢麦克尼特博士对第19章“沙基根区”内容的修改。

感谢密西西比州立大学的维克多·马多克斯博士、韦恩·费利博士和玛丽亚·托马索·彼得森博士提供照片、资料和手稿评论。感谢弗吉尼亚理工大学的肖恩·阿斯丘博士、大卫·麦考尔博士和汤姆·库哈尔博士对最新害虫管理策略和工具的手稿评论，并感谢许多大学和行业同事为本书提供了多张照片。感谢密西西比州立大学的巴特·普拉瑟和世界级运动场地管理者的特拉·杜布瓦对运动场地的涂装方面提出的建议。感谢卡罗来纳州格林公司的团队对第17章“人造草坪”提供的帮助和建议。

同时，感谢许多体育组织和批准机构分享他们的场地规格和现场施工信息，这使本书的内容更加全面丰富。这些组织单位的信息分别列在各章的最后。

目 录

第4篇　辅助信息

第 1 篇

运动场草坪养护原则

运动草坪场地和相关设施的设计需要满足两个基本要求：场地必须足够大并具备必要的形状，以符合各项体育运动公认的规则和条例；同时，场地表面应确保运动员能够在一定水平的比赛中安全竞技。由于许多运动草坪场地也用于非体育活动（如乐队练习），因此其场地必须足够耐用，以承受与这些非体育功能相关的活动引起的胁迫。

任何体育迷都会赞同球员的表现很大程度上取决于草坪场地的质量。一个球场经理也必须记住，安全以及性能取决于草坪质量。每一个重要的考虑因素都取决于草坪的 3 个特性：摩擦力、硬度和平整度。

摩擦力对于提速控速、完成急转变向以及实现制动至关重要。摩擦力不足不仅会削弱运动员的闪避能力（在对抗性项目中还会降低碰撞控制力），更可能引发肌肉拉伤及其他常见运动损伤。

硬度可以让运动员表现出最快的速度，但是会影响运动员小角度切入的能力，增加跌倒和抢断造成的伤害。

平整度/均匀度是除了硬度外，影响球反应的一个主要因素，包括球弹起的高度和方向，以及滚动的真实性和速度。在许多草坪体育运动中，可预测的球反应对支持所需的比赛水平是必要的。

正如好的团队是通过对细节的关注而产生的，好的运动场草坪来自实践中有效的草坪养护和管理策略。在接下来的章节中，我们将讨论草坪草生物学、草坪选择和建植的基本原则；土壤科学，包括肥力和肥料；耕作和枯草层管理；有机的场地管理；灌溉和排水；农药的使用和安全；草坪草胁迫以及适当的修剪技术。

本书无论是作为课堂作业阅读课文的一部分，还是用于解决特定的运动场地问题，读者都会发现我们的建议首先是寻求运动场草坪的健康及围绕其的养护，其余的内容（可用于比赛性、经济性、美学性）都是附加在其上面。管理养护正确，草坪害虫发生概率将会最小。

第1章 草坪植物

1.1 简介

草坪草是指一小群具有独特植物形态(形式)和适应特定养护措施的草。草坪草的形态要求是匍匐茎或压缩茎位于、接近或低于土壤表面(分蘖、匍匐茎或根茎)，压缩的叶鞘和叶片(矮小生长习性)，耐高的植物并存性(高植株密度)，以及强劲的枝干发生和生长的能力(一种缠结似的生长习性)。结合这些要求，所有草坪草必须能够忍受低留茬高度的和频繁的地上部分落叶(承受近距离和频繁的修剪)，具有较高的营养生长可塑性(植物根据修剪压力缩小或扩大地上部分结构的能力)，并能在修剪胁迫、氮含量、灌溉和使用激素调节植物生长等的情况下控制其从营养生长到生殖生长的转化(花序形成)。

植物学家已经对世界范围内超过10 000种草进行了分类。在这一分类系统中，主要有12种草属于草坪草。其中，只有6种是公认的用于运动场草坪的草种。运动场草坪草核心群体必须具备上述草坪草标准及以下3个重要特征：具有优良的耐践踏性、快速地从草皮撕裂和其他的损伤中恢复的能力、较高的抗拉强度或草皮强度。在某些情况下，通过使用不同种类的草坪草组合，可以获得所有或大部分上述特征。

为了成为更好的运动场草坪管理者，我们首先需要熟悉草坪草生物学特性、知道选择和怎么种植。在本章中，我们将从草坪草的生长和发育开始讲述。接着，讲述选择、种植和建植最佳运动场草坪的程序。最后，我们将讨论秋冬季节交播使用暖季型草坪草的运动场管理。以上内容将为运动场经理提供一个理论基础，以帮助其了解养护实践、虫害防治和环境压力如何影响运动场草坪质量。

1.2 生物学和鉴定

草坪草生物学是研究草坪草生长发育所必需的重要基础。这些基础分为形态学、解剖学和生理学3类。草坪草形态是草坪植物的外部形态或结构。草坪草的解剖结构是由细胞、组织和器官内部结构组成，它们结合在一起形成整个植株。草坪草生理是指那些关乎草坪植物生命过程的生理代谢过程和途径。草坪草作为草坪植物生存和延续的基本条件，是由其特殊的形态、解剖结构和生理特征决定的。

草坪草的养护管理措施决定了草坪草用作草坪的适应能力。这些措施包括修剪和季节性更新，如打孔、垂直修剪等。对草坪生物学和草坪养护管理的了解使我们能够预测草坪对这些养护实践的反应，并更好地了解如何管理草坪以帮助其忍受虫害或机械、环境胁迫。

在常用作草坪草的12种草中，用于运动场草坪主要6种是：冷季型草坪草，草地早熟禾(*Poa pratensis* L.)、高羊茅[*Schedonorus arundinaceus* (Schreb.) Dumort./*Festuca arundinacea* Schreb.]、多年生黑麦草(*Lolium perenne* L.)和匍匐翦股颖(*Agrostis stolonifera* L./*A. palustris* Huds.)；暖季型草坪草，狗牙根(*Cynodon* spp.)和海滨雀稗(*Paspalum vaginatum* Sw.)，见表1.1所列。另外两个暖季型草种，野牛草[*Bouteloua dactyloides*

(Nutt.) J. T. Columbus/*Buchloe dactyloides* L.]和结缕草(*Zoysia* spp.)有时也用于运动场草坪，但使用得很少(译者注：结缕草虽然在美国作为运动场草坪较少使用，但是在东亚及东南亚应用较多)。

暖季型草种狗牙根和海滨雀稗通常单独种植和养护(或作为单一草坪)，除非与多年生黑麦草(*Lolium perenne* L.)、一年生黑麦草[*Lolium multiflorum* (Lam.) Husnot]或者中间型黑麦草(*Lolium* × *hybridum* Hausskn.)一起交播用于冬季运动场。然而，在一些过渡带地区，利用草地早熟禾与狗牙根一起建立的多年生双草草坪[通常称为'蓝慕大'(bluemuda)]取得了成功。冷季型草种草地早熟禾、高羊茅和多年生黑麦草通常作为单一草坪或相互结合(作为混合草坪)进行种植和维护。匍匐翦股颖通常作为一个单一草坪种植。

野牛草的限制使用是因为其某些特殊性状造成的。野牛草是一种暖季型草，主要用于美国干旱暖季、过渡带和冷季地区。它的缺点是耐磨性差，这显然是影响其作为运动场草坪的一个主要因素。作者推荐表 1.1 中所列的草种用于运动场草坪，除非没有足够的灌溉来支持，才会选择其他的草种。

表 1.1　运动场草坪常用草坪草的特性

草坪草种类	作为运动场草坪的优点	作为运动场草坪的缺点
狗牙根 (*Cynodon* spp.)	粗壮的无限根茎和匍匐茎(优良的草皮缠结)，强健的营养生长和恢复能力，优良的耐磨性和良好的表面弹性	主要是在美国气候温暖的地区，但耐寒性提高的品种正迅速将其扩展到过渡带，大多数改良品种仅限于营养繁殖，现已有宣称密度提高和耐寒性改良的优异种子品种
草地早熟禾 (*Poa pratensis* L.)	强壮的确定型/有限根茎(优良的草皮缠结)，营养生长旺盛，恢复能力强，耐磨性适中，表面弹性好	主要是在美国气候凉爽的地区(包括北部过渡带)，但新的杂交早熟禾(*P. pratensis* × *P. arachnifera*)在南部过渡带表现出单生或与高羊茅和多年生黑麦草混合应用的前景；传统上认为其种子建植相对缓慢，但通过育种工作现在可以提供发芽更快的品种，从而提高了该种草在重度践踏的运动场使用的可能
高羊茅 [*Schedonorus arundinaceus* (Schreb.) Dumort., nom. cons. syn. /*Festuca arundinacea* Schreb.]	优良的耐磨性，健壮的初级生长和营养生长，良好的表面弹性，适应美国的过渡地带，单独种植或与草地早熟禾混合	局限于美国过渡带或温暖地区，有限根状茎弱(差的草皮缠结)
多年生黑麦草 (*Lolium perenne* L.)	优良的耐磨性，健壮的初级生长和营养生长，高产的分蘖，幼苗生长快速，优良的修剪美感，冬季交播狗牙根的良好选择	仅限于美国寒冷地区(包括北部过渡带)，缺乏根茎和匍匐茎(非常差的草皮缠结)，易受极端环境和害虫的破坏
匍匐翦股颖 (*Agrostis stolonifera* L.)	耐 1/4 英寸的常规修剪，营养生长旺盛，匍匐茎生长习性强，具有恢复潜力	仅限于美国寒冷地区，耐旱性差，幼苗生长缓慢，缺乏抗剪强度和抗撕裂性，主要用于网球、棒球等低践踏运动场草坪表面
海滨雀稗 (*Paspalum vaginatum* Sw.)	强壮的不定根茎(匍匐茎为主，译者注)，表面弹性好，耐盐性好，优良的修剪美感，弱光下性能优于狗牙根	仅限于美国最温暖的地区，相比大多数狗牙根，其对许多化学药剂更敏感，恢复力稍慢

结缕草是在美国过渡带使用的暖季草。它有极好的耐寒性和耐磨性，并能很好地适应弱光环境，如中等遮阴。结缕草作为运动场草坪草，最重要的限制因素是其从损伤或磨损中恢复得非常缓慢。20世纪90年代末，首次推广了具有快速侧向生长能力和耐阴特性的结缕草品种，并将其应用于运动场草坪。然而，较差的恢复能力限制了结缕草在运动场上的广泛应用。为了扩大结缕草在运动场草坪上的应用，需要进一步努力开发新品种和优化管理策略。随着结缕草的研究和开发，预计一些新的品种将用作运动场草坪，特别是足球、棒球和垒球。在适合使用的场地，结缕草和野牛草都具有作为高质量、低维护草坪草的潜力，它们仅需要很少的投入(水、修剪、肥力等)。虽然这些草可能并不总是作为运动场草坪使用，但体育设施场地的有些草坪区域往往特别适合使用这些低维护草坪草。

1.2.1 草坪草形态

草坪草形态是草坪草一个重要的特征，它使一些草本植物在适当的养护管理下形成一个密集、紧凑的群落。草坪草形态可分为4种类型：从生型、匍匐茎型、确定根茎型和不确定/无限根茎型(图1.1)。所有的形态类型都是为了使植物的生长点保持在土壤表面或土壤表面以下。

1.2.2 草坪草解剖结构

草坪草解剖结构的一个重要方面是生长点或分生区(即细胞分裂区)的位置。草坪草的局部生长点出现在茎尖或芽、叶片和叶鞘分生组织、节、根尖和根中柱鞘(图1.2)。

芽是所有叶(包括叶片和叶鞘分生组织)和茎组织的起源。顶芽位于草坪草茎的顶端或茎尖，腋芽位于叶腋或叶鞘的内折处。叶片和叶鞘分生组织分别产生叶片和叶鞘结构，叶片和叶鞘结合形成整个叶子。草坪草因为具备这种解剖结构，使它们可以保持其叶片分生组织接近土壤表面并能够忍受近地面距离修剪。若修剪过低，会移除位于或低于其分生组织部位的叶组织，从而损害草坪的冠层。

草坪草叶片形态是由不同的叶片解剖结构决定的。草坪草的叶子形状一般是卷曲、折叠或丝线状(图1.3)。

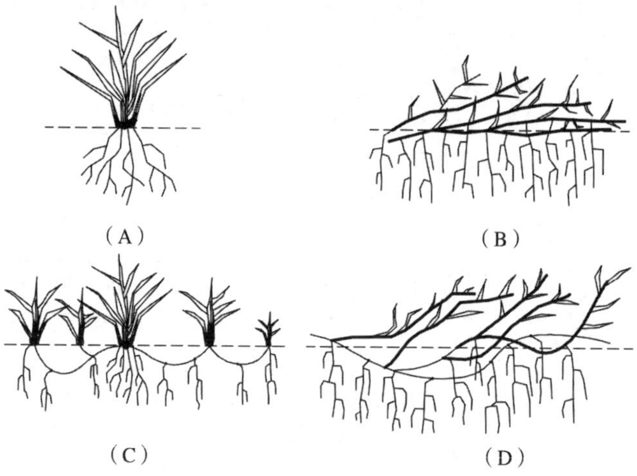

图1.1　草坪草的4种形态类型

(A)丛生型　(B)匍匐茎型　(C)确定根茎型　(D)不确定/无限根茎型

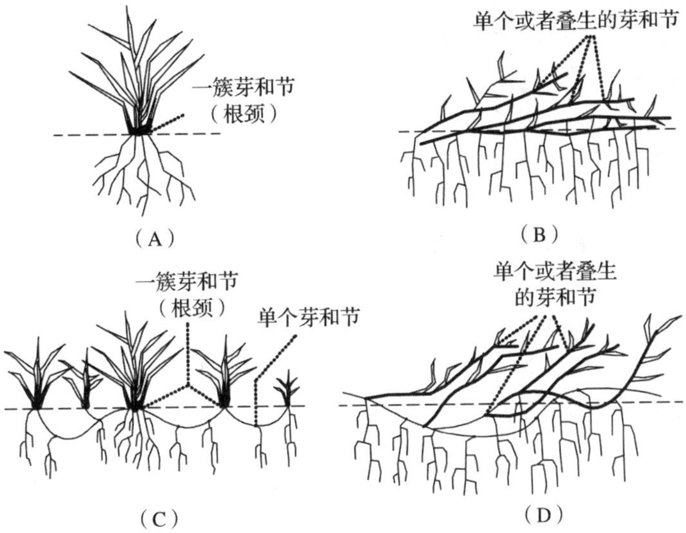

图 1.2　草坪草生长点的位置

（A）丛生型草坪草　（B）匍匐茎型草坪草　（C）确定根茎型草坪草　（D）不确定根茎型草坪草

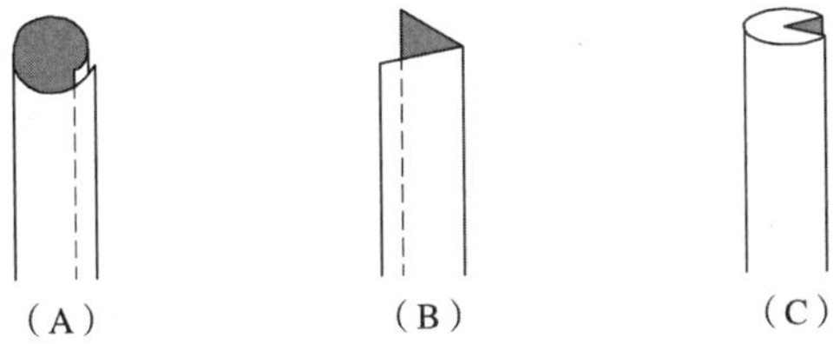

图 1.3　草坪草叶片解剖结构差异

（A）卷叶　（B）折叠叶　（C）线状叶

卷叶的解剖结构为大小均匀分布的维管束和沿着草坪草叶片横断面均匀分布的次生细胞壁增厚的细胞区。折叠叶具有均匀分布但大小不同的维管束和沿着草坪草叶片横断面分布的次生细胞壁增厚的细胞区。丝状叶的维管束大小分布均匀，但次生细胞壁加厚的细胞区分散分布于整个叶片。

节是腋生茎尖或芽、叶片和叶鞘结构（包括分生组织）以及不定根的附着点。在茎压缩的草坪草中，草坪草的节是茎尖的一部分；在茎伸长的草坪草中，节被节间分开（图 1.4）。

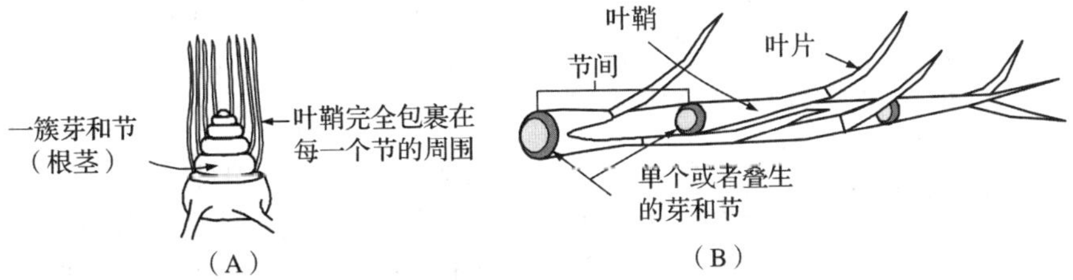

图 1.4　草坪草上的节

（A）压缩茎　（B）伸长茎

压缩的茎常见于丛生型草坪草和确定根茎型草坪草的地上茎。伸长的茎是匍匐茎型、不确定根茎型或确定根茎型草坪草的地下茎(根茎)的特征。压缩的茎长度通常不足1/8英寸，常见于多年生黑麦草、草地早熟禾和高羊茅中。伸长的茎(有节间的多节)可以从1/8英寸到4~6英寸长，常见于草地早熟禾(仅有根茎)、狗牙根(匍匐茎和根状茎)、海滨雀稗(匍匐茎和根状茎)、结缕草(匍匐茎和根状茎)中。位于中心核心的压缩茎的集合称为节点簇或根茎。因此，根茎只见于丛生型和确定根茎型物种的地上茎。

1.2.3 草坪生理

草坪草根据其最佳生长所需的温度分为两个类型：暖季型草坪草(80~90℉/26~35℃最佳生长)和冷季型草坪草(60~75℉/15~24℃最佳生长)。在6种常见的运动型草坪草中，狗牙根和海滨雀稗为暖季型，高羊茅、多年生黑麦草、草地早熟禾和匍匐翦股颖为冷季型。这两类草在生理和解剖结构上存在差异。

草坪生理，简单来讲是一系列复杂的代谢过程，这些过程可以概括为能量捕获、能量转换和能量利用3个方面。

能量捕获是草坪通过冠层或叶片吸收太阳辐射的过程。草坪要获得足够的能量，必须保持一定的冠层密度。修剪会降低草坪冠层，如果修剪过度，则草坪难于捕获足够能量。在多数情况下，草坪的冠层足以捕获足够的能量，但太阳辐射水平不足(例如，荫蔽环境)时，则无法捕获足够的能量。光照不足可能源于场地的设计或附近的树木遮挡。在运动场草坪中，棒球场、网球场、曲棍球场和其他使用低修剪高度区域的草坪冠层密度可能会受到限制(图1.5)。

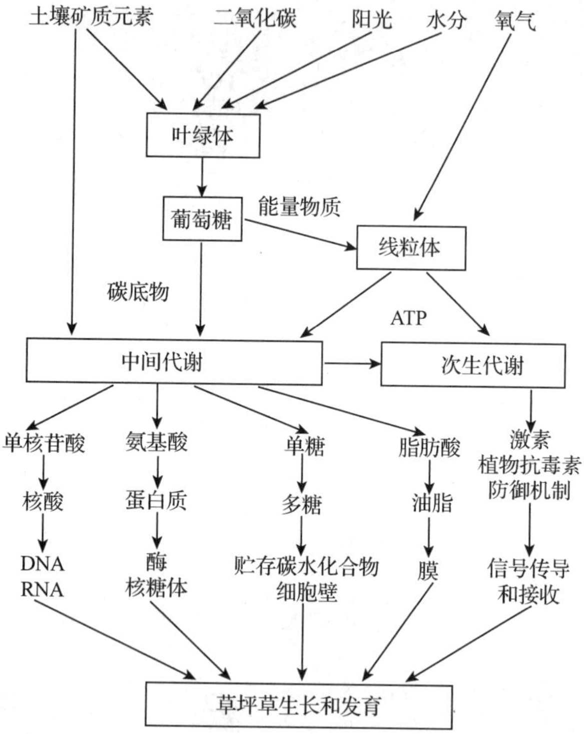

图1.5 草坪草生理学的示意

能量转换包括光合作用和呼吸作用过程。在这两个过程中，形成了高能化合物三磷酸腺苷(ATP)。如果冠层密度适当、阳光充足，草坪可以形成ATP，前提是所有代谢途径都储存了关键底物。这些关键底物包括叶绿素、烟酰胺腺嘌呤二核苷酸磷酸(NADP)和电子传递途径代谢物。对于运动场草坪来说，通过提供适当的氮、磷、镁、锰和铁肥可以保证这些关键底物的充足。

碳水化合物转化为ATP是呼吸作用过程。在这个过程中，关键底物包括氮、磷、铜和锌。若不能保持这些营养元素的适当平衡或水平，则会限制这部分碳水化合物能量的转换过程(图1.6)。

能量利用包括草坪植物生长发育的代谢过程。草坪生理的这一部分是比较复杂的，并且相互依赖于许多不同的代谢过程。关键底物包括氮、硫、钙、磷和钾。

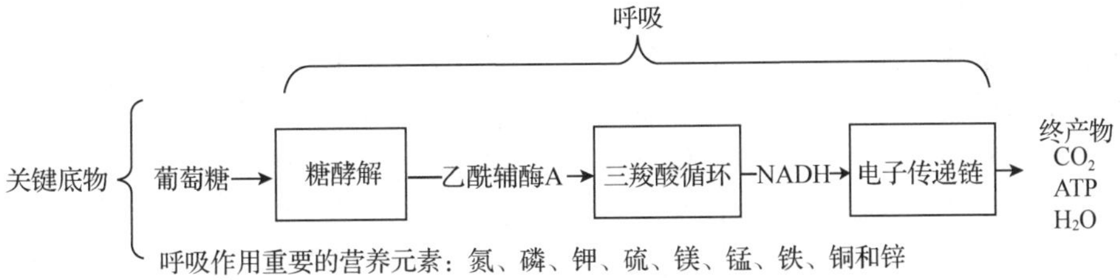

图 1.6　支持草坪草形成和代谢的关键底物和营养物质

1.3　草坪草类型

在暖季地区，运动场草坪通常以不同品种的狗牙根为主。这些品种在炎热的夏季和温和的冬季都能茁壮成长，还能够承受夏季偶尔的干旱而不受损害。在墨西哥湾南部，尤其是水质较差的地方，越来越受欢迎的一种草是海滨雀稗。海滨雀稗既有种子繁殖，也有营养繁殖，但其耐寒性差，限制了广泛应用。

在过渡地带，众多场地广泛采用高羊茅，以及专为这些地区培育的耐寒狗牙根品种。

在冷季地区，草地早熟禾和多年生黑麦草占优势，这两种类型草坪草的混合交播是最受欢迎的运动场草坪。这两种类型草坪草都能充分忍受北方寒冷的冬季，它们的混合可以发挥草地早熟禾快速地生长、扩展和恢复快特性，以及多年生黑麦草的稳定性和耐磨性。

1.3.1　暖季地区

狗牙根几乎成为所有暖季地区运动场草坪的首选草种。与冷季型草坪草相比，狗牙根品种的选择非常有限，但其生长特性、整体外观以及对南方气候的适应性都为南方草坪管理者提供了一个高质量的草坪，它可以很好地适应不同级别的维护——从频繁的比赛场地到经常被忽视的练习场地。

市场上有许多狗牙根品种已成功地用于运动场草坪。过去出售的、常用的用于播种的狗牙根是‘亚利桑那普通狗牙根’或者‘普通狗牙根’。与许多现在可用的狗牙根新品种相比，这个名称并不代表一个真正的品种。这个名称指的是在亚利桑那州发现的、来源不明的狗牙根的归化种群。现在，‘普通狗牙根’这一名称仍然被沿用，但由于许多其他狗牙根品种的商业化，它的使用受到了限制。现在有相当数量的改良品种可供播种使用，但它们每磅种子的价格确实比亚利桑那普通品种高。这些新品种非常值得购买，它们的草坪密度更高，叶片更细；一些精选品种表现出优异的耐寒性。由于每年市场上都会出现新的和改良的狗牙根品种，因此，在指定用于运动场草坪的品种之前，最好联系咨询相关大学的草坪推广专家。

尽管有许多高质量的狗牙根品种可供播种使用，但总的来说，最高质量的品种还是那些必须通过草皮、草枝或塞植的方式建植起来的狗牙根（这些草必须以营养方式种植，因为它们不能产生有活力的种子或杂合种子）。这些优质品种提供了更高的密度、更细的叶片、更少的花序和更低修剪的耐受性。

营养生长繁殖的狗牙根在业界通常被称为杂交狗牙根。当这个名称用于为田径设施指定建植的草坪草种时可能会导致一些混乱。根据定义，杂种是具有不同遗传结构个体的杂交。一些狗牙根种子被描述为杂种，但这些品种种子是同一物种内的狭义杂交（例如，*Cynodon dactylon* ×*C. dactylon* 或者种内的杂交）。仅以无性繁殖方式建立并命名为“杂交狗牙根”的品种起源于两个物种之间的广泛杂交（例如，*C. dactylon* ×*C.*

transvaalensis 或种间的杂交)。

在制定运动场草坪草规格时，了解杂交狗牙根的种子区别是很重要的。如果标的只规定“这块地要种植杂交狗牙根”，它可以种植一个低质量的种子杂交种，即符合投标的规格。如果本标的目的是建植具有优良的营养繁殖或杂交狗牙根品种的场地，则需要指定杂交狗牙根的一个特定品种或多个品种。例如，‘天堂草’(Tifway)、‘庆祝’(Celebration)、‘北桥’(Northbridge)、纬度36(Latitude36)、‘蒂夫图夫™’(TifTuf)和‘塔荷马31号™’(Tahoma31)是能提供优良狗牙根草坪的营养繁殖品种。

新一代通过营养繁殖的称为超矮狗牙根，可以在网球场上使用。高尔夫果岭上使用最广泛的品种是‘冠军’(Champion)、‘老鹰草’(Tifeagle)和‘迷你维德’(Miniverde)。私人和公共来源的矮化特性育种和选择工作正在扩大这一市场产品。这些狗牙根质地优良，同时它们有非常短的节间，能形成非常致密的草坪。它们能耐受周期性的1/8英寸或以下剪草高度的修剪，并且能够提供速度快和平滑的比赛场地。然而，超矮狗牙根要达到预期的高品质需要有一个非常严格的管理计划。

海滨雀稗是一种越来越受欢迎的草种，尤其是靠近墨西哥湾的美国南部。这种根状茎草(匍匐茎发达，译者注)以其耐盐性而闻名，可为灌溉水质差的地方提供一种替代狗牙根的方案。然而重要的是，虽然海滨雀稗耐高浓度盐碱，但是土壤的物理和化学条件受到高盐碱水或苏打水灌溉的影响，可能形成不利于其生长的土壤条件。海滨雀稗一般不像狗牙根那样耐践踏、抗病或耐旱，但在修剪高度和运动性方面却具有与狗牙根相似的特性。它形成的密集的草垫需要采用和狗牙根相当的定期垂直修剪和铺沙养护计划(有关枯草层和养护管理计划的详细内容，见第8章)。在冬季，海滨雀稗的颜色类似于狗牙根，它也可以交播多年生或一年生黑麦草。

海滨雀稗比狗牙根对肥力的要求更低，而且它的修剪滚压形成“条纹”能力与冷季型草相当(图1.7)。海滨雀稗有可以承受修剪高度1/8英寸的无性系品种和种子品种可用。海滨雀稗在低光照条件下的表现比狗牙根好，这是在温暖的气候条件下，有可伸缩屋顶的球场或有多云天气的地区选择海滨雀稗的一个重要因素。

图1.7 海滨雀稗修剪滚压下形成“条纹”的能力与冷季型草坪草相当
(照片由丹·伯格斯特罗姆提供)

鉴于海滨雀稗对肥力和水质的需求投入较低，它的使用远远超出了专业球场，已扩展到各种运动场草坪。迄今为止，已成功用于运动场的品种包括‘海浪花’(SeaSpray)、‘海岛1’(SeaIsle 1)、‘萨拉姆’(Salam)、‘海岛2000’(SeaIsle 2000)和‘白金真优’(Platinum TE)。特别是在季节性用水限制越来越普遍的气候条件情况下，使用自来水进行运动场草坪管理已成为美国许多地区的一个关注问题。研究表明，虽然海滨雀稗种子或小枝的前期生长需要自来水，但这种草可以忍受高浓度盐碱水。

结缕草正在慢慢地扩展到运动场，主要是在人为践踏不太密集的运动场地上。这些草提供了相当高的密度和非常高的耐性，但作为一个属，它们都不具有大多数运动场表面所需的恢复潜力。日本结缕草（*Z. japonica* Steud.）叶片较宽，通常被认为是普通结缕草中最耐寒的一种，而马尼拉草［*Z. matrella*（L.）Merr.］具有更精细的叶片和可以承受更低的修剪高度。马尼拉草现在被用于高尔夫果岭，并在世界各地的足球场上使用，取得了不同程度的成功。考虑到育种计划将继续选择符合运动场比赛和管理标准品质的新品种，预计结缕草在运动场上的应用将会进一步扩大。

1.3.2　过渡区

对于过渡区的管理者来说，想要种植狗牙根，必须考虑耐寒性。像'快植'（Quickstand）、'中铁'（Midiron）和'中场'（Midfield）这些老品种以耐寒性著称，但它们的草坪密度和叶片比前面提到的改良杂交种稍低。像'爱国者'（Patriot）、'纬度 36'、'北桥'（Northbridge）、'塔荷马 31'（营养繁殖）、'里约'（Rio）和'摩纳哥'（Monaco）（种子繁殖）等品种有着优良的草坪质量特性和耐寒性。

狗牙根作为过渡带草坪草有一定的局限性。其中一个主要的表现是从初霜到仲春完全返青之间的休眠期。在活动频繁、践踏严重的早春季节，可以用多年生黑麦草交播狗牙根，以减少比赛对休眠狗牙根草坪的伤害。

由于一致性问题，狗牙根通常作为单一品种的单一草坪种植。然而，在美国弗吉尼亚理工大学进行的研究表明，在过渡带气候条件下，一个改良的具有优异的品质和耐寒性的种子狗牙根品种，可以以 50% 的重量与一个便宜的、不那么持久的种子狗牙根品种混合，在 2～3 年之后，最终的结果是形成了一个由优势品种占主要组成部分的美观的狗牙根场地。这种方法利用了未改良的狗牙根品种相对较差的耐寒性，在不牺牲最终外观和运动性的情况下，显著节省了使用昂贵改良类型狗牙根品种的成本。

在任何情况下，请咨询当地的草坪推广专家或参考美国国家草坪评比项目（NTEP）结果，以获取有关特定地区不同狗牙根性能的更多信息。在可以种植狗牙根的地区，大多数当地大学（一般为州立大学）都会有各种狗牙根品种的试验田，可以供人们在选择草种前进行查看。

高羊茅也可用于过渡区运动场，特别是更新的草坪型高羊茅品种。高羊茅是一种主要的丛生型（分蘖）冷季型草坪草，能够产生短而确定的根茎。草坪型高羊茅比老的饲草型高羊茅（如 KY-31、Alta 等）质地更细，会形成更密集的草坪。据悉宣称能够产生更大根茎的高羊茅品种也已发布上市。尽管这些高羊茅品种的根茎再生恢复潜力相对有限，但在作为运动型草坪使用时，这似乎并不是最主要的考虑因素，因此这并不影响它们在实际中的广泛使用。因为它们许多具有运动场草坪使用的其他理想特性（密度、耐旱、颜色等）。高羊茅是一种耐旱性很强的冷季型草坪草，在过渡区气候条件下可以提供一个可接受的运动场场地。它出色的耐旱性是它经常被用于低维护、非灌溉场地的一个主要原因。

大多数草坪型高羊茅建议修剪的高度为 2～3 英寸，若选择这种草用于需要较短草坪的运动场时必须重点考虑，如棒球场和足球场。低于这个修剪高度，高羊茅草坪会呈丛状、不均匀，将无法提供良好的立足点或使球顺利滚动，同时杂草的压力也会很大。另外，这种情况下高羊茅对极端温度和湿度的耐受性也会降低，更容易受密集践踏的破坏。值得注意的是，高羊茅运动场地在比赛季节经大量使用后，需频繁补播以促进草坪恢复；部分场地甚至需在春季和秋季重新播种。草坪草育种家在持续培育耐低修剪和较低水分要求的高羊茅品种，预计这些特性将进一步扩大高羊茅在运动场上的应用。

冷季型混合高羊茅或多年生黑麦草与草地早熟禾仍然在过渡区运动场比较流行，高羊茅与草地早熟禾使用量的扩大，是近年来植草选择中最重要的变化之一。草地早熟禾具有很强的根状茎生长习性，具有很好的恢复潜力。多年生黑麦草因其种子萌发快，外观与草地早熟禾相似，长期以来一直作为一种混合播种成分。然而，黑麦草通常不具备高羊茅的耐旱性，而且往往更容易发生病害。随着草坪质量的提高和更好的耐旱性和抗病性，高羊茅作为与草地早熟禾的混合播种组分已经得到人们认可。与草地早熟禾混合，黑麦草或高羊茅种子所占的重量百分比一般为85%~95%。由于种子大小的巨大差异，95%：5%黑麦草或高羊茅与早熟禾种子重量比的混合种子，其种子数量比约为50：50，因此我们需要记住这一点，10%或更高比重的草地早熟禾混合基本上需要作为早熟禾草坪场地进行管理。

杂交早熟禾(草地早熟禾和得克萨斯早熟禾之间的杂交种)在耐热性和耐旱性方面特别适合过渡区，但迄今为止，这些品种还没有明显表现出优于优良草地早熟禾品种的性能优势。

1.3.3 冷季地区

北美冷季地区运动场草坪的主要选择是草地早熟禾和多年生黑麦草。前面提到的杂交早熟禾也有应用，但这些品种与传统的草地早熟禾品种在过渡区气候中的区别比在冷季地区更大。匍匐翦股颖也适用于需要非常低修剪高度的运动场地。

草地早熟禾可以形成一个稠密、中等叶片(宽度)的深绿色草坪，其横向蔓延生长的根状茎系统使草坪可以很好地从比赛使用的压力下恢复。草地早熟禾的最佳修剪高度为1.5~3英寸，较低的修剪高度仅适用于短时间内，这一点限制了草地早熟禾在一些运动场草坪上的应用。新推出的一些草地早熟禾品种可承受定期修剪高度低至1/2英寸。关于最新的草坪草品种评估结果报告，可以咨询州或地区草坪推广专家或查询NT-EP(www.ntep.org)。

可供选择的草地早熟禾品种很多，对它们的选择在很大程度上取决于地理位置、对草坪性能的期望(即侵占性、从根茎恢复的能力、春季返青、抗病性等)以及场地管理能力或策略。美国罗格斯大学合作推广情况说明书FS 545，《新泽西运动场的草地早熟禾品种》是一个很好的资源，它限定了草地早熟禾的主要种类和类型，然后进一步推荐在模拟践踏耐受性试验中表现最好的品种。最为理想的做法是与当地知识渊博、了解草地早熟禾不同品种选择差异，以及知道针对某一特定情况如何选择两种或者多种草地早熟禾混合的草坪草种子分销商合作。新的草地早熟禾品种还在定期地进行培育并进入市场，所以在选择时一定要寻求专家帮助。

多年生黑麦草是一种丛生型草，叶质从细到中等，呈深绿色。蜡质的叶子表面以一种给人印象深刻的方式反射光线，允许在特定方向修剪从而形成条纹图案。多年生黑麦草与草地早熟禾建议采取相同的修剪高度，为1.5~3英寸，多年生黑麦草能够忍受更长时间的低修剪，并且在高品质的场地能够承受低至1/2~3/4英寸的修剪高度。多年生黑麦草具有优良的耐磨性、最小的枯草层积累，但由于缺乏侧茎(枝)，其恢复速度比草地早熟禾慢。一些多年生黑麦草品种也是内生真菌合适的寄主，这增强了这些草的抗虫性。多年生黑麦草发芽快(4~7 d)，有良好的播种活力，这增加了其应用在运动场的欢迎程度。

多年生黑麦草的一个显著缺点是其耐寒性差。相比庭院草坪，多年生黑麦草经常重新播种到现有的场地上，这一缺点在运动场草坪上可能不是关键的限制因素。与多年生黑麦草有关的另一个问题是它对灰斑病

(grey leaf spot，GLS)的易感性。这种病害在21世纪初摧毁了大西洋沿岸中部各州的很多多年生黑麦草草坪。商业的植物育种家很快解决了这个问题，现在有许多多年生黑麦草品种具有灰斑病抗性。这些抗性品种很容易识别，因为它们的品种名称包括GLS缩写。

许多北方的球场都混合种植草地早熟禾和多年生黑麦草。它们相似的外观使草坪看起来均匀一致，它们互补的性能特征结合在一起形成了一个极好的场地。草地早熟禾具有深绿的颜色，较快的生长率和良好的恢复潜力。多年生黑麦草具有优异的耐磨性和耐低修剪性，以及快速的种子萌发能力和吸引人的条纹图案效果。

选择高比例的草地早熟禾和更具侵略性的草地早熟禾品种进行混合，将有助于形成一个更厚的枯草层，这样可以更好地缓冲摔倒，并使球员在潮湿的天气远离泥泞(见第8章)。然而，在许多运动践踏频繁的场地上，维持一个纯草地早熟禾不太可能，因此多年生黑麦草通常与草地早熟禾混合，以便充分利用其快速建植特点，无论是种植新的场地还是在已有场地中重新播种，都能有效增加草坪的密度。

匍匐翦股颖通常用于需要低修剪的场地，包括网球场、棒球场和草地保龄球场，这些运动场需要平滑、快速的场地。考虑到匍匐翦股颖是用于冷季地区和北方过渡区高尔夫球场果岭的主要草种，面对日益增长的匍匐翦股颖草地，网球、棒球、草地保龄球等运动场草坪的经理应咨询当地的高尔夫球场草坪总监对这种独特草种的养护管理措施和经验。一般来说，匍匐翦股颖修剪高度通常在1/10~1/4英寸，如果修剪高度超过3/4英寸，草坪质量就会下降。这样低修剪高度还会导致根系变浅。匍匐翦股颖必须在每天或每隔一天修剪一次，并收集草屑的情况下，才能达到最佳效果。它具有诱人的蓝绿色和侵略性匍匐茎生长特点。高氮施肥(每1000平方英尺每月超过1磅氮，4.9 gN/m^2)会导致过厚枯草层和增加病害感染。为了控制枯草层并保持比赛场地平滑，需要经常对匍匐翦股颖进行铺沙养护。

有许多的匍匐翦股颖品种可供选用，同时每年还有许多新的品种上市。多年来，‘Penncross’品种一直是行业标准，在需要1/4英寸修剪高度的运动场草坪上仍然非常流行。许多新品种提供了非常高的密度，提高了耐热性和耐旱性，增强了抗虫性，并且需要1/8英寸或以下的修剪高度才能表现出来其最好一面。同样，建议咨询州或地区的草坪草推广服务人员或美国国家草坪品种评比试验的研究结果以获取更多关于匍匐翦股颖品种在特定地区表现最好的相关信息。

另外，一种已经得到一些认可用于北方运动场草坪的草种是仰卧早熟禾(苏皮纳早熟禾，*Poa supina* L.)。这种草在欧洲的运动场上很流行，具有匍匐茎，非常耐磨，比草地早熟禾耐阴。它非常耐寒，能承受经常性的1/2~1.5英寸的修剪高度。仰卧早熟禾一直以来在北美运动场上接受度很低，很少使用。其作为运动场草坪草的栽培管理措施和可持续性与适宜性方面的研究仍在继续。

美国国家草坪品种评比试验协调的冷季型草坪混合运动场践踏试验预计在不久的将来开展。研究方案正在制订中，资金支持尚待落实。试验将在全国各地同时展开。这项研究结果对那些在践踏严重的情况下努力维持草坪的运动场草坪管理者来说是非常有价值的。

1.4　草坪草选择

在运动场草坪草的选择中，首先最重要的标准是气候适应——草坪草作为多年生植物或一年生植物生存的生物适应。一个强壮的多年生草坪避免了每年重建的费用，并能形成一个成熟和自我维持的植物群落。

美国草坪草的适应区已广泛发表在各种

书籍和出版物上。在本书中，我们建议了一种草坪草选择的替代方法，并且使用的地图与其他书中使用的划分美国地区的地图有些不同。本书使用的这些地图是基于长期(通常是几十年)测量的区域平均气温。与以前简单地将美国划分为3个不同区域的地图不同，我们决定使用单独的地图来显示冷季型草坪草(图1.8)和暖季型草坪草(图1.9)可以成功种植的区域。在每张地图上，“主要区域”(深灰色)显示特定物种可以在那里建植并作为一个多年生植物生存；而“次级区域”(浅灰色)，表示这些物种可以建植的区域，但它们作为多年生植物生存比较困难；无阴影区域显示了美国部分地区(冷季或暖季地区)不应作为多年生植物种植的区域。

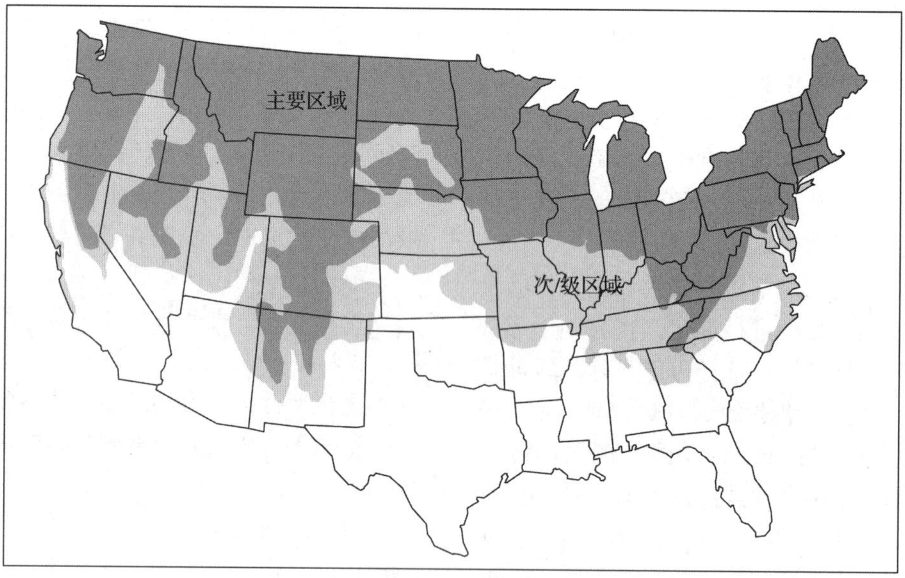

图1.8　基于高温暴露的冷季型草坪草种植区域

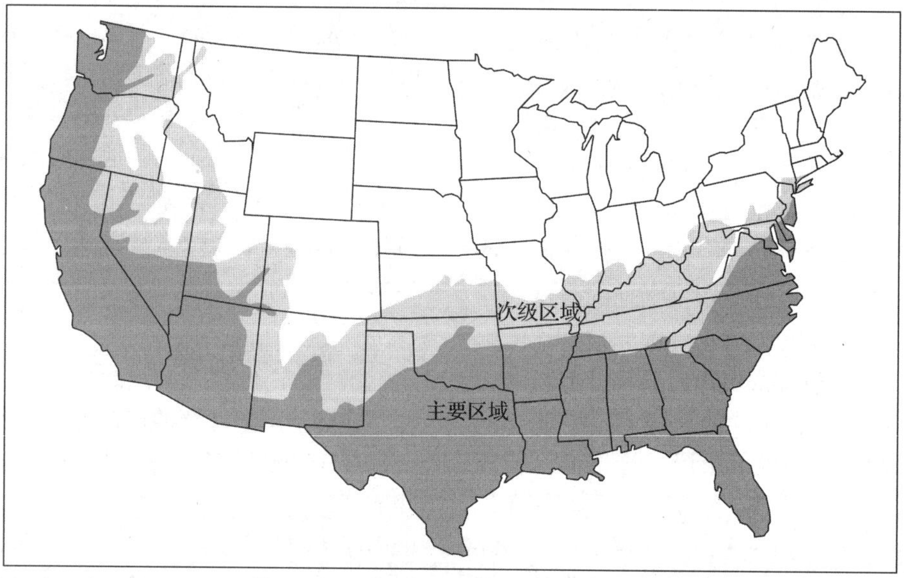

图1.9　基于低温暴露的暖季型草坪(狗牙根)种植区域

双图法用于反映冷季型草坪草和暖季型草坪草形成其多年生性质的不同生物学特点。冷季型草坪草耐热性差，但耐寒性好。冷季型草坪草可以忍受几天的极热天气，但3~4 周的持续高温会导致这些草变稀或局部死亡。就暖季型草坪草而言，它们对低温的耐受能力主要取决于低温的程度。例如，大多数暖季型草坪草都能在 2~3 周的轻度寒冷天气中存活下来，但一个晚上的极端寒冷会冻死整块草坪(这种情况称为“低温冬季死亡”)。

在冷季草坪草地图上，根据 86℉的温度阈值和每年日最高气温达到或超过该气温的天数划分为 3 个区域。在主要区域，每年超过这一阈值的天数不到 90 d；在次要区域，每年超过这一阈值的天数为 90~120 d；在无阴影区域，每年超过这一阈值的天数超过 120 d。

主要区域(深灰色)。每年不到 90 d 气温高于 86℉的地区。适合于草地早熟禾、多年生黑麦草或二者的混合草坪。

次要区域(浅灰色)。每年有 90~120 d 气温高于 86℉的地区。适合高羊茅、草地早熟禾或二者的混合草坪。

无阴影区域(白色)。每年超过 120 d 气温高于 86℉的地区。不适合任何冷季型草坪草。

最适合冷季主要区域的主要运动型草坪草是草地早熟禾和多年生黑麦草。在次要区域，高羊茅和草地早熟禾是最适合的。无阴影区域不适宜种植冷季型运动型草坪草，该区域的草坪草选择应基于暖季草坪草地图。

与冷季草坪草地图不同，暖季草坪草地图仅基于平均最低气温(一年中的最低单次读数)。主要区域平均最低气温大于 0℉；次要区域的平均最低气温为-10~0℉；无阴影区域的平均最低气温低于-10℉。

主要区域(深灰色)。平均最低气温值大于 0℉的地区。适用于所有(译者注：多数)种子或无性繁殖狗牙根品种。

次要区域(浅灰色)。平均最低气温值在-10~0℉。只适合耐寒狗牙根品种。

无阴影区域(白色)。平均最低气温值小于-10℉。不适合任何狗牙根品种。

在暖季主要区域，大多数种子和无性繁殖的狗牙根品种适合使用。在次要区域，只推荐耐寒种子或无性繁殖品种。暖季草坪草地图显示了狗牙根生长的区域。狗牙根因其独特的形态和适应性而成为首选的优势物种。在无阴影区域，不推荐狗牙根品种，该区域的草坪草选择应基于冷季草坪草地图。

1.5　利用双地图系统选择草坪草

要确定最适合特定位置的草坪草，请查看以上两张地图。如果特定位置位于冷季区域内，请参照冷季草坪草地图进行选择。如果某个位置位于暖季区域内，请从暖季草坪草地图中进行选择。一些地方表明，暖季型草坪草和冷季型草坪草都可以作为多年生植物生长。如果是这样的话，那么就在冷季型草坪草和暖季型草坪草的草坪草之间进行选择。

一个在冷季型草坪草和暖季型草坪草都可以种植的地区被称为“重叠区”或者“过渡区”。在这些地区，气候从上一年到下一年，从冷到暖或从暖到冷变化不好预测。这些过渡区季节间的天气变化很大，是管理草坪草最困难的区域。请注意，犹他州中东部、科罗拉多州东部和堪萨斯州中西部小区域，并不属于冷季型草坪草或暖季型草坪草的多年生种植区。显然这些地区种植草坪也是可以的，与过渡区一样，冷季型草坪草或暖季型草坪都可以选择。

1.5.1　暖季型草坪草选择

在暖季地区，狗牙根是运动场的首选，管理者的工作将仅限于挑选最佳的狗牙根品种。在暖季草坪草地图的主要区域(狗牙根最容易作为多年生植物生长的区域)，管理者首先需要决定的是使用无性繁殖还是种子繁殖类型。如前所述，无性繁殖类型缺乏可用种子繁殖，因此需要管理者联系草皮农场，以找到所需的品种。无性繁殖品种通常具有较高的地上部、密集的匍匐茎和根茎，生长健壮，且拥有较深的须根系。然而，种子繁殖品种虽然形态与其相似，但缺乏无性繁殖品种的活力和密度。如果仅根据已建草坪草的质量和活力来决定，则首选无性繁殖品种。然而，无性繁殖品种的成本更高，因此预算限制可能会导致使用种子繁殖品种是更合理的选择。

选择了种子或营养繁殖狗牙根后，下一步就是选择一个特定的品种。咨询当地草坪推广专家和 NTEP 数据，以确定最适合的品种。如前所述，最高质量、最高密度的狗牙根可能不是某一特定预算和总体管理能力下的最佳品种选择。在主要区域，我们推荐的营养繁殖品种选择包括‘天堂草’、‘蒂夫图夫’、‘蒂夫大’、‘蒂夫体育’、‘庆祝’、‘爱国者’、‘北桥’、‘北纬 36’和‘塔苛马 31’。在这些营养繁殖品种中，MS Choice (商品名靶心)是专门针对运动场而开发的。本品种具有高度木质化的叶组织，持久的匍匐茎和根茎结构，最小的头状花序，深绿色，独特的紧凑、匍匐生长习性。在温暖季节的主要地区，有许多种子繁殖狗牙根也适应，其中‘公主-77’(Princess-77)是最高质量的品种之一。这种种子繁殖狗牙根品种在密度和修剪质量上与许多推荐的种子繁殖品种具有视觉可比性。然而，它也是最昂贵的种子繁殖品种之一，其种子可获得性有时是个问题。种子繁殖品种应用的一种可能性是发展一种混合 2~3 个品种的组合。从视觉角度来看，这可能无法提供最高质量的草坪，但遗传变异提高了整体性能标准(如果选择了种子繁殖类型，我们建议在将其名称规范之前，先研究种子的商业可用性。一些种子繁殖类型狗牙根是种子产量低的品种，所以他们供应的种子可能很快就售完而导致缺货。指定没有或缺少种子的播种繁殖品种可能会扰乱施工进度并造成不必要的延误)。

在暖季型草坪草的次生区域，我们根据已证明的耐寒性推荐的营养繁殖品种包括‘中铁’、‘中庭’(Midlawn)、‘弗吉尼亚山’(Vamont)、‘爱国者’、‘快植’、‘北纬 36’、‘北桥’和‘塔荷马 31’。所有这些营养繁殖品种均具有优良的抗寒性。在种子品种中，只有‘里约’、‘横贯大陆’(Transcontinental)和‘摩纳哥’具有理想的耐寒性水平。耐寒性可能不是每年都需要，但当气候变得异常寒冷时，使用耐寒狗牙根品种将值得花费任何额外的成本或时间。

1.5.2 冷季型草坪草选择

冷季地区的草坪管理者主要从 3 个物种中选择，并对这些物种的混合以及每个物种内的品种进行选择。在主要区域，一个单一的草地早熟禾，或草地早熟禾和多年生黑麦草的混合(在贸易中称为早熟禾/黑麦草混合)是较好的选择。一个混合种子中，草地早熟禾的重量组成可能从 50%到 80%，剩下对应的是多年生黑麦草。混合种子中，草地早熟禾和多年生黑麦草的比例将由冷季主要区域内的相对位置、场地使用情况和管理策略决定。这里举个例子说明一下地理位置对草种混合组成的影响。草地早熟禾具有优良的耐寒性，而多年生黑麦草具有中等的耐寒性。因此，在冷季主分布区的北部地区应采用较低比例的多年生黑麦草(越冬差)。咨询有经验的体育场地经理或大学推广专家可以帮助确定适当的早熟禾/黑麦草混合比例。

多年生黑麦草的单一草坪很少被推荐。尽管多年生黑麦草在棒球场、垒球场、足球场、长曲棍球场或曲棍球场上表现良好，但与草地早熟禾相比，多年生黑麦草缺乏恢复潜力、耐寒性和对特定疾病的抗性。多年生黑麦草或其他物种的单一草坪更可能被大量的病虫害侵染或在极端环境条件迅速导致整个草坪被破坏掉。

在冷季草坪草的次要区域，最好的选择是高羊茅、草地早熟禾或这些物种的混合。在这个地区，长时间的高温是比较常见的，高羊茅是一种耐热和耐旱的物种。一个单一的草地早熟禾或高羊茅，或混合草地早熟禾和高羊茅是较好的选择。然而，草地早熟禾和高羊茅混合使用并不广泛，因为这两种草会随着时间的推移逐步分离出来，导致草地早熟禾和高羊茅的局部出现斑块的情况。这些分离的群体形成了均匀性较差的场地，降低了球员的竞技表现和安全性。球场经理应该了解新的改进草坪型高羊茅品种正在不断的研发中，这些品种与草地早熟禾混合可能表现更好。建议咨询有经验的草坪管理经理或大学推广专家，以帮助确定草地早熟禾和高羊茅混合是否适用。

在美国其他地区，不建议使用冷季品种。

草坪管理者决定了一个品种或品种组合后，下一步就是进行品种选择。每种冷季型草坪草的品种清单都很长：150 多种高羊茅品种、250 多种草地早熟禾品种和 150 多种多年生黑麦草品种，而且这些品种的数量还在不断地增加。有关这些品种属性的信息，请查阅 NTEP 数据或访问大学草坪推广服务网站。与种子繁殖狗牙根一样，在进行品种选择之前，要确定该品种的商业种子可用性。同时，明智的做法是使用两种或两种以上的最佳组合品种，以更好地利用遗传多样性的好处，而不是种植单一品种。

1.5.3　过渡区或重叠区草坪草选择

过渡区或重叠区是美国冷季型和暖季型草坪草适应区相重叠的地区。在这些地区，草坪经理可以选择冷季型的物种或狗牙根作为运动场应用的草种。

应该注意的是，哪种草坪草最适合哪个重叠区存在很大的差异。例如，在西北重叠区(俄勒冈州和华盛顿州)，耐寒的狗牙根品种将作为多年生植物生存，但它们对寒冷天气的反应[当温度下降到 50℉以下时，生长速度减慢、颜色丧失]使它们无法在秋、冬、春季使用。在美国的这一地区(或者其他类似气候的地区)，大多数狗牙根品种只适合夏季建植的草坪。因此，该地区重叠地带的主要草坪草是冷季型草。

在过渡区或重叠区的上南部地区(密苏里州、伊利诺伊州、肯塔基州、田纳西州、北卡罗来纳州和南卡罗来纳州、弗吉尼亚州和佐治亚州)具有不同的气候环境。在这些地区，气候年际变化更大，使得草坪草的选择比西北重叠区更加困难。在上南部区域，冷季型草坪草种和狗牙根都常见于运动场。狗牙根在夏季利用率高、费用低的无灌溉场地上生长良好；冷季型的草种一般用于维护预算较高的灌溉体育场地较为合适。

在任何重叠区(过渡带)选择冷季型和暖季型草坪草的标准包括(除气候外)：场地活动频繁程度、一年中使用量最大的时间、所需的美观程度以及可用的维护预算。所有这些标准都需要考虑到，并综合考虑作出决定。

重叠区因气候变化导致草坪草性能发生相应的变化，使得该区域运动场管理尤为复杂，鉴于任务的复杂性，在做出最终选择前，向有经验的草坪管理经理或大学推广专家寻求帮助至关重要。

1.6　种植时间和播种量

在计算播种量时，请特别注意种子标签上的信息。选择在当前日历日期前不超过一年(最好是一年内的)进行发芽试验的种子。比较不同选择的发芽率和净度百分比，并选择这两个指标都是最高的种子。所有播种量应基于纯活/净活种子(pure live seed, PLS)，以确保场地所需的草坪密度。计算净活种子和每 1000 平方英尺播种量的计算方法见附录第 1 部分“计算”。

1.6.1 暖季区

在暖季区，种植狗牙根的理想时间是从仲春到仲夏，此时土壤温度应达到65℉。若灌溉条件良好，在夏季中后期也可种植，但需注意管理。记住：种植越晚，达到所需覆盖率和草坪密度的机会越低，并且由于低温伤害造成草坪损失的风险也越大。休眠播种和草枝的试验结果可以参见这一章的结尾部分田间研究"扩大狗牙根的边界"。

典型的播种量是每1000平方英尺播种0.5~1.5磅去壳的狗牙根种子(或每英亩约40磅种子，2.4~7.3 g/m^2)。在种植未脱壳的狗牙根种子时，这个播种量应该加倍。较低的播种量可能需要2~3周才能覆盖场地，但较低的播种量也有好处，因为幼苗之间的竞争较少，结果是长成更健壮、更大的植株。虽然较高的播种量会更快地覆盖场地，但第一个生长季的高地面覆盖并不一定等于有更好的耐磨性。种子繁殖狗牙根在第一年的生长发育中产生很少的侧枝茎(匍匐茎或根状茎)，尤其是在较高的播种量的条件下。注意不要在建植的第一年过度的践踏使用场地，以免破坏一个本来已成功建植的草坪。

草枝和草块塞植同样最好是在土壤温度至少65℉时进行。在美国南部，这个土壤温度通常是指4月15日至8月15日，但最好的结果是在5月15日至7月15日获得。在夏季晚些时候种植，会增加越冬的风险。

当提供关于草枝的指导时，大多数信息来源都建议采用以"每英亩多少蒲式耳小枝"为单位的推荐种植量。但是目前，没有既定的准则来定义"蒲式耳"（35.42L）小枝的数量，其根据处理材料的方式而有所不同。南方一些草皮生产商将1蒲式耳定义为2500个左右小枝，并建议每英亩种植400~500蒲式耳的狗牙根，有时每英亩至少200蒲式耳，有时每英亩高达1000蒲式耳。在制定小枝规格时，另一种方法是指定每平方英尺种植的小枝数量。如果2500枝的数量等于1蒲式耳，按500蒲式耳/英亩的标准建议，约等于25个小枝/平方英尺。较低的种植量成本较低，但需要更长的时间才能实现场地全覆盖。在非常高的种植量水平上，小枝之间的竞争实际上会降低建植当季的场地的耐践踏能力。

当使用草块塞植时，使用中心间距为12英寸直径2~4英寸的草块，这样可以在两个月内实现整个场地的完全覆盖。

在暖季地区，只要在草皮铺好后的头几天里，气温不会大幅下降到冰点以下，并且有充足的降雨或灌溉，几乎在一年中的任何时候都可以进行铺草皮。如果规划铺设一个休眠狗牙根场地，需要考虑的一个问题是土壤温度没达到60℉或以上，狗牙根的生根潜力非常低。因此，如果正在计划进行休眠草皮铺设，并且在狗牙根可能无法达到令人满意的扎根情况下使用，或者想要在早期使用场地，则需要考虑在草皮收获前在农场用黑麦草交播或自己交播草皮，并使用适当的草坪生长毯覆盖促进黑麦草生长。黑麦草的生根会将狗牙根的草皮固定在土壤上，并消除潜在草皮稳定性和运动员立脚不稳的问题。

1.6.2 过渡区

在过渡区，无论是播种繁殖还是营养繁殖，一般采用与美国南部相同的种植时间和播种量种植狗牙根。然而，应该注意的是，种植的最佳窗口期比美国南部短一些。

高羊茅和高羊茅/草地早熟禾混合最好在夏末播种，从8月中旬至9月中旬。春季可以进行种植，但通常不太成功，因为土壤温度较低。如果春季种植是必要的，理想的时间是3月或4月，以让草坪在面临过渡区夏季挑战之前尽可能地成熟。

每1000平方英尺使用7~10磅高羊茅种子，以保持草坪的均匀性，并减少高羊茅特有的丛生效应。85%~95%高羊茅和5%~15%草地早熟禾(按重量计)混合，推荐按4~6磅的混合物重量种植，具体取决于混合组成比例。根据经验，较高的推荐播种量应在次优播种期播种。

1.6.3　冷季区

冷季型草坪草的最佳播种期为 8 月中旬至 9 月中旬。在此期间，土壤温度接近种子萌发的最佳温度，秋季杂草竞争通常是最小的，但土壤水分不足(与盛夏种植时间相比较)。尽管 10 月有时会进行种植，但这是一种不可取的做法——10 月以后，土壤温度低和光照强度低导致的风险更大。在冻结温度开始前植物发育到三叶期，对于获得良好的建植草坪是很重要的。如果 10 月和 11 月异常温暖，这种情况就可能发生。否则，在寒冷的天气里，植物若仍处于苗期，越冬冻死(通常是由于干燥脱水)将具有特别大的破坏性。

表 1.2　运动场草坪草种的种植时间和播种量

最佳播种期	播种		
	草的种类	种植时间	磅/1000 平方英尺
8 月 15 日至 9 月 15 日	草地早熟禾	4 月 15 日至 9 月 15 日	2~3
	多年生黑麦草	4 月 15 日至 9 月 30 日	7~10
	50%草地早熟禾 50%多年生黑麦草(w/w)	4 月 15 日至 9 月 15 日	4~6
	85%草地早熟禾 15%多年生黑麦草(w/w)	4 月 15 日至 9 月 15 日	3~4
	90%多年生黑麦草 10%草地早熟禾	4 月 15 日至 9 月 15 日	6~8
	匍匐翦股颖	4 月 15 日至 9 月 15 日	1~1.5
	高羊茅	3 月 15 日至 9 月 15 日	7~10
	90%高羊茅 10%草地早熟禾	3 月 15 日至 9 月 15 日	6~8
5 月 15 日至 7 月 15 日	狗牙根(去壳种子)	4 月 15 日至 8 月 15 日	0.5~1.5
	狗牙根(未去壳种子)	4 月 15 日至 8 月 15 日	1.5~3
	海滨雀稗	4 月 15 日至 8 月 15 日	0.75~1.25
最佳播种期	小枝/草植		
	草的种类	种植时间	小枝/平方英尺
5 月 15 日至 7 月 15 日	狗牙根	4 月 15 日至 8 月 15 日	20~50
	海滨雀稗	4 月 15 日至 8 月 15 日	20~50
最佳播种期	草块塞植(直径为 2~4 英寸的草块，12 英寸间距)		
	草的种类	种植时间	草块数量/1000 平方英尺
5 月 15 日至 7 月 15 日	狗牙根	4 月 15 日至 8 月 15 日	110
	海滨雀稗	4 月 15 日至 8 月 15 日	110
最佳播种期	草皮		
	草的种类	种植时间	
	全部	高于冰点温度	

当作为单一草种种植时，每1000平方英尺使用2~3磅的草地早熟禾种子或每1000平方英尺使用7~10磅的多年生黑麦草种子。如果种植50%的草地早熟禾和50%(重量比)的多年生黑麦草的混合种子，每1000平方英尺使用4~6磅。

北方铺草皮的时间从4月中旬到11月中旬(表1.2显示了不同物种的种植时间和播种量)。

1.6.4 种子银行

康奈尔大学和艾奥瓦州立大学的研究人员提出的针对高践踏冷季球场的播种策略值得仔细研究。这种策略被称为种子银行，它涉及整个践踏严重时期种子的定期应用。在大多数情况下，这种定期播种无论季节或场地使用。该策略仅适用于那些草坪被广泛磨损的区域，该区域可能位于美式橄榄球的码标线和40码线之间以及足球的球门前或中心圆之间。多年生黑麦草或高羊茅每周到每两周播种一次，播种量约为5磅/1000平方英尺。在整个场地使用期间，不考虑播种时间和下一个预定场地使用安排，持续地定期进行播种。有些种子发芽了，能存活下去；有些种子发芽了，很快就因践踏而被移走；有些种子被放在种子银行里——它留在土壤里，稍后发芽，也许在运动践踏和运动季节结束之后才发芽。

在康奈尔大学，这种方法已经被用于无杀虫剂的场地作为杂草控制和让球员远离泥泞的手段。在艾奥瓦州，研究人员已经修改了他们的方法，在运动践踏发生之前，在预期的践踏严重的地区播种大量多年生黑麦草或高羊茅种子。初步实验结果令人振奋，这是改善场地性能的一个可能手段。种子银行策略也已经在草地早熟禾上进行了尝试，但结果并不像黑麦草和高羊茅那样令人振奋。这种结果的差异可能是由于草地早熟禾的幼苗活力和建植比多年生黑麦草或高羊茅低。然而，一些草地早熟禾品种的发芽速率持续在提高，其中一些品种很可能符合这一策略，至少可以作为高羊茅或多年生黑麦草种子的混合种子。利用狗牙根的种子银行策略尚未尝试，效果如何也还未知。

1.7 整地

显然，种植草坪草或任何类型的园艺系统的关键步骤是土壤准备。理想的整地技术不仅适用于播种，也适用于草皮。除了少数地区特殊的土壤条件外，这些技术也适用于所有的草坪种植地带。

土壤准备工作的第一步是进行土壤测试，以确定土壤的营养状况。在知道土壤状况之前就买草种种植或者展开铺装草坪的工作是不明智的。至少在计划种植前两周，将土壤样品送到相应的土壤检测实验室，并在包装上标明“待种植”。这样，测试实验室的工作人员就可以提供最佳建议以最大限度地纠正土壤的缺陷和问题。

当现场高程设置和最终平整等完成后，根据土壤酸碱度调节的需要应用推荐量的石灰或硫黄，并将其混合到土壤中。土壤测试还将指出需要施用的营养元素(磷、钾、镁和钙)的水平。土壤测试是优化土壤化学条件的廉价保障。这些肥料应掺入距土壤顶部6英寸深的位置。另一种常见的做法是利用“启动”肥料，即高磷肥料，支持新种子或嫩枝生根。一个常规的应用实例是施用5磅/1000平方英尺的18-24-12草坪级缓释肥料与种子或小枝一起撒在土壤表面。

另外，重要的是要把土壤翻松到至少6英寸的深度以让植物的根系生长。最常见的松土方法可能是用旋耕机耕作，但过度耕作会破坏土壤结构，使土壤颗粒移位，然后这些颗粒常常会以更密实、更坚硬的形式重新沉降。一个更好的松土方法是使用农业耕耘机(这种工具在某些地区也被称为“松土机”或“挖土机”)。

在准备铺设草皮时，明智的做法是在下雨天或者其他潮湿天气的情况下，将所有施工设备远离场地。重型设备会将潮湿的土壤过度压实，这样会抑制根系的生长，也会导致水分从土壤表面流失，而不是渗入草坪的根部。更重要的是，这会导致土壤孔隙空间减少，切断了氧气流向根部的孔隙。这可能会促进病害发生以及导致植物恢复潜力非常缓慢，而这些问题需要通过额外的打孔通气措施(见第 7 章)来进行纠正。

修建新场地时的一个常见错误是使用重型压路机将底基层甚至表层土压实至 98% 的紧实度，这是修建道路时的典型要求。事实上，用于平整场地的推土机履带，加上正常的降雨，通常会提供足够的压实度，并形成一个良好的场地。

查阅土壤地图以了解场地所用底层土壤材料的分类。弗吉尼亚理工大学的研究人员在研究砂岩、页岩和石灰岩底土材料时，评估了这 3 种土壤材料的普氏密度值(通常用于路基施工的土壤压实度测量值)分别为 85%、90%和 95%，以及铺设在压实土壤上的粉壤土表土(2 英寸、4 英寸或 6 英寸)的最小深度。砂岩底土最易压实，石灰岩底土最不易压实。对于普氏密度值，85%～90% 是这 3 种土壤底土压实的可接受值，95%就会太硬。最后，实验发现 4 英寸的表土是草坪草能持久生长所需的最小深度，6 英寸会更好。

通常情况下，过度压实这一不适当建造的场地问题前期会被直接铺设草皮所掩盖；然而，在极端环境条件下，草皮生根不良，运动场草坪就会出现问题从而导致草坪建植失败。

1.8　种植技术

1.8.1　播种

播种时，使用抛掷式、跌落式或钻孔播种机，以表 1.2 中列出的播种量均匀地播种。如果风力很小，抛掷式(旋转式)播种机可以工作得很好。对于抛掷式播种机，要确保摊铺区域至少重叠 25%(例如，12 英尺摊铺区域要求操作员在铺设时重叠 3 英尺)。跌落式播种机几乎可以在任何时间使用，几乎无须考虑风力影响，但操作员需小心控制重叠轮距，防止漏播。在一个方向上播一半种子，然后在垂直方向上播另一半种子是个较好方式，这时只需将跌落式播种机校准为所列播种量的一半，并在该区域播种两次。使用耙子小心地将种子耙入土壤，随后轻轻地滚轮镇压，以改善种子与土壤的接触。播后覆盖有助于种子保持水分，使其发芽更充分。最便宜也是最有效的覆盖物之一是无杂草的谷物秸秆(小麦、大麦等)。使用量的经验法则大约是每 1000 平方英尺一捆。

另一种播种的方法是喷播播种。这种方法将种子和水等混合物喷洒在土壤表面。除了种子，这种混合物可能包含肥料和覆盖成分(通常是纸覆盖物)，以促进发芽和建植。这是一种快速、准确、均匀地在土壤表面播种的方法。小枝喷播法是将草坪草枝和水的混合物喷洒在土壤表面。这种方法已经在狗牙根上试验过。然而，由于小枝喷播法只是把草枝喷洒在土壤表面，没有压入土壤中，因此草枝容易脱水干燥。

1.8.2　预发芽

种子预发芽，有时也称为预吸水或预吸胀，是一种播种前对种子进行特殊处理的技术，旨在使种子播入土壤后的发芽时间从几天缩短到几小时。一个最简单的用来预发芽种子的方法是把种子放入一个布袋，并浸泡在一个大的温水桶至少 12 h。一定要把种子“充气”，每隔几小时把袋子从水中提出来然后放回原处几次(也可以用空气管给水鼓泡充气)，如果预发芽时间超过 12 h，还需要换水。此外，植物激素赤霉素(GA)可以添加到水中，以进一步加快发芽。大多数家庭和花园中心有不同配方用于各种园艺应用的 GA。当使用 GA 处理时，一定要非常严格地遵循标签上的所有指示；与所有化学处理一样，高于建议浓度实际上会阻止发芽，而不是增强发芽。

如果使用跌落式或抛掷式播种机撒播预发芽种子，则必须在浸水后将种子干燥，以使种子通过播种机。干燥通常是将种子倒在干净的混凝土地面或一块塑料上自然风干来完成的。种子需要定期搅拌以促进干燥。种子干燥以后就可以撒播了。如果种子将通过喷播播种或流体钻孔播种则无须干燥过程。干燥后的种子应在 24 h 内使用(如有可能，应尽早施用)，以防止干燥脱水。

在正常情况下不需要提前发芽，但这是运动场草坪管理者的一种常见做法，他们需要在大量使用的运动场上快速发芽长出草来。

1.8.3 休眠播种

休眠播种是在秋末或冬季低温阻止种子发芽时播种。这种播种策略可用于暖季型和冷季型草坪草。休眠播种不应作为新建球场场地的主要播种方法；这种方法最适合在排水不良利用率高的现有场地上或在春季保持潮湿、妨碍设备使用的场地上重新播种。

休眠播种的成功与否受冬季气候条件的影响很大。休眠播种的最佳冬季天气是持续的低温，这会阻止种子发芽；最差条件是同期性的温暖天气，在这种情况下，休眠的种子可能会发芽然后由于冬季低温而死亡。休眠播种的幼苗死亡率很高，因此播种量应比正常播种量提高 50%以上。

一年中有一段时间可以播种而不需要立即整地等来增加现有场地草坪的厚实度。例如，在俄亥俄州东北部，这一时期通常发生在 2 月的最后一周和 3 月的第一周。在一年中的这个时候，每天晚上冻结和白天解冻的循环往往会为种子与土壤的接触创造一个独特的条件。为了确定某一特定地区的这一机会窗口，在清晨观察土壤，会发现土壤中出现小坑，这些坑在下午变平，这有助于将种子移动到土壤中(图 1.10)。

图 1.10　北方深冬每日的冻融循环会在土壤中产生了这种坑洼效果，有助于种子与土壤的接触，并协助休眠播种的进程

休眠播种在冷季型草坪草上最为成功，因为这些草坪草适应于冬季保持很低足以抑制发芽的温度的气候。

阿肯色州立大学一项在本质上类似于狗牙根休眠播种方法的研究表明，狗牙根休眠播种有一定的应用前景。最早于 2 月在大学实验地播种，截至 5 月中旬，种子发芽率高，狗牙根覆盖率高，此时土壤温度通常会达到狗牙根种子发芽所需的水平。这种种植狗牙根的策略在冬季或春季践踏的场地尤其有效。这种休眠播种方法适用于所有试验中评估的种子繁殖狗牙根品种。

1.8.4 小枝

如果狗牙根草皮成本过高，则可以使用狗牙根草种的另一种营养种植方法——小枝法。“小枝”是指具有多个节的营养茎(根茎或匍匐茎)，这些节在正确种植时会启始新的生长(图 1.11)。这种做法类似于从播种或者铺草皮的土壤准备开始，然后把小枝种植在准备好的土壤里。小枝显然比铺草皮更省钱，但要花费几周才能完全成坪。

一个典型的小枝种植工具是一个圆盘状的播种机，它被连接到一个带有垂直圆盘的拖拉机后面。小枝随机地分布在土壤表面，小枝种植机的平底盘将它们压入土壤中。商用播种机，通常使用行播机进行播种。这种

图 1.11　狗牙根小枝可以种植在准备好的土壤中

机器制造出小的犁沟，小枝落在犁沟里，然后将土壤紧紧地压在小枝周围（图 1.12）。这种将小枝种植到犁沟土壤中的技术是通过增加植物材料与土壤的接触来提高这一小枝种植成功率。如果没有插枝机或行播机，也可以通过简单地将小枝撒在准备好的土壤上，然后用 1/4～1/2 英寸厚的合适土壤材料进行表施覆盖来增加植物材料与土壤的接触。

图 1.12　这种小枝种植机开出小沟，将小枝压入沟中，以确保小枝与土壤充分接触
（照片由迈克尔·萨伦伯格提供）

1.8.5　塞植

塞植草坪是南方种植运动场草坪的另一种可行方法，尽管这是一种劳动密集型的方法，尤其是在大面积种植时。这项技术的主要优点是不需要特殊设备，并且正确种植的草塞不太可能干燥脱水。尽管可以使用任何尺寸的草塞，但标准做法是使用直径为 4 英寸（约 10cm）、中心距为 12 英寸的草塞；这一尺寸的草塞通常能提供足够的植物材料从而在两个月内生长覆盖整个场地。

当然，草塞间距越小，建植所需时间就越短；反之，间距越大，则完全覆盖所需时间越长。标准的高尔夫果岭打洞器是用来种植它们的一种理想工具，无论是切草塞还是种植洞。

标准草塞铺装种植的主要限制在于所需的劳动力，因此，草塞种植方法通常更多地被用于修复小面积区域。然而，也有把草皮放进草塞种植机，然后把草皮切成小块，再把小块草皮扔下来用滚筒压在准备好的苗床上。这种机械化的草塞种植方式可以用于任何匍匐性的草种，但最适于快速匍匐生长的狗牙根。

1.8.6　铺草皮

草皮通常按以下几种形式供应：方形（约 46 cm）切割草皮以矩形块交付；草皮卷以 18 英寸宽 6 英尺长的卷供应。这两种形式都是手工铺装的。大卷草皮以 24 英寸或更宽、40 英尺长的卷供应，必须使用机器铺装（图 1.13）。

铺装任何形式的草皮时，注意保持接缝

图 1.13　铺设草皮时，由于大卷草皮很重，必须使用机械设备铺装

紧密。一个常见的错误做法是通过拉长草皮来定位它。这种拉长的草皮，最终会缩回到原来的大小，造成草皮之间有缝隙。在前两周，要尽量给新的草皮大量浇水，因为草皮太干也会导致缩水。草坪铺后1周左右，检查是否出现任何间隙(即使铺装良好的草皮，通常也会有一些间隙)。如果有的话建议用相匹配的土填充缝隙。

对于沙基的场地，一个好方式是选择生长在与铺装草皮的场地土壤物理性质相似土壤上的草皮。生长在黏土或有机土壤上的草皮，安装在沙地上将不能正常生根，并且由于不同土壤的分层效应，将是一个持续的维护问题。将质地细密的土壤覆盖在质地粗糙的土壤上(例如，在沙基土壤上种植有机土壤上生长的草皮)将形成上层滞水面，并导致表面潮湿。细土在粗土上的分层导致水的渗透和渗流速率降低。因此，很重要的一点是要指定在类似的沙基材料中生长的草坪，或者在铺装之前可以清洗草皮以清除任何现有土壤。

对于土壤较黏重(粉粒和黏土含量较高)的场地，有两种选择：要么选择生长在与场地土壤物理性质相似土壤上的草皮，要么选择生长在粗糙(砂质)质地土壤上的草皮。将粗质土放置在细质土上会导致水通过粗质土壤材料快速渗入和渗透，但当排水系统遇到黏重质地土壤时，水将会在土壤中积聚。

选择草皮的另一个重要因素是它的时间。建议场地管理者选择成熟的草皮，因为它通常有发达的枯草层，比生长时间短的草皮更好。一些狗牙根草皮的铺装是通过休眠草皮来完成的，是指植物处于休眠阶段时进行草皮的铺装。只要土壤不冻结，在过渡区和南方可以成功地铺草皮。在北方铺草皮的机会窗口没有南方和过渡区长，但铺草皮的种植方法打破了用种子建立草坪所需的时间限制。虽然在生长季节铺装草皮是首选方法，但通过休眠草皮也可以成功建植。如果考虑采用这种方法，则必须注意一个常见错误：未能充分浇水。一些草皮铺装者错误地认为休眠的草皮不需要水，但实际上，休眠的草皮仍然需要水来生根和建植。虽然休眠草皮比夏季草皮需要的水少，但完全不浇水会使草皮变干。

对于预算较高的专业和大学球场，有时可以使用生长在塑料膜上的厚切草皮，这种草皮是一个随时为比赛准备好的天然草运动场所需要的重要工具。这种草皮由大量的草坪植物茎和根组成，厚2英寸，每平方英尺重约17磅。这种草皮的重量使它几乎可以在铺装后立即用于体育运动。

1.9 建植

本书探讨的建植是指在种植草坪种子、小枝、草塞或草皮之后，为促进长成一个确实可用的运动场草坪而采取的所有步骤。

1.9.1 建植播种的场地

播种后，要经常少量地浇水，以保持土壤顶部1/4英寸的湿润，直到种子发芽。然后逐渐改变浇水时间，减少浇水频率，并在任何给定时间增加浇水量。这将促进更深层根系的发育。在有可能遵守1/3规则的情况下开始修剪，也就是每次修剪把植物的上1/3剪掉。

种植狗牙根的暖季场地，如果天气适宜，并且草坪经过适当的施肥和灌溉，可以在播种后两个月内准备好开始使用(但较长的建植期将使场地具有更好的耐磨性)。种植前需要对土壤进行养分状况测试，然后每10~14 d施用1/2磅氮肥，保持场地湿润但不饱和，直到草坪完全建植成功。

在过渡区播种的高羊茅至少需要4个月后才能完全地使用。场地应该在夏末播种，以备翌年春季使用。春季播种要到秋季才能使用，即使这样的间隔对高羊茅草坪来说也可能太短，尤其是在夏季特别炎热干燥的情况下。同样，高羊茅和草地早熟禾或杂交早熟禾的混合应在夏末播种，直到翌年春天才能使用。混合高羊茅的一个优点是它的幼苗活力大，会促使草坪更快地建植。然而，随着草地早熟禾百分比的增加，草坪建植可能需要一年时间才能准备好用于比赛践踏。

在夏末种植的高羊茅场地，在生长季节结束之前，每个月每 1000 平方英尺应施 1 磅的氮肥（约 4.9 g N/m^2）。春天种植的场地在第一个月应该施 1 磅的氮肥，但是一个月之后施肥量应该减少到 1/2 磅或更少。如要保持草坪快速生长，不要在春季和初夏过度施肥，因为这将减少草坪春季生根，而这是草坪夏季生存的关键。春季过度施肥的高羊茅通常更容易受到病害的影响，尤其是褐斑病（丝核菌枯萎病，见第 9 章）。

在冷季地区，多年生黑麦草和高羊茅场地在播种后需要 4 个月左右才能稳定，并且需要经常修剪以刺激分蘖。通常每 1000 平方英尺每个生长月需要施 1 磅氮肥才能建成。草地早熟禾也可能需要在其活跃的生长月份每月施用 1 磅氮肥才能实现建植。

需要注意的是任何种子建植的草坪 100%覆盖并不意味着它有高耐磨性。草坪可能已经相当成熟，甚至像狗牙根和草地早熟禾这样的匍匐性草坪在几个月内也不会有很多侧枝茎的产生，需要尽量限制在新种子繁殖建植草坪上的过多践踏活动。

1.9.2　建植小枝和草塞的场地

在通过插枝或草塞种植草坪时，种植量与草坪形成的速度有很大关系。需要注意的是，即使整个场地都已长满了草，也并不意味着草坪已经完全建植好了。和之前说的一样，一块地可能长满了草，但还没有准备好人们进行频繁的体育活动。但和前面说的不一样的是，至少在这种情况下，茎交叉编织在一起是由于根茎或匍匐茎的生长形成的。新种植的草坪很容易被频繁的践踏所破坏，同时较少的茎数和较小的茎也会降低草坪的恢复潜力。

新栽的狗牙根小枝很可能会变成棕色，这是意料之中的（译者注：避免草枝过度脱水，建议在草枝撒播表面后根据天气情况 4~24 h 内及时浇水）。只要继续少量多次地浇水，它们很快会重新开始生长并变绿；然后使用与新播种的场地相同的基本浇水时间表。在一个环境责任意识不断增强的现代，需要重新考虑传统的施肥方案是否妥当。因为在种植期间，通常建议每 1000 平方英尺每周增加 1/2~1 磅水溶性氮肥。而研究表明，这种含水溶性氮肥的积极施肥方案可能会造成土壤中氮肥的流失，但不会显著提高覆盖率。在黏土或砂质土壤上，缓释氮肥可以进一步提高氮肥的利用效率，这一点对砂质土壤的场地尤为重要。

快速种植狗牙根或海滨雀稗小枝或草塞的另一个必要步骤是，一旦植物材料完全生根，土壤足够干燥，足以支撑设备，就开始按照 1/3 规则进行修剪。频繁地修剪会促进横向生长，而不是垂直生长。

草塞种植后，必须立即进行少量和频繁地灌溉，以防止植物材料干燥和潜在死亡。在移植有根草塞的场地，对水的需求会减少。然而，如果收获的草皮被用作草塞来源，则需要将场地保持潮湿长达两周，以促进新生根，但不要让场地始终处于饱和状态。氧气对根来说和水一样重要。随着草皮的建植，将灌溉策略改为定期养护策略，即深度浇水和不频繁浇水。在建植期内每月施用 1 磅氮肥，并遵守修剪的 1/3 规则。

理想情况下，场地应在春季建植（狗牙根、海滨雀稗），并在用作比赛场地使用前允许至少两个月的生长期。

1.9.3　建植铺草皮的场地

草皮建植的显著优点是伴生土壤的固有持水能力和植物的成熟度。需要记住的是，根的顶端分生组织（即生长点）在收获时被移除，因此大多数新根将从根茎开始生长，它们必须穿透草皮才能到达土壤。考虑草皮厚度，对草皮采购、铺设和生长特性的决策会有帮助。薄切草皮(1/2 英寸或以下的厚度)干燥速度更快，但生根速度也很快；而较厚切割的草皮保存更多的水分，需要更长的时间将根系固定下来，但可以提供更好的稳定性和基础，尤其是在草皮铺设后不久就要进行使用。以上两种情况各有利弊。

表 1.3　发芽和建植期

草的种类	种子		
	发芽期/d	建植期	1000 平方英尺氮肥需要量
草地早熟禾	15~20	1 年	1 磅/月
多年生黑麦草	4~7	4 个月	1 磅/月
50%草地早熟禾/50%多年生黑麦草(w/w)	4~20	4 个月	1 磅/月
85%草地早熟禾/15%多年生黑麦草(w/w)	4~20	4~6 个月	1 磅/月
90%多年生黑麦草/10%草地早熟禾	4~20	4 个月	1 磅/月
90%高羊茅/10%草地早熟禾	7~20	4 个月	1 磅/月
匍匐本草	15~20	4 个月	1 磅/月
高羊茅	7~15	4 个月	1 磅/月
狗牙根(去壳种子)	10~15	2 个月	1/4~1/2 磅/10~14 d
狗牙根(未去壳种子)	15~20	2 个月	1/4~1/2 磅/10~14 d
海滨雀稗	10~17	2~4 个月	1/4~1/2 磅/10~14 d
草的种类	**小枝**		
	生根期/d	建植期	氮肥需要量
狗牙根	10~14	2 个月	1/4~1/2 磅/10~14 d
海滨雀稗	10~14	2~4 个月	1/4~1/2 磅/10~14 d
草的种类	**草塞**		
	生根期/d	建植期	氮肥需要量
狗牙根	10~14	2 个月	1/4~1/2 磅/10~14 d
海滨雀稗	10~14	2~4 个月	1/4~1/2 磅/10~14 d
草的种类	**草皮**		
	生根期/d	建植期	氮肥需要量
全部	10~14	4~6 周	1 磅/月

注：每种种植方法的浇水要求都包含在本节的文本中。

遵守“三分之一法则”修剪高度要求。

所有的种植方法都需要在使用场地进行练习或比赛后进行一定程度的更新(见第 12~14 章“更新”和每项运动的“维护和管理程序”)。

对于播种、插枝和草塞，在建植期间，限制未成熟草坪上的活动可显著提高草坪的长期性能。

在建植期间，以所列量施用氮肥，直至达到所需的草坪密度。将缓释氮肥纳入生长计划可以确保草坪的持续肥料供给。建植完成后，按照第 3 章中建植草坪的推荐施肥量。

译者注：1 磅/1000 平方英尺≈4.9g/m^2。

对于任何草皮铺设，确保草皮在生根期间保持场地湿润但不饱和。一旦场地能够支撑设备重量而不会出现车辙，就可开始修剪。在充分灌溉和不超过中等降水量的情况下，比赛队伍应该能够在 4～6 周内使用这片场地。同样，草皮厚度可以用来改变场地使用的特点，这取决于是否有即时使用场地的目标。在剩下的生长季节里，每月每 1000 平方英尺施 1 磅氮肥，有助于使草皮建植稳固。

表 1.3 显示了不同草坪草物种的典型发芽和建植期。特别是对于草地早熟禾，草坪草育种者正在努力选择发芽更快的草，并培育选择可以在 7～10 d 内发芽的品种。查阅 NTEP 和相关大学关于草坪建植速率的研究数据更新。

1.10　暖季场地交播

交播的冷季型草坪草对狗牙根（或者海滨雀稗）冬季生存的积极和消极影响问题总是会出现。毫无疑问，来自交播草种的竞争是对狗牙根整体健康的重大损害。在花了整整一个生长季节试图控制狗牙根中的其他杂草之后，交播基本上"逆转"了正常做法——在狗牙根草坪上播种了数百万"杂草"。然而，交播确实为休眠的狗牙根草坪提供了一些物理保护，使其免受磨损，同时交播的冷季型草坪草也可能作为"毛毯"对狗牙根提供少量的低温保护措施。基于以上考虑，一般建议对深秋或翌年春季还会大量使用的场地进行交播。在这种情况下，如果没有交播的场地，有可能会在下一个赛季到来时场地很少或没有草坪了（休眠狗牙根或其他）。

大学对有关狗牙根（百慕大）种植的最新研究，请参阅本章末尾的田间研究"扩大狗牙根的边界"。

1.10.1　选择草坪草进行交播

南方运动场草坪管理的一个独特做法是，在初秋至仲秋，用一年生黑麦草、多年生黑麦草或中间黑麦草（多年生黑麦草与一年生黑麦草的杂交种）交播狗牙根或海滨雀稗运动场。见表 1.4 所列，每种类型的黑麦草都有自己的一些优势和劣势。

表 1.4 中，当涉及春季过渡这一特征时，一些运动场经理可能会认为这是一个优点，而另一些运动场经理可能会认为这是一个缺点。如果需要冷季型草坪草坚持到晚春，那么选择一个可用的最耐热的多年生黑麦草品种。如果情况有利于更快速过渡的黑麦草，则选择一年生或中间黑麦草（甚至是 NTEP 中评级较低的多年生黑麦草品种）。总的来说，一年生黑麦草比较便宜，而且能够快速发芽和生根。它在春季迅速过渡，但有时过渡得太快，狗牙根还没有来得及完全恢复活跃生长。一年生黑麦草对严重磨损和极端温度的耐受性较差，通常比多年生黑麦草更容易生病。它长得也很快，常常需要更频繁地修剪。

一年生黑麦草的选择比较有限，因为大多数可用的品种都是作为饲料和牧草而开发

表 1.4　不同黑麦草比较

草种	优点	缺点
一年生黑麦草	• 成本经济 • 快速发芽 • 优良的播种活力 • 快速的春季过渡	• 耐磨性差 • 极端温度耐受性差 • 病害脆弱性 • 可能春季过渡过快 • 快速生长需要频繁修剪 • 很少有运动场草坪特定品种
多年生黑麦草	• 快速发芽 • 非常好的播种活力 • 较高的抗虫性 • 更好地耐受极端温度 • 优异的耐磨性 • 缓慢的春季过渡	• 种子比一年生黑麦草贵 • 春季向狗牙根过渡可能很困难
中间黑麦草	• 快速发芽 • 非常好的幼苗活力 • 颜色较深的品种比一年生品种有更多选择	• 种子比一年生黑麦草贵 • 快速的春季过渡

的，只有少数品种专门为草坪草开发(如叶片质地更细和颜色更深)。运动场地经理通常只能使用当地市场的所有可用品种。

改良的草坪型多年生黑麦草品种的耐性显著提高。它们更能抵抗疾病、害虫、极端温度和磨损。与一年生黑麦草品种一样，它们发芽和建植很快。大多数多年生黑麦草品种的开发都是为了用作多年生草坪，其选择和开发的主要目标之一是提高耐热性和耐旱性。因此，与一年生黑麦草相比，草坪型多年生黑麦草在春季的过渡更为缓慢，这对于棒球等春季运动项目是一个优势，在棒球运动项目中，剩余的多年生黑麦草足以支持比赛。然而，多年生黑麦草在春季向暖季型草过渡后可能有点难以管理，因为多年生黑麦草的耐热性和耐旱性的提高导致它在越冬后成为狗牙根或海滨雀稗的主要竞争草种。

草坪型多年生黑麦草是一种能够提供最高质量、最美观的运动表面的交播运动场草种。然而，一年生黑麦草种子较低的单位初始成本仍然使其作为多年生黑麦草的替代品被广泛使用。区分“价格”和“成本”是很重要的。虽然一年生黑麦草品种的价格较低，在经济上更具吸引力，但相比多年生黑麦草，一年生黑麦草的快速生长速率往往需要至少两倍的修剪频率，因此，最初节省的一部分费用很快就被更高的维护成本所抵消。从长期来看，一年生品种的成本可能更高。

如今，运动场经理对草坪型多年生黑麦草有很多种选择。有许多优质品种，提供优良的交播表现。推广机构或州立大学草坪管理研究项目可以提供多年生黑麦草选择的信息，这些选择在特定地区表现良好。一般应该有多种选择，而专家们可能会建议购买几种多年生黑麦草品种进行混合。选择两个或两个以上品种进行混合可以扩大草坪草的遗传多样性，也作为一种保险。就是如果一种草由于病害或环境胁迫而失败，那么混合品种中的一种或两种其他草可能不会受到影响。

一些多年生黑麦草种子可能需要用杀菌剂进行预处理，以防止土传腐霉菌引起的幼苗枯萎。预处理将是一个额外的费用，但这种处理通过在植物最容易受到损害的时期控制或至少抑制这种毁灭性的幼苗病害，确实有助于增加草坪建植成功的机会。

“内生真菌增强”多年生黑麦草种子虽然有限但也可以采用。这种种子含有一种活的真菌。它不会引起不良的病害，相反，它已被证明可以减少病虫害和受侵染植物的环境压力。然而，对于多年生黑麦草来说，作为多年生草坪草，这一特性比作为冬季交播更重要。

大多数中间黑麦草都是在考虑冬季交播条件的情况下培育出来的。这些草有着一年生黑麦草的前期快速建植和后期较快过渡的特性，同时具有多年生黑麦草的改良品质和颜色。到目前为止，大多数用户认为其性能与一年生黑麦草特性的关系比与多年生黑麦草特性的关系更密切。

1.10.2 交播日期

交播日期应该提前计划。事实上，交播所需的种子应该在春季订购，以确保秋季播种期开始时有充足的种子供应。美国南部草坪管理者的种植窗口期为9月1日至9月22日(南部北边)；9月15日至10月8日(南部中间)；10月1日至10月21日(极南部)(表1.5)。

表1.5 黑麦草交播暖季草交播日期

区域	一年中的交播时间
南部北边	9月1日至9月22日
南部中间	9月15日至10月8日
极南部(最南部)	10月1日至10月21日

这些窗口期不是绝对的，但它们是基于土壤温度最有利于黑麦草发芽的时间范围——4英寸深的土壤温度在65~70℉。交播可以在推荐的窗口期之前或之后进行，取决于具

体情况。然而，交播太早，会因为太多现有的暖季型草的竞争导致建植不良；交播太迟，由于土壤温度较低种子发芽率下降也将导致建植不良或延迟。

1.10.3　交播暖季型草坪草的技术

在交播过程中，一个好的开始就是进行土壤测试(在某些情况下，如果先前的土壤试验表明需要对土壤化学进行实质性修复，则第二次测试是发现土壤现状的唯一方法)，然后施用土壤测试建议的肥料，但注意不要施用过量的氮肥，否则将促进来自暖季型草的进一步竞争。对于大多数情况，1/2 磅的氮肥已足够。土壤足够的磷肥是特别重要的，并且在交播过程中每 1000 平方英尺施用 1/2～1 磅的磷酸盐以促进生根仍然是通用做法。然而，除非土壤测试显示养分含量较低，否则研究并没有发现这种额外的磷肥应用会取得显著的效果。

冬季成功交播的关键之一是确保土壤和种子之间有良好的接触。除较南方地区外，为避免暖季型草坪草基础可能遭受冬季伤害，应提前做好狗牙根垂直修剪(梳草)工作。这可能意味着在夏季要垂直修剪好几次，以便在秋季对狗牙根或海滨雀稗为基础的场地进行交播。过渡地带的狗牙根草坪场地，如果在一年中过晚的时候进行过于积极的垂直修剪作为交播准备策略，会大大增加狗牙根冬季伤害的可能性。使用植物生长调节剂(PGR)作为播种前处理，在黑麦草出苗期间会抑制狗牙根的生长，有助于交播建植成功(见第 4 章关于化学生长调节剂的章节)。虽然这种化学处理策略对交播有帮助，但它通常必须与垂直修剪相结合，因为像抗倒酯(Primo Maxx©)这样的植物生长调节剂可能已在整个生长季节用于增加草坪密度。

在交播之前，先将现有暖季草坪修剪至最低建议高度(大多数运动场草坪通常为 3/4 英寸，在欧洲有些场地可能低至 1cm，译者注)。在极南部的气候条件下，冬季极端的温度不是一个主要问题，草坪有时是超低修剪剪秃，甚至立即交播前垂直修剪。这为交播建植提供了一个优越的种植面，但对生长季后期的暖季草坪冠层非常不利。播种时向至少两个不同的方向撒播种子，以避免漏播(抛掷式撒播机通常用于覆盖大面积区域，而跌落式撒播机通常用于将种子播种到存在边界的特定区域)。撒播后，用拖垫将种子拖入草坪中，以促进种子与土壤接触。用沙子或类似于现有土质的土壤进行轻度覆沙(1/8～1/4 英寸厚)以改善种子与土壤的接触。

典型的多年生黑麦草交播量是每 1000 平方英尺 10～20 磅的净活种子(PLS)。根据建植成功与否、践踏状况和生长条件，播种量可以很容易地翻倍增加。运动场管理者经常合理使用较低播种量的黑麦草，以尽量减少与狗牙根的竞争。但是这通常会形成一个运动性差和不安全的场地，其中黑麦草呈一丛一丛，而不是呈均匀的密度。对于交播我们需要考虑得更多是一个经济决策，而不是一个农艺决策。农艺学上，众所周知，交播几乎总是不利于狗牙根草坪的，因此，如果一个运动场管理者决定要做交播，那么交播量要足够大才可以形成致密安全的比赛场地。

为了优化发芽，采取一个少量多次浇水的原则(每隔几小时浇灌几分钟)。这样做的目的是确保种子不会干掉，但同时不会使土壤太湿以至于水分饱和——水分饱和灌溉是新播种草坪的常见错误。保持这个灌溉原则，直到种子发芽，然后逐渐减少浇水频率，直到最后达到“少次多量”浇水程度，以促进深层根系的生长发育和草坪的完全成熟。

对于前几次修剪，不要收集草屑，因为这样做有可能会移走大量的种子。

1.10.4 暖季型草坪草的冬季护理

交播草坪的维护需求在很大程度上取决于该区域的使用方式和使用频率。对于深秋和早春的运动，必须根据草坪的需要，定期对场地进行施肥、修剪和灌溉。只要温度保持在冰点以上，黑麦草就会生长，当温度上升到50℉以上时，黑麦草就会加速生长。如果草坪要在比赛季节到来时处于良好状态，重要的一点是即使在使用很少或没有使用期间也要继续修剪和做好其他养护措施。

如果冬季用盖毯的方式来延长黑麦草建植的生长期以进行春季运动，一定要注意盖毯下的情况。覆盖被交播的场地可以使场地在第二年春季从一个可能是勉强能用的运动表面变为一个非常好用的运动表面。使用盖毯促进黑麦草建植的同时也产生了额外的顾虑。草坪草不依赖于日历日期的自然气候变化，更多的只是对盖毯产生的高温和水分做出反应，这有利于黑麦草的生长发育，但也易引起草坪病害。在盖毯下生长的黑麦草需要特别注意修剪和病虫害压力。在长时间的保暖期，应该定期检查这些草生长情况。

施肥量也受场地使用和环境条件的影响。在生长不活跃的草坪上施用肥料几乎没有什么好处，不仅浪费肥料，还可能造成污染。然而，活跃生长的草坪确实需要定期施肥。大量使用的场地每月每1000平方英尺需要1磅氮水溶性肥料。较少使用的场地可以保持大约一半的施肥量。交播的黑麦草应避免不必要的施肥，这会造成修剪工作量增大，会使草坪更容易在冬季冻死或者遭受病害。

如果测试表明土壤需要磷、钾或其他肥料，也可以在冬季施用，但如果在冬季之前的交播时间施用，狗牙根和交播的黑麦草都可以更多地利用这些肥料。

美国的许多地方有足够的降雨，不需要补充灌溉。但是，如果该地区冬季降水量较少，则必须对交播草坪和基础狗牙根草坪进行足够的灌溉，以满足其水分需求。因为它影响的是不可见的休眠草，暖季型草坪草冬季脱水是一个被大大低估了的导致草坪冬季死亡的因素。在黑麦草上，水分胁迫的一个明确特征是萎蔫。重要的是要对降水进行监测，并在需要时提供灌溉，以维持草坪活跃的生长。每周浇1/2英寸的水足以保持黑麦草的活跃生长。

1.10.5 暖季型草坪草春季过渡

与南部中晚春典型天气模式相关的高温和水分缺乏会导致交播黑麦草草坪的显著损害，并逐步恢复到狗牙根(在某些情况下，还有海滨雀稗)的场地。这实际上是一个成功的交播活动的可取特征。一个完全成功的从交播的冷季型黑麦草到暖季型狗牙根的过渡期是一个不被注意的过渡期——公众没有意识到，随着暖季型草坪草恢复活跃生长，交播的冷季型草坪草正在死去。当然，实现这样一个“无缝”的过渡说起来容易做起来难。秋季交播转为黑麦草比春季转变回狗牙根要容易得多。

在没有化学药剂辅助过渡的情况下完全过渡回狗牙根，最好通过调整肥力、灌溉和修剪计划以利于狗牙根的生长来实现。这通常包括提高氮肥水平、减少灌溉和降低修剪高度——所有这些策略都有利于温度升高时的狗牙根生长。

就所有的意图和目的而言，这种自然过渡策略是用黑麦草交播的海滨雀稗场地过渡的最佳方式，因为目前还没有用于这一目的的登记除草剂。

在黑麦草交播的狗牙根场地上，有几种选择性化学控制黑麦草的方法可以帮助春季过渡。对于仅被交播用于秋季运动的场地，非选择性除草剂如草甘膦(Roundup Pro©)、草铵膦(Finale©)或敌草快(Reward©)可用于休眠狗牙根。敌草快是一种接触性除草剂，而草甘膦和草铵膦是系统性除草剂。特别是系统性除草剂产品要求狗牙根完全休眠，以避免伤害。还有一些较老的选择性化学制剂，如拿草特（Kerb©）和咪唑喹啉酸（imazaquin©），它们仍在市场上用作春季过渡化学辅助剂，但为了保持选择性，必须满足狗牙根休眠或过渡的具体要求。磺酰脲类除草剂的使用大大提高了对狗牙根的选择性和安全性。这类产品包括甲酰胺磺隆（Revolver©）、三氟啶磺隆（Monument™）、甲磺隆（Manor™ 或 Blade™）和玉嘧磺隆（Tranxit）以及啶嘧磺隆（Katana，译者注）。这些产品以其安全性和对黑麦草的控制水平彻底改变了交播的春季过渡。然而，由于其对狗牙根中黑麦草和一年生早熟禾的优良控制性能，抗性已成为许多多年使用这些化学品地区的一个严重问题。在这种情况下，必须使用具有不同作用模式的化学品除草剂来控制这些草。

选择磺酰脲类除草剂时，由于反应时间、杂草控制和预期性能对温度和湿度的要求存在细微差异，因此请务必仔细阅读产品标签。不同产品对于用于提高场地狗牙根恢复的小枝或种子具有不同程度的安全性。作为选择性和快速控制黑麦草的一种手段，这类化学除草剂产品代表了狗牙根这方面管理计划的重大突破。这些产品将在第 9 章中进一步详细说明。

对于春季棒球场和足球场来说，交播过渡策略可能正好与上述相反——保持多年生黑麦草的活力，直到春季赛季结束以保持一个更好的比赛场地。水和病害管理成为维持交播的黑麦草一直到晚春的关键。在高温干旱胁迫的第一个阶段黑麦草就可能开始枯萎，因此要注意黑麦草的颜色变化和“脚印”。在这种气候条件下，对黑麦草这种伤害会在几小时内发生。如果草坪的颜色从蓝色向紫色变化，同时踩上去后草坪没有弹回来，就需要马上浇水；草坪的颜色呈灰色的时候通常意味着即使马上浇水挽救可能已经太晚了。要尽量小心地提供灌溉以保持多年生黑麦草生长，特别是在草坪受到胁迫的时期。并做好诊断和处理任何病害的准备，这些病害就不会在极端的环境压力下在冷季草坪上迅速蔓延。延长多年生黑麦草的寿命与成功地向狗牙根过渡同样具有挑战性。

1.11　在过渡区维持暖季和冷季混合的草坪草冠层

有关在过渡带建立蓝慕大（bluemuda）（早熟禾—狗牙根）双草系统的信息，请参阅本章末尾的实地研究“扩大狗牙根的边界”。

为了维持一个多年生的双草系统，在管理实践中需要做很大的调整。氮肥计划似乎在更多的早熟禾管理而不是狗牙根管理时效果最好；更少、更频繁的每 1000 平方英尺施用 1/4～1/3 磅的氮肥，有助于保持早熟禾和狗牙根的平衡，远远好于传统的在每种草各自的最佳生长窗口期每 1000 平方英尺施用 1 磅的氮肥。同时需要考虑这两种草对某些种类的化学药剂的不同耐受性，特别是除草剂，某种除草剂对狗牙根可能非常安全而对早熟禾可能具有极高的毒性（反之亦然）。灌溉策略通常用于缓解夏季草地早熟禾的水分胁迫，并且根据草坪冠层中生长旺盛的草来调整冠层的修剪高度。

特别有趣的是，在大多数情况下，当人们认为草地早熟禾将在夏季从草坪林分中消失时，等到秋季当狗牙根准备休眠时，大量的早熟禾在林分中重新变得很明显。

田间研究

扩大狗牙根的边界

作者：迈克尔·格特利

对于生活在明确定义的冷季或暖季气候中的运动场管理者来说，对运动场的暖季型或冷季型草坪草有明确的选择。在密西西比州立大学任教期间，我协助我的同事杰弗里·克兰斯博士和韦恩·菲利对他们培育和释放的众多狗牙根品种进行了田间评估，其中许多品种被用于美国气候较温暖地区的运动场。我开始体会到狗牙根快速地横向生长速度和异常的密度是如何为美国南部提供安全的运动场地的。当我搬到北方，在弗吉尼亚理工大学(Virginia Tech)工作时，觉得狗牙根对过渡区的运动场仍有很大的用处，但我不得考虑狗牙根最大的限制因素——耐寒性差。

自2004年以来，我在弗吉尼亚理工大学研究项目的一个重点就是探索扩大狗牙根作为高尔夫球场和运动场草坪使用的利弊。狗牙根是过渡区运动场草坪的最佳选择吗？当然不是。严冬已经造成并可能是一直存在问题，特别是在大量践踏的草坪上。即便如此，我们的目标是在过渡区扩大运动场地的选择。狗牙根和草地早熟禾似乎对美国的这一地区各有利弊。我们一致认为狗牙根是最适合运动场使用的草坪草。我们也知道，草地早熟禾是凉爽的季节过渡区最好的运动场草坪草。两种草种能否结合起来，提高过渡区草坪草的质量？

探索可能性

在过渡地带，狗牙根在运动场上可能是让人爱恨交加的矛盾心情，我们仍然有很多理由使用以草地早熟禾为基础的种内混合草种和种间混合草种。我一直推荐草地早熟禾作为单一栽培或混合高羊茅或多年生黑麦草。然而，我很少发现哪些球场在密度和场地质量上能与狗牙根相提并论。过渡区独特的气候为狗牙根的应用研究提供了巨大的机会。以下是其中的4种可能性：

①亚利桑那(AZ)普通狗牙根种子价格便宜，发芽和覆盖非常快，但与许多改良品种相比，耐寒性非常差。这些特质能为运动场经理所用吗？

②最具侵略性的运动场草坪草是狗牙根，但将一个冷季草坪场地转换为狗牙根可能需要几周时间。有没有可能把一块场地改成狗牙根，而只让它暂停使用10~14 d?

③许多预算有限的运动场管理人员没有固定安装的灌溉系统，以支持在晚春或仲夏生长季节建立新的狗牙根草坪场地表面。狗牙根在冬季或早春休眠期是否可能开始建植？

④在过渡带气候条件下，是否有可能利用狗牙根和草地早熟禾品种的优良特性作为多年生草坪，又名蓝慕大(bluemuda)？

发现解决方案

经过30多年的研究和开发，以下是关于上述4种在过渡区扩大狗牙根利用可能性的研究和实地测试结果。

①劣质狗牙根种子在狗牙根不同品种混合中作为一种有效的“护士草或保护草”的理念。

假设：耐寒种子品种‘里维埃拉’(Riviera)与价格便宜、耐寒性较差的普通种子混合后，随着时间推移，将占主导地位。

背景和方法：我们在弗吉尼亚理工大学所采取的独特角度是利用某些种子品种较差的耐寒性作为草坪长期性能的理想因素。我们比较了每1000平方英尺1磅的亚利桑那(AZ)普通狗牙根的播种率与优良的‘里维埃拉’狗牙根(不再商用)的播种率，以及这两种草的所有可能组合[25%、50%或75%(按重量计)总计1磅]，以评估随着时间地推移，地块狗牙根组成发生了什么变化。

结果：将亚利桑那普通狗牙根与改良的耐寒狗牙根混合。由于亚利桑那普通狗牙根种子的快速建立率，提供了覆盖更快的草坪表面。在两个生长季节内，由于‘里维埃拉’的优良耐寒性和密度增加，草坪表面主要是‘里维埃拉’狗牙根。该策略通过减少所需优质种子的数量，显著节省了种子成本。此外，利用亚利桑那普通狗牙根建植速度快的优点，场地可能更快地开放以供运动使用。虽然‘里维埃拉’已经不能在市场上买到，但是研究人员非常有信心，这个结果将与其他耐寒种子狗牙根品种相同。

②将冷季草坪场地转换为狗牙根，同时继续使用的理念。

假设：如果我们能用种子或小枝在冷季草坪上建植狗牙根，它最终将主宰场地林分。我们称为“低影响转换”。

背景和方法：我的弗吉尼亚理工大学草坪杂草科学同事肖恩·艾斯丘博士加入了我的研究工作。艾斯丘博士在他的研究项目中花费了大量的时间来开发化学的和养护的方案，以控制冷季场地的狗牙根。在这种情况下，我们的目标是使狗牙根的快速横向生长速度发挥作用，以开发一个狗牙根运动场地，减少对场地使用的干扰。我们评估了晚春建立的种子和小枝狗牙根到成熟林分混合冷季草坪草。我们采用了种植前处理：

条杀法。通过转动喷嘴使它垂直于喷杆并降低喷杆使其刚好高于土壤表面，我们使用草甘膦在6英寸中心间距杀死了2英寸宽的条状现有冷季草坪。

条形耕作。我们改进了花园耕耘机上的耙齿，以破坏6英寸中心间距的2英寸宽的草坪。

使用植物生长调节剂抗倒酯抑制冷季型草坪生长。

在现有冷季型草坪草上种植狗牙根，不使用任何种植前处理。

结果：对于播种建植而言，最好的处理方法是“条杀法”。我们的研究表明，即使狗牙根是在温暖的季节种植，当狗牙根与成熟的冷季草竞争时，其幼苗也是一种非常不具竞争性的草。这些转化通常需要至少两年，然后种子狗牙根才占据了林分的主导地位。

对于狗牙根小枝的处理，最有效的处理方法是“条杀法”。唯一一次停止场地使用的时间是种植后的前10~14 d，此时需要频繁灌溉才能使小枝生根。在那之后，维护就可以简单地转移到定期频繁在1英寸高度修剪与夏季氮肥的应用，狗牙根开始主宰场地。在试验的第一年内，在布莱克斯堡典型的情况是冷季草场地转变为狗牙根的比例达到85%。

简单地将营养茎枝引入现有的冷季型草坪，并且不进行任何种植前处理，只是改变修剪、肥力和灌溉处理方式以使狗牙根优于冷季型草坪，最终也会形成狗牙根草坪。

③狗牙根休眠建植的理念。

假设：狗牙根运动场可以在冬季或早春用种子或小枝成功建植，无须补充灌溉。

背景和方法：阿肯色大学的草坪草研究小组首次发表了有关狗牙根休眠播种成功的科学数据。类似的发现后来由弗吉尼亚理工大学的研究人员发表。可以早在2月播种，到5月中旬，已经播种的狗牙根几乎完全覆盖了土壤，而5月中旬是一个基于理想土壤温度播种的时期。这种种植狗牙根的策略在冬季或春季场地践踏较少的、草坪磨损严重的区域尤其有效。如果一个地区没有补充灌溉，并且它的气候在冬末春初有周期性降雨是一个理想的情况。

结果：库尔佩珀(VA，弗吉尼亚)公园和娱乐公司的运动场经理迈克·斯凯尔顿与弗吉尼亚理工大学草坪团队合作，在其体育场地设施内成功地进行了重复研究试验，并在非灌溉场地上实施了该策略的实际现场应用。在那里利用3月中旬休眠播种，斯凯尔顿建立了多个里维埃拉狗牙根运动场。他把狗牙根单独播种到一个准备好的苗床上，然后在上面覆盖1/4英寸的堆肥或白色的草坪毯。虽然覆盖层或堆肥提高了建植率，但未经覆盖处理的播种地块在所有试验中也均获得成功。斯凯尔顿证明了一个成功的必需因素是春季杂草控制。在大多数的运动场都失去了使用甲基单砷钠(MSMA)的注册登记资格，二氯喹啉酸是狗牙根种子建植期间选择性杂草控制的最佳选择。这些发现证实了阿肯色州最初的研究。

与休眠种子的概念相似的是休眠小枝。我第一次看到这个是由迈克·萨伦伯格和比赛日公司的工作人员在弗吉尼亚州北部的球场上完成的。这一过程似乎比休眠播种更具失败的风险，因为草茎可能会干燥脱水。弗吉尼亚理工大学的研究人员在校园里进行了重复的田间试验，他们以每英亩800蒲式耳的种植率种植了‘纬度36’的狗牙根。1月、

2月、3月和4月进行了播种。库尔佩珀公园的迈克·斯凯尔顿在他的公园里用3月中旬种植的品种‘北桥’进行了重复的实地研究试验。与以前的种子一样，休眠小枝的现实基础是利用非灌溉地的冬/早春雨水。

在这些试验中，种植覆盖物和堆肥也被用作植物后处理。弗吉尼亚理工大学使用恶草酮、库尔佩珀公园使用二氯喹啉酸的杂草控制再次成为取得成功的关键。我们在5月中旬的最后一次霜冻之后移除了覆盖物，在这一点上，没有补充覆盖物的小枝具有与覆盖地和堆肥处理相当的建植速率。3月休眠小枝建植的草坪覆盖比其他月份稍快。唯一出现问题的建植月份是4月，2018年，该月的建植情况非常糟糕，因此不再考虑收集数据。很可能是上一个冬天在沿大西洋中部地区广泛发生的狗牙根冬季冻死导致在那个月种植的小枝是受损或死亡的。即便如此，在布莱克斯堡的种植季节结束时，这些地块仍然成坪了。然而，我们需要在一个极端寒冷的冬季确实提高警惕，包括在极端寒冷的冬季小枝的生存能力，以及其如何影响休眠小枝建植成功。

④狗牙根和草地早熟禾作为一种多年生草坪，又名蓝慕大(bluemuda)的理念。

一种由狗牙根和草地早熟禾组成的多年生双草系统，常被称为蓝慕大，这在美国过渡地带的运动场上很受欢迎。双草系统提供了总是有一个活跃的草坪作为比赛场地的潜力，而不是有两个不同的暖季节和冷季节的草坪，如传统的黑麦草交播狗牙根。发芽率、耐热性和耐旱性的提高扩大了蓝慕大的可能性，因为这种改良的草地早熟禾在建植和定期维护期间足以与狗牙根充分竞争。另一个重要的因素是，每一种草都具有很强的匍匐特性，如根茎和匍匐茎(狗牙根)或单独根状茎(草地早熟禾)。这种匍匐生长的习性有助于最大限度地减少草地上形成草丛的机会，这可能会导致落脚(和球员安全)问题(图14.3)。

虽然建植和维护蓝慕大的策略在不断发展，但成功有一些共同的主题。布莱恩·温卡，圣路易斯地区的认证运动场经理(CSFM)，是第一个在运动场上成功使用蓝慕大的人。他发现，一个稳定成功的建立双草系统的方法是种植种子草地早熟禾到现有的狗牙根草坪中，这个狗牙根草坪要么最近新建植的(小枝或者播种)，要么是重度磨损或者垂直修剪(梳草)之后的。必须采取措施打开狗牙根草坪冠层并降低其与早熟禾幼苗的竞争力，而夏末的建植允许早熟禾在狗牙根冠层中站稳脚跟，因为随着温度降低和日照时间变短，狗牙根的生长速度变慢。夏末播种草地早熟禾到预先准备好的狗牙根草坪基底通常能取得最大的成功。当然，狗牙根冠层的破坏可能会增加狗牙根冬季冻死的可能性。出于这个原因，有些人还使用春季播种草地早熟禾到休眠状态的狗牙根中。虽然这种策略对百慕大基底冬季越冬的问题不用考虑，但幼小的草地早熟禾在夏季与狗牙根的竞争要困难得多。调整管理策略以维持常年双草系统在第1.11节中进行了讨论。

由于添加草地早熟禾到狗牙根而带来的剪草视觉质量是蓝慕大组合的主要优势(图1.14)。然而，那些熟悉在狗牙根中交播传统黑麦草的颜色和视觉质量的人，可能会对休眠百慕大草阶段草地早熟禾的视觉质量有些失望(图1.15)。但是请记住，早熟禾和狗牙根的蓝慕大组合旨在成为一种永久性的双草系统，其冬季或春季颜色不太可能与黑麦草相提并论。

结论

过渡区气候总是会给运动场管理者带来与其极端气候相关的直接挑战。随着狗牙根耐寒性的提高，预计它在运动场上的使用将继续向北迁移。同样，预计发芽率和夏季表现的提高将使草地早熟禾在过渡区成为确确实实的更具竞争力的运动场草坪草。持续的大学研究和现场测试将会使这里讨论的双草应用程序变得更好。

图 1.14　这个蓝慕大运动场的基础草坪是狗牙根，
但修剪后视觉上引人注目的颜色主要来自草地早熟禾
(照片由布赖恩·温卡提供)

图 1.15　在狗牙根冬季休眠期间，蓝慕大草坪在视觉上不如交播了
黑麦草的草坪那样引人注目，但草地早熟禾对草坪增色效果很明显
(照片由查理·富尔茨提供)

备注

1. 草坪草的适应区是基于由美国园艺学会出版的植物热区图，地址：7931 East Boulevard Dr.，Alexandria，VA 22308。

2. 美国狗牙根品种的适应区是基于农业部题为“美国和加拿大植物越冬能力分区”的地图，Misc 出版。814，美国农业部，华盛顿特区 20001。

第2章
土壤与土壤科学

2.1　简介

土壤是地壳的上层，由松散、风化、磨细的矿物颗粒和有机质组成，这些矿物颗粒和有机质形成了一个散布着孔隙的基质。矿物和有机质的颗粒，其大小和形状不规则，在自然力的作用下被固结在一起形成土壤团聚体，即混合成分的较大颗粒。这些土壤团聚体在土壤中形成裂缝或通道，这些通道是土壤孔隙空间的主要来源。土壤中孔隙的总体积称为土壤孔隙度。图2.1是土壤基质图，标明了矿物颗粒、有机质、孔隙空间和土壤团聚体。

虽然每项体育赛事对土壤的具体要求各不相同，但土壤作为草坪生长的媒介，通过截留养分和水分并将其提供给植物的根系，为空气进入根系提供空间，并为这些根系扎根提供支持。

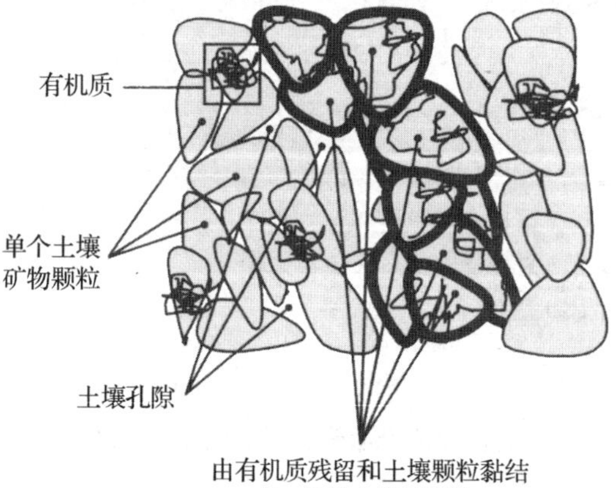

图2.1　土壤基质

2.2　作为草坪草基质的土壤

土壤被认为是水、养分和空气通过的媒介，土壤的质量取决于其满足草坪草生长需求的能力。高质量的草坪土壤有足够的有机物质来吸收和缓慢释放水分和养分，以及足够大小的矿物颗粒来保持孔隙度，以便将空气输送到植物根部。有机质也有助于使土壤具有良好的稳定性，就我们种植的目的而言，是指土壤应对机械应力和适度降雨而不会坍缩成糊状泥浆的能力。

2.2.1　植物生长要求

在评估植物生长对土壤的需求时，一些需要考虑的最重要因素是水、养分和空气。

(1)水

尽管草坪的水分供应依赖于土壤，但并非所有土壤中的水分都能被植物吸收。从土壤中吸取的水分通过根系进入植物，并通过植物的维管系统运输到整个植物。植物根系从土壤中汲取的水分称为有效水；存在于土壤中但不能被植物根系吸收的水分被称为不可用水或无效水。

草坪草从土壤中吸取水分的能力各不相同。因此，一种草坪草不可用的水也可能用于另一种草坪草。保持土壤中水分不可用的机制是水和土壤的凝聚力和黏附力，由于不同物种克服这些力的能力不同，它们提取吸收水分的能力也相应不同。

草坪以多种不同的方式利用水分，这些方式对植物的生存同样重要。水是植物代谢功能发生所必需的。维持植物生长的营养物质溶解在水中，并在植物体内运输。植物利用水来调节组织温度，特别是用来抵消由于叶和茎吸收辐射(阳光)而形成的热量。水还提供氢离子作为底物(希尔反应)，与碳(来自二氧化碳)结合形成碳水化合物(光合作用的“暗反应”)。

鉴于这些功能的多样性和重要性，土壤为植物根系提供水分的能力显然对整个草坪草的栽培至关重要。此功能若出现障碍可能是由于机械问题造成的，如人或车辆造成的践踏或过度滚压造成的过度压实。严重压实的土壤会失去其孔隙率到不允许水渗透到草坪植物根区的程度。沙质太多的土壤也不能提供水分，但原因恰恰相反，主要是因为缺乏足够的有机物质，水分除了到达植物根系外，也会轻易地通过沙质土壤而流失。黏土含量高的土壤具有良好的持水能力，因为它们具有较强的保水吸附力。

(2)养分

养分是植物用作能源或植物生长主要材料的化学元素。养分以矿物质和有机物的形式存在于土壤中，它们在经受风吹雨打或腐烂并溶解在土壤溶液中后变得可用。土壤是植物生长所需的 13 种养分的储存库。表 2.1 列出了这 13 种营养元素。

在这些来自土壤的养分中，有 6 种(氮、磷、钾、钙、镁和硫)是草坪所需的大量营养元素，称为大量营养元素。剩下的 7 种(锰、铁、硼、锌、铜、钼和氯)营养元素需要量少，称为微量营养元素。除了这 13 种必需营养元素外，还有 40 多种其他营养元素存在于土壤中，但对植物的生长和繁殖不是必需的。

表 2.1　草坪草必需的养分和功能

名称	符号	功能	缺素症状
氮	N	氨基酸和核酸的组成成分	黄化
磷	P	ATP、NADP 和核酸的组成成分	红色或紫色
钾	K	提高环境压力耐受性	叶缘棕色，卷曲
钙	Ca	细胞壁组成成分	变形的叶子
镁	Mg	叶绿素组成成分	黄化
硫	S	蛋白质组成成分	黄化
锰	Mn	酶功能的辅助因子	脉间黄化
铁	Fe	酶功能的辅助因子	脉间黄化
硼	B	酶功能的辅助因子	节间压缩
锌	Zn	酶功能的辅助因子	斑驳的叶子
铜	Cu	酶功能的辅助因子	叶尖萎蔫
钼	Mo	酶功能的辅助因子	淡绿色，卷叶
氯	Cl	酶功能的辅助因子	叶片变黄、坏死

然而，一株植物的重量中只有一小部分(3%~5%)是由土壤养分组成的，这一比例令人惊讶。剩下的 95%~97%的植物重量来自水和大气中的二氧化碳。

(3)空气

土壤通气是土壤和大气之间的气体交换。这种气体交换过程是由扩散来驱动的，而扩散发生在由可渗透环境连接的物质间存在浓度差异时。在土壤通气的情况下，扩散的植物生长物质是氧气、二氧化碳，在某些情况下还有甲烷或硫化氢。氧气从大气扩散到土壤中，而二氧化碳则从土壤扩散到大气中。草坪草的根和根茎消耗氧气，通过呼吸过程释放二氧化碳，将食物储备转化为化学能。这导致土壤中的二氧化碳浓度比空气中的高，氧气浓度比空气中的低。

通常，土壤孔隙空间足以为土壤通气提供足够的通道。然而，如果土壤孔隙空间充满了水，并且水不能从这些孔隙中自由排出，那么通道就会堵塞，土壤通气就会受到限制。水阻碍了土壤的通气，因为气体在水中的扩散速度大约是空气中的 1/10 000。

特定土壤中，孔隙的大小决定了土壤是否会因重力而自由排水。孔隙大小是土壤粒径分布和土壤团聚体形成程度的结果。土壤中自由排水的大尺寸孔称为大孔隙。大孔隙最常见于含有大量大小均匀的大颗粒(如沙子)的土壤中。保留水分而不自由排水的小尺寸孔称为微孔。这些较小的孔隙在颗粒上大小均匀，很少在团聚体的土壤中形成。在有微孔的土壤中，气体的扩散很可能受到阻碍。

除了氧气和二氧化碳通过土壤孔隙扩散外，甲烷和硫化氢等其他气体也会通过土壤孔隙扩散。这些气体对植物有毒，它们的存在会降低植物活力，甚至导致植物死亡。当然，这意味着不良的土壤通气不仅限制了氧气的扩散和植物的呼吸，而且会由于有毒气体在根和根茎周围积聚而导致植物的受伤或死亡。人们常常忘记的一点是，二氧化碳对根来说毫无价值(水饱和土壤中有毒气体的来源是某些类型的厌氧微生物)。

2.2.2 物理性质

影响植物生长要求的土壤物理性质包括土壤质地、孔隙度、结构和强度。

土壤质地是土壤的相对粗糙度或细度，由砂、粉土和黏土颗粒的相对比例决定。砂、粉土和黏土根据其粒径定义：砂的颗粒直径范围为 0.05~2mm；粉土颗粒直径范围为 0.002 ~ 0.05mm，黏土颗粒直径小于 0.002mm(表 2.2)。

表 2.2 土壤粒径、数量和表面积

土壤颗粒	直径/mm	1 g 土壤颗粒数/个	1 g 颗粒表面积/cm^2
砂	0.05~2	90~722 000	11~227
粉土	0.002~0.05	5 776 000	454
黏土	<0.002	90 250 000 000	8 000 000

随着土壤粒径的减小，颗粒的表面积急剧增大。以砂为主的土壤具有较高的大孔隙率，从而产生良好的土壤通气性，但在降水量有限的气候条件下，它们无法保持水分。粉土含量高的土壤具有极好的持水能力，但会因践踏严重而变得密实。黏土具有很好的营养和持水能力，但即使只有少量践踏也很容易压实板结。有无数种砂土、粉土和黏土的可能组合构成土壤。为了描述土壤的质地，美国农业部(USDA)的科学家开发了一个系统，根据砂子、粉土和黏土的百分比组成，将土壤分为 12 组，称为“质地等级”。这些土壤分类为黏土、砂质黏土、黏壤土、粉质黏土、粉质黏壤土、砂质黏壤土、壤土、粉壤土、粉土、砂质壤土、壤土砂和砂。每一类土壤的粒径范围由一个称为土壤结构三角形的图(由美国农业部土壤科学家提出来)来说明和定义，如图 2.2 所示。

土壤质地等级可以用来预测土壤的各种化学和物理性质，包括孔隙度、土壤强度、阳离子交换量(CEC)、水文学和土壤反应。在运动型草坪应用中，土壤质地不能作为确定土壤适宜性的唯一依据。其他因素，如水的渗透率、大的孔隙和毛细孔隙，也是确定土壤适宜性的依据。土壤反应应单独测量，而不是简单地在土壤质地类型的基础上预测。然而，土壤质地等级的确定是评价草坪用土的第一步。

土壤孔隙度是土壤中总孔隙空间的体积百分比。50%的土壤孔隙度表明，土壤体积的一半由孔隙组成，另一半由固体组成。一个适合草坪生长的土壤是：孔隙度的一半是

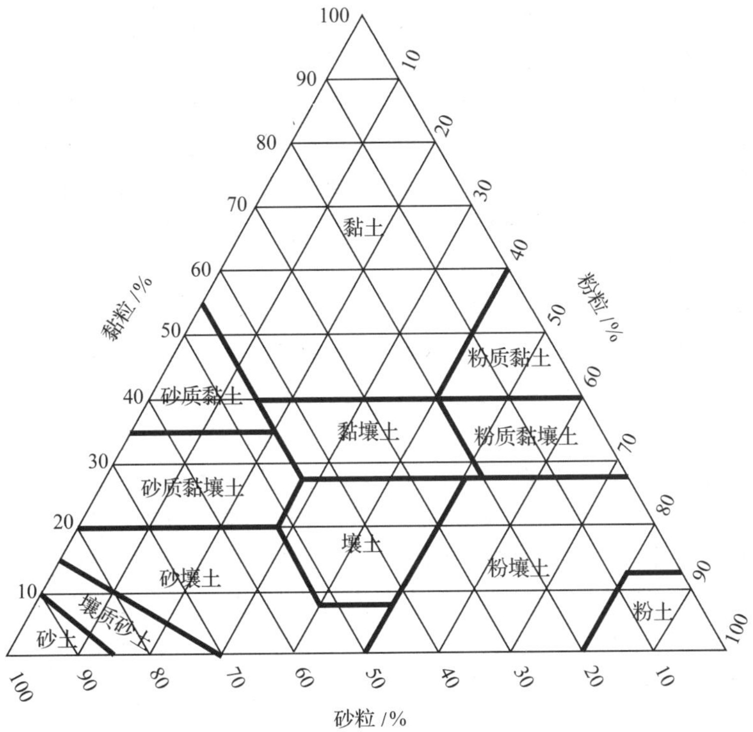

图 2.2　土壤质地分类三角图

大孔隙(重力排水)，另一半是微孔毛细孔隙(非重力排水)。

土壤孔隙度随粒径变化。砂土孔隙度低，而黏土孔隙度高。这一比较表明，砂土的通气性较差，而黏土的通气性较好。然而，经验表明，砂土比黏土具有更大的通气量，因为砂土比黏土具有更高的大孔隙百分比。这是孔隙大小的问题，而不是孔隙空间总量的问题。砂土排水自由，通气顺畅；黏土不利于排水，易引起土壤通气不良。

土壤结构是土壤颗粒成团聚体的组合或排列。团聚体是颗粒的集合体。团聚体通过"裂缝"或穿过土壤的通道与相邻团聚体分离。团聚体之间的土壤裂缝通常很大，容易形成大孔隙。当团聚体广泛形成时，土壤结构有利于植物生长。

团聚体的形成是由根系渗透、干湿循环和冻融循环引起的。所有这些机制都将土壤颗粒聚集成团聚体，然后将团聚体黏结在一起。土壤团聚体的黏结是由于微生物和植物分泌物、氧化铁、腐殖质和黏土膜。在所有促进团聚体形成的植物物种中，草是最有效的类型。因为草的根系是须根系，它们通常有一个每年定期沉积有机残留物的生命周期，并且由于根和地上部干物质产量高，它们促进了微生物的活动。在运动场下方的土壤中，土壤团聚体是由草的根部活动形成的，然而与运动场草坪使用相关的密集践踏破坏了土壤团聚体。土壤结构的破坏是由于设备和球员践踏压实破坏了团聚体的完整性，并使相邻团聚体之间的孔隙坍塌。

土壤强度是指土壤抵抗外力(如运动员的鞋钉或设备的轮胎)位移的能力。良好的土壤强度是将草坪牢牢地固定在土壤中并防止移动或断裂所必需的。对于运动场草坪，良好的土壤强度允许球员表现发挥而不怎么需要顾虑场地立足不稳的问题。

土壤的强度取决于将土壤颗粒固定在一起的力，包括土壤质地等级和含水量。例如，裸露的干砂几乎没有土壤强度，提供的摩擦力和草坪稳定性非常差。然而，同样的沙子，如果保持湿润，土壤强度会大大提高，摩擦力和草坪稳定性也会相应提高。相比之下，干黏土具有较高的土壤强度，并提供良好的摩擦力。但是，如果干黏土变湿，它就会变得很滑，摩擦力就会变得较差。显然，在运动场草坪管理中，土壤选择和水分控制是优化土壤强度的关键因素。

在运动场下面的土壤中，黏土具有较高的肥力和良好的持水性，但也具有较高的压实倾向和较差的自然通气性。砂土肥力低，持水性差，但通气性好，紧实度低。没有一种土壤类型满足所有必要的植物生长要求。因此，为植物生长管理土壤需要考虑各种折中办法，如混合或表施不同的土壤，以实现特性的最佳组合以及具体的养护实践，以补偿原初土壤中可能缺乏的任何植物生长要求。

2.2.3 化学性质

直接影响植物生长的土壤化学性质是阳离子交换量(CEC)和土壤酸碱度(pH 值)。

阳离子交换量是指土壤吸附或保持可交换阳离子的能力，这些阳离子是带正电的原子，其中一些是植物必需的养分。如钙、镁和钾是自然界中作为阳离子存在的必需营养元素。产生交换容量的土壤吸附力是与黏土颗粒或有机物残留物的化学成分有关的负电荷。黏土具有较高的阳离子交换量，而粉土或砂土的阳离子交换量较低。高黏粒或高阳离子交换量的土壤被认为肥沃的，因为它们储存植物养分以供根系吸收。

土壤酸碱度指土壤的相对酸碱度，以 pH 值为单位。pH 值范围为 0~14；0~7 表示酸性土壤；7~14 表示碱性土壤；在 pH 值为 7 时，土壤被称为中性土壤。大多数土壤的正常 pH 值范围为 5.0~8.0。土壤 pH

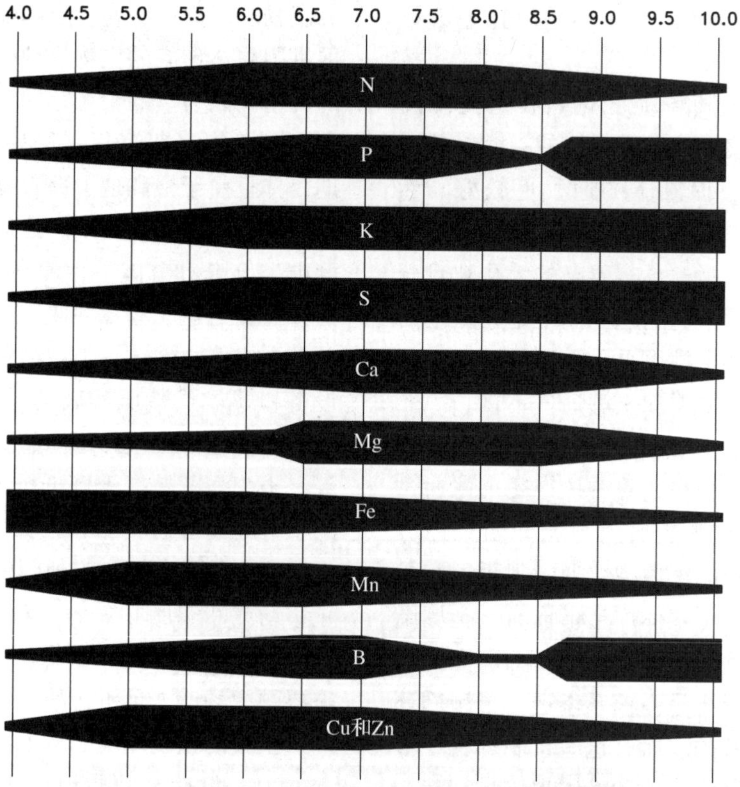

图 2.3 土壤酸碱度(pH 值)与必需养分有效性的关系

值是一个重要的土壤特性，因为它通过改变养分有效性、土壤微生物活性和组成，以及潜在有毒元素(即铝、铁和锰)的溶解度来影响植物生长需求。图2.3显示了土壤pH值与必需养分有效性之间的关系。

对于大多数运动型草坪草来说，适宜的pH值(6~6.5)为微酸性，因为在这个范围内，养分的利用率是最高的。有关提高和降低土壤pH值的内容，请参见第3.4节。

2.2.4　盐碱土

土壤是由岩石和矿物经历化学、物理和生物风化作用，在自然界形成的。长期的土壤风化导致可溶性盐的聚集，最常见的是钠、钾、钙和镁的氯化物和硫酸盐。土壤中可能存在过量的可溶性盐或钠，这可能是因为土壤母质及其与气候的相互作用，或者可能是沿海地区的盐水入侵，甚至可能是用可溶性盐含量高的水灌溉。另外，由于过量施用可溶性肥料(根据定义，其中许多是可溶性盐)或冰融化时施用盐，导致土壤中的盐分过高问题发生在通常不被认为盐土或碱土这样的土壤条件下。土壤中过多的可溶性盐分以两种方式干扰植物的生长和发育。首先，高盐浓度会导致生理干旱，这种情况下，即使土壤中有水，也会因为有太多的溶解盐，导致植物无法获得水分(即使有水，植物也会受到水分胁迫)。影响植物生长和发育的第二种情况是，土壤中的盐离子水平非常高，它们取代了土壤溶液或土壤盐离子交换量中结合的其他植物必需养分。当盐被吸收到植物中时，它们会积聚成一定的浓度，最终会损害/杀死植物组织。

在大多数气候条件下，风化盐分被雨水从根区滤出。然而，在干旱和半干旱的气候条件下(降水量少，土壤水分蒸发量大)，这些土壤积累有毒的盐分，抑制植物生长，在某些情况下，它们还伴随着固有的高钠含量。在这些干旱和半干旱的气候条件下，土壤通常可以描述为盐渍土(在土壤测试实验室进行的测试中，糊状提取物的电导率值≥4 dS/m)、苏打土(土壤阳离子交换部位的钠含量为15%或更高)或盐渍苏打土。盐渍土含有高浓度的可溶性盐，只有极少量的钠。定期用低盐和/或钠浓度的水淋洗/冲洗这些土壤是一种使草坪草生长健康的有效管理方法。当然，在许多这样的气候条件下，饮用水并不总是可用的，任何土壤中的盐分都可能因反复使用含盐水灌溉或长期暴露于飞溅的海水或海水入侵(潮水泛滥)而积聚。泵送受污染的井水(苦咸水)或再生水(二级污水)可能会产生含盐灌溉水。尽管这些类型的盐渍土比干旱气候的盐渍土更不常见，但美国西部一些州已经通过法律，要求使用含盐水灌溉草坪草。

苏打土的钠含量高，通常可溶盐含量低，钠会导致土壤解絮凝(黏土的分散，使土壤不透水)，并且由于土壤中钠、水和二氧化碳之间的化学反应，导致pH值非常高。盐碱土是一种最坏的情况，在这种情况下，可溶性盐和钠必须如前所述进行管理。

在干旱的气候条件下，在盐渍土或苏打土上建造运动场是很常见的。由于耕作和频繁灌溉，在盐渍土上建造的场地的初始质量是可以接受的。减轻盐渍土的不利影响是困难的，并且对运动场草坪经理来说是一个重大的挑战。

减轻盐毒害对草坪草生长的不利影响需要一个最佳管理计划(best managment plan，BMP)。实施最佳管理计划的关键时间是在现场施工之前。盐渍土最佳管理计划包括场地评估和多个管理策略。场地评价包括确定和界定土壤剖面、土壤理化性质、灌溉水量和水质，以及植物组织分析(表2.3)。

盐渍土和苏打土通常会有一个不透水的地下屏障(岩石壁架或脆磐)，形成一个不透水层。深部机械耕作打破这一屏障是解决这一问题的有效手段。可安装地下排水系统，以降低地下水位，并为盐冲洗提供出口。

表 2.3　优化草坪生长的盐碱土现场评估

评估	组成部分	对草坪草生长的影响
土壤剖面	10~12 英寸可耕作土壤 地下岩石/沉积层或脆磐等堵住排水	生长、营养和保水空间 高位水位与富盐水毛细上升
土壤物理性质	壤土结构和有限黏土含量	提供可接受的水入渗和盐的冲洗
土壤化学性质	>10 dS/m 土壤盐度	代表了显著的盐毒性和土壤结构的崩塌
灌溉水	0.25~1 dS/m EC * 每周有 1~3 英寸的水达到能形成径流的点。土壤干燥后，必要时重复上述步骤	草坪草生长和盐冲洗可接受的水质 有冲洗盐可接受的水量
景观及现场施工	施工现场附近的非盐渍土，适用于现场土壤的改良	有机会将含盐土壤与无盐土壤混合以降低土壤盐分
植物组织分析	必需营养素水平	为优化草坪草生长提供依据

注：* EC 为电导率。EC 由土壤分析确定，反映了土壤中的相对盐浓度。

把盐分冲洗出根区是一个经过时间证明有效的以减轻盐渍土对植物生长影响的方法。这种做法取决于透水性土壤、高质量灌溉水(含盐量为 0.25~1 dS/m EC)和充足的供水(每周>3.0 英寸)。

黏土含量高的土壤可以用许多改良剂来改良，以加强水的渗透和盐分的冲洗。许多改良剂被宣传用于改善土壤物理性质，但并非所有的改良剂都同样有效(表 2.4)。

在土壤根区掺入石膏，通过增加水分的入渗和渗透来降低土壤对钠的吸附率。在石膏应用前，可采用裂隙孔针打孔通气。根据土壤测试结果，常用的石膏用量每 1000 平方英尺 15~30 磅不等。

用有机质改良盐渍土可以改善土壤的大孔隙空间和降低含盐量。由于土壤环境中有机质的自然降解，这种积极影响将随着时间的推移而减弱。

表 2.4　用于改良盐渍土的土壤改良剂

改良剂	改良手段	有效性
石膏	钙在黏土胶体上取代钠，促进土壤团聚体、大孔隙和水的渗透	高
有机质	提供大孔隙空间和有机酸帮助中和碱性土壤	中等
润湿剂	改善水渗透和盐冲洗的中间助剂	低
沸石 *	提供大孔隙空间以改善排水和盐冲洗	低

注：* 沸石是一种微孔铝硅酸盐矿物，用作土壤改良剂以改善孔隙空间。

在盐碱土运动场上选择草坪草种值得考虑，但不应被视为克服盐碱毒性的妙方。总的来说，暖季型草坪草比冷季型草坪草具有更大的耐盐性(耐盐性是冷季型草坪草的 2~3 倍)。许多研究人员对运动场草坪草的耐盐性进行了研究(表 2.5)。草坪草耐盐性的研究是高度可变的。一旦场地经理发现盐渍土问题，他应该向他所在州的大学推广服务寻求帮助。

海滨雀稗是一种适应南方沿海地区生长的乡土草，在耐盐性草坪草中居首位。大学研究人员和草坪草公司已经从这些种群中选择了改良的生态型，并开发了商业品种。其中一些品种目前用于家庭草坪、高尔夫球场和运动场。海滨雀稗在干旱气候条件下不被广泛用于运动场主要原因：它需要充足的灌溉水，以避免干燥和叶片褐变；频繁修剪和高度调整以避免剪秃的限制；必须控制肥力和垂直修剪梳草，以保持枯草层的低积累等。

表 2.5　运动场草坪草的相对耐盐性

品　种	相对耐盐性
海滨雀稗	高
沟叶结缕草，‘钻石’	高到中等
细叶结缕草	高到中等
狗牙根属	中等
狗牙根(三倍体)杂交种	中等
细叶结缕草，‘埃尔托罗’	中等
高羊茅	中等至低
多年生黑麦草	中等至低
野牛草	低
草地早熟禾	超低

注：改编自 K. B. Marcum，1999. Salinity tolerance in turfgrasses. In Handbook of Plant and Crop Stress（Ed. M. Pessarakli）. 2nd ed. New York：Marcel Dekker，pp. 891-906。

沟叶结缕草品种‘钻石’和细叶结缕草的耐盐性也很高。这两个物种都是干旱气候的可能替代品。但其独特的养护要求，限制了它们的应用。

狗牙根具有耐盐性适中、生长旺盛、恢复快、耐旱耐高温等特点，是干旱地区运动场上应用的主要暖季型草坪草。最重要的是，在干旱气候条件下，盐渍土上生长的优质狗牙根草坪需要改良盐渍土。狗牙根有许多品种可供选择，应根据从业者的成功经验和研究结果进行选择。

盐分也可以通过反复使用含盐污染的水灌溉或长期暴露于海水飞溅或入侵(潮汐泛滥)而积聚在任何土壤中。泵送受污染的井水(苦咸水)或再生水(二级污水)可能会产生含盐灌溉水。尽管这些类型的盐渍土相比干旱气候的盐渍土更少见，但西部一些州已经通过法律，要求使用盐水灌溉草坪草。详见第 23 章第 23.3.3 节。

2.2.5　土壤测试的重要性

一些草坪管理者只有在试图诊断草坪问题时才在他们的地里进行土壤测试。尽管土壤测试有助于诊断此类问题，但土壤测试应是一种定期安排的做法，以预测潜在问题，并提供土壤 pH 值和营养状况的历史记录。土壤测试结果的历史记录可用于比较现在和过去的报告，并确定 pH 值和营养水平趋势。当场地出现问题时，向运动场草坪顾问寻求帮助时，首先需要知道的可能是土壤测试结果。

进行土壤测试很简单。详细说明相关信息的土壤测试盒和表格可从当地合作推广办公室获得，该办公室可能与大学土壤测试实验室或通过私人实验室提供土壤测试的草坪产品供应商合作。设备室如果有不锈钢土钻就是一个极好的工具，但小铲子、铁锹、泥刀，或类似的工具也可以。收集一个 4~6 英寸(10~15cm)深的土壤样本，在将土壤样品放入干净的塑料桶之前，去除草皮和枯草层。对一个区域重复此步骤至少 10~15 次，以阶梯式方式考虑整个区域。面积应该有多大？一个很好的经验法则是每半英亩(约 20 000 平方英尺，2023.4m^2)面积有一个代表性样品。因此，把橄榄球场和足球场至少分为四个部分，把棒球场分为一个内场区和三个外场区，依此类推。对于土壤测试的典型价格(价格多年来一直稳定在每个样品 10~20 美元)，人们不应该因为预算有限而忽略土壤测试。

收集所需数量的样品后，将材料混合在一起，取出足够的土壤样品装满一个土壤试验盒(通常为半品脱，约 473mL)。在框中标记所需信息和可识别的代码。当报告回来时，按照测试报告的建议方案操作以改善土壤和植物健康。

请记住，土壤测试数据和建议仅适用与提交的样品一样的土壤。如果在肥料泄漏区域、宠物或野生动物经常“拜访”的地点附近采集土壤样本，则会得到一份失真报告，其中包含受污染样本严重扭曲的数据。对于由于某种原因草坪性能似乎不如其他场地的区域，使用土壤测试作为一些检测工作的手段，以便查找问题。土壤测试是进行有意义试验的有力工具。

有时草坪经理会将土壤样本分成两份送到不同的实验室。通常情况下，这两个实验室会报告不同的结果。这些不同的测试结果并不一定意味着一个实验室是对的，另一个是错的；这种差异也可能是实验室使用不同的土壤测试方法，导致结果略有不同。所有的土壤测试方法都是以“提取程序”为前提的，在不同的条件下使用不同的提取方法，如区域土壤性质、被测土壤上种植的植物类型，甚至实验室主任对最佳提取或测试方法的意见。

如果草坪经理关心不同的实验室结果，或只是想更好地了解土壤测试程序，应联系实验室并与主任交谈。土壤测试的决定权最终掌握在草坪经理的手中，他虽然会被建议尝试几个实验室，但他要决定选择一个最适合他需要的。重要的是要记住，土壤测试的主要内容是在草坪管理计划中包含定期土壤测试，并按照常规时间表进行测试，以建立土壤养分历史记录。然后，当问题出现时，草坪经理将会有一个良好的诊断基础。

关于解释土壤测试结果的最后一个建议是联系当地土地赠予大学(一般是州立大学)或当地的推广服务机构，以帮助解决特定地区的问题。

第 3 章
肥力和肥料

3.1 简介

凡是种过植物的人都知道，施肥与否存在不同。大多数时候，这是一个重要的区别，但许多新手园丁也认识到，施肥料较多(或错误地施肥)可以致死植物。大多数初学者都知道，最常用的三种营养元素是氮(N)、磷(P)和钾(K)，但植物也需要 13 种其他必需营养元素才能正常生长和发育。(有关植物营养需求的更多信息，见第 2 章)如果缺少这些元素中的任何一种都会抑制植物生长。

在本章中，我们将考虑有效的运动型草坪肥力计划的原则——土壤和叶组织中的最佳营养水平等因素，以及调整土壤 pH 值以促进草坪草养护的技术。我们还将建议施肥计划，旨在产生一个充满活力、有弹性的运动竞赛场地。

3.2 营养需求

每一个好的施肥计划都是以相同的方式开始的：土壤或叶组织分析。考虑到大多数实验室进行这些养分分析收取的费用不高，它们测试分析信息是非常宝贵的。土壤取样仍然是确定草坪养分状况最常用的方法，因为这一过程可以快速地开展。一般来说，这些测试也是准确的；土壤是植物吸收元素养分的一个很好的指示。同时，土壤湿度、温度和 pH 值等因素也会影响植物体内的养分。

土壤取样是一个简单的过程。用土钻或铁锹，从场地周围 10~15 个随机位置挖取一个样品(4~6 英寸深)，将所有土壤放入干净的塑料桶中；从样品中去除植物等杂物，并将土壤充分混合，形成混合样品。从当地合作推广办公室或商业土壤测试实验室获取土壤样品盒和表格用于样品识别，并按要求提供有关场地管理、草地等的具体信息。由于土壤测试相对便宜，因此考虑将场地分成两部分，并分别从北半部和南半部取样；对于棒球场，分别测试内场和外场。将大约半品脱土壤放入土壤测试盒，将样品、随附表格和付款邮寄给实验室，预期在 4~7 d 内收到报告(有时电子邮件更快)。请记住，土壤测试结果仅与提交的样品一致。如果场地上存在问题点，则分别对这些区域进行取样，并将结果与场地中最佳草皮的结果进行比较。

土壤可以在一年中的任何时间取样，但有些时间采样会更好，因为那时候数据对草坪管理计划更有意义。对于冷季型草坪草，在夏季中后期进行土壤测试有助于在秋季生长期之前规划养分施用。对于暖季型草坪草，理想的取样时间是在冬季中后期，即春季生长季节开始之前。值得注意的是，在一年中的某些时间，检测实验室里的大田作物样本可能会过多，所以获得检测结果可能需要更长时间。在养护季开始前给检测实验室打电话沟通可以避免几周的延误。

在原生黏土上，每 2~3 年可能只需要进行一次测试。这些质地较重的土壤具有很高的阳离子交换量(CEC，在第 2.2.3 节中进一步讨论)，并会缓冲养分水平和 pH 值的突然变化。虽然黏土和粉粒土壤需要大量的投入，才能将土壤恢复到土壤检测所建议的理想养分和pH值水平，但这些改良变化一般相对持久(通常是几年)。相反，对于天然或改良的沙性土壤，应每年进行一次土壤检测，因为这种土壤类型的养分保持能力较低(即CEC较低)，并且pH值和养分状况波动较大。变化可以在很短时间发生，但这些改良变化不会在沙性土壤中持续。

典型的土壤测试报告有磷、钾、钙、镁和锌的含量，以及土壤的pH值。通常不报告氮含量，这主要是因为从取样到测试期间土壤中氮含量的潜在变异性；这是在年降水量30英寸或以上的气候条件下常见的情况。然而，推荐的氮肥力方案通常由检测报告而定(在这种情况下，也就是指草坪草种类及其作为运动型草坪的用途)。大多数报告会提供标准的建议，说明如何确定肥料和石灰源，使土壤达到推荐的养分和pH值水平。大多数检测实验室可以提供更详细的信息(总可溶性盐含量或有机质百分比)，但需要收取额外费用。

植物组织检测准确地描述了叶片中存在的营养物质；可以将其视为时间上的“快照”。与土壤检测报告相比，这些数据可以提供一个参考优势，因为它们特别指出了植物中的营养物质，以便确定营养物质的不足、过剩或不平衡。然而，当结合土壤检测时，这些信息才真正是最有益的，因为无论植物中的某些物质是不足的还是过量的，组织检测都没有说明为什么会这样。土壤检测表明，土壤中的养分是否在可接受的水平，pH值是否适合养分吸收等。这两种检测结合起来效果很好。与土壤样本相同，从场地四周的多个位置采集植物叶片。用清水轻轻冲洗，除去灰尘或土壤颗粒，并在运输或运送至实验室前让其风干(最好不要在修剪后使用草屑，因为剪草机刀片本身可能会受到污染)。

当然，施肥后立即取样也没有意义；土壤中的一些肥料颗粒或叶子上的一点残留物会对检测结果产生很大的影响，从而无法真正反映场地的营养状况。

表3.1显示了通常分类的大量营养元素水平在土壤测试中从“低”到“非常高”的分级。这些值可能会有所不同，具体取决于草坪草、土壤类型和特定试验中使用的实验室分析程序。因此，本表中的信息应视为不如根据特定土壤样本收到的报告有价值。

表3.1　土壤中大量营养元素含量的土壤测试分级

营养元素	现有含量/(磅/英亩)	土壤测试分级
磷	<11	低
	12~35	中等
	36~110	高
	>110	非常高
钾	<75	低
	76~175	中等
	176~310	高
	>310	非常高
钙	<720	低
	721~1440	中等
	1441~2160	高
	>2160	非常高
镁	<72	低
	73~144	中等
	145~216	高
	>216	非常高

注：改编自R. O. Maguire and S. E. Heckendorn, 2009. Soil Test Recommendations for Virginia. Virginia Coop. Ext., Blacksburg, VA: Virginia Tech。

表3.2中，草坪草植物组织中的氮、磷和钾的比例相当恒定，通常约为4%N：0.5%P：2%K(按重量计)。这些比例的一致性通常反映了使用类似比例的肥料来保持草坪中的氮、磷和钾水平。某些营养元素(特别是氮)的过量或不足会导致其他营养元素的过量或不足，因此保持施肥计划的适当平衡对优化草坪草生长非常重要。特别要记住，16种基本营养元素的每一种都是植物最佳生长所必需的；即使是单一营养元素的显著缺失也会削弱整个草坪草养护水

表 3.2　草坪草组织中营养元素的一般范围

营养元素	百分比/%
氮	2.8~3.5
磷	0.20~0.55
钾	1.5~3
钙	0.5~1.25
镁	0.15~0.5
硫	0.2~0.5 百万分之几(ppm)
铁	50~100
锰	20~100
锌	20~55
铜	5~20
钼	1~4
硼	5~60
氯	200~400
镍	<1

注：改编自 R. N. Carrow，D. V. Waddington，P. E. Rieke，2001. Turfgrass Soil Fertility and Chemical Problems：Assessment and Management. Hoboken，NJ：John Wiley & Sons，pp. 14-15。

平。然而，21 世纪草坪草肥料的一个重大变化是无磷材料的广泛使用。如果误用，磷是一个潜在的水质问题。显然，它作为植物健康所必需的大量营养元素具有很大的价值，但如果土壤检测表明它是不需要的，那么从环境保护角度考虑，无磷肥料是首选的材料。

3.3　养分吸收

植物通过两种方式获得营养。最常见的是通过根系吸收土壤溶液中的养分(顾名思义，一定量的土壤水分必须可供根系吸收)；另外一种养分吸收是通过叶片气孔和叶面角质层(叶片表面的蜡质涂层)的裂缝直接吸收。这种类型的吸收与叶面喷施肥料有关。

在根系吸收的情况下，最初进入植物的驱动力是蒸腾流，即水分从土壤通过植物循环，然后通过气孔排出。驱动蒸腾作用的力是土壤水势(通常相对较高)和大气水势(相对较低)的差异。有限数量的营养物质可以进入植物内部的运输系统(木质部)，而不需要植物消耗任何能量，但是大量营养物质的吸收需要植物消耗一些能量。这种支持根系吸收养分的能量是通过呼吸过程(在有氧的情况下将储存的碳水化合物转化为化学能)提供的。呼吸需要氧气，所以这就是为什么土壤通气如此重要。植物必须健康，旺盛生长，以吸收养分。

叶面施肥是指利用水作为肥料的载体，通过叶片吸收养分的做法；施肥通常是用喷雾器喷施 30 加仑/英亩(约 284 L/hm^2)水或更多的喷雾溶液。少量的营养物质可以通过叶片蜡质角质层的裂缝和气孔进入植物。施用水平总是低于土壤施用颗粒肥的量。较低的营养成分旨在避免叶片烧伤(例如，叶片组织因“高盐”反应从叶片组织中吸取水分而脱水)。无论哪种施用方法，都必须注意防止肥料来源造成的叶面烧伤。许多颗粒状水溶性肥料由于含盐量高，会烧伤叶片或导致组织干燥脱水。当使用颗粒状肥料产品导致叶面灼伤时，主要是肥料颗粒黏附在叶子上。易引起这些颗粒烧伤的植物条件是由露水、植物吐水、雨水或高空气湿度引起的潮湿叶表面。防止叶面烧伤的一般经验是在施肥后彻底灌溉草坪，将肥料从叶子上移开并进入土壤中供根系吸收。严格遵循标签上的说明将最大限度地发挥肥料的性能，防止上述问题发生。

3.4　土壤酸碱度

从土壤检测中获得的最重要的信息之一是土壤酸碱度，通常称为土壤 pH 值(有关 pH 值范围及其对养分有效性影响的更多信息，请参见图 2.3)。微酸性 pH 值(理想情况下为 6.0~6.5)可最大限度地提高土壤养分的有效性，也是草坪草养护的目标范围。

为了提高土壤 pH 值，可以施用“石灰剂”。有许多常用的石灰材料，有些反应缓慢，有些则能迅速改变土壤的 pH 值(常用的石灰来源见表 3.3)。石灰剂通常由州监管机构进行检测和认证，并放在袋子上或批量购买时随石灰一起提供的证明文件中将有一个 CCE 值(石灰源的碳酸钙当量)。监管机构在建议石灰量时，指定 100%纯碳酸钙($CaCO_3$)的石灰反应作为标准，与所有石灰源进行比较。特定石灰源的用量(基于其 CCE 值)的计算结果包含在附录中。

表 3.3 用于提高运动场土壤 pH 值的常用石灰源

石灰材料	化学式	起始释放速率	时间长度残余效应	潜在的烧草坪性
碳酸钙	$CaCO_3$	慢	长	低
碳酸镁	$MgCO_3$	慢	长	低
白云质灰岩	$MgCO_3$，$CaCO_3$	慢	长	低
熟石灰	$Ca(OH_2)$，$Mg(OH_2)$	中等	短	高
氧化钙	CaO	快	短	高
生石灰	CaO，MgO	快	短	高

注：改编自 J. B. Beard，1988. How to Have a Beautiful Lawn. 4th ed. College Station，TX：Beard Books。

尽管土壤对石灰的反应速率因石灰源而异，但所有石灰产品最终都会提供相同的化学反应——它们会降低土壤中氢离子的水平。对于成熟的草坪草，通常选择速率较慢的石灰材料，因为它们的草坪叶面灼烧潜力有限。这些材料需要数周到数月才能对土壤 pH 值产生影响，且这些影响相对来说是长期的。快速作用的石灰材料对 pH 值有快速而剧烈的影响，但这种影响持续时间短，而且由于叶片脱水，这种石灰材料具有很高的叶片烧伤可能性。值得注意的是，水合或氧化材料的快速作用使它们成为场地上建立草坪之前迅速改变土壤 pH 值的良好选择，此时石灰材料可以完全混入土壤中。

施用石灰的理想时间与打空心孔相结合起来，这有助于将石灰材料送入土壤中，以启动所需的化学反应并提高 pH 值。此外，较低的温度(低于 50℉)可降低叶面烧伤的可能性。由于标准石灰源(如方解石石灰或白云质石灰)需要几个月才能完全影响 pH 值，因此在冬季休眠期通常在暖季型草坪草上大规模施用石灰，同样的做法对冷季型草坪草也非常有效。避免在炎热潮湿的天气里使用石灰粉，因为这样的天气很有可能灼伤叶片。

一个典型的场地需要施入多少石灰材料？只有土壤检测才能提供权威的指导，因为它提供了具体的建议。然而，表 3.4 提供了将特定土壤类型的 pH 值调整到理想的 6.5 所需的最常见石灰源的一般情况。

当土壤类型从沙变为黏土时，所需的石灰材料量逐渐增加。这是由于黏土具有较高的阳离子交换量(CEC)和抵抗化学变化的倾向(更多信息有关阳离子交换量的信息，见第 2.2.3 节)。即使需要更多的石灰材料，在一次施用中每 1000 平方英尺达 50 磅以上的用量也是不明智的。超过 50 磅增加叶片烧伤的可能性，虽然更高的用量可以在草坪的休眠期使用。在生长活跃期，应进行少量多次施用(春季和秋季)以提供改变 pH 值所需的石灰总量，并在施用之后有降雨或者浇灌。

表 3.4　种植前，将 6 英寸深的根区土壤 pH 值提高至 6.5 所需细磨 $CaCO_3$ 的近似量

单位：磅/1000 平方英尺

原始土壤 pH	沙和砂壤土	壤土	黏壤土和黏土
5.5	15~30	45~75	90~100
4.5	30~50	80~130	150~190

注：改编自 J. B. Beard，1988. How to Have a Beautiful Lawn. 4th ed. College Station，TX：Beard Books。

为了降低土壤的 pH 值，最常见的做法是使用硫基化合物，特别是硫元素。含硫元素肥料有很高的叶面灼伤潜力，因此每次使用量应保持在每 1000 平方英尺不超过 5 磅。当需要更多的用量时，这些用量也应该在春季和秋季之间分开施用。

许多含氮物质也有降低 pH 值的作用。这些肥料(尤其是水溶性肥料，如硫酸铵和尿素)会随着时间的推移逐渐降低土壤的 pH 值。

3.5　肥料分析

从字面上说，存在几十种肥料来源，各种各样的养分组合和释放率。法律要求肥料标签包括某些特定的信息，其中最重要的特征之一是肥料分析。分析代表肥料中氮(N)、磷(P_2O_5)和钾(K_2O)的重量百分比。

必须强调的是，分析的最后两个数字并不代表 P 和 K 的重量百分比——一种较常见的误解。为了找出磷和钾元素形态的实际百分比，用磷酸盐百分比乘以 0.44 来计算磷的数量，用钾盐百分比乘以 0.83 来确定钾的百分比。有关 N 的百分比以及 P 和 K 元素形式的实际百分比的计算，请参见附录中“1.3　肥料分析”。大多数肥料都含有相当高比例的填料，填料几乎没有营养价值，但有助于保持材料的一致性和改善撒施特性。然而，重要的是要知道产品中实际营养元素的数量，以实现预算经费的最佳价值。由于 N 是大多数肥力计划的基础，因此在考虑营养成本时，N 是最常用于产品选择的营养元素。这种差异对于小面积上的单一应用并不重要，但对于大面积草坪上的多个应用来说，价格可能存在巨大差异。当然，其他营养元素也有价值，不应该减少。有关计算每磅 N 的最佳值的计算，请参阅附录中“1.3　肥料分析”。

3.6　肥料来源

草坪草肥料来源大致分为两类：速效肥或缓效肥。容易获得的肥料具有高水溶性，而缓慢获得的来源含有大量的水不溶性养分。在缓释源中，有各种各样水溶性不同的控制释放肥料。

3.6.1　水溶性肥料

易获得的水溶性肥料是每磅养分最便宜的肥料，并且提供快速的草坪生长反应和变绿，特别是在氮反应方面。然而，它们也更容易通过土壤被淋失，更容易引起叶片烧伤。由于营养元素的现成可用性，它们需要在较低的使用浓度下更频繁地应用，以达到预期的效果。

易获得的水溶性氮(WSN)源肥料的例子是尿素(45-0-0)和硫酸铵(18-0-0)。这些来源通常被认为农用级肥料，因为它们没有如许多草坪专业产品那样分颗粒大小或筛选产品的均匀性。然而，它们最终提供的营养与特种肥料产品相同。

大多数肥料销售商都有两种容易获得的水溶性钾源肥料：氯化钾盐(0-0-60)和硫酸钾盐(0-0-50)。硫酸钾通常更贵，但叶面烧伤的可能性较小。硝酸钾(13-0-44)也是一种很受欢迎的水溶性肥料，它能同时提供氮和钾，当需要少量的氮时，这种肥料已被广泛用于运动场草坪。在某些地区，硝酸钙(16-0-0)是一种容易获得的可溶性氮源。

至于磷源肥料，农用级过磷酸钙(0-20-0)和三聚过磷酸钙(0-48-0)是最常见的只含磷酸盐的肥料。还有两种常见的磷酸铵来源，即MAP(磷酸一铵，12-61-0)和DAP(磷酸二铵，18-46-0)，它们同时提供氮和磷。

还有许多水溶性完全肥料(含N、P_2O_5和K_2O的来源)是预先混合的。像10-10-10或13-13-13这样的产品，在大多数农民合作社或草坪和园艺中心都可以买到，是农用级的水溶性肥料，也可以很好地适合运动型草坪施肥计划。农用肥料的唯一实质性限制是它们的颗粒更大，尺寸更不规则，这会导致设备校准和产品均匀应用方面的问题。较大的颗粒会堵塞一些撒施器/施肥机的开口，尤其是跌落式撒施器(即重力式撒施器)的开口。在选择购买农用级肥料之前，与供应商核实产品是否能与所使用的特定设备配合使用。

3.6.2 控释肥料

在将我们的注意力转向控释产品时，我们通常将重点放在氮源上，因为这是最常用于控释的营养物质。这些产品有一个广泛的释放率范围，但一般其来源中至少50%的氮是水不溶性氮(WIN)或缓效氮的肥料产品通常被认为是“缓释”肥料(注意，根据其氮释放率对肥料进行分类，这因州或地区而异)。控释产品每磅养分的成本更高，草坪草的生长和颜色变绿反应相对慢于水溶性来源。然而，控制释放意味着养分的淋溶更少，叶片灼烧潜力非常小，所需的施用次数更少，因为每次施用量通常是水溶性物质正常施用量的1.5~2倍。

下面将讨论一些最流行的控制释放WIN源。

(1)天然有机物

这些产品的营养成分含量非常低(除非它们补充了合成来源)，而且它们含有少量的微量营养素。这些材料通常来源于动物粪便和/或堆肥生物固体，在循环利用和可持续性方面发挥着重要作用。这些物质将逐渐增加或至少保持沙质土壤中的有机质水平，因为它们的大部分重量来自碳。有的含有益微生物，有的则促进土壤微生物活性的提高。所有这些产品都需要土壤微生物活性来释放养分，这意味着土壤温度、湿度和pH值必须有利于微生物活性。他们每磅养分是相对昂贵的，几乎没有叶片烧伤的潜力。

(2)合成有机物［如异丁叉二脲(IBDU)、脲甲醛(UF)］

这些产品的化学结构具有缓释特性。IBDU的氮释放速率取决于颗粒大小、土壤湿度和土壤温度。IBDU分析为31-0-0。脲甲醛(38-0-0)提供了非常缓慢的氮释放，这是依赖于微生物活性，就像天然有机物。IBDU在运动场草坪上的应用相当广泛，而脲甲醛由于其成本和响应速度非常慢，通常使用有限。

另一类被称为亚甲基脲(MUs)的合成有机物也在运动场管理中有应用。这些材料在组成上与脲甲醛相似，但既包含长碳链(脲甲醛的主要成分)又包含较短的碳链长度(提供较高百分比的WSN)，甚至还包含少量可溶性尿素。它们每磅养分都很昂贵，但为植物快速变绿和生长提供了一些快速的氮反应，并且仍然保持显著的缓释特性。

(3)包膜/包衣肥料

在肥料颗粒上包涂上一层可渗透的屏障，使水在涂层中缓慢流动，溶解封闭的肥料颗粒。然后，肥料溶液缓慢地释放到土壤中，养分可供植物吸收。最早的肥料包衣技术是将熔融硫黄与化学黏合剂结合起来进行喷涂，这一技术至今仍很常见。由此产生的硫涂层产品相当便宜，如果硫涂层的完整性不被处理或应用方法破坏，它们就能提供受控的养分释放。

涂层技术包括喷涂一层薄薄的聚合物涂层，可以单独喷涂，也可以与硫涂层结合使用。这些肥料来源有点贵，但提供可预测的、受控的养分释放。包膜肥料的养分释放速率主要取决于土壤湿度和温度。随着许多来源产品的使用以及与其相应的预测模型的开发，在预测产品性能方面继续改进，可以根据温度和湿度数据提供给定区域氮释放的可靠信息。

还有许多控释肥料产品配方，其中含有 P_2O_5 和 K_2O 来源，并涂有硫黄或聚合物。重要的是要避免为磷含量高的控释肥料源支付大量的额外费用，因为磷本身就是一种在土壤里“控制释放”的肥料。这种影响是由于其“快速固定” 在土壤中；一旦磷肥施用，因为它与土壤中的其他养分发生化学结合其中大部分就变得不可用。前面已详细说明，如果使用不当，磷是水质的一个潜在问题。在两种可能的情况下磷可能会导致水质问题：①如意外施用，并留在硬质景观上，导致雨水冲刷；②在沙性土壤上草坪生长建植期间。在这些情况下，应适当管理磷以保护水质，但在大多数情况下，体育场地的磷应用不会构成环境威胁。由于 CEC 反应，钾在土壤中的滞留量有限，但它是可淋溶的，特别是在沙地上。因此，硫和聚合物涂层的 K_2O 配方有助于提高营养保留率。

3.6.3　高效肥料

随着对进一步提高养分释放率和草坪反应，以及环境保护和优化肥料选择与使用的经济性的高度关注，有一个总括术语用于任何类型的氮释放速率发生改变的来源：“提高功效” 肥料来源。这一类既包括前面讨论的受控释放源，也包括使用化学添加剂改变氮释放速率的“稳定”来源。一种常见的高效氮源是“稳定尿素，” 用化学物质处理尿素肥料，抑制或延缓硝化作用(转化为植物可利用的氮)和挥发作用(氮作为气体的损失)。这些来源仍然是水溶性的，因此在制订肥料计划时必须加以考虑。这一领域的技术不断改进，但这些资源值得考虑，特别是在自然产生的降水和灌溉条件有限的气候状况下。

3.6.4　先进的肥料配方技术

注意肥料配方技术的不断进步。分散颗粒(DG)制剂现在既可用作肥料也可用作农药。与传统的颗粒状农药制剂应用于喷雾罐中的水中不同的是，这些 DG 制剂可作为干燥产品(即颗粒剂)直接使用。当 DG 产品接收到水分(无论是雨水、灌溉，甚至是露水)时，单个颗粒分散为数千个较小的颗粒，从而覆盖草坪的叶子上，就好像该材料被用作喷雾配方一样。无论产品是作为肥料还是农药施用，这种覆盖水平大大提高了草坪反应的均匀性。

3.6.5　粒度和均匀性

草坪草肥料来源中需要考虑的其他一些因素是平均主导粒径(SGN)和均匀度指数(UI)。在大多数运动场应用中，这些因素并不像它们对高尔夫草坪的精细管理那样重要，但它们对于修剪低矮的运动型草坪非常重要，而且它们在肥料选择和使用方面仍然具有非常重要的实际意义。按照定义，SGN 是肥料颗粒的直径，用毫米×100 表示，其中一半颗粒的直径大于 SGN，一半颗粒的直径小于 SGN。数量越小，单位面积的颗粒越多，因此预期草坪响应越均匀。通常，特殊肥料的 SGN 值从 80 到农用级产品的 300 不等，但根据经验，修剪高度越低，选择 SGN 为 150 或更低的肥料就越重要。SGN 真正重要的情况是使用含农药的肥料载体，尤其是“除草和肥料供给”产品在马唐控制方案中很受欢迎。使用较低的 SGN 产品将有更好的覆盖率和预期的杂草控制。

与 SGN 类似，UI 在优化肥料反应中起着重要作用，UI 值越高，颗粒尺寸越均匀。较高的 UI 值意味着使用旋转撒施器可以使产品更加均匀。

3.7 施用量和频率

最好的施肥计划是灵活应用，这一点很重要。经理永远不应该“锁定”在某一个肥料计划中，因为在一个生长季节，一块特定土地的用途和需求可能会改变2~3次。当这种情况发生时，根据草坪上新情况的要求花时间重新评估施肥和维护方案。

本节末尾是根据各种草坪草的营养需求、它们的维护要求、肥料来源的养分可用性以及土壤是否含有高比例的黏土、粉粒或沙子而制订的运动场施肥方案样本。对原生土壤和沙性土壤分别进行了描述。这些程序表明了水溶性或大部分水不溶性营养源的推荐水平，但所有这些都应根据实际情况进行修改。在切萨皮克湾流域内的各州，因水质问题导致标准施氮量从传统的每1000平方英尺每个生长月份1磅N减少到0.7磅N。这两个计划都没有错，一个运动场的安全性永远不应该因为使用太少的肥料而受到影响。然而，随着新的肥料技术和应用策略的出现，在氮肥方面用更少的投入做更多的事情的前景毫无疑问正在积极探索中。

为美国的每一个气候地区提供具体的方案超出了本研究的范围。在迈阿密、圣迭戈或凤凰城等地区，狗牙根是运动场优先选择的草种，而在圣路易斯、路易斯维尔和巴尔的摩等城市，通常温和的冬天很少，狗牙根的场地也有很多。因此，与温暖季节的草坪草相比，这些地方草坪草的生长季节可能相差4~5个月，而施肥计划显然必须考虑这些差异。生长季节越长，对施肥的需求就越多。在考虑本章提出的方案时，应牢记这一事实。施肥方案应该加以修改，以适应特定场地和气候条件的特殊需要。

制订一个施肥计划的关键是要记住，养分的吸收只发生在植物生长活跃的时候；如果草坪处于休眠状态，施用水溶性肥料基本上毫无用处，而且这种施用也是对环境不负责任。然而，这里的关键词是休眠，而休眠可以发生在炎热的夏天，就像它可以在死寂的冬天休眠。在暖季型草坪草上，我们认为主要生长季节是从晚春到早秋。在冷季型草坪草上，这一时期通常分为夏末到初冬，然后从冬末到春末。因为这是草坪草生长最活跃的时期，所以也是应该施肥的时期。

同样重要的是要认识到这样一个事实，即叶面生长已经放缓并不意味着在那个时候施肥就没有好处。相反，冷季型草坪草最有利的施肥期之一是在秋季中后期，此时叶片产量减缓，但根系生长和根茎中碳水化合物的储存增加。

既然三大养分(N、P和K)的需求量最高，通常在第一次春季施肥时使用含有这些养分的完整肥料源。在黏土和粉粒含量高的土壤上，磷和钾的施用通常是不必要的，特别是如果草屑总是被归还而不是收走，或者如果土壤在最后一个生长季节被施了磷和钾。然而，当人们越来越重视磷的补充施用和对水质的潜在影响时，除非土壤测试表明需要施用磷，否则通常是避免额外施用磷。研究表明，沙性土壤往往更缺乏这些养分，而使用一种完整的肥料作为“起动”肥料对于春天的草坪草可以很有效。在余下的生长季节，土壤或组织养分分析将始终提供最准确的方法来确定营养水平是否足够。

由于钾对提高耐逆性非常关键，因此以1∶1的比例施用氮和钾已成为许多运动型草坪管理者的流行策略，特别是在沙地上，其中钾的淋溶可能是一个问题。(在粉粒或黏土含量很高的地区，这种方法可能是不必要的)因为钾的好处是如此之大，本书中列出的一些施肥计划程序包括一个钾应用的建议。

表3.5~表3.9中建议的肥力方案旨在促进中等至严重践踏的场地上草坪的积极生长，从而形成高密度、优良颜色和外观、增强耐磨性和极好的具恢复潜力的草坪冠层。这些管理程序将与常规修剪结合使用，修剪高度通常在3/4~2英寸(在某些情况下，甚

表 3.5　利用水溶性 N 肥或主要使用水不溶性 N 肥在天然黏土或粉土土壤上生长的狗牙根或海滨雀稗运动场草坪的施肥计划

水溶性 N 肥(WSN)	
日期	用量/(磅/1000 平方英尺)
5 月 1 日～15 日[a]	0.5～1
6 月 1 日～15 日	0.5～1
7 月 1 日～15 日	0.5～1
8 月 1 日～15 日	0.5～1
9 月 1 日～15 日	0.5～1
10 月 1 日～15 日[b]	0.5～1 1～2 磅 K
总 N	3～6
如果交播黑麦草，继续以下施肥计划	
日期	用量
11 月 1 日～15 日[c]	0.5～1
12 月 1 日～15 日	0～0.5
2 月 1 日～15 日	0～0.5
3 月 1 日～15 日	0～0.5
4 月 1 日～15 日	0.5～1
总 N/年	4～9.5

水不溶 N 肥(WIN)	
日期	用量/(磅/1000 平方英尺)[d]
5 月 1 日～15 日	1～2
7 月 1 日～15 日	1～2
9 月 1 日～15 日	1～2
10 月 1 日～15 日	2 磅 K
总 N	3～6
如果在黑麦草的交播下，继续以下施肥计划[e]	
11 月 1 日～15 日[a]	0.5～1
2 月 1 日～15 日	0.5～1
4 月 1 日～15 日	0.5～1
总 N/年	4.5～9

注：a. 在春季返青后 14 d 启动施肥计划。在海滨雀稗上使用较低的水平。

b. 只要狗牙根在积极生长，建议在践踏严重的场地将狗牙根生长持续到秋季；随着霜冻可能性的接近，每 1～2 周将水溶性 N 肥应用减少到 0.25 或 0.5 磅/1000 平方英尺。

c. 在交播后 30 d 开始使用。

d. 基于含氮量超过 50%的 N 源为水不溶 N 肥和/或缓效 N 肥。随着水不溶 N 肥含量的增加，使用较高的用量。

e. 天然有机或脲醛水不溶 N 源在冬季应用中不可能提供显著的生长和绿色响应。如果由于场地使用需要更快速的生长，则在交播草坪上用水溶性 N 肥程序代替。

至更低的修剪高度，取决于场地使用和所选的草种）。

选择其中一个管理方案意味着承诺拥有最好场地的可能。定期修剪是很有必要的，以及保持相对较低的修剪高度。如果在场地使用草地早熟禾或狗牙根，则需要定期垂直修剪/疏草以控制枯草层，尤其是采取更积极的氮肥施肥计划。

运动场经理可以为这些施肥计划选择多种肥料产品。切勿仅关注肥料的成本，应全面考虑这些材料将如何满足整个施肥计划的需求，包括其直接成本和间接成本。在成本效益高的情况下，在投入最高的运动场上，

表 3.6　利用水溶性 N 肥的高羊茅运动场施肥计划

日期	用量/(磅/1000 平方英尺)
5 月 1 日～15 日[a]	0.5～1
9 月 1 日～15 日	1
10 月 1 日～15 日	1
11 月 1 日～15 日[b]	0.5～1
总 N	3～4

注：a. 在 20%～30%的春季返青后开始施肥计划。

b. 不要在冻土上施肥。

表 3.7　利用水溶性 N 肥或水不溶性 N 肥在沙基或改良土壤上种植的狗牙根或海滨雀稗运动场草坪的施肥计划

水溶性 N 肥	
日期	用量/(磅/1000 平方英尺)
5 月 1 日～15 日[a]	0.5～1
6 月 1 日～15 日	0.5～1
7 月 1 日～15 日	0.5～1
8 月 1 日～15 日	0.5～1
9 月 1 日～15 日	0.5～1
10 月 1 日～15 日[b]	0.5～1 1～2 磅 K
总 N	3～6
如果交播黑麦草，继续以下施肥计划	
日期	用量
11 月 1 日～15 日[a]	0.5～1
12 月 1 日～15 日	0～0.5
1 月 1 日～15 日	0～0.5
2 月 1 日～15 日	0～0.5
3 月 1 日～15 日	0.5～1
4 月 1 日～15 日	0.5～1
总 N/年	4.5～10.5

水不溶 N 肥	
日期	用量(磅/1000 平方英尺)[d]
5 月 1 日～15 日[c]	1～2
7 月 1 日～15 日	1～2
9 月 1 日～15 日	1～2
10 月 1 日～15 日	2 磅 K
总 N	3～6
如果交播黑麦草，继续以下施肥计划[e]	
日期	用量
11 月 1 日～15 日	0.5～1.5
2 月 1 日～15 日	0.5～1
3 月 1 日～15 日	0.5～1
4 月 1 日～15 日	0.5～1.5
总 N/年	5～11

注：a. 在春季返青 14 d 后开始施肥计划。在海滨雀稗上使用较低的水平。为了最大限度地减少沙性场地潜在的氮素淋失，最好采用不超过 0.5 磅氮/1000 平方英尺的方式，因此最好分次应用水溶性 N 肥(WSN)。

b. 只要狗牙根在积极生长，建议秋季在践踏严重的场地上保持狗牙根的活跃生长；在此期间，每 2 周将水溶性 N 肥应用量减少到 0.25 或 0.5 磅/1000 平方英尺，以最大限度地减少淋滤损失，并减少狗牙根冻死的可能性。

c. 在交播后 30 d 开始施用。

d. 基于含氮量超过 50%的氮源为水不溶 N 肥和缓效 N 肥。随着水不溶 N 肥含量的增加，使用较高的用量。

e. 天然有机或脲醛水不溶 N 肥在冬季应用中不可能提供显著的生长和绿色响应。如果由于场地使用需要更快速的生长反应，则在交播草坪上用水溶性 N 肥程序代替，在活跃生长期间，每 2 周施用水溶性 N 肥不超过 0.5 磅/1000 平方英尺。

在 21 世纪今天，经常使用喷杆喷雾器(即所谓的少量多次的匀施)以较低的量施用氮肥是非常常见的。当草坪需要肥料的时候及时施肥是非常好的一种方式，但它显然对设备和劳动力有特定的需要。一种肥料来源不太可能提供整个季节施肥计划所需的一切，所以要混合搭配以满足场地的需要。

3.8　微量营养元素

关于植物生长所需的微量营养元素，只有沙性场地通常需要定期施用，因为这类土壤的养分保持能力很低。黏土和粉粒含量高的土壤只要土壤 pH 值保持在适当水平，并且归还剪下的草屑则可以较少施用其他养分。

然而，不要对微量营养元素掉以轻心——缺乏或过量与大量营养元素一样。土壤和组织养分检测应作为保持植物生长所需的剩余养分充足水平的指南。应避免不必要的微量营养元素应用，因为这样可能会导致草坪草植物受到毒害。

一个例外是对运动场管理者非常重要的

表 3.8　黏土或粉土基土壤上草地早熟禾、多年生黑麦草运动场草坪的施肥计划（水溶性 N 肥或水不溶 N 肥）

水溶性 N 肥	
日期	用量/(磅/1000 平方英尺)
5 月 1 日～15 日[a]	0.5～1
6 月 1 日～15 日[b]	0.5～1
9 月 1 日～15 日	1
10 月 1 日～15 日	1
11 月 1 日～15 日[c]	0.5～1
总 N 肥	3.5～5
水不溶 N	
日期	用量/(磅/1000 平方英尺)[d]
5 月 1 日[a]	1～1.5
8 月 15 日～31 日	1～2
10 月 15 日～31 日	1～2
总 N	3～5.5

注：a. 当春季草坪返青率达到 20%～30%时，开始施肥计划。

b. 6 月应用推荐主要用于高使用场地。

c. 最后一次修剪后在草坪草仍然保持绿色时进行施肥。切勿在冻土上施肥。

d. 使用含氮量超过 50%的氮源时，应考虑水不溶 N 肥和缓效 N 肥。随着水不溶 N 肥含量的增加，应相应增加使用量。

表 3.9　沙性土壤上草地早熟禾、多年生黑麦草运动场草坪的施肥计划（水溶性 N 肥或水不溶 N 肥）

水溶性 N 肥	
日期	用量/(磅/1000 平方英尺)
5 月 1 日～15 日[a]	0.5～1
6 月 1 日～15 日	0.5～1
8 月 15 日～9 月 1 日	1
10 月 1 日～15 日	1
11 月 1 日～15 日[b]	0.5～1
总 N	3.5～5
水不溶 N 肥	
日期	用量/(磅/1000 平方英尺)[c]
5 月 1 日～15 日[a]	1.5～2
8 月 1 日～15 日	1～2
10 月 15 日～11 月 1 日[b]	1.5～2
总 N	4～6

注：a. 当春季草坪返青率达到 20%～30%时，启动施肥计划。

b. 最后一次修剪后，在草坪草仍然保持绿色时，进行最后一次施肥。切勿在冻土上施肥。

c. 基于含氮量超过 50%的氮源时，应考虑水不溶 N 肥和缓效 N 肥。随着水不溶 N 肥含量的增加，应相应增加使用量。

微量营养元素，经常使用铁（Fe）。叶面施用铁可以使草坪迅速变绿，而不会引起枝条的大量无用生长，这在整个生长季节都是一种非常理想的反应。液态铁源通常与许多农药或植物生长调节剂混合，以掩盖这些化学物质可能引起的黄变。铁在植物中是不可移动的，所以当草坪被修剪时，铁的作用就被移除了。在大多数每周修剪 1～2 次的运动场上施用铁肥，可以在 10～14 d 内提供一些绿色效果（如果草坪修剪得更频繁，效果则会减少）。

由于铁是一种微量营养元素，因此标签上的施用量通常以每英亩的磅数表示，而氮含量通常以每 1000 平方英尺磅数表示。正如许多草坪管理者所知道的，液态铁可以显著提高运动场草坪的质量和外观。

如果土壤或植物组织检测推荐其他微量营养元素，则有许多微量营养元素包装可供选择。一些最受欢迎和最容易应用的微量营养元素肥料被配制成螯合物。螯合物源于拉丁语意思是“爪”。其在肥料配方中的概念是指特定的微量营养元素结合在一个碳原子环中，从而防止微量营养元素通过化学反应迅速结合成土壤中植物不可利用的形式。这样可提高养分的吸收效率，并导致植物产生更快速的反应。螯合源的肥料稍微贵一点，但因对植物立即反应的作用，这些额外的支出通常是值得。

3.9　植物生长调节剂

在美国，究竟什么是植物生长调节剂还

没有一个明确的定义。然而，在欧洲，对生物刺激剂的一般描述似乎是一种含有化学物质(天然或人造)或微生物的材料，这些物质可引起增强的生长反应、提高养分利用效率或更好的植物抗逆性的效果。另一个常用的或与植物生长调节剂相关的术语是“植物健康补充剂”，在这类中包括大量的色素，通常用于杀菌剂中，这主要是它们能对草坪提供一定的紫外线辐射防护作用。

这些产品合法吗？在最早的生物刺激剂时代，答案是“也许”。但在21世纪，大量科学证据表明，这些产品可以成为一整个管理计划的重要组成部分。植物的积极反应不总是有保证的，也不确定这些产品是健全的肥料和养护管理计划的替代品。但是，了解这些产品中的成分以及可能提供对植物的反应是从其应用中获得最大利益的关键。最常见的生物刺激剂通常含有天然或合成的激素(植物体内自然产生的控制植物生长反应的化学物质，如细胞分裂或伸长)。植物生长调节剂最常见的两种成分是细胞分裂素或赤霉素。在植物体内的适当浓度下，这些化合物刺激植物生长，但在“错误”浓度下或与其他激素结合时，这些化合物实际上会阻止植物的生长和发育。因此，预测这些化合物的反应是常见的挑战——如何保持激素与植物内自然产生的化合物以及可以作为补充剂的化合物之间的平衡。

举一个例子来说明它们是如何起作用的。考虑一下最流行的草坪植物生长调节剂(PGR)之一的作用模式，即抗倒酯(TE)，它能抑制植物激素赤霉素(GA)的产生，赤霉素是一种促进细胞伸长的内部产生的化学物质。因此，理想的植物对抗倒酯应用的反应是形成较厚、颜色较深的草坪，同时由于叶和茎的伸长减少，因此不需要频繁修剪。但是抗倒酯也可能被过度使用。如果一个人想要一种“解毒剂”来解决过度使用抗倒酯的问题，会用什么？叶面施用GA。误用抗倒酯的情况并不经常发生，但考虑到如果使用植物生长调节剂如抗倒酯并同时施用生物刺激剂化合物，可能会无意中否定或逆转植物生长调节剂活性。准确了解植物激素类化合物作用及从它的使用期望什么样的反应很重要。

由于不同激素的浓度是不同的(因此植物的反应也是不同的)，对这些激素的研究探索是将它们纳入管理计划的最佳途径。一个比较一致的观点是，对于那些已经证明成功缓解胁迫的激素来说，它们应该在预期的胁迫事件发生之前应用。如果根据其在提高耐旱性方面的表现来施用，不要等到干旱来临时才施用。这些产品作为预防性补充施用，而不是作为治疗作用以获得最有益的反应。

微生物补充剂仍然是这些化合物中最不了解的一部分，因为土壤中微生物的数量和多样性令人难以置信。然而，在了解补充微生物处理对改善草坪健康和整体性能的潜在益处方面取得了进展。评估这些化合物性能的一个共同主题是，它们的使用需要有规律，因为很难维持补充微生物的数量——大自然在微生物相互竞争时，努力将微生物数量恢复到“原始”状态。最好紧跟这一领域的科技进展，因为这是一个迅速发展的农业研究和利用领域。

第4章
修　剪

4.1　简介

修剪是草坪管理过程中的一个重要环节。如果修剪得当，可以帮助调节草坪的水分，控制病虫害和杂草问题，以及回收养分。但在实际操作过程中往往很少或根本没有考虑修剪的影响。在这一章中，我们将回顾一些正确修剪的原则，我们将分享做这项工作四个最重要的规则以作为一个完善的草坪管理计划的一部分。

4.1.1　第一条规则

使用旋刀剪草机时，请始终使用锋利、平衡的刀片进行修剪。锋利的刀片干净地切割每一株植物，干净的切割将确保修剪过程对草坪健康的影响降到最低。一把钝的刀片拉扯并撕裂植物的叶片，会暴露更多的植物表面给入侵的微生物，从而使草坪容易遭受病害的影响。用钝刀片割草最明显的效果是新割过的草地上发白(或发光)(图 4.1)。定期打磨锐化刀片对于实现高质量的修剪是绝对必要的。对于一些设施，这可能意味着每周打磨旋刀刀片，或者开发一个程序计划根据剪草机操作小时数打磨刀片——例如，每运行 40 h 后(滚刀剪草机也需要定期根据底刀调整滚刀以确保切割干净利落)。

4.1.2　第二条规则

“三分之一法则”规定，一次修剪的修剪量不得超过三分之一。修剪超过植物三分之一的会损害其健康，同时还会在草坪上留下一层过厚的草屑。当然，在需要保持较低高度的场地上，遵循这一规则意味着需要更频繁地进行修剪。例如，剪草高度为 2 英寸时，当草长到 3 英寸时就需要修剪。在两次修剪之间，草可以生长 1 英寸，这意味着可能需要每三四天修剪一次。然而，当剪草高度设定为 1 英寸时，按照三分之一的原则，工作人员需要在草长到 1.5 英寸时进行修剪。由于在再次修剪前，草只能长 0.5 英寸，因此修剪频率将增加到每隔两三天一次。

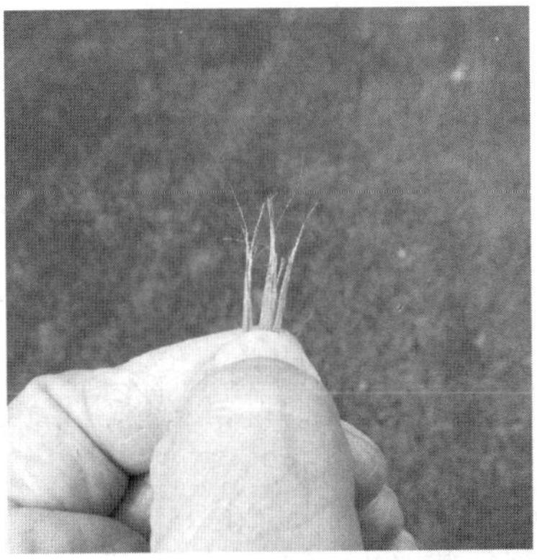

图 4.1　用钝刀片修剪会导致植物的叶尖被撕裂，降低植物对疾病的抵抗。被撕裂的草叶从远处看去呈现一片灰白色

4.1.3　第三条规则

使用旋刀剪草机时，始终使用建议的最快刀片速度。快速旋转移动的刀片将植物切割得更干净、更均匀，将剪下的植物草屑在草坪表面分布得更均匀。

4.1.4　第四条规则

任何类型的剪草机不得超过制造商建议的地面行驶速度。超速穿过场地可以更快地完成工作，但会导致草叶撕裂和修剪不均匀。大多数剪草机在最佳修剪条件下的最大速度通常为6~8英里/h。

除了这四条规则外，还有几条“聪明的修剪小贴士”：①避免在湿草坪或降雨时修剪。在短暂的阵雨期间，操作员可能可以穿上雨衣完成工作，但草会被撕碎，而不是得到一个干净的修剪叶片表面。②避免在草坪土壤表面水分饱和时修剪；剪草机轮子会形成车辙，从而影响球员站立和球的流动(图4.2)。③检查轮胎压力是否符合制造商规范，以尽量减少压实度并提高修剪质量。

图4.2 在土壤湿润时对草坪进行修剪，导致比赛场地出现明显车辙印

4.2 剪草机类型

大多数剪草机都是汽油或柴油动力装置(如果剪草机的发动机经过改装以燃烧石油和植物柴油的混合燃料，则使用生物柴油)，但现在设备制造商正在努力生产高品质的商用电动剪草机装置(以响应能源要求和噪声条例)。按修剪方式分类，运动场草坪上常使用的三种剪草机是旋刀式剪草机、滚刀式剪草机和连枷式剪草机。

4.2.1 旋刀式剪草机

旋刀式剪草机通常是最经济实惠的修剪方式。剪草机的选择也各不相同，从我们大多数人在家使用的5马力21英寸剪草机，到总宽度大于15英尺的成组剪草机。旋刀式剪草机利用旋转刀片撞击叶片产生的冲击力进行切割；严格地说，这一过程更接近于撕裂而非传统意义上的切割。锋利的刀片和高速旋转的刀片确保了撕裂效果的干净利落，质量更高。在人、动物、建筑物或汽车周围操作旋刀式剪草机需要非常小心，因为碎片可能与草屑一起被高速甩出，并可能造成严重伤害事故。在任何时候，旋刀式剪草机在周围有人情况下必须进行剪草操作时，使用一个挡板以控制草屑甩出这是绝对必要的。在这种情况下，明智的做法是考虑购买一台独立的遮覆式剪草机或后卸式剪草机(图4.3)。最新一代的旋刀式剪草机具有浮动平台，修剪后的草坪修剪质量和草坪外观与滚刀式剪草机修剪过的相当。

图4.3 这种前端旋刀式剪草机是北美运动场最常用的剪草机之一。最新的旋刀式剪草机设计包括浮动平台和辊轧/滚轮，适合修剪草坪最低至1英寸高度

4.2.2 滚刀式剪草机

滚刀装置可提供最高质量的修剪，以及在修剪高度小于2英寸时最能接受的修剪质量。这些剪草机具有像剪刀一样的切割动作，在旋转的卷轴上的一个刀片和切割装置底部的“床刀/底刀”之间剪草。因此，它们切割的比任何其他类型的剪草机更干净。滚刀剪草机的滚刀上装有不同数量的刀片。

对于将在较低高度修剪的草坪，首选带有更多刀片的滚刀。制造商建议，对于保持在1英寸以上的草坪，一个带有5个刀片滚刀就足够了；对于1/2英寸和1英寸之间的修剪高度，应使用 6 个刀片滚刀；对于小于 1/2 英寸的高度，建议使用 7 个或 8 个刀片的滚刀。

在滚刀式剪草机上，通过升高或降低滚轮来改变床刀的高度，从而调整剪草高度，调整适当的话，这种类型的剪草机提供了最低的可能修剪高度，使其成为最高规格草坪的剪草机选择。然而，滚刀式剪草机也是迄今为止购买和维护最昂贵的剪草机。维护滚刀和床刀需要特殊设备，正确调整剪草机需要大量耐心和经验(图 4.4)。

图 4.4　这张滚刀式剪草机的照片展示了该设备特有的刀片、滚筒和底刀

4.2.3　连枷式剪草机

连枷式剪草机在运动场管理中重新流行，主要是因为产品质量的改进提高了剪草机的性能和草坪质量。长期以来，它们一直用于修剪可能有垃圾、树根、小树枝等废弃物的通用草坪。连枷式剪草机有旋转的刀片或“连枷”在绕一个水平轴高速旋转，用类似于旋刀式剪草机的撕裂动作切割。当连枷碰到草坪上的垃圾或凸起的地方时，连枷会“停止”，这样就减少了刀片在撞击时折断的机会。剪草机平台也是一体的，这意味着排放的碎片远远少于标准侧排旋刀式剪草机；剪草机如在有人的地方工作时，这种剪草机会是不错的选择。

4.3　草坪反应

修剪草坪植物的叶片时，各种生化过程都会启动。首先，植物必须封住刀片切割形成的伤口。然后，一系列(围绕动员储存的物质能量储备)的反应发生以协助植物恢复，帮助生产新的叶子和茎。研究表明，定期在适当的高度和频率修剪实际上有利于产生厚实密集的草坪。按照“三分之一法则”修剪能保证每株植物都能留有足够的部分来支撑草坪必需的代谢过程，并促进侧枝茎秆的发育。然而，不适当的修剪会使草坪草变薄变弱，难以在极端环境或病虫害胁迫下恢复生长。

4.4　高度和频率

草坪草没有单一的“理想”修剪高度。修剪高度的选择受草坪草的类型、地区气候、生长季节，甚至使用场地的球队的速度和风格的影响。表 4.1 中的图表显示了在春季、夏季和秋季修剪各种草坪草的指导原则，遵循这些建议将提供最佳的草坪质量。草坪高度可以低于图表中的建议，但可能需要更频繁的修剪以遵守“三分之一法则”，并可能在不利的环境条件下对草坪造成胁迫。低修剪的场地可能需要更多的水，更频繁地施肥，以及更多的管理来处理杂草和病害问题。在不适宜的生长条件下，高的修剪高度可以减轻草坪草许多环境和病虫害压力，但不能提供合适的运动场地条件。在为比赛准备场地时，一定要在几周内逐渐降低修剪高度，以免剪秃草坪。

建议的修剪频率不是基于上次修剪后的天数，而是基于“三分之一法则”。由于植物在生长季节生长迅速，橄榄球场、棒球场和足球场的草坪可能每周需要修剪两三次。对于像匍匐翦股颖或狗牙根这样的近距离低修剪草坪，可能必须每天进行修剪。

在比赛季节，修剪高度应基于多种因

表 4.1　建议的季节性草坪修剪高度

草的种类	最低到最高/英寸	春季	夏季	秋季	冬季[a]
草地早熟禾	1.5~3	1.5~2	3	1.5~2	
多年生黑麦草	1/2~3	1/2~2	3	1/2~2	
海滨雀稗	3/4~2	3/4~1	3/4~1	1~2	1~2
高羊茅	1.5~3	1.5~2	3	1.5~3	
狗牙根	3/4~2	3/4~1	3/4~1	1~2	1~2
匍匐翦股颖[b]	1/8~1/4	1/8~3/16	3/16~1/4	1/8~3/16	
狗牙根/百慕大[b]	1/8~1/4	3/16~1/4	1/8~3/16	1/8~1/4	1/8~1/4

注：a. 交播的狗牙根。

b. 网球场推荐修剪高度。

特别提醒：滚刀式剪草机应用于修剪高度小于1英寸的草坪。

素：草种、施肥和灌溉计划、可用修剪设备的能力、场地上的运动量，以及教练和运动员的要求。这些不按特定顺序排列，因为对于每种情况，针对这些情况的考虑因素将是决定修剪高度的基础。

例如，如果场地被大量使用(作为练习场地)，那么使用修剪高度范围高的原则以减少对草坪的磨损。修剪较低的草坪可能无法提供足够的生物量来满足长时间的大量践踏。

对于使用率较低的场地(如比赛场地)，可以根据经常使用场地的教练或球员的要求来选择修剪高度。例如，如果一个棒球教练拥有一支在防守上速度不足的球队，他可能倾向于将草坪剪得更高，以此来减缓地面球的速度，从而使球员有更多的机会接近并接住这些球。相反，如果一个足球教练有一个非常快的后场，那么球速更快、草坪更矮的场地可能是球队的优势。草坪的修剪高度可以作为完全合法的“主场优势”的一个非常重要的组成部分。然而，重要的是，在追求这种优势的同时，绝对不能牺牲场地的安全性或运动性能。

在休赛季，修剪频率可能会降低，但定期修剪仍然很重要。在休赛季，可以将修剪高度提高$\frac{1}{2}$~1 $\frac{1}{2}$英寸以此来减少修剪的频率。然而，一个被忽视数月的草坪，仅凭赛季开始前的1~2次低高度修剪，是无法达到比赛所需的最佳状态高度的。将修剪高度降低到比赛高度必须在第一场比赛前至少4~6周开始。重要的是要记住，减少非赛季修剪要求并不意味着在低的场地使用期间不需要修剪。

4.5　图案

体育界的公众已经开始把滚压草坪看作一个好场地的标志之一。在草坪上创造各种吸引人的图案是可能的；在草地上画条纹只受到场地经理的想象力和专门用于修剪的时间的限制，特别是如果有滚刀式剪草机的话。在不同的方向修剪草坪会使叶片向相反的方向弯曲，导致叶片反射光线的方式不同，从而出现暗绿色和浅绿色区域。较暗的条纹代表朝着观察者方向的区域修剪，观察者注视着草坪，看到叶片上的阴影；有光泽或较浅颜色的草坪背离观察者的方向修剪，观察者正看到光从平坦的叶子表面反射出来。

草坪草对滚压产生条纹的反应不同。如图4.5所示，海滨雀稗、多年生黑麦草和草地早熟禾具有较高的形成条纹图案能力，而狗牙根产生条纹潜力较低。

虽然这些草的条纹对运动性几乎没有影响，但整洁场地的出现确实会鼓励那些维护

图 4.5　这个草地早熟禾橄榄球场上吸引人的条纹图案是通过使用滚刀式剪草机后面安装一个滚筒，并在相邻的五码区域内交替反向修剪而形成的

场地的人以及让通常喜欢在专业型场地上比赛的球员感到自豪。美国运动场草坪管理者协会(STMA)最受欢迎的比赛之一是一年一度的修剪模式图案比赛，场地管理人员将他们的场地草坪真正变成了艺术品(图 4.6)。从公共关系的角度来看，这种自豪感也来自支持者、学校管理者和社区的其他人，他们的支持对场地草坪经理及其专业技能的长期形成至关重要。

图 4.6　位于康涅狄格州哈特福德的邓肯甜甜圈公园赢得了 2018 年体育场草坪管理者协会的草坪修剪图案大赛的冠军，这里清楚地展示了场地经理凯尔・卡尔霍恩的想象力和对细节的关注

(照片由凯尔・卡尔霍恩提供)

4.6　草屑移除

常规修剪时，通常不需要清除修剪后的草屑，除非修剪的草屑渣会影响修剪效果和草坪的运动性能。草屑实际上对枯草层的形成没有特别的作用(枯草层是一种茂密垫子状的植被，主要由叶子和土壤之间的活茎和死茎组成)；相反，它们是草坪的缓释肥料。所以尽可能在草坪上留下草屑是有意义的。然而，如果修剪产生多余的草屑这是不可取的，桶式或袋式收集器可用于大多数剪草机。也有各种各样的商用清扫器，从价格非常实惠的带地面驱动刷子可以收集几千平方英尺草屑的型号，到动力输出(PTO)驱动、一次可以清理几英亩地的设备。在收集草屑的地方，考虑采取现场堆肥，然后在场地或周围的地面上利用这些堆肥(有关堆肥的更多知识，请参见第 11 章)。

4.7　设备和安全

我们已经提到了在人或动物周围修剪时必须采取的预防措施。小心选择设备，并将所有防护罩和防护装置保持在适当的位置——不要简单地移除它们以利于排出草屑！如果没有保护装置的阻拦，小石块、木棍和其他碎片将会高速甩出。

应当确保所有员工在操作剪草机前认真看过制造商的安全信息——许多设备制造商现在除了提供手册外，还提供视频(如果剪草机没有提供这些信息，找几个可用的培训视频了解相关信息)。此外，要坚持工人使用适当的眼睛和耳朵防护装备以及适当鞋子，并严格遵循所有安全程序要求。

4.8　植物生长调节剂

应用植物生长调节剂(PGRs)抑制草坪草叶片生长和草穗形成的做法并不少见。然而，有所变化的是，最近的植物生长调节剂也通过提高密度和颜色来改善草坪草的质量。表4.2简要总结了用于精细草坪养护的PGRs。

PGRs根据其作用方式分为四类(A~D)。A类PGRs干扰赤霉素的产生，这种激素影响细胞伸长、光周期反应和耐冷性。这些产品适用于高强度管理的草坪区域，通常产生的药害相对较小，并提供相对较短的生长抑制活性(通常为3~4周)。这类化合物通常用于运动型草坪的例子是抗倒酯〔Trinexapac-ethyl，4-环丙基(羟基)亚甲基-3,5-二酮环己烷羧酸乙酯〕(Primo-Maxx)™)和调环酸钙(prohexadionecalcium)(Aneuw™)。

B类PGR干扰赤霉素生物合成，但在其代谢途径的早期阶段。它们通常提供较长的生长调节周期(通常为5~6周)，但在高维护草坪上也存在较大的初始药害风险。B类材料的两个例子是嘧啶醇(Cutless™)和多效唑(Scotts公司TGR™，Trimmit™)。

表4.2　运动场草坪养护中常用植物生长调节剂的特性

通用名称	商品名称	吸收位点	抑制作用	影响部位
乙烯利(Ethephon)	Proxy	叶	细胞伸长	穗子(如果在抽穗前施用)，叶片
嘧啶醇(Flurprimidol)	Cutless	根	细胞伸长	叶片，抑制抽穗
氟草磺(Mefluidide)	Embark	叶	细胞分裂	穗子形成，叶
多效唑(Paclobutrazol)	TGR，Trimmit	根	细胞伸长	叶片，抽穗抑制
抗倒酯(Trinexapac ethyl)	Primo Maxx	叶	细胞伸长	叶片
调环酸钙(Prohexadione calcium)	Aneuw	叶	细胞伸长	叶片，有限的抽穗抑制
抗倒酯+嘧啶醇	Legacy	叶和根	细胞伸长	叶片，有限的抽穗抑制

C类化合物是有丝分裂(细胞分裂)抑制剂。它们在有限的时间内(3~4周)阻止植物生长。这些产品因为其出色的抽穗抑制效果而闻名，但也可能导致草坪显著变色。一种常见的C类PGR是氟草磺(Embark™)。

D类化合物被大多数人认为是除草剂。取决于草种，草甘膦(Roundup-Pro©)在非常低的水平可以作为一个植物生长调节剂在低维护草坪中应用。这些产品几乎不适用于运动场，但可能适合在运动场地设施周围的低维护区域使用。

此外还有一种植物生长调节剂由于其独特的作用模式而不适合以上任何这些分类：乙烯利(Proxy©)。乙烯利在植物体内转化为激素乙烯，乙烯在植物体内以气体的形式存在，浓度很低。历史上，乙烯利已被用于商用食品工业，以促进水果成熟。乙烯利不能像其他化合物一样迅速抑制生长，但在抑制一年生早熟禾抽穗方面特别有效。Proxy和Primo Maxx的混合施用现在很流行，可以综合Primo Maxx改善草坪质量特性和Proxy抑制抽穗活动的优点。虽然大多数植物生长调节剂与较低的草坪剪秃倾向有关，但如果将乙烯利应用于枯草层较厚的草坪，则会增加剪秃草坪的可能。另一种流行的植物生长调节剂组合是将B类和A类植物生长调节剂配对，如将嘧啶醇与抗倒酯(商标名为Legacy®)配对。还有如两个A类的混用，如抗倒酯和调环酸钙(译者注)。

植物生长调节剂适合许多运动场管理计划，因为它们有可能减少修剪要求和相关维护，并有能力提高草坪表面质量。然而，在选择植物生长调节剂时，重要的是要了解每个特定产品的优势和局限性。有些植物生长调节剂最适合于抑制抽穗或叶片生长，而另一些植物生长调节剂则能同时抑制二者。接下来，要注意激素是如何进入植物的。这将表明植物生长调节剂喷施应用后是否灌溉或降雨是必要的，甚至是不可取的。表4.2列出了一些用于运动场草坪养护的常用植物生长调节剂的这些因素。

这里提到的这些和其他植物生长调节剂的生长调节作用因场地而异，具体取决于草坪草的特定品种、草坪的维护水平、调节剂使用量以及在每种情况下可接受或不可接受的草坪变色程度。如果使用得当，像 Primo Maxx 这样的 A 类植物生长调节剂将在 3～4 周内至少减少 50%的修剪量，并且由于其独特的作用方式，草坪变色最小。随着时间的推移，Primo Maxx 处理实际上会导致草坪颜色变深，因为细胞尺寸变小，叶绿素浓度更高。

类似氟草磺的植物生长调节剂也会在相似的时间段内减少叶片的生长，但它真正的优势在于抑制穗子的生长。早期大家更多地关注应用氟草磺对植物产生的毒害，但随着时间的推移，它也可提供一个深绿色的颜色反应。

植物生长调节剂必须以与任何其他化学试剂相同的方式进行对待，包括严格遵循标签说明。目标是植物生长调节，而不是终止。草坪的过度调节实际上会使草更容易受到病虫害杂草或极端环境的影响。切勿将植物生长调节剂应用于处于胁迫下的草——这会增加草坪草植物受毒害的风险，浪费时间、金钱和人力，属于“对环境不负责任”的范畴。

还要考虑一下你的管理计划中还使用了哪些其他化学品。像 Primo Maxx 和 Aneuw 这样的 A 级植物生长调节剂是与标准的施肥和养护计划一起使用的；它们的标签告诉你，即使在植物生长调节剂使用的情况下，也要继续定期施氮。但考虑一下，如果同时使用含有赤霉素的生物刺激剂（第 3 章讨论），会发生什么。这种化学物质会有效地抵消植物生长调节剂的作用。一周内，草坪对大多数植物生长调节剂的反应显著。例如，使用 Primo Maxx 这样的产品后，草坪草的冠层会变得更厚、更暗、需要更少修剪次数。对于 A 类植物生长调节剂，当定期施用它们时（即单次施用不足以获得长期理想的响应），可以实现显著的生长抑制和草坪质量的改善。然而，植物生长调节剂在运动场草坪管理中也有其他重要应用，包括：

- 转换程序。植物生长调节剂已成功应用于减缓一种草坪草的生长，并允许在交播另一种草坪草进入这一种草坪草时更好地建植另一种草坪草（图 4.7）。

图 4.7　此前将植物生长调节剂与画线涂料混合使用，能促进多年生黑麦草在狗牙根场地交播成功

- 适应下雨。这些产品可以帮助经理在恶劣天气下保持对修剪程序的控制。尤其是在海湾国家的热带风暴或飓风季节，每年都有这种情况。

- 提高草坪质量和运动性。一些植物生长调节剂可以减少修剪，而不会牺牲草坪从修剪或其他损坏中恢复的能力。质量的提高部分来自上述的草坪紧致和增厚效果，部分原因是颜色反应。例如，用 Primo Maxx 或 Aneuw 处理过的普通狗牙根运动场草坪具有许多高质量、营养建植的狗牙根的特性。经处理的狗牙根草坪的恢复或生长速率与未经处理的狗牙根草坪相当，消除了人们对生长调节如此完全以致草坪在受损后不能迅速恢复的担忧。

• 减少修剪。在处理难以修剪的区域或在边缘基线和围栏区域有明显的好处，同时修剪的缓解也提高了剪草机的燃油效率。

• 延长现场标记和标志的使用寿命。一些植物生长调节剂配方允许直接与喷雾器中的涂料混合，从而延长涂漆区域的持续时间。

• 提高草坪水分利用效率，增强环境胁迫耐受性方面也有相应报道。

使用植物生长调节剂有其缺点。对于有限的预算来说，产品本身的成本可能是个问题(然而，鉴于上述潜在利益，明智的管理者将仔细考虑产品成本是否会被员工时间的潜在节省所抵消)。混合草场地在生长调节方面不同的草可能会有不同的反应，从而导致草坪均匀性的损失。根据植物生长调节剂和草的种类，有观测到一些病害的发病率变高，但在其他情况下，由于植物更健康，观察到的疾病较少。

此外，为了优化大多数植物生长调节剂的活性，通常需要两或多次应用。单次施用很少能达到预期的生长调控目标，无论是对穗子还是对叶片生长的抑制。还要为“反弹效应”做好准备，即植物生长在植物生长调节剂降解减少后的实际激增。这种反应将需要增加修剪频率，以管理生长的激增。在适当的时机，它也可以是一个优势，预计在践踏多的时期，最大的增长是可取的。这一策略已被证明对狗牙根特别有效，将 Primo Maxx 处理延长至初秋，然后随着温度下降和日照时间缩短的情况下允许草坪反弹。因此，当植物生长调节剂的影响减弱时，相应地计划草坪生长的激增。如果“反弹”不是一种理想的草坪反应的情况下，一个组合产品，如嘧啶醇+抗倒酯已被证明不会在调控作用消失后导致那么多的生长激增。

第 5 章
灌　溉

5.1　简介

运动场的管理者比较注重运动场场地的外观以及场地是否安全。在运动场地中，灌溉是用来实现高草坪质量和场地的运动性的。打造安全的绿色场地是所有运动型草坪管理者的共同目标，而适当的灌溉则是实现这一目标的关键因素之一。

在本章中，我们将考虑灌溉在运动型草坪设施场地养护管理中的作用。在我们审查灌溉问题时，我们必须区分“灌溉”作为一般过程和“安装灌溉系统”作为完成这一过程的一种方式。我们将固定安装式灌溉系统/地埋式喷灌系统定义为包含地下管道、弹出式洒/灌水器、自动控制阀和控制器(计时器)的系统。一块场地可以用多种方法灌溉；固定安装式灌溉系统是其中一种。我们将简要讨论北美广泛使用的一些其他灌溉方法，但大部分讨论将集中在固定安装式的灌溉系统上。

5.2　灌溉和草坪养护

强壮、健康的草坪在频繁体育赛事的压力下会保持得更好，而充足的灌溉对于促进草坪植物健康生长至关重要。适当的灌溉有助于形成更深、健康的根系，从而使草坪能够迅速从践踏伤害中恢复。灌溉差的运动场地很可能无法从任何实质性的草坪破坏中得到恢复，并有可能在赛季结束前都无法再次比赛。

一个健康、适当浇灌的草坪，其杂草、虫害和病害的发生率会降低，从而减少化肥和农药的使用。这些农药化肥的减少意味着更低的维护成本。健康的草坪草养护还具有其他成本优势，包括减少用水。当所有潜在的成本节约都列成一张表格时，一个设计、安装和维护得当的灌溉系统，再加上一个经过论证的浇灌计划，好处就变得越来越明显，它既可以降低运营成本，又有助于草坪健康。更重要的是，灌溉良好的草坪可以增强球员的安全性，因为它更柔软、更均匀、更绿色又更具美感的场地也增强了球员和场地维护人员的自豪感。

5.3　草坪灌溉的一般原则

灌溉是一个场地管理者可用的最重要的管理措施。然而，过度灌溉也是场地管理中最常见的管理不善的例子。在场地管理者中，“深灌且少灌”原则是一个经过时间检验的合理概念，是灌溉应用和灌溉计划安排的核心。虽然这种做法始终是最有效的策略，但在规划任何浇水方案时也必须考虑土壤的物理性质。显然，黏土不能像砂土那样接受大量的水分，因此在一个灌溉周期内需要更少量、更频繁的灌溉。还必须考虑预订的场地使用情况，在比赛前几小时进行灌溉可能会导致场地湿滑和不安全。

大多数草坪草，包括交播的狗牙根，在生长季节每周需水量为 1 ~ 1.5 英寸，以维持良好的草坪质量和场地运动性能。这些水分可能来自降水或灌溉。如果草坪没有得到足够的水，当它需要水时就会出现叶片卷曲和萎蔫、持续的脚印或车辙印(在步行或车辆通行后，草坪无法迅速回弹)以及草坪颜色变为蓝绿色等迹象。

浇灌草坪的最佳时间是在清晨，日出之前或之后。在大多数情况下，清晨灌溉不会干扰比赛运动，并可将叶表湿润期降至最少。减少草坪叶片保持湿润的时间是减少病害发生的有效途径。清晨灌溉也会使更多的水进入土壤供植物使用，因为其在一天中的蒸发率是最小的。此外，在清晨，风对灌溉模式的影响也不那么令人担忧。最后，在比赛或练习前，清晨灌溉通常可以让场地充分干燥，因此可以确保比赛在不打滑的草坪表面上进行。

5.4 便携/移动式灌溉系统

移动式灌溉系统是指在场地移动的灌溉系统，可以由工作人员运输，也可以依靠自己的力量移动。尽管这些系统在许多运动场上都有使用，但它们通常认为不如固定安装式灌溉系统那样高效。

5.4.1 移动式灌溉机

这个系统由一个卷轴和一个连接在软管上的旋转喷头组成。软管和洒水器从卷轴上拔出。然后，软管和洒水器利用内部绞盘机构驱动的水压将自己卷回卷轴上。当移动式灌溉机到达卷筒时，它会自动关闭。然后需要将转轴重置到新位置，并再次拉出软管和洒水器。

移动式灌溉机在许多情况下都能成功应用，但需要大量的劳动力才能持续移动设备。必须加强对这一系统进行监督，以确保场地均匀和充分地灌溉。浇水时间仅限在白天，因为在夜间或无人看管的情况下，移动式灌溉设备很容易遭到破坏(甚至盗窃)。

5.4.2 快速连接器系统

这些系统由一系列带有快速接头(有时称为快速连接头)的地下管道组成，永久安装在与地面齐平的地方。(城市供水系统通常提供运行系统所需的所有水压，但在压力较低的情况下，可使用增压泵)这些系统上的阀门构造必须使用称为快速连接钥匙的特殊连接装置来开启阀门。然后可以将软管或喷水装置直接连到系统上。快速连接器系统通常安装在棒球场(在投手丘后面)，以帮助内场和泥地区域的水分管理。

操作系统时，将“钥匙”(或直接连接的洒水喷头)插入阀门并向右转半圈。(这与大多数阀门不同；许多阀门由于在“正常”方向上强行用力而损坏)向右转动阀门将其打开并锁定到位。

与移动式灌溉机一样，快速连接器系统也有许多缺点。为了灌溉一个地区，必须在现场周围拖拽软管，或者必须及时将洒水器从一个阀门移到另一个阀门。通常情况下，工作人员允许洒水器不定期地停留，因此覆盖范围不统一。为了减少浇水的时间和精力，有一种倾向是一次操作过多的喷头。这会导致压力下降，洒水器将无法达到所需的距离，从而导致浇水不均匀。

移动式系统的安装成本比自动系统低。但由于其缺点，只有在预算限制安装自动灌溉的情况下，便携式系统才是可行的替代方案(应注意，现在安装的便携式系统必须具有固定安装式灌溉系统所需的相同类型的防回流装置。有关防回流的更多信息，请参见第5.5.1节)。

5.4.3 雨枪

雨枪是一种巨大的冲击式洒水器(放置在地面上)，用于灌溉大片草坪。这些设备最常应用于农业，但一些运动场管理人员在灌溉项目中使用它们。雨枪有两种安装方式。第一种方法是将设备永久安装在赛场外的围栏或其他障碍物中。(这种装置通常用于马球场，那里的灌溉设备必须远离比赛场地以保护马匹)当需要灌溉时，这些永久安装的雨枪只需打开就可以浇灌草坪。虽然这种永久性装置使用方便，但它也会使雨枪暴露在故意破坏或盗窃的环境中，并让许多人觉得有碍场地的整体美观。

使用雨枪的第二种方法是在球场外的一个点上铺设一条永久性的补给线，并在这个点上安装一个连接。安装在手推车或支架上的雨枪，在需要灌溉时被移动到适当位置并连接到供水管线。这种方法优点是不会使设备受到人为破坏，但需要大量的人工操作。

雨枪灌溉存在几个缺点。首先，所灌的水通常是不均衡的，一些地方灌溉会较多，而另一些地方的灌溉会很少(通常需要人工浇水以确保充分灌溉)。此外，这些系统的初始安装成本可能很高，因为通常需要一个大型泵站来向雨枪供水。高流速的雨枪需要配合安装大直径管道。通常需要多个雨枪来浇灌一块场地，这会增加这种灌溉系统的安装成本。

5.5　固定安装式灌溉系统

固定安装式灌溉系统的普及正在迅速增长。安装灌溉系统的价格在下降，而运行的可靠性在提高。与便携式系统相比，自动化系统降低了劳动力成本，并且通过设计良好和维护良好的系统，改善了水的均匀分配(图5.1)。

图5.1　固定安装式灌溉系统能最有效地将均匀灌溉和运行效率结合起来(照片由亨特工业公司提供)

5.5.1　设计

与场地本身的设计一样，灌溉系统的正确设计是关键的一步；设计不当的系统不可能通过后期的补救措施保持正常工作。系统的设计应该以运动者的安全性，以及对可靠性、效率和易维护性的需求为导向。

在灌溉项目中雇用一名志愿设计师可能是很有诱惑力的，但是一名经验丰富的运动场灌溉设计师或顾问通常可以让场地经理从长远来看节省时间和金钱。设计一个有效的系统需要了解管道水力学、分区技术、喷头间距、管线尺寸和压力要求。修复这些区域中任何一个单一错误的成本，往往轻易超过了经验丰富的设计师的费用。

在规划一个系统时，设计师会考虑选择最合适的产品，因为每个运动场项目都有其特定的产品和预算限制。喷头和阀门的放置也是一个主要考虑因素，设计师会将喷头放置在远离践踏严重的区域，而将阀门放置在远离比赛场地的位置。

在运动场灌溉系统设计中最大的错误之一是未能提供全方位喷头的头对头覆盖，以及边对边和端对端。这在棒球和垒球外场尤其显著，因为它们的场地形状独特。只有一个方向的迎头覆盖将无法提供匹配的降水量。

(1)管道

从灌溉系统的连接点到供水管道到区域控制阀的管道称为“连续压力主管”，或简称为“主管”。对于尺寸达4英寸的管道，通常使用溶剂焊接聚氯乙烯(PVC)管，深度为表面以下18英寸，以及对于大于4英寸的管道，低于表面24英寸。衬垫管有时会被指定使用，这应放置在更深的地方；对于这种大于4英寸的管道，表面以下36英寸通常被认为是合理的。然而，系统压力的增加可能会使设计师选择更深的安装，以将确保管道稳固。

将控制阀连接到洒水喷头的非压力管道称为“侧支管”。这些管线可以安装在12英寸的深度处，这是行业标准。

管道周围的回填材料应无岩石，并压实至与周围土壤相同的密实度。无岩石回填有助于防止管道破裂，持续压实将防止因管道上方土壤不均匀沉降而导致草坪出现沟坑等。

在管道连接必须特别坚固的地方，有时会指定现浇混凝土“止推块”。例如，对于直径超过2英寸的干线管道，以及系统压力高于正常压力的长输管道，止推块通常在所有衬垫管道的所有方向变化处指定使用。

指定使用适当的管道尺寸有助于保持正确的水流速度，并最大限度地减少整个系统的摩擦损失。流经管道的水会受到管道本身相当大的阻力或摩擦；当水流速度增加时，摩擦产生的压力损失会增加。如果用于系统的管道太小，则该区域末端喷头的工作压力将远低于最靠近该区域阀门的喷头。一个区域上所有喷头之间的压力变化不得超过10%。

本书中的一些运动场灌溉系统设计显示了一条环形主线。这有助于保持从一个区域到另一个区域的压力大致相同。当水从两个方向在一条环形干线中流动时，减少的压力损失有助于在整个干线中实现相对平衡的压力。用一条连接干管来达到相同的平衡压力需要一根比环形系统干线更大的管道。环形主线较小的管道尺寸节省了资金，同时减少了到最远阀门的压力损失。

PVC管也常用作灌溉系统管道和电线的套管，这些管道和电线穿过人行道、车道和道路。确定套管尺寸的一个很好的经验方法则是将套管中所安装管道尺寸计算为两倍。

(2)喷水装置、喷嘴和回转接头/千秋架

喷头由三个主要部件组成：装置主体、水从喷头中流出的喷嘴和喷头底部用于保持喷头与侧线连接的摆动接头。

为了运动场的安全考虑，洒水喷头的尺寸逐渐缩小。较新的喷头具有较小的表面直径和保护性的厚橡胶盖，使其成为老式喷头的非常安全的替代品(图5.2)。此外，许多较新的喷头有一个强有力的弹簧主动收回，避免头部浇水完成后留在向上位置危及球员安全。目前许多更安全的喷头会有一个结实的盖帽，以承受目前日常维护中使用的大型设备。较新的齿轮驱动旋转洒水喷头应安装在草坪的完工坡面上(图5.3)。

图5.2　像这样的自动灌溉系统弹出式旋转喷头有一个厚厚的橡胶盖，暴露在外的表面积较小，并且能够实现均匀浇水(照片由亨特工业公司提供)

图5.3　安装正确的喷头应与草坪的最终高度齐平。双旋转接头能让该系统承受剪草机和其他设备的重量，而不会对系统造成损害(照片由亨特工业公司提供)

灌溉专家通常推荐一种喷嘴选择多的旋转喷头。通过选择不同喷嘴来微调流出系统的水流。经验丰富的灌溉系统设计师将使用正确的喷嘴尺寸来获得“匹配的降水量”(浇水系统的降水量是指在草坪表面浇水的速率，单位为英寸/h。“匹配降水量”是指整个场地接收的水量大致相同)。

千秋架(回转接头)可由系统安装人员

现场制造，也可由供应商提供制造零件。如果制造正确，三弯双回转接头的工作效率会很高。制造的双回转接头 O 形密封圈缩短了安装时间，而且通常更可靠。如果安装正确，当大型剪草机或其他重型设备在喷头上经过时，双回转接头提供了灵活性和抗破坏性（图 5.3）。

（3）阀门

在灌溉系统中，有两种基本类型的阀门：截止/切断阀和喷水阀。切断阀（“闸阀”或“球阀”）用于连续压力干管中，以临时关闭整个系统或系统的一部分的水。喷水阀（手动或自动）用于将水从连续压力主管线输送至喷水装置。在讨论自动喷水系统时，当阀门一词单独使用时，通常指自动控制阀。

- 闸阀。有一个轮式手柄，需要转动手柄几圈才能打开或关闭水流。闸阀最常用于高水压或高水流的干管上。因为只需要几圈，所以它们更容易关闭，并且减少了水冲击造成损坏的可能性。闸阀有一个黄铜对黄铜阀座，这意味着它们最终可能失去其安全密封性。

- 球阀。单臂或杠杆需要转动 1/4 圈才能打开或关闭。这种单次操作很方便，但应小心操作，不要过快打开或关闭阀门，因为水冲击可能会损坏系统。球阀具有弹性阀座，其密封能力使其比黄铜阀座的密封时间更长。

在喷水阀中，手动控制阀已不像以前那样常见。手动控制的自动喷灌系统需要操作员对每个区域的灌溉进行计时，并在适当的时间打开和关闭阀门。操作员必须在整个系统运行期间在场。显然，这种类型的系统不具备自动化系统的便利性。

- 自动控制阀。与自动控制器或定时器配合使用，是一种更方便将水输送到草坪上的方式。因为这些阀门可以更精确地控制，一个自动系统允许运动场草坪经理有效地安排向每个区域输送适量的水。

自动控制阀有许多类型。在没有直接连接到城市供水管网的系统上，选择一个带有廉价自清洁过滤机制的阀门。由于运动场系统中可能存在更高的冲击压力，建议阀门能够承受高达 200 磅/平方英寸（PSI）的压力。压力调节器可以安装在系统的开始，但由于干线很长，摩擦损失可能很高，通常最好有一个带有内置压力调节器的自动控制阀来控制阀门处的压力。

阀门的布置应考虑到维护和安全。自动控制阀通常成组安装，或采用歧管安装，并放置在地下的塑料或混凝土阀箱中（如果阀门将靠近运动场，则使用塑料）。歧管应在阀门之间留出足够的空间。阀门之间的距离由阀箱的尺寸决定；对于大多数标准尺寸的阀箱，可安装两个或三个 1 英寸的阀门，而大于 1 英寸的阀门则通常每个阀箱安装一个。

（4）控制器

控制器（或“定时器”）是自动喷水灌溉系统的一部分，用于确定阀门何时开启以及阀门将运行多长时间。控制器通过埋在地下的电线（或无线）向自动控制阀发送一个低电压信号，然后自动控制阀打开一个预定的时间量，让水流到洒水器喷头。当预定的浇水时间结束时，控制器关闭阀门。

控制器的选择应考虑到其广泛的编程能力以及其他方便的特性。一个“不丢失数据的存储器”意味着控制器不会因为断电或电涌而丢失程序。电涌保护器将保护控制器免受附近雷击或避免电涌造成的严重损坏。

控制器应置于便于接近且能上锁房间内，或置于防水外壳中。与任何电气设备一样，为了防止高压电击造成人身伤害，必须在控制器上安装适当的接地线。有关特定区域的接地要求，请参阅当地规范。

一些灌溉系统需要水泵来维持足够的水压。有些泵需要控制器启动泵。如果有，确保为这种类型的系统选择的控制器包括泵启动功能。其他泵当灌溉系统的水压降到预设的工作范围以下时就会自动启动。当自动喷水系统开启且压力下降时，泵将自动开启。对于这种类型的泵，无须在控制器中启动泵。

(5)常规布线

传统的布线是低压直埋线，用于将信号从控制器传输到自动控制阀。由两根电线连接到系统中的每个阀门。一根导线是彩色编码的，来自控制器中的一个站(或区域)。另一个是中性线(地线)，将控制器连接到系统中的所有阀门，并在控制器处接地。商业应用中最常用的电线是单股大规格直埋铜线。在靠近控制器的位置安装阀门时，可以使用较小尺寸的线，但较大尺寸的仪表线对于较长的距离是必要的，甚至对于较高压力系统的短距离也是必要的。

作者建议把电线埋在与主干线相同的沟里，用胶带黏在管道下面。这将有助于保护电线，使其更容易定位。此外，如果有必要的话，这些用胶带固定在管道上的金属线可以作为定位主线的示踪线。

无论控制线暴露在何处，都应安装在保护导管中。应使用防水电线接头将电磁阀电线连接到低压灌溉电线上。在当地规范允许的情况下，电线螺母可用于不暴露于湿气的连接。

(6)二线制解码器系统

二线制解码器系统只使用一根二线股连接所有阀门。当将单个控制器连接到多个阀门时是最经济的——最多可以连接100个。解码器用于每个具有唯一序列号的阀门，以便将其与系统中的其他阀门区分开来。每个解码器编程到2线解码器控制器中，并分配一个区域(或阀门)编号(图5.4)。

电线应为双护套绝缘实心铜线，并应涂有聚乙烯涂层。聚氯乙烯涂层的电线更容易破裂和限制数据传输。应使用防水连接器将解码器连接到2线路径。通过在指定距离使用接地棒实现接地。电涌保护器也有助于防止电压尖脉冲。

图5.4　一个二线解码器系统阀箱，展示了一个带有序列号的解码器，该序列号被编程录入该区域的控制器中(照片由亨特工业公司提供)

二线制解码器系统的优点很多。通过在多区域系统中使用较少的铜线和较少的控制器，可以降低材料成本。通过在解码器中进行拼接或从现有链分支到新位置，可以很容易地创建新区域。与传统布线相比，较长的布线可以到达较远的阀门位置。由于更容易定位和修复系统中的故障，因此简化了维护。

(7)防回流

为了保护饮用水供应免受污染，大多数州和市政府要求在与公共供水相连的所有管道系统上安装防回流装置。这些装置防止灌溉系统中的水倒流到供水管道中。在规划或安装运动场灌溉系统时，请咨询当地供水公司，以确定所需的防回流装置安装正确。

(8)灌溉系统用再生水

灌溉系统使用再生水在美国非常干旱的地区越来越流行。如果可用，则需要在所有新建场地中使用。生产再生水的地方水务公司/部门要求设计师和承包商获得其指南和标准/规范。

对于用于灌溉系统的再生水有许多规定。最明显的是，饮用水与再生水在同一地点存在，从而对这些水管线如何相互影响作出了规定。对于弹出式旋转喷头，不允许积水、径流或过度喷洒。所有管道和喷头都是紫色的。用水计划通常限于晚上9:00和早上6:00。设计师必须提供每个区域的用水计划、一年中每个月的浇水计划和一年的总用水量。

5.5.2 施工

与设计者一样，灌溉系统安装人员必须考虑到安全性、易维护性和系统寿命。如果系统安装不当，那么使用所有可用的最佳产品并进行适当设计的系统仍然可能浪费投资。重要的是要向安装人员强调，必须将任何必要的现场更改通知设计师，以便他或她能够确认建议的更改不会影响系统性能。

当安装循环水灌溉系统时，承包商应预计工作时间比安装饮用水系统的时间长。原因是，与饮用水系统相比，地方水务部门和市政当局需要更多的检查。此外，初始设计可能会有更改，这需要长时间延迟才能获得批准。

按照规划布置系统，开始安装过程。使用小旗来标记喷水器位置，并用喷漆或石膏粉标记以指示管道位置。挖出所需的沟渠，开始铺设管道，从连接点到灌溉系统供水管线，然后到阀门，最后到喷头。如前所述，在安装主线时，将控制线放在沟槽中。

在每次改变方向时提供一个电线膨胀环，以减少电线拉伸或断裂的机会。对于将在管道改变方向处使用水泥止推块的系统，确保导线不会与止推块缠结。

在每个阀门上，在连接到阀门之前，用2英尺或3英尺长的金属丝缠绕一根直径为1英寸的管道做一个线圈。这将出于两个目的：在易受雷击的区域，附近雷击产生的静电和电涌可在该盘绕区域释放，有助于保护电磁阀；在对阀门进行维护时，使用盘绕的线更容易拆卸阀盖或电磁阀(图5.5)。

当安装2线解码器系统时，一些制造商建议在每个连接入口留出3~4英尺的线，在出口留出3~4英尺的线，总共6~8英尺。重要的是要安装电涌保护器和在规定的距离安装接地棒以防止雷击。

图5.5　在阀门箱处，将传统控制线绕进行环形连接，在维修阀门时会提供更大的便利，并有助于保护电磁阀免受雷击(照片由亨特工业公司提供)

根据制造商的规范，小心地将浇水喷头安装在正确的深度处。这将保护运动员以及系统本身。安装指定的喷嘴也很重要，这样系统就可以按照设计的方式工作。

安装阀箱时，将阀箱放置到位，然后在阀箱中阀门下的位置放置一层2~4英寸的砾石，以便排水。为了进一步减少渗入阀箱的灰尘，在阀箱周围添加滤布。阀箱顶部应安装在草皮表面。在安装下一个箱子之前，确保当阀门处于完全关闭和完全打开位置时，切断阀和控制阀将不影响箱盖。

一旦喷头和管道土壤回填完毕，最好测试喷头处的工作压力，以确保系统按计划运行。具体请见帮助提示“检查喷头的工作压力”。

竣工图和控制器图表

由于在安装过程中有时会出现一些小的差异，因此安装人员通常会准备一张“竣工图”。如果使用再生水，则竣工图是必要的。这是一张显示所有阀门、喷头、管道(包括套管)和电线的实际安装位置的图纸。准确的竣工图是非常重要的，因为它们允许维护人员定位管道或电线，而无须在现场大面积挖掘。

闸阀、管道和电线线路应位于图纸上，并测量到两个永久参考点。至少记录每次方向改变时管道和电线的精确测量值，以及这些位置的精确深度。竣工图应在系统安装期间经常更新。

“控制器图表”展示阀门和它们所覆盖的区域，其对以后的维护工作也很重要。为便于快速参考，用不同颜色的荧光笔为每个区域标记图形，并为图形上的区域编号，以与控制器上的编号相对应。

5.5.3 改造

每7~10年可能需要对正确安装和维护的自动灌溉系统进行一次翻新改造。浇水喷头是最常见的需要更换的部件，因为这些部件处于持续的机械操作中，并且可能受到现场活动的损坏。无须从系统中拆下控制阀，即可轻松重建控制阀。阀门的隔板和电磁阀是它唯一的活动部件，因此是唯一需要更换的部件(管道和电线很少需要更换，因为它们没有活动部件)。

当更换喷头时，向下挖几英寸，使其超过回转接头，这样新喷头就可以精确地调整高度。更换喷头时，最好在易于操作的情况下也更换回转接头。

在由PVC管制成的系统中，使用“滑动修理”更换阀门要容易得多。滑动修理装置是一种PVC伸缩修复部件，用于替换现有管道的一部分。拆下现有阀门附近的一段管道，然后拆下旧阀门并更换新阀门。滑动修复将替换已拆下的管段。收缩滑动修复装置并移除足够的现有管道，以使滑动修复装置适合这个空间。将滑动修复装置的伸缩部分延伸到现有管道上。检查对齐情况，然后用溶剂焊接(黏合)滑动修复部件。滑动修复装置也可用于更换破裂或断裂的管道。在这种情况下，只需调整此处描述的过程。

在规划改造项目时，考虑改进系统的可能性。旧的喷头和阀门可以用性能更好的新型号来代替。手动系统也可以通过将手动控制阀改为自动控制阀而升级为自动系统。必须安装一个控制器(定时器)，并通过电线连接到每个阀门上，以允许自动操作。

5.5.4 检查和维护

与运动场维护的各个方面一样，定期安排灌溉检查的重要性怎么强调都不为过。预防性维护可以节省资金，改善草坪的健康和外观，同时小问题早在变成大问题之前就可以被发现和纠正。然而，未能进行定期维护意味着可能需要不必要地更换部件，或者整个系统可能需要在其正常生命周期结束前进行翻新。

每周检查一次草坪的整体外观，并通过手动运行控制器来测试系统。这两个快速检查将指示系统是否正常工作，或者是否需要进一步测试。

在评估草坪的总体外观时，寻找表明灌溉覆盖率低的胁迫区域。开始“甜甜圈”样的喷头周围的干燥区域可能意味着存在压力问题，有人错误地调整了半径调整螺钉，或者安装了错误的喷嘴。

在手动激活控制器之前，请检查它是否保持在每天正确的时间。如果没有，控制器可能接收到功率波动/电涌，或者断电可能中断了其编程。没有显示或默认显示可能表明是由接线、导线接头或电磁阀故障引起的保险丝熔断。

当控制器启动和停用每个阀门时，检查是否正确打开和关闭。缓慢或快速打开或关闭的阀门通常可以通过阀门的流量控制进行调整，但这有时可能表明有问题，如高压或低压或隔板撕裂。

当不同区域打开时，仔细观察喷雾。如果水滴看起来太大，系统可能在低压下运行。如果液滴太小，或雾气过多，则压力可能过高。很多时候，特别是如果系统以前工作良好，这些情况可以通过调整阀门的流量控制来纠正。具体参看有用的提示“检查喷头的工作压力”。

有用的提示

检查喷头的工作压力

(1)问题

①我有一个新的灌溉系统安装在我的一个场地和在喷头部的工作压力需要验证，以确保系统是按计划执行。

②经检查，安装的灌溉系统在其中一个区域内压力下降，覆盖范围因喷头而异。

(2)解决方案

使用皮托管和压力计(如图 5.6 所示)验证工作压力。如果系统要求喷头处的工作压力为 60 PSI，则当系统运行时，压力表读数应为 60 磅左右。一旦压力得到验证，就可以确定行动方案。

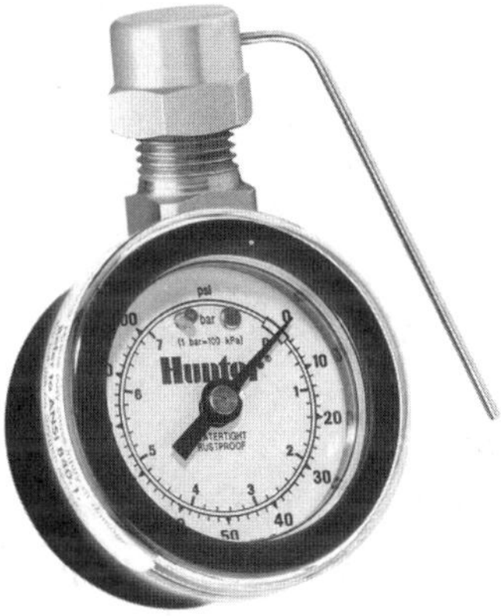

图 5.6　带有压力计的皮托管用于检查灌溉系统中给定喷头处的工作压力。当系统运行时，将皮托管放置在喷头喷出的水流前方(照片由亨特工业公司提供)

在问题 1 中，如果压力读数远小于 60 PSI，并且没有头对头的覆盖，则应在压力通常较高的清晨测试系统。如果这不起作用，可能需要一个泵。如果压力远远超过 60 PSI，寻找雾气过多和过度喷洒的地方。在这种情况下，如果问题仅限于一个区域，则减少阀门上的流量控制，或为整个系统安装压力调节器。

在问题 2 中，阀门可能工作不正常，需要修理或更换。首先，拆下隔板并寻找碎屑。把它一起放回然后打开系统。如果不起作用，如第 5.5.3 节所述，在更换整个阀门之前，尝试先更换隔板。

不旋转的旋转喷头显然需要维修。很多时候，一个不旋转的喷头意味着一个被堵塞的过滤器，可以拆卸和迅速容易地清洗干净。应消除员工认为修理润滑不转或者转动不畅的想法。虽然它可能会暂时改善旋转，但润滑最终会吸引污垢，并使问题长期恶化。

确保喷头高度正确，喷洒角度等调整正确，并且垂直放置于草坪。

在定期检查期间，请记住在喷水装置下方寻找损坏立管/升降柱的迹象。有时这些迹象很明显；一个破裂的立管会释放出水来形成巨大的间歇泉。有时迹象不那么明显；破裂的立管可能使水在喷头洒水器周围喷涌而出，但可能不容易看到。注意过度潮湿或异常干燥的区域。

在寻找破裂的立管和调整不当的同时，检查喷水装置是否有水流通过。一个磨损的压力密封件可以让水从灌水器流到相邻的马路或草坪区域，浪费水，破坏草坪，最糟糕的是，造成不安全的条件。(压力密封件位于喷头盖和喷头升降柱之间)系统运行时，通过压力密封件漏出少量水通常是可以接受的，但必须修理或更换泄漏的喷头。

如果在系统关闭后很长时间内，水从压力密封件渗出，则需要注意自动控制阀。渗漏的阀门可能意味着碎片被夹在隔板和阀座之间，或者隔板开始撕裂。更换隔板是一个简单、快速、廉价的程序。

(1)自动喷水系统的防冻

喷水系统的防冻是将水排空，以防止其在系统内冻结并损坏管道或部件。更换因水冷冻而破裂的管道成本可能非常昂贵。在美国长期遭受冰冻的地区浇灌系统需要进行冬季防冻。

便携式空气压缩机可以在较低的压力下产生大量的空气，用于对灌溉系统进行吹空。由直径小于或等于 3 英寸的管道组成的系统可以用 50 磅/平方英寸的空气压缩机以 125 立方英尺/min(CFM)的速度吹出。管道直径为 4 英寸或更大的系统可能需要能够产生 250 立方英尺/min 或更多的空气压缩机。在任何情况下，空气压力都不得超过 80 PSI。

强烈建议由具有大型系统防冻经验的人员对运动场草坪灌溉系统进行排空。这是一个危险的程序，如果防冻处理不当，可能会损坏部件。

(2)春季启动

冬季防冻后春季启动工作也必须仔细。打开系统中的最后一个阀门或最靠近环状干线中心的阀门。慢慢打开隔离阀，让水渗入系统。在这个过程中保持耐心是很重要的，这样进入系统的水不会过快地充满管道，并由于水锤作用对灌溉系统造成损坏。

当主管道充满水时，连接到打开阀门的喷水装置将排水。之后，打开下一个到最后一个阀门，保持上一个阀门打开。当水从第二个区域流出时，关闭第一个区域并进入下一个阀门。依次对每个阀门循环此过程，直到系统中的所有横向管路都已充满水。

5.5.5 用水计划

灌溉系统通常有一个控制器，需要注意避免在雨天还启动自动灌溉系统。如前所述，过多的水不仅是一种浪费，而且对场地和球员的安全也有害。雨水传感器对许多已安装的系统具有很强的适应性，价格相当低廉，当出现大量降雨时，通过关闭灌溉来减少水的浪费。

判断场地是否需要水的最好方法是每天亲自检查场地。寻找像脚印或萎蔫，和当步行或骑乘机械设备穿过场地导致沟或者车辙迹象的潮湿草坪。这些迹象表明场地要么太干要么太湿。如果没有明显的迹象，就有必要用其他方法来决定何时浇水。一种方法是用土钻检查土壤，观察和感受土壤的水分。随着人们对运动场地的熟悉，他们显然会开始识别由于场地位置、特定区域的使用、土壤质地的变化等原因而需要额外关注土壤水分的区域。随着价格的不断下降，时域反射仪(TDR)探头正成为越来越常用的工具。这些设备具有可变长度的探头，可用于测量土壤体积含水量。用 TDR 探头定期检查土壤湿度有助于确定场地上的潮湿和干燥区域，并使运动场草坪经理能够为这些位置制定非常精确的灌溉策略。另一种方法在有用的提示“如何判断何时场地需要水”中描述。

有用的提示

如何判断场地何时需要水

(1)问题

控制器和雨量传感器(由降雨激活的开关机构)不够灵敏，无法为我的草坪保持适当的土壤湿度。我如何微调这个系统或添加到这个系统，以让我的草坪达到最佳的土壤湿度?

(2)解决方案

每天检查场地是了解场地何时需要水的最好方法。在检查过程中，使用螺丝刀(最好是十字螺丝刀，因为其尖头比平头更容易穿透土壤)。

测试土壤的含水量。如果螺丝刀很容易进入地面，就不需要浇水了。如果螺丝刀的穿透深度不超过 1 英寸，是时候浇水了。让土壤再次变干，直到有 1 英寸的阻力，这是再次重新开始灌溉的标志。

还有一些时候，螺丝刀测试是有价值的。大雨使土壤深度浸透后，关闭控制器并以螺丝刀测试指导重新启动控制器并再次开始浇水。有时场地看起来需要水，但事实并非如此。由于剪草机刀片变钝或病害或虫害的压力，场地草坪可能会变色。不管是哪种情况，浇水都无济于事，只会使事情变得更糟。

5.6　无线传感器技术

第一代测量土壤湿度、温度和盐度的无线传感器技术正在运动场上安装使用。这些传感器通常放置在直径为 4 英寸的孔中(通常使用高尔夫球洞杯打孔器打孔)；一组传感器在场地经理选择的适当根区深度处给出读数，另一组传感器在土壤剖面中记录约 4 英寸的深度。显然，考虑到场地耕作工具(标准和深的打孔设备)的使用，必须监测和记录安装的深度和位置。

这些数据定期实时传输到计算机，可以很容易地下载为图表或电子表格数据，用于提高灌溉效率和更好地管理盐分水平。成本是这项新技术的一个问题；即使预算很高的运动场目前也只在它们的场地安装了 4~6 个传感器。此外，从传感器到计算机接收器的距离是有限的，有时需要一个单独的中继系统来发送信号。必须仔细标记传感器的位置，以便在给场地打空心孔时在其周围工作。然而，利用无线技术立即获得有关土壤水分的重要信息表明，这些传感器在不久的将来只会越来越受欢迎，特别是随着水资源保护的重要性不断增加。

5.7　地下滴灌(SDI)

SDI 的创新之处不是它的概念，而是它在草坪管理系统中的扩展实现。多年来，在水资源有限的地区，这种灌溉方式已广泛用于生产性农业。基本概念包括在地面以下 6~12 英寸处安装配有滴灌滴头的聚乙烯管，间距为 12~24 英寸(取决于土壤质地)(图 5.7)。水在 15~30 磅/平方英寸(PSI)的压力下通过系统泵送，通过毛细作用在土壤中移动。如果安装和操作得当，水分利用效率可提高 40%，草坪的质量可与传统的地面灌溉系统相媲美。

当然，SDI 系统有一些必须管理的问题。除了适当的深度和间距的管子和滴水器，正确的选择、安装和更换过滤器是成功的关键，因为堵塞滴水器是一个严重的问题。由于使用非饮用水水源进行灌溉和/或植物根系原因可能会发生堵塞。植物根系堵塞可以通过安装农药灌注的滴水器大大改善。SDI 系统在安装方面有大量的前期投资，但有效运行时，与地面灌溉相比，它们可以显著减少用水量(图 5.7)。

图 5.7　地下滴灌技术在运动场的使用日益广泛，这成为提高水资源利用效率的另一种方式
(照片由乔希·麦克弗森提供)

5.8　使用非饮用水灌溉运动场

在美国许多地区，尤其是那些气候干燥或干旱频繁的地区，用于运动场灌溉的饮用水的使用甚至供应变得更加有限。因此，在一些地区用于灌溉的非饮用水使用方面继续扩大。通常被称为“紫管”水，这种水源不能用于饮用，但它是许多灌溉草坪草系统的一个可行的选择，因为这些草坪草对于通常在不可饮用的水中存在的盐和养分比较耐受。

这些系统通常需要额外的滤网和过滤器，显然了解这种水的化学性质以及其组成很重要。在每个季节降水量在 30 英寸或以上的气候条件下，使用非饮用水很少会对植物健康造成影响，因为土壤经常被雨水冲洗。当然，在干燥的气候条件下情况并非如此，盐和碳酸氢盐的积累会达到让一些草的质量迅速下降的水平。体育综合体也使用非自来水灌溉它们的景观，应该特别注意植物的选择。许多园林植物不像草坪草那样耐盐，因此在选择这种用途的最佳植物时必须小心(信息通常可从当地合作推广服务机构或土地授予大学获得)。

起初，使用非饮用水是给市政当局帮忙，因为它利用了通常被认为是废物的产品。最近，不可饮用水在一些地区已成为一种商品。对于某些地方，无论是否需要，最终用户都必须接受场地的非饮用水。随着人口的增长对饮用水的需求增加，非饮用水作为草坪灌溉的宝贵资源，其使用也会逐渐增加。

5.9 了解水源

运动场管理计划中最不为人所知的一个组成部分是它的水源。我们都知道水是什么，但它的性质变化很大。定期检测用于灌溉的池塘、湖泊等的水质是合乎逻辑的，但即使是从水龙头流出的饮用水也需要定期检测。例如，在石灰岩母质中挖出的灌溉池，在每次灌溉时，基本上都会给土壤加石灰。即使是饮用水水源也可能有令人惊讶的碱性pH值；了解这对于在喷药罐中可能与水混合的化学物质非常重要。当水的pH值高于8时，有些杀虫剂的半衰期不到24 h(即化学物质的一半活性在24 h后丧失)。定期进行水质测试，以更好地了解如何将其用于灌溉或作为喷药载体进行优化。

第6章
排　水

6.1　简介

如果问草坪管理者哪一项改进对他们的球场质量贡献最大，有一个答案会比其他任何一个都重要——排水。几乎每一位场地经理都不得不面对大雨的头痛问题，但问题可能更为严重。有些场地春天的水太多，工作人员无法进去修剪；设备如果造成车辙，然后经理就变成了有两个问题要处理。

事实上，一些运动场草坪专业人士已经将天然草坪运动场的整个业务称为“排水游戏”。

在本章中，我们将考虑一些常见的会导致场地不适当排水的问题，并提出一些建议，然后通过适当的规划和安装来避免这些不足。我们还研究了许多改善排水的方法，包括修正等高线、安装排水系统，甚至改良土壤以改善渗透和渗滤。

6.2　地面排水

6.2.1　设计

让我们从排水系统最基本的规则开始：无论是设计单场地还是多场地综合体，请记住，每个场地都应作为一个单独的排水单元进行设计和施工。没有一个场地——即使是一个安装了良好排水系统的场地——能够在水从邻近场地或周围地形流入的情况下达到可接受的效果。如果土地的自然轮廓会将径流引向场地，则计划安装截水沟隔离它。在布置场地时，确保在比赛场地外(和之间)留出足够的空间，以便用于开沟和填充(挖填方)、集水池和洼地。

一般来说，地面排水的场地设计分为两类：向两侧倾斜的龟背拱形场地或向一侧或一端倾斜的平坦场地。1%～1.5%的坡度通常足以满足地表径流。有关标准运动场坡度百分比的更多信息，请参阅第二部分引言中的“运动场设计原则”。坡度百分比计算见附录。

(1)龟背拱形场地

最常见的足球场或足球场类型可能是龟背球场，这种设计通常可以预期排水相当顺利。然而，随着足球在北美的日益普及，许多学校和其他设施现在使用一个场地进行美式橄榄球和足球比赛。在这些两用场地上，边线区域可能是个问题；足球边线(或“接触线”)通常延伸到橄榄球边线之外。除非边线区域有一致的坡度——这些区域往往会受到橄榄球场长凳区域行人践踏的严重破坏——否则足球场的外缘可能会成为泥潭。在棒球场和垒球场上，投手的投手丘应该是场地的高点。一种泥土场地区域轮廓设计是在第二垒后面加高，径流直接流向界外线(图12.2)。这种轮廓设计有助于避免内场弧处积水，而当泥土场地区域的水需要向外场排时这是一个常见的问题。请记住，泥土场地区域表面排水是唯一以确保一个在潮湿的天气可运动的场地的办法。安装的地下排水系统对泥土场地区域无效，因为水通过典型的砂—粉土—黏土组成的内场混合物渗透非常缓慢。通常，在内场泥土场地区域下方安装排水系统的唯一原因是拦截土壤下方的水(比如可能是潮湿的春天)。第12章包括详细的轮廓设计，包括棒球或垒球钻石形状场地的内场、泥土场地区域和外场设计的插图。每一个都是一个独立的排水单元，但这三个单元必须设计成一个整体系统。

(2)平的斜坡场地

长方形的运动场地，如橄榄球场、足球场和网球场，通常设计成从一侧到另一侧、从一端到另一端或从一个角到另一个角的斜坡。对于单个场地，可能需要在最低高程处设置截污干管。对于多场地橄榄球场或足球场，将每个场地隔离为一个单独的排水单元，以防止一个场地将水排到另一个场地。在场地之间留出足够的空间，用于洼地、集水池或截污干管。

(3)集水池

集水池是运动场常用的排水结构，有两种用途。它们可以在周围的地形阻止水的流动的情况下帮助地表排水，它们也可以作为已安装排水系统的“接线盒”，使管理者能够监测其有效性。对于任何运动场，将集水池放置在运动场外，并在顶部使用一个小网格盖子。

一种常见的排水系统设计(通常与拱形顶橄榄球场或足球场一起使用，足球场周围有400m的跑道)在场地周围使用多个集水池，每个集水池之间有洼地，以协助地表径流。这种方法有两个缺点：一是造成了沿着场地边缘的高低起伏的尴尬外观；二是在下雨的情况下，洼地倾向于长时间保持湿润。因此，跑道旁沟槽排水是更好的选择(见第6.4.1节)。

6.2.2 施工

在建设新的场地时，保持地表的光滑和均匀对于维持有效的地表排水是很重要的。如果施工期间场地过于潮湿，设备可能会导致车辙和场地颠簸。车辙在低洼处积水，破坏地表排水。要产生一个统一的比赛场地，需要保持从一个标高到下一个标高的坡度一致。如果坡度不一致，坡度较小的区域将比坡度较大的区域更容易浸透潮湿。要清除表面的岩石和碎屑，保持场地表面光滑。

6.2.3 改造

计划在淡季/非比赛季一年整修一次场地。在某些情况下，为了改善地面排水系统和创造一个更安全的场地，在将该场地用于比赛之前，需要对其进行整修。每年都可以进行一些小的改造。

修理在施工过程中或者在潮湿条件下进行常规修剪操作时造成的车辙。去掉车辙沟产生的高点，填补低点。我们的目标是创造积极的表面排水以及一个平滑的运动表面。

如果场地的某些区域比其他区域更潮湿，则需要进行调查以验证水是如何通过场地和在场地周围流动的。设置新的坡度和标高，以完成良好的表面排水，然后清除草皮和再平整。在进行开挖(清除土壤)时，注意土层的厚度；确保不要在一个地方留下2英寸的表土，在其他地方留下10英寸的表土。填筑(加土)时，先翻松现有土，消除分层现象。

一些适度的工艺可以有效地改善运动场的地面排水。例如，处理小面积排水问题(如泥坑)的一个好方法是使用表面修整材料(如匹配的土壤或沙子)，然后使用结实的场地整平器使场地表面光滑(图13.7)。这一过程消除了场地的不均匀性，并提供了更好的地面排水。

另一个用于改善棒球内场地面排水系统的整修过程是去除沿泥土区域在草地边形成的边缘或隆起的脊。这些边缘或脊可以作为“水坝”来防止地表排水；保持这些草地边缘没有泥土区域的土壤会让地表水能流进草地。有关此过程的机制，请参见第12.4.1节。

6.2.4 维护

许多场地管理人员忽视了这样一个事实，即仔细的维护有助于地面排水。例如，在潮湿的时期把草剪短，可以让更多的阳光照射到土壤中，使土壤更快地干燥。

另一种有助于地表排水的维护方法是深层打孔和最新的线性去板结机，这种机器使用长达16英寸的刀片穿透土壤。通过这种振动或"抖动"设备使土壤中的水分运动进一步增强。如果场地保持湿润的时间超过了它应该保持的时间，并且在大面积的草坪上观察到湿润，而不仅仅是在容易识别的地点，问题可能是土壤分层或土壤压实(图6.1)。在这些情况下，深齿打孔，线性去板结机，"抖动"设备等可以打破土壤分层并允许一些运动性的改善。这些工具都不能取代足够的地表排水或已安装的排水系统，但新的垂直渠道将作为地表水的临时水库。为了提供一个健康的草坪和一个可玩的场地，水最终必须离开这些通道。

图6.1　该土壤剖面显示了土壤分层情况，这种分层结构会防碍水分在土壤及底土中向下渗透。过度板结会使这个问题变得更加棘手

在紧急情况下，土壤改良剂也可以帮助地表排水。煅烧黏土产品在工业上已使用多年，因为它们能吸收部分地表水，有助于加固淤泥质土壤。

6.3　内部排水

在我们考虑内部排水之前，有几个定义要说明一下。许多专业人士使用术语"内部排水"来表示安装在土壤中的排水管。但为了我们的目的，我们将使用"内部排水"作为一个更一般的术语，指水向下运动进入或穿过土壤剖面。当我们讨论管道排水沟、砂槽排水沟和其他类型的安装式排水结构时，我们将使用"安装式/地下排水系统"一词。

内排水是运动场整体排水性能的一个重要方面。即使在地表排水良好的地方，水也可能在土壤剖面中滞留数天，造成不太理想的条件。在这种情况下，重新整地可能没有什么帮助。与任何诊断过程一样，确定问题是成功的一半。一旦经理知道为什么排水不充分，他/她可以制订一个计划来改善。

在本节中，我们将介绍一些内排水的基础知识、一些常见问题和一些纠正方法(第6.3.1节至第6.3.3节中的材料描述了将水引入和穿过土壤的方法，第6.4节考虑了如何使用安装式的排水系统将水从土壤中排出到场地边界外)。

6.3.1　渗入和渗透

渗入被描述为水向下进入土壤，而渗透则是水向下通过土壤的运动。这些过程是"透水性"，即水进入或通过土壤的运动，单位为英寸/h。

渗入和渗透在整个运动场排水过程中起着重要的作用；当部分降雨向下通过土壤时，表面保持无水最有效，通过积极的表面排水协助清除。就整体渗透性而言，运动场最重要的问题是板结，它阻止了水的渗入和渗透。

打孔有助于提高渗透性。打孔(特别是深齿空心打孔)可以帮助打开土壤，更好地内部排水。同时，打孔还能允许空气进入土壤剖面，进一步加速干燥过程。

为了理解水是如何通过土壤运动的需要考虑黏土的特性。黏土是土壤的三种主要粒径类别之一，也是土壤中唯一具有电荷的颗粒(即阳离子交换容量的来源)。微小的黏土颗粒、腐殖质和矿物质协同作用，将土壤颗粒聚到一起，形成更大的单元或更大的颗粒"土壤团聚体"。这些颗粒排列成较大的单元，形成土壤结构。这一自然发生的过程是水通过土壤运动的基础，因为它创造了对土壤空气交换和排水非常重要的孔隙空间(土壤结构的进一步讨论见第2.2.2节)。

暴雨、耕作和践踏造成的板结(即土壤压实)破坏了土壤结构，土壤团聚体失去了完整性，被压缩成不透水层。在现有的运动场上，造成土壤结构不良或压实板结的主要原因是设备和行人通过草坪表面。参见第13章末尾的现场研究，了解消除表层板结并恢复土壤渗透性的改造理念。

(1)重型设备造成压实板结

在某些场地，底土的重度压实阻止水通过土壤剖面。在许多情况下，这个问题是从方案和规范开始的，这些方案和规范要求"压实底土"。对于承包商来说，这些规范要求使用羊脚压路机或振动压路机——非常适合修建道路和停车场，但不适合修建运动场。

问题是，这种设备使底土压实，使其不透水，水通过表土，但在底土停止。结果是，表层土(未压实的)在暴雨期间会被积水完全浸透，因为底土不允许水向下流出表层土。

管理此类潜在问题的最佳方法是在规范中包含以下说明："避免底土过度压实"以及"装表土前翻松底土"。这些注释将提醒承包商场地系统中的排水动态。

尽管预防是容易的，但纠正发生后的地基土过度压实并非易事。如果表土层不太厚，深孔针打空心孔可以起到帮助作用，但即使孔针可以到达底土，打孔通气实际上只是在压实的底土上打孔。彻底纠正问题可能需要剥离表土，翻松底土，然后重新装表土。

(2)过度耕作养护压实板结

耕作似乎是一种很好的松土方法，可以促进土壤的有效渗透。但事实是，过度耕作，通常发生在土壤准备种植时，会减少内部排水。耕作通过压碎土壤团聚体来破坏有益的土壤结构，产生较小的颗粒，使其压实变成不透水层。预计含大量粉土和黏土质地较重的土壤，耕作后会有土块，要抵制将这些土块进一步粉碎成细粉的诱惑。

为了防止这个问题，使用像中耕机或松土机这样的设备来松土，并允许在不改变土壤结构的情况下进行播种或铺草皮。

(3)人为践踏压实板结

球员脚的不断撞击是造成土壤板结的最常见原因，这会导致渗入性和渗透性差。人为践踏实际上使土壤暴露在两种不同的情况下：鞋钉进入土壤表层会破坏土壤结构，球员的体重会导致破坏性的过度压实。(顺便说一句，别忘了乐队在球场上造成的土壤板结比球队造成的土壤板结还要大!)经过一年又一年的运动(特别是在潮湿或泥泞的条件下)，人为践踏会导致土壤结构分解到不可接受的水平。

为使内部排水最大化，场地管理人员应不断监测土壤的状况和排水特性，特别是对显示出板结和内部排水不良的新区域。这种注意可以防止需要清除土壤和重新开始。

6.3.2 粒度分布(土壤质地)

水分通过土壤的另一个重要因素是粒径分布。由各种大小的颗粒组成的土壤可以说具有更大的("不均匀")粒径分布，而有些水洗砂的粒径可能很窄("均匀")。粒度分布、粒度分类见表6.1。

在内部排水方面，含0.15~2.00mm颗粒的砂的渗透性最高。当更细的砂、粉土和黏土添加到该砂中时，渗透率可能会从15~20英寸/h降低到0.01英寸/h。显然，粒度分布会对内排水的效果产生巨大影响。使用天然黏土表层土时，水的运动将比使用沙子时慢。

几乎不含"细土"(粉土和黏土的微观颗粒)的土壤渗透性最强。然而，对于大多数运动场来说，粗糙质地的土壤被证明是不稳定的，因为正是细颗粒有助于将土壤黏合在一起。通过向混合物中添加细颗粒可获得

表 6.1　粒度分布和标准筛规格

美国农业部分类系统		筛号/目数	筛孔/mm	筛孔大约开口/英寸
砾石 >2 mm		2.5	8.00	
		3	6.72	1/4 英寸
		3.5	5.66	
		4	4.76	
		5	4.00	
		6	3.36	1/8 英寸
		7	2.83	
		8	2.38	
砂	非常粗的 1~2 mm	10	2.00	1/16 英寸
		12	1.68	
		14	1.14	
		16	1.19	
	粗的 0.5~1 mm	18	1.00	1/32 英寸
		20	0.84	
		25	0.71	
		30	0.59	
	中等 0.25~0.5 mm	35	0.50	1/64 英寸
		40	0.42	
		45	0.35	
		50	0.30	
	细的 0.1~0.25 mm	60	0.25	
		70	0.21	1/128 英寸
		80	0.177	
		100	0.149	1/256 英寸
		120	0.125	
		140	0.105	
	非常细的 0.05~0.1 mm	170	0.088	1/512 英寸
		200	0.074	
		230	0.062	
		270	0.053	
粉土 0.002~0.05 mm，黏土<0.002 mm		325	0.044	

稳定性，但细颗粒也会限制渗透性。对于运动场管理者来说，挑战在于如何在渗入和渗透速度减慢到草坪渍水的程度之前找到可以添加的细土颗粒的百分比(见第 19 章)。

6.3.3　改善排水的土壤改良剂

增加土壤渗透速率的一种方法是在土壤中添加改良剂。除了改善排水系统外，这些改良剂还可以通过改善根系渗透性和抗压实板结来增强草坪养护。土壤改良剂的有效性取决于添加量和要改良土壤的性质，以及土壤改良剂混入操作的均匀性。土壤改良剂可分为“有机物”或者“无机物”。

(1)有机改良剂

运动场土壤最常用的有机改良剂是泥炭、锯末和各种废弃物或副产品，如污水污泥、动物粪便和堆肥。细质有机改良剂对粗质土壤的改良效果较好，粗质有机改良剂对细质土壤的改良效果较好。所有有机添加物通常以 10%~20%(按体积计)的比例添加。

最常用的有机改良剂之一是泥炭。纤维状泥炭优先于沉积泥炭，因为沉积泥炭可能含有大量粉土和黏土。最常见的纤维状泥炭是泥炭藓，可与质地细密的土壤一起使用以增加渗透性，与质地粗糙的土壤一起使用以帮助保持土壤剖面中的水分。

锯末腐熟后与其他堆肥按 1∶1 的比例混合，可有效地改良运动场土壤。避免使用新鲜木屑——直到木屑分解完成之前，微生物腐烂的过程将消耗大部分草坪急需的氮。

随着人们对垃圾运输成本和填埋空间的日益关注，许多市政当局开始从事土壤改良业务。这些地方政府正在销售有机副产品，如经过处理的污泥和由庭院垃圾(草屑、树叶、灌木和树枝)组成的堆肥。在美国的一些地方，“蘑菇堆肥”是可用的，并正在成为一种流行的土壤改良剂。蘑菇堆肥通常由约 80%的秸秆和 20%的泥炭藓组成。

添加有机改良剂，像大多数草坪管理做法一样，既有优点也有缺点。向沙子中添加有机改良剂可以更好地保持水分，但可能会限制渗透性。由于快速排水是安装沙基土壤的主要原因，这些土壤通常被用来减少土壤有机质。对像草地早熟禾和狗牙根这样的侵占性草坪草的高强度管理计划会产生大量的有机物(腐烂的叶子、根和形成枯草层的茎等)。一些枯草层是理想的运动场需要的(见第 8 章)，但过多的枯草层会限制水的流动，同时作为一个滋生昆虫和病害的场所，并可以限制农药和肥料移动到根区。

土壤有机质的适宜水平是多少？对于大多数沙基系统，3%左右的土壤有机质是最佳的；一旦水平开始超过 3%，需要实施积极的养护管理计划，包括密集的空心打孔和铺沙。高强度的打空心孔(在可能的情况下，伴随着土芯的收获移除)通过物理方式去除土芯中的少量有机质虽然缓慢但肯定有助于减少土壤有机质。然而，在打孔的同时进行铺沙表面处理以填充土芯孔，并将土壤微生物引入枯草层，其效益会大幅提高。这些概念将在第 7 章中详细讨论。

然而，对于质地较重的黏土基土壤，经验法则是不断努力增加土壤有机质。在原生黏土中添加有机改良剂可增加渗透性并增强内部排水。正如我们前面所说，土壤颗粒结合在一起形成更大的单元对于提高渗透性是最理想的。在这类土壤中，有机改性剂起着胶结剂的作用，有助于土壤颗粒的结合。一年施用一到两次只要 1/4 英寸厚的有机改良剂，再加上打空心孔，就能大幅改善黏土土壤的化学和物理性质。唯一的缺点是过度应用或者在土壤表面过多地施用有机改良剂会产生不合需要的有机层。

(2)无机改良剂

运动场草坪土壤最常用的无机改良剂是沙子和煅烧黏土等煅烧材料。

向原生表土(通常是含 65%左右粉土和黏土的表土)中添加沙子时，目的是向土壤中添加足够的沙子，使沙子颗粒相互接触，其结果被称作“桥接”。当桥接发生时，在土壤剖面内形成空气空间(孔隙)，这些孔隙允许空气和水进入土壤。

为了形成桥接，混合物的总含沙量应至少为 70%。对于含 35%砂、65%粉土和黏土的表土，需要 1.5 份砂和 1 份表土的混合物才能达到总含沙量的 70%以上(以下是数学计算：1.5 新砂和表土中已有的 0.35 砂 = 1.85 总砂 ÷ 2.5 砂和表土的总体积 = 74%砂)。

这好像要加很多沙子。然而，如果加的

少于这个数字，实际上可能会减缓内部排水过程。如果没有足够的沙子来实现桥接，添加沙子将不会导致净增加“大孔隙”，或由于重力而自由排水的孔隙。

为尽量减少用砂改良的土壤中的压实度，添加的砂应具有均匀的尺寸，大多数颗粒应在土壤中“粗糙的”范围(0.5~1mm)。中细砂(0.1~0.5mm)不适合改良原生土壤，因为其较小的尺寸不会导致有效的桥接。然而，这些中等和较细的砂是首选的“无土”(主要是砂基)坪床混合物(见第19章)。

最常用的方法是用砂土填充打空心孔后留下的孔洞。在这些洞里，沙子可以架起一个柱子，为水的渗透提供一个垂直的通道。请参看有用的提示“打空心孔并覆沙，以帮助内部排水”用于创建更平滑、更稳固的表面并将水移入土壤剖面的修复过程。

有用的提示

打空心孔并表施沙子，以帮助内部排水

(1)问题

我有一块很大的场地，但是当我们有两三天的降雨时，我的场地会变得湿漉漉的，低洼处会有水坑。如果我们在雨中或雨后有比赛，我的场地就会被破坏，我们的教练和球员会抱怨。这片场地有适当的拱起坡度。我怎样才能在不进行重大改造的情况下纠正这个问题?

(2)原因

该场地长期以来一直存在土壤压实板结问题。由于板结，土壤剖面只有有限的内部排水，当比赛与降雨同时进行时，多余的水没有足够的时间流走。场地表层土必须能够吸收足够的水，以补偿水流出场地所需的时间(注：场地有足够的坡度进行地面排水——超过1%)。

(3)解决方案

在活跃生长期，在该草种的修剪高度范围内尽可能低地修剪。从表面去除草屑。给场地打空心孔(或在干燥条件下使用振动式实心孔针打孔)以形成尽可能深的孔。用沙子覆盖场地，厚度为1/4英寸至3/8英寸(1.5t沙子将覆盖1000平方英尺，厚度为3/8英寸，约铺92.9m^2，厚度1cm)。用拖网拖场地以分解打孔土芯，然后用结实的场地平整器再次拖整个场地，如图13.7所示。如果没有场地平整器可用，则使用类似于图12.27所示棒球场泥土区域所用的垫子拖拽。然而，结实的整平机在均匀分布沙子和使场地表面水平方面将做得更好。打空心孔留下的孔洞在覆沙后将保持不变，并用作临时储水的地方。重新平整场地将增加场边的地表径流，并加快场地表面的干燥时间。

表6.2　表面修整和渠道排水系统的砂规范

筛子	通过百分比/%
3/8英寸	100
#4	95~100
#8	70~100
#16	45~85
#30	25~65
#50	10~30
#100	0~5
#200	0

这一过程适用于原生表土场地以及沙基场地。唯一的区别是在覆沙混合物。对于原生表土场地(通常为65%或更多的粉土和黏土)，使用表6.2中规定的粗砂至极粗砂；对于沙质场地，使用与场地上相同的混合砂。

现在也是播种增加草坪密度的好时机。这种整修程序建议每年进行一次，但作为一种维护活动，可以经常地使用较薄的覆沙。

(4)结果

随着土壤排水系统的改善，地表干燥速度加快，使得比赛能够在没有泥泞的情况下恢复。通气、铺沙和播种有助于使更多的根在充满沙子的通气孔中生长，从而使草坪变厚。较强的生根将有助于防止草坪撕裂，并

提供一个更平滑的表面便于奔跑和球的滚动。只要运动条件允许，这种轻的改良过程可以重复，因为这可以并应该是导致一个缓慢的，永久性的土壤持水能力和内部排水的改善。如果需要的话，这也是减少枯草层的好方法。

向原生表土中添加煅烧材料以提高渗透性的好处，与向原生土壤中添加沙子的原理相同。为了有效地桥接在一起，创造大孔隙空间，大量的煅烧材料将不得不添加到原生土壤。这将使除了最高端的球场设施外的所有其他类似球场设施的预算都捉襟见肘。因此，为了增加渗透率，基于成本考虑通常不建议使用这些产品。

6.4 安装式排水系统

在本章中，我们考虑了地表排水将水穿过顶部表面，以及内部排水将水移入和穿过土壤。我们现在将注意力转向安装式的地下排水系统，其目的是将水从土壤剖面中排出。

为了了解水是如何从土壤中流出并进入地下排水沟的，让我们从排水出口点开始。记住，水是通过孔隙空间流动的。当第一个孔隙空间清空到出口点时，这为下一个孔隙空间清空提供了一个开口，以此类推。这有点像人们在电影院排队买票；排在队伍后面的人不能向前走，直到排在队伍前面的人进了电影院。最靠近排水管的孔隙空间将首先排空到排水管中，而不管孔隙空间位于排水管上方或旁边的什么位置，都会为下一个孔隙空间留出一个可排空的开口。

安装式的排水系统可朝向北、南、东、西或对角线方向。不管方向如何，水都会进入这些排水沟。但为了便于施工，最好是排水沟沿着底土的向下坡度，以产生一致的沟槽深度。一般来说，这些地下排水沟应与中心距离相隔10~20英尺。

决定安装式排水系统质量的因素有两个：排水的有效性和“系统的寿命”或其工作时间。系统的有效性取决于足够数量的排水沟、正确的坡度和布局以及正确的安装。系统有效性还取决于砂基场地中砂的深度。请参阅有用的提示“砂基场地砂的深度要求”用于解决砂基场地的积水问题。系统寿命受土壤类型和所用排水管组成的影响，因为一些土壤会慢慢渗入排水结构，最终堵塞排水沟(图6.2)。在安装任何排水系统之前，请咨询当地排水系统供应商，了解当地土壤条件如何影响将要安装的系统的使用寿命，以及可以采取哪些措施延长其使用寿命。

图6.2 这段排水管的情况显示，该排水系统已被淤泥和黏土严重堵塞而无法正常排水

[照片由弗吉尼亚大学认证运动场经理(CSFM)杰西·普里查德提供]

有用的提示

砂基场地的砂深要求

(1)问题

我有一块安装有地下排水管的沙基场地，但在排水之前，土壤剖面会变得饱和，在低洼的场地里，即使是沙地，也会有水坑。我的系统怎么了？

(2)原因

你的问题是基于土壤水文学的几个原理。水流只有在自由状态下才会发生。沙子或砾石中的水不是游离的，除非沙子或砾石饱和到产生游离水的程度。这一原理的一个很好的类比就是洗碗海绵。海绵会吸水直到水饱和。只有当添加的水超过完全饱和时，游离水才会从海绵中滴落出来。沙子和/或砾石就像海绵。水不会从沙子和/或砾石中流出，除非它是饱和的。与海绵相似，沙子和/或砾石通过附着力保持水分。水被沙子吸引，沙子被水吸引。此外，水被自身(水的内聚力)所吸引，因此水不是以单个分子的形式流动，而是以分子的集合或水流的形式流动。当沙子变得饱和，额外的水破坏了沙子的附着力时，它仍然必须像水流一样流动。砂或砾石中的水流是曲折的，在砂和/或砾石颗粒内和周围移动。此外，沙剖面中的水饱和度从底部开始，随着水量的增加而向上移动。如果沙剖面较浅(即4~10英寸)，整个剖面必须在剖面底部有自由水之前饱和。高尔夫球场建设行业很早就认识到了这一点，并要求将基于沙子的果岭建造到最小深度(通常为12~14英寸)，以使水在剖面底部饱和，而不会使沙子的表面区域饱和；同时不同质地土壤的分层创造了一个“上层滞水面/栖止地下水位”。

(3)解决方案

应根据砂的粒径大小和均匀性，将基于砂的场地建至最小剖面深度，以确保水从剖面中排出。(见第19.3.5节)在某些情况下，排水瓦管可铺设在地基下方的沟渠中，以满足打破沙子和水附着力的最小深度要求，但是横向水流穿过地基(如果地基较浅)到沟渠将受到限制，因为沙子的深度不足以释放横向自由水流的水。运动场建设的Purr-Wick砂基系统通过在土壤剖面内的排水瓦管系统施加吸力来克服水的黏附力，从而解决了砂剖面下水流的问题。这个系统在人工吸力的帮助下产生了自由水流。

各种类型的排水系统被用来清除局部地区的多余水。在设计排水系统时，考虑排水系统的排水位置是很重要的。许多州和地方法规规定在进入主要排水管道或者河流之前将这些构筑物的水排放到滞留区或保留区。在安装任何排水系统之前，请咨询当地和县政府官员。

6.4.1 管道排水

运动场的传统排水系统是管式排水系统，它本质上是一种多孔管系统，铺设在表土下方沟渠的砾石层上。排水管的工作原理是缓慢而持续地将水从底土中排出，从而使地面比没有地下排水管时干燥一些(为了清除运动场的地表水，砂槽排水沟是比传统管道排水沟更好的选择，因为狭窄的渠道用粗砂填充到表面。砂槽排水沟将在后面讨论)。

当使用带有两排或三排孔的聚氯乙烯(PVC)多孔管建造排水管时，将孔放置在底部。水从底部进入管道。水穿过砾石向下流动，在沟底停止。当水位上升时，它会通过洞进入管道。如果把洞放在上面，水位必须一直上升到管道顶部，然后才能找到出口。这意味着水将在沟底4~5英寸处无处可去。最终，水会(通过毛细作用)进入沟渠周围的土壤，甚至流到地表，造成潮湿浸透的环境(波纹穿孔管在管道周围有小孔，没有顶部或底部之分)。

(1)底土地下管道排水

这些排水沟已广泛应用于农业(农场)排水，以降低一个地区的地下水位。浅层地下水位在北美非常常见，这是由于地表以下2~5英尺处存在一层不透水层造成的。这种情况会导致表层土在大雨或灌溉后被水浸透。

地下排水系统在运动场的应用取得了一定的成功。然而，由于这些系统的工作原理是以缓慢、稳定的速度将水从底土中排出，因此它们在快速排干场地表层土的水方面可能效果甚微。地下排水管的缺点是，在水开始进入砾石之前，砾石上方的土壤将趋于饱和，从而在砾石顶部形成虚假(或“栖息”)地下水位。在干旱条件下，它们还能使排水管正上方的土壤变干。

地下管道排水系统采用多孔管，需要在

管道周围回填砾石。铺设管道的沟渠(通常为18~36英寸深)用砾石填充至地面以下约6英寸的高度，然后用土壤填充至地面。有时这种系统被称为“法式排水管”。

如果表面材料是沙子(改良的沙基场地)或砾石(人造草坪场地)，则这些排水沟是有效的。只要满足深度要求，水就可以自由地通过这种材料进入下面的排水沟(参见有用的提示“砂基场地沙子的深度要求”)。

图6.3显示了地下管道排水系统的设计细节。

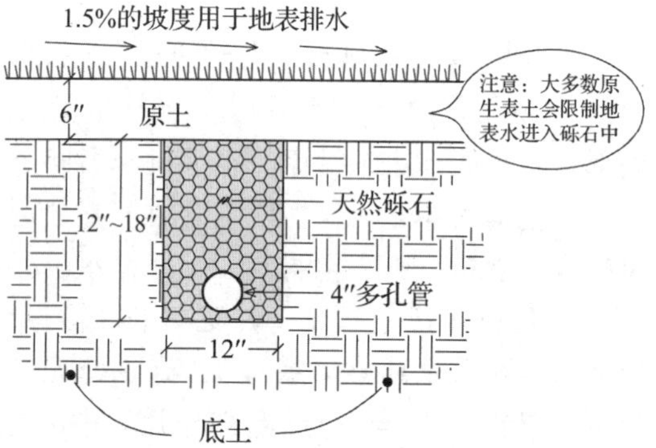

图6.3 地下管道排水系统的设计细节。值得注意的是，置于天然表土生长介质下的排水管道系统通常主要用于排除下层土壤中的水分。如果表层是改良后的砂介质，则它们能更有效地排除表层水

(2)截污干管

这些安装式的排水系统旨在拦截和疏导可能从周围地区流入场地的水。尽管排水管的主要功能是通过清除地下土壤中的水来降低地下水位，但它们也可用于清除问题地区的地表水。以这种方式使用时，管道排水系统被称为“拦截器排水管”。

截污干管通常是用于洼地或低洼地区的管道排水管。它们不同于场地本身的排水管，因为铺设管道的沟渠用粗砂或砾石填充至顶部，以加快排水速度(用砾石回填的截水沟，图6.4)。如果沟渠的顶部6英寸是用沙子填充的，那么它可以使用被水清洗的草皮，播种，或留下相邻草皮生长覆盖。(沟渠顶部不得覆盖一层不透水的土壤或草

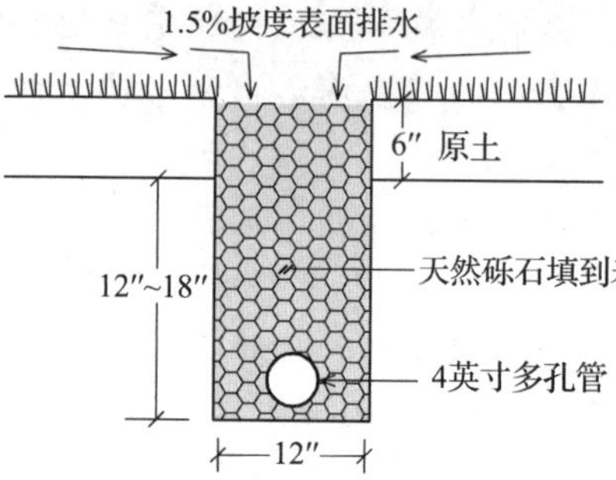

图6.4 拦截排水系统的设计细节。流入拦截排水沟的水表明该系统用于浅沟底部或低洼地区

皮，这一点至关重要)如果场地周围区域高于场地本身，这些排水沟尤其有用。

另一种类型的截水沟用于解决地下水从山坡渗出的问题。这种类型要求在山坡上，从渗水点上方开始，进行一个深切口，在水到达地表之前拦截。管道从土壤层中遇到水的地方铺设到不会影响场地可运动性的出口处。这些排水沟可以用表土回填，因为它们的功能是拦截和疏导地下水，而不是将水从地表排出。

(3)跑道旁排水沟

尽管有时在运动场周围会使用洼地和集水池系统，但在有跑道的场地排水时，一个更好的选择是在跑道旁边安装一条沟槽，向下倾斜朝向四个角落的集水池。在跑道的整个内侧边缘挖一条18~24英寸深的沟，然后用滤布沿沟一圈铺好。在沟渠中铺设1/2英寸的豌豆砾石层，然后铺设4英寸的多孔管。用豌豆砾石填充至离地面4~6英寸的范围内，顶部用粗砂填充，并通过播种、小枝或使用冲洗过的草皮进行种植。“砂井”将作为一个开放式集水池，用于场地和跑道排水，并消除集水池排水沟。另一种设计是预制沟槽排水系统，放置在跑道旁边，并用金属格栅覆盖，以允许地表水自由流动；这是一个更昂贵的选择，但却是一个非常有效的方式来完成一个跑道(有关跑道旁排水沟的更多信息，请参阅第16章)。图6.5显示了跑道旁砂沟排水系统的设计细节。

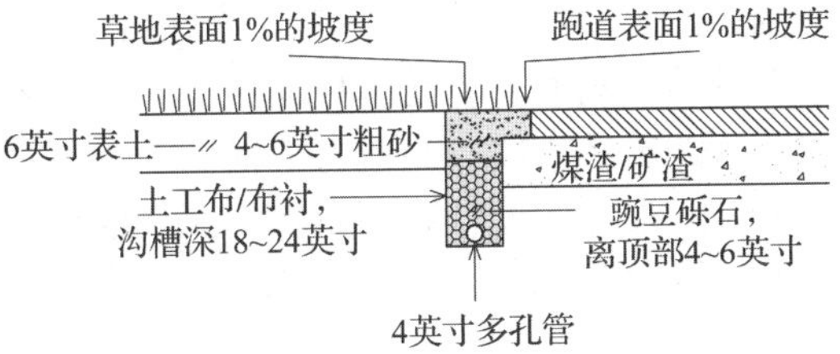

图 6.5　跑道旁砂沟排水系统的设计细节

6.4.2　砂槽排水沟

砂槽排水沟是一种很好的低成本地下排水系统，通过收集一些地表水并将其带走，改善了原生表土场地的地表排水。这些是 2 英寸的多孔排水管或 1 英寸宽、6 英寸深的布包裹聚乙烯结构（又称 aka 垂直排水管或条形排水管），其优点是可以安装在较窄、较浅的沟渠中，对现场的破坏较小。图 6.6 所示为 2 英寸多孔管的安装，图 6.7 所示为与集水沟相连的垂直排水管。

在砂槽排水系统中，地面水平的填砂沟渠将部分地表水排走，而无须流经整个场地。为使砂槽排水沟能清除地表水，排水沟应与地表水径流方向呈 45°～90°。与地表径流方向呈 45°安装的优点是，沟槽可以沿着自然向下的斜坡以一致的深度开挖（图 13.5 和图 13.6）。如果将排水沟安装在与地表径流方向呈 90°的位置，那么很有可能场地表面在该方向是水平的，因此必须按照计划的坡度挖掘沟渠，这使工作更加困难。沙渠排水沟也可以作为一个有针对性的系统来解决水容易聚集的问题地区。请参阅有用的提示“更正浸水场地问题”。

图 6.6　一条安装在 4 英寸宽、12 英寸深沟槽中间 1/2 英寸砂上的砂槽排水管（使用 2 英寸多孔管），**沟渠用粗砂填满至表面**

图 6.7　垂直排水管与集水沟相连，以使水从场地排走

有用的提示

修正浸水场地问题

（1）问题

我的棒球赛季在春天很早就开始了，外场太湿了，不能用来比赛。不能使用骑乘式剪草机，因为它们会导致车辙。即使在球场上行走也会留下 2 英寸深的脚印。球员不能在外场投球，有时球会卡在泥里。

（2）原因

外场坡度小于 1%。应进行地形测量，以确定坡度的百分比和方向。在这种情况下，发现坡度只有 0.25%，坡度的方向是从中心场到界外线。

（3）解决方案

根据问题的严重程度，计划以中心 10～20 英尺间距安装截水“砂槽排水沟”。排水管的方向应平行于右场或左场界外线。

(4)结果

通过安装砂槽排水系统，弥补了最小坡度不到1%的不足。场地应该能尽快干，允许一旦春季草开始生长，就可以用剪草机修剪。同时即使在赛季开始之前，球员们也应该能够上场训练。通过砂槽排水管使土壤剖面干燥，应该也可以允许重型设备在北方融雪后或者在南方雨季后的场地上使用。砂槽排水沟在冷季或暖季草坪场地上将具有相同的效果。

砂槽排水管安装在土壤上部12英寸处，只需要4英寸宽的沟渠。将2英寸的多孔管或垂直排水管放在1/2英寸的砂子上，使其位于沟槽底部的中心位置。然后用粗砂填充沟渠，直至表面水平。砂主要为粗至非常粗粒径，通过100#筛网的比例小于5%。这种类型的砂回填将有助于延长系统的使用寿命，过滤细料，减缓细料的渗透而堵塞2英寸的管道或垂直排水沟。

图6.8显示了使用2英寸多孔管的砂槽排水系统的设计细节，表6.2是砂槽排水系统的规范。规范中的砂可用于2英寸窄槽多孔管和垂直排水管。

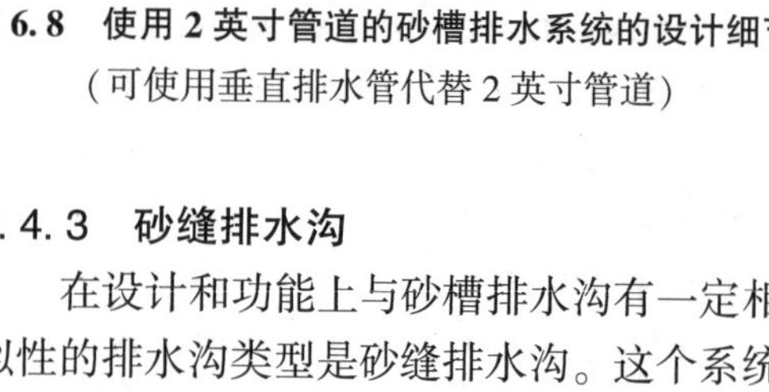

图6.8 使用2英寸管道的砂槽排水系统的设计细节
(可使用垂直排水管代替2英寸管道)

6.4.3 砂缝排水沟

在设计和功能上与砂槽排水沟有一定相似性的排水沟类型是砂缝排水沟。这个系统由狭窄的沟渠组成(通常3~4英寸宽，12英寸深，20英尺中心间隔)，底部有一个2英寸的穿孔管。沟槽用砂子回填。垂直于这些沟渠的是另一组20英寸中心间距和8英寸深的填砂沟渠，有助于将水导入穿孔排水管。这些系统可以在对地面干扰最小的情况下安装，但通常由专业公司使用定制设计的设备安装(图6.9)。

图6.9 砂缝排水系统的安装

6.4.4 安装式排水系统的常见问题

在安装式排水系统中，最常见的问题可能是排水管不能正确地向排水口倾斜。倾斜不好的管道中的积水渗入土壤，最终通过毛细作用形成浸湿的表面。向出口方向的一致下坡将可以通过冲洗管道中的细颗粒来保持管道清洁。

另一个常见问题是重型设备压碎管道。不足为奇的是，在底土被过度压实的情况下，经常会遇到这个问题。一旦安装了排水系统，重型设备应远离现场，以防损坏。

随着时间的推移，砂槽排水系统会慢慢失去其有效性。沟渠被风吹泥沙覆盖，而打空心孔和覆沙等耕作措施也可能将表土或细砂引入沟渠的粗砂中。

细粉粒进入排水沟是安装式排水系统的另一个长期问题。理想情况下，大部分的细粉粒会随着它们的渗入而被水流冲出系统。然而，有些会不可避免地聚集在管道中，然后吸引和容纳其他细粉粒，最终堵塞管道。有些化学反应也可能发生，如铁化合物的氧化，导致锈层，会进一步减少水的流动。

正如问题清单所示，安装式的排水系统具有有限的使用寿命，但在其设计和施工中适当注意细节可以提供合理有效和长寿命的系统。

6.5　其他排水系统实践

6.5.1　滤布

该产品通常添加到安装式的排水系统中，以防止细颗粒进入管道或分离两层不同的土壤材料。滤布可以是矩形的，也可以是随排水管提供的“滤袜/袋”。

值得注意的是，并不是所有的行业专家都认同滤布的有效性；有人指出，由于滤布能防止细颗粒进入排水管道，滤布本身可能会堵塞，从而减缓水进入系统的速度。然而，用精心挑选的粗砂回填沟渠会产生额外的“过滤”结构，减缓细粉粒到达滤布的速度。

6.5.2　砾石层

这是放置在表土下面的一层砾石，直接连接到管道排水系统，以帮助通过土壤渗滤的水快速流动。虽然这种方法似乎是一种很有前途的方法以加强排水，但它创造了一个栖息(假)地下水位，因为直到表土完全饱和前水不会从表土进入砾石层。在潮湿的天气里，实际上会导致比赛场地积水。

第7章 打孔和铺沙

7.1 简介

打孔通气是以受控方式扰动土壤的过程，目的是减轻土壤的紧实度，使空气、水和养分渗入土壤。除了减轻土壤板结，打空心孔还有助于减少枯草层。

土壤板结可定义为表土的压缩，主要是由人步行或车辆交通造成的。这种压缩在运动型草坪上可能是一个特殊的问题，因为它作为一个运动场地使用会导致过多的人为践踏，而且践踏主要集中在场地的某些区域。土壤板结最终会对草坪草的生长产生不利影响，主要原因有两个：一是草坪根系不能获得所需的氧气，二是板结的土壤成为根系穿透土壤的物理屏障。对健康草坪也有很大贡献的是活跃的土壤微生物和蚯蚓种群，这些也都需要氧气。为了恢复其作为理想生长介质的能力，运动场上的土壤需要不时地打孔通气。

枯草层可以通过定期打空心孔和通过整个场地拖网打碎土芯或打孔和表施土壤、堆肥、或沙子而减少。如前一章所述，适量的枯草层对运动场是有好处的，但超过1英寸可能会引起许多问题。打孔是一种有助于控制枯草层和促进草坪健康的工具。

7.2 打孔通气以获得最佳草坪反应

研究表明，为了解决土壤板结压实和有机质积累问题，美国高尔夫球协会规格的沙基果岭建议平均高达15%~20%的表面打孔破坏。这些数据提供了在运动场草坪管理中，季节性地表破坏目标的一些指导，然而，运动场的土壤和使用性质与高尔夫球场通常是完全不同的。密集践踏的原生土壤场地会很快被压实板结，尤其是在潮湿时运动践踏。弗吉尼亚理工大学对美国大西洋中部地区的运动场草坪管理者进行的一项调查表明，如果可能的话，根据季节和场地使用安排，每年30%~40%的地表打孔破坏是获得良好场地表现的最佳选择。实现这一目标需要仔细的计划，而且由于草种类型、气候、预算和使用时间表的原因，不可能在所有情况下都实现。然而，了解打孔养护操作对场地面积的影响程度将有助于不断完善年度养护计划，也将有助于更好地了解草坪的反应以及比赛是如何受到影响的。表7.1详细说明了具有不同直径和间距的打孔针单次通过造成的表面破坏量。

表7.1 不同孔针直径和打孔间距的单道次影响的场地表面积

直径/英寸	草坪打孔间距/英寸	#孔/平方英尺	受影响面积/%
3/8	2×2	36	2.8
1/2	2×2	36	5.0
5/8	2×2	36	7.7
3/4	3×3	16	4.9
1	5×5(4×4，译者注)	9	7.0(4.9，译者注)

从实践的角度来看，优化耕作养护运动场机会的方法是在有机会作业的时候积极进取；也就是说，不要只把打孔机设备走一遍就停下来。根据孔针间距和场地板结的严重程度，每次打孔时通常需要来回多走几趟(不同方向)。不要被来自球员、教练和家长的批评所左右，比如“为什么现在草坪看起来很好的时候就把它破坏掉”？一块运动场地之所以安全、可运动，而且通常美观，是因为它周期性地被“破坏”！因此，当有机会耕作养护时，充分利用和影响尽可能多的表面积，这是基于你对草坪的休养生息能力和等待使用时间表的了解。查看有用的提示“淡季管理计划”以获得可以在深秋使一个场地为春季运动做好准备的想法。

有用的提示

淡季管理计划

(1) 问题

我经历了一个潮湿的秋天和异常频繁的场地使用。低洼处有积水，场地里有车辙，大部分的草都磨损严重而且比较薄。季后赛刚刚结束，现在是11月下旬，草坪对晚秋施肥没有反应。我有一个早春的足球赛季在同一个球场。我能做些什么来更新和使场地恢复活力？

(2) 原因

潮湿的土壤和过多的践踏已经破坏了表层土壤的结构，并阻碍了土壤的水分入渗。高强度的践踏和异常潮湿的秋季已经超出了场地的性能极限。草坪草缺乏再生和肥料反应差是由于土壤温度低于活跃的植物同化和代谢所需的水平。

(3) 解决方案

第一个行动应该是通知高层管理人员这个秋天球场发生了什么，以及春季运动季可能出现的后果。一个潮湿的秋天和过度使用对翌年春季场地质量差的解释，与其说是春季的借口，不如说是秋季的预测。

这是一个多用途球场的标准场景，该球场在秋季举办橄榄球比赛，然后是春季足球赛、长曲棍球或曲棍球。如何恢复场地条件，为春季运动提供一个安全、可玩的场地？人们基本上忽略与淡季打孔事件相关的日历和明显的温度问题，并在晚秋最后一次活动事件之后尽快实施这些场地的打空心孔操作。当然，在某些地区，由于天气或气候条件的原因，这根本不可能实现。然而，在允许的情况下，晚季耕作养护减轻土壤板结的潜在好处超过了最佳草坪生长条件外打孔的相关担心。此时也可以补充施用肥料，并表施沙子和/或堆肥，但请注意太晚季节的时候施用肥料可能会因地表径流或淋溶而损失。

由于冬季条件的限制，草坪的建植和恢复有明显的局限性。然而，这些限制不应该阻止运动场管理者尽其所能改善比赛条件。晚季播种通常变成休眠播种(即种子要到翌年春季才发芽)，除非更新过的区域可以用草坪毯覆盖。草坪覆盖物的适当选择和安装(见第20章)可以为准备春季运动的淡季场地恢复创造奇迹。对于基本上没有草坪的小面积区域，铺装草皮是一种快速恢复草坪覆盖率的方法；冷季和暖季型草皮都可以在休眠季节成功铺植，前提是只要土壤没有冻结。春天，休眠的草皮将成功生根。长期以来，职业棒球运动场草坪经理们在管理的狗牙根草坪上采用的一项技术是在最冷的几个月里，在草坪磨损需要重新种草的区域，铺植一块交播黑麦草的狗牙根草皮；黑麦草的根将草皮钉入固定在土壤中，然后随着土壤温度的升高，狗牙根会在春天的晚些时候生根。当然，如果一个铺草皮覆盖的地区可以覆盖生长毯，它的生根建植可以大大加快。

对于由于预算、劳动力或时间限制而无法从种子或草皮中恢复草坪的情况，不要忘记滚压场地以提高春季运动的可玩性和安全性的价值。生长季后期打孔和/或极端冬季土壤的自然冻融循环会导致起伏不平的比赛场地，既不利于立足，也不利于球的滚动。

在稍湿至干燥的土壤上使用轻型滚压机，可以有效地平整场地，为运动员提供更安全、更真实的场地。(注：在水分饱和土壤上使用滚压机会使情况更糟!)滚压机无疑是增加土壤表面压实度的工具，但如果与健全的打空心孔程序结合使用，这是一种在运动场管理程序中占有一席之地的工具。它可以是在理想的春天生长条件出现之前提供安全和可运动的表面最有效的工具之一。

(4)结果

利用尽可能多的淡季维护策略，可以大幅提高春季运动的可玩性。大自然并没有为所有的运动提供一个平等的机会，让它们拥有绿色的、积极生长的场地，但安全性和可玩性仍然可以通过适当的规划来满足人们的期望。

尽管打孔有长期的好处，但它会通过物理方式撕裂草根和嫩枝，从而对草坪造成压力。当计划打孔时，选择草积极生长的季节是最理想的，这有利于它迅速恢复。在大多数土壤条件下，草坪从高强度空心打孔事件中完全恢复可能需要长达两周的时间。通过适当的施肥和灌溉来促进草坪的生长，显然有助于草坪的恢复。

在大量使用的暖季型草坪场地上，两次打空心孔养护操作通常足够，一个在中晚春(草坪完全摆脱冬季休眠后)，另一个在中晚夏。在使用较少的场地，每年在晚春进行一次打孔通气就足够了。如前所述，不要武断地将打孔操作事件限制为打孔机打空心孔走一遍就可以了。对于暖季型的草坪草，重要的是要留出足够的恢复时间，以优化草坪抵御极端冬季天气的能力。

对于大量使用的冷季型草坪草场地，每年进行两次打空心孔操作，一次在5月，另一次在9月。在这两个月中的任何一个月，少量使用的场地都可以只做一次打孔通气操作。冷季型草坪场地经理可采用的另一种做法实际上可以将寒冷的天气转变为一种对抗土壤板结的工具。就在冬季来临之前打空心孔，并使孔洞暴露在外。考虑到冷季型草坪草不太可能受到寒冷的伤害，孔洞里的水提升冻结和融化会比平常更深层地破坏土壤，并提升缓解板结的效果。

如果需要施用石灰或肥料，应与计划的打孔事件相协调，以帮助这些材料直接进入土壤。同样，当与打空心孔操作相协调时，表施沙子或堆肥的益处也会增强。

在过去，人们对芽前除草剂施用后进行打空心孔是否明智的问题存在疑问，特别是对除草剂屏障是否被打孔操作打破的问题。最近的资料表明，除草剂的活性可能没有大的改变，特别是如果打孔土芯返回的情况下。尽管如此，在施用除草剂前打孔通气始终是一个好主意。

打孔土芯返还采取打孔后拖垫拖或垂直修剪。土芯返回是一个好主意，对大多数场地，因为它代表了一种形式的表施利用场地原生的土壤。一个可能的例外是改性砂基场地当土壤有机质(按重量计)为4%或以上时。有机质含量在这一程度上开始限制土壤排水，这些沙基坪床打孔的土芯应收集起来(在第6章中充分讨论)。

最后一个提示，如果你的预算有限，那就充分利用打孔计划。想想看，在橄榄球场上，大部分的践踏都在中间码标线之间，所以如果你需要节省一些费用或时间，就只在这个区域集中打孔。

7.3 打孔设备

有各种各样的打孔设备可用于运动场草坪，每种类型有自己的优势和劣势。

7.3.1 空心(芯)打孔通气

最常见的打孔方式是空心孔针打孔通气，许多草坪管理者认为空心孔针打孔是维护高质量运动场的最有效方法之一。事实上，没有得到定期打孔的经常使用的运动场，最后通常很少有草坪存在。空心打孔对土壤物理性质的有益影响是任何其他类型的耕作设备所不能比拟的。打空心孔在改善土壤通气、水分入渗和渗滤率方面提供了最长期的好处。最终的结果是一个具有健康的根系和活跃的土壤微生物和大的土壤生物的健康土壤。

然而，必须解决两个打空心孔带来的问题：表面破坏和移除土芯的处理。打空心孔项目安排必须围绕最重要的体育项目时间安排，特别是像棒球和曲棍球这样的运动，在这些运动中，球的真实滚动是至关重要的。打空心孔孔洞（以及土芯，如果他们没有被移除）可以造成不满意的比赛条件；完整的土芯可以影响球员的立足和打乱一个球的滚动。

为了缩短打孔通气后的恢复时间，施肥和灌溉的量应能足以促进植物的旺盛生长。

有许多深度和直径的孔针可供打空心孔用。通常，大多数标准机器上的孔针直径范围为 1/4~3/4 英寸，长度（取芯深度）通常为 3~6 英寸。现在可用于打深孔的装置可以打出直径 1 英寸，12 英寸深度的孔芯，但在大多数土壤上，8~10 英寸的深度是可行的。对于大多数运动场的打孔需要，标准机器能足以有效地完成这项工作，但每个草坪经理必须根据特定场地的需要选择符合可用的设备类型。存在严重土壤板结问题的场地或存在地表积水的场地可受益于深层打孔。由于其产生的孔隙，深层打孔可提供有限但即时的场地排水改善。这一过程尤其有助于在施工时通过碾压造成板结的场地（图 7.1）。

深层打孔与表施覆沙（在某些情况下，还有其他无机改良剂，如煅烧黏土）结合使用尤其有用。沙子被拖进打孔通气过程中形成的洞里，形成一个充满沙子的通道，促进空气、水和养分向土壤深处流动。这一过程有助于深层根系的生长，从而显著提高草坪草培育的健康度和耐用性（图 7.2）。

图 7.1　该空心（或“空心孔针”）打孔器设计用于移除地表以下 10~12 英寸深的土芯。这种设备既能防止压实，又能改善许多场地的排水

（照片由认证的运动场地经理杰森鲍尔斯提供）

图 7.2　该土壤剖面样本显示了通过打孔和表施土壤形成的砂槽。在样品底部的砂槽中可以看到深根

7.3.2　实心打孔

实心打孔针打孔也应遵循空心打孔针打孔的大多数原则，实心孔针打孔会产生一个孔，但不会移除土芯。通常选择实心孔针是因为它们造成的表面破坏有限，但实心打孔对土壤的影响还有其他重要的区别。实心打孔也通常被称为“碎芯”打孔。实心孔针在土壤中引起“震动”作用，可用于破坏地下压实带。（不同类型的设备要求土壤含水量不同；最好与设备经销商或客户代表联系，

以确定要使用的打孔器的理想土壤湿度水平）

重要的是要认识到单靠实心打孔并不是一个完整的打孔程序。事实上，多年来反复使用实心孔针实际上可以在土壤中形成一个压实带（称为耕作盘），特别是如果长期使用相同直径和深度的打孔针。打实心孔是年度打孔计划中的重要工具。在整个耕作养护计划中加入实心打孔，并在场地需要一些短期的渗水和渗滤效益时使用。与当地设备分销商或外部承包商核实，看看预计会有多大程度的表面破坏，并相应地规划打孔操作。

振动/抖动

如前所述，由于打孔机孔针对土壤剖面顶部的抬起作用，实心打孔有时被称为"抖动"或"碎芯"打孔。还有其他振动装置，通常是动力输出（PTO）驱动的，穿透相当浅，但对于有障碍物（如树根）的地区的轻型土壤耕作仍然非常有效，这些障碍物会损坏传统的空心或实心孔针。其中一台机器的商品名为 Aeravator©，它用振动的实心孔针穿透土壤，造成相当的表面破坏。这些振动装置在苗床准备和淡季整修翻新中特别有用，特别是在附加了一个种子箱能将草籽直接掉入场地上孔针穿刺区域的情况下（图 7.3）。

图 7.3　这种具有震动作用的实心打孔器可以有效地减轻压实，但不会清除土壤中的草类植物。当土壤干燥时，它的效果更好

7.3.3　深层打孔

市面上有许多机器的设计比传统的标准打孔装置更能深入土壤。这些机器可能有空心或实心孔针，直径为 1/2～1 英寸，穿透深度为 8～12 英寸。这种设备特别有助于为橄榄球场的中间部分或足球场球门周围的区域打孔。深层打孔还可以让建造时被碾压得比较板结的场地的水通过土壤排出。

目前，大多数运动场场地都没有深层打孔装置，通常由定制的打孔服务提供商进行打孔。然而，这些装置的价格继续下降，由于深层打孔可立即改善场地通气和排水，草坪经理应考虑在其设施的设备库存中增加深层打孔装置（图 7.4）。

图 7.4　此类深层穿透实心孔针有助于缓解场地中板结严重的区域，也有助于解决场地施工期间底土过度压实板结而造成的排水问题

7.3.4　深钻

另一种越来越受欢迎的耕作养护方式，特别是在引人注目高级别的运动场上，是深钻打孔。这个过程听起来就像金属钻头（通常 12 英寸长，直径 1 英寸）被钻入土壤中，其作用类似于栅栏式挖坑机。钻孔打孔是一种非常有效的方法，可以在土壤中形成一个很深的通道，被移除的土壤不是完整的土芯，而是颗粒状材料，很容易被拖过土壤表面，再拖回孔中。

另一个选择是行业术语的钻取和填充操作。这种类型的设备可以在钻孔时直接将土壤改良剂(如沙子或沙子和调节剂的混合物)输送到钻孔中。这在土壤剖面上形成了一个更永久的排水通道。相关研究继续探索钻孔和填充操作的最有利用途。

一般来说，深钻的缺点是机器运行速度慢，设备(或合同服务)成本高。甚至比深层打孔更普遍的是，深层钻孔通常是由外部供应商提供的合同服务(图 7.5)。

图 7.5　深钻打孔器能将土壤钻至均匀的深度，并使土壤呈粒状，可以被回填到土壤中，而不是像传统方式那样以完整的土芯方式被移除

7.3.5　注入打孔

传统的注水系统，如 HydroJect™，已不再广泛使用，但它们仍然是有效的工具，提供许多实心打孔的好处同时高压注水几乎不会破坏表面。微束水可以穿透土壤达 15 英寸的深度，它们形成了一个非常小的洞，大多数人在草坪上行走时都不会意识到已经进行了打孔通气操作。根系可以自由地生长在注入空气形成的小通道中，有限的表面破坏意味着这个装置可以一直使用到比赛日。

另一种注水打孔工具是 DryJect©。这种独特的耕作方法利用高压注水来创造一个真空的区域，将干燥的土壤改良剂拉入由水流形成的沟渠中。这项技术基本上是在一次应用中完成打孔，用所需的土壤改良剂回填孔道并覆沙，这样导致很小的表面破坏。大多数 DryJect 应用操作由定制的服务提供商提供(图 7.6)。

图 7.6　DryJect©通过注入高压水流来对土壤进行透气处理。高压水流会形成真空环境，将干的土壤改良剂吸入所形成的空隙中，基本上一次操作就完成打孔充气、回填和表土覆盖(照片由保罗 · 金提供)

替代土壤打孔策略的最新技术进步是空气注入系统(图 7.7)。自带的泵压缩空气，通过特别设计的固体孔针在其基部 90°直接排出空气注入根区。孔针深度可调，土壤通气效果可在 5~10 英寸的深度内实现，具体

图 7.7　空气注入系统，如 airter©配备有自给式泵，通过专用的实心孔针将空气注入 5~10 英寸深度的土壤，同时不会对地面造成明显破坏

取决于机器和设备孔针和压力。SISIS Aer Aid©、airter©和 Air 2G2 等机器已成为重要工具，尤其是在高知名度(通常预算更高)的场地，因为它们对土壤通气和板结有直接影响，而且几乎不会对地面造成影响。然而，预计租用定制的机器和/或拥有自己的机器的成本将继续下降，更多的运动场将能够实现使用这些机器的土壤通气效益。

7.3.6 穿刺/刺切和划开

刺切和切片划开涉及固体金属刀片穿透进入土壤的过程。直接的结果是产生水和空气进入根系的通道。刺切和切片划开也可以用来切断狗牙根、草地早熟禾和匍匐翦股颖的侧枝，以促进侧枝生长。刺切和划开装置用于加速干燥持久潮湿的土壤方面也有很好的作用。与空心打孔耕作相比，刺切和切片划开的好处通常被认为持续时间较短。

刀片有多种尺寸可供选择，较大的刀片会造成不同程度的表面破坏。如果使用小刀片，使表面破坏最小，该程序可以在不太担心影响表面可玩性的情况下频繁进行。“线性去土壤板结”的过程是由 Shockwave™(冲击波)这样的机器完成的，它一般包含可穿透 16 英寸深的刀片，4 英寸的间距。该装置产生的缝隙为水分进入和穿过土壤提供了直接通道，缝隙非常小，基本上不影响场地的运动性(图 7.8 至图 7.10)。

图 7.8　刺切设备允许水和空气到达草坪草的根部，并刺激一些品种的横向生长。由于它们对草坪表面的破坏极小，所以在比赛季可以使用

图 7.9　切片划开机的效果类似于打孔机，可通过增加种子与土壤接触，成功地用于交播过程。浅耕性切片划开机在土壤中划出凹槽，为种子提供发芽的空间

图 7.10　冲击波™ 16 英寸的刀片能为水流创造狭窄的通道，同时不影响场地使用性能

7.4　表施土壤

表施土壤是在草坪表面添加沙子或土壤。这一过程可以作为修复某些土壤问题的一种方式。表施土壤有助于平整不平的比赛场地。打空心孔，然后用沙子表施土壤，也可以逐渐改善黏土为基础的黏重土壤。它通过提供土壤与植物的接触来促进生根，从而增强土壤的排水性和生根能力，促进种子或小枝的形成。表施土壤也是枯草层控制中的一种生物控制替代品，因为它将促进枯草层分解所需的微生物返回到枯草层(图 7.11)。

图 7.11　表施土壤有助于平整场地表面，并可用于改良黏重的黏土(照片由认证的运动场地经理杰森鲍尔斯提供)

7.4.1　表施土壤程序

在进行表施土壤时，最好是频繁多次，每次施用厚度均匀的薄薄一层(通常为 1/16~3/8 英寸)。不均匀的土层会限制水分和养分流入和流经土壤。在表施土壤前将草坪修剪到相对较短的高度，以使沙等材料容易到达土壤表面。

如果一块场地的状况可以通过用沙子表施土壤来改善，而不是返回土芯，那么打孔提供了一个合理的时间来做到这一点。然而，重要的是要考虑到需要用多少表施土壤材料来填补打孔过程中产生的所有孔洞。

例如，在一个足球场上用 1/4 英寸的砂层进行土壤表施，这个足球场用标准的 3/4 英寸×3 英寸空心孔针打孔设备(孔针间距为 3 英寸)打孔，通常需要大约 100t 沙子。表 7.2 显示了在给定深度，无须填充通气孔的情况下表施 1000 平方英尺所需材料的近似体积。

一旦表施材料已经铺在场地的表面上，拖动或刷场地以将沙子推入打孔产生的通气孔洞中。施用表施土壤材料时，考虑利用这个机会平整场地。带有水平仪附件的拖拉机可以平整不平的表面并提高场地的可玩性(图 7.12)。

表 7.2　给定厚度下 1000 平方英尺表面表施土壤材料的近似体积

表施土壤深度/英寸	表施土壤的近似体积/立方码
1/8	0.4
1/4	0.8
3/8	1.1
1/2	1.5
5/8	1.9
3/4	2.3

图 7.12　在用 3/8 英寸厚的沙子进行表面覆沙后，用整平机附件平整场地

7.4.2　表施土壤材料

用于表施土壤的材料应在物理和化学性质上与现有土壤非常相似，除非旨在改变土壤质地。正确计划所需材料的数量很重要(表 7.2)。

表施土壤也可以用来改良场地土壤，但这样做需要多个季节的长期工作。要逐渐改良黏重土壤(含大量粉土和黏土的土壤)，请使用大多数粒径在粗粒范围内(0.5~2.0mm)的均匀砂。细砂到中砂(0.1~0.5mm)更适合用于沙基根区混合物，而不是作为场地表施土壤材料。

为了提高现有黏重土壤场地的质量，从积极的空心打孔开始。打空心孔后，留下土芯，以便在表施土壤和拖曳作业期间将其混入砂中。(粗砂需要一些细土，以使其与现有土壤更相容)应注意的是，用砂进行持续的表施土壤会慢慢地将原生土壤转化为含砂量高的土壤，因此明智的管理者应确保提供足够的材料和合适的粒径(参见第6章中的有用提示“打孔并覆沙以帮助内部排水”)。

一些运动场现在已经开始使用包括一种土壤调节改良剂，如煅烧黏土结合粗砂的表施土壤材料，以增加保水性(进一步讨论见第6.3.3节)。

在改良后的沙基场地上，作者建议用与场地施工用砂相匹配的砂进行表施土壤，以防止出现减缓排水的分层现象。

第 8 章
枯草层

8.1　简介

本书的前六章，主要考虑适合运动场草坪的草坪草和作为草坪草栽培的基质土壤。现在我们将注意力转向运动场草坪中的第三个元素，即草和土壤的界面——枯草层。

枯草的负面影响有较多的记载。然而，在某些情况下，枯草可以在运动场草坪管理中发挥积极的作用，而这种积极的作用却很少受到重视。对于一些运动场(尤其是美式橄榄球)，一个合适的枯草层可以是一个可运动的场地和泥泞场地之间的区别。

在这一章中，我们将考虑枯草的负面影响和防止或减少其积累的方法，以及枯草对特定运动的积极影响。我们还将审查必要的养护实践，以提高草坪的健康，同时保持理想的枯草层。一个健康、充满活力的草坪表面是我们的首要目标。然而，在某些情况下，管理枯草层可以添加足够的缓冲，以提高草坪表面的耐用性，并保持在极端条件下可运动的场地。

8.2　枯草的定义

枯草是由存在于土壤表面和草叶之间活的和死的草茎(主要是匍匐茎、根茎和/或种子茎)、根和其他有机物质混合而成的一层物质。(与普遍的看法相反，草坪修剪对枯草积累的贡献微乎其微)枯草的发展预示着一种在植物产生的有机物质的数量和它的分解速度之间的不平衡。草坪草的生长速率和生长习性，以及某一特定场地所受到的维护强度，是枯草发展的主要因素。表 8.1 列出了最受欢迎的运动场草坪草的枯草形成趋势。

表 8.1　常见运动场草坪草的枯草化趋势

枯草化倾向	草坪草
中度至重度	狗牙根 结缕草 匍匐翦股颖 草地早熟禾
低至中等	野牛草 紫羊茅 海滨雀稗
低(或非枯草化)	高羊茅 多年生黑麦草

一般来说，任何一种草坪草，无论是地上(匍匐茎)还是地下(根茎)，都有可能产生枯草。狗牙根和结缕草(都有匍匐茎和根茎)、匍匐翦股颖(匍匐茎)和草地早熟禾(根茎)都会产生大量的枯草。在增加施肥的养护情况下，这些草生长快速，会形成中等到重度的枯草层。野牛草(匍匐茎)和匍匐紫羊茅(根茎)也会产生枯草，但生长通常是非常有限的，因为这些草对施肥和修剪的响应不积极。丛生类型的物种，如高羊茅和多年生黑麦草，除非保持在极高的氮肥力下，否则不会产生太多的枯草。

枯草层管理通常是指除去枯草或阻止其快速发展的过程。但对于运动场草坪，枯草层管理应该包括更宽广的含义：形成和保持一个理想厚度枯草层的养护实践。通常，厚达 1/2 英寸的枯草层将有助于保持一个健康的运动场草坪。

8.3 运动场草坪枯草层的优缺点

许多研究项目发现，当枯草层厚度超过1/2英寸时，就会成为运动场草坪一个主要问题。但对于大多数运动来说，一层薄而均匀的枯草层可以提高草坪质量。

8.3.1 优点

少量的枯草(大多数情况下厚度可达1/2英寸)增加了草坪的弹性、耐磨性和冲击吸收。枯草的这些好处在接触式运动中尤其重要，因为运动员经常撞击场地表面，在橄榄球和足球等场地上，一些比赛区域的交通践踏量非常大。

例如，在橄榄球比赛中，鞋底防滑钉的撕扯动作最终会造成草坪有些区域斑秃。随着赛季的推移，这些光秃秃的地方变得越来越大，到了赛季结束时，场地的中部已经完全光秃秃的了。当这种情况发生时，任何在雨中进行的比赛都将是一场“泥碗”比赛。已经积累了1英寸的枯草层的草地早熟禾橄榄球场可以延长在整个赛季球场的可用性。

图8.1显示了一个枯草层的样本，在那里，原生黏土很容易使场地在雨季变成泥。草地早熟禾草坪与形成的枯草层被用来支持运动。这种策略同样适用于场地经理必须定期重建高践踏强度区域的任何运动，只要经理认识到与枯草层草坪日常管理相关的问题。这些区域通常包括橄榄球场的中间和边线区域以及足球、长曲棍球和曲棍球场的球门区域。

图8.1 草地早熟禾草皮至少有1/2英寸的枯草层，可以更好地支持在原生黏土和沙基场地上运动

可能很难找到具有所需枯草层厚度的草皮；草地早熟禾需要1~2年才能长出1/2英寸的枯草层，狗牙根大约需要1.5年。如果在践踏多的区域需要定期重新铺设草皮，建议草坪经理至少提前一年要求草皮达到所需的枯草厚度，以便草皮供应商在需要时提供草皮。

在这种情况下需要更加注意浇水和修剪，以及仔细监测潜在的有害生物问题。这些枯草层的设计不是为了有益于草坪的健康，而是为了在不利条件下提高场地的可用性。

有限的枯草层(1/2英寸厚或更少)有利于提供棒球、橄榄球、足球、长曲棍球和曲棍球等运动场地的可玩性。根据经验，对于任何穿有鞋钉鞋的运动员突然转弯可能会把草皮从土壤上扯下来的运动，枯草可能都是有益的。

其他可以受益于有限枯草层的运动包括田径比赛中的投掷项目，特别是铁饼和铅球。枯草可以减少这些“导弹”撞击造成的表面损伤，从而减少当场地用于其他运动时可能成为绊倒危险的洞的深度。枯草即使不能防止所有损坏，但相应的修理工作量也会减少。

8.3.2 缺点

虽然管理好的枯草层提供了大多数运动的好处，但过多枯草层是所有运动场草坪的劣势。过多的枯草含有潜在的破坏性草坪昆虫和病害生物，限制了根系对土壤的穿透，在某些情况下，会形成一个疏水性草坪，水不能渗入枯草下面的土壤。同时，枯草层太厚也会影响球场的表现，改变球的反应，包括滚动和反弹的真实性。例如，在棒球、垒球和网球运动中，球的反应对运动员的表现和比赛的水平至关重要。

过多枯草的另一个缺点与种子的建植有关。在播种时，成功与否取决于种子能否到达土壤，一旦发芽，种子的根必须能够穿透土壤。过多的枯草可以阻止这种建立过程。

8.4　枯草如何形成发展

当草坪草产生表面有机物的速度快于有机物的分解速度时，枯草就会发展产生。任何影响有机物产生和/或分解速率的因素都会影响枯草层的状态。作为整个草坪生态系统的一部分，枯草的积累和分解同时发生。如果积累和分解之间的平衡被左右，枯草层的厚度就会受到影响。影响枯草层状况因素包括(但不限于)：草种、氮肥施用量和来源、土壤 pH 值、修剪高度、农药施用、土壤类型，以及某些草的草屑处理方式。

枯草的分解主要是由土壤微生物和蚯蚓的活动引起的。任何增强这些生物活性的东西都会加速枯草的分解。因此，保持适当的 pH 值(通常 6.5 是可取的)，良好的土壤通气和足够的土壤水分将减少枯草积累。还要记住，许多农药在控制非目标生物(有益真菌、蚯蚓等)方面也会产生严重后果，因为这些生物会导致枯草分解。

施氮量的增加加速了草坪的生长速度，并经常导致枯草积累的增加。然而，施氮量的增加并不总是导致枯草积累的增加，因为这种施肥也可能增加枯草分解的速率。施氮不仅能促进草的生长，而且能提高分解枯草的细菌和真菌的组成和浓度。随着氮的添加，枯草分解的增加与枯草的碳氮比密切相关。氮的加入改变了碳氮比，有时会加快枯草的分解速度。

肥料来源也影响枯草层的状况。一些天然有机肥料已被证明可以通过改善土壤的整体健康状况来改善分解枯草的微生物的组成和浓度。某些合成无机肥料不仅提供植物必需的养分，还改变土壤环境。一些因素，如 pH 值，会对枯草分解微生物的组成和浓度产生不利或有利的影响。由于肥料对枯草状况的影响各不相同，建议场地管理人员密切监测枯草在每个特定场地上的累积情况。

定期修剪通过产生相对较小的能够迅速降解的叶片草屑碎片有助于减少枯草积累。如果不收集草屑，遮覆式剪草机产生的枯草比其他剪草机少，因为草叶片被多次切割得更细，因此分解得更快。修剪高度也会影响枯草的状态，这取决于草种和修剪时间表。对于一些狗牙根品种，较低的修剪高度会增加枯草的积累。对于其他物种，情况可能恰恰相反；在草地早熟禾的例子中，割得越高产生越多的枯草。在一些物种(特别是结缕草)中，草屑含有高水平的二氧化硅，这可能会导致枯草的积累。然而，即使是结缕草，一般的建议是在修剪时归还草屑，因为它们将慢慢帮助建立一个有益的管理适当的枯草层。

杀虫剂、杀菌剂等农药对枯草的积累有不同的影响。一些农药通过对枯草分解微生物的组成和浓度产生不利影响而增加枯草的含量。许多老的杀虫剂大幅减少了蚯蚓的数量，蚯蚓是大自然中另一种最好的枯草分解者。在其他情况下，农药可能会减缓草坪草的生长速度，而不会对微生物产生不利影响，因此可能会限制枯草的积累。可利用的农药种类繁多，且这些农药以不同的组合方式使用，因此无法预测或概括它们对枯草积累的具体影响。

土壤类型也影响枯草的形成。生长在质地较重的土壤(含大量粉土和黏土)上的草坪通常比生长在砂土上的草坪更快长出枯草。这是因为砂土通常具有更好的通气和排水特性。

8.5　维护管理枯草层

正如我们所见，影响草坪生态系统枯草状况的因素众多，且这些因素极难预测。然而，由于在大多数类型的运动场上有一个管理好的枯草层有明显的好处，所以仔细的管理是值得的。事实上，如果场地是一所知名的学校、学院或专业设施，管理枯草层不仅是可能的，而且可能是在泥地上运动和在可接受或非常好的草坪上运动之间的区别。

建立一个适当的枯草层最直接的方法是指定正确的枯草量的草皮。然而，由于预算原因，铺草皮可能不是一种选择。在这些情况下，必须通过操纵养护实践和监控枯草状态来实现创建一个合适管理的枯草层。虽然不是所有情况下都有可能，但选择草坪草种类是获得对创建合适管理的枯草层的某种程度控制的一种方法。我们已经讨论了暖季和冷季型草坪草种的枯草积累特性。在过渡区地区，规划者必须在狗牙根和冷季型草坪草之间进行选择。如果高度重视枯草的积累，狗牙根是更好的选择。然而，如果场地地理位置明显超出狗牙根的适应区(太北)，则必须选择冷季型的品种。在冷季型草坪草选择中，草地早熟禾是一种比多年生黑麦草或高羊茅枯草产量更高的草坪草。这一特点，连同根状茎性质的草地早熟禾及其产生的良好的草皮强度，建议在冷季型的运动场草坪中使用草地早熟禾这个物种。

适当的养护实践也有助于创造一个合适管理的枯草层。用沙子表施土壤有助于稳固枯草层，使枯草与草坪和土壤融为一体。由此产生的枯草沙垫比松散的导致浅生根和疏水条件的枯草层更有利。打空心孔也能促进枯草分解，但像表施土壤一样，这种做法有助于稳固剩余的枯草层，提供一个有利于球员表现更好的场地表面(图8.2)。

图8.2　用沙子进行表面覆盖可以增加枯草层的密实度，使球在表面的滚动更加均匀，也能为运动员提供了更好的立足条件

8.6　减少枯草层的过度积累

8.6.1　枯草层的机械控制

最常见的枯草控制方法之一是垂直修剪(有时称为“去枯草”)。顾名思义，剪草机的刀片垂直地切入草坪的冠层，切断侧枝，移除一些在土壤表面生长的枯草(图8.3)。应该注意的是，垂直修剪并不能显著改善土壤通气性，尽管它确实有其他好处，比如控制草坪的纹理，通过切断侧枝使草坪变厚变密，以及为交播草坪做准备。(有关休眠狗牙根冬季交播的进一步讨论，见第1.8.3节)

图8.3　垂直剪草机协助去枯草层过程，切断横向茎并从土壤表面消除部分枯草(照片由密西西比州立大学詹姆斯·汤普森提供)

垂直剪草机有骑乘式和步行式的，还可以在常规剪草机上安装特殊的刀片，使其能够执行垂直剪草机的功能。

建立在垂直剪草机概念基础上的最新技术是弗雷泽/(frase/fraise)铣刀剪草机/铁刨机，这是一种具有足够动力的机器，如果需要，基本上可以清除草皮冠层表面的所有有机物。主要依赖剩余茎的再生潜力，这项技术已成功地用于狗牙根和结缕草运动场草坪的修复(图8.4)。通过物理清除现有的植物和土壤表面的大部分种子库，铣刀剪草机也被用来修复草地早熟禾，特别是作为一种管理一年生早熟禾混杂的方法。剩下的茎(在草地早熟禾的情况下，加上额外的种子)可

图 8.4　尽管铣刀修剪机在清除狗牙根草坪的做法方面很极端，但对于生长过于茂密以至于其健康和性能下降的草坪来说，是一种非常有效的复壮策略

以生长成一个新的比赛场地。

循环修整机是另一个相当新的工具可以同时解决枯草清除和清除表面板结的问题，也是利用垂直剪草机的原理。在枯草管理中，循环修整机比铣刀剪草机更经常地使用(两者都是通过物理清除枯草层和在操作过程中收集的土壤进行表面“表施土壤”，以及切断匍匐茎会刺激侧向生长)。循环修整机基本上用现有的土壤覆盖草皮。如果在枯草层很厚的情况下使用此机器，仍然需要移除枯草层(图 8.5)。

图 8.5　循环修整器同时提供了垂直修剪和表施土壤的优点

计划任何这些垂直修剪事件都需要考虑一段类似于打空心孔操作的恢复期。刀片的撕裂作用会严重破坏草坪表面，因此避免在预期的环境压力期之前进行垂直修剪。对于暖季型草坪草，垂直修剪的最佳时间是春末夏初，此时草坪生长最活跃，霜冻前有充足的时间进行草坪恢复。对于冷季型草坪草，最佳方案是在春季进行垂直修剪，然后在夏末或初秋再次进行。在这些时期安排这些养护活动利用了草坪草在活跃生长期间的恢复潜力。

狗牙根、结缕草、草地早熟禾和匍匐翦股颖的侵占性生长习性使它们成为大量的枯草生产者，特别是在遵循高强度的肥力和灌溉计划的情况下。这可能导致在许多情况下，每个生长季都需要对草坪进行一次除枯草。为了确定是否需要去除枯草，可以用土壤采样器甚至小刀取土芯来检查枯草层。如果枯草的深度明显超过 1/2 英寸，通常建议要去除枯草层。清除垂直修剪作业带到地面的所有碎屑非常重要，因为将其留在草坪上会加速枯草再次堆积。(注意狗牙根场地的碎渣里有一些有生命力的嫩枝(即带有生长点的茎)，可以作为植物种植材料，用于准备好的坪床)。垂直修剪作业后，务必施用足够的肥料和水，以促进草坪快速恢复。

厚度超过 2 英寸的枯草层可能需要使用起草皮机将草皮(和枯草层)全部移除，因此在达到该厚度之前，枯草层控制至关重要。

8.6.2　表施土壤

一些研究表明，单独表施土壤可以减少枯草；其他研究表明，表施土壤结合其他养护措施，如打空心孔和垂直修剪是减少枯草更好的策略。表施土壤是生物枯草控制的最佳手段，因为它使微生物返回枯草层进行分解。频率将因草坪草品种、管理程序和场地使用时间表而异。除砂基系统有机质含量超过 3%的情况外，打孔土芯几乎总是返回场地。返回土芯和拖拽它们回到草坪冠层基本上是自身作为表施土壤了。

一些研究表明，一年一到两次表施土壤有助于减少枯草，而其他人建议每年至少四次。很明显，少量多次地进行表施土壤是一个很好的策略，然而因为时间、劳动力和预算的限制，实施可能性较小。当没有明确的共识时，最好的建议是管理者使用试错法来确定相关场地的理想策略，并将多个打空心孔和表施土壤操作纳入一个季节性管理计划。

8.6.3 生物控制

园艺技术现在已经发展出生物控制枯草层的方法，主要是利用活微生物分解枯草层。根据制造商的说法，这些产品的工作原理是添加足够数量的微生物，使枯草分解的速度快于其生长速度。这些产品的性能不一致，不应取代此处详述的养护(表施土壤)和机械(垂直修剪、打空心孔)控制措施。

第 9 章
草坪草的胁迫与补救措施

9.1　简介

运动型草坪与其他类型草坪的主要区别在于，运动型草坪必须承受额外的压力胁迫，同时仍能支持比赛进行。每一块草坪都会受到各种胁迫。季节的循环导致冷热交替，以及水分过多或不足。正常的步行践踏会造成板结。昆虫和病害等有害生物出现。即使是像修剪和打孔这样的常规做法也会给草坪带来胁迫。运动场草坪最显著的附加胁迫负荷是集中的步行践踏对草坪施加的过大机械应力。

本书的第 1 章到第 8 章讨论了以产生一个强大的、健康的草坪场地必要的做法和程序。虽然我们已将这一关于胁迫的讨论放在第 9 章中，但肯定有可能提出这样一种观点，即胁迫的讨论应放在首位，养护实践应以对这些胁迫的理解为基础。

在这一章中，我们将考虑运动场草坪所面临的各种胁迫，并回顾一些管理程序——养护的、化学的和生物的——这有助于防止或纠正与这些胁迫有关的问题。

9.2　机械胁迫

在提出机械胁迫是运动场草坪最大的挑战这一观点之后，让我们花点时间来看看这种胁迫的主要类型。

9.2.1　步行/车辆交通

(1) 步行践踏

毋庸置疑，在大多数运动场地上，草坪所面临最大的机械胁迫源自运动员的双脚。球员突然启动、停止和方向急剧变化的影响通过球员的鞋钉直接传递到草坪上。这种机械动作对橄榄球场的伤害可能比其他任何类型的运动场都要大，因为动作的中心总是一群高大的男人(或相对高大的男孩)互相推挤，把他们的脚重重地踩进草坪里。到赛季结束时，许多橄榄球场都会有一条沿着球场中央的光秃秃的泥土区域。

处理这类损伤需要更换草皮，必要时更换土壤。使用快速再生恢复的草坪草品种(如草地早熟禾和狗牙根)将有助于最大限度地减少损害，但赛季后表施土壤和交播(对于营养繁殖的狗牙根或塞植或草皮)是最彻底的来恢复草坪质量的方式。

第二种胁迫是由土壤板结作用引起的，这种向下的运动将土壤颗粒压在一起，阻止空气、水和养分到达植物的根部。板结压实也会变得严重，以致植物的根不能再穿透土壤。当这种情况发生时，草坪草的恢复能力受到严重限制，并且由于践踏的磨损和无法保持密集的根系，草坪的盖度会出现问题(图 9.1)。

那些负责维护学校和大学场地的人应该记住，乐队可以造成和橄榄球队一样多的板结。这纯粹是个数字问题；每一场比赛有 22 名队员参加，但一支大型的行进乐队中可能有 200 名或更多的队员参与。如果有其他练习场地，尽量减少乐队对体育场的使用。

解除板结需要打孔通气以破坏板结的土层。实心打孔通常可以在赛季期间进行，因为它不会影响球场比赛的进行。然而，它的益处并不像空心打孔那么持久。在制订年度

图9.1 即使是在设计用于抵抗板结的沙质场地上，这种狗牙根草坪也经常因啦啦队密集的践踏而出现损坏

场地使用计划的过程中要包括在活跃生长期进行打空心孔的机会。如果这样的机会不存在，因为板结是这样一个严重限制草坪生长和恢复的因素，即使在最佳生长窗口外打空心孔通常仍然是适当的。在赛季结束后立即对橄榄球场(包括长凳区)的高度板结部分进行打空心孔，这可以为草坪在生长季节结束前的恢复提供机会。如果能在场地铺上草坪毯覆盖，将加速草坪从季后耕作养护中恢复过来。

(2)车辆交通

另一种机械胁迫是由车辆交通引起的。常识决定了两项政策：始终禁止重型设备进入场地，并且所有设备不能在潮湿的草坪上。拖拉机的轮子在1min内就会造成车辙，而这需要几小时才能修好。如果在场地使用前未解决问题，可能会发生严重伤害。如果工作人员进行修剪时，不要想当然地认为他们意识到车辆交通胁迫的问题；在修剪或其他养护程序发生在场地可能太湿的任何时候，都要花时间积极参与实地检查。根据经验，如果在草坪上行走时可以听到“挤压”声音，那是因为草皮太湿，修剪时会有破坏场地的危险。

车辆交通胁迫可以通过打孔来纠正，但通常需要填充和重新播种车辙区域以实现真正的均匀性。防止车辆损坏场地要比修理容易得多。

9.2.2 修剪和打孔胁迫

(1)修剪胁迫

除了步行践踏，运动场上最大的机械胁迫来自不恰当的修剪。事实上糟糕的修剪操作使草坪有可能承受如此大的胁迫，以致几乎没有机会承受赛季的要求。结果可能会显现一块看上去叶尖都快枯死了的很破旧的草坪。

重要的是要认识到，钝的剪草机刀片的影响超出了外观。被撕裂的草坪植物会增加草坪水分胁迫、虫害和病害侵扰的可能性。为了修复因剪草机刀片变钝而造成的损害，草坪草必须消耗营养成分储备，这些储备本来可以更好地用来帮助克服不太可预防的胁迫，如高温或体育比赛。

在同一模式和方向上反复修剪也会造成胁迫。现在有人会“烧焊”出一种出于美学原因的图案，用于在场地上画出条纹。不过，在某些时候，改变修剪方式来缓解胁迫还是很重要的。例如，在场地上移动改变剪草时的入口和出口点。注意观察障碍物附近的区域；在集水池、球门等周围修剪时，操作人员会不自觉地养成一种习惯，每次都要在同一地点、同一个方向上来回行进，从而压实、破坏草坪。

第4章包括正确修剪的原则与作为一个深思熟虑的草坪管理计划的一部分的做这项工作四个最重要的规则。

(2)打孔胁迫

另一种在运动场上常见的机械损伤是由土壤打孔通气造成的。虽然打孔对促进草坪的长期健康是必要的，但在短期内会破坏草坪表面，从而对草坪造成损害。如果在一年中适当的时间进行打孔，当草坪生长速度达到或接近其最大值时，草坪可以迅速恢复。

(当然，最佳的恢复还需要适当的肥力和灌溉计划为植物提供快速恢复所需的营养和水分)

9.3 环境胁迫

9.3.1 温度

在美国大部分地区，由酷热或严寒引起的损害相对较少。虽然草坪草在夏季炎热时可能会变黄，然后变成棕色，但这一特征通常表明水分不足，而不是对热量的直接反映。同样地，即使在冬天最冷的地方，草根结构通常也会受到枯草层和周围土壤的保护，免受永久性破坏。

然而，当冷季型和暖季型草坪都出现霜冻时，限制场地使用是很重要的。由于冰晶的破裂，霜冻草坪上的践踏基本可以切断叶片，所以在气温上升融化霜冻之前，不要让运动员进入球场。一旦温度至少上升到36~40℉，只要温度不会再次降到冰点以下，就可以通过轻度灌溉加速融化。如果灌溉后气温降到冰点以下，结冰实际上会使情况更糟。另一种运动场草坪管理者常用的减少霜冻影响的方法是使用土壤湿润剂；通过降低水的表面张力，湿润剂可以最大限度地减少残留在叶片上的水分。这项技术在轻霜初期是有效的，但使用湿润剂不能抵消冻害(重霜)造成的损害(图9.2)。

图9.2　狗牙根冻害

一旦发生冰暴/冻雨，更需要让践踏远离草坪。覆冰的叶片甚至比霜冻的叶子更易在最小的压力下折断，这会在草坪上只要人踩过或轮胎压过的任何地方都会产生明显的死亡叶片印记。

与此相关的一个重要问题是在冰冻场地上比赛的运动员有受伤的危险。在冰冻的土地上可能就不容易站稳，落在冰冻土地上的物体或者人受到撞击可能会造成严重伤害。为了防止土壤冻结，一些知名的场地安装了地暖系统。如在美国北部，威斯康星州格林湾的兰博(Lambeau)球场和密苏里州堪萨斯城的箭头(Arrowhead)体育场都是利用地下供暖系统防止地面结冰、在寒冷天气下保持可运动性和草坪恢复的著名场地设施。

一些栽培措施可以促进草坪在极端高温或寒冷时期的存活。首先，提高修剪高度通常被认为是可取的，这可以减轻对植物的一些压力。已有研究清楚地表明，对暖季型草坪草而言，提高修剪高度可能是提高草坪在低温下存活概率的最重要方法。例如，随着冬季的临近，场地管理人员通常将狗牙根场地修剪高度从1/2英寸提高到1英寸。额外的草覆盖有一个“毯子一样”的效果，缓和土壤温度和提高场地在赛季后使用的耐磨性。

而对冷季型草坪，在高温胁迫期之前提高修剪高度也可以改善草坪性能，特别是在有灌溉的情况下。

第二步，可以采取的改善极端温度期间草坪生存的措施是确保足够的钾肥肥力水平。钾肥的作用非常类似于工厂的“防冻剂/冷却剂”，在土壤测试确认需要钾肥的情况下应使用钾肥。不要等到热浪或寒潮中期才施用钾肥。植物必须能在为这些极端温度时期做准备时就获得所需的养分。

9.3.2 水

暖季型草坪地区场地面临的主要环境压力与水有关：既有干旱条件，也有季风条件。幸运的是，狗牙根是一个世界性的物种，适应各种各样的水分条件。尽管灌溉有助于保持狗牙根场地处于最佳状态，但这些草的耐旱性非常好，可以让草坪在持续20 d的干旱期存活下来。狗牙根也能长期忍受潮湿条件，但可能无法在过度潮湿和人为践踏的共同作用下生存；通过合理设计排水系统，包括优化表面轮廓和安装排水沟，可以有效避免这一问题。在美国最为南部的区域，海滨雀稗在先前使用狗牙根的场地上的面积正在扩大；在灌溉水源含盐量高的地方，海滨雀稗的使用尤为重要。

在南部地区，冬季干燥是狗牙根常常面临的一个通常被忽视的问题。重要的是要记住，休眠狗牙根仍然是一个活的植物；即使温度低于植物生长的最佳温度，草坪仍然需要足够的水分生存。在冬季降水量很少的地区，考虑至少每两到三周补充灌溉一次，以确保草坪有足够的水分。这一点对于沙基场地来说尤为关键。

尽管黑麦草作为一种草坪草有许多优点，但它们的抗旱性和对长期潮湿环境的耐受性并不突出。有效的排水系统和充足的灌溉资源将是确保交播黑麦草的狗牙根场地草坪高质量的必要条件。幸运的是，南部大部分地区冬春的正常降水将能充分满足优良的黑麦草草坪生长。

在冷季型草坪地区，气候条件趋于温和，当地的降水水平加上在夏季补充适量的水足以支持草坪草的栽培养护。

9.3.3 光照、空气和湿度

虽然光照、空气和湿度所代表的环境胁迫比过度的温度和水分所代表的环境胁迫要小，但在我们调查运动场草坪承受胁迫的方式时，每种胁迫都值得我们考虑。在光线和空气的情况下，供给不足会给草坪带来胁迫。在湿度的情况下，情况正好相反——湿度过大有时是草坪胁迫的一个原因。

大多数运动场都是大而开放的空间：确保充足的阳光以支持健康的草坪草养护这很少是一个问题。然而，那些负责维护部分遮蔽看台、屋顶或其他结构的体育场的人发现，由于阳光不足，体育场的遮蔽部分容易受到草坪严重变薄问题的困扰。植物生长调节剂(PGRs，详见第4章)的使用有助于维持草坪草在弱光条件下的生长，但这些化学物质不能替代光合作用所需的光。预算更高的体育场设施的一种可能性是通过使用光架补充照明，和/或将照明纳入草坪覆盖毯。当然，这种方法相当昂贵，对许多场地来说是不可行的。在光线不足的情况下，草坪经理可以选择在草坪变薄对比赛和安全造成不利影响之前，继续补播(或定期完全更换草坪)。

可能最常见的光照不足造成损害的原因是草坪修剪后留下一层厚厚剪草屑的草率的养护做法。太少的修剪次数和一次剪掉太多的植物会导致剪下来的一层草屑覆盖物阻止阳光照射到植物上。腐烂的草屑下的温度也会飙升，温度和湿度升高导致的病害胁迫也会上升。下图显示的是一层草屑覆盖物会导致草坪发黄，看起来不健康(图9.3)。

图9.3 过度修剪草坪不仅难看，而且草屑会阻挡阳光，增加草层间的湿度和温度，从而导致病害滋生，损坏下面的草坪

一种更常见且经常被忽视的胁迫形式是空气进入土壤的通道不足。这种情况通常是过度板结和打孔不足的结果。由于植物根系需要氧气来进行呼吸过程，减少对根系的空气供应将导致草坪逐渐变薄。

湿度过大造成的环境胁迫通常会阻碍草坪的正常干燥过程，从而影响草坪的生长，并可能为疾病或其他害虫创造一个理想的环境。当相对湿度异常高时，在浇水前检查土壤和枯草层的湿度是明智的。如果草坪已经充分灌溉，添加更多的水只会加剧现有的水分过多的状况。有关何时浇水的更多信息，请参阅第 5 章中有用的提示“如何判断场地何时需要水”。

高湿度和高温会严重破坏冷季型草坪草的管理。草坪草通过蒸腾作用降温。然而，在高湿度条件下，这种通过蒸腾作用冷却的过程会显著减慢。植物本身的温度开始升高，并且有可能由于直接高温杀死植物而造成大量的草坪损失。灌溉本身并不能减轻这种胁迫，反而会使问题更加严重。幸运的是，这个问题在运动场上并不常见，这主要是高尔夫果岭的问题。

9.4　杂草、昆虫和病害

病虫害治理成功的关键是正确识别造成问题的病虫害。很多时候，不健康的草坪会让场地经理们得出同样的结论：“病害!”然而，在数量惊人的案例中，真正的罪魁祸首却是一个常规问题，如剪草机刀片变钝、枯草层过多、土壤局部干燥、灌溉应用问题、pH 值或肥力问题、霜冻伤害等。在诊断一个问题时，我们必须排除尽可能多的养护和环境因素，然后利用所有可用的线索。在排除了养护和环境因素之后，我们可以把注意力转向控制害虫的具体策略。在我们准备这样做的时候，重要的是要考虑我们处理这个问题的一些一般规则。

首先，重要的是我们对有害生物一词的含义有一个共同的理解。虽然这个术语最常用于昆虫，但我们的定义更为宽泛和包容。当我们谈到害虫时，我们指的是任何与草坪植物竞争养分、光、水、空气甚至空间的生物。有些害虫甚至以寄生的方式捕食植物。因此，这个更广泛的定义包括害虫引发的疾病、杂草、线虫及昆虫。

第二，我们需要就害虫防治的目标达成一致。虽然有些害虫(特别是地面筑巢蜜蜂、黄蜂和火蚁等昆虫)不能留在运动场草坪上，但我们的目标在很大程度上必须是控制，而不是完全消灭这些害虫。一个执着于消灭某种有害生物的场地经理有可能变成比尔·默里在电影《卡迪沙克》中扮演的角色——炸毁工厂以消灭地鼠。只要控制虫害能减少对草坪的质量和运动性降低的影响就可以了，而彻底消灭虫害通常不是一个实际的(甚至不可取的)目标。

抵抗虫害的首要方法之一是选择抗虫害能力增强的草坪草品种。可通过美国农业部(USDA)的国家草坪草评估计划(NTEP，www.ntep.org)对不同品种的害虫抗性进行评估。选择一种对特定地区常见的害虫具有更好耐受性的品种可以节省大量时间、金钱和麻烦，有时还可以避免使用杀虫剂。

运动场草坪经理还可以选择多年生黑麦草和高羊茅的品种，这些品种已被“内生菌增强”。这意味着这些草的种子和组织中含有一种内生菌(一种实际上生活在植物中的真菌)，这种内生菌已被证明对草坪的整体健康有益。在种子发芽和植物成熟后，内生菌继续存在于植物的组织中。这种真菌的行为不像草坪植物的有害寄生虫，事实证明，受感染的植物能够抵抗昆虫或其他真菌的攻击，而且能提高对干旱和温度的极端耐受性。

适当的肥力、灌溉和养护管理决策可以大幅降低草坪害虫的发生率。然而，在一个使用量很大的运动场上，几乎不可能一年四季都保持密集的草坪覆盖，而且有时草坪会受到一些害虫的攻击。

如果一种杀虫剂在害虫防治方面提供了最佳的替代方法，那么有几件事需要考虑以优化控制，保护施药者和其他可能使用场地的人，并保护环境。新的草坪草品种甚至新的草坪草种(如海滨雀稗)都在不断开发中，其化学害虫防治替代方法可能与其他暖季型或冷季型草的标准建议完全不同。特别是，海滨雀稗对许多常见除草剂的耐受性普遍较低，这些除草剂常常被用于整个美国南部和过渡带的狗牙根运动场。所以，不要想当然的假设一种暖季草的除草剂耐受性会转移借用到另一种上。

跟上不断变化的形势，如新农药获得了运动场使用的登记标签，以前熟悉的化学品由于环境问题或被更好的化学物质取代而被市场淘汰。如大多数有机磷杀虫剂不能再用于运动场草坪管理中的虫害控制，取而代之的是更具针对性的环境友好产品。有机砷(MSMA、DSMA 等)类除草剂长期以来一直是暖季型和冷季型草种芽后杂草控制的主要成分，现在也不能用于运动场草坪行业。采取措施减少发展抗杀虫剂害虫种群的可能性，如不同作用方式的化学物质轮换通常足以防止害虫抗性的发生。在开发轮换使用不同化学作用模式的化学药剂使用程序时，使用说明书上显著显示的抗性作用代码(resistance action codes; RAC)(详细讨论见第 10.3.7 节)。

考虑配方以及它如何影响应用性能表现，以及最终影响害虫防治。一些液体的芽后除草剂配方现在包括表面活性剂(即润湿剂)作为预混料成分，但其他配方仍需要向喷雾溶液中添加适当的表面活性剂以优化产品功效。

不幸的是，许多运动场经理没有合适的喷雾器来喷洒化学品。然而，最近在颗粒状制剂(通过跌落式或旋转式撒布机作为干燥颗粒状应用的产品)方面的进展极大地改善了那些没有喷雾器的场地使用干燥杀虫剂产品的害虫控制。分散颗粒(DG)配方设计用于干燥化学药剂产品，当颗粒与雨水、灌溉水或露水接触时，单个颗粒分散成数千个较小的颗粒。

9.4.1 杂草

冒着白费唇舌的风险，让我们从一个定义开始——什么是杂草？当然，答案是杂草是任何不需要的植物。祖母的秋海棠花也许是这个县的骄傲，但在玉米地里，它们是杂草。每个人都熟悉常见的草坪杂草，如蒲公英、三叶草和马唐，但在运动场管理中最难对付的杂草可能是其他草坪草。例如，一个高质量的狗牙根运动场的经理可能面对的最棘手的杂草问题是另一种狗牙根。在草地早熟禾或多年生黑麦草运动场上，高羊茅或匍匐翦股颖可能是类似的杂草问题。对于这类杂草问题，通常没有化学控制解决方案，无论是芽前处理(PRE)还是芽后处理(POST)应用。除非计划完全替换草坪，否则最实际的做法是调整修剪、肥力、灌溉等管理策略，以获得理想的草坪效果，或者持续交播更合适的品种，直到不需要的草坪草被自然淘汰。

杂草是怎么到那里的？当草坪冠层因践踏等而打开时，杂草种子开始在土壤中发芽。杂草种子也可以通过风传播，在降水或灌溉后随流水移动，或通过设备、人或动物在草坪上运输。此外，杂草有时会在不知情的情况下引入。在购买种子时，只有购买认证种子标签上标明的不含杂草种子的产品才有意义。然而，标签上有时会出现的“其他作物种子”呢？如果一种产品含有其他作物种子，可能意味着类似于粗茎早熟禾(*Poa trivialis* L.)，它在其他冷季型草中是一种严重的多年生杂草，即使它在标签上并未被归类为杂草。在购买前检查草皮也是明智之举。大多数草皮生产者在控制明显的一年生或多年生杂草方面做得很好，这些杂草很容易在草皮冠层中看到，但从块茎或鳞茎中长出的杂草，如莎草(*Cyperus* spp.)或野葱/野生大蒜(*Allium* spp.)会在草皮铺装后数周到数月出现。购买经过认证的草皮有助于将这种情况发生的可能性降到最低。

(1)杂草分类的实用方法

草坪上有两类杂草：禾本科(或禾本科草类似)杂草和阔叶杂草。禾本科杂草通常被称为单子叶植物，因为它们从种子中长出一个子叶(种子叶)。阔叶杂草通常被称为双子叶植物，因为它们从种子中长出两片子叶。在这一阶段，能够区分植物是很重要的，这有助于规划适当的化学控制措施。

生命周期可用于进一步区分杂草。一年生植物能在一个生长季节内完成从种子萌发、营养生长和种子形成的整个繁殖周期。二年生植物则需要两个生长季节来完成其生命周期。多年生植物能够在多个生长季节内多次繁殖；有的寿命为 2~3 年，而有的则可以无限期存活。从运动场管理者的角度来看，二年生和多年生植物对控制措施的反应相似。

(2)杂草鉴定

成功的杂草鉴定(以及随后的管理或控制)的一部分是了解其科的分类。在这本书中，我们详细地介绍最主要的禾本科，禾本科类似和阔叶杂草所在的科，以帮助识别和管理决策。在禾本科和禾本科类似植物中，禾本科植物(暖季型和冷季型一样)都属于禾本科，莎草和水蜈蚣属于莎草科，灯心草属于灯心草科，野葱和/或野生大蒜属于百合科。阔叶杂草有几个主要的科(详情如下)。了解植物所属的科，可以为我们提供大量关于其可能生长的条件、生长和发育的信息，以及植物对场地或管理措施的反应。

有许多出版物有助于识别杂草，其中许多是由当地或地区土地授予大学的推广办公室出版的。一个由美国农业部维护的网站颇受欢迎，其提供数千种植物的照片，植物特性和分布 https://plants.sc.egov.usda.gov。本章末尾列出了其他流行的杂草识别书籍。各州植物分类学系或杂草科学推广人员可以帮助识别邮寄的杂草样本。

可以采用一些非常实用的识别技巧，如大多数阔叶杂草都有所谓的“网状”脉(图 9.4)；这些叶脉相互交错无数次。草的叶脉平行于叶片(图 9.5)。当然，这条识别技巧也有一些例外。车前草(*Plantago* spp.)是一种常见的多年生阔叶杂草，生长在冷季型和暖季型草坪上，但它的叶底有非常明显的平行脉。

在类似禾本科草的杂草中，莎草和水蜈

图 9.4　网状叶脉是大多数阔叶杂草的特征

图 9.5　与阔叶杂草不同，禾本科草的叶子上有平行叶脉

蚣(莎草属)、灯心草(灯心草属)和野葱/野蒜植物(葱属)是最常见的。莎草可以通过一个特征性的三角形茎来识别。灯心草通常以圆形茎、无节茎(禾本科草的特征)和它们非常细长、直立的生长习性来鉴别。野葱和大蒜在外观上与菜园里典型的葱相似，它们在被修剪后有一种浓郁的葱或蒜的气味。

在某些情况下，特定杂草的存在可能表明存在其他问题。例如，莎草、灯心草、藻类和苔藓通常出现在排水不良或板结的土壤中。牛筋草(*Eleusine indica* L.)、萹蓄等蓼属植物(*Polygonum* spp.)、地锦(*Chaemesyce* spp.)和坚被灯心草(*Juncus tenuis* Willd.)等更可能出现在压实板结土壤上(图 9.6)。三叶草(*Trifolium* spp.)的大量繁殖通常意味着土壤缺肥(图 9.7)。以上这些植物都可以作为潜在的草坪土壤问题的指示。

图 9.6 牛筋草、萹蓄和坚被灯心草的存在表明土壤板结严重

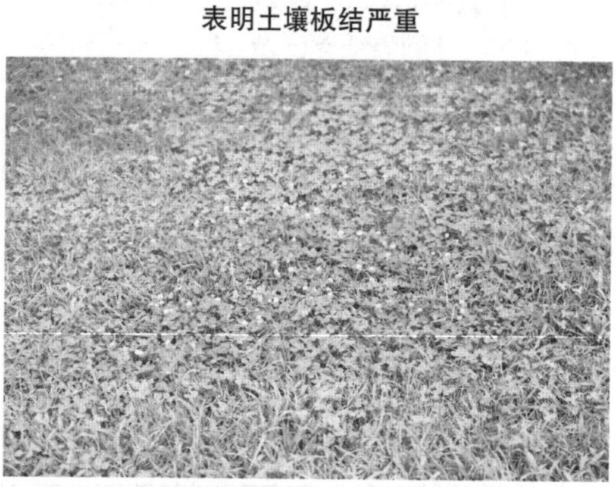

图 9.7 草坪中的三叶草是土壤氮肥力低的标志
(照片由肖恩·艾斯丘提供)

(3)运动场草坪管理中最常见的杂草

虽然表 9.1~表 9.4 中的列表并不包含所有内容，但它们旨在突出运动场上最常见的杂草。

(4)除草剂

为了确保我们对基本术语有共同理解的做法保持统一，在讨论除草剂的时候应该考虑使用的各种术语和分类。这一点对除草剂尤其重要，因为它们有许多不同的分类方法。

最早的分类方法之一描述了何时施用除草剂：在目标杂草从土壤中出现之前施用芽前(PRE)除草剂，在杂草出现之后施用芽后(POST)除草剂。

当特定的草坪不能容忍任何杂草时，例如，在草地网球场上，或者当草坪有严重杂草侵扰的历史时，通常使用芽前除草剂(表 9.5)。芽前除草剂的设计是在施用后浇水，因此它们会进入土壤剖面，形成杂草种子发芽的化学屏障。如果不能在使用说明书上规定的时间内将这些除草剂浇灌到土壤中，将大大降低它们的有效性，因为它们会被光降解。特别注意有关建植草坪草时(特别是种子)使用芽前除草剂的标签说明书说明。大多数标准的芽前除草剂处理对杂草或草坪草种子的控制没有选择性。如果使用得当，芽前除草剂应该很少或不会引起草坪变色。表 9.5 列出了一些最常见的登记用于运动场的芽前除草剂。然而，它们的使用应该始终根据场地的草、场地的践踏强度以及芽前除草剂施用可能影响的草坪恢复或重建潜力来考虑。一如往常，除草剂说明书是关于其具体使用的最后依据。

芽后除草剂应用于现有存在的杂草的叶子上，对幼嫩且生长活跃的杂草效果最好(表 9.6 和表 9.7)。芽后除草剂的有效性通常通过向溶液中添加表面活性剂来提高。表面活性剂作为一种化学物质，能够促使除草剂更均匀地覆盖在叶片表面，从而提高除草剂在植物体内的吸收效率，改善其性能。

表 9.1　常见一年生禾本科草或禾本科状杂草

中文名称	学名	评论和化学控制策略
一年生早熟禾（图 9.8）	*Poa annua* L.	冬季一年生到短命多年生植物。美国有许多一年生早熟禾变种。多产的种子生产者耐低修剪高度。对践踏和极端温度的耐受性差。南方的主要萌发期为夏末至初秋；北方的主要萌发期为早春和夏末。芽前控制和芽后控制都可以；通常首选芽前控制
一年生水蜈蚣，一年生莎草/扁穗莎草（图 9.9）	*Cyperus* spp.	三角形茎，生长期短，丛生植物，通常喜欢潮湿的土壤。通常芽后控制
马唐（图 9.10）	*Digitaria* spp.	美国至少有 8 种马唐。土壤在 4 英寸深度温度达到 55~60℉开始发芽。如果湿度和阳光充足，整个夏天都会发芽。初霜而死。瘦而尖的穗子使植物看起来像“蟹腿”。在厚密的草坪上通常不是问题。芽前和芽后控制
狗尾草（图 9.11）	*Setaria* spp.	类似于马唐。美国有许多一年生和多年生的狗尾草类植物
牛筋草（图 9.12）	*Eleusine indica* L.	土壤温度最低到约 65 ℉时发芽。匍匐（抱地）生长习性使其对低修剪高度非常耐受，对压实土壤也非常耐受。如果在发育早期不处理，通常很难用化学方法控制。芽前和芽后控制
稗草	*Echinochloa crusgalli* (L.) P. Beauv.	类似于马唐，可以通过较厚的穗子来区分，它类似于小麦茎秆的穗子。喜欢潮湿的土壤

另一种除草剂分类方法将其分为选择性和非选择性作用。许多除草剂具有控制一种特定杂草或一组目标杂草的特殊能力，对理想草坪草的影响最小。这些除草剂被描述为具有选择性作用，并且大多数用于杂草控制计划的除草剂都属于这一类。

被归类为非选择性除草剂的除草剂会杀死它们接触的所有植物组织（表 9.8）。这些除草剂主要用于翻新重建（杀死特定区域的所有植被），或在任何植被都不受欢迎的特殊情况下使用（如棒球场的泥地区域或运动场周围的围栏线）。一种长期以来一直是土壤消毒标准的常用熏蒸剂——溴甲烷，已经被淘汰了。草甘膦是世界上使用最广泛的非选择性除草剂之一，它的应用也受到了额外的审查。这种除草剂从 1974 年开始上市，但有关其安全性的诸多诉讼表明，运动场管理人员应密切关注其在场地的使用，并牢牢掌握使用这种除草剂观念上的和基本科学的实际情况。

9.4.2　昆虫

出于方便，本节中提及的昆虫仅包括对草坪造成损害的昆虫。

图 9.8　一年生早熟禾
（照片由肖恩 · 艾斯丘提供）

图 9.9　扁穗莎草
（照片由肖恩 · 艾斯丘提供）

表9.2 常见的多年生禾草或类禾草杂草

中文名称	学名	化学控制策略
毛花雀稗 (图9.13)	*Paspalum dilatatum* Poir.	暖季草丛生，能忍受适度的低温。具有非常宽的叶片和高的头状花序。在这个属中还有其他几个近缘种出现在运动场上。植物基部具球状茎。因为损失甲基砷酸钠(MSMA)和其他砷化物除草剂登记，其选择性的化学控制困难。典型的芽后控制利用Tribute Total(酮脲磺草吩酯+甲酰胺磺隆+氯吡嘧磺隆)最有希望，也可以芽前控制
隐花狼尾草	*Pennisetum clandestinum* Hochst. ExChiov.	美国西部温暖潮湿气候的特殊问题。匍匐茎，非常强的侧向生长习性。质地粗糙。二氯喹啉酸(Drive)和三氯吡氧乙酸(Turflon Ester)是选择性控制的专用除草剂。因为它是如此具有竞争力，在适应的地方，它经常被用作低投入的运动场草坪而不是杂草
施瑞伯氏乱子草	*Muhlenbergia schreberi* J. F. Gmel.	有匍匐茎，叶片细的暖季型草，有短的、锯齿状的、膜质叶舌。类似于普通狗牙根或匍匐翦股颖，但叶鞘有白色的边缘。在遮阴的条件下生长良好，在阳光充足的地方将与冷季型和暖季型草坪草竞争。在有些草中硝磺草酮(Tenacity)能提供选择性芽后控制
坚被灯心草	*Juncusanthelatus* (Wiegand) R. E. Brooks	通常在压实和/或潮湿土壤中发现的茎圆形、叶片细、草状植物。在外观上与细羊茅相似。没有选择性的化学控制除草剂
匍匐披碱草	*Elymus repens*(L.) Gould	质地粗糙的冷季型草，与未改良的高羊茅品种质地相似。特征：根状茎强壮，叶色灰绿色。磺酰磺隆(Certainty)能提供对有些草种的选择性控制
莎草(一年生、香附子和油莎草)水蜈蚣(一年生和多年生) (图9.14~图9.16)	*Cyperus* spp.	在数百种莎草中，这些是草坪中最突出的杂草种类。莎草有地下块茎，作为生殖和食物储存器官。多年生水蜈蚣是一种通过根状茎传播的长得很密的植物。通过三角形的茎和尖而锋利的叶子可以鉴别出莎草和水蜈蚣。种子头状花序。主要用除草剂如氯吡嘧磺隆(Sedgehammer)、甲磺草胺(Dismiss)、唑吡嘧磺隆(Celero)或苯达松(Bentazon)进行芽后控制。油莎草可以作有限的芽前控制
鼠尾粟	*Sporobolus indicus*(L.) R. Br.	质地粗糙，丛生，暖季型草，外形与高羊茅相似。直立生长习性。特有的总状圆锥花序常被黑穗病真菌侵染。没有选择性的化学控制除草剂
铺地黍	*Panicum repens* L.	质地粗糙的暖季型草，由于根状茎而具有非常积极的侧向生长。第一组叶子对生。主要发现于美国温暖的沿海地区。二氯喹啉酸(Drive)能在选定的草中提供选择性控制
绒毛草	*Holcus lanatus* L.	北方的一种杂草，叶子柔软而尖。叶鞘被毛具可见的粉红色叶脉。没有选择性的化学控制产品
野葱/大蒜 (图9.17)	*Allium* spp.	作为阔叶杂草化学处理的草本植物。在夏末到仲秋从球茎中出现。野葱的茎是空心的，蒜的茎是实心的。主要是芽后处理，秋季用药提供最佳控制

图 9.10　升马唐
（照片由肖恩·艾斯丘提供）

图 9.11　狐尾草/狗尾草
（照片由肖恩·艾斯丘提供）

图 9.12　牛筋草
（照片由肖恩·艾斯丘提供）

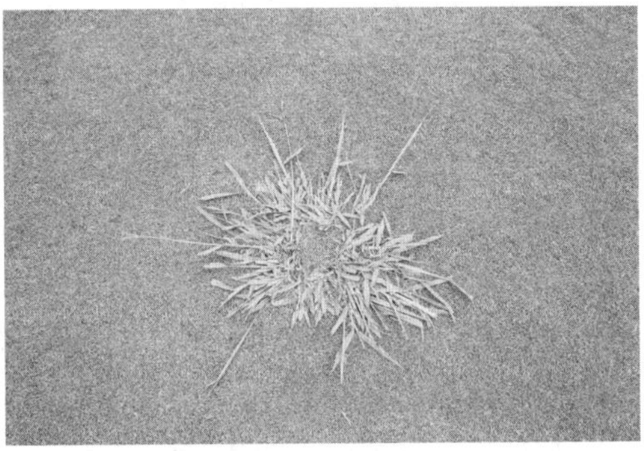

图 9.13　毛花雀稗
（照片由肖恩·艾斯丘提供）

图 9.14　油莎草
（照片由肖恩·艾斯丘提供）

图 9.15　香附子
（照片由肖恩·艾斯丘提供）

图 9.16　香附子（左）和油莎草（右）的叶片
（照片由肖恩·艾斯丘提供）

图9.17　春季生长在混合冷季型草坪上的野生大蒜丛
(照片由肖恩·艾斯丘提供)

表9.3　常见一年生阔叶杂草及所属科

科名	中文名称	学名	简要描述和化学控制策略
石竹科	繁缕 球序卷耳	*Stellaria media*(L.) Vill. *Cerastium glomeratum* Thuill.	具有匍匐生长习性的冬季一年生植物。这两个都有在多分枝的茎上对生的叶子，但是球序卷耳的叶子有浓密毛 簇生泉卷耳(*Cerastium vulgatum* L.)是一种多年生植物，与球序卷耳非常相似。芽前和芽后控制
菊科	鼠麴草 旱莲/鳢肠 梁子菜 飞蓬 花叶滇苦菜 翅果假吐金菊 (图9.18) 蓟/飞廉	*Gnaphalium* spp. *Eclipta prostrata* L. *Eriechtites hieraciifolia* (L.) Raf. ex DC. *Erigeron* spp. *Sonchus asper* (L.) Hill *Soliva pterosperma* (Juss.) Less. *Carduus* spp.	在这个科中有许多不同大小和形状的植物，但都有类似的花形状，称为头状花序——作为参考，形状类似向日葵(*Helianthus annus* L. H.)。芽前和早期芽后控制所有的种类
十字花科	荠 西巴拉/弗吉尼亚岩水芥 北美独行菜/胡椒草	*Capsella bursa - pastoris* (L.) Medik. *Sibara virginica* (L.) Rollins *Lepidium virginicum* L.	花有四片花瓣，簇生在茎的末端。果实有特征性的豆荚和形状，许多叶子通常呈扁平的莲座状排列 荠菜的叶子有更多的锯齿状；胡椒草的叶子有更多圆形的裂片 芽前和芽后控制
大戟科	地锦 (图9.19)	*Chamaesyce* or *Euphorbia* spp.	夏季一年生植物，具多分枝、匍匐茎，叶相反排列。通常出现在压实的土壤上。含有典型的白色乳状汁液。芽前和芽后控制

（续）

科名	中文名称	学名	简要描述和化学控制策略
牻牛儿苗科	野老鹳草	*Geranium carolinianum* L.	半直立的冬季一年生植物，长叶柄上有深锯齿状的叶子。紫色至粉红色的五瓣花。有一个主根系统，这有助于与毛茛（毛茛属）区分。芽前和芽后控制
唇形科	宝盖草（图9.20） 大苞野芝麻	*Lamium amplexicaule* L. *Lamium purpureum* L.	直立生长的冬季一年生植物，有特征性的绿色到紫色的四边茎。紫色的花和对生的叶子。宝盖草在上部叶上没有叶柄（茎），而大苞野芝麻则有。芽前和芽后控制
豆科	天蓝苜蓿 鸡眼草/日本三叶草 啤酒花三叶草 褐斑苜蓿	*Medicago lupulina* L. *Kummerowia striata* (Thunb.) Schindl. *Trifolium* spp. *Medicago arabica* (L.) Huds.	豆科植物能够固氮，因此在低肥力条件下可以与草坪竞争。很多豆科植物有三叶形的叶子。鸡眼草是夏季一年生植物，而其余的则是冬季一年生植物。2,4-D对豆科植物的控制效果很差。化学控制通常只对特定品种有效（核对产品标签说明）。芽后控制为主
车前草科	芒苞车前草 北美车前草	*Plantago aristata* Michx. *Plantago virginica* L.	所列的车前草是冬季一年生植物，叶子下面有特征性的平行脉
蓼科	萹蓄	*Polygonum aviculare* L.	萹蓄有一种非常独特的匍匐生长习性，匍匐茎上有椭圆形的交替生长叶片。在南方，萹蓄和马唐的发芽时间差不多；在北方，春天很早发芽。萹蓄是压实土壤中的问题杂草。芽前和芽后控制都是有效的
马齿苋科	马齿苋	*Portulaca* spp.	马齿苋是匍匐生长，形成垫状的夏季一年生植物，具肉质、厚、长圆形的叶子及肉质的、带红色的茎。马齿苋的花非常艳丽，以至于有些被草坪和花园中心当作一年生花卉出售。芽前和芽后控制
毛茛科	毛茛	*Ranunculus* spp.	匍匐生长，主根，冬季一年生植物，外观类似于野老鹳草。通常在春天以其鲜黄色的花为特征符号。芽前和芽后控制
玄参科	婆婆纳	*Veronica* spp.	低矮生长自由分枝的冬季一年生植物。玉米直立婆婆纳的叶子对生，叶子有毛；蚊母草/马齿苋婆婆纳的叶子比较光滑。玉米婆婆纳有典型的蓝色花和/马齿苋婆婆纳有白色的花。芽前和芽后控制都是可能的

图9.18 翼子裸柱菊/翅果假吐金菊
(照片由肖恩·艾斯丘提供)

图9.19 地锦
(照片由肖恩·艾斯丘提供)

图9.20 宝盖草
(照片由肖恩·艾斯丘提供)

表9.4 常见多年生阔叶杂草及所属科

科名	中文名称	学名	化学控制策略
菊科	紫苑 蒲公英 (图9.21)	*Aster* spp. *Taraxacum officinale* L.	低矮至高大的多年生类灌木草本，通过根状茎传播。主要在秋天开类似雏菊的粉红色到蓝色的花。芽前和芽后控制 根深，无茎的多年生植物，叶具深锯齿，指向基部。叶子和花茎含有乳白色的汁液。产生空气传播的种子。芽前和芽后控制
豆科	白三叶草 (图9.22)	*Trifolium repens* L.	矮生多年生植物，匍匐茎在节上生根。三叶形的叶子；白色的花在冠层上面。土壤低氮肥力的一个常见指标。需要除2,4-D以外的化合物进行控制。主要是芽后控制
酢浆草科	五桠果酢浆草/纤细黄花酢浆草	*Oxalis dillenii* Jacq.	直立草本植物，互生，三叶形，心形叶，花鲜黄色，五瓣。芽前和芽后控制
车前草科	鹿角或窄叶车前草 (图9.23) 阔叶车前草	*Plantago aristata* Michx. *Plantago virginica* L.	车前草有一个独特的莲座叶，叶下侧有肋，平行脉。鹿角车前草有长椭圆形的叶子，而阔叶车前草有更宽的卵形叶子。芽前和芽后控制
蓼科	皱叶酸模 (图9.24)	*Rumex crispus* L.	直根植物，多数基生叶和特征性皱褶的叶缘。芽前和芽后控制

（续）

科名	中文名称	学名	化学控制策略
茜草科	双角草 （图9.25）	*Diodia virginiana* L.	在美国南部的运动场上，阔叶杂草仍然难以控制。匍匐生长的习性使它能忍受非常低的修剪高度。平展多年生肉质植物，叶对生，椭圆形。有四个裂片的白色花。纽扣状的豆荚在夏天迅速形成，有些甚至在地下。在暖季型草中有许多除草剂可用于控制双角草，磺酰脲类除草剂具有很强的活性，但在冷季型草坪中产品选择非常有限
堇菜科	堇菜	*Viola* spp.	包含多年生植物和一年生植物的一个类群，最难控制的类群是根茎多年生植物。长茎上心形的大叶子。通常有紫色的花。Speedzone、Manor 和 Monument（表9.6）除草剂提供对所选草的选择性控制，通常需要重复施用

图9.21　蒲公英
（照片由肖恩·艾斯丘提供）

图9.22　白三叶草
（照片由肖恩·艾斯丘提供）

图9.23　鹿角或长叶车前草
（照片由肖恩·艾斯丘提供）

图9.24　皱叶酸模
（照片由肖恩·艾斯丘提供）

图9.25　双角草
(照片由肖恩·艾斯丘提供)

昆虫属于节肢动物门昆虫纲。它们由三个身体部位(头部、胸部和腹部)、三对腿、一对触角，通常还有两对翅膀构成(图9.26)。节肢动物门中的其他种类有时会引起草坪问题，经常被误认为昆虫，包括蛛形纲(如蜘蛛、螨虫)、甲壳纲(如小龙虾)、唇足纲(如蜈蚣)和倍足纲(如千足虫)。

以草坪为食的昆虫由于其生命周期快、大量存在时在草坪上的贪婪食性、大量交配和繁殖的能力以及在环境胁迫时期的生存能力而受到运动场草坪管理者的极大关注。

昆虫在发育过程中经历形状或形态的变化，称为完全或不完全变态。对于完全变态，昆虫从卵中孵化出来，并经历几个发育阶段，称为幼虫期。幼虫最终蜕变为成虫(图9.27a)。大多数引起草坪问题的毛虫和蠕虫状昆虫(如蛴螬、黏虫、地老虎)都是经历完全变态生物体的例子。蛴螬成熟后会变成甲虫，黏虫和地老虎会变成蛾子。对于这些经历了完全蜕变的昆虫的特殊例子，需要注意的是，幼虫的形态会造成草坪的破坏，而不是成虫形态。因此，大多数控制措施针对的是幼虫阶段。

图9.26　典型昆虫解剖学

图9.27a　许多昆虫经历了一个称为完全变态的发育过程，在这个过程中，它们以幼虫的形式开启生命之旅，而后转化为成虫(照片由大卫·谢特拉提供)

表9.5　常用芽前除草剂的化学名称和商品名称[a]

化学名称	商品名称	简要描述
阿特拉津	Aatrex	用在除海滨雀稗以外的暖季型草坪草上；主要用于狗牙根草坪的冬季阔叶杂草控制；也可用于一年生早熟禾控制；成本低；每年不超过两次；不要在树木或观赏植物周围使用。对地下水影响的顾虑已经对其在水体附近和砂土上的使用造成了一些限制
贝尼芬	Balan	通常有成本优势；对马唐的控制良好，对牛筋草控制效果差。使用低剂量用于一年生早熟禾控制时6周后冷季型草坪草可以重新播种，更高的剂量要到12~16周后
贝尼芬+氟乐灵	Team	一年生禾草控制；一些阔叶杂草。低剂量6周后可以重新播种，高剂量12~16周后
地散磷	Betasan，Bensumec，Pre-San	马唐，一年生早熟禾和许多一年生禾草和阔叶杂草；在牛筋草上效果不强。4个月内不要重新播种草坪草
地散磷+恶草酮	Goose and Crab Control	用恶草酮控制广谱杂草，优良的牛筋草活性
DCPA 氯酞酸二甲酯/敌草索	Dacthal	与地散磷相同
甲酚噻草胺/二甲酚草胺	Tower	新的作用方式；在马唐上的残效期有限，但在莎草和许多阔叶植物上效果很好
二甲吩草胺+二甲戊灵	Freehand	在马唐上的残效期更长，控制的阔叶草更多
氟硫草定	Dimension Ultra，Dithiopyr 40WSB	优良的一年生禾草和一些阔叶杂草控制；在马唐上早期至3~4叶期的芽后有活性，在美国过渡带和北部的运动场是非常受欢迎的选择，南部少
丙炔氟草胺	SureGuard	只用于休眠暖季型草坪草。对优良的阔叶以及一些残留的马唐和牛筋草有活性；一年生早熟禾芽后活性
茚嗪氟草胺/三嗪茚草胺	Specticle FLO	主要用于暖季型草坪草；尤其对严重践踏区域的草坪恢复或重建的情况，残留杂草控制活性可能是一个需要额外的关注点
异草胺/异恶酰草胺	Gallery	优良的阔叶杂草控制；没有禾草控制效果好
异丙甲草胺	Pennant Magnum	暖季型草坪及园林绿化中的一年生禾草和阔叶植物控制，油莎草的芽前活性是一个特殊的应用点
黄草消/氨磺乐灵	Surflan	用于禾本科杂草和一些阔叶杂草控制；在观赏植物中也有广泛的应用；勿在海滨雀稗上使用
恶草酮	Ronstar FLO，Ronstar G	用于禾本科杂草(特别是牛筋草)和一些阔叶杂草控制；最安全的用于营养建植草坪芽前杂草控制，吸收的部位是茎而不是根，它通常是通过小枝或草塞建植的暖季型草的首选；可湿性粉剂(WP)配方必须迅速彻底浇水，以减少潜在的草坪伤害
恶草酮+氨氟乐灵	RegalStar Ⅱ	一年生禾本科杂草和一些阔叶杂草控制
二甲戊灵	Pre-M，Pendulum Aqua-Cap，Turf Weedgrass Control	用于禾本科杂草和一些阔叶杂草控制；价格有竞争力
氨氟乐灵	Barricade，Regalkade	用于禾本科杂草控制和一些阔叶杂草活性；低使用量；若担心可能的除草剂场外移动时，其在土壤中的移动性差是一个可取的优点
氨氟乐灵+二氯喹啉酸	Cavalcade PQ	多种禾草、阔叶杂草的选择性芽后处理和芽前处理

(续)

化学名称	商品名称	简要描述
环草隆	Tupersan	对马唐有很好的控制作用；对牛筋草的作用活性较弱；可用于冷季型草坪草播种时；仅用于冷季型草坪草(结缕草可用，译者注)
西玛津	Princep	用于除海滨雀稗以外的暖季型草坪草；主要用于狗牙根草坪的冬季阔叶杂草控制；也可用于一年生早熟禾控制；低成本：每年不超过两次；勿在树木或观赏植物周围使用
甲磺草胺+氨氟乐灵	Echelon	对马唐、一年生禾草和阔叶杂草进行芽前、芽后控制，氨氟乐灵(芽前)和甲磺草胺的莎草控制(芽后)；标记用于大多数运动型草坪草

注：a 所列的有商标或专利的产品仅作为示例使用，其包含在列表中不构成作者对产品的保证或担保，也不意味着赞成排除其他合适的产品。对于列出的所有产品，请查阅产品说明书以获得耐受草坪草和应用场所以及剂量的完整信息。

其他昆虫从卵发育到成虫的过程称为不完全变态(图 9.27b)。孵化后发育的各个阶段称为若虫期。若虫非常像较小的成虫，通常没有发育完全的翅膀，体型较小。然而，它们的生活习性几乎总是一样的。麦小蝽和蝼蛄都是通过不完全变态发育而来的，若虫通常比成虫对草坪造成更大的伤害。

图 9.27b　有些昆虫通过不完全变态发育，孵化出来的若虫，类似于该物种的成虫，通常体型较小且没有翅膀(照片由大卫·谢特拉提供)

表 9.6　阔叶杂草除草剂的化学名称和商品名称

化学名称	商品名称	简要描述
二四滴/2,4-D[b]	很多种产品	多年来在阔叶杂草控制方面的标准产品；与其他阔叶除草剂混合使用；可能需要重复使用；使用低压以避免飘移到想要的阔叶植物上；避免在温度超过 85℉时使用，特别是 2,4-D 的酯制剂。单独使用时对白三叶草活性较弱。为数不多的可用于野蒜和野葱控制的除草剂之一
2,4-D+二氯吡啶酸+麦草畏	Millennium Ultra 2	广谱阔叶杂草控制；在选择和使用时考虑本表对 2,4-D 和麦草畏的评论描述。本品中的二氯吡啶酸可快速控制三叶草，并改善对难除多年生植物的控制。草屑不应堆肥，因为二氯吡啶酸会在堆肥中产生残余活性
2,4-D+氯氟吡氧乙酸+麦草畏	Escalade 2	广谱阔叶杂草控制；在选择和使用时考虑对 2,4-D 和麦草畏的评论。氯氟吡氧乙酸是一种强大的活性成分，可提高对难除杂草的控制，通常可增加控制的物种数量

（续）

化学名称	商品名称	简要描述
2,4-D+2 甲 4 氯丙酸+麦草畏	Trimec，Three-Way	广谱阔叶杂草防治的长期标准，在选择和使用时考虑本表对 2,4-D 和麦草畏的描述
2,4-D+2 甲 4 氯丙酸+麦草畏+甲磺草胺	Surge	登记在大多数草坪草上使用，提供非常广谱的阔叶杂草以及许多莎草和水蜈蚣控制；在选择和使用时考虑表中单独对 2,4-D 和麦草畏的描述。在冷季型草坪中，准确的使用量特别重要，应避免与肥料或专用助剂混合使用
2,4-D+2 甲 4 氯丙酸 +二氯喹啉酸+唑草酮	Q4	阔叶草和马唐的广谱和快速灼伤控制；登记用于大多数冷季型草，但仅用于休眠狗牙根；考虑表中对 2,4-D 的描述
氨唑草酮	Xonerate	对许多一年生阔叶植物有良好的活性，但主要用于春季冷季型草坪草的一年生早熟禾控制；可能需要 2 周的重新播种间隔和连续施用
苯达松	Basagran	莎草和阔叶杂草
唑草酮	Quicksilver	速效接触式阔叶除草剂，对新建植的禾本科植物具有极好的安全性；对银丝苔藓（*Bryum argenteum*）具有极好的活性。只控制苗期阔叶，但抑制成熟阔叶植物，使其褪色并协助其他除草剂增强控制。当与任何阔叶除草剂混合时，对目标杂草产生当天快速药害症状
唑草酮+2,4-D+2 甲 4 氯丙酸+麦草畏[b]	Speedzone	由于唑草酮与其他化合物的协同作用，可快速、广谱地控制大多数运动型草坪草中的阔叶杂草（一定的牛筋草活性，译者注）
唑草酮+2 甲 4 苯氧基乙酸+2 甲 4 氯丙酸+麦草畏	Powerzone	由于唑草酮与其他化合物的协同作用，在大多数运动型草坪草中快速、广谱地控制阔叶杂草；用 MCPA 替代 2,4-D 提供了更灵活的季节性使用和改进的三叶草控制
绿磺隆	Telar XP	广泛的阔叶以及许多禾草活性；不要用在高羊茅或黑麦草上。除草比其他普通阔叶除草剂需要更长的时间（2~3 周）
二氯吡啶酸	Lontrel	在很难控制的阔叶草上有活性。在草坪胁迫条件下需要谨慎
麦草畏	Vanquish，Banvel	优良的阔叶除草剂；土壤移动性强，因此避免在观赏植物和树木的根部周围使用。最好与其他除草剂配合使用
啶嘧磺隆	Katana	交播的多年生黑麦草在狗牙根草坪上的过渡转换工具，在低温下比其他磺酰脲类在植物上的表现更好；良好的阔叶控制（好的莎草活性，译者注），需要更高的剂量来控制一年生早熟禾
双氟磺草胺	Defendor	在寒冷的温度下，具有当其他产品的杂草控制效果不可靠时的季节早期活性
甲酰胺磺隆	Revolver	多年生黑麦草过渡工具，在交播的狗牙根草坪需要更高的温度时使用；在暖季型草坪，它控制幼小的牛筋草，成熟的一年生早熟禾，并提供毛花雀稗抑制
咪唑磺隆	Celero	优良的莎草防治产品
二甲四氯丙酸（MCPP）[b]	Mecomec	对三叶草有很好的控制作用；比 2,4-D 作用慢，最好与其他除草剂混合使用
甲磺隆	Manor，Blade，MSM Pro	登记用于草地早熟禾或狗牙根运动场；广泛的阔叶以及一些禾本科杂草控制。选择性地控制阔叶、百喜草和高羊茅，通常在温暖的气候条件下用于过渡交播黑麦草的狗牙根

(续)

化学名称	商品名称	简要描述
甲磺隆+玉嘧磺隆	Negate	管理狗牙根中交播的黑麦草过渡工具；优良的阔叶杂草控制；通常比其他磺酰脲类除草剂便宜
甲基磺草酮/硝磺草酮	Tenacity	草地早熟禾、高羊茅和多年生黑麦草坪中的广谱一年生和多年生禾本科杂草和阔叶杂草控制；对施瑞伯氏乱子草和匍匐翦股颖进行选择性控制，对狗牙根进行抑制；可用于草坪草播种时使用，因此产品在改造项目中具有很大的通用性；杂草的反应是"叶子漂白"，但耐受的草要么不受影响，要么很快从变色中恢复；漂白可以通过与三氯吡氧乙酸混合来缓解；通常需要每隔3周施用两次，才能有效控制成熟杂草
五氟磺草胺	Lockup	具有优良残留活性的广谱阔叶控制产品
氨氟乐灵+二氯喹啉酸	Cavalcade PQ	多种禾草和阔叶杂草的选择性芽后处理和芽前处理
二氯喹啉酸	Drive XLR8	冷季型和暖季型草的标准一年生禾草芽后控制除草剂；冷季型草皮几乎没有播种限制；对牛筋草没有活性(一定的芽前活性，译者注)
二氯喹啉酸+甲磺草胺+2,4滴+麦草畏	Q4 Plus	禾草、阔叶草和莎草的广谱控制，补种窗口期短
甲磺草胺	Dismiss	登记在暖季型和冷季型运动场草坪上使用，提供广谱和快速(7 d内)的莎草/水蜈蚣控制。也控制或抑制几种阔叶草
甲磺草胺+咪草烟	Dismiss South	仅在暖季型草上标记使用；提供广谱一年生禾草、阔叶草和莎草/水蜈蚣控制。提高了莎草的控制，包括香附子
甲磺草胺+氨氟乐灵	Echelon	氨氟乐灵控制(芽前)和甲磺草胺的莎草控制(芽后)，对马唐、一年生禾草和阔叶杂草进行芽前芽后控制；登记用于大多数运动型草坪草
磺酰磺隆	Certainty	在大多数暖季型禾本科植物(包括海滨雀稗)中标记使用，并在匍匐翦股颖、草地早熟禾和草地早熟禾与多年生黑麦草的混合草中具有特定用途；根据情况、草和杂草情况具有广泛的杂草控制活性；在冷季型草中，其主要用途是控制阔叶草、莎草，以及在粗茎早熟禾(*Poa trivialis*)上有活性；在暖季型草中，其主要用途是控制阔叶草、莎草和水蜈蚣，以及在温暖气候下交播的狗牙根中的黑麦草过渡。在市场上的两个最好的用于难以控制莎草的产品之一
噻酮磺隆+甲酰胺磺隆+氯吡嘧磺隆	Tribute Total	对狗牙根或结缕草中的禾草、莎草和阔叶杂草的广谱活性；对毛花雀稗的活性显著
噻酮磺隆+碘磺隆+麦草畏	Celsius	暖季型草坪中广谱一年生和多年生禾本科草和阔叶杂草的控制
苯吡唑草酮	Pylex	在冷季型草坪，甚至在狗牙根在非常低的使用量的情况下，优良的芽后牛筋草控制产品；用于配合三氯吡氧乙酸在冷季型草坪的狗牙根控制；也控制施瑞伯氏乱子草和马唐，可用于冷季型草播种时
三氯吡氧乙酸/绿草定	Turflon Ester	登记在草地早熟禾、多年生黑麦草和高羊茅；控制广泛的阔叶杂草和减少与硝磺草酮一起使用时的叶片漂白。虽然三氯吡氧酸的使用量较低时可以在狗牙根草坪使用，但在冷季型草坪草和结缕草中，定草酯/绿草定和其他纯三氯吡氧乙酸产品是控制狗牙根的重要组成部分

（续）

化学名称	商品名称	简要描述
三氯吡氧乙酸+二氯吡啶酸	Confront	在大多数运动型草坪草中都有登记；对三叶草和豆科植物有很强的广谱阔叶杂草控制作用；高度土壤可渗滤性，因此在浅根灌木和树木周围应小心使用；不要将草屑堆肥
三氟啶磺隆	Monument	仅为狗牙根和结缕草上登记使用；标签上列有许多阔叶杂草可以控制，但通常被认为是禾草和/或莎草控制产品。三氟啶磺隆是两个最好的控制难以杀死莎草的产品之一，并且在凉爽的天气条件能够相对好的转换交播的狗牙根

注：a 所列商标或专有产品仅作为示例使用，其包含不构成作者对产品的保证或担保，也不意味着赞同排除其他适用产品。对于列出的所有产品，请查阅产品说明书，以获得耐性草坪草和应用场所及剂量的完整列表。b 除了这里列出的，还有其他的预混合组合需要考虑。

(1)昆虫分类的实用方法

根据昆虫的食性来分类通常是有帮助的。虫害的症状为害虫鉴定提供了有用的线索。有些昆虫有穿孔和吸吮的口器（例如，麦小蝽和蚜虫）。这些昆虫通过穿孔/刺吸的口器将一种酶分泌到叶子中，这种酶能将植物的汁液转化成一种可以作为食物来源的形式。其损害的症状通常是散布在草坪草叶片上的褪绿（黄色）斑点。另一组昆虫则使用咀嚼口器进食，如黏虫、地老虎、蛴螬等。它们从物理上去除植物组织，其损伤的症状通常很明显。

表 9.7 禾草类和类禾草类除草剂的通用化学名称和商品名称[a]

化学名称	商品名称	简要描述
氨唑草酮	Xonerate	主要用于春季冷季型草的一年生早熟禾控制；可能需要2周的重新播种间隔和连续施用
阿特拉津	Aatrex	主要用于狗牙根草坪的冬季阔叶杂草控制，但对一年生早熟禾也有活性
苯达松	Basagran	控制油莎草、一年生莎草和许多阔叶杂草；香附子活性差，禾本科无活性；广泛用于观赏植物苗圃
双草醚	Velocity	对一年生早熟禾有很好的控制作用，对冷季型草坪草中的粗茎早熟禾也有活性
唑草酮+2,4滴+2甲4氯丙酸+麦草畏	Speedzone	主要用于快速灼伤控制阔叶杂草，但重复应用也有牛筋草控制活性
唑草酮+二氯喹啉酸	Square One	广谱阔叶杂草和禾本科杂草防治，对新播种（冷季型草坪草，译者注）具有良好的安全性
绿磺隆	Telar XP	主要用于狗牙根中黑麦草过渡辅助；在草地早熟禾中可以选择性地控制高羊茅；广泛的阔叶杂草控制
乙氧呋草黄/灭草呋喃	Prograss	冷季型草坪草秋季或早春的一年生早熟禾控制；需要连续应用
精恶唑禾草灵	Acclaim Extra	冷季型草坪草的一年生禾本科杂草控制；抑制狗牙根
啶嘧磺隆	Katana	交播多年生黑麦草在狗牙根草坪上春季的过渡工具，在低温下比其他磺酰脲类植物表现更好；需要更大的量来控制一年生早熟禾
精吡氟禾草灵	Fusilade Ⅱ	高羊茅和结缕草中的一年生和多年生禾草杂草控制；在狗牙根上的活性明显
甲酰胺磺隆	Revolver	只在暖季型草坪上使用；牛筋草控制。对冷季型草坪草具有广谱活性，特别是作为交播的狗牙根上的春季黑麦草过渡工具

（续）

化学名称	商品名称	简要描述
氯吡嘧磺隆	Sedgehammer	广谱莎草控制，登记在大多数禾本科植物上
灭草喹	Image	莎草控制，尤其是香附子；野葱/大蒜控制；交播狗牙根上的春季黑麦草过渡工具
硝磺草酮	Tenacity	冷季禾本科植物的广谱一年生禾本科杂草控制，对施瑞伯氏乱子草和匍匐翦股颖具有显著的活性；抑制狗牙根，尤其是与三氯吡氧乙酸混合时；通常需要3周的间隔重复施用，以达到最佳杂草控制效果
甲磺隆	Manor, Blade, MSM Pro	登记用于草地早熟禾或狗牙根运动场；提供一些禾草杂草控制，特别是作为交播狗牙根春季黑麦草过渡工具；广泛的阔叶杂草防除登记
氨氟乐灵+二氯喹啉酸	Cavalcade PQ	多种禾草和阔叶杂草的选择性芽后和芽前处理活性
拿草特	Kerb T/O	狗牙根上许多冬季一年生和多年生禾草和一年生阔叶植物的芽前和早期芽后控制；交播狗牙根上的春季黑麦草过渡
二氯喹啉酸	Drive XLR8	在种子或小枝建植期间，具有极好安全性，芽前(译者注)芽后马唐控制；对牛筋草没有活性；控制铺地黍和许多的豆科植物
二氯喹啉酸+甲磺草胺+2,4滴+麦草畏	Q4 Plus	禾草、阔叶草和莎草的广谱控制，补种窗口期短
玉嘧磺隆	Tranxit	在暖季草中的冷季型草坪草控制，特别是交播狗牙根上的春季黑麦草过渡
甲磺草胺	Dismiss	在暖季型和冷季型运动型草坪草上均有登记；广谱莎草和水蜈蚣控制；广谱阔叶控制
甲磺草胺+氨氟乐灵	Echelon	氨氟乐灵控制(芽前)和甲磺草胺的莎草控制(芽后)，对马唐、一年生禾草和阔叶杂草进行芽前芽后控制；登记用于大多数运动型草坪草
甲磺草胺+二氯喹啉酸	Solitare	冷暖型草坪中的莎草和禾草杂草控制
磺酰磺隆	Certainty	在大多数暖季型禾本科植物(包括海滨雀稗)中登记使用，并在匍匐翦股颖、草地早熟禾和草地早熟禾与多年生黑麦草的混合草坪中具有特定用途；根据情况，草坪草和杂草不同具有广泛的杂草控制活性；在冷季型草坪草中，其主要用途是控制阔叶、莎草和粗茎早熟禾；在暖季型草坪草中，其主要用途是控制阔叶、莎草和水蜈蚣，以及交播狗牙根的黑麦草过渡
噻酮磺隆+甲酰胺磺隆+氯吡嘧磺隆	Tribute Total	对狗牙根或结缕草中的禾草、莎草和阔叶杂草的广谱活性；对毛花雀稗的活性显著
噻酮磺隆+碘磺隆+麦草畏	Celsius	暖季型草坪中广谱一年生和多年生禾本科草和阔叶杂草的控制
苯吡唑草酮	Pylex	优良的芽后牛筋草控制产品，在冷季型草坪中，甚至在狗牙根非常低的使用量的情况下；用于配合三氯吡氧乙酸在冷季型草坪的狗牙根控制；也控制施瑞伯氏乱子草和马唐，可用于冷季型草坪草播种时
三氟啶磺隆	Monument	仅限暖季型草坪草；广谱莎草控制，对冷季型草坪草的广谱活性，包括交播狗牙根上的春季黑麦草过渡

注：a. 所列商标或专有产品仅作为示例使用，其包含不构成作者对产品的保证或担保，也不意味着赞同排除其他适用产品。对于列出的所有产品，请查阅产品使用说明书，以获得耐性草坪草和应用场所及剂量的完整列表。

表 9.8　用于杂草控制或场地改造用途的非选择性除草剂的化学名称和商品名称[a]

化学名称	商品名称	简要介绍
棉隆	Basamid G	限用农药。用于翻新的土壤熏蒸剂。控制大多数杂草种子、线虫和土壤病害。在土壤中加入颗粒，滚压土壤表面以阻止熏蒸剂逸出，彻底湿润土壤或用塑料密封。有关应用的土壤温度信息和栽植时间，请参阅说明书
敌草快	Reward	提供快速灼伤触杀的接触物质。使用后 7 d 内不得割草或耕作。没有在美国所有州使用的登记
草铵膦	Finale	在 2~4 d 内快速灼伤触杀的接触物质。土壤中无残留活性
草甘膦	Roundup PRO 和许多其他产品	系统性活性导致药剂整个植物的转移；非常有限的土壤残留，允许在施用后很快播种；处理相对安全；通常需要 7~10 d 才能看到明显的反应
天竺葵酸+其他脂肪酸	Scythe	天然脂肪酸；无土壤残留；快速降解；接触性除草剂，破坏细胞膜并迅速灼伤；与草甘膦的组合非常有效

注：a. 所列商标或专有产品仅作为示例使用，其包含不构成作者对产品的保证或担保，也不意味着赞同排除其他适用产品。对于列出的所有产品，请查阅标签，以获得耐性草坪草和应用场所及水平的完整列表。

图 9.28　每 2 加仑水中加入 1 盎司液体洗涤剂来制备肥皂冲洗液
（照片由克莱德·索伦森提供）

另一种昆虫分类的方法：根据它们在草坪上取食时的位置。这对决定杀虫剂使用前和使用后的相应处理措施是非常重要的。有些昆虫以地上部分为食，如叶片(如黏虫、麦小蜂)。对于这些昆虫来说，最好把杀虫剂留在叶表面，这样害虫就会咬食。其他以地下植物部分为食的昆虫，通常啃食草坪草的根和茎(如蛴螬、蝼蛄)。为了控制这些昆虫，必须在施用杀虫剂后进行灌溉。

(2)昆虫的鉴定和取样

首先，确定昆虫的种类和数量。如果昆虫数量少，那表明可能造成的损害将是很小的，杀虫剂的应用是不必要的。然而，少量的昆虫和它们在草坪冠层中的隐居性意味着今天的一些昆虫可能是不久的将来一些非常大数量昆虫的前奏。要准确确定昆虫种类和数量，请使用以下采样方法：

①每 2 加仑水中加入 1 盎司液体洗涤剂，制备肥皂冲洗液(图 9.28)。肥皂水溶液对昆虫有刺激作用，另外可以部分阻塞它们的呼吸器官。在大约 1 平方码的区域使用肥皂冲洗液冲洗昆虫(图 9.29)。大多数昆虫会进入草坪冠层。这是一个有效的方法来确定目前有哪些表面食性昆虫在草坪冠层。

②使用高尔夫球场洞杯器或起草皮机来监测地下食根动物，如蛴螬。使用杀虫剂控制的标准阈值是每平方英尺 5 只蛴螬。

③留意大自然母亲关于昆虫正在攻击草坪的线索。仲夏时节，成群的鸟在运动场草坪上花费大量的时间，这往往是黏虫数量众多的一个很好的指标。臭鼬和犰狳在草坪挖洞穴的破坏行为是蛴螬的一个很好的指示。这些穴居动物对草坪的破坏可能比昆虫造成的破坏更为严重，而通常摆脱这些动物破坏的最好方法是抑制它们所捕食的昆虫数量。

有些昆虫还会留下自己的“名片”来帮助识别。草皮螟蛾幼虫/草皮结网毛虫在它

图9.29　将肥皂水施用在大约1平方码的区域，草坪上表面取食昆虫就会出现
(照片由克莱德·索伦森提供)

们的取食区域周围沉积了大量的昆虫粪便，并且经常在它们生活在地上的洞的顶部吐丝结网；在夏天有大量露水的月份可以看到丝网。然而，不要马上认为草坪上的丝网意味着草坪上有很多草皮螟蛾幼虫。币斑病的真菌菌丝体(本章稍后讨论)有几乎相同的丝网外观，蜘蛛的网也一样。要确认病虫害是否是由草皮螟蛾幼虫引起，请使用前面描述的肥皂冲洗液冲洗方法。

(3)昆虫控制策略

化学控制。一旦昆虫被正确识别，并确定有必要使用杀虫剂，就有许多杀虫剂可以从中选择使用。很明显地，养护预算会要求考虑材料成本，但其他因素也同样重要。

①在当今世界，安全始终是一个必须考虑的首要问题。与杂草和真菌相比，人类和动物与昆虫有着更密切的生物联系，因此在使用杀虫剂时必须非常小心，以确保只毒杀害虫。21世纪以来，这类农药的靶向毒性有了很大的提高，但是仍然需要特别注意杀虫剂潜在的非靶向效应。如果农药使用得当，对人或动物几乎没有危险，但误用会给环境和居民带来严重问题。

始终牢记杀虫剂对周围环境的潜在影响。注意运动场草坪在用药后的预定用途，并确保正确且明显地张贴施用信息，并严格遵守产品标签上详细说明的所有再次进入间隔时间(REI)。考虑附近水源是否会受到杀虫剂场外迁移的污染，并相应地规划/按要求施用以保护水质。

考虑到杀虫剂使用的潜在后果(更不用说成本)，明智的球场管理者只有在认为有必要防止或减少对草坪的重大损害时才会使用此类杀虫剂。在指定一种杀虫剂之前，先问问是否有其他产品能起到同样的作用且对环境的影响较小。最新一代的杀虫剂对目标害虫非常专一，水溶性非常低，有些是对天然化合物的修饰。

②哪种杀虫剂最有效？颗粒状或喷雾式配方是否最适合特定需求？一些颗粒状杀虫剂利用肥料载体来生产这种化学品，类似于流行的“除草和肥料”产品，这些产品同时提供肥料和除草剂作用。其他应用技术的最新发展证明是高效和环境友好的，包括注射方法，将杀虫剂注入土壤或通过高压液体注射施用杀虫剂。

③同样重要的是，询问是否有必要在施用杀虫剂后浇水；根据有害昆虫的食性，浇水可能是必要的。对于食茎叶昆虫来说，灌溉或降水通常会适得其反，但对于土传昆虫来说，必须浇水才能将杀虫剂到达害虫。在适当的时候，确保灌溉可用或预报降水，以便农药能够准确地送到适当的地下位置。而且，正如缺水可能是一个问题，过多的水也可能导致控制不力和其他场外问题。在预报有雷雨或其他预计降水量超过13mm的天气之前，应小心使用杀虫剂。

④记住，有害昆虫并不是唯一可能被杀虫剂杀死的生物。小型哺乳动物和鱼类对杀虫剂的使用也很敏感，即使是无意的中毒，也不再是人们可以接受的。

有几种杀虫剂对蚯蚓尤其有毒，蚯蚓是大自然在养护管理中的工具。蚯蚓是枯草的巨大分解者，通过它们在地下不断地制造沟道来提高土壤的孔隙度和通气性。记住每个医生希波克拉底誓言的第一句话：“首先，不要伤害。”对于这种广谱杀虫剂，确保其杀虫的好处值得同时杀死蚯蚓。

另外，别忘了大多数昆虫并不是害虫。在植物授粉过程中活跃的理想昆虫，如蜜蜂，由于杀虫剂的误用，在一些地区已被大量杀灭。在使用杀虫剂之前，考虑杀虫剂对哺乳动物、脊椎动物、蚯蚓和其他所需昆虫的相对毒性。也许有更好的替代品，幸运的是，新一代的化学制剂对蜜蜂来说更安全。

在 21 世纪，保护传粉者是最重要的，所以要特别注意所选的产品以及它们的标签上是否有美国环境保护署的“蜜蜂建议框”(图 9.30)。此提示提供了具体的说明，说明如何应用产品的方式，尽量减少接触觅食传粉者。在大多数情况下，最简单的方法之一是修剪草坪，移除任何植物花，以尽量减少传粉者接触到潜在的问题杀虫剂。

生物防治替代品。当面对昆虫的压力时，大自然提供了一系列的制衡机制。维持这种平衡的主要因素是任何一种昆虫的天敌。严重的昆虫问题通常发生在昆虫没有自然发生的天敌，或这些天敌以如此小的数量出现，几乎没有影响。有些昆虫直接捕食其他昆虫。例如，瓢虫的成熟期和未成熟期以及许多形式的步甲虫都积极地以其他昆虫为食，其中许多是草坪害虫。然而，需要注意的是，在许多情况下，我们自己的化学控制计划，有效地消除了自然生物控制。回到我们的例子，瓢虫和步甲对杀虫剂特别敏感。

许多黄蜂和苍蝇充当其他昆虫的寄生虫。这些生物把卵引入其他昆虫的卵或幼虫或若虫阶段。未成熟寄生虫的不断发育最终导致宿主死亡。在一些农业应用中，这类寄生虫被有意引入环境中进行害虫防治活动，但大规模引入运动场草坪并不常见。

生物防治的一个已被大规模使用的领域是使用不同种类的芽孢杆菌。为了控制日本甲虫的幼虫蛴螬，很早就有了白僵菌(即乳孢子病)，苏云金芽孢杆菌变种 Karstake(商品名 Dipel 150 D)被登记为草皮螟蛾幼虫的控制。这些细菌相对容易繁殖和增加数量，因此它们在昆虫控制计划中占有一席之地。芽孢杆菌作为一种病原体，能产生对某些昆虫致命的毒素。虽然芽孢杆菌在控制某些昆虫方面有一定的效果，但其效果却从来没有化学控制的效果显著，并要注意到它们针对

保护传粉昆虫

由于该产品对蜜蜂和其他传粉昆虫存在风险，因此使用本产品存在使用限制。

请按照使用说明中的限制条款使用，以保护传粉昆虫。

请在每个使用场所的使用说明中查找蜜蜂危险图标，以了解保护蜜蜂和其他传粉昆虫的具体使用限制和说明。

该产品可能杀死蜜蜂和其他传粉昆虫。
蜜蜂和其他传粉昆虫会在植物开花、释放花粉或产生花蜜时在其上觅食。
蜜蜂和其他传粉昆虫可能通过以下方式接触到该农药：
在叶面喷洒过程中直接接触，或在叶面喷洒后接触植物表面的残留物；
食用施用本农药（种子处理、土壤处理、树干注射及叶面喷洒）后存在于花蜜和花粉中的残留物。
使用本产品时，请采取以下措施：
尽量减少蜜蜂和其他传粉昆虫在传粉植物觅食时接触本产品的风险；
减少农药漂移至蜂箱或其他吸引传粉昆虫的栖息地。农药漂移至蜂箱或此类区域可能造成蜜蜂死亡。
有关保护蜜蜂和其他传粉昆虫的更多信息，可访问“农药环境管理网站”：
http://pesticidestewardship.org/PollinatorProtection/Pages/default.aspx。
农药事故（例如蜜蜂死亡）应立即向州/部落主管机构报告。有关各州联系人信息，请访问：
http://www.aapco.org/officials.html。农药事故还应报告给国家（美国）农药信息中心：www.npic.orst.edu
或直接联系 EPA：beekill@epa.gov

图 9.30　美国环境保护署的蜜蜂咨询方框提供了有关如何安全使用杀虫剂的重要信息

个别害虫的特异性。还有一种昆虫病原真菌叫作球孢白僵菌，它被登记用于控制蛴螬和麦小蝽。任何一种生物防治剂的成功都需要仔细遵循其产品标签上关于储存、处理和应用的说明，并理解目标是稳定、有效地减少某些目标昆虫种群(而不是突然根除)。

另一组正在扩大使用的病原体是“昆虫病原”线虫。这些微小的鳗鱼状蠕虫攻击并杀死某些害虫。昆虫病原线虫在害虫防治中的作用存在很大的差异。对理想线虫的商业开发、销售和应用方法的研究仍在继续，特别是那些在斯氏线虫科(Steinernematidae)和异小杆科(Heterorrhabditidae)的线虫。昆虫病原线虫与传统蛴螬杀虫剂吡虫啉的结合，实现了蛴螬防治中增效作用的一个有趣现象。线虫和吡虫啉的联合应用有望成为治疗蛴螬侵染的有效方法，特别是对不易受线虫和/或吡虫啉影响的金龟子。这些组合有可能减少对环境的影响，并仍然提供一定程度的草坪昆虫天然生物防治。

养护策略。尽可能使用抗虫草坪草品种。保持枯草层在一个可管理的水平。适当施肥、浇水和打孔通气，以优化草坪健康和恢复潜力。经常在适当的高度修剪，以尽量减少对草坪的额外压力。

(4)运动场草坪管理中最常见的害虫

虽然其他昆虫问题时有发生，以下物种代表了一些在运动场草坪管理最麻烦和常见的害虫。

①草地螟蛾幼虫/草皮结网毛虫。成虫是一种蛾子(包括草螟属等几个属几种螟蛾)，长13~20 mm，通常呈红棕色，翅膀上有浅色条纹。大多数成年螟蛾头上都有非常典型的鼻子状突起。幼虫通常长20~25 mm，呈灰绿色至棕色，身体上有黑斑(图9.31)。在所有用于运动场草坪的草坪草中都能发现螟蛾。当草坪上有露水时，有时可能会看到丝网，但草地螟蛾最有用的识别标志之一是其取食区域的昆虫粪便(图9.32)。

图9.31　草地螟蛾的幼虫及其身体上的特征斑点(照片由大卫·谢特拉提供)

图9.32　几十粒昆虫粪便是草螟幼虫/草皮网虫活动的明显标志(照片由大卫·谢特拉提供)

在北方气候条件下，每年可能有1~2代，而在南方则可能有3~4代，那里的螟蛾只有在冬季才不活动。成虫寿命短，不会直接对草坪草造成损害。它们交配产卵，通常在7~10 d内孵化。幼虫出现并开始在草坪上取食，咀嚼的口器会切断叶片。然后，幼虫在土壤中形成一条丝网隧道；在这个隧道中，它们进食，并经历发育直至成年的阶段。产卵和成虫羽化之间通常有5~6周的时间。大多数种类在土壤中以幼虫越冬。

为了检测螟蛾幼虫的存在可以观察鸟类的进食活动。另外，注意在早晨露水干之前草坪上出现的丝网。这张网可能与币斑病的真菌菌丝体相混淆。寻找切割过的叶片、碎片和隧道的存在，以确认螟蛾的侵扰。在草坪草最小生长期(如干旱期)和生长季结束时，损害可能会很严重。幼虫的取食大多发生在夜间。幼虫从靠近土壤表面的草叶上采食。因此，草坪呈现出参差不齐、斑驳的外观。

控制策略。许多杀虫剂对螟蛾幼虫有效。为了达到最佳效果，可在下午晚些时候喷洒。如果杀虫剂滞留在叶表面由昆虫食入，则控制效果最好，但如果将杀虫剂移入隧道，则可以实现一定程度的控制。苏云金芽孢杆菌 Kurstaki 变种是螟蛾的登记生物防治剂。

如果草坪草生长迅速，草坪草通常可以在螟蛾攻击破坏下生存下来。确保草坪有水和充足的营养。内生真菌增强的冷季型草坪草对草皮螟蛾具有抗性。

②蝼蛄。在美国东南部，有两种主要的蝼蛄会引起草坪问题：黄褐色蝼蛄（*Scapteriscus vicinus* Scudder）和南部蝼蛄（*S. borelii* GiglioTos）。蝼蛄通过不完全的蜕变而发育。未成熟的若虫比成虫小，但除了没有翅膀外，其他方面看起来非常相似。成虫达到 1 英寸或以上的长度。蝼蛄的前腿非常大，专门用来挖掘。它们在所有暖季型草坪草上都能茁壮成长。

主要的蝼蛄种类每年有一代，除了在佛罗里达州南部，那里的南部蝼蛄通常每年有两代。蝼蛄作为大型若虫或成虫在土壤深处越冬，在春季土壤温度升高时变得活跃。当雄性蝼蛄建造它们的叫声室/虚土堆时，损害会变得很明显了。叫声室位于土壤表面，专门用来与雌性蝼蛄交配和产卵。卵产于 5 月和 6 月，卵孵化约为 3 周。（南部蝼蛄通常比黄褐色蝼蛄晚几周产卵）在孵化后的 4~6 周内，若虫大到足以造成重大损害。若虫继续长大和保持活跃，直到 11 月土壤温度下降。在这一时间段后大的若虫或成虫一般会钻入更深的土壤，以在寒冷的温度生存，但是因为南部佛罗里达州冬天气候温和，蝼蛄可以继续活动。

春季的挖掘隧道是蝼蛄开始活动的第一个迹象。黄褐色蝼蛄仅以植物为食，所以草根和根茎是明显的食物来源。南部蝼蛄喜欢吃蚯蚓和其他昆虫，但也会吃植物材料。由于这些昆虫的前腿专门用于挖掘而对草坪造成的机械损伤和表面破坏而导致草坪草问题（图 9.33 和图 9.34）。

图 9.33　蝼蛄导致的草坪表面破坏特征

图 9.34　南部蝼蛄的超大前腿，可以快速挖掘土壤

（照片由巴勃罗艾伦提供）

控制策略。控制蝼蛄经常需要多方面的方法，而且比简单地看到损害和进行化学应用更具挑战性。当怀疑有虫害时，绘制 3 月和 4 月最活跃的区域。用肥皂水冲洗调查问题区域的蝼蛄数量。一旦观察结果证实蝼蛄确实是问题所在，一个好的经验法则就是在 3~4 周后对目标区域进行化学处理。这能有效的处理中晚期若虫阶段蝼蛄，并控制最近孵化的蝼蛄。蝼蛄年龄越小，成功控制的机会就越大。

在蝼蛄的防治中，杀虫剂的选择非常重要。选择一种具有良好土壤残留特性的产品，以便在不同发育阶段有效控制若虫。处理前土壤应湿润。

即使仔细选择杀虫剂并小心使用，也不可能一次使用就完全控制蝼蛄。如果有证据表明有更多的蝼蛄活动，则在施用 3 周左右对处理过的区域取样，并准备根据需要进行后续杀虫剂施用。

佛罗里达州立大学一直在大量参与研究和开发许多生物防治剂控制蝼蛄。他们申请了一种线虫(*Steinernemas captersci* Nguyen & Smar，商标名 Nematatcm S)的专利，这种线虫在控制蝼蛄方面有效。他们还进行了几年的研究试验，记录了红眼蝇(*Ormia deletia* (Wiedemann))和双色大黄蜂(*Larra bicolor* Fabricius wasp)幼虫作为蝼蛄的寄生虫的持续存在和有效性。虽然这些生物控制措施通常不能提供标准化学杀虫剂应用措施中典型的明显控制，但当纳入蝼蛄管理计划(也包括其他控制措施)时，它们可以显著减少蝼蛄的数量。

③蛴螬。蛴螬是一类通常被称为甲虫的昆虫的幼虫阶段。一些最重要的草坪蛴螬会发育成绿色六月甲虫(*Cotinis nitida* L.)、蒙面金龟子甲虫(*Cyclocephala* spp.)、日本甲虫(*Popilia japonica* Newman)、五月/六月甲虫(*Phyllophaga* spp.)和黑色草坪草金龟子/黑绒金龟(*Ataenius spretulus* Haldeman)。根据它们的特征尺寸和颜色，成虫几乎可以通过任何昆虫参考手册来识别。然而，识别蛴螬要困难得多，而且需要区分幼虫腹部毛发模式(称为光栅模式)的细微差异。

幸运的是，对于草坪管理者来说，知道哪种蛴螬通常并不重要；最重要的是确定幼虫确实是蛴螬，并且数量够多，确认需要控制。这些害虫通常很容易通过其在土壤中静止时的特征“C”形和乳白色来识别(图9.35)。幼虫的大小从黑色草坪草金龟子的最后幼虫阶段大约5 mm长，到对于5月/6月甲虫的最后阶段超过2.5 cm不等。当引起问题时，所有这些蛴螬都会出现在土壤表面最上面2.5 cm的地方。蛴螬以所有草坪草的根系为食。

不同种类的甲虫生命周期不同。一些物种，如五月/六月甲虫可能需要2~3年的时间才能发育，但大多数物种在一个生长季节内发育。在10~15 cm深的土壤中越冬的幼虫在春季随着土壤温度的升高而变得活跃，蛴螬在4月和5月迁移到草坪根区顶部2.5 cm处。在春天，蛴螬用咀嚼式口器在草根上短时间进食，然后转化为蛹，成虫在5月底和6月化蛹而出(图9.36)。成年后，一些甲虫不再以草坪草为食，而是成为其他植物的主要害虫。甲虫在夏季交配，雌性在土壤中产卵，卵在7月和8月开始孵化。幼嫩的幼虫在9月和10月是草根上的巨大采食者。当气温较低时，蛴螬会向下迁移到土壤中，以便在冬季抵御低温。

图9.35　通常可以通过其特征性的“C”形来识别蛴螬
(照片由汤姆·库哈尔提供)

蛴螬的大多数危害发生在夏末和初秋，此时草坪草可能由于缺乏水分而承受更大的压力。草坪将出现枯萎，草坪上褐色斑块随着蛴螬损害增加将变得更普遍。根上的取食活动增加了高温和干旱条件下的胁迫。一个受蛴螬严重危害的草坪可以像一块地毯那样轻松地从土壤中抬起，主要是由于蛴螬把草根吃掉了。这就给场地的立脚稳定带来了明显的安全问题。

控制策略。尽管蛴螬可能是一个比较恼人的问题，但在大多数情况下，草坪草能够在这种害虫造成的损害下存活下来，尤其是如果蛴螬数量很少，且草坪正在旺盛生长(例如，狗牙根在大多数蛴螬取食期都在旺盛生长)。蛴螬确实更喜欢阳光充足的地区，因此运动场代表了有利于蛴螬生长的环境，而在夏季环境条件下，严重感染蛴螬的冷季型草坪运动场可能会受到明显的损害。

图9.36　由蛴螬发育而来的许多甲虫中的一些种类(照片由特丽·比莱森提供)

有几种方法可以有效地监测蛴螬的数量，以帮助做出正确的杀虫剂应用决策。一个有效的策略(尽管需要额外的时间)是在初夏到仲夏期间使用甲虫诱捕器来监测成虫的数量。研究人员发现，甲虫产卵发生在成虫数量连续7 d下降的时期。当观察到这种下降时，应在21 d后使用杀虫剂，以控制非常小和非常脆弱的幼虫(该杀虫剂应用通常会在7月底至8月中旬的某个时间段，亦有建议6月底7月初，译者注)。

杀虫剂在盛夏使用时对新孵化的蛴螬最有效，而不是集中主要精力在蛴螬较大的春季或秋季使用控制蛴螬。虽然许多杀蛴螬剂标注可以在春季使用，但试验表明，对相对较大的蛴螬使用足够的杀虫剂最多只能控制零星的蛴螬。吡虫啉(Merit™)和氯虫酰肼(Mach-II™)在春季应用中表现出良好的残留蛴螬控制效果。一种非常有效的蛴螬控制产品，具有非常低的水溶性、较长的土壤残留(春季应用可提供整个生长季控制)，并且大大降低了对传粉者的活性，同时显示出作为治疗性和预防性春季控制的特别有前景的是氯虫腈(Acelepryn™)。对于任何杀蛴螬药剂，水是移动农药进入蛴螬取食的土壤层中必要的。

为了帮助决定是否使用杀虫剂，需要确定每平方英尺的蛴螬数量。如果怀疑有蛴螬侵扰，在至少1平方英尺的区域切割并掀起草皮，以确定蛴螬的数量。已经为每个物种制定了指示杀虫剂应用需求的蛴螬阈值，但绿色六月甲虫的蛴螬值范围为每平方英尺5~7个，而黑色草坪草金龟子的蛴螬值范围为每平方英尺20~30个。很显然这种利用已确定的阈值来决定化学杀虫剂应用是一种有效的策略，但它需要准确识别特定草坪样品中存在的蛴螬种类。

随着寄生蜂、昆虫病原线虫和芽孢杆菌(*Bacillus popilliae*)产品的释放，蛴螬的生物防治已得到广泛应用。这种细菌引起乳孢子病，对日本甲虫幼虫有效。至于任何生物防治方法，结果都不会像杀虫剂那样引人注目，而且蛴螬特有的病原体往往必须在每个季节重新引入有虫害的问题地区。

蛴螬也喜欢枯草层多的草坪，所以限制枯草层发展的良好养护计划也有助于减少蛴螬的数量(枯草层还可以作为杀虫剂渗透的有效屏障，因此在可能需要化学处理的地方，尽量减少枯草的生长非常重要)。

④麦小蝽。在美国有三种主要的土长蝽属害虫(*Blissus* spp.)，它们都具有相似的识别特征和生命周期。当麦小蝽发育成成虫时会经历不完全的蜕变。它们非常小，通常达到成虫的宽度和长度分别为0.04英寸和0.12英寸。成虫在黑色的身体上会有闪亮的白色翅膀，这种外观被称为“天使翅膀”。成虫若虫有更明显的颜色，没有翅膀，但与麦小蝽有相同的一般外观。麦小蝽在所有的草坪草上都能滋生成长(图9.37)。

麦小蝽每年能够产生一代以上，在美国更南方地区，有时每年会产生三代或三代以

图 9.37　一只未发育成熟的(若虫)**麦小蝽**
(上图)**和一只成年麦小蝽**(下图)
(照片由莱尔·巴斯提供)

上。麦小蝽以成虫越冬，从落叶层中出来。它们在春季觅食、交配和产卵。卵直接产在草坪草的叶鞘中，若虫在几周内孵化，时间长短取决于温度。

麦小蝽的危害是由这种昆虫叮咬和吮吸的口器造成的。麦小蝽把它的口器插入草坪草，注入一种酶来改变植物的汁液，使之更好地利用，然后从草坪上吸取植物的汁液。在一个严重的麦小蝽侵害过程中，大量的麦小蝽注射酶和吸除汁液的过程会导致草坪草死亡。零星的黄色到棕色草坪是危害的第一个症状。如果处理不及时，这些斑块可以合并形成更大面积的枯死草坪。

控制策略。有效地控制有害的麦小蝽种群是非常重要的，特别是因为在一个生长季节可以发生多代的情况。如前所述，一种简单的方法是通过开放式罐使用水浮方法(图 9.28 和图 9.29)。每平方英尺 20 个或更多的麦小蝽通常表明化学控制是必要的。

当使用杀虫剂来控制麦小蝽时，一定要使用不同作用方式的化学物质，以减少害虫抗药性的可能性。在某些地区，过量使用具有类似作用方式的杀虫剂已导致麦小蝽种群产生抗药性。

虽然一些颗粒状杀虫剂必须浇水才能激活它们，但一般的经验做法则是避免浇水，因为这些害虫居住在草坪表面并以其为食。为了有效地控制麦小蝽，通常一年中都会定期施用杀虫剂。然而，适当时间的春季处理可能是最有效的，因为它们减少了生长季节开始时的麦小蝽数量。

在生物防治中，利用抗虫和内生真菌增强的草坪草品种是减少麦小蝽数量的有效途径。此外，天敌和寄生虫，如步甲虫和真菌(*Beauvaria* spp.)，可以大大减少麦小蝽的数量。然而，重要的是要记住，这些自然发生的捕食者的种群本身可以通过化学控制应用来显著减少，虽然这些化学控制应用的目标是金龟子或其他害虫。还有一种重要的有益昆虫，由于它的大小和出现的时间，有时会被麦小蝽混淆：大眼虫(*Geocoris* spp.)。这种昆虫的名字很贴切，因为它的眼睛比它的身体大得多，是捕食几种害虫的肉食动物。在使用任何杀虫剂之前，要小心正确地将目标害虫识别为麦小蝽。

麦小蝽需要高温、干燥的环境才能获得最佳的生存和繁殖，它们更喜欢枯草层多的草坪。为了帮助控制麦小蝽，去除多余的枯草层，如果存在枯草层问题，并避免过度施肥，这会促进枯草层积累。如果发生有限的麦小蝽损害，草坪草可以通过少量施肥和灌溉来促进恢复。

⑤夜蛾科毛虫。在美国，至少有三种毛虫会对草坪草造成损害：小地老虎(*Agrotisipsilon* Hufnagel)、铜色夜蛾(*Nephelodes minians* Guenée)和疆夜蛾(*Peridroma saucia* Hubner)。成虫是一种颜色暗淡的蛾子，翼展 1.5 英寸，长约 1 英寸。夜蛾在发育过程中经历了完全的变态。幼虫宽 0.2 英寸，长 1.5~2 英寸。夜蛾幼虫明显无毛，受到干扰时卷曲成 C 形，很容易与蛴螬区别开来，因为它们的颜色从棕色到黑色不等，而不是蛴螬特有的乳白色。夜蛾生活在所有常见的草坪上。

夜蛾的生命周期因种类而异。在美国最南方，这三个物种全年都保持活跃。在北方，小地老虎和疆夜蛾每年可能有 2~4 代，而铜色夜蛾每年只有一个发育周期。雌性在夜间交配和进食，并在草坪草叶片上产卵。卵在大约一周后孵化，幼虫开始以草坪草的叶子为食，一路向下爬到土壤表面。夜蛾幼虫在枯草或土壤表面挖洞，白天留在洞里，晚上出来觅食。在 3～7 周内，这些夜蛾幼虫就发育成成虫。如果天气仍然温暖，这些蛾子成虫可以交配，产卵，并重复这个循环。

夜蛾幼虫用咀嚼的口器吃草坪草的叶片。它们的特点是在土壤表面剪下草坪草叶片，然后把它带回洞里食用。因此，损害通常是褐色、圆形、有点凹陷的草坪区域，在靠近中心的某个地方会有一个洞。在修剪得很低的草坪上，损伤类似于高尔夫球的打痕（图 9.38）。

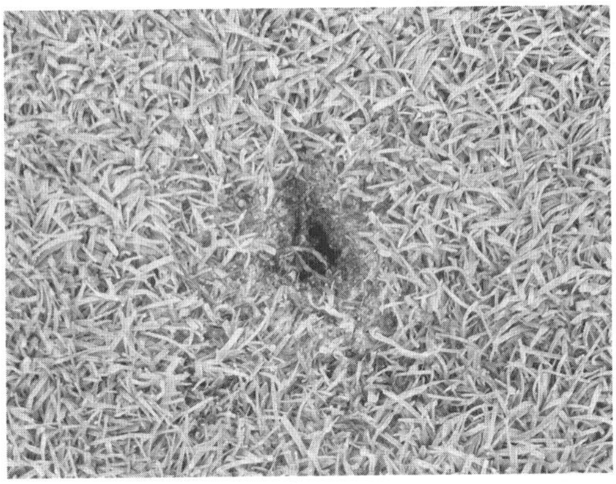

图 9.38　夜蛾幼虫的损伤与高尔夫球留下的打痕相似

控制策略。要量化夜蛾幼虫的数量，用肥皂水冲洗，使夜蛾幼虫爬到草坪表面。每平方码 5～10 只幼虫被认为是化学应用的门槛。如果夜蛾幼虫数量低于这个临界值，假设草坪得到充分的施肥和灌溉，那么场地能够承受夜蛾幼虫造成的有限损害。由于夜蛾幼虫在夜间取食，所以尽可能在下午晚些时候或傍晚早些时候在草坪上施用杀虫剂。不要在施用杀虫剂后浇水，除非它是一种颗粒状制剂，并且标签上的说明表明需要少量浇水来激活产品。杀虫剂施用一段时间后可以再用另一次肥皂水冲洗跟进，以确定哪个发育阶段的幼虫仍然存在。如果使用残留很短的杀虫剂，可能需要再次处理。

在生物防治方面，某些草坪草品种表现出了增强的抗夜蛾幼虫的能力，而内生真菌增强的黑麦草和羊茅也可以大大减少夜蛾幼虫问题。作为一种生物防治的替代方法，芽孢杆菌如果有足够的数量的话已被证明是可以成功地控制非常小的夜蛾幼虫。

⑥黏虫。两种黏虫主要以草坪草为食：秋季黏虫（*Spodoptera frugiperda* Smith）和真黏虫（*Pseudaletia unipuncta*）；秋季黏虫通常作为一种草坪草害虫更为重要，但真黏虫经常引起运动场管理者的注意，并且它在春季进行大部分的取食。黏虫幼虫在其最后阶段的长度约为 1.5 英寸，它们的身体有特征性的黑色条纹贯穿整个身体。颜色从黑色到橄榄绿不等。秋黏虫的头上有一个倒转的“Y”字形，这是一个明显的识别特征（图 9.39）。成虫是深色的蛾子，但是雄蛾通常有更生动的标记，就是在明显的灰色前翅上有非常明显的对角线标记。这些蛾子看起来很像地老虎的成虫阶段。所有用于运动场草坪的草坪草都是这种害虫的宿主。

在南方，黏虫有可能每年发生多代，而在北方，较短的季节只允许发生一代。任何一年出现在北方的黏虫都是迁徙到那里的，因为这个物种无法在北方的冬天生存。秋季黏虫的所有阶段全年都出现在最南方地区。在春季，秋季黏虫成虫蛾子在夜间最活跃，并且被光线所吸引，在那里它们通常会遇到

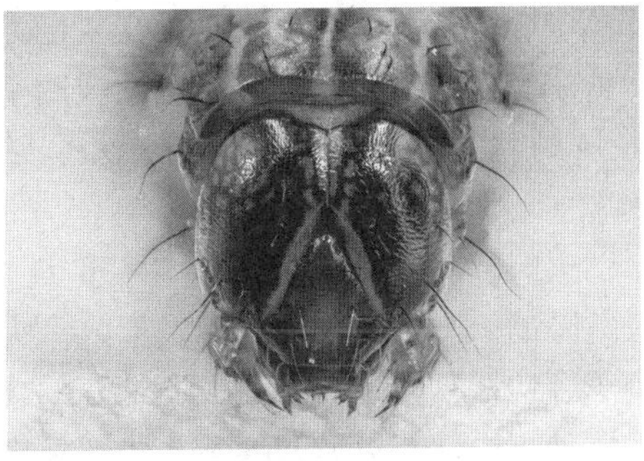

图 9.39　秋季黏虫可通过其特有的黑色条纹和头上的倒“Y”标记来识别

（照片由丹尼尔 · 雷兰德提供）

配偶。雌蛾在草地、树木或灌木中产卵，有时产卵在草坪附近的浅色物体上，如运动场周围的门柱或栅栏。卵在凉爽的天气下一周内孵化，在炎热的天气下最快2d。如果幼虫不能在产卵地觅食，它们就会掉到地上开始以草坪草和杂草为食。幼虫取食2~3周，然后钻入地下化蛹，转化成成虫，这个过程通常需要10~14d。

大量的鸟食活动是秋季黏虫活动的典型标志。顾名思义，秋季黏虫通常在7~10月成为重要的害虫。幼虫用咀嚼的口器在所有地上植物部位进食，但最常见的损伤迹象是叶片骨骼化(叶脉为主)。肥皂水冲洗可以用来把幼虫带到草坪表面，进一步量化数量。幼虫在化蛹前发育的最后两个阶段(龄期)是贪婪的食客，可以在2~3d内彻底啃光草坪草。在大量发生情况下，它们可以在很短的时间内造成极大的破坏。

控制策略。几乎任何接触/胃毒杀虫剂都能有效地对付这种昆虫。在使用前修剪草坪，以确保更好的覆盖和改善与黏虫的接触。下午晚些时候使用目标杀虫剂，以最大限度暴露于害虫。喷施杀虫剂后不要浇灌或浇水。

这种害虫对狗牙根运动场的危害比对冷季型草场地的危害更大。即使在南部，如果狗牙根生长迅速，秋季黏虫造成永久性损害也是不寻常的。如果有足够的肥力和灌溉，草坪通常可以从啃食损害中恢复。在冷季型草坪草中，丛生型草坪草由于其恢复能力有限，秋季黏虫危害最大。选择抗性或内生真菌增强的草坪草，以尽量减少秋季黏虫问题。

⑦火蚁。北美最有问题的——事实上也是最危险的——昆虫物种之一是火蚁。火蚁侵染草坪的严重性来自它们成群结队的攻击性，这种攻击性会对人和牲畜造成严重伤害甚至死亡。

在美国有4种火蚁，但外来引入的红色火蚁(*Solenopsis invicta* Buren)是最重要的。火蚁遍布整个佛罗里达州，沿着东海岸一直到弗吉尼亚州，然后穿过俄克拉何马州，一直到得克萨斯州。火蚁是食肉动物，也是食腐动物。火蚁通过完全变态发育，有卵期、幼虫期、蛹期和成虫期。火蚁的一个独特特征是，成虫属于几个等级——有翼的蚁后交配产卵，有翼的雄蚁交配，以及各种大小的无翼工蚁。工蚁在蚁群内部和周围最为常见。蚂蚁本身的大小通常在1/8~1/4英寸；有翼的成虫大约是这个大小的两倍。所述地区的所有南方草坪草都可能是火蚁的寄主。

有翼成虫的交配飞行繁衍新的蚁群通常发生在4~6月。受孕的蚁后在土壤中建造一个小房间，它在里面产下它的第一个卵。在蚁后开始产卵后的几个月里，新的蚁群并不显眼。卵在产卵后10d内孵化，未成熟的蚂蚁由蚁后照料，直到它们在大约三周内变成工蚁成虫。工蚁会照顾蚁后，此时蚁后的主要功能是产卵，每天最多产卵200粒。几年后每个蚁群中工蚁的数量最终可以达到20万只，它们负责照顾卵、收集食物，并保护蚁群免受入侵者的侵害。工蚁能活2~3个月，而蚁后能活5年或更长时间。蚁群通过在土壤剖面中向下移动而在寒冷天气中存活。

火蚁活动的明显迹象是工蚁形成的土堆(图9.40)。这个土堆直径可达24英寸，高度可达12英寸。这个土丘是女王产卵的孵化室。任何土丘的破坏都会导致工蚁蜂拥而至来保卫领土。尽管土堆会破坏草坪表面，并能覆盖周围的草坪，但蚂蚁不会直接攻击破坏草坪。火蚁的主要关注点是它们可以造成痛苦的刺痛。在叮咬的时候，蚂蚁会释放一种信息素，刺激其他蚂蚁蜂拥而至，同时也会叮咬。

控制策略。蚁后是控制火蚁群落的关键，它们处于土壤深处的位置使防治它们成为一项困难的任务，因而需要反复使用化学药剂。使用化学药品时，要尽量减少对蚁群的干扰，因为任何重大的干扰都会简单地触

图 9.40　草坪上的火蚁丘
（照片由维克托·马多克斯提供）

发工蚁将蚁后移到一个新的位置，远离化学药剂场所。只要工蚁携带杀虫剂回蚁群，并最终传递给蚁后，接触或胃中毒杀虫剂和毒饵将会起作用。早春应用化学药剂效果最好，因为它们在交配和产卵建立新的蚁群之前控制新发育的蚁后。

一个好的化学处理方案首先是在春季播撒颗粒状杀虫剂诱饵，那时土壤温度在 70~90℉，没有下雨的可能。如果使用于 15:00 之后，温度较低，使诱饵不被光分解的情况下，颗粒诱饵的应用是最有效的。3~4 周后，在阳光温暖的情况下，用 1~2 加仑的水直接在土堆上灌杀虫剂。准备好继续处理计划，因为根除几乎是不可能的。

通过对火蚁丘喷射蒸汽，实现了对火蚁的控制。显然，这种方法是对环境负责的，而且控制效果是相当好。

在养护控制策略中，定期、近距离的低修剪是阻止火蚁巢穴的有效手段，因为巢穴的不断破坏迫使它们迁移到不太可能被干扰的地点。

⑧象甲虫。象甲是影响草坪的许多不同类型甲虫中的另一种。在北美有两种重要的运动场草坪害虫：早熟禾象甲（*Sphenophorus parvulus* Gyllenhal）和结缕草象甲（*S. venatus vestitus* Chittenden）。在冷季型草坪上，早熟禾象甲最为常见，而结缕草象甲通常出现在过渡带和南部地区。成虫是典型的象鼻虫，有长而明显的“鼻子”。长 1/4~1/2 英寸，颜色从棕色到灰黑色。幼虫是米色的蛴螬状，看起来类似于白色的蛴螬幼虫，只是它们明显较小，而且没有蛴螬的腿。幼虫的大小从最近孵化的 0.05 英寸到化蛹和成虫前的 0.35 英寸不等。象甲可以成群出现在所有用于运动场草坪的草坪草中。

在土壤、枯草或落叶层中，象甲以休眠成虫的形式越冬。成虫在春天以合适的草为食，交配，并将卵直接产入啃食过的草茎孔中。卵在 3~10d 内孵化，幼虫开始在茎部上下打洞。当它们变得太大而不能待在草茎时，它们会掉到地上，开始以草冠层和草根为食。这种取食发生在夏季，如果缺乏水分，会导致严重的损害。经过 5~8 周的发育，幼虫化蛹，在夏末发育成成虫。成虫的取食量有限，但主要集中在寻找越冬区域。

象甲有咀嚼的口器，它们在草坪草茎秆的挖洞会导致成堆的死亡组织，看起来像是币斑病病害。受损草坪草的茎很容易折断，而且会充满类似锯末的昆虫粪便。春季气温开始变暖时，注意人行道或车道上是否有大量的象甲成虫迁徙。

控制策略。通常对成虫最成功的杀虫剂应用是在春季，期间人行道和其他混凝土区域可以观察到大量成虫的活动。最好的处理时间通常是 4 月下旬至 5 月中旬，杀虫剂留在草坪表面最有效。在初夏幼虫小并在草坪植物的底部积极取食的时候对象甲幼虫进行处理。以象甲幼虫为目标的杀虫剂需用水浇入冠层。

在栽培上，在建立或更新草坪草时，使用抗虫或内生真菌增强的草坪草品种。这些品种可以大大减少象甲的问题。另外，要确保植物有足够的水分和肥力，这样它们就可以从象甲幼虫啃食掏空茎秆的伤害中恢复过来。

⑨狗牙根螨。螨虫不是真正的昆虫；它们属于蛛形纲，与蜘蛛的关系更密切，因为

它们有八条腿，而不是昆虫的六条腿的特征。有几种螨会攻击草坪草，而狗牙根螨(*Eriophyes cynodoniensis* Sayed)危害是最严重的。它非常小，通常成虫只有0.005英寸长。螨虫是通过不完全变态发育而来的，因为若虫更小，只有两对腿而不是四对腿。由于它们的个头非常小，除非大量存在，否则很少看到真正的螨虫。顾名思义，这些害虫主要生活在狗牙根草坪上。

狗牙根螨在春末和夏季活跃。温度升高时，卵产在叶鞘中，从若虫到成虫的整个发育过程只需5~10d。在温暖的天气里，可能会产生许多代，而且种群会迅速增加。

螨虫在草坪上损害的特征性症状被称为“女巫的扫帚”。受螨虫侵染的草会有一个发育非常不良的外观，这首先会在散布的草丛中可见。螨虫通过穿孔/吸吮的口器进食，这些口器用来向植物中注入酶，并将植物的汁液作为食物来源吸出。这种酶触发了相当于“植物生长调节剂”缩短节间和叶片的效果。随着螨虫数量的增加，危害也会相应增加，很快就会导致草坪大面积死亡。在炎热干燥的天气里，这种破坏通常是很严重的。

控制策略。除非“巫婆的扫帚”症状很明显，螨虫的危害几乎可以等同于水分胁迫。通过移除叶鞘并用至少30×手持放大透镜或显微镜寻找确认螨虫。为了控制螨虫，“杀螨剂”一般情况下效果很差，但传统杀虫剂如联苯菊酯和三氟氯氰菊酯被登记为可以防治狗牙根螨。重复应用是有效控制的必要条件。

在考虑养护控制时请记住普通狗牙根是非常容易受到螨侵扰的，但许多改良品种有一些抗狗牙根螨。如果草坪得到充分灌溉，螨虫的危害很少是个问题。严重的损害通常与水分胁迫有关，但即使如此，狗牙根也可以通过充足的灌溉和肥力来恢复。

(5)杀虫剂

以下是杀虫剂的主要化学类别，这些杀虫剂含有标记用于运动场的产品。说明标签经常会更改，因此请务必咨询有关产品合法使用的当前说明标签。

①有机磷酸盐。一类自20世纪50年代以来就存在了的杀虫剂，由于环境问题，这种杀虫剂大部分已被淘汰。有机磷杀虫剂具有广谱的活性，因此应考虑对哺乳动物和其他脊椎动物可能产生的影响。敌百虫(Dylox的通用商标)是一种广谱的有机磷杀虫剂，在运动场上仍有登记使用。

②氨基甲酸酯。广谱杀虫剂，如果误用，会对蚯蚓、蜜蜂和其他有益生物产生严重不良的非目标影响。胺甲萘(通用商品名西维因Sevin)是标准的氨基甲酸酯农药，仍然广泛存在于市场上。

③合成拟除虫菊酯(SPs)。天然温和杀虫化合物除虫菊的合成衍生物。它们在环境中往往不太稳定，长期存在的问题是快速光降解(暴露在阳光下会分解)，但联苯菊酯(商品名Talstar)、高效氯氟氰菊酯(Tempo Ultra)和氯氟氰菊酯(Scimitar)等产品在运动场昆虫控制方面有着长期的成功记录，在阳光下表现出更强的稳定性，能保持活性数周。合成拟除虫菊酯与其说对哺乳动物的毒性是一种威胁，不如说对鱼类的毒性是一种威胁，因此需要特别注意它们可能影响水体的任何施用地点。

④新烟碱类。长期以来，吡虫啉一直被认为是控制蛴螬的有效杀虫剂。这种化学品的用量很低，在土壤中保持活性长达4个月，是一种有效的蛴螬防治化学品。与其他杀虫剂相比，它对蚯蚓和其他有益昆虫的毒性较小。吡虫啉和肥料载体配施，这种农药和养分同时施用是常见的。噻虫嗪(商品名Meridian)和噻虫胺(商品名Arena)也提供广谱蛴螬控制活性以及毛虫控制，并且都降低了对蚯蚓、哺乳动物等的毒性。科学家和监管机构继续研究的一个领域是新烟碱类化合物与蜜蜂数量下降之间的联系。

⑤苯吡唑类。这类杀虫剂中最流行的一种是氟虫腈(商品名Top Choice)。因为它的

水溶性太低，很难在表面施用后将其移入土壤中，氟虫腈通常以极低的用量通过狭缝土壤应用或液体注射。虽然注射技术意味着使用氟虫腈通常比许多其他杀虫剂更昂贵，但良好的杀虫剂活性和有限的非目标移动潜力是非常理想的。氟虫腈在南方草坪草上防治蝼蛄非常成功，也很受欢迎。

⑥促蜕皮化合物(即昆虫生长调节剂)。印楝素(Azatrol)具有触发昆虫过早蜕皮的独特作用模式，导致其在 1～3 周内死亡。这种化合物被认为对环境非常安全，而且由于其作用方式非常独特，昆虫群体对这种杀虫剂产生抗药性的可能性很小。施用于毛虫幼虫和狗牙根螨若虫时效果更好。

⑦邻甲酰氨基苯甲酰胺类。氯虫苯甲酰胺(Acelepryn)在 2008 年被美国环境保护署(EPA)批准注册为“降低风险”杀虫剂。这种化合物提供所有主要蛴螬物种的预防和早期控制，对蛴类和毛虫也有活性。它的使用量很低，水溶性很低，对蜜蜂的毒性比许多其他类似用途的产品都小。

⑧恶二嗪。吲哚甲威(商标名 Advion 或 Provaurn，取决于配方和靶向用途)具有在昆虫体内代谢转化为更具活性化合物的新颖作用模式。它对毛虫、蝼蛄和火蚁有广泛的杀灭活性，这取决于标记的产品用途。

⑨特别类。多杀菌素(商品名 Conserve)是一种独特的杀虫剂，它是一种由土传细菌发酵而成的产品。它对毛虫和火蚁有效，具有接触性杀虫剂的活性，但在叶面处理后被害虫摄入时具有更大的功效。虽然它具有用量很低，很低的哺乳动物毒性，没有特殊的处理或使用限制，以及对许多有益的捕食性昆虫安全等优点，但它对蜜蜂和海洋软体动物是有毒的。

⑩活性成分的配方混合物。扩大昆虫防治范围的杀虫剂配方混合物很可能会继续增加可用性和普及性。氯噻啶和联苯菊酯的混合物(Aloft©)或吡虫啉和联苯菊酯的混合物(Allectus)被标记用于运动场。它们同时提供拟除虫菊酯接触性杀虫剂的快速作用和新烟碱类化合物的长期预防性杀虫剂活性。

表 9.9 列出了目前登记用于运动场(美国)的一些最常见的杀虫剂、其化学分类，以及针对其化学家族的一些简要介绍。

表 9.9　运动场管理中使用的标准杀虫剂的常用化学名称、商品名称和化学分类[a]

化学名称	商品名称	化学分类及简要介绍
印楝素	Azatrol	具有特定昆虫生长调节剂活性的植物杀虫剂；破坏蜕皮过程，适用于草坪损害可见前的幼年毛虫幼虫和狗牙根螨若虫
氟氯氰菊酯	Tempo Ultra	拟除虫菊酯类；快速，广谱的昆虫控制和独特的配方特点，这种特殊的产品扩大了其残留对表面和地下害虫的控制
西维因	Sevin	氨基甲酸酯类；低哺乳动物毒性的超广谱杀虫剂
氯虫酰胺	Acelepryn	邻甲酰氨基苯甲酰胺类是一类较新的化学物质，对环境和非目标昆虫的影响较小；可在草坪生长期早期应用，防治整个生长季的蛴螬，对许多草坪毛虫也有广泛的活性
噻虫胺	Arena	新烟碱类；广谱活性与普遍接受度，这是第一类提供预防性的蛴螬控制杀虫剂；由于可能的对非目标传粉者的影响原因，这一化学类别受到特定的公共和私人审查
噻虫胺+联苯菊酯	Aloft LC	新烟碱+拟除虫菊酯；联合作用模式降低了抗药性的可能性，增加了控制昆虫的范围。蝼蛄是拟除虫菊酯类化学物质的一种特殊针对的害虫
氟虫腈	Top Choice	苯吡唑类；主要用于狭缝土壤注射控制蝼蛄或作为全面喷洒使用控制火蚁，跳蚤和蜱；对昆虫的毒性比对哺乳动物的毒性大得多

（续）

化学名称	商品名称	化学分类及简要介绍
吡虫啉/益达胺	Merit	同上述新烟碱类分类
吡虫啉+联苯菊酯	Allectus	同上述新烟碱+拟除虫菊酯分类
茚虫威	Provaunt	恶二嗪类；在非常低的使用量对蝼蛄和许多草坪害虫毛虫杀灭活性极高；虫害控制非常迅速，对非目标生物的影响最小
氯氟氰菊酯	Scimitar	同上述的氟氯氰菊酯分类
多杀菌素	Conserve	刺糖菌素/多杀菌素；一种细菌发酵衍生的昆虫控制剂，对草坪毛虫和火蚁具有特殊活性
噻虫嗪	Meridian	同上述新烟碱类分类
敌百虫	Dylox	有机磷类；这一化学类别提供了非常广泛的地表和地下昆虫控制，但许多非农业用途正在从这一化学类别的标签中去除

注：a. 所列商标或专有产品仅作为示例使用，其包含不构成作者对产品的保证或担保，也不意味着赞同排除其他适用产品。对于列出的所有产品，请查阅标签说明，以获得应用场所以及用量等的完整信息。

9.4.3 病害

一种疾病可以简单地定义为当一个宿主的正常功能由于另一个生物体在宿主体内或宿主上的干预而受到损害。对于草坪草，我们对病害的一般看法是围绕着草坪衰退的明显症状(叶斑、受影响的草坪的圆形斑块、枯萎的草坪等)，但重要的是记住，草坪草对病害的脆弱性受到我们在草坪上进行的几乎每种养护管理措施的影响。

此外，就像人类一样，普通感冒很少导致死亡，大多数草坪病害很少会引起大量草坪植物死亡。

要在草坪上暴发病害，必须具备三个要素：适宜的环境、有致病能力的病原体和易感的寄主。(图9.41说明了这些元素的一个“草坪病害三角”的相互关系）许多攻击草坪草最致命的病原体一直存在草坪冠层或土壤中。另一些则通过养护设备、步行践踏、水流、风力等载体引入草坪草。幸运的是，这些潜在的有毒病原体不会攻击草坪，因为草坪病害三角的一部分缺失了；例如，环境不支持它们的快速繁殖，或者草坪太健康而对病害不易感。只有当这三个因素都满足时，病害才会暴发。

正如这个三角矩阵所表明的，草坪管理者可以对疾病三角中的因素有很大的影响。

图9.41 草坪病害三角形关系

这种影响始于草坪草品种的选择。许多草坪草品种的选择是因为它们对某些草坪病害的抗性或耐性，如果该地区有某些病害的历史，则谨慎地考虑品种的选择。

管理者也有很多机会操纵草坪环境，特别是在灌溉时间和数量方面。例如，许多真菌需要长时间的叶片水分湿度才能开始在草坪上定殖。因此，仔细监测叶片湿度和精确的灌溉时间可以防止这些真菌的出现(见第5.2节，“灌溉与草坪草养护”)。

相反，我们通过使用防雨罩使比赛场地保持干燥等措施时，却会使环境非常有利于疾病的爆发。这些覆盖物在草坪冠层中创造了非常温暖、潮湿的环境，成功地触发了病害三角，结果可能引起包括一种被称为腐霉菌(*Pythium* spp.)的破坏性真菌的重大病害暴发(见第20章)。

(1)诱发病害的因素

引起疾病的因素可以指定为“生物的”(活着的)或“非生物的”(无生命的)。表9.10列出了一些最常见的致病因素。

我们经常将草坪病害与生物因素联系起来，尽管非生物的因素有些也同样确定无疑是疾病爆发的“原因”。在生物类群中，真菌是迄今为止最重要和最具破坏性的病害诱因。

表9.10　致病因素

生物的	非生物的
真菌	枯草过多
线虫	修剪
细菌和病毒	环境条件：温度、湿度、风 养护管理实践：肥力、耕作、灌溉、农药应用 车辆或行人导致践踏过多

真菌有数千种，在讨论它们作为致病因子的潜力时，通常分为两大类，即寄生型和腐生型。寄生型以其他活的植物组织为食；腐生型以腐烂的植物组织为食。这两个类别甚至可以根据特定真菌对特定类型的活的或死的植物组织的偏好进一步划分。

专性和兼性这两个术语通常与寄生型和腐生型一起使用，以表明它们的摄食偏好。专性寄生真菌必须有活的植物组织作为食物；这种真菌不会以腐烂的植物残渣为食。然而，兼性植物寄生型更喜欢在活着的植物上定居，但它也能以腐烂的植物残渣为食，如果这是可用的主要食物来源的话。

幸运的是，大多数真菌都属于专性或兼性腐生型的范畴，这意味着该真菌不可能或不优先定植活植物上。然而，在适当的条件下，数量相对较少的真菌能够引起草坪病害，这些真菌是最受关注的真菌。

值得注意的是，大多数真菌实际上对草坪草和其他植物有益，因为真菌有助于有机物的分解。这一过程相当于植物组织的循环利用，使养分进入草坪的根系。这些有益的真菌和目标有害真菌一样通过杀菌剂的应用而“被控制”，这也是尽可能减少杀菌剂使用的另一个原因。

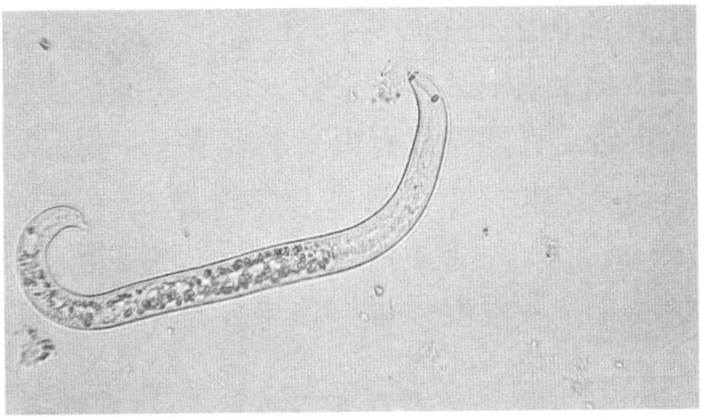

图9.42　线虫放大

(照片由玛丽亚·托马索·彼得森提供)

线虫是土壤传播的、微小的、蠕虫状的动物，可以攻击植物的根系(图9.42)。它们喜欢通风良好、质地较轻的土壤，因此线虫在高含沙量土壤中可能是一个特殊问题，无论是原生土壤还是刻意改良土壤。像真菌一样，大多数线虫实际上是有益的，通常以有害的昆虫和真菌为食。然而，大约有12个属的线虫寄生在草坪草上，并用它们刺穿、吮吸的口器攻击根系。附着在草坪草上的最常见的植物寄生线虫包括刺、根结线虫、矛线虫、短粗根线虫和环线虫。

通过对草坪进行目视检查来诊断线虫病是非常困难的。线虫侵染草坪的整体外观将是斑驳和水分胁迫。仔细检测后可能会发现一些明显的根系结节(肿胀)，但这种症状通常只能由训练有素的眼睛来发现。在大多数情况下，诊断线虫问题的唯一可靠方法是从问题地区的土壤取样，并在疾病诊断实验室进行线虫计数。

如果怀疑有线虫感染，则在春末至夏初和夏末至初秋再次对受影响区域进行采样，采样深度为4英寸。将土样放入密封严密的塑料袋中，收集后尽快通过隔夜快递送到实验室。否则，线虫会在极端温度下死亡，这样导致检测结果提供错误的信息。许多州疾病诊断实验室提供线虫检测要么免费，要么收费不高。这些实验室可以识别样本中存在的任何潜在寄生线虫，并给出处理建议。

大多数实验室都建立了该州或地区最普遍寄生线虫的“门槛”水平。这些阈值是基于对当地生态系统多年的研究，显示了每单位体积土壤中必须存在多少线虫才能造成重大损害。许多线虫有很高的阈值——每品脱取样土壤几百个。然而，像刺线虫(*Belonolaimus* spp.)这样的其他线虫通常被指定阈值1个——也就是说，如果发现单个样本，建议进行化学处理。

用于控制线虫的化学品(杀线虫剂)通常是草坪上使用的一些毒性最大的农药，主要是由于用于控制线虫的化学选择在多年内非常有限。种植前土壤消毒是一种可能，但这显然不能解决现有的草坪线虫种群和许多种植前土壤消毒产品不再可用的问题。一种在南方几个州特别标注的限制使用产品是1,3-二氯丙烯(商品名Curfew©)。这种产品以液体的形式经狭缝注入土壤，然后挥发成有毒气体，对各种线虫和蝼蛄都有活性。如果使用和管理得当，这种土壤熏蒸剂对现有草坪草是安全的。注射器注射后，必须密封土壤。立即用1/2英寸的水灌溉以密封土壤并防止草坪受伤。一种新的第7类杀菌剂叫氟吡菌酰胺(商品名Indemnify©)对运动场草坪市场来说也是一种非常重要的杀线虫剂，因为它在暖季和冷季型草坪中都能提供广谱的线虫控制，并且在一种叫Exteris Stressgard的产品中与肟菌酯混合。这是一种很受欢迎的杀菌剂，用于广谱疾病控制。虽然Indemnify和Exteris Stressgard含有相同的氟吡菌酰胺活性成分，但配方有相当大的差异，影响其在植物和土壤剖面的流动性。阿维菌素(商品名Divanem©)现在被标记为抑制各种植物寄生线虫。最近进入市场的另一种对多种线虫有很好活性的产品是联氟砜(商品名Nimitz© Pro G)。

利用土传真菌防治线虫的生物方法仍在不断发展。Nortica™是一种注册的生物防治线虫剂，由芽孢杆菌组成；它通常需要连续应用以优化线虫控制，并且在快速杀死线虫的预防性而非治疗性方案中效果最好(这些策略将在下面详细讨论)。Econem™(含巴氏杆菌)是另一种生物杀线虫剂，但迄今为止其防治结果有些不一致。

许多非生物因素引起疾病样症状的认识令大多数人感到惊讶，这些非生物或养护因素与实际疾病发病之间的直接关系也是如此。然而，经验丰富的草坪管理者通常明白，这些养护因素可以以某种方式改变植物的功能，并削弱植物，使其容易受到生物诱导的疾病。

其作为一个引起疾病真菌和真菌孢子的避难所，过厚枯草层有助于草坪疾病发生。同时暴露于枯草层中的草坪根系在天气干燥时容易脱水。

修剪，这种将草坪草与其他植物栽培区分开的养护方法，也会引发疾病。切割叶片的物理过程会触发植物内部的一系列生化和生理事件以应对植物遭受的裂口伤害。伤口对草坪本身的功能有直接的影响，同时也是真菌和昆虫攻击植物的入口。当使用钝的剪草机刀片和草坪修剪高度太低时，损坏量会增加。

其他因素，可以暴露草坪于疾病的包括打空心孔、步行践踏或车辆交通、肥力或化学药剂应用、灌溉方法等。所有这些过程，无论是在运动场的管理还是在运动场的使用中都是起作用的，因此它们都是“必要的恶魔”。如果进行或管理得当，每一个过程都将提高运动场养护的整体健康水平。

(2)病害诊断与鉴定

①诊断。一些由真菌引起的草坪病害可以通过其非常明显的叶、茎或根症状来诊断，如斑点、枯萎区域、可见的真菌生长、子实体结构等。然而，其他真菌病和线虫病的症状更为微妙，准确诊断更为困难。

准确诊断的第一步是消除任何前面提到的非生物因素作为症状的原因。赠地大学植物病理学诊断实验室的负责人报告说，很多时候，变成疾病诊断实验室的样本都有一个与土壤有关的潜在问题。通常认为是由不适当的 pH 值、土壤板结、不正确的水分水平等原因造成的。只有当非生物因素作为症状的原因被消除时，管理者才应该在草坪的叶子或茎上寻找可见的真菌症状。

②识别。一个有价值的鉴定工具是“草坪病害日历”，可通过州或地区推广办公室，或通过大多数赠地大学获得。这种类型的日历表示一年中某一特定地区可能发生常见疾病的时间，并允许通过消除当前季节未发生的疾病来缩小对真菌病原体的搜索范围。例如，币斑病通常被病理学家归类为“冷到暖的潮湿天气病”，在东南部的百慕大运动场通常发生于 3~6 月、9~10 月。再往北，在凉爽季节的草坪上，凉爽的夏季气候将使币斑病在夏季出现的窗口期更长。

在排除了那些在一年中特定的气候和时间不会发生的疾病之后，管理者应该寻找草坪草的叶、茎或根上真菌侵袭的症状。这些症状是草坪草被真菌侵入后的特征性可见表现。

真菌病原体产生的最明显症状之一是这种真菌用来在植物间传播的网状“菌丝体”。当草坪上有露水时，菌丝体通常在清晨可见。币斑病、腐霉枯萎病和红线病都有不同颜色和密度的特征菌丝体。

真菌疾病的另一个迹象是“子实体结构”的存在，这是真菌的繁殖机制。一些真菌产生精细的子实体结构，从草坪草的叶和茎中传播孢子。另一种生殖形式病理学家称为菌核是生殖结构而不是孢子的坚硬的菌丝团；褐斑病和灰色雪霉病等疾病将以菌核的形式存在为标志。引起仙环病的真菌通常会产生一个蘑菇果实结构的环，它能立即帮助识别疾病。

在没有可见真菌迹象的情况下，草坪经理应考虑草坪上可见的症状。叶片上可能有带状或斑点，这是某种真菌的典型特征。更大的草坪部分可能会出现明显的褪绿（黄色）草坪或圆形图案，其直径从几英寸到几英尺不等。这些环是褐斑病、仙环病和镰刀菌枯萎病等疾病的特征性症状。

最后，一个 20~50 倍放大的小型显微镜可以非常有用地根据真菌的繁殖孢子来鉴定真菌。对于一些疾病，如叶锈病，不需要显微镜来鉴定病原体，因为孢子明亮的橙色/红色是鉴定的关键。其他疾病，如“长蠕孢属复合体”，将依据特征形状和孢子大小来进行鉴定。

(3) 病害控制策略

在正确识别病害和致病因素之后，就可以做出适当的决定来防治病害。病害控制有三种策略可供考虑，其中化学应用通常是最后的选择。

①抗病或耐病品种。草坪草的遗传潜力是控制病害最有效的手段之一。无论何时种植草坪草，无论是播种、草皮覆盖还是交播，都要考虑是否有任何已知的抗病品种，或者使用 NTEP 品种数据来选择表现出更好抗病性的品种（www. NTEP. org）。

②养护控制。对抗病害的第 2 种方法是修改养护方案来对抗疾病。如前所述，在讨论“疾病三角”时，有疾病发生的潜在原因。改善土壤排水、提高修剪高度、改进肥力策略和改善空气循环只是可用于控制疾病的几种方法。特别是，适当的水分管理是成功的关键，因为延长叶片湿润期增加了疾病的可能性。清晨灌溉在两个方面有助于病害控制：①它最大限度地减少了叶片的湿润期；②它去除了叶片中的吐水（草坪草叶片富含营养和碳水化合物的分泌物，是真菌的极好食物来源）。如果没有灌溉系统，也可以通过让两个人坐在草坪多用途车上拖一根软管穿过场地来清除露水和吐水获得同样的效果。

③化学控制策略。与病害作斗争的最后手段是化学控制。然而很多时候，这种替代方法是先用的，结果是化学药剂被过度使用

和滥用。然而，当时间或可能的严重情况不允许使用养护控制或抗病品种，化学控制可以最好和最快地缓解病害。

在化学品病害控制中有两种管理策略可供选择：预防性和治疗性。

预防性化学疾病控制是在对疾病有利的条件之前应用化学制剂。最常见的是，当草坪有疾病暴发的历史时进行预防性控制；比赛季节的压力使得即使是少量的疾病也不可接受。

当然，有时预防方法是明智的选择，实际上可以减少杀菌剂的使用。例如，在草坪建立过程中使用杀菌剂处理过的种子是一种预防性方法，略微增加了每磅种子的成本，但通常通过减少以后喷洒农药的需要来降低花费。

治疗性方法是在确诊后用化学药剂来治疗病害。重要的是，场地管理人员要密切关注这种病害，以避免因为为时已晚，化学应用无法有效控制真菌。与预防性应用相比，治疗性方法节省时间、金钱和不必要的杀菌剂应用。

(4)运动场草坪管理中的常见病害

与杂草和昆虫一样，在这里提供的有限空间中提供草坪上发生的所有病害的完整描述是不切实际的。这里的目的是提供暖季和冷季运动场草坪上最常见病害的信息，并为场地管理人员应对病害的暴发做好准备。这里对每种疾病的控制方案进行了讨论，并在本节末尾列出了化学控制替代方案表。为了帮助诊断，这些病害是根据最可能发生的季节来组织的。

冬季病害

雪霉(snow mold)。两种主要形式的雪霉病在冬季侵袭冷季型草坪草。粉红色雪霉病/雪霉叶枯病(通常称为微座孢菌斑病或镰刀菌斑病/立枯病)是由雪霉菌 *Michrodochium nivale* (Fr.) Samuels and Hallett 引起的；灰色雪霉病(也称为核瑚菌枯萎病)是由两种真菌引起的：淡红核瑚菌 *Typhula inchanata* Lasch ex Fr. 和石狩核瑚菌(*T. ishikariensis* Imai)。这些疾病非常独特，它们发生在零上温度的环境。它们“竞争优势”的一部分是它们在草坪草休眠或生长非常缓慢的时候攻击草坪草。

顾名思义，这些病原体主要在积雪覆盖下的草坪上活动，防水油布或落叶层也能提供引发疾病的覆盖环境。粉红色雪霉菌可以在没有积雪覆盖的草坪上繁殖，只要有足够的水分存在，所以它的发病范围会进一步向南方扩展。使用草坪毯覆盖，即便它有能力提高温度，有时也与湿度增加导致雪霉病暴发有关。受感染草坪的斑块直径通常在 3~8 英寸，尽管直径达几英尺的较大斑块也很常见。雪霉菌产生数以百万计的孢子，使真菌可以通过水和养护机器很容易地传播。这些真菌以孢子或菌丝体(菌核)的形式在不活动的时期存活，这些菌丝体(菌核)将留在草坪的枯草层中，直到条件再次有利于真菌发育和草坪感染。

控制策略。当草坪有严重的雪霉病暴发时，有时需要使用杀菌剂。然而，在大多数情况下，这一问题并不严重，就不足以在大型运动场上大规模应用化学药剂。在匍匐翦股颖果岭、草地保龄球果岭或草地网球场上，发生严重雪霉病的历史更有可能表明使用预防性杀菌剂是合理的。对于这些情况，应在本季第一场大雪之前使用化学药剂。对于有严重雪霉病暴发史的草坪，考虑在冬季解冻期间进一步应用杀菌剂。

雪霉病的发病规律为我们提出了一些养护控制策略。后期施氮会增加雪霉病的严重程度，所以明智的管理者应避免这种做法。允许草坪以过高的高度进入冬季，导致它像垫子一样在雪下面，这样会为雪霉菌提供一个有利的生长环境。为了对雪霉病进行最佳的养护控制，应保持平衡的肥力计划，并保持土壤 pH 值呈微酸性。

秋季/春季疾病

①幼苗猝倒病(seedling damping off)。

从技术上讲，任何种草的时候都可能发生幼苗猝倒病，但冷季型草坪草的暴发最常见于初夏至仲夏，播种狗牙根草的暴发最常见于中晚春。有几种真菌能引起幼苗的猝倒病，包括腐霉属、丝核菌属、德氏霉属和镰刀菌属，其中最受关注的是腐霉属。苗期草坪草极易受到疾病的侵袭，而土传病原体只是它们要成功建立草坪所必须避免的众多危险之一。

控制策略。为了防止猝倒病，注意在气候最有利于每个物种成功建植的时期播种。为了在幼苗建立过程中防治这种毁灭性的疾病，可以考虑使用已经用腐霉特异性杀菌剂预处理过的种子，并确保手头有合适的杀菌剂，以便在幼苗建植过程中对任何疾病发展的迹象作出反应。杀菌剂包衣种子在最初的萌发和建立阶段对疾病的控制通常是很好的，但随着幼苗的成长迅速下降；使用处理过的种子并不能保证在生长季后期对疾病的控制。

对于该病的栽培管理，确保新播种草的灌溉制度是“轻而频繁”的，以防止种子干燥，并尽量减少土壤饱和，从而促进喜水真菌的生长。随着草坪林分的建立，逐渐将灌溉策略改为“深而不频繁”。为了减少草坪过高的席垫作用，一定要根据需要修剪草坪；让草坪长得过高不是一个好事。

②币斑病(dollar spot)。这是运动场草坪最常见的病害之一。以前与致病菌核盘菌(*Sclerotinia homoeocarpa* F. T. Bennett)有关，现在该致病菌被归类为一个新的真菌属，称为 *Clarireedia*，其中有4个独特的种类，它们在分布和感染的宿主上有所不同。*C. jacksonii* 和 *C. monteithiana* 似乎在美国更为流行，出现在暖季型和冷季型草上。这种真菌不产生孢子，所以它的传播主要是通过菌丝体和受感染的草坪草叶子的移动来完成的，这使得剪草设备成为主要的载体。凉爽的夜晚，温暖的白天和大量的露水有利于这种病的发生。任何能加快草坪干燥速度的方法都能降低币斑病的发生率。

图9.43　币斑病可以通过较高草坪叶子上的沙漏状棕褐色带和早晨的网状菌丝体来识别

在1.5~3英寸高的草坪上，症状是典型的沙漏状条纹，中心通常是浅棕色，周围是深棕色到紫色的条纹。在更近距离修剪的草坪上，最初的症状是小面积的枯萎叶子，大约一个硬币大小，因此被称为币斑病(图9.43)。一个网状真菌菌丝体通常会在清晨露水仍然存在时可见。这种病通常不是狗牙根上的主要问题，但如果在冷季型草或海滨雀稗上不加控制，对草坪的破坏可能相当严重。

控制策略。币斑病有几种化学控制方法，但由于重复喷洒相同的化学药剂或具有类似作用方式的产品，普遍产生了耐药性。在控制币斑病时，一定要交替使用不同作用方式的杀菌剂或与接触杀菌剂混合，以防止发生耐药性。几种商业上可买到的含有芽孢杆菌属的生物杀真菌剂在疾病压力较低的情况下，表现出了长达14 d的良好活性。

币斑病在低肥力的情况下更为普遍，增加施氮量通常可以降低发病率，但要知道过量施氮会增加其他疾病发生的可能性。成功的关键是保持平衡的施肥计划，促进健康、积极的草坪草生长。其他栽培控制措施包括清晨灌溉以缩短叶片湿润期和清晨修剪以加速干燥过程。保持土壤的田间持水量或近田间持水量对控制这种疾病也起着至关重要的作用。弗吉尼亚理工大学的研究报告表明，叶面施用表面活性剂可以通过减少叶片湿度，显著减少币斑病和其他疾病的发生。这种表面活性剂有望作为一种额外的化学工具(但不具有直接的杀菌活性)用于运动场草坪管理者的病害控制计划。

③溶失病/德氏霉叶枯病(叶斑复合体)。许多人认识这种常见的草坪草疾病的病原体为以前认为的长蠕孢属。然而，导致溶失病的真菌现在有几个种，至少包括4个属，包括德氏霉属(*Drechslera*)或离蠕孢霉属(*Bipolaris*)。这种病发生在所有的运动场草坪上，大多数病菌物种喜欢春秋的凉爽夜晚和温暖的白天。也有一些种类在夏天造成大部分的伤害；如果条件对真菌有利的话，这种疾病几乎可以在一年中的任何时候发生。

溶失病发生的初期是叶斑期，此时草坪叶片上出现特征性的深紫色病斑。随着疾病的发展和组织的死亡，这些斑点的中心会变成浅褐色。大面积感染时，草坪呈红棕色。草坪上的叶斑病期看起来很糟糕，但在这一阶段草坪不会被杀死，通常可以用化学药剂成功地治疗这种病害。

第二阶段是真菌进入草坪草的茎部并开始杀死根茎(生长点)。在这一点上，叶斑病阶段已经发展成“冠枯病”，疾病溶失的阶段已经开始。如果病害危害草坪的生长点，草坪损失可能会很严重，而且传播很快(图9.44和图9.45)。

控制策略。通过选择抗病品种，可以在养护上从根本上控制该病。特别是对于冷季型草坪草，在植物选择和育种工作上的大量投资导致了具有良好抗溶失病的品种。其他的养护控制措施包括适当提高修剪高度，以避免移除任何超过必要的受损叶面积，以便有足够的残余叶片来支持必要的代谢过程。避免春季大量施用水溶性氮肥。打孔通气还可以帮助控制疾病，对抗土壤板结，而这是促进病害的条件之一。

图9.44　这种草地早熟禾上的叶斑病主要是影响美观上，对叶子的伤害很小，但如果感染开始在植株内传播，叶斑病可能会变成冠枯病
(照片由杰西·贝内利提供)

图9.45　如果叶斑病已经发展到“枯萎”阶段，即使像这种狗牙根这样生长迅速的草种，也会因该病而显著变稀疏(照片由玛丽亚·托马索·彼得森提供)

养护管理措施对于控制溶失病尤为重要。这种病原体在整个生长季节都能产生数百万个孢子，因此许多土壤中可能总是存在着溶失病的接种物。这取决于草坪管理者是否选择最好的可用品种，并以抑制疾病的方式改变草坪生长环境。

④红线病/粉红斑(red thread/pink patch)。这两种病害发生在所有运动场草坪上，但在冷季型草坪上比在暖季型草坪上更常见。多年来，人们一直认为这些疾病是由同一种真菌引起的，但现在真正的致病因素已被确定，红线病为伏革菌科[*Laetisaria fuciformis*(McAlpine) Burdsall]、粉斑病为伏

革菌科[*Liminomyces roseipellis* Stalpers et Loerakker]。

这些疾病发生在春季、夏末或初秋气温变凉时。这两种疾病的症状都是粉红色的菌丝线，它们以直径 1~2 英尺的斑块形式侵袭草坪。在有露水的清晨，真菌的颜色很容易辨别。真菌容易看到的丝线是一种生存特征；在生长不利的时期，丝线会干涸并落入草坪冠层中，真菌在那里保持不活动状态，直到条件再次有利于疾病的发展。粉斑病几乎总是与红线病一起出现，但红线病可以单独出现，并且能够攻击范围更广的宿主草。

控制策略。这两种疾病最典型的问题是施肥不足的草坪。保持肥力水平与平衡的 N-P-K 计划对抑制红线病和粉斑病至关重要的。如果这些疾病确实发生在土壤肥沃的草坪上，可以用任何一种市售杀菌剂来控制。许多冷季型草品种对这些病害也表现出显著的抗性，这一信息可以在美国的 NTEP 数据中找到 www. NTEP. org。

⑤春季死斑病(spring deacl spot，SDS)。这种疾病是狗牙根上的一个主要问题，它的名字来源于这样一个事实，即当草坪从冬季休眠中恢复返青时，会出现大片的死草坪(图 9. 46)。第一年这些斑块的直径从 4~10 英寸不等，如果几年不检查处理，直径可能会增长到几英尺。

图 9. 46　当草坪从冬季休眠中重新长出时，春季死斑病就分显现出来

SDS 由土传真菌的复合体(已鉴定出 *Ophiosphaerella herpotricha*，*O. korrae*，and *O. narmari*)引起，其主要致病菌因位置而异。病原体攻击草坪的根和茎，在冬季对草坪造成胁迫导致草坪死亡。不足为奇的是，与温和的冬季相比，漫长而寒冷的冬季导致春季死斑病的发生率更高。当草从根茎和匍匐茎向侧面匍匐生长恢复时，病区通常会再次被草坪覆盖，但除非采取措施控制疾病，否则第二个冬天就在同一地点问题很可能再次发生。这种疾病往往会在同一地点反复出现，一次持续 4~5 年，但随后可能突然从该地点消失。

控制策略。如果这种疾病已成为一个持久的问题，定位问题地区，并针对它们在秋季第一次严霜开始前约 30 d 用适当的杀菌剂处理。在大多数情况下，在冻害发生前至少施用两次杀菌剂以优化控制。春季施用杀菌剂对控制春季死斑病真菌无效。最后，当一个处理方案在多个季节实施时才能实现用杀菌剂对春季死斑病最一致有效的化学控制；第一个季节的控制通常不理想，但如果处理方案继续下去，在接下来的季节就会得到改善。

为了尽量减少春季死斑病，在封冻前提高修剪高度，保持高钾水平，在易爆发的地区尽量减少晚季施氮，保持枯草在可接受的水平，并尽量减少土壤压实板结。通过保持充足的氮肥来促进狗牙根的横向扩散生长，从而促进春季再生。

草坪管理者在狗牙根休眠后，将健康的狗牙根草塞移植到病区是很常见的。在使用这项技术时，重要的是丢弃从病区取出的草塞；用病区的草塞替换健康的草塞实质上是将真菌移植到新的区域。

鉴于这是一种反复出现的单循环疾病，弗吉尼亚理工大学的大卫麦考尔博士和团队已经成功地利用地理空间制图为春季死斑病绘制了非常精确的疾病发病地图，然后他们利用这些特定坐标精确地将预防性杀真菌剂在接下来的秋天投放到看起来健康的草坪上。将绘图技术与GPS卫星定位的喷洒系统相结合，并将喷洒控制到单个喷嘴精确位置，使得利用预防性杀菌剂的春季死斑病控制达到极高的精度，并将化学药剂使用量降低了55%～65%。

夏季疾病

①狗牙根衰退病（bermudagrass decline）。近年来，这种疾病造成的损害迅速增加，主要与降低狗牙根的修剪高度有关。大多数狗牙根退化问题发生在高度低于1/2英寸的草坪上。这种疾病是由土壤传播的*Gaummanomyces graminis*(Sacc.)Arx和*Olivier* var. *graminis*引起的，这两种真菌是一种能引起匍匐翦股颖草地上全蚀斑病的真菌的近亲。这种病原体导致狗牙根衰退，症状与线虫病相似：不规则的斑块变薄，似乎受到水分胁迫。与线虫的危害一样，狗牙根衰退也极难诊断，通常需要病理学家才能确定诊断。

控制策略。百慕大衰退病的化学控制最多来讲仍然是非常零星的。用一些杀菌剂(特别是氯苯嘧啶醇和三唑酮)灌淋土壤已显示出控制活性。防治狗牙根衰退的最佳方法是养护：保持土壤中充足的P和K水平，以促进根系生长，并将修剪高度提高到1/2英寸以上(狗牙根衰退最成功的单一策略)。这种战术对高修剪的运动场非常有效，但在需要近距离低修剪以获得最佳运动性的草坪上，显然价值有限。

②褐斑病/大斑病（丝核菌枯萎病）(brown patch/large patch，*Rhizoctonia* Blight)。褐斑/大斑病的主要致病因子是立枯病丝核菌，但已知玉蜀黍丝核菌(*R. zeae* Voorhees)、水稻丝核菌(*R. oryzae* Ryker & Gooch)也会引起褐斑病型症状。褐斑病出现在冷季型草上时称为褐斑病，出现在暖季型草上时称为大斑病。立枯病丝核菌广泛分布于土壤中，可以在植物上作为寄生型或腐生型(图9.47)。

图9.47 ‘纬度36’狗牙根上由立枯病丝核菌引起的大斑病(照片由大卫·麦考尔提供)

褐斑/大斑病的常见症状通常始于直径从几英寸到几英尺的小圆形斑块。在真菌生长活跃期，通常可以看到一个类似光环的环(也称为“烟环”)，特别是在修剪较低的草坪上，但不要等到光环才确认褐斑/大斑病，因为它可能不会出现。与褐斑/大斑病相关的叶斑是中等程度的棕色阴影，并且并不总是像较高修剪草坪上的币斑病变那样明显带状。棕色斑块通常从叶尖向下枯萎，使草坪呈现出特有的棕色。然而，这些枯萎的叶子症状通常在大斑病上没有。取而代之的是，许多暖季草的匍匐茎和基生叶鞘上形成了损伤病害。受感染的枝条很容易在感染点从鞘中拔出。

褐斑/大斑病是有区别的，因为它们在一年中不同的时间出现在不同的草上：在狗牙根、海滨雀稗和结缕草上，这是一种典型的春季/秋季病害，而在冷季型草坪上，这在夏季最为常见。当白天温度高于85℉，夜间温度保持在70℉以上时，这种病在高湿度条件下最为活跃。然而，立枯病丝核菌在较冷的温度下也很活跃，在较冷的时期，当草生长不快时，它最可能对暖季型草坪草造成损害。

这种真菌在自然界很少产生孢子，而是通过菌丝体在植物间传播。它通过形成残留在枯草层的菌核来度过胁迫期。

控制策略。大斑病很少杀死暖季型草坪草，虽然由于病环区域的存在会导致草坪外观不佳。如果草坪在之前被感染的环形区域内显示出明显的恢复迹象，那么草坪将在没有化学处理的情况下恢复。大面积防治的最佳预防性杀菌剂方案通常是建议在霜冻前3~4周施用秋季杀菌剂，当草坪从休眠中恢复时再施用春季杀菌剂。在几乎所有的情况下，大斑病产生的问题更多的是美观而不是草的损失。在冷季型草坪上，由于温暖潮湿的环境有利于真菌的生长，因此褐斑病可能造成草坪损失的问题更为严重。如果草坪被环境或养护管理压力削弱，它将非常容易受到立枯病丝核菌的严重损害，可能需要在主要疾病发生期间用杀菌剂产品标签上推荐的用药时间间隔进行适当杀菌剂处理。

为了降低疾病的发生率，在疾病活动期间通过减少水溶性氮的施用来减少组织肉质化。秋季施用氮肥在冷季型草坪上引发褐斑的可能性小于春季施用氮肥。此外，尽量减少叶片湿润期，以减少菌丝体在植物间的传播。由于立枯病丝核菌不产生孢子，因此不太可能迅速传播。然而，根除真菌基本上是不可能的，因为它要么寄生在活的植物组织中，要么依靠土壤中腐烂的有机物生存。

③腐霉枯萎病(棉花样枯萎病)(*Pythium* blight，cottony blight)。虽然腐霉枯萎病在这里被列在夏季疾病，但必须认识到，腐霉属有许多种在凉爽的天气和夏天的炎热中都能攻击草坪草。引发腐霉枯萎病的腐霉通常被认为是通过叶片侵染，但其他形式的腐霉通常侵染根茎和根系。最严重形式的腐霉枯萎病通常发生在炎热的天气，在从过渡区和向北区域的已建植匍匐翦股颖和多年生黑麦草上，或者从过渡区向南的高羊茅和狗牙根上(请注意，过渡区包含所有4种易受腐霉枯萎病影响的草坪草)。

炎热潮湿的环境会引发腐霉枯萎病的暴发，严重到足以在几小时内杀死大片草坪。为了预测这种疾病的发生，仔细观察温度和湿度。预测北方腐霉枯萎病的经验法则是监测夜间温度和相对湿度。如果预测的夜间华氏温度和相对湿度读数总和为150或以上，暴发的可能性就特别高。

腐霉属真菌是土传的，但它们在水资源丰富的地方繁衍生息。事实上，人们常说这种病是由“水霉菌”引起的，因为腐霉菌在积水中生长旺盛。这些真菌在水中流动性很强，在排水不畅的地方很常见。

这种病的“棉花样枯萎病”的名字来自草坪叶子上厚厚的、棉花状的菌丝网，当露水仍然存在的时候。腐霉菌的菌丝体比币斑真菌的菌丝体厚得多，但要区分移动相对缓慢的币斑真菌和腐霉菌，最好的方法是在受感染区域潮湿时检查草坪叶片的完整性。币斑病感染的叶片将保持完整，并显示上述特征性条带，而腐霉枯萎病感染的叶片将变成油腻的、浸水的块状物，在草坪叶片上没有明显的损伤(图9.48)。干燥后，腐霉枯萎区域将呈一个铜色到金黄色的枯萎叶片。

控制策略。腐霉枯萎病在运动型草坪上并不是每个生长季节都会遇到的主要问题，但当它发生时，人们必须提前做好防治，因为这种疾病具有快速杀死草坪草的潜力。许多流行的广谱杀菌剂对这些真菌没有作用，因此如有需要应该保留腐霉特异性杀菌剂，确保能随时提供防治。避免重复使用相同的化学药剂，因为抗杀菌剂的腐霉生物型已在同一杀菌剂产品定期用于控制腐霉枯萎病的

图9.48　早晨，通过特征性的灰白色厚的菌丝体可以检测到腐霉枯萎病。由于叶片迅速死亡，草坪通常会有黏乎乎的感觉和蓬乱的外观

(照片由大卫·麦考尔提供)

地区发展起来。一类化学物质在其对腐霉真菌的活性方面相当非传统，但由于环境因素而值得考虑，这类化学物质是被称为膦酸盐(商品名 Alude，Magellan，Vital，Vital Sign，Alliette，Signature 和 Resyst，有时也被称为“亚磷酸酯”)。这些化合物在用于预防项目时具有特殊的腐霉控制活性，但不如治疗产品有效。

减少腐霉枯萎病发病率的栽培管理通常围绕着尽量减少过多的水分，特别是在夜间。通过减少氮含量来减少草坪草的多汁性也将有助于减少疾病的暴发。

当有降水威胁时，在运动场上铺设不透水的防水布会大大增加腐霉枯萎病发病的概率，因为在防水布下温度和相对湿度都会迅速升高。这将会为这种疾病创造一个几乎完美的环境，特别是对多年生黑麦草这样的敏感物种来说。如果防水油布必须保持一天或更长的时间，通常明智的做法是在防水油布安装之前用腐霉专用杀菌剂处理草坪。在南部，甚至在2月初使用防水布保护一块被交播的场地免受冰暴影响后，人们观察到了腐霉枯萎病。即使在异常寒冷的温度下，在防水布下积蓄数天的热量和湿度也足以引发黑麦草草坪上的腐霉枯萎病。

④仙环病(fairy ring)。有超过50种真菌可以导致仙环病，这种疾病可以发生在任何草坪草上。这些真菌是土传腐生型，以土壤中的有机质为生，通过上部土壤以圆形或半圆形的方式缓慢向外扩散。草坪草有3种仙环病症状。在类型1中，真菌形成的垫层可以有效地封闭上部土壤剖面(特别是在干旱期)，从而形成疏水性土壤，最终导致草坪死亡。第2类仙环病(图9.49)呈现为深绿色草坪的弧形或环形，真菌在其中分解有机物并将氮释放到草坪生长的土壤中。第3种仙环病可以在一个弧形或圆形中产生马勃或蘑菇。根据湿度和温度的不同，症状在一年中各有所不同。

控制策略。在运动场建设的最后阶段确保没有木屑埋在土壤中，因为任何类型的木材都可以作为仙环病真菌的食物基质。任何能改善土壤健康，与仙环真菌竞争的方法，都是可采用的。施用氮肥或铁肥遮掩绿环是治理绿环的有效途径。为了克服仙环真菌侵染导致的土壤湿润问题，适当的耕作将提高水分的渗透性，并通过在土壤中加入湿润剂和打孔处理来改善土壤的湿润性。管理枯草，保持平衡的营养计划，以及适当的灌溉时间和方式都是有效的养护管理策略。

图9.49 2型仙环病在草坪上形成一个大的深色圆圈，并有蘑菇状的子实体，逐渐从圆心向外扩展
(照片由玛丽亚·托马索·彼得森提供)

仙环病的化学控制选择近年来已扩大，主要是因为各种各样的甲氧基丙烯酸酯类杀菌剂标记了具有相应的效果。然而，虽然标签上带有控制仙环病的杀菌剂数量有所增加，但这种活性通常更多的是短期抑制，而不是完全治愈。在使用任何杀菌剂时，应注意使用频率和在灌溉或降雨情况下将化学物质淋入土壤的必要性。

⑤坏死环斑病。这是一种根部病害，主要发生在草地早熟禾上，是由 *Ophiosphaerella korrae* 引起。这种真菌实际上在春季和秋季侵袭草坪，但在夏季炎热和干旱条件出现之前，对植物的胁迫通常并不明显。坏死环斑(necrotic ring spot，NRS)常与夏季斑相混淆，但 NRS 枯萎草坪的斑块直径通常大于1英尺，而夏季斑造成的死亡面积较小。NRS 还产生了一种典型的“蛙眼”模式。

控制策略。由动物粪便制成的天然有机肥料已被证明有助于防治坏死环斑病。春季施用杀菌剂也被报道降低 NRS 活性。如果这种疾病在过去是一个问题，请注意它有可能再次发生。

⑥夏季斑（summer patch）。像坏死环斑，夏季斑在草地早熟禾上是最需要关注的问题。致病因素是 *Magnaporthe poae* Landschoot & Jackson。最初，斑块看起来很像币斑，但它们的大小迅速增加，并可能具有 NRS 的“青蛙眼”特征（但斑块通常比坏死环斑引起的斑块小）。这种真菌在春季开始侵袭根系，在炎热干燥的夏季，这种损害变得最为明显。在夏季损害明显时施用杀菌剂对控制夏季斑无效；在有夏季斑历史的草坪上，应在土壤温度达到 60℉ 时开始用预防性杀菌剂处理，每隔 4 周重复施用 1 次或 2 次。

控制策略。使用酸化肥料（如硫基材料）来降低或保持土壤的 pH 值，并将修剪高度提高到 2 英寸以上，这些已被证明有助于对抗夏季斑。从春季开始用杀菌剂进行土壤淋洗/灌根也得到了有效的应用，特别是在该病有曾发生过的地区。一旦夏季出现斑块，由于根系减少，管理起来就变得非常困难。这时的管理实践应着眼于保持植物尽可能健康直到秋天当根结构可以重建时。

⑦灰斑病/灰色叶斑病（gray leaf spot）。灰斑病一直被认为只有在美国南部遮阴区域的圣奥古斯丁草上是一个问题。然而，在 20 世纪 90 年代中期，该病在多年生黑麦草和高羊茅上严重暴发，其病原是稻瘟病菌［*Pyricularia grisea*（Cooke）Sacc］。灰斑病发生在高温和高湿度时期之后的夏末。该病使黑麦草和羊茅草坪的叶子枯萎，初步表现为灰褐色和长方形的叶子病变。这种真菌产生大量的孢子，这些孢子可通过设备和运输工具传播，特别是在极端环境胁迫下，这种疾病对多年生黑麦草具有毁灭性的影响。

控制策略。草坪草育种家在培育抗灰斑病品种方面取得了重大进展，许多品种的名称中都有首字母缩写 GLR（灰斑病抗性）。有关灰斑病抗性的具体数据可在 NTEP 网站上查阅（www. NTEP. org）。管理者可以避免水溶性氮的应用和减少叶片湿润时间以抑制疾病。如果出现灰斑病，多年生黑麦草上的病害应迅速用杀菌剂进行处理，而高羊茅通常能抵御灰斑病，仅造成表面损伤。

⑧锈病（rust）。有许多锈菌攻击草坪草，因为覆盖在草坪叶子上的鲜红色或橙色的孢子堆，它们引起的疾病很容易识别。只需在受影响区域穿过布满孢子的草坪，鞋子和裤子也会呈现鲜红色/橙色。通常，与锈病有关的最大问题是与受影响草坪相关的明显颜色变化（图 9. 50）。

叶锈病通常发生在夏末秋初的多云期。叶锈病通常不会真正杀死草坪，但当阴天持续较长时，该病的高发病率会导致问题发生。含有孢子的锈菌子实体结构穿过叶表面，会使草坪处于极度干燥脱水的危险之中，尤其是在天气温暖和阳光充足的情况下。

控制策略。杀菌剂处理控制锈病通常是不必要的。修剪锈菌感染的草坪时，增加修剪高度和修剪频率以减少孢子数量。注意草坪的水分需求，锈菌可能增加叶片干燥脱水，可能需要补充灌溉。

⑨黏菌。一种能产生看起来很可怕但通常对草坪草无害的疾病的真菌。有几种腐生真菌能在所有运动场草坪上引起黏菌。这些

图 9. 50　结缕草叶片上的锈病孢子堆

真菌实际上从未感染过草坪草，但在多云的夏季，它们会生长到草坪草叶子的表面，以传播孢子。这种真菌的主要症状是在草坪表面出现类似烟灰的子实体结构(图9.51)。黏菌对草坪健康的唯一真正威胁是它们暂时阻挡了叶片光合作用所需的阳光。

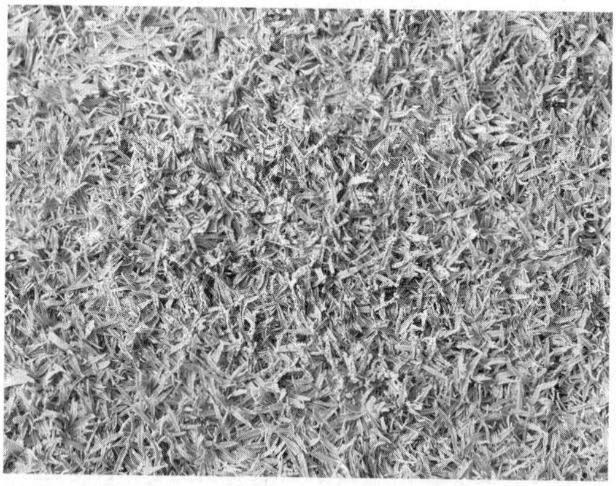

图9.51　黏菌类似草叶上的灰烬
(照片由玛丽亚·托马索·彼得森提供)

控制策略。无须采用化学控制。黏菌的最佳控制方法是，通过简单地修剪、拖拽、或灌溉草坪，以清除叶片表面的子实体结构。

(5)杀菌剂

杀菌剂的分类方法有很多种，因此对一些术语的回顾对有利于在计划杀菌剂处理时做出最佳选择。

想想杀菌剂是如何在植物中移动的——它在植物体内移动性。知道杀菌剂如何进入或不进入植物允许一个人对关于喷洒量，是否在喷洒后进行灌溉，以及预计修剪对控制时间的影响等做出明智的决定。

接触保护剂型杀菌剂，它们只保护植物被杀菌剂实际覆盖着的一部分。这些杀菌剂通常比较便宜，在灌溉或降雨前必须在叶子上彻底干燥，以保持活性，控制时间通常为7~14 d。接触杀菌剂活性的时间长短在很大程度上取决于修剪措施。修剪能除去植物中的大部分杀菌剂。最重要的接触杀菌剂是百菌清。

穿透杀菌剂被植物吸收，但它们在植物内的转移水平和作用方式有很大的不同。局部渗透剂进入叶片组织并保持在进入点附近。这一类的一些例子是咯菌腈、异菌脲、多氧菌素D、唑菌胺酯和肟菌酯。向顶穿透杀菌剂在植物的木质部转移，因此在水流中向上运动。大量登记的杀菌剂是顶向穿透剂。例如，嘧菌酯、氟嘧菌酯、氟酰胺、异噻吩甲酰胺、精甲霜灵、叶菌唑、腈菌唑、吡噻菌胺、霜霉威、丙环唑、甲基托布津、三唑酮和灭菌唑。渗透杀菌剂既有保护作用又有治疗作用，因为它们能被吸收，有些甚至可在植物内转移。想象或者考虑一下，如果一个向上渗透剂型杀菌剂被适当地浇水，使它通过木质部从植物的基部转移到叶子上，它是如何提供“整个植物”的控制的。为了使顶向渗透剂在整个植物中有效，它们必须通过根部向上转移。北卡罗来纳州立大学的最新研究表明，当施用后立即用1/8~1/2英寸的水和/或添加土壤湿润剂进行灌溉时，某些顶向渗透剂型杀菌剂对根病原菌更有效。渗透剂型杀菌剂通常更昂贵，如果在施用后发生意外降雨事件，则能更好地保持其效力，并提供21~28 d的控制期。渗透剂型的杀菌剂控制期也受到养护计划和气候的影响。唯一真正的系统性(在植物内双向移动)杀菌剂是膦酸盐类物质，如三乙膦酸铝。然而，使用真正的系统性杀菌剂进行控制通常仅限于腐霉病和其他水霉菌病害。

当然，这些对接触和渗透剂型杀菌剂性能的“期望”是概括的，读者应该意识到，各个化学品的性能方面可能有很大的不同。

对杀菌剂进行分类还要考虑其作用方式和标签上的杀菌剂抗性活性代码(FRAC)的其他方法(第10章讨论)。害虫抗性是所有农药项目中的一个关注点，但由于真菌能够快速繁殖，因此特别强调杀菌剂抗性。接触或多部位杀菌剂几乎没有抗药性，但其活性相对较短(7~14 d)。百菌清(FRAC M05)自20世纪60年代以来被广泛用作一种独立的杀菌剂，并且由于其多位点活性，它还与其他类别的杀菌剂(不同 FRAC)以多种组合方式混合，以提高疾病控制的范围并降低真菌抗药性的可能性。

自 20 世纪 60 年代以来出现的另一类化学物质是苯并咪唑(FRAC 1)，在这一类中，仍有一种产品多年来一直是标准杀菌剂：甲基托布津，一种具有非常广泛的病害控制活性的产品，但也是一种已被证实币斑病对其产生抗性的产品。去甲基化抑制剂(DMIs，FRAC 3)于 20 世纪 70 年代末上市，到 21 世纪仍有新产品注册。这些是抑制甾醇的单位点作用产物(它们破坏真菌细胞质膜的产生)。这些产品是顶向渗透剂(它们在木质部向上移动)，具有非常广谱的真菌活性，已知币斑病和灰斑病对其具有抗性。运动场草坪管理中常用的 5 种 DMIs 分别是丙环唑、三唑酮、腈菌唑、叶菌唑和灭菌唑。

苯醌外部抑制剂(quinone outside inhibitors，QoI)类(也称为甲氧基丙烯酸酯类 strobilurins，FRAC 11)出现于 20 世纪 90 年代，由于其广谱的疾病控制，尤其是褐斑，该类产品仍然非常流行。这些杀菌剂抑制真菌的呼吸作用。根据活性成分的不同，甲氧基丙烯酸酯类杀菌剂可以是局部渗透剂，也可以是顶向渗透剂。用于运动场草坪管理的标准甲氧基丙烯酸酯类包括嘧菌酯、氟嘧菌酯、唑菌胺酯/吡唑醚菌酯和肟菌酯。一些 QoIs 也有可观的腐霉病活性。作为一个类别，除了曼地菌酯(2-α-甲氧基-N-甲基苯乙酰胺)(商品名 Pinpoint)在币斑病上活性非常好，在褐斑上表现疲弱外，其他嘧菌酯类在币斑病上表现疲弱。已证实腐霉和灰斑病对 QoIs 有抗性。

表 9.11　运动场草坪常用防病杀菌剂一览表

化学名称	商品举例	褐斑大斑病	币斑病	灰斑病	叶斑溶失病	腐霉枯萎病	锈病	春季死斑病	雪霉	猝倒病	红丝病/粉斑病	夏季斑	坏死环斑	狗牙根衰退病	仙环病
嘧菌酯	Heritage	+		+	+	+		+	+		+	+	+		+
嘧菌酯+苯并噻二唑	Heritage Action	+	*	+	+	+	+	+			+	+	+	+	+
嘧菌酯+百菌清	Renown	+	+	+	+		+				+				
嘧菌酯+苯醚甲环唑	Briskway	+	+	+	+		+				+	+	+		+
嘧菌酯+丙环唑	Headway	+	+	+	+	+	+	+	+		+	+	+		+
氯甲氧苯/地茂散	Fungicide V，Terraneb					+				+					
百菌清	Daconil Ultrex，Daconil Weather Stik，Thalonil	+	+	+	+						+				
百菌清+苯并噻二唑	Daconil Action	+	+	+	+		+		+						
百菌清+丙环唑+咯菌腈	Instrata	+	+	+	+		+		+		+	+			
百菌清+丙环唑	Concert Ⅱ	+	+	+	+		+		+		+	+			
百菌清+甲基托布津	Spectro	+	+	+	+		+		+		+				
磺胺乙基噻二唑	Koban，Terrazole					+				+					
氟/咯菌腈	Medallion	+		+	+				+			+			
氟吡菌酰胺+肟菌酯	Exteris Stressgard	+	+	+			+		+		+				

（续）

化学名称	商品举例	褐斑大斑病	币斑病	灰斑病	叶斑溶失病	腐霉枯萎病	锈病	春季死斑病	雪霉	猝倒病	红丝病/粉斑病	夏季斑	坏死环斑	狗牙根衰退病	仙环病
氟嘧菌酯	Fame SC	+	*	+	+	+	+	+	+	+	+	+	+		+
氟酰胺	Pedigree，Pro Star	+							+		+				+
氟唑菌酰胺	Xzemplar	+	+		+				*			*			
三乙膦酸铝	Fosetyl AL，Signature，Signature Xtra Stressgard					+				+					
异菌脲	26GT	+	+		+				+		+				
异菌脲+甲基托布津	26/36	+	+		+				+		+				
异菌脲+肟菌酯	Interface	+	+		+				+		+		+		
异噻吩甲酰胺	Kabuto		+					+							+
曼地菌酯	Pinpoint	*	+				+								
精甲霜灵	SubdueMaxx					+				+					
叶菌唑	Tourney	+	+	+			+		+		+	+	+		+
腈菌唑	Eagle	+	+	+	+		+	+				+	+		
吡噻菌胺	Velista	+	+		+				+		+				
膦酸盐	Resyst、Alude、Fiata					+				+					
多氧菌素	Affirm	+		*											*
霜霉威	Banol					+				+					
丙环唑	Banner MAXX	+	+	+	+		+	+	+		+	+	+		
百克敏/吡唑醚菌酯	Insignia	+	*	+	+	+	+		+		+	+	+	+	+
甲基硫菌灵/甲基托布津	3336 plus	+	+	+	+		+		+		+	+	+		
三唑酮/粉锈宁	Bayleton	+	+	+			+		+		+	+		+	+
三唑酮+肟菌酯	Armada	+	+	+	+		+		+		+	+	+		+
三唑酮+肟菌酯+压力防护剂	Tartan	+	+	+	+		+		+		+	+			+
肟菌酯	Compass	+		+	+		+		+		+	+			
灭菌唑	Trinity，Triton FLO	+	+		+		+		+		+	+	+		+

注：*标签表明病害抑制而不是控制。

本文件由弗吉尼亚理工大学助理教授兼草坪草病理学家大卫·麦考尔更新；最初由密西西比州立大学的推广植物病理学家莫根·帕特尔和荣誉植物病理学家唐纳德·布拉辛格姆编制。此处提供的信息仅用于教育目的。提及商业产品或商品名称时，应理解为不存在对其他可能适用的产品的歧视，并且这些产品已保持标签许可，并按照当前的标签说明使用。

SDHI(琥珀酸脱氢酶抑制剂，FRAC 7)类杀菌剂通过阻断真菌细胞的能量产生而起作用。五种(美国)登记的SDHI类运动场杀菌剂是氟吡菌酰胺、氟酰胺、氟唑菌酰胺、异噻吩甲酰胺和吡噻菌胺。所有这些杀菌剂都是顶向渗透剂，但SDHIs具有高度可变的活性，其中氟酰胺用于控制褐斑，而异噻吩甲酰胺用于抑制春季死斑病。最近登记的氟唑菌酰胺（Xzemplar®）和吡噻菌胺（Velista®）比其他SDHI具有更广谱的活性。

现在只有异菌脲一种二甲酰亚胺（FRAC 2）杀菌剂被标记在运动场草坪上使用，它已经存在了几十年。这是一种广谱杀菌剂，有许多实例证实真菌病害对这一类具有抗性。

最受欢迎的生物杀菌剂是多氧菌素D（商品名：Affirm®，FRAC 19），一种由链霉菌属产生的天然抗生素化合物，尤其以其对丝核菌的活性而闻名。目前草坪行业的重点是植物健康促进产品。具体来说，苯并噻二唑（FRAC P1）被添加到几种常见的活性成分中（用＊ Action®表示），以促进植物对生物和非生物胁迫的防御。几种未分类的寄主植物防御诱导剂可用于草坪草，如矿物油和酞菁色素（FRAC-PNC）。表9.11列出了几种杀菌剂和本章讨论的许多疾病的预期病害控制水平。此表有助于更好地选择专门用于最佳控制某种病害的杀菌剂。然而，所提供的资料并非详尽无遗，在某些情况下，本表中未提及的某些化学品也可能会产生令人满意的效果。

第10章 合理使用化学品

10.1 简介

在最后一章中，我们研究了一些影响草坪草的有害生物，并讨论了一些用于控制它们的化学方法。在本书的前面，我们也考虑了一些添加到土壤中的肥料和其他材料，以增强草坪草养护的能力。

当它们使用得当时，像杀虫剂和肥料这样的化学制剂为促进草坪草的健康生长提供了有价值的工具。按照产品标签说明处理和使用时，这些化学品对健康或环境危害很小或没有严重危害。当使用化学制剂不当时，可能会导致严重或致命的人身伤害，家畜和野生动物的伤害，草坪也会遭到破坏。

在本章中，我们将回顾化学药剂在促进草坪生长养护中安全使用的过程。如果读者从阅读本章中学到的只有一件事的话，那就是：始终遵循制造商的产品标签说明。这一步是确保安全和明智使用化学品的最有效方法。

10.2 产品标签是法律

重要的是要记住，标签说明上给出的应用指南对特定的农药配方具有法律效力。换言之，"标签就是法律"。任何使用农药或其他化学制剂时与标签指南所示不同的行为都是违反法律的行为，并须由地方、州和/或联邦当局(美国)采取法律行动。尤其是当不熟悉某一特定产品时，使用者最好在使用任何杀虫剂前至少阅读产品标签三次。对产品及其安全使用有充分的了解是非常重要的。

标签为处理、应用和处置提供了具体的指导，这将有助于最大限度地提高化学品的有效性(并将危险降至最低)。标签还将显示哪些产品(如肥料或其他杀虫剂)可以安全地与喷雾配方混合。在把两种或两种以上的化学物质混在一起之前须知道其中的危害。

10.2.1 毒性和安全数据表

标签将始终包含一个符号词，其将迅速表明所代表的产品毒性，或潜在的危险。每个标签都有明确标注：小心、警告或危险。这些标签旨在提醒使用者注意产品毒性，以及在意外接触时建议采取的治疗措施和解毒方法。小心是指毒性最小的化学制剂，危险是指毒性最大的化学制剂。

除了产品标签本身，安全数据表(SDS，以前称为材料安全数据表或MSDS)是合理使用化学品的最关键文件。SDS是(美国)联邦政府授权对特定产品作用的书面描述，包括清理溢出物和处理暴露的详细说明。法律规定，无论何时使用或运输危险产品，SDS文件都必须有。

将这些信息保存在易于获取的位置至关重要，同时应定期对使用化学制剂的工人进行工作场所化学品预防措施和注意事项的培训。如果工作人员是(美国)职业安全与健康管理局(OSHA)或环境保护署(EPA)检查的对象，则会要求成员出示工作现场使用的所有化学品的SDS，并且通常会被要求解释表上的信息。如果他们不能告诉检查员这一切意味着什么，至少从实际的角度来看，雇主将被判定为违规，并可能受到罚款和其他处罚。

毒性分类

大多数常用于草坪草的化学物质都在美国环境保护署（EPA）的指导下进行了一系列测试，以确定它们的各种毒性水平。该信息包含在化学品随附的SDS中，必须随时可供检查和审查。半致死剂量（LD_{50}）和半致死浓度（LC_{50}）值代表急性研究中杀死一半受试生物的化学物质的致死剂量（LDs）或致死浓度（LCs）。典型的试验生物体是通过摄入（吞咽）、皮肤暴露（皮肤上）或吸入暴露于物质的实验室小鼠和/或大鼠。表10.1说明了SDS上使用的毒性分类。

从实际角度来看，各毒性分类中的数字越低，该物质的毒性就越大（即杀死50%的受试群体所需的剂量相对较少）。考虑两种来自同一化学家族，具有作为芽前除草剂活性的除草剂：氟乐灵和二甲戊灵。氟乐灵对大鼠的急性半致死量为10 000 mg/kg，二甲戊灵为1250 mg/kg。因此，二甲戊灵的潜在毒性大约是氟乐灵的8倍；二甲戊灵仍然被认为是一种相对安全的产品，但这类信息对于了解其安全性和处理是很重要的。公众对农药使用安全性的看法充其量也只是持怀疑态度。田纳西州立大学（University of Tennessee）开发了一份优秀的推广出版物，运动场管理人员应阅读标题为“除草剂与其他常用化学品相比的安全性”（Breeden et al.，2015）。草甘膦（农达Roundup Pro的商标名）是一种常用的非选择性除草剂，由于各种可能的健康问题而经常出现在新闻中，对大鼠的急性口服LD_{50}为5000 mg/kg，而咖啡因（你喝咖啡吗？）口腔LD_{50}为127 mg/kg。本书的目的并非宣称杀虫剂对施用者、其他人或环境无负面影响，但与一些标准家用化学品相比，其毒性通常是最小的。每个SDS都包含这类信息，所有使用者都必须了解这些数据。

表10.1　毒性分类

毒性分类	标签符号文字	口服LD_{50}评级/（mg/kg体重）	皮肤LD_{50}/（mg/kg体重）	吸入LC_{50}/（mg/L体积）
Ⅰ	危险	<50	<200	<0.05
Ⅱ	警告	>50~500	>200~2000	>0.05~0.5
Ⅲ	小心	>500~5000	>2000~5000	>0.5~2.0
Ⅳ	小心	>5000	>5000	>2.0

10.2.2　混合和应用安全

一旦完全理解了标签说明，就可以准备对化学试剂进行应用。严格遵守混合和处理程序是非常重要的，正是在混合阶段，化学品以其最集中的形式暴露在外，这一阶段的事故可能是悲惨的。

先把说明书要求的衣服和防护装备准备好。你经常会听到这被称为个人防护装备（PPE）。许多产品都需要护目镜，因为如果浓缩液溅入眼睛，可能会对眼睛造成永久性伤害。一些化学药剂只有在戴上橡胶手套或其他安全防护装置时才能安全处理。

同样的道理也适用于施用；在应用任何化学药剂时，必须遵循标签上关于采取适当着装和防护装备的说明，而对于通过喷雾应用的任何化学品，双重防护是必需的。这些规定旨在确保施用人员的安全。如果发现工作人员违反这些防护着装要求，将会面临被罚款。

在使用化学药剂时，注意漂移的可能性是很重要的。在有风的条件下喷洒（甚至混合药剂）会极大地增加化学品从目标区域漂移到潜在易感植物上的可能性。漂移是阔叶除草剂需要特别关注的，它们可能会影响在应用区域的观赏植物。对于某些农药，特别是那些来自被称为“酯类”的化学组分的农药，也有可能通过化学挥发(从液体转化为气体)的过程，然后将化学物质冷凝到场外的其他植物材料上。在炎热的天气里挥发的可能性要大得多。

显然，最明智的做法是避免在刮风时或温度高于标签上建议的最高温度时喷洒任何化学药剂。如果由于某些原因，在有风的情况下也有喷洒必要，则应在喷洒器上使用"防风裙"或护罩以减少药剂飘移(图10.1)。

图10.1 在有风的日子里，减少漂移的唯一方法是使用防风裙，如这张来自弗吉尼亚理工大学杂草科学研究小组照片
(照片由约翰·布鲁尔提供)

10.2.3 使用后说明

任何化学剂标签的一个重要部分以及与运动场草坪行业使用化学剂有直接关系的部分，是化学农药应用后的最小再入期(称为REI，再入间隔)。该信息表明在药剂使用后需要多久人类和家畜可以安全地重新进入该草坪，并且这是防止不必要的人类或宠物接触的关键措施。

如果一个特定的问题需要立即使用化学药剂，比如当一个特定的有害生物造成的危害是严重的并且在增加时，最明智的做法是立即处理这个问题。在规划化学药剂使用时，必须确保在再入期结束前一直关闭该草坪。务必在显著位置张贴化学药剂使用通知和现场禁止使用说明。

10.3 规划和使用农药

10.3.1 识别、查看和应用阈值

特别是在化学农药的使用中，对害虫的正确识别是正确选择使用产品的关键。对虫害的诊断工作不当可能会导致错误应用产品，并且很少或根本无法控制目标害虫。

但是，即使确定了特定的有害生物，也必须"侦察"场地，看看有害生物是否在整个区域存在。查看将有助于作出决定，是做一个地毯式的农药全面施用或只是农药点喷处理受影响的地区。显然，点喷处理更便宜、更容易、环境风险更小。

术语应用阈值是指害虫侵染的严重程度足以保证需要应用化学药剂的点。健康的草坪将抵抗许多害虫问题，一个好的经验法则是，只有当害虫威胁到草坪的实用性或美学价值时，才使用化学药剂来控制害虫。如果草坪在自己对付害虫，保持警惕，但表现出一些克制以减少不必要的农药使用。

10.3.2 选择合适的产品

任何时候使用农药，明智的做法是选择最特异的产品来控制特定的害虫。例如，如果香附子是一个问题，不要使用通用的除草剂。相反，寻找一种专门设计用来控制香附子的除草剂。

选择农药时要考虑的其他因素有：

(1)一般使用与限制使用农药

一般用途的农药可以在柜台上买到，非持证消费者可以购买。然而，在运动场草坪管理中，许多最有用的农药被归类为"限制使用"，这意味着只有经过认证的农药施用者或经过认证的施用者的雇员才能合法地施用这些产品。在大多数州，作为农药施用者的认证需要通过一系列测试，这些测试旨在测试害虫、化学品以及适当的处理和施用方法。

(2)颗粒与喷雾应用

一个主要问题是是否有合适的设备(拖拉机、喷洒系统、撒布机等)以首选方式准确输送化学品。另一个值得关注的问题是，在使用农药后，运动员将在多长时间内能使用该场地。颗粒状的应用通常需要浇水，这样就可以将产品从叶片上冲洗下来，并尽量减少运动员在赛场上的皮肤接触。许多液体农药产品的标签说明显示，一旦材料在叶子上干了，再进入是安全的，但大多数州的规定要求在施用任何杀虫剂后有 24h 的再进入期。

检查液体产品上的标签说明也很重要，以确保可用类型的喷雾设备能够提供推荐的产品浓度。如果喷雾器每 1000 平方英尺只能输送 2 加仑药液，那么不要购买每 1000 平方英尺至少需要 4 加仑药液的产品。

(3)配方

一个运动场草坪经理需要做的决定是选择一个特定的配方。例如，液体应用的一个直接问题是保持化学药剂在喷雾罐中正确混合或“悬浮”所需的搅拌量。许多混合物需要不断搅拌，以防止活性剂从混合物中“沉淀”。低容量喷雾器通常配备有小型泵，用于最小程度的搅拌。如果使用小容量喷雾器，请与经销商确认哪种产品在尽量少搅动的情况下将保持悬浮状态。高容量设备通常提供足够的搅拌。

另一个与配方有关的问题是所用化学产品中活性成分(AI)的重量百分比。在大多数化学产品中，活性成分只占重量的一小部分，其余部分由作为活性成分载体或黏合剂的“惰性成分”组成。当然，活性成分将最终控制害虫，因此了解使用的产品中有多少活性成分是很重要的。

化学产品的液体配方标有活性成分，以每加多少磅为单位进行表示。例如，标记为“3.3 EC”的产品是每加仑含 3.3 磅活性成分的可乳化浓缩物。干制剂的 AI 表示为产品重量的百分比。例如，“65 WP”配方意味着产品是一种“可湿性粉末”，按重量计含有 65%的活性成分。

许多最近注册的产品每英亩使用的活性成分含量(AIA)非常低，这些最新产品中的一些是以盎司或克每英亩为单位使用的，而不是像以前的化学制品那样以磅每英亩(约 $1121g/hm^2$)为单位使用的。这些产品的浓缩形式通常对人体的毒性较小，对环境的危害较小，对农药施用者的风险也较低。低活性成分含量产品标签上通常带有小心或警告标志。根据经验，尽可能使用带有小心标志的杀虫剂。

一些化学制剂的配方允许以固体或液体形式应用。然而，颗粒制剂是指在购买后就可以直接使用的。这些产品相对容易处理和施用到田间，是那些在应用过程中受风力影响最小的产品，但每磅活性成分通常更贵。颗粒配方通常含有低百分比的活性成分，以便在小面积内更均匀地摊铺。当然，这意味着在大面积使用这种产品时，需要购买大量的颗粒材料。作为颗粒剂应用的分散颗粒(DG)制剂(DG，详见第9章)已被认为提供与可喷雾制剂相当的病害控制水平，因为它们在遇到水分时分散在叶和茎上。这些配方提供了运动场草坪经理以实现良好的化学覆盖他们的草坪而无须喷雾系统的能力。

许多市售农药，特别是芽前(PRE)除草剂，现在被添加到颗粒肥料载体中。这些产品以“除草和肥料”材料的名称销售，使施药者可以在一次施用中同时施用肥料和除草剂。除杂草和肥料二合一产品已经成为非常受家庭园丁欢迎的产品，现在在美国全国各地有许多商业公司以非常有竞争力的价格提供材料和他们的定制施用。

本书的目的是向场地经理及其员工提供必要的化学应用信息。然而，随着对化学品应用培训的监管要求，以及对特殊设备、灌装和清理区域以及化学品储存设施的需要，许多管理者发现，雇用外部承包商进行农药和化肥应用是一种成本效益高的替代方案

图 10.2　与使用场地设施员工进行化学农药施用相比，使用两个喷雾器的商业施药操作是一种节省成本的选择

(照片由凯文·康纳利提供)

(图 10.2)。

大多数其他配方的目的是作为液体通过喷雾系统应用。大多数可喷雾配方与水混合时不会形成真正的"溶液"，而是形成"悬浮液"。不同之处在于悬浮液需要在喷雾罐中搅拌，以保持物料悬浮，并防止喷雾器堵塞。可湿性粉剂(WP)是最便宜、浓度最高的喷雾剂之一。由于可湿性粉剂粉状农药载体的粒径较小，它难以处理，用起来不方便。较大颗粒的配方称为干悬浮剂(DFs)或水分散性颗粒(WDG)。(与之前讨论的 DG 配方不同，WDG 配方旨在添加到水中并通过喷雾系统输送)。这些产品采用活性成分的颗粒载体，更易于处理和在罐中混合。草坪农药常用的液体制剂是乳油(ECs)。乳油通常是悬浮在水中的油基农药载体。这些配方易于处理和使用，而且相对便宜。虽然它们是以液体的形式出售的，但乳油也需要适当的喷雾罐搅拌，以使农药保持适当的悬浮状态。

这里列出的例子是草坪草化学制剂最常见的配方，但偶尔也会遇到其他为具有特定性能特征点专门设计的配方。

10.3.3　设备和校准

(1)设备

对于大多数体育场设施来说，因为预算限制不能购买各种各样的应用设备。然而，重要的是要记住，现有设备的类型越多，经理在选择化工产品时的选择范围就越大。至少，每个场地经理和他或她的员工都应该能够使用抛掷式播种施肥机和喷雾器。

撒播机/抛掷式播种施肥机可步行和拖拉机驱动配置。步行式撒播机通常可以处理单个场地，但具有多个场地的体育设施应考虑拖拉机驱动的撒播机，这将以降低劳动力成本的方式抵消更贵的拖拉机驱动撒播机所需的费用。

在选择喷雾器时，一个关键的考虑因素是每分钟喷洒产品的加仑数。大多数设备每分钟输送 1/2～4 加仑。每分钟喷洒量最高达 2 加仑的喷雾器称为"低容量"喷雾器，适用于大多数运动场应用。许多杂草控制产品的施用量可以低至 1/2 加仑/min，但大多数杀虫剂和杀菌剂都需要一个至少可以喷洒 2 加仑/min 的喷雾器。

(2)校准

校准应用设备以喷施标签上列出的产品量是很重要的，通常是磅每 1000 平方英尺或盎司每 1000 平方英尺。(校准设备之前，应仔细清洁任何设备，在大型应用中，至少每天清洁一次。脏的撒播器或喷雾器可能会不均匀地输送产品，或者输送量与初始校准显示的量相差很大。如果班组在大型作业开始时进行校准，并在没有清洁或重新校准的情况下使用材料 5 d，则在使用结束时，操作员可能不知道实际使用率是多少)。

颗粒撒播机把肥料和杀虫剂从料斗里扔到一个飞轮上，飞轮把肥料或者杀虫剂颗粒从撒播机上抛离。使用广布撒播施肥机的优点是，撒播机可以在更大的区域内输送粒状化学品，减少了化学农药施用中的遗漏，并且几乎可以用于任何等级(尺寸)的肥料或农药。其局限性在于降低化学农药施用的一些准确性，并且不能在有风的条件下准确地应用农药材料。

广布撒播机通常有带有数字或字母的校

准旋钮，以便相当精确地校准。(许多杀虫剂和肥料标签建议使用更主流的撒播机品牌)然而，即使使用了正确校准的设备，最终也可能出现施用过多或过少产品的情况。

撒播机路径(设备轮胎路线)之间的间距可能是最大的变量。通常的做法是保持撒播模式 40% 的重叠率，如果撒播机投掷宽度为 12 英尺，则下一次重叠约 5 英尺，以确保均匀覆盖。但是，要知道，所有的撒播机在分布均匀性上肯定是不一样的，因为它取决于撒播机型号、撒播者和施用的产品。

在校准期间检查撒播机的分布是明智的，以便更精确地确定提供 100% 覆盖所需的重叠量。这可以通过在垂直于撒播施肥方向的 2~3 英尺中心间距放置收集盘并在撒播机几次通过后收集施用的产品材料来实现。廉价的铝制烤盘(有时内衬纸巾，以防止颗粒弹起)可以很好地捕捉抛掷的颗粒(图 10.3)。放置收集盘，以便在施用中心线两侧至少捕获 6 英尺范围内的材料(即至少 12 英尺宽)。捕获材料后，称量产品以精确确定分布，但将产品倒入清晰的小口瓶、试管或罐中，可以快速评估产品分布以及需要多少重叠(图 10.4)。需要考虑的另外两个重要因素：①保持恒定的行走速度以保持颗粒物料输送的一致性很重要；②需要在表面特征(坡度、植被等)上与预期应用

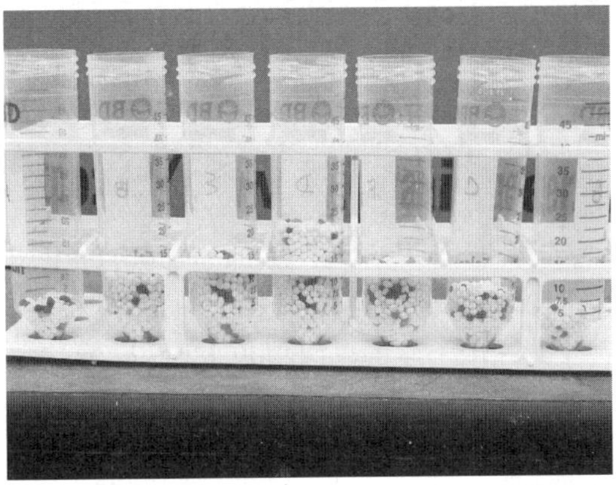

图 10.4　通过了解收集盘的间距，可以快速直观地确定广布撒播机提供均匀覆盖所需的重叠量

场所相当的区域进行校准。

确定某一区域内产品施用量的一个简单方法是使用“撒播机裙板”，这是一种安装在撒播器底座周围的附件，可以捕获撒播机所有正在撒播的材料(图 10.5)。确定摊铺宽度，需要多少重叠，并确定覆盖 1000 平方英尺铺层的长度。连接撒播机裙板并在校准运行期间收集产品，直到获得所需数量。请注意，有些撒播机裙板的设计适合特定品牌的撒播机。

(有关校准广布撒播机的计算示例，请参见附录 A.1.5)

跌落式播种施肥机更容易校准，因为变量较少，开口的大小是最重要的。跌落式撒

图 10.3　在校准期间，将铝烤盘以 2 英尺中心间距放置，用于确定颗粒肥料的分布

图 10.5　连接到撒播器的撒播器裙板为校准期间收集物料提供了一种便捷方法

播机只是通过重力输送粒状物料，撒播机上的开口越大，物料通过的越多。在小范围内，可以通过捕捉或收集掉落的材料来精确校准跌落式撒播器。这可以通过安装在撒播机下面的托盘附件来完成。一些型号有接收盘，但也可以轻松且廉价地自己做(图 10.6)。材料也可以撒在一块塑料上，甚至是一个干净的车间地板上(然后清扫和捡起产品)。至少 10 英尺长的测试应用适合于该校准。收集材料后，称重(需要一个小电子秤来精确测量收集的少量产品)，并确定每 1000 平方英尺的施用量。

图 10.6　这种廉价的收集盘是通过纵向切割直径为 2 英寸的聚氯乙烯(PVC)管，将端盖切成两半并黏在 PVC 上，然后连接两小段链条，使其悬挂在撒播机底座上

跌落式撒播机的局限性在于覆盖面积较小(通常为 2~6 英尺宽)，农业级肥料可能无法穿过撒播机的小开口，并且需要精确施用，以防止材料漏施或过度施用。

使用跌落式撒播机时，重叠车轮以使颗粒均匀分布。(撒布机从车轮内侧到材料开口的距离各不相同；操作员需要知道所使用的撒播机的距离，并仔细观察以匹配每道施用的边缘)同样重要的是，避免在转弯的场地边缘过度施用。跌落式撒播机最好在早晨使用，此时露水使操作员能够清楚地看到撒播机的轨迹。

(有关校准跌落式撒播机的计算示例，请参见附录 A.1.5)

对于喷雾设备，系统的几个部件在最大限度地提高设备性能方面起着关键作用。喷雾器具有不同类型的泵(活塞泵、离心泵、齿轮泵、滚柱叶片泵和隔膜泵)，每种泵在成本、操作方法和性能方面各有优缺点。正确的喷雾器性能有六个要求：喷雾器设计、喷嘴类型、喷雾臂高度、喷雾压力、搅拌和地面速度。场地经理可咨询其设备供应商或推广专家，以审查适合场地设施特殊需要的选项。

喷雾器的一个关键部件是喷嘴，它将喷雾溶液分散成液滴。对于一般用途的喷雾，最好的选择是喷嘴设计为“平扇面”的类型，这种类型喷嘴的喷射模式预计重叠约 33%。因此，喷嘴间距和喷雾臂高度对于正确喷施至关重要。其他类型的喷嘴(圆锥面、空心圆锥面、均匀平扇面等)设计用于各种不同喷雾压力，将化学品施入草坪冠层或用于各种不同化学制剂应用的需要。

喷嘴的选择对于优化农药性能和通过选择输送特定适合情况尺寸液滴的喷嘴来最小化非目标效应有很大的帮助。如图 10.7 所示，喷嘴在推荐的喷雾压力下提供一系列液滴尺寸。较粗的液滴不太可能漂移，输送粗液滴的喷嘴最适合输送系统性或渗透性农药的高加仑喷雾量，这些农药将被植物吸收并在一定程度上转移；由于覆盖特性差，接触性农药一般不适合粗液滴。然而，像空气诱导喷嘴这样的新技术提供了粗糙的液滴(和最小的漂移潜力)，但由于液滴在形成时注入了气泡，因此覆盖率很高。当水滴撞击植物材料时，撞击会导致气泡爆裂，一个粗糙的大水滴会变成许多细小的水滴，从而优化覆盖范围。因此，该喷嘴适用于许多不同类型的喷雾应用。

与喷雾系统的其他部件一样，需要对喷嘴进行适当的维护，以实现系统的最佳性能。堵塞、不匹配或损坏的喷嘴将无法以适当的量均匀喷洒材料。

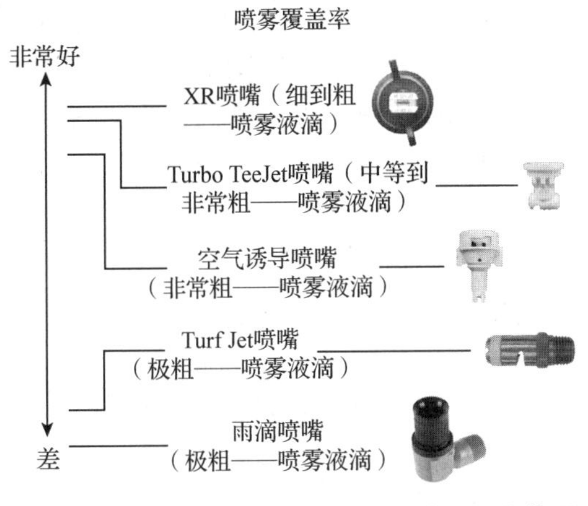

图 10.7　选择适当的喷嘴，以确保喷雾覆盖范围针对相应的化学品和环境条件进行优化
（照片由卢卡斯·丹特提供）

喷雾器配备有过滤器，用以消除可能堵塞系统的杂质和大颗粒。为确保喷雾器性能最佳，这些过滤器应经常清洗或更换。

向工作人员强调，化学农药应用时的驾驶或行走速度必须与校准运行中使用的速度相当。喷洒溶液的量与地面速度成反比。例如，若行驶速度增加一倍，设备将提供所需化学品量的一半；如果行驶速度减半，则喷洒量是校准量的两倍。

（有关校准喷雾设备的计算示例，请参见附录 A. 1. 5）

10. 3. 4　治疗性与预防性喷药应用

许多人早已认识到这句谚语的智慧"一分预防胜于十分治疗。"然而，在使用化学品的情况下，这句谚语并不总是一个好的经验法则。

在运动场草坪维护中，治疗性应用通常优先于预防性应用。原因如下：

第一，一个预期的问题，如有害生物种群可能不会真正发生，所以预防性治疗很可能是浪费金钱。

第二，害虫对农药的抗药性是一个实质性和威胁性的问题——当超过必要的应用量时，这种抗性的出现可能会加快（见 10. 3. 7 中的讨论）。

第三，因为使用了一些预防性农药，计划的播种操作（包括定期重新播种）可能会失败，如杂草除草剂，因为这些除草剂大多数会像控制杂草一样控制草坪草。杂草几乎总是运动场上的一个问题，大量使用的场地因为践踏，而有一个更开放的草坪冠层，这一问题往往更为严重。由于运动员和/或教练的可运动性考虑或期望，一些运动场管理者对其场地上的杂草几乎没有容忍度。这些场地将需要芽前除草剂保持最好的草坪。然而，即使是这些管理者也应该采取一种理念，即只使用必要的农药，当杂草在赛季后期出现时利用芽后（POST）除草剂清理的方案。

10. 3. 5　点喷与地毯式喷施应用

显而易见，点喷应用优于地毯式应用。如果害虫集中在一个区域，或者如果危害只是零星分散在整个场地，为什么还要花时间和费用来处理整个场地呢？使用点喷方法针对实际问题，减少农药成本和浪费。点喷应用对地毯式应用相当于手术刀和链锯——使用侵入性最小的技术。

10. 3. 6　规划应用时间

当化学药剂能够最大限度地控制问题害虫而对草坪草的影响最小时使用化学药剂。例如，在季节晚期施用芽后除草剂来杀死已经结出种子的马唐是毫无意义的。这种草是一种夏季一年生植物，在第一次霜冻时就会死亡，所以秋季施用化学药剂既浪费金钱，又污染环境。当植物幼嫩且生长活跃时，用芽后除草剂处理杂草。

类似的逻辑也适用于使用杀虫剂和杀菌剂来控制昆虫和病害。将杀虫剂应用于害虫活动高峰期（如前一章所述），以便最大限度地控制害虫。另外，需考虑草坪草是否已经受到高温、干旱或其他生长条件的胁迫——这些胁迫可能会限制草坪从施用农药影响中恢复的能力。

化学应用后是否需要降雨或灌溉？对于芽前除草剂，必须在指定的时间段(标签上提供)内对化学品进行浇水，以使化学品达到预期效果。用于控制地下害虫的杀虫剂和杀线虫剂也是如此。然而，施用芽后除草剂或任何旨在控制地上昆虫的杀虫剂后的灌溉或降雨会损害这些产品的效力。在进行化学应用前，查阅标签，查看产品是否需要浇水和/或注意天气预报。

特别是对于芽后除草剂，大多数标签会建议添加表面活性剂(通常称为润湿剂)以增强植物对化学物质的吸收。然而，在芽前除草剂中添加表面活性剂是没有意义的，因为它是用于土壤而不是植物。

10.3.7 替换产品

定期避免重复使用相同的化学品(或属于同一系列的化学品)。通过始终如一地使用来自相同化学类别和/或相同作用模式的产品，人们正在加快杂草、昆虫或病害等抗性生物类型的发展速度。为了更好地管理抗药性，农药抗药性行动委员会(RAC)为农药类别制定了组码，这些组码在农药标签的正面突出显示，以帮助施药者选择具有不同作用模式的农药。例如，即使嘧菌酯(绘绿 Heritage©)和吡唑醚菌酯(Insignia©)是不同的杀菌剂，它们都属于甲氧基丙烯酸酯类家族，作用方式相似。它们的标签上都有杀菌剂 RAC(或 FRAC)组码 11。因此，即使它们是不同的作用模式，运动场经理也应该选择具有不同 FRAC 编码的产品制定病害控制计划，以尽量减少抗药性的可能性。管理抗药性的另一种方法是选择含有多种不同作用方式的农药产品，但即使这样，也需要继续利用 RAC 代码，以尽量减少产生抗药性群体的机会。

10.4 记录保存

俗话说，文书工作完成了，工作才算完成。这当然适用于化学药剂的应用。为了职业上的安心，请仔细记录所有肥料和农药的施用情况。自 1993 年 5 月 10 日颁布 1990 年《美国农业法案》以来，联邦政府规定了所有经认证的农药施用者的特定记录保存程序。在施用限用农药之日起 30 日内，应当书面记载下列情况：

①商标和产品名称以及 EPA 注册号；

②应用产品的总量；

③应用的特定位置；

④处理区域的大小；

⑤作物(为了我们的目的，通常“草坪草”)，货物，储存产品或施用农药的地点(一个或多个特定场地)；

⑥施用的月份、日期和年份；

⑦施用者或施用者认证主管的姓名和认证号。

根据美国联邦法律，所有记录必须自农药施用之日起至少保存两年。

重要的是要检查各州对保持农药记录的要求，以确定是否有比联邦法律更多的附加规定。许多州草坪协会每年都举办喷雾器和撒布器校准研讨会或研讨班，这些研讨会通常是维持农药施用者执照认证培训或重新认证学分的一部分。

第11章 有机场地管理

11.1 简介

有机场地管理(OFM)是一种维护草坪草的养护系统，它基于以下原则：①使用植物和动物产品或副产品的天然补充剂；②添加纠正土壤缺陷的矿物质；③严格遵守良好的养护方法。该系统产生可持续的场地表现，对环境的影响最小，农药接触较少。有机场地管理核心是土壤微生物种群，它可以循环利用养分，对抗草坪害虫和病原体，改善土壤结构。有机场地管理结果是土壤与空气的交换更大，养分缓冲和释放更多，受害虫和病原体侵扰更少，并可增加植物水分的获取。

传统的场地管理是大多数场地管理者所采用的依靠合成或人工制造的肥料、农药和植物生长调节剂的养护系统。该系统可获得可预测结果的高质量草坪草。近年来，有机方法作为消除人类接触农药和防止环境受到化学污染的一种替代方法受到了广泛的欢迎。在某些情况下，大小城市的市政府正在强制要求将传统方法转变为有机方法。

我们撰写这一章的目的不是要讨论有机农业和传统农业论点的优劣，而是提供一种如何实施体育场地有机管理战略的方法。读者将看到采用有机管理策略的历史、洞见、局限性、定义、明确性以及选择。

11.2 有机场地管理的定义和原则

需要澄清的一个重要概念“有机”一词。这是一个许多人都熟悉的术语，但根据使用的上下文有不同的含义。学术界人士将有机物定义为一种含有碳并通过共价键结合在一起的物质或化合物。这是种广泛的化学品的定义，允许在有机管理战略中广泛使用的化学品。例如，常规肥力计划中使用的标准合成肥料之一是尿素(45-0-0)。根据它的化学成分，它被认为是一种有机肥料。然而，这个例子是制造业的产物，不符合有机场地管理的意图。有机管理的更准确定义是指从天然植物、动物或矿物残渣或不含合成投入物的副产品中提取的物质或化合物。这个定义中的关键词是自然，而自然的对立面是合成的。合成意味着这些物质是由人类合成或制造的。

有机管理倡导者反复使用的另一个术语是土壤健康。有机场地管理致力于创造优良的土壤健康。健康的土壤是指微生物数量众多、种类繁多、营养基础丰富且具有缓冲作用、土壤结构优良、土壤空气交换可持续、内部排水和持水能力良好、养分持续供给的土壤。

另一个对有机策略的成败至关重要的术语是土壤改良剂。有机策略中使用的可接受的土壤改良剂是天然植物或动物残留物或副产品，如有机肥料、必需矿物质补充剂、天然的水提取溶液或悬浮液、活的或非活的微生物鸡尾酒混合物等有益于改变土壤剖面的化学、生物和/或物理性质。虽然土壤改良剂是有机农业的基础，但这些补充剂只代表有机方法的一半。另一半是良好的养护实践，包括修剪、耕作、灌溉和播种/植物复壮。

与有机管理策略相比，使用合成化学品和肥料产生更快的结果、更可预测的结果和更高水平的草坪质量。采用有机场地管理的核心理由是运动员和观众不暴露于合成化学品或肥料的真实或可感知的危险中。

11.3 有机场地管理的原则和概念

有机场地管理基于增强植物和土壤系统的自然循环(即健康土壤，如图 11.1 所示)。有机物的碳结构作为微生物的食物基质，导致了大量多样的微生物种群。锁定在有机物中的植物营养元素在微生物分解过程中被释放。释放的养分远远超过微生物本身所需的水平，这些养分变得可溶，并保留在土壤剖面中供附近的植物吸收。此外，不同的微生物种群成为拮抗剂，减少草坪害虫和病原体。其他微生物和大型生物通过增强土壤结构和改善与通气、排水、水分可利用性和养分保持有关的土壤物理和化学性质，进一步促进土壤健康。

氮是有机质中保存最多、最重要的营养物质。氮是至关重要的，因为它对植物新陈代谢的所有阶段都是必不可少的，并且很容易通过侵蚀、淋滤或挥发从土壤剖面流失。氮的唯一自然来源是雨水(大气氮在雨水向下滴落时溶解在雨水中)和将大气氮固定在土壤中的自由共生微生物。从这两种来源获得的氮量只是植物所需氮总量的一小部分。植物所需的剩余氮必须来自外界或可回收的有机物。从天然和施用的有机源(有机肥料)中回收 N 是使有机场地管理成功的关键过程。在健康的土壤中，微生物释放的氮阻止了氮的奢侈消费，调节了氮的有效性，并维持了对植物的持续供应。

11.4 调整应对有机场地管理

由于 OFM 将是大多数管理者的新方法，他们必须进行心理调整，强调养护实践和土壤改良的重要性，并尽量减少一个或多个投入可以解决问题或扭转管理错误的观念。有机策略依赖于增强植物对有害生物的抗性和对极端不利环境的耐受性的内在机制。

几乎所有的传统草坪管理中学习到的优化养护实践的指导方针与一个合理的有机方法要求是相同的。有机策略和传统策略之间的关键区别在于依赖于建立健康的土壤剖面，消除合成产品的输入，识别草坪质量的可接受阈值，剖析问题的原因，而不是寻找

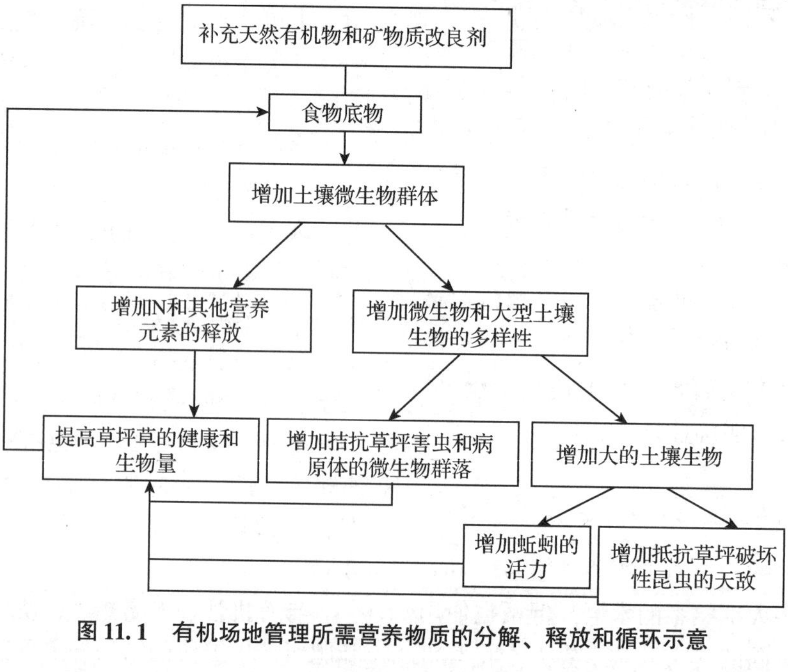

图 11.1 有机场地管理所需营养物质的分解、释放和循环示意

快速解决方法。认识到草坪质量的可接受阈值是基于害虫综合治理(IPM)的原则，该原则建立在对草坪害虫的存在和/或活动进行仔细监测的基础上，但只有当害虫问题达到不可接受的草坪损害阈值时才采取治疗措施。这一战略需要一名受过良好教育的场地管理人员，致力于限制农药的使用。场地管理者应认识到，如果在识别和监测害虫以及实施养护措施方面出现错误，这些错误将产生难以消除的持久影响。

11.5　有机场地管理的时间和现场场地条件

对运动场采取有机的管理策略，从建设到场地利用，随时都可能发生。采用有机管理策略的最佳时间是在完成场地建设后草坪完全建植好的时候。这个时机利用了草坪本身提供的竞争和可持续性作为一种手段，以对抗杂草，昆虫和疾病。施工阶段是添加种植前肥料、纠正矿物质不足、加入堆肥、调整 pH 值和使用杂草控制措施(芽前施用除草剂和/或芽后施用)以控制入侵和有害杂草的好时机。第 1 章第 1.4 节至第 1.9 节中关于建植草坪草的信息和指南适用于常规和有机管理策略。

除了选择有机管理的时机外，场地本身也会影响有机策略的成功程度。具有良好的内部和表面排水，中高残留有机质含量和中性 pH 值水平的土壤对场地有机管理响应良好。干旱或淹水的土壤不适合有机策略。同样，由于忽视、过度使用、板结、长期的病害、虫害以及存在入侵或有害杂草而处于恶劣状态的场地，应在转换为有机策略之前予以解决。在某些情况下，场地可能需要进行重大改造以提供必要的养分，纠正排水问题，调整土壤的 pH 值，并在采用有机方法之前通过土壤掺入添加堆肥。

场地在国内的地理区域也是启动有机战略时要考虑的另一个因素。过渡带位置的场地在有机管理下比冷季或暖季中心区域的场地更难维持。过渡带位置的场地在高温和低温以及潮湿和干燥时期经历了很大的波动，这对草坪抵御害虫和杂草入侵的能力造成了压力。

有机管理过渡所增加的成本和成功的可能性应成为采取有机战略决定的一部分。一旦采用了有机策略，修复或养护管理质量差的场地会昂贵和困难。

11.6　有机场地管理投入

除了与合成肥料、杀虫剂或生长调节剂应用有关的原则外，本书中概述的所有运动场草坪养护原则都与有机场地管理兼容。早期章节中解释的指导方针涉及草坪草、土壤和土壤科学、修剪、灌溉、排水、枯草和打孔，以及草坪草胁迫和补救措施的非化学部分是健全的有机管理策略的一部分。然而，在采用有机管理战略时，每一个主题都有一些部分需要强调和调整。

11.6.1　草坪草

有机管理草坪草种和/或品种的选择与常规场地管理相同。使物种适应地理位置是非常重要的，有机策略中草坪草选择的一个变化可能是在过渡区位置相比冷季型草更优先选择狗牙根(图 1.9)。在有机管理中，狗牙根具有抗虫性和抗病性强、抗磨性和恢复能力好、杂草入侵少等优点。随着种子繁殖，耐寒品种的最新发展进一步支持了过渡区狗牙根的利用(即种子品种如‘摩纳哥’和营养品种，包括‘爱国者’、‘纬度 36’、‘北桥’和‘塔荷马 31’)。狗牙根的早期休眠和延迟的春季生长需要考虑，但可能不是关键，这取决于场地使用的时间。在秋季用多年生黑麦草(第 1.10 节)交播狗牙根，以增加冬季的颜色和生物量是一个良好的有机管理策略。在春季，重新播种狗牙根(将狗牙根播种到现有的狗牙根草坪中)以建立林分密度或转换品种组成也是一种合理的有机管理策略。

与旧的或未改良的草坪草相比，如今用于运动场的改良草坪草品种通常需要更高的氮肥。这种较高的氮肥需求量并不在有机管理中，未改良品种比改良类型更好。改良后的品种具有较高的枝密度、紧凑的生长、耐较低的修剪、较深的颜色和较高的损伤后恢复能力。然而，有机策略可能会受到支持高氮需求改良类型的挑战，但这一挑战可以通过精心管理实现。

在冷季区选择和种植冷季型草或在暖季区种植狗牙根，无论是采用常规管理方法还是有机管理方法，都是相同的(第1.3节)。草坪草作为寄主植物强调选择和/或混合(结合两个或两个以上的品种)抗病品种以减少病虫害的发生。通过选择合适的草种，有些病害是完全可以避免的。草地早熟禾是夏季斑高度敏感的，而高羊茅是高度抗夏季斑的。特定的疾病是一个麻烦问题，而一些品种的草地早熟禾和高羊茅在抗特殊疾病时，这些草坪草可以单独或混合使用。将高羊茅与草地早熟禾或杂交(耐热)草地早熟禾品种混合，可以降低与单作种植相关的病害压力。类似地，草地早熟禾和多年生黑麦草的混合物，提供了更好的抗虫性和环境极端抗性(建植除外)。另一种抗虫方法是使用内生菌增强的草籽。内生菌是共生生活在草细胞内的真菌。这种真菌对某些昆虫有毒或有异味，为这些草坪草类型提供了强大的抗虫机制。所有高羊茅和多年生黑麦草品种的草坪草都有接种了内生真菌的种子。值得人们花时间和精力研究和寻找对害虫和环境耐受性最好的品种。与大学专家、草坪草种销售代表交谈，并通过国家草坪草评估计划研究可用信息(见 www.NTEP.org)是获得最新信息的最佳方式。

11.6.2 土壤和土壤科学

土壤和土壤科学的原理和概念在有机管理草坪和常规草坪管理中是同等重要的。无论管理策略如何，水、空气和营养物质都是在相同的化学和物理规律下发挥作用。土壤物理性质以土壤的矿物质为基础，在这两种管理方式下保持不变。由于有机质积累的差异，有机管理场地的土壤结构和孔隙度可能与使用合成化学品管理的场地不同。在有机管理中，堆肥和有机肥料的投入将增加腐殖质和改善土壤结构，从而提高大孔隙和内部排水(第2.2.2节)。有机管理也会影响一些化学性质。有机管理下，土壤阳离子交换容量(CEC)增加。有机物提供了保持带正电营养素所需的有益的CEC(第2.2.3节)。以pH值来衡量，由于有机物分解过程中有机酸的释放，土壤pH值可能较低。施用石灰以纠正土壤酸积累是一种公认的有机管理做法。

在草坪建植之前，可在原生土壤或沙基土壤调整土壤有机质。整地是检测土壤有机质含量并调整到4%~6%(按体积计)的最佳时间。需要达到这一水平的有机物含量丰富的土壤，并开始促进健康的微生物活动。种植前改良土壤的有机质类型和质量应来自优质堆肥和富氮有机肥。应避免新鲜的有机物来源，如未经处理的木屑或泥炭，因为这些来源会对土壤碳和氮平衡产生不利影响，并造成营养问题和不平衡的微生物种群。

土壤和土壤科学的一个重点是土壤取样和分析(第2.2.3节和第3.2节)。土壤测试对常规草坪草和有机草坪草的管理都至关重要。然而，在使用有机肥料和堆肥时，监测土壤矿物含量尤为重要。传统的管理建议每两到三年取样一次。有机管理要求每年至少测试一次，最好是两次(每年春季和秋季测试一次)。在有机管理策略下，需要经常进行土壤测试，这不仅是为了避免养分不足，而且是为了评估过去添加有机肥料和堆肥的来源和量。与合成肥料不同，有机肥料和堆肥的养分分析和养分释放速率差异很大。场地经理应记录营养元素的实际值，并绘制随时间变化的营养元素水平图。养分水平的标绘将为场地管理人员提供关于现有有机物源如何工作以及未来可能需要哪些变化的指导。场地经理应根据声誉和咨询的可用性选择一个测试实验室，以帮助解释实验室结果。由于测试技术的不同，使用不同的实验室可能会产生不同的值。所有大学土壤实验室以及许多私人实验室都提供土壤咨询服务。

11.6.3　肥力和土壤改良剂

草坪的营养需求传统策略和有机策略相同(第 3.1 节至第 3.5 节)。草坪植物的生长和繁殖需要 16 种营养物质。其中 3 种来自空气和水(碳、氢和氧)，其余 13 种来自土壤。在这 13 种营养素中，6 种被列为大量营养素(氮、磷、钾、钙、镁和硫)，其余 7 种被列为微量营养素(铁、锰、硼、铜、锌、氯和钼)。肥料来源部分(第 3.6 节)很好地概述了养分需求、吸收形式和来源类型。所列的合成、合成有机和天然有机源主要适用于常规场地管理，以及第 3.7 节中讨论的施用量和频率。有机场地管理中使用的有机肥料来源依赖于富含蛋白质的植物或动物残渣产品(表 11.1)。

表 11.1　提供营养元素的有机添加物材料清单

改良剂(有机肥)	约%N-%P_2O_5-%K_2O
骨粉	5-0-2
血粉	12-0-0
玉米麸质[a]	10-0-0
羽毛粉	12-0-0
蝙蝠或鸟粪	12-10-3
豆粕	8-0-0
海藻粉	1-0-2
堆肥肥料	4-3-3
处理后的污泥	6-2-0

注：a. 玉米麸质具有超强的除草剂活性，其应用将抑制杂草和种植的草坪草种子发芽。

运动场施用有机肥的数量和类型取决于土壤 pH 值、现存有机质的数量和质量，以及矿质土壤的 CEC。含砂量高、有机质含量低和土壤必需矿物含量低的土壤比残留有机质和肥力高的壤土更难转化获得成功的有机策略。沙地需要特别注意优化土壤养分和有机质，对于这些土地类型，如果快速排水是一个主要目标，它们的表现将取决于土壤中有机质的百分比。要真正了解土壤的物理和化学性质受不同有机质水平的影响，一个通用的经验法则是将有机质水平保持在 3%~4%的水平。

商业有机肥料和补充品工业生产了很多种的有机肥料和改良剂。1997 年，有机材料审查研究所(OMRI)成立，为有机认证机构、种植者、制造商和供应商提供一个独立的产品评估审查以用于认证的有机生产、处理和加工。OMRI 根据 NOP(National Organic Program 美国国家有机项目)可接受产品标准审查产品，并列在 OMRI 清单®的文件中。OMRI 批准的产品清单可在网上购买或查看 www.omri.org。表 11.1~表 11.3 列出了有机肥料、矿物质补充剂和提取有机鸡尾酒混合物的简要列表。

表 11.2　提供营养素的矿物改良剂材料清单

改良剂(矿源)	约%N-%P_2O_5-%K_2O	其他营养素
农用石灰(碳酸钙)	0-0-0	钙 40%
白云石石灰(碳酸钙和碳酸镁)	0-0-0	钙 20%，镁 20%
磷酸钙	0-3-0	钙 20%+微量矿物质
绿砂(海绿石)	0-0-3	
石膏(硫酸钙)	0-0-0	钙 20%，硫 16%
种植者Ⅱ微量矿物(开采的矿物沉积物)	0-0-0	钙 5%，镁 0.5%，铁 0.4%，硫 5%+微量矿物质
硫酸钾	0-0-52	硫 17%
硫(粒状元素)	0-0-0	硫 90%
硫酸镁/硫酸钾	0-0-22	镁 18%，硫 22%

表 11.3　提供营养素的液体鸡尾酒材料清单

改良剂(液体鸡尾酒)	约%N-%P_2O_5-%K_2O	其他营养素或刺激剂
粪便提取物	5-0-0	微量矿物质
海藻提取物	0.3-1.5-0.7	细胞分裂素+微量矿物质
茶堆肥	微量	微量矿物质+维生素

场地经理应在使用前仔细审查和评估每种商业产品。评价标准应包括营养元素含量和质量、单位重量营养元素的成本、操作处理和分配的容易程度、令人厌恶的气味、渗入草坪的倾向以及弄脏鞋子和衣服的可能性等。首先与当地供应商核实是否有可用的有机补充剂，以及他们过去对每种产品的经验。致电或访问大学草坪专家，了解有机改良剂的信息，这将有助于选择最好的产品。此外，对于广告含糊不清或营养价值低的有机补充剂在选择时要谨慎。最后，也是最重要的一点，场地经理应该愿意进行自我产品测试。大多数供应商将提供产品样品进行现场测试。在产品测试中，请记住始终包含一个对照(一个不接收任何产品的区域)，而且大学专家也可以帮助完成这项任务。

土壤改良剂的施用时间和用量取决于土壤类型、土壤试验结果、土壤有机质含量和场地条件。表11.4~表11.8提供了在两种不同有机质水平土壤类型上生长的冷季型和暖季型草坪运动场的氮肥肥力方案示例。这些示例已简化，应使用补充物针对每个地点/位置进行相应定制。除氮以外的其他养分应以土壤试验结果为基础。应参考表11.1~表11.3选择氮和其他有机补充剂的类型。

11.6.4 修剪

第4.1节至第4.6节中讨论的修剪、剪草机类型、草坪响应、高度和频率、修剪模式和修剪草屑移除注意事项的四个规则对于常规和有机管理策略都是相同的。有机管理的一个合理建议是，所有草坪草品种应在设定高度范围内的最高高度进行修剪。选择高的建议高度修剪，是基于相比较低的高度，其能更大地抑制杂草和在冷季型草上减少夏季胁迫。此外，草屑应始终返回，除非在棒球场、网球场或保龄球场上，草屑可能影响比赛。如果修剪因长时间下雨而推迟，或需要剪草草屑来改良堆肥，则应清除收走草屑。

表11.4 有机质含量为4%~6%的原生粉土或黏壤土上生长的狗牙根运动场草坪的氮肥施用量

日期	有机肥料/改良剂	产品用量 /(磅/1000平方英尺)	施氮量 /(磅/1000平方英尺)
3月1日~15日	玉米麸质[a]	10~20	0.9~1.8
5月1日~15日	玉米麸质	10~20	0.9~1.8
7月1日~15日	羽毛粉或其他富氮产品	10	1.2
9月1日~15日	玉米麸质	10~20	0.9~1.8

注：a. 玉米麸质具有超强的除草剂活性，应在知道种植草坪草种子发芽会受到抑制的前提下施用。

表11.5 有机质含量小于2%的沙或壤土上生长的狗牙根场运动草坪的氮肥施用量

日期	有机肥料/改良剂	产品用量 /(磅/1000平方英尺)	施氮量 /(磅/1000平方英尺)
3月1日~15日	玉米麸质[a]	10~20	0.9~1.8
5月1日~15日	玉米麸质	10	0.9~1.8
5月1日~15日 (应为6月，译者注)	堆肥	20	不定
7月1日~15日	羽毛粉或其他富氮产品	10	1.2
9月1日~15日	玉米麸质	10~20	0.9~1.8
9月1日~15日	堆肥	20	不定

注：a. 玉米麸质具有超强的除草剂活性，应用时应了解杂草和种植的草坪草种子发芽将受到抑制。

表 11.6　冬季交播多年生黑麦草的狗牙根运动场草坪施氮量

日期	有机肥料/改良剂	产品用量/(磅/1000 平方英尺)	施氮量/(磅/1000 平方英尺)
10月1日~15日	羽毛粉或其他富氮产品	5	0.6
12月1日~15日	羽毛粉或其他富氮产品	5	0.6
2月1日~15日	羽毛粉或其他富氮产品	5	0.6

表 11.7　有机质含量为4%至6%的原生粉土或黏壤土上生长的冷季型运动场草坪的氮肥施用量

日期	有机肥料/改良剂	产品用量/(磅/1000 平方英尺)	施氮量/(磅/1000 平方英尺)
4月1日~15日	玉米麸质[a]	10~20	0.9~1.8
8月1日~15日	羽毛粉或其他富氮产品	5	0.6
11月1日~15日	羽毛粉或其他富氮产品	5	0.6

注：a. 玉米麸质具有超强的除草剂活性，应用时应了解杂草和种植的草坪草种子发芽将受到抑制。

表 11.8　有机质含量低于2%的沙或壤土上生长的冷季型运动场草坪的氮肥施用量

日期	有机肥料/改良剂	产品用量/(磅/1000 平方英尺)	施氮量/(磅/1000 平方英尺)
4月1日~15日	玉米麸质[a]	10~20	0.9~1.8
5月1日~15日	堆肥	20	不定
6月1日~15日	羽毛粉或其他富氮产品	5	0.6
8月1日~15日	堆肥	20	不定
11月1日~15日	羽毛粉或其他富氮产品	5	0.6

注：a. 玉米麸质具有超强的除草剂活性，应用时应了解杂草和种植的草坪草种子发芽将受到抑制。

修剪是场地管理中一种重要的用于积累冠层生物量和提高胁迫后植物存活率的养护措施。通过修剪调整积累生物量的能力适用于冷季型草坪草和狗牙根(表 11.9)。

表 11.9　修剪高度和频率调整以积累冠层生物量应对预计的秋季比赛季节

草坪草类型	春季	夏季	秋季
草地早熟禾	每周 2.5~3.0 英寸	每两周 3.0~3.5 英寸	每周 2.0~3.5 英寸
高羊茅	每周 2.5~3.0 英寸	每两周 3.5~4.0 英寸	每周 2.5~4.0 英寸
狗牙根	返青前超低修剪； 每周 1.5~2.0 英寸	每周 1.5~2.0 英寸； 降至 1.0 英寸	每周 1.0~3.5 英寸； 以每周 1/2 英寸的速度增加

在冷季型草中，修剪高度在春季和秋季保持较高，但随着仲夏压力的增加，修剪高度增加到最高水平或略高于最高水平。修剪高度应在夏季胁迫后降低，以提高表面平整度，然后以小增量向上调整，以形成进入秋季运动季节所需的冠层生物量。

在狗牙根中，草坪应该在春季返青的两周前(通常是3月中旬)超低修剪，并清除所有的草屑。这些垃圾含有丰富的营养，应该添加到现场的堆肥堆中。这种做法还可以结合玉米麦麸应用，以减缓夏季一年生杂草发芽。在返青期，狗牙根应在2英寸高度处修剪，直到草坪完全恢复生长潜力(通常在春季返青后一至两个月)。鼓励快速返青生长和2英寸的高度有助于抑制夏季一年生植物的发芽。狗牙根草坪可以保持在2英寸的高度直到夏天，然后修剪高度下降到1/2~1英寸。重要的是要记住，在降低割草高度时需要足够的土壤水分。然后，以每月1/4~1/2英寸的增量逐渐增加修剪高度，直到草皮在秋季达到3英寸的高度。这些修剪高度的定期调整对狗牙根是有益的，因为它具有广泛而旺盛的匍匐茎生长习性。这种下降和随后夏季修剪高度的逐渐上升会缩短节间或冠层内新叶附着点之间的距离。修剪高度的阶段性上升创造了叶子的分层和生物量的增厚，这一策略我们称为“从地面开始建造草坪”。

11.6.5 灌溉

第5章所述的草坪浇水原则和灌溉系统设计适用于常规管理和有机管理。灌溉计划和土壤吸收率对常规管理和有机管理都很重要，因为适当的灌溉对于促进植物抵抗疾病侵扰、杂草入侵和昆虫攻击的自然防御机制至关重要。

水分管理也是一种有效和自然的生长调节手段。草坪可用的水量控制着叶子的延伸，减少了修剪的频率。草坪草叶片的生长是由细胞的水压力引起的。正水压产生了叶子膨胀所需的力。限制水分到可持续的水平，避免过多的组织水化减缓叶片延伸。在有机管理中，仅将水应用限制在可持续水平是一项具有挑战性的管理策略，但却是调节生长和减少修剪需求的非常有效的手段。

在非运动/比赛季节最好节约用水。草坪草对干旱的反应是休眠。当草坪草在干旱期间开始出现叶片灼伤(叶尖变为棕色)时，场地管理者应认识到草坪并非濒临死亡，而是表达其生存的内在机制。当比赛季节临近时，经理应重新评估灌溉要求，以保持密度，同时避免草坪过度耗水。研究表明，与水分不足或限量相比，所有草坪草在非限制性浇水时的蒸腾量要多出30%~40%。(关于水的使用和节省的详细内容见第23章)

运动场草坪管理者应采取一种方法，确定足够的场地土壤水分。一种方法是用小刀片或螺丝刀尖来感受穿透土壤时的阻力水平。如果小刀片或螺丝刀尖能顺利地推进到土壤中，但在金属表面上感觉不到水分，水分就足够了。除了阻力测量外，管理者还可以通过在拇指和食指之间挤压土壤颗粒来感受土壤湿度。如果能感觉到水分，但土壤不黏或不湿，则土壤水分对场地来说是足够的。这两种独特的方法都需要运动场草坪经理花时间使用试错分析来积累经验。通过时域反射计(TDR)传感器测量土壤湿度的技术进步在性能和经济性方面不断发展。这些设备提供实时土壤湿度水平，定期使用和实地测绘可以使场地管理人员制定非常准确的灌溉计划。良好的灌溉分配对于避免场地过湿或过干很重要。灌溉系统应校准分配均匀性(水在场地分布的均匀性)和用水情况。将直边容器以网格模式放置在场地，然后在设定的时间段内开启灌溉，将提供有关灌溉分配均匀性和水运行时间的宝贵信息。每周1英寸的供水量规则应被视为指导，但不能作为唯一的计划来源。场地管理者应逐渐建立信心，观察草坪需要水分的视觉迹象，并在灌溉前评估土壤湿度。始终避免积水，径流和水应用到场地外的硬化表面上。

11.6.6 排水

充足的排水是提供场地安全最重要的措施。地面排水、内部排水和安装式排水系统的原理和概念适用于第6章讨论的常规和有机场地管理策略。渍水土壤在有机场地管理中尤其麻烦，因为草坪以及需氧微生物种群必须有足够的土壤氧气才能生存。排水不良的土壤会形成厌氧微生物群，产生对草坪和需氧微生物有害的有毒气体。对排水不畅的场地进行整治，是实现有机管理转变的前提。场地的任何改造都要花钱，在向有机管理战略转变之前都应加以考虑。

11.6.7　打孔通气和追肥

第 7 章讨论的打孔过程和原理以及打孔设备的使用和类型，常规草坪与有机草坪管理相同。通气后土壤空气交换的增加和水在土壤剖面中的运动增强，对常规管理和有机管理都很重要。将堆肥和有机肥料混合到土壤剖面中并刺激枯草分解的好时机是在打空心孔通气处理之后。

在向有机策略过渡期间，每年可能需要对被忽视和过度使用的场地进行两到三次打孔通气。一旦建立了有机场地管理，场地变得可持续(两到三年后)，打孔次数可减少到每年一到两次。

在春季或秋季施用有机肥之前是打孔的好时机。摊开和压碎土芯和施用有机肥料一起有助于养分立即进入土壤。晚秋有机肥与打孔相结合，对冷季型草坪草表现出良好的效果。夏季胁迫导致冷季型草坪变薄后，在秋季进行打孔，再加上重新播种新草种，将有助于恢复草坪密度。在交播之前，在秋季对狗牙根场地进行打孔，然后将土芯压碎重新分配回土壤剖面，这是一种很好的有机管理做法，可确保萌发所需的良好土壤。

由于打孔设备的多样性和频繁使用，在转换为有机管理策略时，自己拥有设备应是很合理的。液压打孔设备，垂直推动孔针进入土壤剖面优于空心孔针的推拉式滚筒打孔机。尽管使用任何类型的打孔设备，包括滚筒式打孔、穿刺、划开和开槽，都是有益的，但液压打孔垂直取芯是最有效的方法。

常规管理和有机管理的表施土壤程序和设备相同(第 7.4 节)。作为一种快速有效的撒施堆肥和富氮有机肥料的手段，一个好的表施土壤机对于有机管理是宝贵的。

11.6.8　枯草层

第 8 章讨论的枯草的定义和后果、取决于物种的枯草趋势、运动场草坪枯草的优缺点、枯草的产生以及如何保持管理枯草层等适用于常规管理和有机管理。在大多数情况下，两年或三年的有机场地管理历史将减少或消除大多数枯草问题。堆肥和有机肥料能刺激土壤有机物的生物活性，以维持可接受的枯草水平。在大多数情况下，有机管理可以产生大量的微生物，这些微生物能够以枯草积累的速率分解它们。有机管理策略导致的枯草立即分解是养分循环的支柱。

11.6.9　草坪草胁迫和补救措施

有机场地管理 OFM 最具挑战性的部分是处理草坪杂草、病害和昆虫控制的有机解决方案。选择有机控制的必要性通常来自人们为公众寻求安全环境的善意意图。其结果是立法颁布禁令或法律，限制在公共或学校财产上使用合成农药。这些禁令或法律往往难以遵守，因为它们对有机农药的定义含糊不清。当运动场管理者被要求制定一个有机害虫管理策略时，他们应该向草坪推广部门寻求帮助，并达成最佳有机害虫管理策略，将进一步提升场地经理的地位和专业技能。

机械和环境压力的原理和解决方案以及杂草、昆虫和疾病的生物学和生态学适用于常规和有机管理策略(第 9 章)。处理草坪胁迫的第一步是确定症状的原因。草坪草胁迫产生的不利影响通常与草坪草种群的脆弱、缺乏和/或低密度有关。

反复使用农药来抑制或控制杂草入侵、昆虫攻击和疾病侵扰与有机管理策略相矛盾。有机策略建立在增强和促进与杂草竞争、抗虫性和抗病性遗传机制的基础上。然而，在有些情况下，由于胁迫或虫害攻击而导致的草坪完整性损失会危及场地安全。在这种情况下，现场经理应采取一切手段恢复和维护安全的场地，包括使用合成肥料或农药。一次或两次不连续的、低影响的农药施用，以对付极端的昆虫或疾病侵袭，并不能抵消有机管理战略过去或将来的好处。

(1)杂草管理

在运动场上，杂草会影响场地表面的平整度、均匀度和密度。场地管理者和所有者应知道杂草耐受性的阈值。例如，三叶草在本书中被列为一种常见的草坪草杂草，但这种豆科植物可以将氮固定到土壤中，并与周围的草坪草种群共享。场地管理人员必须确定草坪草种群中三叶草占比的阈值，然后才能宣布其不可接受。杂草，包括匍匐披碱草、一年生早熟禾、马唐等，与草坪草种群争夺空间和养分，但频繁修剪可以掩盖这些杂草。应按每种杂草类型和场地形象要求确定杂草夹杂比率的阈值。杂草入侵与管理措施有关，现场条件可作为场地状况和纠正措施的指标(表11.10)。

表11.10　作为问题土壤条件指标的杂草种类

杂草种类	问题土壤条件
马唐、牛筋草、一年生早熟禾、地锦、萹蓄/蓼科植物、双角草、翅果假吐金菊、毛花雀稗、坚被灯心草	板结
莎草、水蜈蚣、野蒜	渍水
三叶草、蒲公英、狐尾草	低肥
车前草	高pH值
小酸模、地毯草	低pH值
藻类、苔藓、坚被灯心草	积水
天蓝苜蓿、马唐、百喜草	干旱
繁缕、苔藓、施瑞伯氏乱子草	遮阴

杂草防治可分为一年生杂草和多年生杂草。一年生杂草控制的养护管理方法包括通过提高修剪高度增加土壤遮阴，重新播种以增加林分密度，以及适当的氮肥施用以增强分蘖和/或侧枝。唯一的有机除草剂可用于每年杂草控制的是玉米麸质。(见本章后面玉米麸质的详细讨论)多年生杂草控制很困难，是对有机管理的挑战。纠正问题地点条件是减少多年生杂草的有效手段。多年生杂草控制的养护方法包括增加草坪竞争，在最佳高度设置下频繁修剪，适当施肥以加强分蘖和/或侧枝，以及手动或起草皮机切割，去除多年生杂草群落。

一种天然的非选择性杂草控制措施是喷洒醋和植物油溶液。本产品有商业销售，根据季节、一天中的时间和杂草类型，具有中等到良好的响应。该产品也是指定为裸土的区域(栅栏线、柱子边界、建筑地基等)完全杀死植被的唯一方法。

杂草控制是有机场地管理中的一个难题。场地经理和业主必须了解零杂草容忍性(可能在常规管理中实现)和杂草容忍度阈值水平(杂草夹杂水平视为可忍受)之间的区别。如果对杂草容忍性的理解不能达成一致，那么双方应该重新评估他们转变为有机战略的目标。在某些杂草持续存在的情况下，场地管理者可能必须使用低影响除草剂来维持场地安全。这种除草剂的使用可能发生在有机策略中，但在紧急情况下可使用。

1991年，玉米麸质作为一种天然芽前除草剂获得了专利，可用于草坪。该产品的开发是第一个用于草坪的有机除草剂，代表了有机草坪管理的里程碑式成就。玉米麸质是商业玉米加工的副产品，含有玉米的蛋白质部分，具有除草活性。作为杂草管理的一个可能的奖励，玉米麸质也是一种富含氮的肥料。玉米麸质的含氮量为10%(即10-0-0)。该产品有粉状或颗粒状两种，颗粒状更易于处理和使用。该产品应在春季和秋季(在暖季型地区)，分别在夏季和冬季杂草萌发高峰期之前施用。建议的用量是每1000平方英尺草坪表面10~20磅的材料，应轻轻浇水以立即激活。该产品能杀灭正在发芽的杂草，持续有效期约5~6周，玉米麸质的利用效率随着连续使用一年年地提高。两次施用玉米麸质，一次在春季，一次在秋季，每1000平方英尺20磅，每年每1000平方英尺可提供4磅的氮。弗吉尼亚理工大学的研究报告表明，与春季玉米麸质处理特别伴随的所有氮有关的一个问题是高羊茅草坪褐斑病的可能性增加。

(2)病害管理

引起草坪病害的病原真菌只占自然界真菌的一小部分。这一小部分病原真菌说明了草坪草是如何随着时间的推移遗传了广泛的抗病性的。通过草坪草育种提高特定草坪草品种的抗病性是防治病害的最佳手段。场地管理者应与大学草坪病害专家或其他有知识的个人交谈，以帮助选择适合其位置的最佳抗病品种。

病害的侵扰直接关系到植物的健康和活力。与健康土壤相关的最佳立地条件是植物无病的重要先决条件。为了保持健康的植物，需要消除由于不适当的修剪、浇水和施氮造成的胁迫(表 11.11)。

美国农业部的国家有机计划公布了一份有机化合物清单，这些化合物可作为农作物生产的杀菌剂使用。这些材料的使用必须遵循预期用途协议，不会导致所用矿物或元素在土壤中过度累积(表 11.12)。

表 11.11　与草坪草病害暴发相关的场地条件或管理措施

不利的场地条件或管理实践	疾病暴发
过量浇水或降雨	褐斑病、叶斑病、腐霉病
过量施氮	褐斑病、叶斑病、白粉病、腐霉病、春季死斑病
缺氮肥	币斑病、仙环病、锈病
缺水或降雨不足	仙环、锈病、夏季斑、坏死环斑、狗牙根衰退病
叶片过湿	所有叶部病害
钝的剪草机刀片	所有叶部病害
过低修剪草坪	叶斑病、狗牙根衰退
错误的物种选择	高羊茅易感褐斑病、腐霉病、锈病、叶斑病 草地早熟禾易感夏季斑、币斑病、叶斑病、白粉病、锈病、坏死环斑病、腐霉病、褐斑病 多年生黑麦草易感灰斑病、腐霉病、褐斑病、叶斑病、币斑病、锈病 狗牙根易感春季死斑病、币斑、狗牙根衰退、叶斑病、锈病、大斑病

表 11.12　美国农业部国家有机计划允许用于作物生产的杀菌剂材料及其对特定草坪草病害的影响

材料[a]	草坪病害防治
铜化合物——氢氧化铜、氧化铜、氯氧化铜和硫酸铜，使用这些铜基材料考虑尽量减少土壤中铜的积累	不适用——可能引起植物毒性
熟石灰	不适用——增加 pH 值，促进根腐病，可能引起药害
过氧化氢	藻类控制，轮换或与常规杀菌剂混合时的币斑病控制
石灰硫黄合剂	不适用
园艺用油	不适用
过氧乙酸	不适用
碳酸氢钾	不适用
元素硫	降低 pH 值——减少根腐病

注：a. 按照标签说明使用。

另一组被证明能降低草坪草病害发生率的材料是生物基鸡尾酒混合物。这些材料含有活菌悬浮液，单独使用或与合成杀菌剂轮换使用时，可降低疾病发生率。这些产品安全无毒，并且含有自然界中普遍存在的细菌。以下都提供了正面的大学田间测试结果，并由 OMRI 清单列出：Turf Shield(*Trichoderma harzianum*)、EcoGuard(*Bacillus lichenformus*)、Rhapsody(*Bacillus subtilus*)、SpotLess(*Pseudomonas aureofaciens*)、Actionovate(*Streptomyces lydicus*)和 Primastop(*Gliocladium catenulatum*)。这些活性鸡尾酒的成功证明了，土壤微生物种群作为真菌控制的拮抗手段的作用。

堆肥的使用作为有机场地管理策略的部分在第 11.8 节中进行了讨论，但茶堆肥的使用仍有很大的兴趣，其中许多可以作为堆肥程序的一部分或独立“酿造”程序在现场生产。这一领域还需要更多的研究来完善定期使用茶堆肥的过程和预期结果，但使用茶堆肥改善土壤健康、微生物活性和多样性的前提是存在的。

随着技术的不断发展和工具成本的降低，一个值得注意的不断发展的战略是使用发射紫外线(特别是UV-C辐射)的专用光源来控制疾病。关于这一策略的理解以及它是直接控制病原菌还是植物期望的应激反应的研究仍在继续，但这一技术已经在致力于有机场管理策略的领域得到应用。

(3)昆虫管理

昆虫和其他无脊椎动物害虫通过取食根、钻入茎、吮吸植物汁液以及吃掉叶片和叶鞘组织来破坏草坪(表11.13)。昆虫，比任何其他草坪害虫都更能引起人们喷洒杀虫剂的反应。这种反应是正常的，因为我们的经验是昆虫不仅入侵草坪，而且入侵我们的食品、宠物和生活区。在有机场地管理中，采用综合防治措施是防治害虫的关键。杀虫剂是自然界中使用的最有害的农药之一，因为它们对人类和我们的环境都有毒性。在有机场地管理中，滥用杀虫剂可以消灭健康土壤所需的有益生物(蚯蚓和生物降解土壤微生物)。几乎所有的害虫都有天敌，应注意保护这些有益的昆虫。

表11.13　根据取食部位或草坪损伤来划分危害草坪的昆虫

昆虫	虫害部位和类型
蛴螬、珠蚧、线虫、蝼蛄	啃食根
喙甲虫、一年生早熟禾象甲	在茎和根颈上挖洞
麦小蝽、绿蚜、螨虫、粉蚧、沫蝉	吸食汁液
黏虫、小地老虎、草皮螟蛾	啃食叶片和叶鞘

由表11.14可见，某些害虫可采用自然或生物防治。使用这些产品需要准确的昆虫鉴定、生命周期知识、适当的防治时机，并注意不要对害虫的天敌产生不利影响。

表11.14　部分草坪害虫自然防治措施

防治措施	目标昆虫
印楝油乳剂喷雾剂[a]	麦小蝽、黏虫、喙甲虫、草皮螟蛾、蛴螬
内生真菌感染的草坪	黏虫、地老虎、草皮螟蛾
苏云金杆菌(Bt)	黏虫、地老虎
斯氏属线虫	黏虫、地老虎、草皮螟蛾、蛴螬
白僵菌或绿僵菌病原真菌	蛴螬
辣椒素提取物	蛴螬
杀虫肥皂	蛴螬、草皮螟蛾、地老虎
细菌性乳孢子病	蛴螬
异小杆属线虫	蛴螬

注：a. 印楝油是从印楝的果实和种子中榨出的，印楝是印度次大陆特有的一种常绿树种。一种由印楝油制成的配方，能驱除多种害虫，对哺乳动物、鸟类或某些有益昆虫无害。纯印楝油应按每夸脱1茶匙或每加仑水4茶匙的比例稀释，并加表面活性剂。译者注：1∶192比例稀释。

11.7　堆肥和制作堆肥

堆肥是实施有机场地管理策略所需的几种土壤改良剂之一。堆肥是从植物或动物产品或副产品中分解出的有机物。堆肥在草坪上的应用为土壤微生物的持续活动提供了必要的环境和食物来源，从而产生可回收的养分、拮抗微生物防御和改善土壤结构。其结果是增加了土壤通气、排水、养分保持和水分的有效性。

现场堆肥可能是一些场地设施的一种选择，特别是那些与市政相关的设施，在这些设施中，树木修剪、灌木清除、树叶收集和圣诞树回收处理会产生大量的废弃物作为树根覆盖物。在市政环境中，回收有机废弃物供日后使用，是一个可以为有机场地管理战略以及场地管理人员赢得支持的强有力的信息。

堆肥分解有一个连续的阶段，从粗糙的纤维状有机碎屑(早期阶段)到一种称为腐殖质(堆肥的最后阶段)的深色粉尘。理想的运动场草坪堆肥阶段是一个易碎和/或疏松的质地，足够的容重或重量用于离心抛掷或容易跌落撒布，均匀的一致性和颜色，非疏水性(容易被水润湿)，最小的灰尘，适度含量的氮。

堆肥的一个先决条件是，垃圾必须堆放或保持在墙壁内，以创造对一个微生物友好的环境。分解过程开始时，由于细菌活性增加，堆芯温度迅速升高。在堆积物沉降(减小尺寸)之前，温度应上升到 110～140℉，并持续数周。一旦堆积物沉淀下来，其他微生物包括放线菌(丝状细菌)、真菌和原生动物就会出现并成为主要的有机体。最后，当一部分碳被利用，气温下降后，蜈蚣、千足虫、地鳖和蚯蚓就会成为优势。堆肥的 pH 值在开始时呈酸性(pH 4. 0～4. 5)，然后在接近堆肥结束时上升到 7. 0～7. 2。

堆肥中产生的热量会杀死一些杂草种子和真菌；然而，这只会发生在堆肥堆的中心，那里的温度很高。堆肥加热也会使一些农药处理过的垃圾失活，但如果植物材料以前用合成阔叶除草剂处理过，则不要在阔叶植物附近使用堆肥。堆肥必须被翻动以分配热量并促进均匀分解。在堆肥过程中，为了保证微生物的生存，常需要添加富含氮的蛋白质源。血液或豆粕、鸡粪和草屑都是加速分解过程的良好选择。堆肥到最终产品所需的时间取决于有机物的起始来源(即碳氮比)、碎屑或颗粒的大小、通风(或翻动频率)、湿度和堆内可达到的温度。当从木材来源(高碳氮比)开始时，材料应磨成小块，与其他富含氮的有机物混合，并经常翻动以促进及时分解。

堆肥最好的是在使用不同的有机来源分层堆的时候。在堆放过程中，干燥层应轻轻浇水。从顶部浇水整个堆不能提供均匀的水分分布，导致堆肥均匀性低。根据有机质的来源，可能需要调整分层深度。以木材为主的有机质应放在浅层结合较多的富氮物质。

如果堆体以堆集的形式储存，堆的大小应足以产生热量，并便于使用翻堆设备。堆或排应为 5～6 英尺高，7～8 英尺宽。堆肥不应堆放在有水的地方，因为堆底部的多余水会使这部分厌氧，并导致臭味。阴凉处通常是堆肥的好地方，但如果树木太近，树根可能会聚集在堆下，妨碍堆肥的清除。

由于堆肥将用于草坪，材料应通过 3/4 英寸(或更小)的筛网进行筛选，以去除不适合应用的大块物质。

如果你对堆肥毫无经验的话，对这个过程要有耐心，并不断尝试，在错误中学习。成功的堆肥处置不是一项困难的工作，不应过度关注。如果在获得合适的堆肥时出现问题，请使用表 11. 15 帮助诊断问题。

表 11. 15　诊断与草坪用堆肥有机物相关的问题

堆肥问题	可能的解决方案
臭味	堆体太湿或通风不良，翻动肥堆和/或确定湿度来源
不分解	翻堆时物料太干太湿
堆芯温度不高	堆得太小了，多加点料，翻堆 缺乏足够的 N，添加富含 N 的有机物(如草屑)并翻堆
完成堆肥需要很长时间	堆体缺乏足够的氮、水分和通气，添加富含氮的有机物，湿润材料，并翻堆

11. 8　运动场堆肥应用

种植前在 4～6 英寸深的原生土壤中加入 1～2 英寸的堆肥，将有助于土壤健康和草坪的生长效果长达一年(图 11. 2)。每年施用 1～2 次至少到 1/4 英寸深的堆肥(相当于每 1000 平方英尺约 0. 8 立方码的堆肥)将保持理想的效益，并且当堆肥施用与打空心孔相结合时，活性增强(图 11. 3、图 11. 4)。如果在比赛季节使用，只需轻轻地将材料拖到草坪冠层中或灌溉使其离开叶表面，比赛就不会受到影响。

图 11.2　在草坪建植之前，将 1 英寸厚的堆肥施用于土壤前进行翻耕混合
(照片由格雷格·埃万洛提供)

图 11.3　秋季在特拉华州高羊茅运动场上施用鸡粪堆肥(照片由本尤因提供)

图 11.4　在这张照片的右侧清晰地显示了这个高羊茅运动场在秋季施用堆肥后春季的生长和颜色变化
(照片由本尤因提供)

大多数土地赠予大学或合作推广办公室，都有大量专门关于堆肥和堆肥选择的出版物。具体到草坪管理，由宾夕法尼亚州州立大学彼得兰德肖特博士撰写的出版物“使用堆肥，以提高草坪性能”，详细说明如何在草坪管理上最好地利用堆肥。另一个权威信息源是美国堆肥委员会，在那里你可以找到大量关于科学堆肥的信息，以及认证堆肥质量和生产堆肥的程序(https：//compostingcouncil. org)。

第 2 篇

天然草坪运动场

第 12 章到第 14 章提供了北美和世界各地常见运动场的设计、建造、翻新和维护的综合指南。每一章都提供了有关整体轮廓和方向的信息、建造和整修场地以实现安全和竞争性比赛的技术以及保持设施处于最佳状态所需的维护实践，包括每年进行各种维护过程的时间。在每一章的结尾，你会发现关于每项运动的场地的正确尺寸和管理机构的信息。第二篇的每一章也包括了实地研究。

每一章都结合了球场设计、建造和维护策略方面相似的运动。各章分为几节：

①设计原则。包括布局、坡度平面图和规格以及灌溉系统。本书第二部分介绍的所有天然草坪都有许多共同的设计原则。请参阅下面的“运动场设计原则”以确保项目成功。

②施工建造。新建筑工程的平整和安装技术，包括正确的地基施工、灌溉系统安装和最终平整。

③翻新。指在现有场地因使用而损坏后，将其恢复到完好状态的过程。出于我们的目的，翻新在这里被定义为重建程序，可以每年进行，或在某些情况下，经过多年的不当维护实践后进行。

④维护。包括每日、每周、每月和季度的实际操作，以保持球场处于最佳状态。

⑤规章制度。包括场地尺寸，关于场地易混淆的共同点，以及北美每项运动竞赛的主要管理机构。明智的做法是任何参与设计、建造或维护运动场的人，手头上都有一份来自批准该运动场比赛的组织的最新规则手册。

⑥实地考察。包括在每章的结尾。他们是作者为各种级别比赛提高场地的运动性和耐用性的个人经验想法的分享。

运动场设计原则

(1)平面布置图

①遵循规则手册要求和建议。规则手册包括对场地尺寸和标高的要求。根据运动项目和使用场地的年龄组，还有其他要求。确保遵守每个运动场的所有特定要求。

规则手册还包括关于方向的建议，运动员和观众场地周围的净空，以及设计的运动场的其他特殊安全设施。尽可能地遵循建议。

②在场地周围提供足够的净空。设计或建造的场地没有足够的净空会导致固有的问题：界外区域可能太小，不利于球员的安全，观众区域可能狭窄或不安全，场地周围的地面排水系统可能无法按预期工作。

在规划阶段考虑空间需求。确保每个场地周围有足够的空间，以便安全定位相邻场地、行人和车辆通道、看台、停车场、道路、建筑物、洼地和/或集水池。请参阅第 22 章“安全”，了解球员和观众安全的其他设计想法。

③提供足够的现场通道。设计良好的运动场包括运动员、观众、维修设备和重型翻

新设备(包括大型卡车)的通道。停车场应位于中心位置可提供方便，尤其是方便老年人和残疾人球迷。

(2)坡度平面布置图

①使用正确的坡度百分比。一般来说，任何小于1%或大于2%的坡度都被认为是不正确的。少数例外情况是棒球/垒球内场应为0.5%，沙基场地有地下排水可能为0.5%~0.75%。

天然土壤上运动场草地的最佳坡度为1%~1.5%。棒球/垒球场地泥地区域的最佳坡度应在0.5%和1.5%。棒球或垒球内场永远不应该是球场上的最低点；它应该是最高点，通过引导水远离内场来加强地面排水。

②将场地隔离为单个排水单元。任何一块场地都不应该期望能排出比落在上面的更多的水。即使一个球场是用正确的地形轮廓建造的，从另一个球场或邻近地区流入球场的水也会严重影响在多雨条件下的运动性。

优选设计是通过在场地周围使用洼地和/或集水池，或使场地高于其周围环境，将每个场地隔离为一个单独的排水单元。

③底土压实和表土规范。对于底土压实，普氏密度值应在85%~90%。在添加表层土之前，先翻松6~9英寸深的底土。

翻松的底土上需要4~6英寸的表土。将表土放置在底土上时，不要压实表土。最终平整时，在种植前翻松表层土。

(3)灌溉系统设计

提供匹配的降水量。在灌溉术语中，“匹配降水”是指灌溉系统在整个场地中分配的水量大致相同。如果不能提供匹配的降水量，就会产生一个由干点指示的斑点状区域。实现匹配降水的主要方法是提供从一侧到另一侧和端到端的“头到头”覆盖。

完成匹配部分的其他灌溉系统设计要求包括喷嘴尺寸、喷头处的工作压力(系统运行时用皮托管测量)、每个区域每分钟加仑数、管道尺寸、阀门尺寸和泵尺寸。详见第5章“灌溉”。

(4)材料选择

指定在业主预算内、随时可买到的且在设施维护能力范围内的最佳材料。选择使用适合该场地比赛水平的材料。确保材料是特定用于运动场的。要求并检查前期在运动场上使用的参考资料。使用供应商的安装程序建议。

第 12 章

棒球场和垒球场

12.1　简介

在本书所有的运动场中，棒球场和垒球场是最难设计、建造和维护的。对于设计师来说，平面图包括三个不同的区域(内场/内野、外场/外野和裸地/泥地区域)，这些区域必须协调一致才能创建一个整体平面图。对于承包商来说，平面图上从来没有足够的高程点来正确建造场地。对于负责维护的人来说，挑战在于保持球场处于最佳的比赛状态。

多种因素会对设施的可用性产生影响。错误的坡度平面图会导致无法比赛的场地，尤其是在潮湿的条件下。一个没有足够坡度和布局细节的场地，即使整体设计良好，也可能失败。如果遵循不恰当的维护程序，设计和建造得当的场地最终也会衰退。

棒球和垒球可能比任何其他运动都更易受到场地条件的影响，尤其是降水的影响。泥地区域往往在第一次暴雨时变成小湖泊，需要长时间的延迟才能让比赛继续进行，因为需要等它们变干，或者使用干燥剂来吸收湿点的水分。

为了成功地设计、建造和维护棒球场或垒球场，需要特别注意细节。

12.2　设计

在设计一个新的棒球场或垒球场时，首先阅读第 2 部分“天然草坪运动场”导言中的“运动场设计原则”。这些原则适用于单个场地设计或多个场地综合设施。尽管每个场地或综合体都会有独特的设计差异，但原则将始终保持不变。在整个设计过程中经常参考这些原则。

12.2.1　布局

尽管许多球场只是面向可用的空间，官方的棒球规则书建议，从本垒顶端穿过投手丘和二垒的线应该指向东北偏东的方向。这样一个方向可以防止比赛时击球手和接球手站在板上看着太阳，而且大多数外野手的位置当他们面向击球手时的视线不会直接对着落日。

在布置场地时，重要的是要为球员休息区、挡球网、周围围栏和其他外围构件预留空间。通常情况下，这些结构的规划失败会迫使建筑商以一种尴尬和不合适的方式安装它们，这可能会危及球员的安全，并干扰精心规划的排水方案。

表 12.1 给出了棒球场和垒球场的最低空间要求，在运动场周围有足够的空间用于围栏线、休息室、观众座位和排水洼地。

表 12.1　空间要求

场地类型		中心距围栏/英尺	面积/英亩	面积/平方英尺[a]
棒球	90 英尺垒	400	4.5	195 000
	80 英尺垒	315	2.8	123 000
	70 英尺垒	275	2.0	90 000
	60 英尺垒	215	1.5	64 000
垒球	65 英尺垒	275	2.4	105 000
	60 英尺垒	200	1.4	60 000

注：a. 数字四舍五入到最接近的 1000 平方英尺。

译者注：90 英尺垒是指垒包与垒包间的距离为 90 英尺。

表12.2中的图表显示了普通尺寸棒球场和垒球场的泥地区域面积和草地区域面积，包括犯规/界外区域。

表 12.2　泥地和草地区域面积

场地类型		中心距围栏/英尺	泥地面积/平方英尺	草地面积/平方英尺
棒球	90英尺垒-95英尺弧形，草地内场	400	11 550	120 500
	泥地内场	400	18 300	113 750
	80英尺垒-80英尺弧形，草地内场	315	8400	74 500
	泥地内场	315	13 650	69 250
	70英尺垒-70英尺弧形，草地内场	275	6800	53 550
	泥地内场	275	10 700	49 650
	60英尺垒-50英尺弧形，草地内场	215	3850	39 500
	泥地内场	215	6700	36 650
垒球(泥地内场)	65英尺垒-65英尺弧形	275	9300	61 450
	60英尺垒-60英尺弧形	200	8350	31 500

12.2.2　新建工程设计标准

球场上的最高点应该是投手的投手丘，球场从投手丘向各个方向倾斜。投手板(或“橡胶”)的高度，是由批准机构为每个级别的比赛指定的。

内场应该比场地其他区域高。为了保持内场的可玩性，重要的是没有水从外场或周围区域进入内场。

虽然安装式的地下排水系统可以在棒球场的某些区域成功地使用，但这些系统通常在泥地区域的砂土/黏土中效果不佳。在正常情况下，水不能令人满意地通过土壤进入排水系统。因此，正向的表面排水是防止内场泥地部分积水的最佳方法。

垒线的布置应尽可能保持水平。

所有斜坡从等高线到等高线应具有连续的均匀坡度，内场(垒之间的区域)最大坡度为0.5%，泥地区域最大坡度为0.5%~1.5%，外场最大坡度为1%~1.5%。这种坡度将允许从比赛区流出的水流入边界线外的集水池或洼地或低海拔/高程地区。外场的例外情况是，具有地下排水的沙基场地可以按0.5%~0.75%的坡度进行平整。

安全问题

在设计棒球场或垒球场时，必须考虑一些重要的安全问题。其中，一个最明显的是从罚球(边界)线到球员休息区、看台或其他固定物体的距离。一般来说，小联盟棒球场和垒球场的最小净空为25英尺，高中及以上棒球场的净空为25英尺的两倍。因为球员必须向上穿过这个区域来追踪犯规(界外)球，所以应该允许最大可能的净空区域(参见表12.8和表12.9了解棒球和垒球每一级别的建议净空)。

如果可能的话，积水池应该设在比赛场地周围的围栏外，以防止球员受伤。如果正面看台的存在需要在围栏内安装集水池，则应将其放置在尽可能靠近围栏或正面看台的位置。在这种情况下，应使用一个小网格/箅子，以尽量减少受伤的风险。

其他需要考虑的安全问题是，为了球员的安全，在休息室前使用围栏；一些规则手册将其作为一项要求。其他规则书建议外场围栏和边界线围栏的高度应至少为6英尺，最好为8英尺。接替投手赛前练习室的位置应该考虑周全，因为传球也会影响球员和观众。为了观众的安全，还应考虑在看台设置防护网。

一般来说，赛场上不应有障碍物(包括界外区域)。每个管理机构的规则手册都包含了与该级别比赛相关的要求和其他指导。在设计一个比赛性的棒球场(或者，就这一点而言，任何一个运动场)时，明智的做法是准备一份管理该级别比赛组织的最新的规则手册。管理机构的地址在本章末尾。

12.2.3　具有首选轮廓的场地设计

在讨论场地轮廓时，我们将提及棒球场或垒球场的 3 个不同区域。外场在这里使用被普遍理解的概念。无草坪区/泥地区是球场上被精心准备过的泥土部分，也是内野手通常在比赛中站立的区域。内场是由跑垒路径/垒道包围的区域。这三个区域必须统一设计，以创建一个一体的平面图。

图 12.1 为一个高中棒球场，有 90 英尺的垒和最小外场尺寸。这里举例说明了三个方案描绘场地轮廓等高线，包括内场与界外的区域、泥地区域、外场。注意（如上所述）内场高于外场和周围区域。

记住，为了清晰起见请使用高程点。挡球网和围栏或墙壁的所有转角对于正确建造场地非常重要。显示休息室的完工地面（FF）标高。使用内场的详图来显示场地的高程也是很有帮助的。

应该注意的是，图 12.1～图 12.5 不允许存在一个真正的 10 英寸高投手丘，因为在投手丘和本垒板之间的草地上有 3 英寸的坡度。规则要求 90 英尺垒的投手丘高出本垒 10 英寸，而不是高出环绕投手丘的草地 10 英寸。在图 12.1～图 12.5 中，投手丘高度仅为 7 英寸，加上 3 英寸的斜坡至本垒板，总共高出本垒板 10 英寸。一个真正的 10 英寸高的投手丘（图 12.6），其本垒板与投手丘周围的草地保持水平。

（1）外野/外场

图 12.1 显示了最常用的等高线图，并用于北美大多数青年和高中场地。外场以 1%的坡度从泥地区域的弧线向下倾斜到外场围栏。弧是水平的，是一致的 1%坡度的起点。这种设计的优点在于设计简单，易于使用激光制导设备进行施工。使用此等高线平面，泥地区域向圆弧倾斜（详细的泥地区域和内场标高如图 12.4 所示）。

图 12.2 是从第二垒穿过中心场地到外场围栏的隆起。中央的隆起将水引向边线杆，并且远离场地的中心。这种设计可以用来提高在中心场地外场围栏的高度与本垒板水平。在拱顶龟背足球场或橄榄球场上方建造棒球场时，中心拱顶隆起也合适。请注意外场轮廓设计如何影响泥地区域的坡度。泥地区域的径流方向是朝着边界线。使用激光引导设备或配备全球定位系统（GPS）的机器

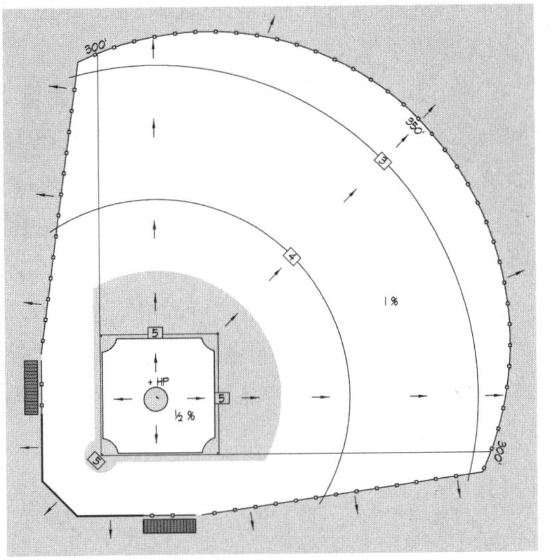

图 12.1　最常用的场地设计
标高以英尺表示（HP，本垒板）

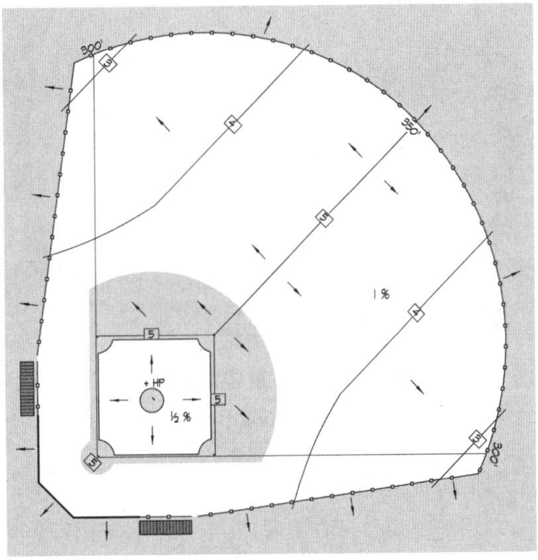

图 12.2　从第二垒到外场的龟背式（有顶的）场地
标高以英尺表示（HP，本垒板）

进行平整(本设计的泥地区域和内场详图如图 12.5 所示)。

图 12.3 包括前两种布局的每个元素。从第二垒到外场围栏的三分之一的距离已经形成了一个隆起，使得水可以从球场中心流向罚球线。在外场的外半部，径流朝向围栏。注意外场围栏几乎是水平的，这使该方案适用于体育场建设。由于等高线的间距不均匀，因此最好使用配备 GPS 的机器对外场进行放坡(参见图 12.5 中的泥地区域和内场详图)。

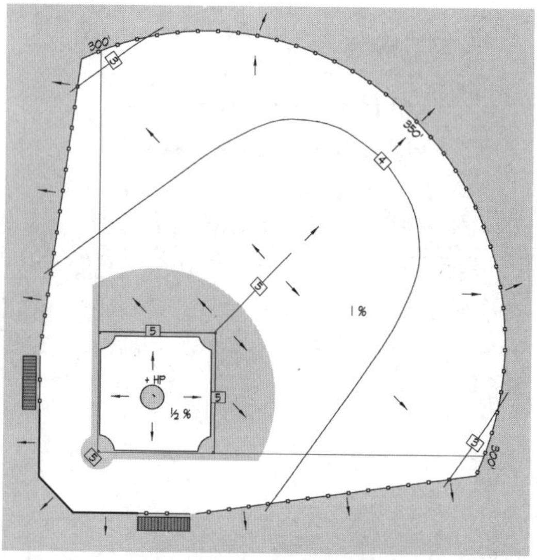

图 12.3　具有周围墙壁或屏障的场地的首选等高线平面图(标高以英尺为单位)

(2) 泥地区

几乎在每一种情况下，一个长期不可使用的场地都是因为一个设计拙劣的泥地区域而处于这种状态。球场规划者通常不会给予这部分钻石形状的区域应有的关注；记住，在任何给定的时刻，除了三名防守球员外，其他所有球员都站在泥地区域。

图 12.4 是一个泥地区域等高线方案(设计用于图 12.1 中的整个场地设计)，从第二和第三垒线到外场有一个向下的坡度。注意坡度百分比在整个泥地区域是如何变化的。这是因为圆弧和跑垒路径/垒道是水平的，但两者之间的距离不同。保持弧线水平是防

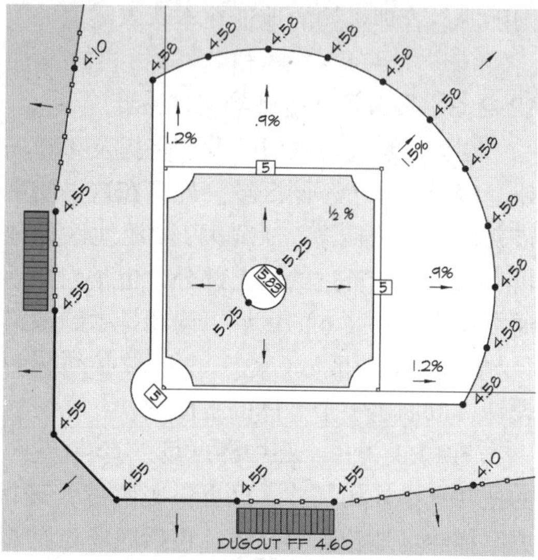

图 12.4　与图 12.1 中的整体场地设计一起使用的泥地区域设计(标高以英尺为单位)

止泥地区域土壤车辙的保险措施，也是外场激光平地的良好起点。由于水必须流过泥地区域和外场之间边界的圆形草地边缘，因此维护人员经常移除“唇形边沿”是很重要的。泥地区域的松散土壤倾向于在该圆形边缘集聚，并且在该点处可能出现自然的门槛或“边缘”，从而阻止适当的排水并保持泥地区域的水。

图 12.5 显示了第二垒后面中间增高的泥地区域(用于图 12.2 和图 12.3 中的整体场地设计)，该区域将水引至界外区域，而不是外场。这种设计的一个优点是，水只被引导到第一和第三垒后面的两个区域，使其更容易维护。

(3) 内野/内场

投手的投手丘是场地的最高点，其余的内场以 0.5%的坡度向所有方向倾斜，朝向垒道，如图 12.4 和图 12.5 所示。

图 12.6 是另一种内场设计，将投手的投手丘和本垒板都抬高 3 英寸，形成一个真正的 10 英寸投手丘。(此图中的等高线以 1 英寸为增量显示)这一变化产生了投手丘更高的假象，增加了观众对比赛的视觉兴趣，有助于保持内场中心尽可能干燥，但不会改

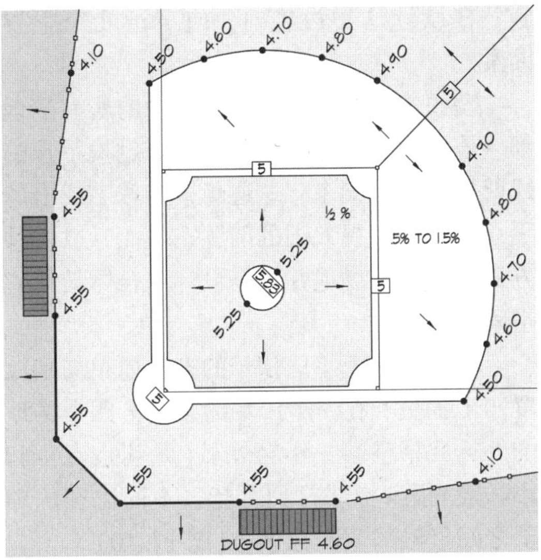

图 12.5　与图 12.2 和图 12.3 中的总体现场设计一起使用的泥地区域设计(标高以英尺为单位)

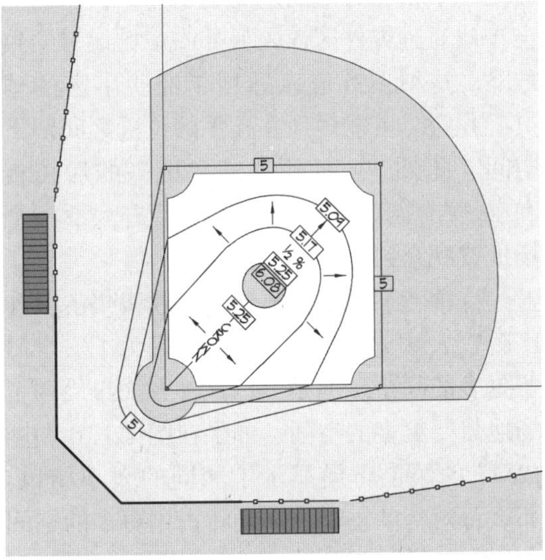

图 12.6　替代内场设计方案，带有凸起的真正的 10 英寸投手丘和本垒板

(标高以英尺表示)

变投手和击球手的相对高度。此设计可用于替代图 12.4 或图 12.5 中的草地内场设计，以创建一个在美学和性能方面都优越的场地。这种设计也非常适合垒球，因为投手板和本垒板是水平的。

(4)投手丘

规则规定的 90 英尺垒投手丘是一个直径为 18 英尺的圆圈，顶部有一个 5 英尺宽，从前到后为 34 英寸的水平区域。此水平区域在投手板或橡胶板前延伸 6 英寸，并高出本垒板 10 英寸。从水平区域的前部开始，前 6 英尺土丘以每英尺 1 英寸的比例向本垒倾斜，然后逐渐倾斜剩余的 4 英寸。从本垒板的背面开始，橡胶的前缘是 60 英尺 6 英寸。土丘的中心距本垒板后点 59 英尺，距投手板前 18 英寸。图 12.7 在平面图中显示了投手丘的适当坡度(俯视投手丘)，图 12.8 是投手丘的横截面。

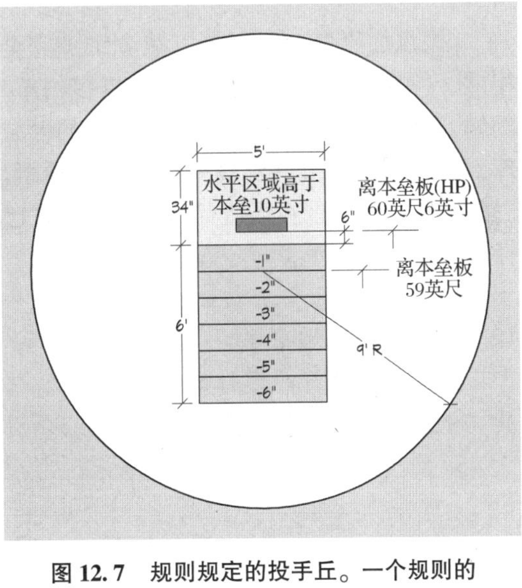

图 12.7　规则规定的投手丘。一个规则的投手丘半径是 9 英尺，圆圈的中心离本垒板的后点距离是 59 英尺

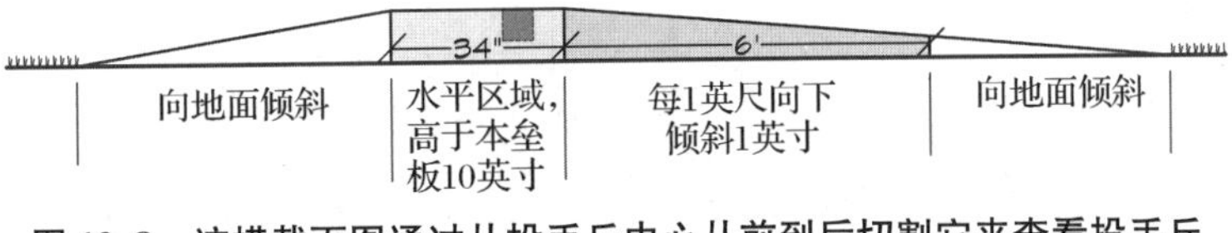

图 12.8　该横截面图通过从投手丘中心从前到后切割它来查看投手丘

12.2.4 泥地内野

泥地内野是指那些在垒道内有连续无草坪运动场地的内野。泥地内野对于一些垒球场是建议有的，而对一些垒球锦标赛的场地是必须有的。泥地内野也可以很好地用于棒球场，可能比草地内野更好，后者需要更多的维护和更频繁的翻新。如果该设施的维护人员有限，泥地内野更容易保持可玩性，需要注意的事项较少，如边缘堆积和清除。

一个泥地内野可能在界外的区域有草，或者有表面材料一直到挡球网和休息室的位置。两种设计都适用于垒球场。但对于更大的棒球场来说，界外区的草地具有更大的视觉吸引力。图12.9显示了一个在界外区内有表面材料的泥地内场和一个在界外场地内有草的替代设计的例子。平面图如图12.4和图12.5所示。对于垒球场，使用图12.6所示的内场平面图，使投手板与本垒板保持水平。

(与添加更多表层材料以减少维护完全相反，一些场地经理更喜欢添加更多的草。例如，除垒包、投手丘和本垒板周围的区域外，泥地垒道上植草或整个泥地区域种草。以前这些区域周围在人造草坪棒球场上就已经这样做了)

12.2.5 多个场地布局

近年来，随着业余体育联盟的日益普及，在北美各地建造了数百个场地综合设施。在设计这类设施时，应牢记几个重要因素。

理想情况下，一个综合体中的所有场地都应该定向，这样一条从本垒穿过投手丘的线就指向东北偏东。这避免了接球手或击球手在比赛中直视太阳的问题。然而，以这种方式定位所有场地并不是设计综合体最节省空间的方式。

一个常见为年幼孩子的多场地布局是放置四个本垒板在一个广场的角落，四个场地的外场共享空间。年轻球员(尤其是青年和小联盟)很少把球打到外场，不同比赛的球员之间接触的危险也很小(图12.10)。

许多年龄大些球员的比赛场地都是由四个场地的本垒板背靠背设计的(图12.11)。这是一个相当有效的空间利用方式，但可能会在球通过界外区误入另外一个场地时导致危险。这种设计应该适用于经验丰富的球员，并应尽可能多地在接手的位置之间留下空间。此外，应使用比通常更高的后挡板和/或安全网，以防止球漏接后进入下一个场地或观众区。

这种背靠背设计显然是小联盟年龄段和年龄较大球员的首选方法，他们为了安全需要更多的间距。但是，以这种方式布局四个场地需要更多的空间；如果在图12.10和图12.11的两个布局显示了相同的大小场地，那么背对背的主垒板布局将占用更多的空间(几乎是原来的两倍)。

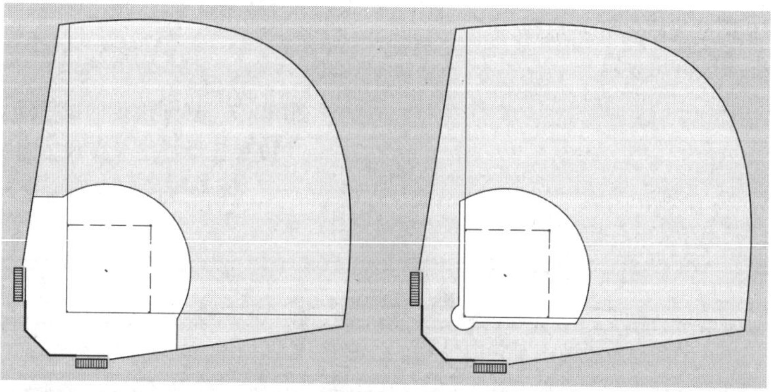

图12.9　有表面材料位于界外区域的泥地内场(左)和有草在界外区域的泥地内场(右)

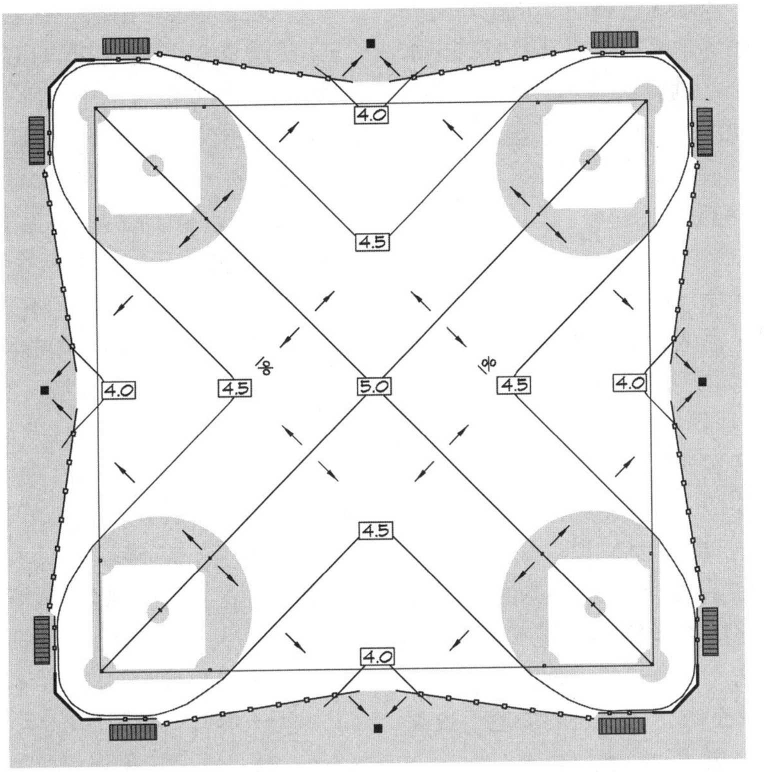

图 12.10　多个场地布局，在广场的四个角上有主垒板(标高以英尺为单位)

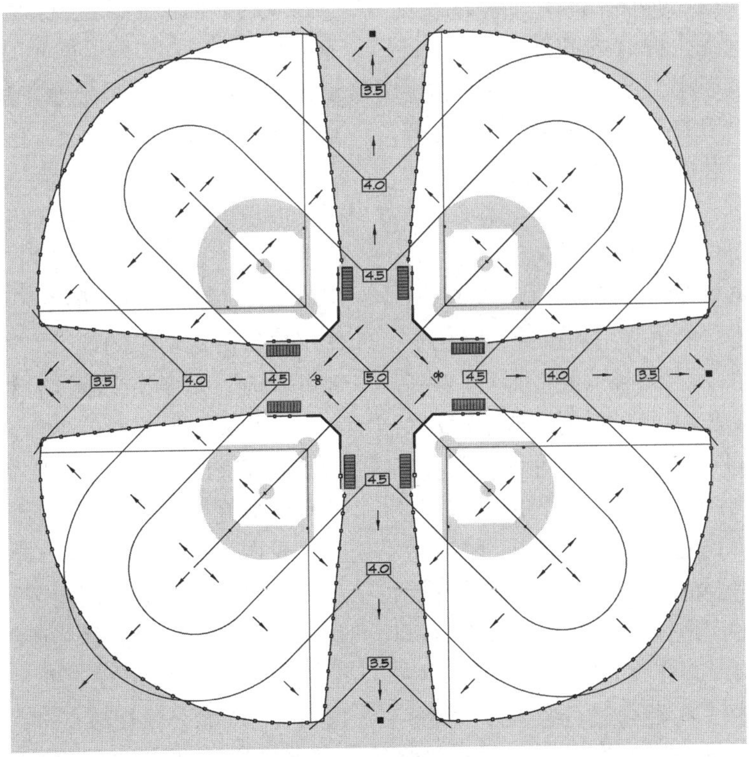

图 12.11　多个场地布局，主垒板背靠背(标高以英尺表示)

在设计多个场地综合体时，请记住另外两个标准：每个场地应设计成其自身的排水系统，水从每个场地排到洼地或低洼地区，并且在每个场地内，内场高于外场。

12.2.6 泥地区域材料

(1)材料选择

任何棒球或垒球钻石形状区域可用性的一个关键因素是泥地区域材料的质量。在开始本节之前，有必要回顾一下第2部分导论中"运动场设计原则"中的"材料选择"。

所有泥地区域的材料由粒径等于美国农业部标准分类的沙子、粉土和黏土组成。对于大多数棒球场和垒球场来说，最好记住的平均值是大约70%的沙子、15%的粉土和15%的黏土。一些混合物含有更多的沙子，而另一些混合物无论沙子的百分比，含有较少的粉土和更多的黏土。覆盖的场地一般含有较少的沙子和更多的粉土、黏土。

如今，由于替代材料的发展，泥地区域材料的选择比以往任何时候都多。除了土壤混合物外，还有无土混合物和复合混合物。这三种都是由粒径相当于沙子、粉土和黏土的颗粒组成的。请务必要求对所考虑的材料进行筛网分析，并确保其包含上述比例的沙子、粉土和黏土。

土壤混合物自这两种运动开始以来，一直用于棒球场和垒球场的泥地区域。它们已经通过有兴趣使它们更有用和保持各级比赛中更好运动性的公司多年的研究和开发得到了改进。土壤混合物通常在搅拌站或现场以10%~25%的体积率加入一层调节剂和/或在表面添加一层1/4~3/8英寸的调节剂。一般来说，调节剂是用来改善球员/球的反应，特别是在潮湿的天气。下面讨论了在土壤混合料中使用泥地区域调节剂的问题。

无土混合料　对于泥地区域来说是相对较新的，但其中一些混合物已经存在了50多年。大多数无土混合料仅在过去15~25年中使用。

无土混合料由烧结黏土(砖)、红色白云质石灰岩、风化花岗岩(DG)或页岩的骨料组成。这些混合物中的所有粒径都是通过破碎过程产生的，即使是那些通过270#筛网的颗粒(粉土和黏土)。在美国的一些地区，比赛期间雨水很多，无土混合料不会泥泞，因为它们不含土壤。

由于以下几个原因，不建议将调节剂与无土混合料一起使用：调节剂的颜色与无土混合料的颜色不匹配，从而形成一个看起来有斑点的泥地区域，并且无土混合料含有部分或全部作为调节剂的品质。

复合混合料是土壤和无土混合物的混合物。一些生产商将沙子、粉土或黏土颗粒混合到产品中。这些混合料中的骨料量通常超过50%，大部分为无土混合料。由于混合料中的大多数颗粒是碎骨料，混合料包含与上述无土混合料相同的特性。

(2)用泥地区域调节剂进行覆土

煅烧黏土产品和特殊处理的页岩用于泥地区域的表面修整。这些产品在土壤基质泥地区域顶部1/4~3/8英寸的深度处用作运动场地表面。通过系统地控制下层土壤中的水分深度，运动员的抓地力会更好。这两种产品是作为一个独立的覆土或可以结合使用，以更好地管理比赛条件和表面水分。在管理下层土壤的含水量时，煅烧黏土会吸收水分，而页岩产品会让水分通过。调节剂的使用提供了更均匀的球反应。同时红色调节剂可以改善大多数土壤混合物的外观。

一些无土混合料的生产商生产的产品可以像煅烧黏土一样用作覆土。用于此目的的骨料包括烧结黏土(砖)、石灰石、风化花岗岩或页岩。要求产品的样品是一个好主意，这样可以确保它们用于场地顶部作为运动表面不是太粗糙。这些产品主要用于改良土壤基质的泥地区域。更多信息请参见第12.4.1节"混合添加改良剂"。

(3)自己动手(DIY)泥地区域材料测试

尽管建议在选择泥地区域材料之前进行

粒度分析，但此类分析不会告诉规划师材质的性能。通过自己做一些测试，比较两种或两种以上具有相似粒径的不同材料是个好主意(有一个最喜欢的控制样本来比较所有其他样本)。

在 9 盎司塑料杯的底部钻 4 个或 5 个 1/8 英寸的孔，然后用被比较的表面材料样品填充杯的 80%。倒入水，直到它到达杯子的顶部。图 12.12 说明了该试验的两个部分：

图 12.12　这项易于操作的 DIY 测试可用于比较泥地区域材料

第一部分。让水排干，看看需要多长时间各种样品变得足够坚固，并在利用手指推入材料测试时可以提供一些阻力。在下雨后，固化得更快的材料将更快地恢复到可运动状态。

第二部分。当杯子里的材料干燥时，比较每个样品的硬度。轻轻挤压每个杯子，看看这些材料是否能黏在一起。一些表面材料可能太紧，而另一些可能太松。这部分测试对于警示道材料至关重要，下文将对此进行讨论。

(4)投手丘和击球手区材料

投手的投手丘和击球手区域的正常磨损通常会留下需要经常修理的坑和洞。为了建造一个能抵抗投手和击球手连续踢打的投手丘和击球手区域，使用为这些区域制造的黏土基材料。这种材料有两种形式：袋装黏土砖或未煅烧黏土砖。图 12.13 所示为将袋装

图 12.13　在未烧制黏土砖的下面和上面铺设一层薄薄的袋装黏土(1/2~1 英寸)。为防止打滑，在场地最上面会使用厚度(1/4 英寸至 1/2 英寸)的表面覆盖材料

黏土砖和未烧黏土砖用在击球手区域中。

12.2.7　警示道

正如这句话所暗示的，警示道意味着当运动员接近墙壁、篱笆或看台等坚实的结构时给他们一个警告。尽管许多场地的建设都没有警示道，但警示道所提供的额外安全裕度表明，在预算允许的情况下建设一条警示道是明智的。

美国全国大学生体育协会(NCAA)建议棒球场外场围栏采用 15 英尺宽的警示道，垒球场外场围栏和边线围栏采用 10~15 英尺宽的警示道。小联盟棒球规则手册推荐了一条 10 英尺宽的外场围栏警示道。查看设计的场地最新规则手册中警示道的建议。

(1)警示道尺寸

没有“标准尺寸”的警示道；相反，建议的警示道宽度是基于从本垒到挡球网的位置的距离、从边界线到休息区的距离、球员的年龄和能力等因素。表 12.3 显示了不同大小场地的建议警示道宽度。

图 12.14 说明了适当的警示道宽度是如何受现场尺寸影响的。很明显，左边的场地比右边的场地在内野周围有更少的空间来作为警示道。如果在两个场地上使用相同的警示道宽度，左边的场地在本垒板后面就只有

一英尺宽的草了。

表 12.3　建议的警示道尺寸

主垒板到挡球网的距离 英尺(ft)[a]	建议警示道宽度 英尺(ft)	
	界外区域[b]	外场围栏
25	8	12
30	10	12
40	12	15
50	15	15
60	15	15

注：a. 从边界线到休息区的距离是一样的。
b. 当在内场周围的界外区域使用草时，用于挡球网和休息区围栏区域。

(2)选择警示道材料

由于警示道的目的是警告球员，他们正在用完场地空间——基本上是一个安全功能——材料的选择应考虑到这一目的。最好的材料是足够牢固以防止滑倒，并且与旁边的草坪有明显不同的质地，因为质地的差异是警告球员他们正在接近比赛区域终点的特征。

大多数警示道是由颗粒材料和许多不同尺寸的骨料构成的，这些骨料在完全沉降时会黏结在一起。小心较大骨料的尺寸，因为它们最终露出表面上。使用不超过3/8英寸的大骨料颗粒材料以及足够小的骨料使材料黏结在一起。过多的松散聚合可能会导致打滑，尤其是对年轻球员。

第12.2.6节中所述的“DIY表面材料试验”是对警示道材料的极好试验。确保同时进行两个部分的测试：第一部分测试孔隙度；第二部分测试硬度。对于警示道，第2部分非常重要。大多数警示道故障是由于缺乏将材料黏在一起的细骨料造成的，这可能是一种危险，而不是一种安全特性。

评估某一特定材料有用性的另一种方法是，索取和核对该材料已使用的地方案例的参考资料。如果可能的话，访问已经在使用该材料的场地。确保材料适合使用场地的年龄组。

12.2.8　截水沟和集水池

(1)截污干管

截污干管的排水沟底部有多孔管，表面有砾石。为了使这些排水沟有效，砾石表面必须低于两侧的周围土地。(拦截排水沟详情见第6章“排水”，图6.4)

在场地周围的洼地不是一个选择的情况下截水沟对于防止水进入场地非常有用。如果洼地没有足够的空间来安装排水沟，或者洼地会阻碍人员通过该区域，那么拦截器排水沟会非常有效。

它们可以仅用于一个场或多场复合体。对于在投手丘底部有外场围栏且外场围栏接近水平的单个场地(图12.1)，拦截器排水管将在水到达场地之前将其清除。如图

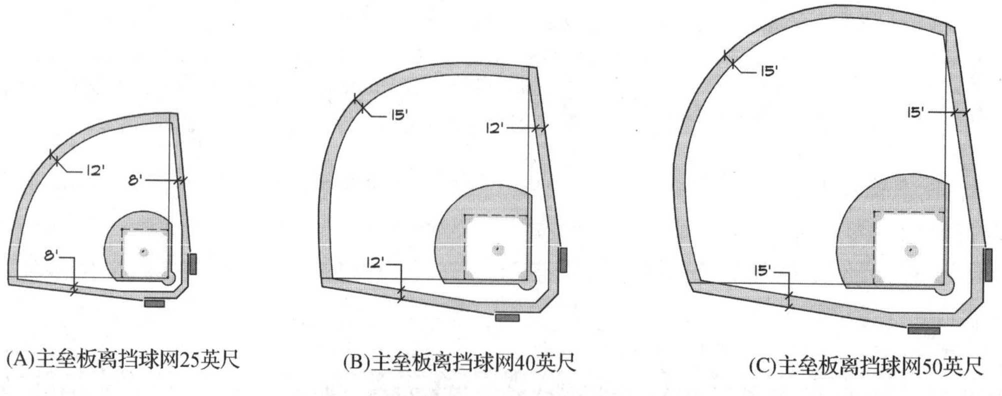

(A)主垒板离挡球网25英尺　(B)主垒板离挡球网40英尺　(C)主垒板离挡球网50英尺

图 12.14　不同大小场地上的警示道宽度

图 12.15　一条带有多孔管的截水沟，其表面覆盖砾石，可阻止水进入场地

12.15 所示，这些排水沟可以位于外场围栏的正外部。在一个多场地综合体中，拦截器排水管可以用来收集从一个场地排到另一个场地的水，即使两个场地之间的区域是水平的。

(2) 集水池

空间有限，有时不可能在比赛区域外包括洼地。在这种情况下，可能需要使用集水池。设计在平坦地形上的场地可能需要在整个场地外部设置集水池。在某些情况下，需要在场地内安装集水池。一定要把它们放在栅栏或墙壁旁边，把水从这些地方排走。

12.2.9　固定安装/地埋式的灌溉系统

由于每个棒球场或垒球场都有自己的尺寸，几乎不可能将所有场地描述一个“典型”的灌溉计划。例如，从本垒/本垒板到外场围栏的距离因场地而异。喷头之间的距离可能从 47 英尺到 67 英尺不等，这取决于从内场弧(泥地区域与外场草地的交汇处)到达外场围栏所需的行数，场地边缘的水压，以及所用的喷头和喷嘴的类型。

在内场附近的界外区域，两个喷头之间的距离可能更大。例如，如果从跑垒道到休息室的草区宽度为 20 英尺，则喷头的间距不得超过 20 英尺。一块在跑垒道和休息区之间有 50 英尺草的场地需要有相距 50 英尺的喷头。显然，喷头的类型和区域上喷头的数量是重要的考虑因素。

内场是场地中最难达到良好分布均匀性的区域。无论喷头设置在哪里，内场的一些区域都会比其他区域获得更多的水，并且需要补充手动浇水。因此，建议在投手丘后的草地上安装快速连接器阀。快速接头阀也可能是将水输送到泥地区域的主要水源。

在为棒球场或垒球场设计灌溉系统时，最大的错误是未能提供匹配的降水量(这意味着整个场地接收的水量大致相同)。为了获得匹配的降水量，最好设计从一侧到另一侧以及从内场弧线到外场围栏提供喷头到喷头的覆盖。将喷头在各个方向上等距放置，并使用增压泵达到建议的工作压力。以下设计通过实现各个方向的喷头迎头覆盖来说明匹配的浇水量。

图 12.16 是一个棒球场固定安装式灌溉系统设计的示例，该棒球场有 90 英尺的垒，距离中心场 400 英尺，距离界外杆 325 英尺，跑垒道和警戒跑道之间有 40 英尺。这种设计要求场地边缘的水压为 75 磅/平方英寸(PSI)，喷头底部的工作压力为 60 PSI。该系统平均使用 63 加仑水/min(GPM)。

图 12.17 所示为快速垒球场安装的灌溉系统，该场地内有一个通往挡球网位置和休息区非草的内场。垒是 60 英尺，中心场地 220 英尺，距离界外杆 205 英尺。这种设计要求场地边缘的水压为 75PSI，喷头底部的工作压力为 60PSI。该系统每个区域平均使用 36 加仑水/min。

12.2.10　围栏、挡球网和防护网

大多数棒球场和垒球场都用铁丝网围起

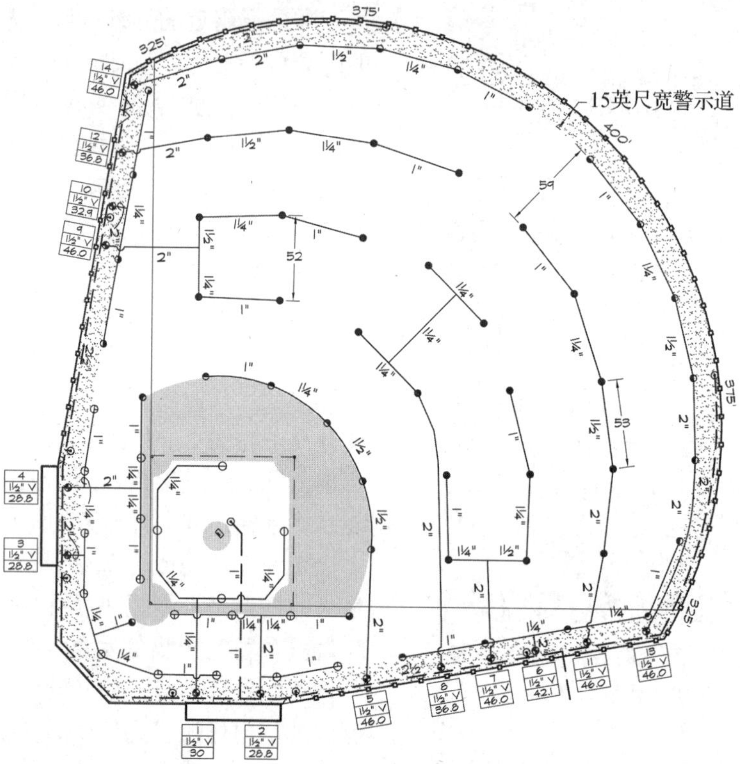

图 12.16 棒球场灌溉系统(90 英尺垒)，它是在亨特工业公司先前的设计基础上改进的。像这样一个大的外场需要五排喷头来实现喷头头对头的覆盖('为英尺和"为英寸)

来。外场围栏的高度范围从4英尺高的中小学球场到8英尺高的高中和大学球场。边线栅栏通常有4~6英尺高。

当设计一个新的球场时，检查最新规则书的要求或建议高度和距离的栅栏。美国国家高中协会联盟(NFHS)垒球规则手册建议外场围栏(如果正在使用)应该是6~8英尺高。NCAA垒球规则手册要求所有新建筑都有6英尺或更高的外场围栏。对于棒球场，NCAA规则手册强烈建议6英尺高(最好8英尺高)的外场围栏。

大多数棒球和垒球场挡球网的平均高度是20英尺。有时，根据场地外的环境，需要使用更高的挡球网。NCAA垒球规则手册建议挡球网是垂直的，而不是延伸到球场上。更高的挡球网能阻止更多的球离开球场。

防护网也可以用来防止球离开球场。这种网通常向上延伸30~60英尺，杆在中心50英尺处。在图12.11所示的常用背靠背主垒板设计中，它们有助于保护观众。它们可以在挡球网之间的中心区域用作上面的保护。它们也可以在球场之间使用，防止球从一个球场飞到另一个球场。

12.2.11 休息区

一些规则现在要求在休息区的场地一侧有一个保护网。NCAA垒球规则手册(关于机构和市政球场)和小联盟棒球规则手册都要求在场地一侧休息区域建立保护网或围栏。

休息区应足够大，以容纳所有的球员和团队人员。对于不同级别的比赛，作者建议的场地尺寸见表12.4。

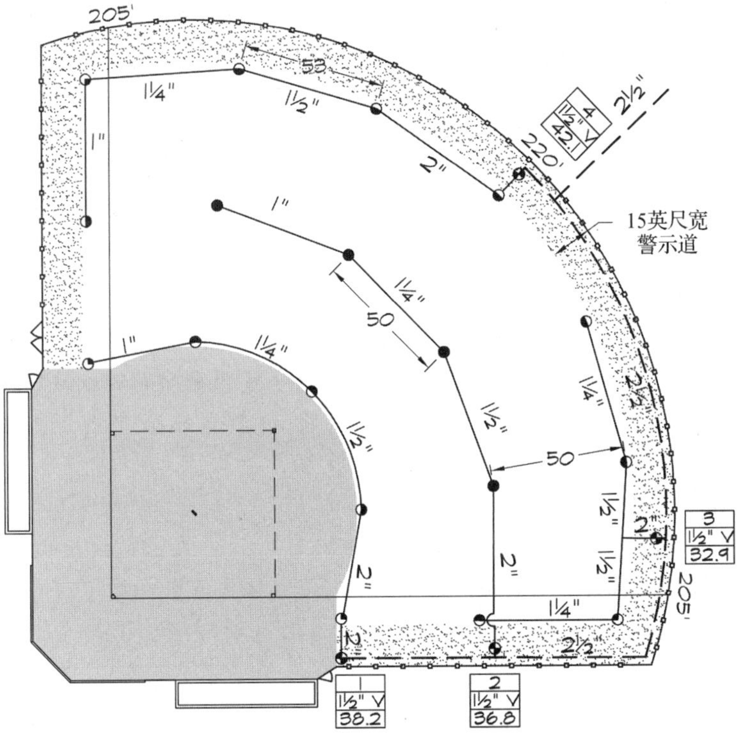

图 12.17　垒球场灌溉系统（60 英尺垒），这是在亨特工业公司提供的先前设计基础上改进的。只需要三排喷头就可以实现头对头的覆盖（′为英尺，″为英寸）

表 12.4　不同级别比赛的休息区域大小

年龄或组织	休息区大小
6 岁及以下	8 英尺宽×20 英尺长
7~12 岁	8 英尺宽×25 英尺长
13~16 岁	8 英尺宽×35 英尺长
高中棒球	8 英尺宽×45 英尺长
高中垒球	8 英尺宽×35 英尺长
大学棒球	10 英尺宽×60 英尺长
大学垒球	10 英尺宽×50 英尺长

12.2.12　牛棚/接替投手练习区

作者建议接替投手练习区应该放在场地外，并且应该用至少 10 英尺高的挡球网围起来。牛棚应该是设置使投手在练习中的投球方向与他们在比赛中的投球方向相同。使用常规大小的投手板和本垒板放置在规定的距离。对于不同的投球距离，作者推荐的牛棚尺寸见表 12.5。NCAA 要求棒球场有一个双人牛棚。

表 12.5　不同投球距离的牛棚尺寸

投球距离	牛棚尺寸
43 英尺	15 英尺宽×60 英尺长（单人）
43 英尺	25 英尺宽×60 英尺长（双人）
60 英尺 6 英寸	15 英尺宽×80 英尺长（单人）
60 英尺 6 英寸	25 英尺宽×80 英尺长（双人）

12.2.13　草坪草选择

在选择棒球场用草坪草时，规划者应考虑第 1 章概述的草坪草优势和劣势的一般信息。然而，由于棒球运动的特点，一个平滑、快速的，对地滚球的通过几乎没有阻力内场，通常被认为是理想的。（见第 1 章，第 1.3 节和第 1.4 节）

暖季型的狗牙根表现出良好的整体耐性，低修剪，使它成为无论是在（美国）南部和过渡区棒球和垒球场地安装的理想选择。海滨雀稗在最南方地区常用在棒球场。（由于棒球运动通常在早春开始，狗牙根和海滨雀稗经常与黑麦草一起交播来管理冬季休眠)；结缕草(尤其是质地更细、生长更快的马尼拉结缕草品种)也在一些地区使用，但是，在经常有内野运动员站位的践踏严重的区域，结缕草其整体缓慢的恢复率仍然是一个挑战。

然而，在冷季型地区，使用50∶50的草地早熟禾和多年生黑麦草混合，并将草地早熟禾和多年生黑麦草各至少两个品种组合，以增强遗传多样性。

为了建立一个能够承受短至1英寸修剪高度的草坪表面，规划者应该选择具有矮小株型，能够高度耐受近距离修剪的多年生黑麦草和草地早熟禾品种，这些物种的混合提供了一个很好的组合，包括侵略性的生长习惯，优良的耐磨性，以及教练和球员首选的低修剪高度耐受。

12.3 施工

棒球场和垒球场有四个不同的区域必须一起施工：内场、泥地区域、内场周围的界外区域和外场。只有外场可以单独使用设备建造。其他三个区域需要平地设备加上大量的体力劳动。

大多数施工计划没有为内场和界外区域显示足够的细节，所以需要由它的建设者提供施工图，有经验丰富的工人和熟练的设备操作人员，以成功地建造这些区域。

有用的提示“在关键点设置高程”显示了如何包含更多高程来建造内场，如图12.6所示。

有用的提示

在关键点设置高程

(1)问题

大多数施工计划没有包含足够的高程来建造内场以正确排水

(2)解决方案

在自制的施工图上增加设置标桩和高程。用图12.6作为缺少内场高程的施工图的例子，坡度在图12.18中已经被拓展和计算出来。手头上有了这个完整的施工图后，设置标桩和标出标高，并在一个标桩和下一个标桩之间系好细线。细线用于设置坡度并将泥地区域与草地区域分开。图12.19显示了施工期间现场的细线。

(3)结果

施工图(如图12.19所示)有助于减少可能导致严重问题的放坡错误。对细节的关注将为建造一个完美的场地带来巨大的收益。

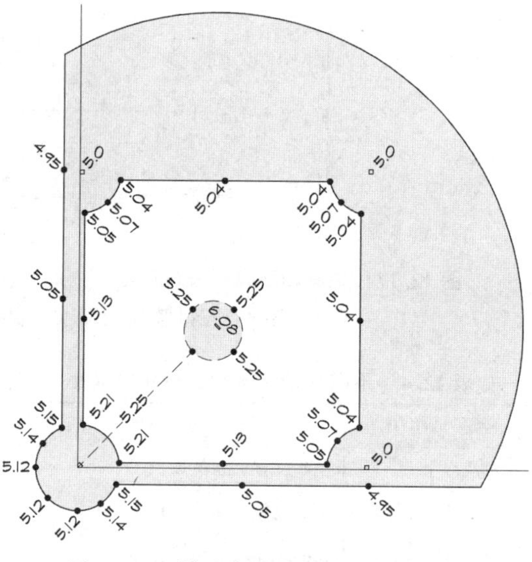

图12.18 辅助内场建设的自制施工图

(注意此处高程显示允许真正的10英寸投手丘；以英尺表示的高程)

图12.19 这条细线用于表示坡度，同时作为草地内场和泥地区域之间的分隔线

12.3.1　布局程序

用标桩(可以用长折钉或钢筋代替)、捆绳(线)和油漆标记布置新建造的场地。如果用木桩和钉子来定义一个弧，用足够的木桩和钉子来形成一个圆(加或减和英寸为单位)。有时刚性类型的绳用于直线，可弯曲类型的用于弧线，而不用细线。

假设本垒板和界外杆已经就位，使用从界外杆到本垒板的捆绳设置界外线。两条界外线在本垒板形成 90°角，整个场地以此为基础。

内野。定位第一个、第二个和第三个垒，并使用钉子或钢筋来定义准确的位置。把一根绳子从一端系到另一端，形成一个正方形。根据规则，垒内的区域被称为内野。要简化内场布局过程，请按连续顺序执行以下步骤：

①使用平面图上显示的尺寸，在垒和主垒板上绘制圆弧。

②在界外线或垒线的适当距离处，在涂有油漆的弧线上安装标桩，布置直线。

③将木桩放在垒和主垒板的涂漆弧上。

④把绳子从一个桩系到另一个桩来定义内野。

⑤从建议的半径点在投手的投手丘周围画一个圈。使用标桩在画好的线上形成一个圆。

泥地区。通过使用平面图上显示的半径点和尺寸绘制内场弧来定义泥地区域。沿弧以预定距离(对于 95 英尺弧，不超过 10 英尺)使用木桩形成一个圆。把绳子从一个桩系到另一个桩。

内野周围的界外区域。在本垒圆界外线的拟定距离处安装标桩，完成第一和第三垒道的布置。在内场弧线上安装另一个标桩，与界外线的距离相同。从一根木桩到另一根木桩系一条细绳，以确定跑垒道。将标桩放在本垒板周围的漆线上，并系上绳子形成一个圆。通过挡球网、围栏线、休息区和警示道，完成内场周围界外区域的定位。

外场。通过定位边线围栏和外场围栏的所有转弯处来指定外场。如果使用的是圆形外场围栏，则定位半径点(如果平面图上有)，并在拟定尺寸处绘制围栏线。如果要使用警示道，请在这个时候立即将其布置好。

12.3.2　施工程序

有大量的手工工作涉及内野、泥地区域和界外区准确的放坡。熟练的设备操作员将能够更好地塑造这些地区的部分，并使坡度足够接近，这样最后手工劳动能顺利完成。

用记号笔在桩上标明建议的坡度。然后升起绳子，把它系在拟定的坡度上。绳索一侧的所有东西都是表土，而另一侧是泥地区域材料或警示道材料。

内野。把一根绳子系在投手丘的基部，然后系到垒线上的另一个标桩上。如图 12.20 所示，该线可用于检查坡度和手动放坡。如果需要大量的人工放坡，则使用多条从投手丘到垒线的相距 6 英尺的线。

泥地区。在对泥地区域进行放坡时，可以将一条线系在第一个和第二个垒之间，或第二个和第三个垒之间垒线上的桩上，以及沿着内野弧线拉到另一个桩上。根据需要检查坡度和手动放坡。

内野周围的界外区域　界外区域是赛场

图 12.20　使用绳索检查内场坡度，并沿着垒道手动放坡

上使用最多的区域，需要特别注意确保使用界外区域的球员不会站在水里或泥里。由于内野是球场的最高点，水会向各个方向流，包括流入界外的区域。如果休息区是水平的，则有必要在跑垒道和休息区之间设置洼地，以防止水进入休息区。如果挡球网底部有实心墙，则也必须使用洼地或集水池。

几乎每个场地都有不同的界外区域，因此不可能推荐一个共同的放坡设计。从一个场地到另一个场地的距离以及两个场地的标高都不同。大多数情况下，承包商需要制定坡度设计，以包括必要的洼地和集水池。

外野/外场。如图 12. 1 所示，使用锥形激光器对外场坡度进行检查。将仪器置于内场弧的半径点上。将设备支架底部设置在内场弧的完工坡度处，并将机器调整到建议的坡度百分比。图 12. 21 显示了放在内场的锥形激光器，用于激光确定从内场弧线到外场围栏整个外场的坡度。对于图 12. 2 和图 12. 3 所示的外场放坡，使用配备 GPS 的机器。

(1) 建造投手丘

使用图 12. 7 和图 12. 8 所示的图纸建造规定的投手丘。测量距本垒板 59 英尺(沿

图 12. 21　在图 12. 1 所示的总体场地设计中，使用锥形激光器对外场进行激光平地放坡

图 12. 22　在铺装黏土砖、袋装黏土或泥地区域材料时，可以使用木桩和绳索来对投手丘进行平整和塑造

中心线) 的距离，以确定投手丘的中心位置，并安装钉子。从钉子开始测量一个 9 英尺的半径并画一个圆。

使用图 12. 7 中的尺寸，将中心线留在适当位置，以布置投手丘顶部的水平区域。在水平区域的四个角用四根木桩(或钢筋)标记。在 6 英尺外的投手丘底部安装两个木桩。如图 12. 22 所示，用拟定坡度标记所有桩并从一个桩到另一个桩系绳。

(2) 安装垒座

从本垒板到第一和第三垒的距离是到垒的背面。对第二垒的测量是从第一和第三垒的后面(界外线处)到第二垒的中心。

为保证基础浇筑的准确性，可制作木模板或使用对半的混凝土块，在混凝土中设置垒锚。锚应在混凝土上方延伸 1. 5 英寸。(不要使用圆形模板，因为圆形模板可能会原地旋转，导致底座不成直角)

在大致位置挖一个洞，把混凝土块放在洞里，金属垒锚离地面 1 英寸。孔应足够大，以允许混凝土块从一侧到另一侧和从前到后移动，以达到图 12. 23 所示的适当尺寸和对齐。使用细绳、卷尺和垒座达到

图 12.23　将带有垒座套筒锚的混凝土块放置在一个足够大的洞中，以便在垒座安装在顶部后能够移动

图 12.24　通过使用一条线(代表界外线)、卷尺和垒座来实现精确的尺寸和对齐

图 12.24 所示的准确尺寸和对齐。一旦达到正确的位置，移除垒座，在锚中安装塞子，填充混凝土砌块周围的土壤，并压实。

(3)警示道安装

警示道材料的厚度取决于预算和下垫土的类型。通常 4 英寸的材料足以防止杂草成为严重问题。当达到最终坡度时，警示道应与草地保持水平。

安装式地下排水系统通常是无效的，除非警示道材料在沉降后仍然具有渗透性。对于大多数警示道材料，水通过太慢，这让排水沟的作用有限。更有用的是确保最终坡度提供正向地表排水。

警示道有时会在道路和草坪之间安装边缘材料，如木材、塑料或通常用于灌木床边缘的铝板。不建议采用这种做法，因为这些材料几乎不可能与完成的坡面保持齐平。

对于新建工程，将该区域开挖至所需深度，并安装警示道材料。然后用激光引导设备、现场整平机或类似的拖拉机附带设备整平该区域。(记住要考虑沉降，对于 3 英寸深的警示道，沉降大约是 1/2 英寸)最后，用 1~1.5 t 重的压路机碾压该区域，使表面牢固。

如果在现有场地上安装警示道，则用油漆线布置该区域，并用草皮切割机切割整个区域。耕翻该区域达到所需深度并清除土壤。然后人工整理警示道旁边的草地边缘，安装警示道材料、找平并滚压。

12.4　改造

尽管大多数棒球和垒球场改造项目都与泥地区域有关，但在警示道和草坪区域都可以进行一些处理。整修应该推迟到赛季结束后，除非规划者可以指望在工作后有 2~4 周让场地恢复。请记住，如果一个改造过程是在赛季之前或期间开始的，而大雨推迟了工作的完成，那么球场可能无法进行预定的比赛。

12.4.1　泥地区改造

如果一个场地无法比赛，而比赛需要取消或重新安排，通常情况下，这是泥地区域的状况造成的。重要的是在整个比赛季节保持泥地区域处于尽可能好的状态，并在下面的第 12.5.1 节中讨论适当的维护实践。

(1)唇形边缘移除

如果养护人员不小心的话，每天对泥地区域的梳耙拖平会将大量的表面材料拖到草坪边缘。这种材料就会形成一个类似“唇部”的边缘，阻止雨水像预期的那样流入草地。这个边缘也成为球员运动的一个危险，因为它会导致不稳定的弹跳球，并有可能绊倒。如果不移除这个边缘，将会形成草丘，然后需要移除草皮、降低坡度、重新播种或铺草皮。

如果积水成为一个问题，可以在赛季中

清除小的唇形边缘和草丘。只需去除边缘或草丘，留下泥地区面积大一点。在赛季结束后，使用规则手册建议的整修场地类型尺寸播种或铺草皮。

用于清除边缘和草丘的设备包括草皮切割机、动力耙、铣刀剪草机以及其他机械。图12.25所示为一个动力耙，用于清除嘴唇式边缘和草丘。

图12.25 使用动力耙移除边缘。动力耙的轮子保持稳定的坡度，而带弹丸式凸起的前滚轴磨除唇形边缘和草丘

如果不进行处理，草丘将阻止水从泥地区域流出。在一些场地里，产生的积水已经通过添加更多的表面材料来处理，这些材料逐渐可以把草丘变成小山。对这种积累一个有用的解决办法是挖掘和清除草山和额外的表面材料，以创建地表径流所需的适当坡度。这通常需要在泥地区域周围重新平整种植3~10英尺宽的草。在这一章的结尾见实地考察“发现一个常见的泥地区域问题”。

(2)平整

在清除唇形边缘、草丘和草山后，填充低洼点并清除多余的土壤，以便在泥地区域为地表径流创造倾斜坡度，使整个泥地区域有坡度和平滑而有良好的立足稳定性和真正的球反应。如有必要，使用坡度桩和细绳，以达到一致的坡度。

(3)整合加入改良剂

假设唇形边缘移除和整平完成，可通过加入改良剂来升级基于土壤的泥地区域。注意：如果现有表面材质包含太多岩石，则不建议加入改良剂，而是整个泥地区域都应该更换。

一些无土表面材料的生产商提供了一种可用于改良黏性土基的内场材料产品。这些改良剂通常适用于以一份现有土壤加一份改良剂(50%改良剂)的比例。对于非常重的粉土和黏土的内野，建议一份现有土壤加入两份改良剂(67%改良剂)。建议是基于现有土壤的粒径分析和预期结果。在这两个样本中，现有土壤的物理性质都发生了变化。改良剂颗粒的桥接形成大孔隙空间，允许空气和水进入土壤剖面，然后通过表面蒸发快速干燥。

在用至少50%的无土产品对现有表土进行改良后，在潮湿天气下，不需要覆盖表土区域。非草的泥地区域将不再是泥泞的。雨停后不久就可以比赛了。

对于在大量降水后产生巨大沟壑的沙质(松散)泥地区域，可以使用粉土和黏土改良剂来加固表面。对现有砂质材料的粒度分析将有助于确定实现稳定性所需的粉土和黏土的数量。

若要修改现有泥地区域材质，请在表面以预定的深度铺撒改良剂。以推荐的比例将改良剂旋耕混合到现有表面材料中。如图12.26所示，拖平旋耕机留下的犁沟。一个滚子和拖网垫就可以完成这个过程。

图12.26 在将2英寸改良剂旋耕混入1英寸现有内场材料后拖平表面

12.4.2　警示道改造

每年至少对警示道进行一次边缘处理，并去除已形成的唇形边缘。如果天气条件允许，冬季可能是赛季后管理边缘的最佳时机。一些播种或铺草皮工作可能需要做，具体的数量取决于草移除的量。

使用 2～3 年后，可能需要添加警示道材料。一些材料可能会沉降到土壤中，或者下层土壤可能会向上迁移到警示道中。1 英寸的材料通常足以使警示道看起来像新的。

赛季过后是改造坡面促进表面径流的好时机。如果积水是一个问题，表面斜坡倾斜远离场地。如果无法通过地面排水系统将水排出，则在场地外安装集水池，或者如果需要，则在场地内靠近围栏的地方安装集水池。

12.4.3　草坪更新

(1)去枯草层、打孔通气和铺沙

对于生产大量枯草的狗牙根和草地早熟禾场地，在需要时根据草的生长恢复潜力和场地使用计划进行除枯草是一个好主意；在赛季结束后，只要有足够的时间让草从垂直修剪梳草中恢复，就很理想了。过多的枯草(超过 1/2 英寸)会提高泥地区域旁草坪一边的坡度，从而在整个泥地区域周围形成一个唇形边缘。枯草使泥地区域看起来低，而需要添加表面材料。

如果在赛季中没有机会，尤其是在球员站位的地方，赛季结束后也是一个很好的时机。在赛季中打空心孔这不是一个好主意，除非土芯可以移除和表面运动性不受影响。一般球员的鞋钉会使场地变得泥泞，球的滚动也会受到影响。在赛季中，可以在践踏严重的地区使用对地面运动性影响最小的打实心孔。

在去除泥地区域边缘的唇形堆积之后内场表面铺施改良剂等可以为良好的立足点和球的反应创造一个光滑的表面。在去枯草层和/或空心孔打孔通气后对外场进行铺沙可以使草坪表面平整而在较低的修剪高度下修剪草坪。

(2)外场地下排水

如果外场在春季持续潮湿，比赛不得不推迟或取消，考虑安装沙渠排水沟。一些外场的设计和建造坡度小于 1%：不足以实现良好的地面排水。其他场地可能有一个高地下水位等。在这两种情况下，砂沟排水将大大改善表面渍水。测量外场以确定径流方向。将排水管安装在与地表径流方向成 45°角的狭窄沟渠中，并用沙子填充至地表。见第 6 章“排水”的第 6.4.2 节，了解有关砂槽排水沟设计和安装的更多信息。

12.5　维护管理程序

为了对棒球或垒球设施进行有效的维护和管理，必须对场地进行定期检查。这些检查是维护决策的最佳信息来源。

唇形堆积是棒球或垒球场经理迄今为止必须控制的最大问题。定期在草地边缘查找泥地区域材料非常重要。边缘隆起的形成表明内场拖平操作不小心，需要立即纠正。

有效的检查应该定时进行，以便在各种条件下观察现场。例如，在一场持续的大雨期间或之后立即检查场地。检查水在地面的位置，特别是在非草坪区域。修剪后检查草坪，确认割草是否正确地割下大约 1/3 的叶片。查看叶片末端是否有撕裂和碎裂现象，这是剪草机刀片变钝的特征。

12.5.1　泥地区域维护

由于保持表面光滑和无低点的重要性，在比赛季节需要日常保养。

(1)拖场地

表面湿润后，允许良好的渗透，使用钉拖耙保持表面松散。接下来，将使用垫拖来拖曳分解土块并平整表面。拖场地应该从距离草地边缘 12 英寸处开始(以防止形成唇部)，并朝着泥地区域的中间方向进行，如图 12.27 所示。如果大雨天气不便于使用拖

图12.27 拖动应以低速进行，且应从距离草地边缘12英寸的地方开始，以避免覆盖材料带入草地

拉机，可以用手耙去泥地区域的地方工作，以达到类似的效果。在离开泥地区域之前把拖耙、拖垫升起来也很重要，以避免将土壤拉入草坪边缘，因为草坪边缘可能会阻塞关键的表面排水点。

(2)切边

应定期对草地区域进行边缘处理，以保持清晰的泥地区域。在进行切边之前，清除积聚在草地边缘的任何泥地区域材料。最好在赛季定期去除唇形边缘。常见的唇形边缘去除方法包括耙，使用吹风机，并利用高压水管等。

(3)平地

在每个季节开始时，用拖拉机和粉碎机附件或同等设备将冬季形成的压实层(通常1英寸深)打碎。

击球手区、投手丘和每个垒地面比赛过程中形成的洞每天需要填好，踩实并且手动耙平。

(4)表施土壤

有许多产品可以作为一个表面铺施应用。煅烧黏土产品是最常用的产品，但其他产品包括加工特别用于表面铺施的页岩，烤烧的黏土(砖)，红色白云质石灰石，风化花岗岩和碎页岩。

调节剂表面铺施在泥地区域1/4到3/8英寸厚，然后用钉子拖耙与下面的土壤混合。在这个厚度，表面铺施的调节剂成为比赛的表面。见第12.2.6节，“用泥地区域调节剂进行表面铺施”更多关于表施土壤的信息。

调节剂也被用于泥地区域的顶部以吸收积水或使大雨后的湿地更安全。当用于此目的时，调节剂可以放在地上，等地干了再均匀地铺开。一些有机产品(如玉米芯材料)作为干燥剂销售，这些需要在比赛结束后从表面去除。如果与泥地区域材料混合，下次下雨时泥泞的情况会更糟。

12.5.2 警示道维护

警示道最好看是在定期修理边缘使草地和警示道有一个明显对比的时候。在用于警示道边缘修整的工具中有草皮切割机、动力人行道修边机、线锯和手动修边机。

在警示道上控制杂草需要特别考虑。运动场草坪维护中使用的标准芽前(PRE)和芽后(POST)除草剂的标签并未明确说明其在警示道或内场泥地区域的使用；这些标签既不表示它们可以应用，也不表示它们不能应用，因此它们的使用通常取决于对标签说明书的解读。大多数草坪杂草专家都很乐意推荐一种非选择性的、在土壤中没有残留活性的芽后除草剂点喷处理杂草。用锄头或用手进行人工除草可以清除任何不受化学控制的杂草。

拖耙表面有助于保持警示道看起来像新的，并且在赛季中至少每月执行一次。使用钉子耙拖动松开表面，然后使用拖垫进行最终平滑。如果表面太硬，钉子无法穿透，则使用粉碎机、滚子和拖网进行维护工作。

12.5.3 暖季型草坪草养护

表12.6显示了一个示例维护计划，可根据暖季区域任何棒球或垒球场地的需要进行定制。这只是在暖季区域棒球场上成功使用的维护计划的一个例子，理想情况下，任何肥力计划都可以/应该根据土壤测试信息、

气候、场地使用强度和预算进行修改。此维护程序用于有秋季练习期的棒球场，春季从2月中旬到5月中旬，夏季从6月中旬开始一直持续到8月。

在规划施肥计划时，场地管理者应参考第3章中的更详细信息。

表 12.6　暖季型草场地维护方案

基于场地评估的样本维护计划(暖季)

场地名称：肖恩罗谢尔球场

场地类型：棒球场

条件：很好

草的种类：‘纬度 36’狗牙根

割草机类型：三联滚刀

土壤类型：原生砂壤土

土壤测试：磷 10 ppm，钾 55 ppm

年份：2019

酸碱度(pH)：6.2

地点：阿肯色州埃尔金斯

压实度：中等

排水：表面

灌溉：安装有自动喷灌系统

枯草：1/4~1/2 英寸

备注：在生长活跃期，每周剪草三次

月份	施肥/(磅/1000 平方英尺)[a]	打孔	铺沙/英寸	交播	“三分之一法则”修剪高度/英寸	1 英寸/周浇水	杂草控制
5月	10-20-20 5 磅 10-20-20 5 磅	垂直修剪 下旬			3/4	根据需要	
6月	45-0-0 1 磅 45-0-0 1 磅	打空心孔	1/8		3/4	1/2 英寸， 一周两次	芽后 禾本科草 莎草
7月	45-0-0 1 磅 45-0-0 1 磅	打实心孔	1/8		3/4	1/2 英寸， 一周两次	芽后 禾本科草 莎草
8月	45-0-0 1 磅 45-0-0 1 磅	交播前 轻的 垂直修剪			3/4	1/2 英寸， 每周二次	
9月	13-13-13 4 磅		1/8	12 磅 多年生黑麦草	3/4	少量 多次 用于交播	
10月	45-0-0 1 磅 13-0-44 2.5 磅 45-0-0 1 磅			3 磅 多年生黑麦草	$1\frac{1}{4}$	根据需要	
11月	石灰 25 磅				$1\frac{1}{4}$	根据需要	

(续)

月份	施肥/(磅/1000平方英尺)[a]	打孔	铺沙/英寸	交播	"三分之一法则"修剪高度/英寸	1英寸/周浇水	杂草控制
12月	石灰25磅				$1\frac{1}{4}$	根据需要	
1月					$1\frac{1}{4}$	根据需要	
2月					$1\frac{1}{4}$	根据需要	
3月	21-2-20 2.5磅50%水不溶/缓释				$1\frac{1}{4}$	根据需要	
4月	21-2-20 5磅50%水不溶/缓释				1	根据需要	

注：a. 在质地较重的土壤(主要是粉土或黏土)上，在任何单一施用中使用水溶性氮源每1000平方英尺每个活跃生长月施用不超过1磅的N肥，在砂质土壤上，分次施用，每次处理每1000平方英尺施用不超过0.5磅N肥，以尽量减少淋滤。对于较高的施氮水平，使用水不溶性N肥(WIN)或缓效N肥(SAN)含氮量超过50%的N源。在遵循土壤测试建议后，在天然土壤上，三个生长季可能不需要大量的P肥；每年在砂基土壤上进行pH值和P肥的土壤测试。定期施K肥是因为土壤中K的流动性更大，并且希望提高草坪对环境和践踏胁迫的耐受性。

12.5.4 过渡区草坪养护

在为过渡区的场地制订养护计划时，应根据在场地上使用的草坪类型调整该计划。根据暖季计划保持暖季型草种，冷季型草种根据典型的北方方案，根据具体位置调整方案。

12.5.5 冷季型草坪草养护

冷季型草坪草在春季和初夏经历了一个强烈活跃生长的年度周期，在一年中最热的时候休眠，然后在夏末和秋季又是一个强烈生长的季节。对于冷季型草的草坪管理者来说，这个周期带来了实质性的维护挑战，因为棒球一直延续到夏天最热的时候。表12.7显示了一个可为冷季地区的任何棒球或垒球设施量身定制的维护计划示例。如前所述，在制定最符合场地使用预期、气候和预算的维护计划时，请使用此示例作为指导。

表12.7 冷季型草坪场地维护计划

示例维护计划(冷季)	
场地名称：哈伯德高中	地址：霍尔大街341号
场地类型：棒球场	哈伯德，俄亥俄州
条件：很好	板结：是，整个场地
草的种类：早熟禾/多年生黑麦草	排水：表面
剪草机类型：60英寸，旋刀	灌溉：没有
土壤类型：黏土/壤土	枯草：没有
土壤试验：磷18 ppm，钾80 ppm	备注：新建场地：
年份：2019	每年施肥4次，2英寸修剪高度，全年
酸碱度(pH)：7.6	

月份	施肥[a]	打孔	铺沙	交播	"三分之一法则"修剪高度/英寸	杂草控制
5 月	20-5-20 2.5 磅 N 50%SAN				2	点喷处理
9 月	21-0-0 5 磅	打空心孔和拖平	表面平整	播种磨损区域	2	全场喷施
10 月	28-3-10 4 磅 50%SAN				2	点喷和全场
11 月	21-0-0 2.5-5 磅	打空心孔和拖平			2	点喷和全场

注：a. 在质地较重的土壤(主要是粉土或黏土)上，在任何一次施用中使用水溶性 N 源，每 1000 平方英尺每活跃生长一个月施用 0.7~1 磅 N 肥，建议使用硫酸铵(21-0-0)以降低土壤 pH 值。在砂土上，分次施用的 N 肥不超过 0.5 磅/1000 平方英尺每处理，以尽量减少淋滤。对于较高的施氮水平，使用水不溶性 N 肥(WIN)或缓效 N 肥(SAN)含氮量超过 50%的 N 源。在遵循土壤测试建议后，在原生土壤上，3 个生长季可能不需要大量的 P 肥；每年在砂基土壤上进行 pH 值和 P 肥的土壤测试。定期施 K 肥是因为土壤中 K 的流动性更大，并且希望提高草坪对环境和践踏压力的耐受性。

12.6　规章制度

12.6.1　通用场地布局规则

有许多场地的布局规则在各级比赛中存在许多共同点。对第一和第三垒的测量是从本垒板背面(白色)点到垒板背面。二垒的中心是从一垒和三垒的犯规/界外线开始测量的。投手板的前中心从本垒板的后点开始测量。

通常，到内场/外场弧线的距离是从投手板前中心开始测量的，但存在一个例外：《高中垒球规则手册》对所有级别的垒球从相同距离测量弧线，而不管到投手板的距离如何。

有用的提示"界外线布局"是各级比赛共同的，并图示说明了从界外杆到本垒板正确的界外线布局。

12.6.2　特别的场地布置规则

一个好主意是检查正在设计或翻新场地的比赛级别目前最新的规则书。其中包含了适用于新建和改建场地的具体规则。

美国国家高中棒球协会联合会(NFHS)的棒球规则手册要求，所有现有球场到已有休息区的延伸部分都必须朝向外场，并与两边的界外线平行。对于垒球，外场围栏应为 6~8 英尺高，经州协会采用时，允许使用双一垒。

全国大学生体育协会(NCAA)有许多规则手册建议和要求。例如，棒球规则手册建议设置休息区，并设置边线围栏。NCAA 垒球规则手册建议防球网应垂直，不得延伸至赛场。对于机构和市政场地，NCAA 垒球规则手册规定，场地一侧的休息区必须有至少 6 英尺高的网或围栏。NCAA 不再只推荐一个特定的方向。相反，方向由规划者决定。

界外/边界线设计

(1)问题

规则书上没有包含关于正确的边界线与界杆以及第一或者三垒和本垒板关系的实际布局图的足够信息。

(2)解决办法

从界杆开始，在界杆的外边缘系一条细绳并且拉直一直到主垒板的位置。这条绳子应该会接触到第一垒和第三垒的外边缘并且延伸到主垒板的后面(白点)。使用粉笔或者漆涂边界线时，边界线的外沿应与细绳接触。正确的布局展示在下面的三幅图中。

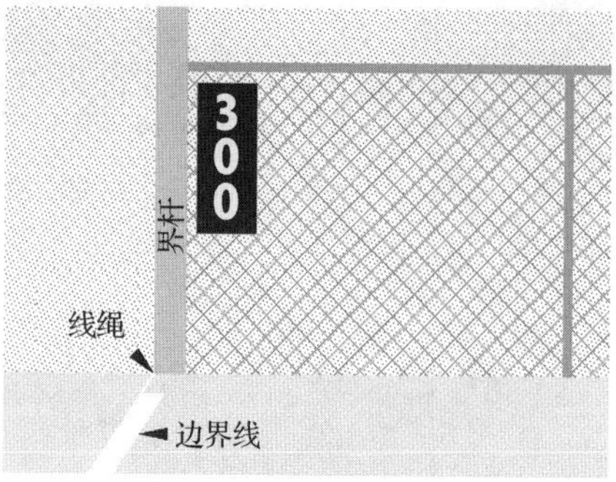

左边场地界杆

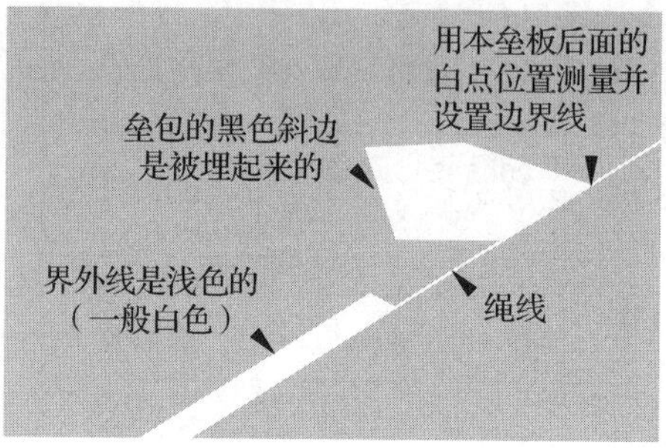

本垒板

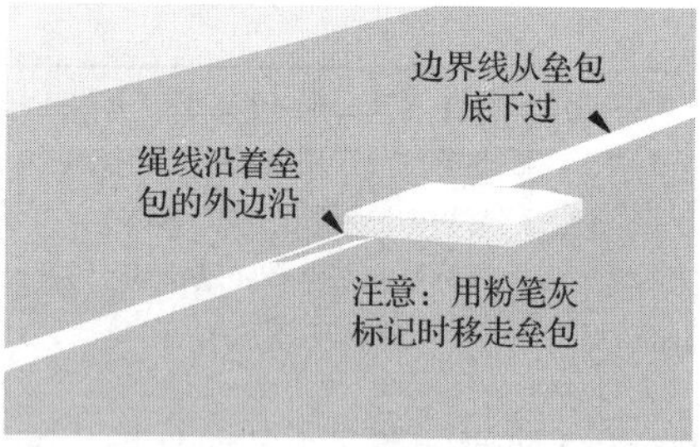

三垒

12.6.3　线和边界尺寸

表 12.8 和表 12.9 显示了最常见场地的尺寸。

表 12.8　棒球场尺寸

场地类型		要求				推荐			
		垒线/英尺	投球距离/英尺	本垒到第二垒/英尺	投手丘高度/英寸	挡球网到本垒板/英尺	界外线/英尺	中心场地/英尺	内野弧至投手板/英尺
官方棒球规则		90	$60\frac{1}{2}$	127.28	10	60	325 最少	400 最少	95
大学 NCAA 规则		90	$60\frac{1}{2}$	127.28	10	60	330	400	95
高中 NFSHSA 规则		90	$60\frac{1}{2}$	127.28	10	60	300 最少	350 最少	95
小马驹棒球	设德兰小型马(3~6 岁)	50	无	70.71	无	20[a]	125	200	40[a]
	黑白斑马(3~8 岁)	60	38	84.85	4	25[a]	150	200	50[a]
	野马(7~10 岁)	60	46	84.85	4	25[a]	175	225	50[a]
	半野马(9~12 岁)	70	50	98.99	6	30	225	275	70[a]
	小马(11~14 岁)	80	54	113.14	8	40	275	315	80[a]
	马驹(13~16 岁)	90	$60\frac{1}{2}$	127.28	10	50	300	350	95[a]
	帕洛米诺马(15~18 岁)	90	$60\frac{1}{2}$	127.28	10	50	300	350	95[a]
	棒球小联盟[c](9~12 岁)	60	46	84.85	6	25	200 最少	200 最少	50

注：a. 作者的建议，规则手册中没有。

b. 从界外线到休息区的距离是一样的。

c. 棒球小联盟为特定年龄组提供 50、70、80 和 90 英尺垒的棒球场地。有关更多信息，请访问他们的网站(见第 12.6.4 节)。

1. NCAA 建议使用 6 英尺高(最好是 8 英尺高)的永久性外场围栏。

2. NCAA 建议在外场围栏、挡球网和休息区前设置 15 英尺宽(最小)的警示道。

3. 小联盟棒球队建议在外场围栏前设置 10 英尺宽(最小)的警示道，在场地其余部分周围设置 5 英尺宽的警示道。

表 12.9　垒球场地尺寸

场地类型		要求/英尺			推荐/英尺		
		垒线	投球距离	本垒到第二垒	本垒到围栏		内野弧自 46 英尺投球距离 PP*
					最少	最多	
大学 NCAA 规则		60	43	84.85	190 界外线 220 中心线[a]	235	60 自 43 英尺 PP
高中 NFSHSA 规则	快速投球/垒球(使用 12 英寸球)						
	女性	60	43	84.85	185	235	60
	男性	60	46	84.85	185	235	60
慢速投球/垒球	女性(使用 12 英寸球)	60	46[b]	84.85	250	275	60
	女性(使用 11 英寸球)	65	50	91.92	250	275	60
	男性(使用 12 英寸球)	60	46[b]	84.85	275	300	60
	男性(使用 11 英寸球)	65	50	91.92	275	300	60

注：a. 6 英尺高围栏的最小距离要求；4 英尺高围栏最小距离需比此长 10 英尺。

b. 当如果使用经州协会采用的 12 英寸球时，投球距离应该为 50 英尺。

＊PP，投手板。

1. 投手板与本垒板平齐。
2. 从本垒板到挡球网的距离最小为 25 英尺，最大为 30 英尺。从界外线到休息区的距离是一样的。
3. 一个泥地内野是参考建议，但对一些锦标赛来说，这是基本要求。
4. NCAA 建议用一个永久性的 6 英尺高(最小)的外场和界外线围栏将场地完全封闭。
5. NCAA 推荐一条 10~15 英尺宽的外场警戒道。
6. NFSHSA 建议使用 6~8 英尺高的外场围栏。

12.6.4 管理和制裁机构

以下是北美棒球和垒球最重要的管理机构。

(1)美国职业棒球大联盟(Major League Baseloall)

公园大道 245 号 31 楼，纽约州纽约市 10167，212-931-7800

官方棒球规则手册可在线免费下载，网址为：

http://mlb.mlb.com/mlb/official_ info/official_ rules/foreword.jsp

(2)全国大学生体育协会(The National Collogiate Athletic Association)

邮政信箱 6222，印第安纳州印第安纳波利斯 46206，(317) 917-6222

NCAA 规则手册可在线免费下载，网址为：

http：//www.ncaapublications.com/

(3)全国州立高中协会联合会(National Federation of State High School Associations)

邮政信箱 690，印第安纳州印第安纳波利斯 46206，(317)972-6900

http：//www.nfhs.com/

(4)小马棒球和垒球(Pony Baseball and Soft ball)

225 号邮政信箱，宾夕法尼亚州华盛顿 15301-0225，(724)225-1060

http：//www.pony.org/

(5)小联盟棒球公司(Little League Base ball，Inc.)

邮政信箱 3485，宾夕法尼亚州威廉斯波特 17701，(570)326-1921

http：//www.littleleague.org/

实地田间研究

发现一个常见的泥地区域问题

作者：吉姆·普哈拉

由于没有更好的词汇，我想从一些医学术语开始。在这一领域的研究中，问题的原因往往是“误诊”，因此，选择了错误的“治疗”，使问题更加严重。找出某个问题存在的所有原因是很重要的。这项实地研究发现了一个我从未公开谈论或写过的隐藏问题。

我通过大量的杂志文章和之前的三本体育书籍分享了我在棒球和垒球场地改造方面的经验。然而，有一个共同的问题，我已经成功地解决了很多次，但从未试图分享。那是因为我还没有弄清楚如何说明这种情况。但是，在为最近的一次演讲做准备时，我发现了一种通过照片和图画来传达原因和解决方案的方法。所以我决定在这里分享。重要的是要记住，我已经注意到了从青年到职业的各个级别的比赛场地的这个问题，我肯定没人知道原因。

(1)探索可能的原因

在寻找如图12.28的场地积水的原因时，有许多可以考虑的可能性。乍一看它像是因为低点导致的表面排水差，这样的话需要用泥地区域的土壤填平。但是这个案例里，加土会破坏表面排水而让这个问题更加严重。

图12.28 泥地区域积水是许多棒球场和垒球场最常见的问题。解决这个问题因为隐藏的原因并不是那么常见

我们都已经听说过或者读到过在泥地区域的边缘存在“草唇”或者土丘脊。检查泥地区域的草地边缘看看是否有泥地区域材料在草里的堆积是一个好主意。在这个特定的场地因为这些表面材料会被定期移除所以没有唇形的堆积。

有一些人已经选择安装地下排水系统。注意：不要安装地下排水，因为泥地区域土壤的高粉粒和黏粒含量地下排水系统通常是不起作用。水将不会通过土壤进入排水沟足够快而起到效果。最好的确保不积水的方法是正面地表排水。

(2)隐藏的问题

还有其他的一种可能性需要去寻找：在泥地区域的边缘一个“草山”的存在。这个山非常难以亲自看到。甚至是拍照拍到，因为它非常好地隐藏在草里(图12.29)。为了证明这个小山的存在，一个2英寸的管子被放在草里向上直到泥地区域，如图12.30所示。一个巨大的坡度变化清晰可见。在泥地区域的弧线之外有一个草山，它改变了草的坡度百分比，更重要的是，泥地区域的坡度。为了清除积水，增加了太多的表层土壤，从而干扰了正向地表排水。

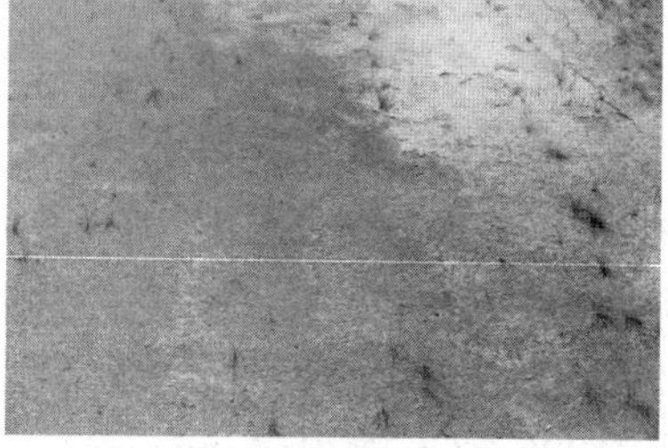

图12.29 在这个照片里看不出来一个小山，草坪看起来很正常

图 12.30　通过在草丛中放置一根通向泥地区域的管道，山丘会变得明显。如果把草移除，山丘也会变得明显

这座山是通过在定期维护期间将泥地区域的材料拖到草地上而形成的。当土壤在草丛中堆积时，地表排水中断，水坑形成。这些小山一开始是唇状或丘状的山脊。如果不定期清除，它们会随着时间的推移因为不断添加表面材料来清除积水，从而形成草丘。在一些场地里，这些小山有6~10英尺长，6英寸高。

如图12.31所示，有几种方法可以在田间检查是否存在山丘。站在离泥地区域约10英尺远的外场草地上，朝外场围栏望去。外场坡度应保持一致，因此遵循该坡度，直到它遇到泥地区域。如果坡度在离泥地区域至少3英尺的地方发生变化，就会有一个草丘。另一种检查山丘的方法是观察有人从外场走到泥地区域，注意最后10英尺。如果有一座山，当这个人从一个一致的坡度走到一个更高的高度时，坡度的变化会很明显。

图12.31这张图显示了一座小山的存在，让你站在离泥地区域10英尺远的外场草地上。注意最后6英尺外场坡度的变化。

(3)采取行动解决问题

用激光水准仪(或同等水准仪)检查外场坡度，确保外场坡度远离内场。有时外场向内场倾斜，并安装了一个洼地/集成池以防止外场的水进入内场。在这种情况下，洼地必须保留。

在泥地区域弧边缘周围的多个位置记录2个高程，一个在草丘底部，另一个在顶部。使用与外场相同的坡度百分比来计算泥地区域与草地相交处的建议高程。在图12.31中，这是1.5%。泥地区域的草边应该比6英尺远的地方高1英寸，而不是6英寸。(坡度百分比计算见附录)

从草丘顶部移除5英寸的土壤是必要的，如图12.32所示。然后沿弧线播种或者铺草皮。灰色阴影的部分表示需要移走的土壤。

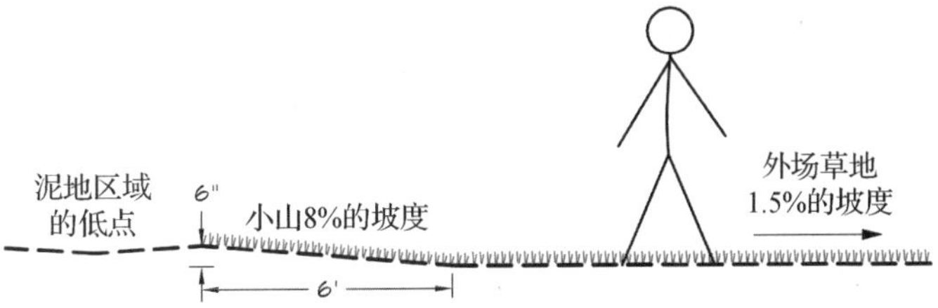

图 12.31　这张图显示了一座小山的存在，让你站在离泥地区域10英尺远的外场草地上。注意最后6英尺外场坡度的变化

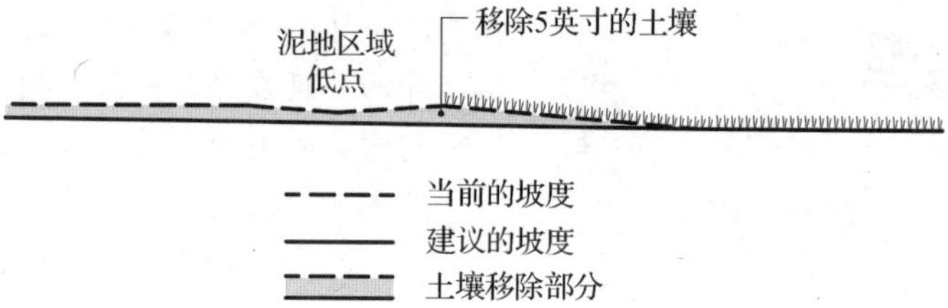

图 12.32　实线表示建议的坡度，当前存在的坡度是虚线表示

继续以一致的坡度清除土壤，直到达到第二和第三个垒道的标高。如图 12.33 所示，为了实现适当的地表排水，必须从该区域移除 200 吨土壤。这些年来增加了太多的土壤，所以坡度变了。而不是泥地区域向外场排水，而是向内场草地排水，沿二垒和三垒路径形成积水。

图 12.33　土壤被移除以恢复正向表面排水

同样的程序可以在泥地区域接触草地的任何地方进行，比如投手的投手丘、本垒板、一垒和三垒路径。有一个很大的可能性草山也存在那里，而土壤将需要清除。

(4)结论

有些问题的解决办法并不总是像人们想象得那么明显。在这种情况下，我所观察到的最常见的是增加泥地区域的土壤，以填补低点。似乎合乎逻辑的是，如果有一个低点，就把它填进去。当我说“不要加土，要移土”时，他们的回答是“这样做有什么好处?”然后我解释需要做什么来解决问题。不要一年又一年地加土。这只会让问题变得更糟。

如果场地设计和安装施工得当，地面排水良好，将来就不需要加很多土了。重要的是要记住，拖动和平整时不要把泥地区域的土壤拖到草里。定期清除堆积的唇形边泥土。

第 13 章
橄榄球场

13.1　简介

虽然北美橄榄球场与足球场、曲棍球场和长曲棍球场有许多共同之处，但橄榄球中球员与场地之间的相互作用与这些运动中的任何一项都有本质的不同。

像足球和曲棍球这样的运动需要草坪，草坪能使球在地面上平稳一致地通过，但橄榄球是不同的。在橄榄球运动中，草坪只是人体运动的一个平台；球在草坪上滚动是一个罕见的事件，也是一个普遍不受欢迎的事件。(当然，草坪在橄榄球中也起着另一个作用：作为坠落物体的着陆面)

虽然速度对于橄榄球运动员来说无疑是一个值得珍视的特质，但绝对的体积也是如此。在比赛的过程中，球员们互相施加巨大的力量，并在他们脚下的草地上也施加巨大的力量。因为他们争夺有利条件，他们的鞋钉在草地上撕扯。而且由于这些大个子球员几乎总是排在场地的中间三分之一，这部分场地是最难保持草坪质量的。

最后一点，传统的橄榄球赛季是从所谓的夏季“狗日/三伏天”到 11 月。对一些球队来说，包括许多高校，本赛季最重要的比赛，包括与传统劲敌的对决，在全国大部分地区都是在生长季结束后进行的。

对于设计师、承包商和维护人员来说，草坪表面的耐久性是重中之重。设计师需要指定高质量的材料和适当的施工技术。承包商必须提供无压实的根区和底土，以允许空气、水和根系的渗透。此外，承包商必须使用适当的种植方法和设备/操作人员，这些对草坪草的耐久性至关重要。最后，维护主管必须熟悉草坪管理的各个方面，以在整个赛季保持足够厚的、耐用的草坪覆盖。

13.2　设计

13.2.1　布局

橄榄球场的基本设计过程显然比棒球场简单；橄榄球场是一个长方形，或者长 120 码(在美国约 109.7m)，或者长 150 码(在加拿大约 137.2m)。美国高中、大学和职业橄榄球场的官方宽度是 160 英尺。加拿大的场地宽 195 英尺(65 码，约 59.4m)。

大部分橄榄球场沿南北轴线布置，并沿球场中心纵向加高隆起，以促进向场边地面排水和使水远离承受最大机械胁迫的场地部分。然而，在使用中有许多场地是平坦的，并且向一侧倾斜，这样整个场地就朝一个方向排水。如果该地区的地形更适合一个向一个方向倾斜的平坦场地，那么这样的场地是完全可以使用的。请参阅第 2 篇导言末尾的“运动场设计原则”，以获得布局和土地平整施工平面图方面的帮助。

13.2.2　新建工程设计标准

假设场地在施工后不久就可以使用，并且种植完成，那么无论是暖季节还是冷季节地域，草皮都是橄榄球场的最佳选择。在冷季地区指定草地早熟禾草皮，在暖季地区指定狗牙根草皮。沿海地区或有盐碱条件的土壤或灌溉水存在的地区海滨雀稗草皮是一个很好的选择。赛场(或“体育场”)的设计必须足够耐用，以支持比赛(通常由三到四支球队一个赛季打六到七场比赛)，再加上一些使球队能够习惯周围的环境在球场上进行的练习。一些高中体育场还用于足球和乐队之夜，使每个赛季的各种赛事活动总数增加到50个甚至70个，这些使铺草皮成为最佳的种植方法。

由于橄榄球比赛给草坪带来的压力，几乎所有的球队都有各自的练习场和比赛场。练习场和比赛场一样安全耐用。铺草皮也是练习场的最佳选择。出于预算目的，请在场地的中间三分之一处指定用草皮，并在两侧指定用种子或小枝翻修补种。

当然，在理想情况下，练习场的大小和方向应与比赛场相同，以便让球员和教练在最现实的条件下练习。比赛场地和训练设施的坡度应在1%~1.5%。在这个范围坡度较低的场地也可能需要安装地下排水系统来加速排水。

安全问题

成人橄榄球特有的剧烈高速碰撞引发了几个重要的安全问题。首先，由于这项运动受到观众的欢迎，许多球场传统上都在比赛区和看台之间建造了某种形式的屏障。如果有必要设置障碍物，应远离边线和终点线，至少20~25英尺远。即使在这样的距离，运动员在潮湿的草坪上以最快的速度跑过边线，在到达障碍物之前也可能无法停下，因此运动员的安全应该是障碍物设计中的一个主要关注点。

球员的冲力也可能是场端的一个问题，通常被称为“后场区/端区的后面”。特别是在传球时，接球者在越过场外时可能会以最快的速度移动，因此必须考虑该方向的停步空间。

13.2.3 具有首选轮廓的场地设计

通常，地面排水的场地设计分为两类：拱形(龟背式)场地(图13.1)或侧向倾斜的平坦场地(图13.2)。

可能最常见的类型的场地是一个拱形中间隆起的场地。图13.1显示了拱形橄榄球场的等高线平面图。这种设计显示，顶部的洼地向右排水，左侧和左上角有集水池。该场地可以在整个场地上部建造洼地或集水池。(为跑道环绕的场地设计的等高线图，如图16.2所示)

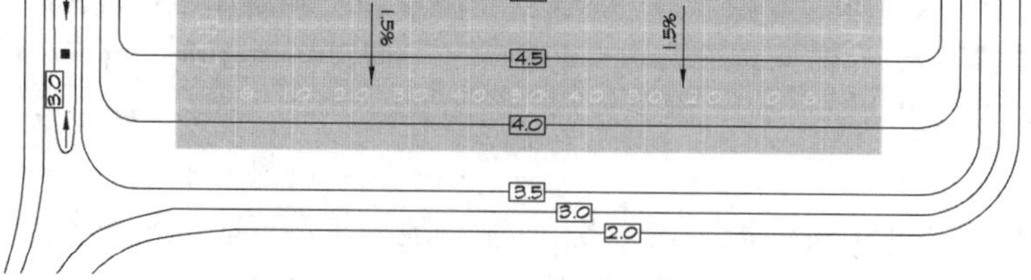

图13.1 拱形场地(标高以英尺为单位)

注：TYP：typical 代表性的 End Zone，端区

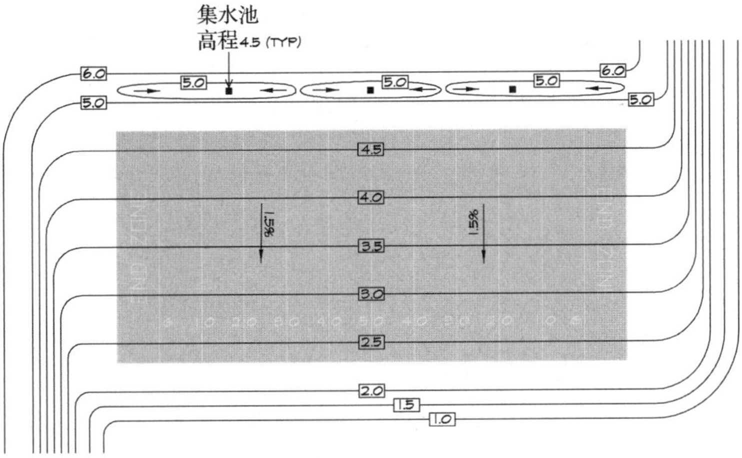

图 13.2　向一侧倾斜的平场地(标高以英尺为单位)

由于周围地形对场地的要求，往往是需要这样侧对侧倾斜的场地建造。如果建造拱形设施不切实际或成本太高，那么这种平坦、倾斜的设计可以很好地发挥作用。图 13.2 显示了一个侧向倾斜场地的等高线平面图。如图 13.1 所示，该平面图假设原始地形从图纸顶部到底部倾斜。注意在场地上边缘外使用集水池，以防止径流进入场地。

应避免端到端倾斜的场地。当水穿过整个场地流向场地的下端时，场地的下端几乎总是变得泥泞不堪。此外，端到端的坡度往往会给运动员留下这样的印象：他们在一个方向上坡，在另一个方向下坡。

13.2.4　多个场地布局

在布置一个有多个橄榄球场的综合体时，明智的做法是在并排布置的场地之间留出 60～80 英尺，在端到端布置的场地之间留出 30～40 英尺。如果场地之间有看台，距离应明显增加看台结构的宽度。

每个场地都应被视为一个单独的排水单元，并且不应期望在水从相邻场地流过来时场地能达到可接受的效果。在布置此类场地时，请确保在比赛区域外留出足够的空间，用于洼地和/或集水池。

13.2.5　固定地埋安装式灌溉系统

设计橄榄球场灌溉系统时，必须考虑三个重要的安全因素：喷头的位置、喷头外露表面的尺寸和外露部件的耐久性。

安置喷头的位置应考虑到场地上最多球员排队的部分。许多设计显示了橄榄球场的五排系统，一排喷头直接位于球场中心。不建议采用这种设计，除非设施有足够的维护资源，以便在每次比赛后检查中心排的喷头。图 13.3 显示了一个带有四排喷头灌溉系统的橄榄球场，对于维护人员有限的场地来说，这是一个更好的选择。由于码标线之间的区域获得最多的运动员活动，四行设计将喷头放置在远离践踏最重的位置，这些践踏活动可能会损坏喷头并形成安全隐患。这种设计要求场地边缘的水压为 75 磅/平方英寸(PSI)，喷头底部的水压为 60PSI。该系统平均使用水 63 加仑/min。

喷头外露表面的大小也是一个重要的安全考虑因素，越小越好。喷头头部周围有良好的草地覆盖的话运动员应该能够在直接踩在洒水喷头上的情况下而注意不到地面摩擦力的差异。

就耐用性而言，喷头的设计应能承受足部践踏，制造商应将其评定为适合橄榄球运动。橄榄球用的喷头应该有橡胶盖。定期检

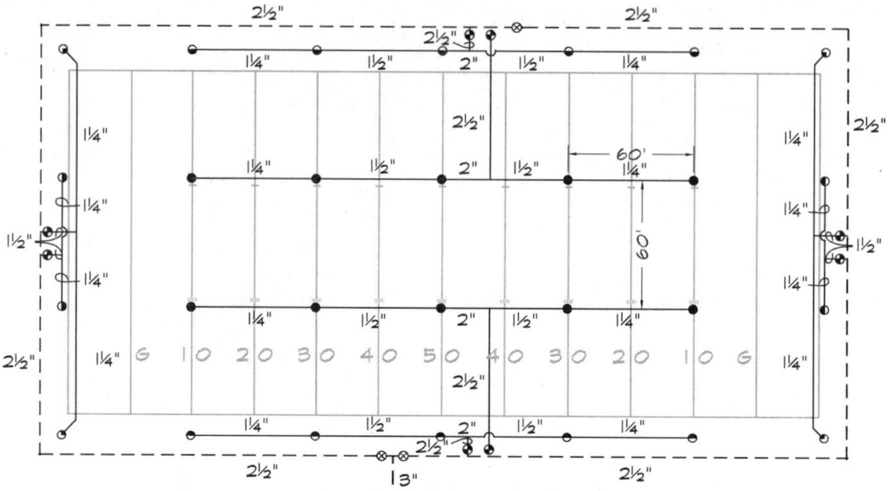

图 13.3　四排喷头橄榄球场灌溉系统

(图中单位:′为英尺、″为英寸，设计由亨特工业公司提供)

查喷头(尤其是靠近场地中部的喷头)，检查是否有损坏，并确保它们位置正确合适。

13.2.6　安装式的排水系统和集水池

大多数草坪管理者都认为，排水系统的改善比任何其他因素都有助于提高草坪的质量。一个使用量很大的橄榄球场如果没有安装地下排水系统，在雨天很快就会变得不安全。地面排水很少足以迅速排除暴雨。一个拥有 1.5%拱顶的球场需要 4 h 才能将水从球场中心移到球场边线，因此一场猛烈的暴雨将导致积水。

在规划和安装这些排水系统时，需要避免两个主要问题：一个是严重压实的底土会防止水进入系统；另一个是重型设备在地面移动时压碎破坏管道。

虽然这些问题是由承包商造成的，但最常见的是由场地设计师提供的错误规范造成的。例如，许多平面图和规范要求“压实底土”。对承包商来说，这意味着应使用重型压路机。当使用这种设备时，底土变得不透水，水穿过表土，但止于底土。未压实的表土在大雨中会完全饱和，因为底土太过压实，水无处可去。

为了更好地处理这一潜在问题，在规范中包括以下说明：“避免底土过度压实”和“在安装表土前翻松底土”。这些说明将提醒承包商注意现场工作中的排水动态。对于底土，普氏密度值应在 85%～90%。

(1)排水管

橄榄球场的传统排水系统是管道排水。铺设排水管的沟渠(通常 2～3 英尺深)用砾石填充至地面以下约 6 英寸的高度。最上面的 6 英寸是典型的本地表土，这是一个常见的错误。

管道排水系统有一些固有的缺点，因为这些我们认为它不是运动场的理想排水类型。如第 6 章所述，除非用沙子或砾石填充到地表，否则管道排水系统只能清除底土(即地下水位以下)中的水，对清除地表水几乎没有影响。不正确安装的排水管(用土壤覆盖砾石上)的缺点是，在水进入砾石之前，覆盖的土壤变得饱和，从而形成虚假(或“栖止”)地下水位。如果沙子或砾石被正确地填充到地表，生长在排水管上方的草皮在轻度干旱条件下又容易干燥脱水。由于管道排水沟的宽度很宽，用合适的砂或砾石将其填充到表面将促进排水，但可能会对草坪生长和球员的安全和地面摩擦力产生不利影响(图 13.4)。

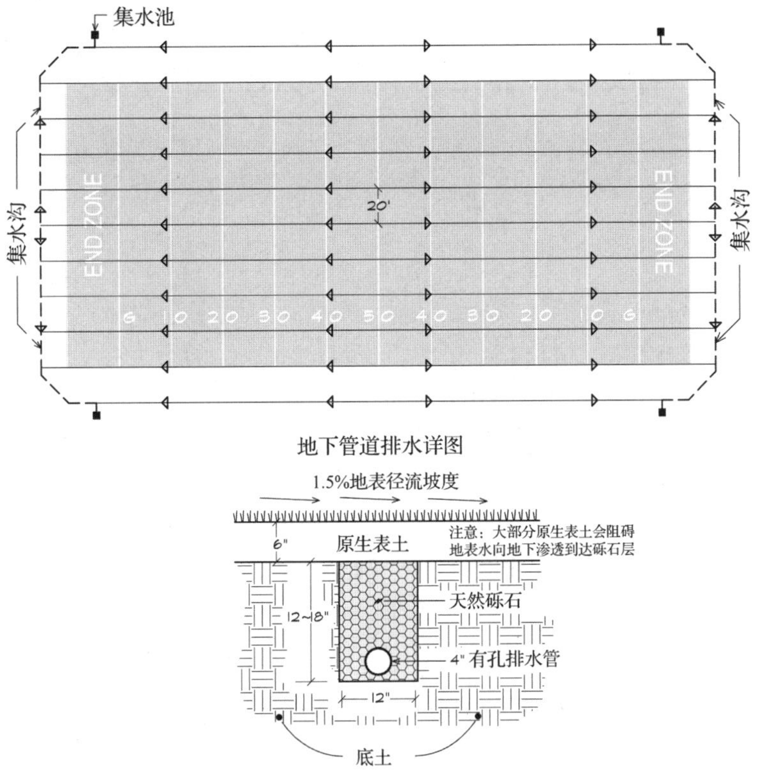

图 13.4　传统(管道排水)橄榄球场排水系统。原生土壤应进行渗滤率测试，因为大多数原生土壤会封闭阻碍排水系统。铺设在表土下的管道排水系统通常只从底土中排水

(2) 砂槽排水沟

砂槽排水管安装在土壤的顶部 12 英寸处，只需要 3~4 英寸宽的沟槽。一个 2 英寸的多孔管或条状排水管(1 英寸宽，6 英寸深的布包裹的聚乙烯结构)放置在半英寸沙子上的沟槽底部。然后用沙子填满沟渠，直到地面。延长系统寿命所用砂的类型见表 6.2。此外，有关安装式排水系统的问题，请参见第 6.4.4 节；有关滤布的更多信息，请参见第 6.5.1 节。

当地表水穿过场地时，砂槽排水管拦截并清除了部分地表水。最好的设计是将砂槽排水管与地表径流方向呈 45°角。然而，为了使这些排水沟按其预期的方式工作，表层土不能过度压实是至关重要的。(当然，如果底土没有过度压实，该系统将能更好地工作)砂槽排水系统的另一个优点是，与地表径流呈 45°角安装，排水沟可以在距地表 1 英尺的一致深度处布置。

图 13.5 显示了使用砂槽排水沟的拱形橄榄球场排水系统的设计。图 13.6 所示为侧向倾斜排水橄榄球场的砂槽排水系统。请注意，这两种设计的唯一区别是集水沟的位置。

(3) 集水池

集水池是另一种用于橄榄球场的常见的排水结构。在使用集水池时，应留出至少 20 英尺的边线间隙，以避免摔倒的危险。这些集水池主要用作场地排水系统集水沟的出口。

一种常见的排水系统设计(通常用于有水平边线的拱形场地)在场地周围使用多个集水池，每个集水池之间有洼地收集地表径流。这种方法有两个缺点：它造成了沿着场地边缘的山丘和山谷/高低起伏不平的尴尬

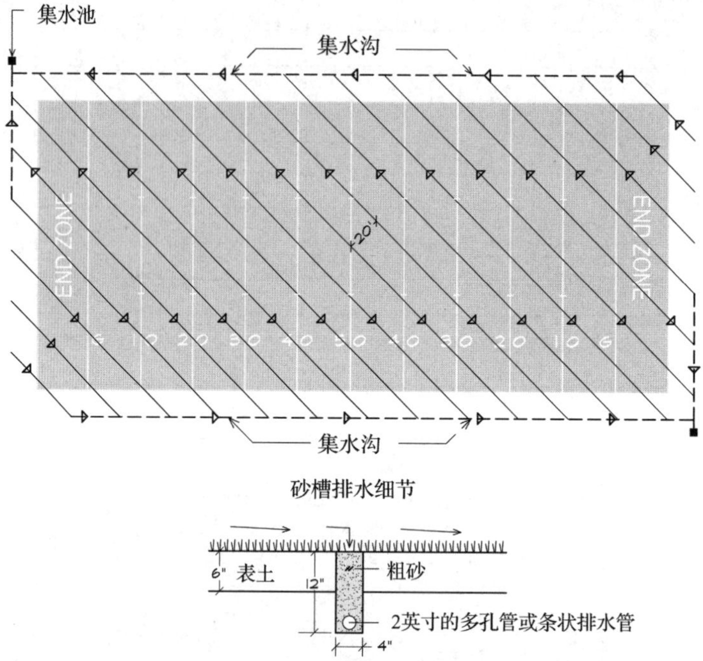

图 13.5　拱形橄榄球场砂槽排水系统

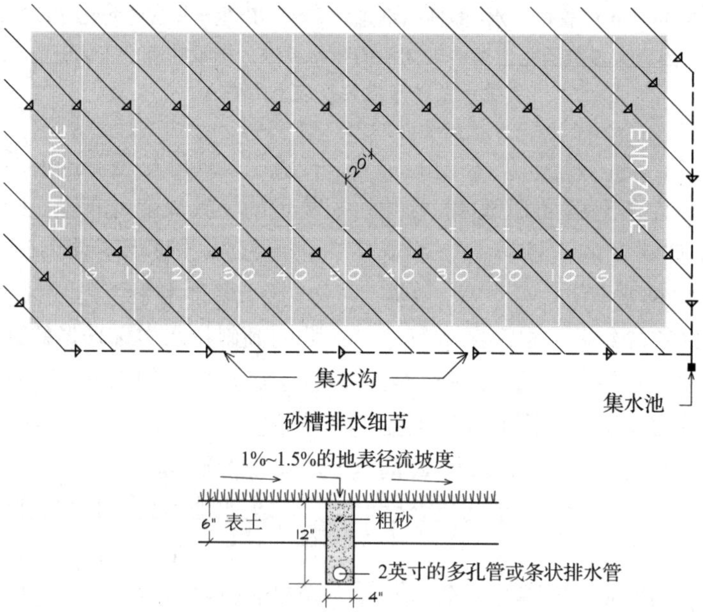

图 13.6　侧向倾斜橄榄球场砂槽排水系统

外观，而且在下雨的天气里，洼地倾向于长时间保持湿润。可在图 16.5 中找到此类系统的替代方案。这种变化，被称为“跑道旁砂沟”，非常适用于许多水平边线并有 400 m 跑道围绕的拱形场地。如果将砂井放置在跑道旁边，它将作为一个开放式集水池，将水从场地和跑道排出，并消除集水池的洼地。

13.2.7　草坪草选择

(1)暖季区

经验表明，对于温暖季节地区的大多数橄榄球场，狗牙根是首选的草坪草；在更南方地区和大学研究中正在使用海滨雀稗，其中一些品种已显示出与长期行业标准 Tifway 狗牙根相似的践踏耐受性。然而，海滨雀稗的使用仍然非常有限，狗牙根仍然是主要的选择，因为它提供了一个快速和可靠的表面，允许近距离低修剪。

(2)过渡带

在过渡区，足球场没有“最佳”草坪选择。狗牙根、高羊茅和草地早熟禾都可以使用，但每种草都有自己的局限性。

狗牙根的主要问题是冬季休眠(生长停止，草坪变成棕色)和易受冻害。在极端冬季特别值得关注的地方，推荐耐寒的狗牙根品种。(关于狗牙根品种的讨论见第 1 章)狗牙根场地将在过渡带的大部分地区保持可接受的绿色直到 10 月中旬，在某些年份，它的颜色能保持良好直到 11 月。如果场地的美学质量很重要，可以使用草坪涂料、场地覆盖物和/或黑麦草交播(多年生、一年生和中间种)来增强场地颜色。如果球场不交播，结果将是在休眠的狗牙根上进行多达 1/3 的预定比赛。如果要获得所需的密度和颜色，黑麦草需要在早秋季种植，并达到每 1000 平方英尺至少播种 15~20 磅纯黑麦草种子的量。多年生黑麦草交播的狗牙根场地通常在黑麦草开始积极分蘖(即产生子株)的翌年春季具有最高的密度和颜色。

高羊茅是过渡带场地的另一种选择，特别是在过渡带的北段。高羊茅的主要限制是其丛生型生长习性和高修剪高度要求(至少 2 英寸)。高羊茅具有可接受的耐磨性，但一旦损坏，其丛生状形态限制了其恢复潜力，需要重新播种，以恢复草坪盖度。高羊茅草皮通常需要铺网来促使它保持在一起，因为高羊茅不能产生足够的侧枝来达到可接受的草皮强度。当指定高羊茅草皮时，最好寻找最老的，可用的建植最好的无网草皮。

草地早熟禾也可用于过渡带北部地区。草地早熟禾最大的缺点是对夏季高温和干旱胁迫的耐受性差。补充灌溉是保持橄榄球赛季早期可接受的草地早熟禾草坪质量必要的条件。

作为黑麦草交播的替代品，多年生双草系统通常被称为“蓝慕大™”草，在过渡区受到了极大的关注。这种草坪系统旨在使狗牙根和草地早熟禾始终保持在草坪上，而狗牙根中早熟禾在冬季的颜色和密度预计无法与黑麦草相比，但是早熟禾添加产生的修剪质量和草坪恢复潜力正在被大家所了解。

尽管在过渡区维持比赛场地存在种种困难，但练习场地的问题更为严重。该区域草坪草种的限制和练习场上的沉重胁迫压力导致维持安全场地的可能性更小。练习应该在场地上不同位置移动轮换，如果有第二个练习场地的话可以很好地显示在安全或不安全练习场地的区别。

(3)冷季区

在冷季区域，草地早熟禾是几乎所有橄榄球场的首选。草地早熟禾的高枝条密度和优良的草皮强度使其能够承受高践踏压力，并能迅速从损伤中恢复。最小 1/2 英寸的枯草层可以增加球场表面的耐用性，增强球员的安全性。枯草层可以防止根部结构过度撕裂，增进球员的地面摩擦力，并创造一个缓冲，以软化球员下跌的地面撞击。在雨天，草地早熟禾枯草层有助于保持草皮的完整性和球员的安全。

播种的场地在被用于练习或比赛之前应该被允许完全建植起来。尽管表现优异，草地早熟禾通常需要一年才能成熟。一个好的策略是在使用前一年秋天播种。如果这是不可能的，该场地应用草皮铺设。在时间紧迫的地方，铺草皮是建植草坪的最佳方法。标准切割草皮(含 1/2 英寸土壤)可在安装后 6~8 周内使用；厚切割草皮(含 1 英寸或以上土壤)可在一周内使用，只要产品厚度均匀，接缝严密即可。在选择草皮的时候，要指定一种成熟的紧密地结合在一起的草皮产品。

13.3 施工

13.3.1 布局程序

使用经纬仪、GPS设备或专业测量员布置场地。找到中心线和端区的后面。沿中心线、边线和端区后面设置坡度桩。如果包括400m的跑道，则沿整个跑道的内侧边缘设置坡度桩。如果不包括跑道，请确保在边线和终点线外20英尺处设置坡度桩，以便通过这些区域继续进行正向排水。

13.3.2 施工程序

(1)放坡平整地面

布局完成后，开始施工。从等高线到等高线要有一个均匀的坡度是很重要的，所以坡度桩和高程抽查至关重要。(当然，最好的选择是使用激光平地)否则，场地最终会变成水坑。

由于底土的过度压实会抑制内部排水，因此应避免使用任何筑路设备。推土机的履带和正常的降水通常能提供场地所需的所有压实度。推土机下雨时别停在场地上。

有几个其他的施工技术将有助于防止以后的排水问题。平整底土以与最终坡度匹配。在施用表土之前，翻松或以其他方式松动底土。然后，随着表层土的引入，在整个过程中不断翻松。这种做法消除了可能限制水和根系深入土壤剖面的分层。

在一个要求降低坡度的项目中，同样的原则也很重要。在摊铺表土之前先松土，这样各层就可以结合在一起了。

灌溉和地下排水管应安装在加表土之前，以避免污染表土。在安装表土之前，再次翻松并平整底土。表土运入后，可完成最终平整并安装洒水喷头。

(2)灌溉

灌溉支管可安装在底土中。通常，这些侧管的安装深度只有12英寸。但如果有一个砂槽排水系统，安装这些支管18英寸深。砂槽排水管安装在土壤顶部12英寸处，可安装在灌溉管道上面。安装排水管时，务必保持灌溉支管的深度一致，以避免损坏灌溉管。

(3)安装式排水系统

安装式排水系统应根据规定的系统类型进行安装。传统地下管道排水系统应首先安装至少18英寸深的地下。然后灌溉支管可以安装在排水管上面12英寸深的地方。如上所述，应在灌溉管道上方安装砂槽排水管。

(4)种植

随着场地最终平整完成，到了草坪安装环节，根据规范可以采取播种、播小枝、或铺草皮等方式。毫无疑问，时间表紧张时铺草皮是橄榄球场的最佳种植方法。狗牙根运动场经理通常会表示，他们更喜欢尽可能在场地从小枝开始生长，但是这也是他们有足够的时间建立草坪的情况下。铺草皮通常是快速利用草坪的唯一选择。如果指定了其他方法，那么指出铺草皮或相比播种的好处还为时不晚。请参阅本章末尾的实地研究“足球场寿命的经验教训”，了解铺草皮对橄榄球场的益处。所有草坪草安装方法的种植技术见1.8节。

13.4 改造

小整修是修复一个比赛季节的损伤，并协助草坪恢复为下一个赛季做好准备的过程。典型的小改造技术包括积极打孔，在低洼地填充补平，并通过播种，播小枝，塞植，或草皮进行种植。由于球场的中间三分之一区域和长凳休息区域在赛季中受到最多的过度使用，整修工作通常集中在那里。

大整修是整修整个场地的过程，通常每8~10年进行一次。这种做法包括清除草坪草、平整、升级灌溉和排水系统，以及通常通过铺草皮重新种植。

（1）小（每年）整修

在北部各州，如果强降水不会使设备不能进入场地作业，那么在深秋土壤温度低于发芽最佳温度时，可以进行重新播种。一年中的这个时候播种被认为是“休眠播种”，因为种子在春季天气好转变暖的时候才发芽。有关休眠播种的更多信息，请参见第 1.8.3 节；有关使用覆盖物加强晚季种子建植的信息，请参见第 20.3.2 节。与春季相比，晚秋播种的优势在于，潮湿的春季条件会推迟播种，并导致新生长的草坪错过两到三周的早期生长条件。如果球场要在赛季初达到最佳状态，那就需要充分利用每周能够有的建植时间，尤其是练习场，在第一场比赛前的几周里，这里使用多践踏严重。（在南部和过渡州，狗牙根的休眠播种最早可在 2 月进行，以便在春季发芽，并在初夏覆盖。有关狗牙根休眠播种的更多信息，请参见第 1.8.3 节）

在北部地区的球场，如果磨损区域至少有 75% 的草皮覆盖和良好的草地早熟禾林分，则以每 1000 平方英尺 2 磅的量播种 100% 的草地早熟禾。如果覆盖率低于 75%，使用 1 磅草地早熟禾和 4 磅多年生黑麦草的混合物。完全光秃秃的地区应该再加额外的 5 磅多年生黑麦草。

在把种子撒到磨损的地方之前，积极地打孔，使压实板结的土壤变松。（磨损最严重的区域也是那些通过比赛压实得最密的区域，在发生极端压实的地方，草坪的恢复几乎是不可能的）用类似的土壤填充低洼处和凹地，使其达到平整。然后用切缝/狭缝式播种机将土壤切开，改善种子与土壤的接触。

如果场地不平整或崎岖不平，在播种前考虑铺沙/表施土壤（图 13.7）。先打孔，然后铺一层薄薄的（1/4 ~ 3/8 英寸）类似的土壤，用整平机使表面光滑，然后狭缝播种。（标准足球场从球门线到球门线和边线到边线铺沙 3/8 英寸厚需要 80 立方码的材料，约 61.2 m^3）

图 13.7　场地表施土壤提供了一个很好平整场地的机会，一般利用整地机附件整平场地

许多龟背拱形场地逐渐磨损，形成碟形外观，导致场地中部出现潮湿和泥泞区域。这个问题通常可以在不移除现有草皮的情况下得到纠正。首先对受影响区域的现有土壤进行打孔，尽可能深地打孔通气以避免产生抑制内部排水的分层效应。一些场地设备制造商现在生产一种打孔器，这种打孔器的设计目的是在对现有草坪干扰最小的情况下疏松板结压实的土壤。这些通常是具有振动和破碎功能的实心孔针打孔器，非常适合在橄榄球场的中心部分和长凳区域使用（图 13.8）。

如果土壤压实得很严重，不能疏松到这

图 13.8　实心孔针打孔有助于缓解场地中部和长凳休息区域的土壤板结，使土壤疏松，对草坪的干扰最小

个标准，在施用新土壤之前，剥掉现有的草皮，用松土机翻遍整个区域。在坡度桩就位的情况下，使用粉碎机、动力耙和平地机(或同等设备，包括激光平地设备)添加土壤并重新进行平整，然后播种并覆盖该区域。

橄榄球场中央部分(以及长凳区域)的另一个选择是铺草皮。例如，一块 25 ~ 40 英尺宽的草皮可以安装在一个比赛或练习场的中间，那里的践踏破坏了现有的草皮，导致大部分是裸露的土壤。每年重新播种的区域通常在赛季结束时可能无法在践踏强度大的场地上保持足够的草坪覆盖度。

(2) 重大改造

在整修过程中，是否需要对一块场地进行大改造是值得考虑的。首先对现有场地进行勘测，以确定场地的坡度百分比是否一致。为此，请布置场地并确定现有高程点。使用如图 13.9 所示的工作表。记住记录一个基准(第 18.3.1 节)以使坡度一致。场地上有 5 排高程点(160 英尺×360 英尺)，场地外有 2 排高程点。将现有坡度写在顶行上(将方框中的区域保留记录建议的高程)。计算并记录每组 2 个高程点之间的现有坡度百分比。它应该在 1% ~ 1.75%，这取决于保持坡度一致的最佳方法。请记住，超过边线 20 英尺应至少有 1% 的坡度。关于坡度百分比的计算，见附录第 1.6 节。如果确定该场地应重新平整，下一步是在调查工作表的方框区域中填写建议的坡度。

要绘制拱形场地的建议高程，请从边线高程开始，然后朝中心方向操作。坡度百分比通常从边线到 40 英尺外的第一排高程保持一致。使用平均坡度百分比，并计算场地中心的拟定高程。

图 13.9 中的测量工作表也可用于侧向倾斜的场地。对于平坦的倾斜场地，从一条边线开始，朝着另一条边线，写下现有的高程。如上所述的拱形场地的方法计算现有坡度百分比。取所有百分比的平均值，并将其用于整个场地，以便边线到边线的坡度相同。

在开始一个重大的改造项目时，首先要移除现有的草皮，并用拟定的标高设置坡度桩。记住，填补低点时，首先翻松土壤，以避免分层。进行开挖时，检查以确保开挖区

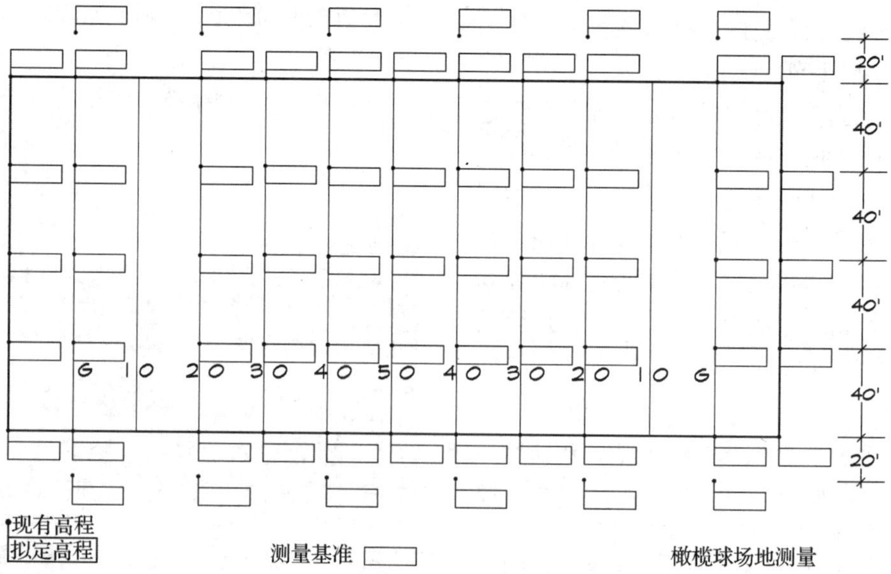

图 13.9 记录现有和拟建高程的测量工作表

(在顶行写上现有坡度，在方框内写上建议坡度)

域最终的表土量与填方量相当。不要留下一些点有 2 英寸表土和其他的点有 10 英寸表土。如有必要，清除所有表土，调整底土，并更换表土。

参见本章末尾的实地研究“橄榄球场寿命的经验教训”，了解整修程序，该程序允许在球场上每年举行 50～70 场比赛，并将持续 8～10 年，然后需要进行一次重大整修。

13.5　维护管理程序

草坪管理计划总是从现场实地检查开始，因为经理在编写现场场地维护计划之前必须知道他或她从什么开始。当然，从土壤测试开始总是明智的。我们建议，即使在非比赛季，也应每周或每两周对所有场地进行一次检查。在比赛季节，每个场地都应该每天或每隔一天检查一次。

在生长季节，应严格监控剪草频率和高度，以优化草坪健康、质量和可运动性。许多场地问题的发生是因为草长得太高或剪得太短。这就产生了两个不同的问题。不恰当的修剪高度会破坏草坪，比如因为剪草返还的草屑太厚太多会覆盖遮蔽草坪和使草死亡。不经常和过低的修剪(去除植物三分之一以上的高度)会削弱草坪草，使其对胁迫的抵抗力降低。

除了剪草的高度和频率之外，还要切割整齐，因为钝的剪草机刀片会撕裂草叶片，使其容易生病。如果剪草后草上有白色的痕迹，那是刀片变钝或剪草太低(剪秃)的迹象。仔细检查这些草会发现，叶片的末端可能被切碎了，而不是切割得很干净。(当然，请确保维护人员按照制造商的指示安全地打磨剪草机刀片)

检查还应包括快速查看场地湿度。如果天气太潮湿或太干燥，或者如果场地上积水，最好在赛季后处理这些问题，那个时候可以采取更积极和长期的解决办法。

在潮湿天气，目视检查将显示草坪是如何处理降水的。天气干燥时，将螺丝刀推入土壤中，直到感觉到阻力为止。在潮湿的条件下，螺丝刀应该很容易穿透土壤 4～6 英寸。如果它只刺入一英寸，场地就需要浇水。请参阅第 5 章中的有用提示“如何判断场地何时需要水”。

“土钻”或“土壤剖面仪”是这类检查的一个有用工具。这些工具允许移除 4～6 英寸深的小土芯样，然后除了检查土壤湿度外，还可以检查土壤压实度、枯草层积累和根系发育情况。

在场地人员践踏严重的区域，尤其是在中心和长凳区域，查看杂草的出现问题。在北部各州，蓼属植物如萹蓄经常出现在这些地区，在南部各州，牛筋草是一种很好的指示植物；两者都是指示土壤板结的草坪草。缓解土壤板结将有利于草坪植物，并有助于它们与杂草竞争。

在进行检查时，有一个记录结果的表格是很有帮助的(表 13.1)。使用表格可确保检查涵盖了所有现场场地条件，并使经理能够记录场地全年对各种条件的反应。

13.5.1　暖季草坪场地维护

表 13.2 是一个示例维护计划，可根据暖季区域任何橄榄球场的需要进行定制。重要的是要记住，这只是一个正在某个场地成功使用的维护程序的示例。在规划施肥计划时，建议场地管理者查阅第 3 章中的更详细信息。

表 13.2 中详细说明的维护计划用于密西西比州立大学的 1 号练习橄榄球场。像多数大学的练习设施一样，这个狗牙根场地在春季练习和秋季练习期间大量使用。氮肥满足了狗牙根生长和黑麦草交播的需要，在春季练习结束后，交播的黑麦草在 4 月用磺酰脲类除草剂进行化学转化。

表 13.1　现场场地检验报告样本

检验报告

橄榄球场：____________________

	整体外观	草屑	修剪高度	磨剪草刀	土壤湿度	其他：颜色、密度、枯草层、压实度、杂草、集水池、喷头等
日期：						
日期：						
日期：						
日期：						
日期：						
日期：						
日期：						
日期：						

(1)施肥

从5~8月，该场地施用了大量的氮肥，以最大限度地促进狗牙根在其主要生长季节的生长和恢复。硫包衣尿素(37-0-0)和可溶性尿素的使用都是为了达到稳定的草坪恢复和长期肥效的目标，并定期使用含有P和K的复合肥来源，以满足土壤测试的建议。水溶性尿素是草坪的主要氮源，在夏季中后期施用21-2-20和5-10-10的肥料，为草坪的越冬做好准备。9月的施氮量限制在每1000平方英尺0.5磅，以最大限度地减少狗牙根与新播种多年生黑麦草的竞争，并且在秋季和冬末/早春月份专门用于促进多年生黑麦草生长和颜色反应的氮肥施用，以支持春季对场地的使用。

(2)打孔通气和表施土壤

这项计划包括在5月用12英寸长、1英寸直径的实心孔针进行深孔针打孔，并在场地中部进行双遍打孔。然后用1/4英寸的沙子覆盖场地，用链环连着的垫子将沙子拖入草坪。在6月，场地再次打孔，这次是用12英寸长、1英寸直径的空心孔针设备，然后重新整修和拖平。这些耕作活动是在草坪生长活跃时进行的，施用高氮量的肥料可提高草坪恢复能力。如果枯草层的厚度超过1/2英寸，那么这个场地将在7月需要除枯草层。除枯草层后，像以前一样进行铺沙和拖平。根据这个方案，在秋季训练开始前，草坪将有大约一个月的时间完全恢复。

(3)交播

交播在9月中旬进行。为了准备交播场地，在1/2英寸的高度剪草，然后用旋转撒布机播种三种多年生黑麦草混合物。交播的场地然后覆沙和拖平；覆沙促进了种子与土壤的接触，提高了种子的发芽率。播种量每1000平方英尺20磅是一个典型的高使用率场地的交播播种量，草坪较薄的地区在10月补播以提高密度。黑麦草有一个专门为优化其性能而设计的施肥方案，同时将在4月使用一种选择性的黑麦草除草剂，如甲酰胺磺隆或啶嘧磺隆进行化学去除。

(4)修剪

狗牙根运动场通常在3/4~1/2英寸的高度进行修剪。(根据教练的要求，这一特定场地全年修剪高度为7/8英寸。如果使用该设施的教练可以接受，则应在10月至翌年3月期间将修剪高度提高到1/2英寸，以提高冬季耐寒性)确保根据需要经常修剪草坪，以保持“三分之一法则”的有效性。在整个狗牙根和多年生黑麦草的活跃生长季节，密西西比州立大学MSU#1练习场每周修剪2~3次，即使在夏季不使用也是这样。

表 13.2　暖季维护方案

样品/样板维护计划(暖季)

场地名称：MSU#1　　地址：密西西比州，密西西比
场地类型：橄榄球练习场
条件：很好　　压实度：有限
草的种类：Tifway 狗牙根　　排水：地面排水良好
割草机类型：五联滚刀　　灌溉：安装有自动系统
土壤类型：原生黏土　　枯草：1/4~1/2 英寸
土壤测试：磷 13 ppm，钾 50 ppm　　备注：主要草坪磨损在标志线之间和东北角落的用于练习的阻挡垫区域
年份：2019
酸碱度 pH：6.7

月份	施肥[a]	打孔通气	覆沙	交播	“三分之一法则”修剪高度/英寸	1 英寸/周浇水	杂草控制
5 月	13-13-13 9 磅	12 英寸，实心齿打孔	1/4 英寸，拖网		7/8		局部处理
6 月	37-0-0 35% SAN 3 磅	12 英寸，空心齿打孔	1/4 英寸，拖网		7/8	根据需要	局部处理
7 月	37-0-0 35% SAN 3 磅	如有需要，可去枯草	1/4 英寸，拖网		7/8	每天 30 min	
8 月	21-2-20 5 磅				7/8	每天 30 min	
9 月	5-10-10 10 磅		1/4 英寸，交播后拖网拖平	20 磅多年生黑麦/1000 平方英尺	7/8	根据交播需要	
10 月	45-0-0 2 磅			点播种子	7/8	根据需要	
11 月	45-0-0 1 磅				7/8	根据需要	
12 月					1.5，每 2~3 周		
1 月					1.5，每 2~3 周		
2 月					1.5，每 2~3 周		
3 月	21-2-20 50% WIN/SAN 2.5 磅				7/8		
4 月	13-13-13 4.5 磅				7/8		磺酰脲类除草剂对黑麦草的选择性控制

注：a. 在质地较重的土壤(主要是粉土或黏土)上，每个活跃生长月在任何单一的一次应用每 1000 平方英尺施用不超过 1 磅的水溶性氮肥，沙质土壤中使用时，分次提供不超过每次处理每 1000 平方英尺 0.5 磅 N 肥，以最大程度地减少淋失。对于更高浓度的 N 肥，使用含有超过 50% 的归类为水不溶性 N 肥(WIN) 或缓效 N 肥(SAN)。在进行土壤测试后建议，原生土壤的 3 个生长季节可能不需要大量的 P 肥；pH 值和 P 肥的土壤测试每年在沙质土壤上进行。由于土壤中钾的流动性更大，并且希望提高草坪对环境和践踏压力的耐受性，保留有规律地施用 K 肥。

在冬季，多年生黑麦草每2~3周修剪一次，直到3月恢复快速生长。

(5)浇水

在夏季，狗牙根通常每周需要1~1.5英寸的水来保持活跃的生长。在交播月份，随着温度降低和浇水需求减少，浇水量减少。除了交播之后，草坪需要少量多次浇水以提高种子发芽之外，浇水一般按照深浇水和不频繁的灌溉方式。

(6)杂草防治

在早春季节，可以使用一种芽前除草剂来控制夏季一年生杂草。然而，大多数芽前除草剂也延迟了因秋季和冬季大量使用而变薄的狗牙根草坪的重建。考虑到这一点，一个流行的芽前除草剂策略是在早春草坪仍然稀薄的时候应用最低的产品标记量进行初始杂草控制，然后在草坪恢复活跃生长时，通过平衡但积极的肥力计划来提高草坪密度。芽前除草剂恶草酮(Ronstar®)的作用方式不影响细胞分裂，因此它通常是狗牙根场地的首选，因为它不影响茎的侧向生长和生根。然而，如果在春季播种更多的狗牙根，使用起来并不安全。

如果球场在冬季很少或根本没有使用，而且密度很高，许多南部足球场的管理人员就不会使用除草剂，而是通过均衡的肥力计划来加厚草坪冠层来控制杂草。任何出现在草坪上的杂草都可以用芽后(POST)化学品除草剂控制。(更多关于芽前和芽后除草剂的信息，请参见第9章)如果过去杂草压力很小，则只建议点喷施用芽后除草剂。

如果使用芽前除草剂，在任何计划的交播活动之前，提前安排夏季除草剂应用时间。否则，多年生黑麦草本身将无意中受到除草剂的控制。如前所述，通过施用登记的磺酰脲类除草剂，可以选择性地从狗牙根中去除黑麦草。

13.5.2 过渡区草坪维护

在为过渡区的场地制订维护计划时，应使用适用于场地所用草坪类型的计划。根据暖季方案养护保持暖季型品种，根据典型北方方案养护保持冷季型品种。

在狗牙根场地上，每1000平方英尺每活跃生长月施1磅N肥，预计维护计划相比暖季区基本上会“损失”1.5~2个狗牙根活跃生长月，详见表13.2。相应调整所有管理策略。随着霜冻可能性的增加，每2周将施氮量减少到每1000平方英尺1/4磅氮。这优化了后期狗牙根恢复潜力，但不以牺牲冬季耐寒性为代价。为了交播过渡区的狗牙根地，在9月初至中旬播种，最好是在赛程的休息时间。如果场地没有休息日，就在比赛结束后播种，并经常轻轻浇灌以促进发芽。为了提高冬季耐寒性和增强交通践踏耐受性，应在第一次霜冻前2~4周将狗牙根割草高度至少提高到1.5英寸。

①高羊茅。它有一个很深的根系，可以让它在夏季经历一段时间的水分胁迫，但它通常需要补充灌溉，以达到赛季初比赛的最高质量。从8月下旬开始施用氮肥，并在整个橄榄球赛季持续施用，只要温度适合草坪生长。

②草地早熟禾。允许修剪高度低至1英寸，但通常需要保持接近2英寸，以增强其耐热性和耐旱性。草地早熟禾的根茎生长习性在秋季具有良好的恢复潜力，但如果草坪覆盖大面积缺失，则可能需要每年秋季重新播种。在过度践踏的场地上，通常将草地早熟禾与多年生黑麦草混合播种以利用黑麦草的快速发芽特性。

13.5.3 冷季草坪场地维护

冷季型草坪草在春季和初夏经历了一个强烈活跃生长的年度周期，在一年中最热的时候休眠，然后在夏末和秋季又是一个强烈生长的季节。许多冷季场地的维护实践都考虑到了这个年度周期。表13.3是一个维护计划的示例，可以根据北方任何橄榄球设施的需要进行调整。修剪高度小于2英寸的维

表 13.3　冷季维护计划

维护计划示例(冷季节)

场地名称：体育场场地	地址：俄亥俄州东北部
场地类型：橄榄球场	压实度：是——中间和长凳区
条件：好	排水：地下排水管
草的种类：草地早熟禾	灌溉：安装有自动喷灌系统
割草机类型：60 英寸，旋刀	枯草：1/2 英寸
土壤类型：黏土/壤土	备注：蓼属杂草萹蓄(长凳区域) 一些三叶草，马唐(场地北头) 检查喷头高度
土壤测试：磷 25 ppm，钾 45 ppm	
年份：2019	
酸碱度(pH)：6.5	

月份	施肥[a]	打孔通气	覆沙	交播	"三分之一法则"修剪高度/英寸	1 英寸/周浇水	杂草控制
4 月	18-24-12 3 磅 50%WIN	打空心孔整个场地	用于表面平整	早熟禾，场地中部和长凳区域	2		
5 月	20-5-20 2.5 磅 50%WIN	12 英寸，实心打孔		早熟禾，场地小修补的地方	2	少量多次	局部处理
9 月	32-5-7 3 磅 50%获胜				2	谨慎浇水	局部处理
10 月	20-5-10 5 磅 50%WIN				2	谨慎浇水	
11 月	21-2-20 最后一次剪草后 2.5 ~ 5 磅	打空心孔 整个场地	用于表面平整	现在或者 4 月	2		

注：a. 在质地较重的土壤(主要是粉土或黏土)上，每 1000 平方英尺每个活跃生长月在任何一次施用中使用水溶性 N 源，施用 0.7~1 磅 N，建议使用硫酸铵(21-0-0)，以降低土壤 pH 值。在砂土上，分次施用的 N 不超过 0.5 磅每 1000 平方英尺每处理，以尽量减少淋渗。对于较高的施 N 水平，使用含氮量为水不溶性氮(WIN)或缓效氮(SAN)超过 50%的 N 源。在遵循土壤测试建议后，在天然土壤上，三个生长季可能不需要大量的 P；每年在砂基土壤上进行 pH 值和土壤 P 肥的测试。定期施 K 肥是因为土壤中 K 的流动性更大，并且希望提高草坪对环境和交通压力的耐受性。

护程序示例见表 14.2。

(1)施肥

这个橄榄球场在春天施用每年 25%的氮，剩下的在秋天施用。在一年中的这个时候限制施氮有助于防止地上部过度生长，而地上部过度生长往往以牺牲所需的根系生长为代价。春季的第一次施肥是施用 18-24-12 这样的起始肥料的好时机，因为在一年中的这个时候，生长活跃的草坪植物将受益于额外的 P 和 K 肥。起始肥料也有助于新的幼苗成功建植。根据土壤测试建议，该地区还需要补充 P 和 K 肥。

在夏季开始之前，每 1000 平方英尺施用 1/2 磅 N 和 1/2 磅 K 有助于在炎热的夏季保持植物健康，并增强草坪的抗病能力。秋季施用大部分 N 肥有助于根系的生长，并有助于草坪从赛季比赛施加的压力中恢复。在这个季节最后一次剪草之后，当草还绿的时候，才是施用N肥的好时机。在这一时期，地上部生长减缓或停止，但根的生长仍在继续，因为土壤温度保持足够的温暖，有利于其发育。多余的N被根系吸收和储存，导致早的春季返青，并进一步增强草坪抵御夏季胁迫的能力。

(2)覆沙和补播

同时进行覆沙和补播，大大扩大了对草坪的好处，并提供了帮助平整表面的额外好处。如果秋天的天气相当干燥，可以考虑在11月底或12月初进行休眠播种，让草坪在春天有一个快速的开始。如果可能的话，草坪覆盖可以提高赛季后的恢复。潮湿的秋天可能会推迟交播，直到翌年天气转晴。(有关补播或“交播”的更多信息，请参见第13.4节；有关在赛季“种子储备”策略的信息，请参见第1.6.4节)

(3)剪草

对于冷季型草坪草，通常在夏季提高修剪高度，以帮助草坪在高温下生存。这可能不是橄榄球场的最佳做法，因为赛季从8月中下旬开始。如果夏季割草高度提高，经理必须在7月或8月的某个时候降低割草高度，从而增加草坪上的压力。按照标准的农艺建议，在夏季之前提高剪草高度不符合橄榄球场经理的需要，因为在赛季开始时，场地需要处于最佳状态。

(4)浇水

在春天，以少量频繁间隔方式浇水，以帮助任何新播种草坪的建植。然后逐渐减少浇水次数，增加一次浇水用量。夏季灌溉需要经理做出明智的决定，在补充灌溉方面什么最适合它们的情况。如果场地没有任何使用，则可能不需要补充灌溉，除非草坪进入极端干旱期，草可能会死亡。在许多地方，降水量可能足以保持草坪的活跃生长。随着8月赛季的临近，请记住，在赛季开始前几周进行补充灌溉以恢复活跃的草坪草生长，可以在8月下旬的场地表现和质量方面获得巨大的回报。如果秋季干燥，要注意天气预报。在秋季，最好让草坪干一点，而不是太湿，因为比赛前或比赛中突然下雨会导致场地变得一片泥泞。

(5)杂草防治

一般来说，橄榄球场上地毯式的杂草处理不是一个好主意。由于草坪上的机械压力，大多数场地需要经常重新播种，这使得芽前应用除草剂是不明智的。即使在秋天播种，种子也要到春季才能发芽，芽前除草剂会阻止草的发芽。在新草完全长好之前，应避免使用芽后除草剂。

当遵循一个良好的养护管理计划时，抵抗杂草侵扰能力增强。在第一场比赛前几周进行一次局部除草剂处理通常可以达到目的。(如果特殊情况表明需要全面地毯式处理，请参阅第9章了解杂草控制相关知识)

(6)练习场

在南部各州，表13.2中列出的计划应在大多数原生土地、比赛场地和练习设施上遵循。如果球场被交播，许多球场经理也会选择交播练习场，以密切模拟比赛环境。

在北部各州，如果设施有幸拥有1个以上的练习场地，则有可能实施表13.3中建议的计划，即在草坪休养恢复期间将练习移出场地。对于大多数球队来说，赛季期间有一个练习场和100场练习，到赛季结束时，场地中间的草坪将是光秃秃的。如上所述，在比赛季节采用“种子储备”策略(第1.6.4节)有助于在这些地区保持较长时间的草地。显然，给裸露的土壤施肥和打孔通气没有什么意义。一个更好的策略是，在场地被大量使用之前，从4月到7月，每月每1000平方英尺施用0.5~1磅N。结合仔细的剪草和浇水实践，这种积极的施肥计划应该能让场地更好地适应赛季的需要。

(7)有限的预算场地

对于预算有限的场地，请参见有用的提示“管理‘真正的’比赛区域”。

有用的提示

管理“真正的”比赛区域

(1)问题

我们运动场的预算已大幅度削减。如何在有限的预算内保持橄榄球场的比赛性?

(2)解决方案

橄榄球场上80%的人员践踏量都在界内线之间，而其中的大部分又分散分布在20码线之间。因此，如果资金和资源有限，则将维护工作集中在承受践踏最严重的区域。除了人流量大践踏严重的练习场地外，教练可能(应该)在场地的所有区域进行轮训，通常情况下，草坪密度在界内线外和末端区域通常相当好。虽然这些地区仍然需要基本的肥力和养护管理方案，但在年度方案中，它们当然不应受到与践踏区域同等的重视。补充肥料、种子和灌溉投入到界内线之间的区域，以满足其需求。当有机会进行打空心孔通气时，在界内线之间进行额外的一遍打孔比给整个场地打孔更有利于通气。简单地说，当预算紧张时，把你的时间和金钱放在践踏严重的区域。

(3)结果

集中精力维护场地人流量大践踏严重的区域，该场地应该比如果整个场地维护一般会保持得更好。

13.6　规章制度

13.6.1　通用场地布局规则

表示球门线、边线和底线/端线的绘制线位于表13.4所示尺寸之外。在油漆画线的中间用测量的距离标记码线。内边界线/界内线(散列标记)的尺寸表示散列标记上最近点之间的距离，如图13.10所示。

门柱横梁的顶部应高出地面10英尺(在每个立柱末端测量)，立柱之间所需的宽度从立柱内侧测量。横杆的前缘在美式足球(橄榄球)的球门线后30英尺。

放在边线和球门线交叉处，以及边线和终点线交叉处的柔性塔柱/标桩应放在界外。任何旗子或塔柱在结束区后面的也意味着放在界外。

13.6.2　线和边界尺寸

橄榄球场尺寸见表13.4。

表13.4　橄榄球场尺寸

场地类型	比赛场长度/英尺	每个端部区域长度/英尺	包括端部区域长度总计/英尺	宽度/英尺	内边界线之间距离	球门柱距离	球门柱地面以上高度/英尺
职业球场	300	30	360	160	18英尺6英寸	18英尺6英寸	30
大学NCAA	300	30	360	160	40英尺	18英尺6英寸	30
高中-NFSHSA	300	30	360	160	53英尺4英寸	23英尺4英寸	20
加拿大	330	60	450	195	51英尺	18英尺6英寸	40

注：对于美式橄榄球来说，门柱横梁的前缘在球门线后30英尺，但是对于加拿大橄榄球球来说，它在球门线上。

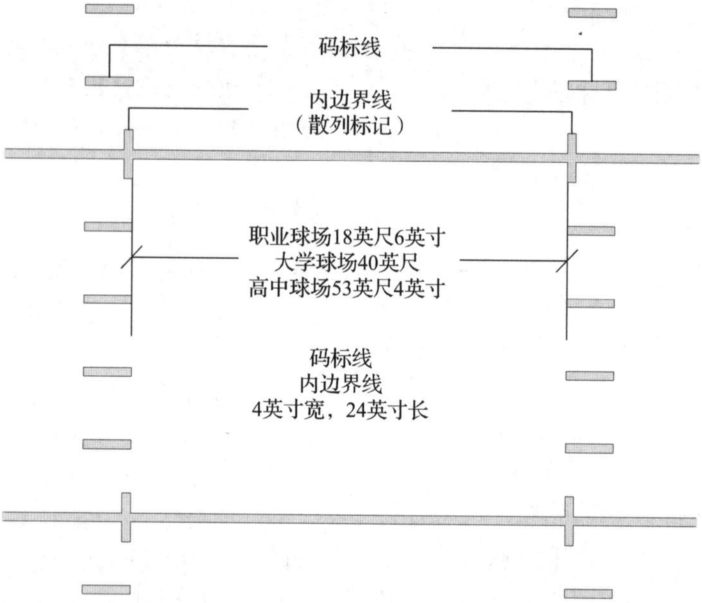

图 13.10　内边界线(散列标记)和界内线的细节

13.6.3　管理和制裁机构

(1)美国

• 美国国家橄榄球联盟公司(National Footall League Inc)

公园大道 345 号，纽约，纽约州 10154，(212) 450-2000

NFL 规则手册可在线获取：https://operations.nfl.com/the-rules/

• 美国全国大学体育协会(National Collegiate Athletic Association)

邮政信箱 6222 箱，印第安纳波利斯，印第安纳州 46206，(317) 917-6222

NCAA 规则手册可在线获取，网址为：https://www.ncaapublications.com/

• 美国全国州立高中协会联合会(National Fedration of State High School Association)

邮政信箱 690，印第安纳州印第安纳波利斯 46206，(317)972-6900

https://www.nfhs.com

(2)加拿大

• 加拿大足球联盟(Canadian Football League)

惠灵顿东街 50 号，加拿大安大略省多伦多 M5E 1C8，(416)322-9650

规则手册可在线获取，网址为：https://cfldb.ca/rulebook/

实地考察研究

橄榄球场使用寿命的经验教训

作者：吉姆·普哈拉

在我 35 年的运动场设计和建造生涯中，我的主要目标之一就是制定提高高中橄榄球场耐久性的程序。在图 13.11 中，您可以看到为什么橄榄球场解决方案的开发成为优先事项；橄榄球场的情况很糟糕，没有人知道如何修复它们。

我们在橄榄球场上的大部分工作是在翻新和维护，所以我决定集中精力在那里。早年，我们开发了橄榄球场养护程序，包括施肥、打孔通气、交播和杂草控制；向场地经理下达剪草和浇水的指示。

每年，在赛季结束时，场地在 12 月(休眠播种)或翌年春天进行打孔通气和狭缝播种。场地的表现更好，但即使有足够的草坪

图 13.11　当我们负责场地翻新和维护工作后，每到赛季结束时，很多场地年复一年都是这幅模样(照片由俄亥俄州温特斯维尔区印第安小溪地方学区提供)

覆盖，偶尔也会有泥泞的比赛。所以，我想知道，“是什么原因导致这些泥泞的条件，即使我们的方法大大改善了场地的草坪覆盖？我错过什么了吗?”

(1)探索可能性

我最初的想法是通过在赛季结束时在更好准备的苗床上应用更多的种子来加厚草坪草。最初，我应用了 5 磅多年生黑麦草每 1000 平方英尺和 2 磅草地早熟禾。我决定添加额外的 5 磅每 1000 平方英尺的黑麦草。我还在春季每 1000 平方英尺多加了 1 磅 N。即使草盖度加厚，场地也经不起潮湿条件和完整的使用季节。

我问学校的主任是否有可能每年在场地上少举办一些活动，他们做到了。场地上的活动事件从 35 个减少到 25。这也没有多大帮助，因为只需要在赛季中的任何时候进行一场泥泞的比赛就可以破坏场地，有时那场比赛是在赛季初。

我阅读了许多行业杂志文章，并参加了有关橄榄球场地维护和翻新的行业展览和讲座。我仍然没有找到任何高中水平比赛场地的解决方案。

(2)发现解决方案

在 90 年代中期，我受邀参加了在旧克利夫兰布朗市政体育场的实地考察，由场地管理员文斯·帕特罗齐主持。当时，体育场的场地由中重的粉土和黏土质原生表土组成，类似于在俄亥俄州东北部的高中场地。每次下雨，场地很快就变成了泥泞。他让球员远离泥泞的想法就是让一家草皮公司种植带有 1 ~1.5 英寸枯草层的 100% 草地早熟禾草皮供他在体育场使用(图 13.12)。他定期施用粗砂来控制枯草堆积并产生紧密的枯草层。他的想法奏效了。即使草在场地中间磨损，球员的鞋钉也不会穿透下面的土壤。他们将在一个管理良好的紧实的枯草层上打球。他们再也没有打过泥泞比赛了。

图 13.12　这层 1.5 英寸厚的枯草层取自 20 世纪 90 年代中期克利夫兰布朗老市政体育场。它被铺设在厚重的原生表土上，目的是防止球员陷入泥泞中

(3)发展高中场地的理念

研讨会结束后，我发现了我们高中场地改造中缺少的东西：成熟的草地早熟禾草皮的枯草层。我们播种 60% ~80% 多年生黑麦草的方法产生了一个没有枯草层的主要黑麦草运动场。在潮湿的环境下，球员的鞋钉会穿透下面潮湿的土壤(即使有浓密的草冠层)，并把泥土带到地面。客户在赛季结束时得到了一种新的维修方法：用草地早熟禾草皮(含有大约 1/2 英寸的枯草层)覆盖场地中心和长凳区域的磨损区域。在随后的几年里，改造实践包括打孔通气、覆粗砂和切缝播种。场地一年比一年好。

(4)橄榄球场重大改造程序

由于这一程序在场地的磨损区域非常有效，我提供了全面的场地改造，特别是在需要重新平地的地方。有些场地大概是40~50年前建成后还没有完全重修。以下步骤描述了俄亥俄州温特斯维尔印第安小溪地方学区一所高中足球场的主要整修。

在规划阶段，为了计算现有坡度百分比，对现场场地进行了调查。高程点记录在调查工作表上，如图13.9所示。现有的坡度百分比不一致，最差的区域位于场地中心，坡度变平。拟定坡度的计算是为了在整个场地内形成均匀的坡度。土壤样本被收集并送往相应的实验室进行化学和物理分析。

现有土壤的物理性质表明，草地下面有一层2英寸厚的压实层，这是大多数老的原生土壤场地的典型情况。当检查从场地中部采集的4英寸宽、6英寸深的垂直土芯样品时，很容易看到压实层。我们决定使用老式的农用犁翻土(图13.13)，这样压实层将与现有草一起位于底部，无须单独清除草。场地里的草腐烂了大约三个星期后，一个农用的圆盘耙被用来打破犁沟，然后是一个动力耙进一步耙平。该场地然后粗平整以符合计划的高程，最终细平整，并准备草皮。

图13.13　正在使用老式农用犁翻动压实的土壤和草地

(5)结论

对于美国任何地方的各级橄榄球场，表8.1中列出的枯草草坪类型(以及足够的地表和地下排水)不仅在重的原生土壤场上，而且在沙地上提供了长寿性和耐用性。非枯草生产的草坪草类型不会坚持一个完整的使用季节，尤其是在潮湿的天气。枯草控制是一个主要的问题，所以每年一定要用最多3/8英寸的沙子进行覆沙。对于重型原生表土场地，使用表6.2中规定的粗砂。对于沙质场地，使用与现有土壤基质相匹配的沙子。沙子表施可保持枯草层牢固并控制其深度。在设计新的橄榄球场时还应指定产生枯草的草坪草类型。

这个重大的改造程序允许学校在场地举办多达70场活动并且在赛季结束时仍然保持良好状态。小修整技术应该赛季结束后每年进行一次，包括打孔通气、覆沙，以及用100%草地早熟禾进行切缝播种。8~10年后，应该执行又一次大改造。到时候就需要除草除沙并重新开始。图13.14是图13.11所示的改造后照片。这张照片是在第四个赛季结束时拍的。场地只铺了两次沙子；第二赛季之后一次和第三赛季之后的一次。它每年用100%草地早熟禾切缝播种。场地质量逐年提高，第四个赛季学校举办了70场活动。

图13.14　经过重大改造和四年使用后，该区域与图13.11所示区域相同(照片由俄亥俄州温特斯维尔印第安小溪地方学区提供)

第14章
足球场、长曲棍球场和曲棍球场

14.1　简介

在许多方面，足球场、长曲棍球场和曲棍球场的规划、建设和管理工作与橄榄球场的相应过程非常相似。当然，在许多同时开设足球和橄榄球课程的学校，一个场地是两种运动的比赛场地。在这种情况下，两个项目之间的合作和共存的需要将决定草坪管理实践在两个项目的需要之间达成最佳可能的妥协。

然而，橄榄球项目对草坪的要求与足球、长曲棍球和曲棍球的要求有一些重要的区别。足球运动员(以及长曲棍球和曲棍球运动员)通常依靠快速的启动和停球以及频繁的方向变化作为比赛的主要战术要素。这些快速的动作在草坪上施加了大量的局部机械应力，但没有橄榄球场典型的脚部集中刨削。足球鞋，或"靴子"，也具有较短的鞋钉，咬进草坪不深，足球运动员本身往往比橄榄球运动员更小个，更轻。

在这三项运动中，球的反应对比赛的性质至关重要。为了准确地传球和射门，所有三项运动的球员都必须能够依靠均匀、稳定的草坪，使球能够直线、一致地滚动。因为球的反应是如此重要，即使是轻微的草坪损伤也会造成不好的反弹和不均匀的滚动，从而对比赛产生不利影响。如果球的反应是一个关键因素，较短的草坪是首选，因为较短的草坪在球通过它时施加较少的摩擦。在这种情况下，场地经理不仅必须选择在低修剪条件下生长旺盛的草坪草种或品种，还必须考虑维护人员所需的额外剪草时间。对于曲棍球，通常建议修剪高度从3/4英寸到最大1.5英寸，由于更高的草地显著减缓了曲棍球的滚动。

有效的排水系统在这些运动中尤其重要，因为草坪上的湿点确实可以阻止球甚至让球停止。与橄榄球不同的是，当场地潮湿时，一支橄榄球队可以改变策略(例如，多持球跑动，少传球)，而当场地无法有效排水时，足球比赛受到的限制更为严格。

足球运动员每踢一次球，他或她都是以一只脚站立的姿势站着，这种姿势要求有良好的立足点，因此，对于运动员的安全和表现来说，地面的平整度变得越来越重要。

足球、长曲棍球和曲棍球中的磨损和板结模式也对管理人员提出了一些重要的要求。通常情况下，最麻烦的地方是球门前，守门员站立的地方，以及距离球门18码(1码≈0.91m)的地方，在比赛中，防守队员和进攻队员都会聚集在这里。其他的麻烦点包括球场的四个角落，在那里踢角球，以及球场中间的边线区域。

足球的另一个考虑因素是比赛季节。如果是秋季，那就意味着重要的比赛和季后赛将在美国大部分地区的自然生长季节结束后举行。如果是春季的话，这些挑战是在草地(温暖或凉爽的季节)生长活跃之前开始的一个季节，而且通常场地状况很差，因为它在秋季也被用来踢橄榄球。所有这些因素使得足球场管理(以及相关的长曲棍球场和曲棍球场)成为一个特殊的挑战。

14.2　设计

14.2.1　布局

足球、长曲棍球和曲棍球的场地布置图

将在本章后面的第14.6.1节中提供。

(1)足球

足球场的大小各不相同，场地尺寸通常以范围而不是绝对值来表示。对于大学，宽度不得超过75码，也不得少于70码，长度不得超过120码，也不得少于115码。大学的最佳尺寸是75码×120码。如果大学足球场是在1995年以前建成的，那么球场只需要是长方形的，宽度要短于长度。场地表面翻新并不改变这一豁免。高中足球场的宽度在55~80码之间，长度在100~120码之间。孩子们在较小的场地上玩耍，通常有60~80码长，但对于年龄最小的运动员来说，有时甚至更小。

(2)长曲棍球

对于男子来说，大学曲棍球场长110码、宽60码。普通高中男生曲棍球场地的长度在110~120码，宽度在53.3~60码。场地线的布局与大学和高中相同。

女大学生和女高中生的曲棍球场地都有110~120码长，60~70码宽。高中和大学女子长曲棍球在球门区域是非常具体的。参考最新的规则手册，了解布局球门区域的详细信息。高中曲棍球规则手册包括一个统一的男孩和女孩在一个场地的比赛场地图。关于男孩和女孩统一长曲棍球场地的尺寸，见第14.6.1节。

(3)曲棍球

曲棍球场的规则是100码长、60码宽的高中和大学男女运动员场地。全国州立高中协会联合会(NFHS)有自己的曲棍球规则手册和场地布局图。NCAA没有曲棍球规则手册，但遵循美国曲棍球和国际曲棍球联合会规则，场地布局与高中规则手册相同。

14.2.2 新建工程设计标准

大多数球场沿球场纵轴向下放坡，以促进正向排水，尽管向一条接触线或边线倾斜的平坦球场并不少见。1.25%~1.5%的坡度通常可以提供足够的地表排水，尽管一些完全可用的场地只有1%的坡度，从比赛的角度来看，这是更理想的。然而，在大多数情况下，1%或以下的坡度将需要安装排水系统，以便在潮湿天气下保持场地完全可用。

如果设计的场地也将用于橄榄球，请记住，将足球边线置于橄榄边线之外意味着橄榄球板凳区域将成为足球场比赛场地的一部分。这些区域通常被橄榄球队严重破坏，恶劣的天气会把它们变成一片泥泞。当设计一个同时用于两项运动的场地时，重要的是要保持从橄榄球边线一直到足球场边线和更远的地方的均匀坡度。制订在橄榄球赛季结束后立即修复这些区域的计划，而不是在春季运动开始时!

14.2.3 具有首选轮廓的场地设计

与橄榄球场一样，足球场(以及相关运动场)通常根据两种总体方案中的一种进行设计：如图13.1所示的龟背式，冠状拱形场地或如图13.2所示的两侧倾斜的平坦场地。

龟背式拱形球场相对容易设计和建造，从比赛区的中间向远处排水效率相当高。足球场、长曲棍球场或曲棍球场的坡度应在边线或边线外至少延伸10~15英尺，以便为角球和/或边线内投球提供更多的坚实基础。

在地形允许的情况下，两侧倾斜的场地可以很好地发挥作用。侧向场地的坡度应为1.25%~1.5%，以提供足够的地面排水。如果可以安装地下排水系统，则首选坡度为1%的平坦场地。

14.2.4 多个场地布局

随着这项运动越来越受欢迎，足球的多场地综合设施在整个北美地区得到了广泛的应用。在设计这样一个综合体时，明智的做法是在并排布置的场地之间至少留出30英尺，在端到端布置的场地之间留出50英尺。如果场地之间有看台，距离应明显增加看台结构的宽度。

在布置多个现场场地时，重要的是要记住，每个场地必须作为一个单独的排水设施。如果有水从相邻的场地流过，几乎不可能保持场地的可用性。如有必要，在比赛区外留出足够的空间，以便进行挖填集水池和洼地。有关天然草坪运动场布局和平整的更多信息，请参见第 2 部分引言中的“运动场设计原则”。

14.2.5　固定安装式灌溉系统

这些运动场的灌溉系统必须考虑运动员的践踏模式，以及洒水喷头的位置、大小和耐用性。

喷头的位置应考虑到最多球员所处的场地部分。由于每一端的球门区域是最容易磨损的区域，因此将喷头放在这些区域之外，以避免机械损伤或球员危险。

很显然较小的喷头是首选，它们应该至少每月被检查一次，以确保良好的草坪覆盖和正确的位置，并检查损坏。球应该能够在不中断运动的情况下从喷头顶上滚过去。同样地，在选择喷头时，请选择制造商认为适合特定运动的型号。

适用于足球和相关运动的四排浇灌系统如图 13.3 所示。由于足球场可能比橄榄球场大得多，因此本章包括五排系统，如图 14.1 所示。与橄榄球不同的是，橄榄球运动集中在场地中央，足球运动更广泛地分布在整个场地。因此，在足球比赛中，一排喷头位于场地中央的五排系统不会产生安全或维护问题。

这种设计要求场地边缘的水压为 75 磅/平方英寸(PSI)，喷头底部的水压为 60 PSI。

14.2.6　安装式排水系统和集水池

(1) 安装式排水系统

对于这样的运动项目，如果需要低百分比的坡度(即≤1%)，则很难实现足够的地表排水以有效清除暴雨或持续降雨。对于一个拥有 1.5%坡度冠状拱起的球场(拥有 1%坡度的球场需要更长时间)来说，需要 4h 才能完成将水从场地中心穿过接触线/边线排走，因此安装地下排水系统通常对可接受的场地性能至关重要。

对于依靠地表排水清除的运动场，最有效的地下排水系统是砂槽排水沟或砂缝排水沟。砂槽排水管安装在 3~4 英寸宽、12 英寸深的浅沟槽中，沟槽底部有 2 英寸的多孔

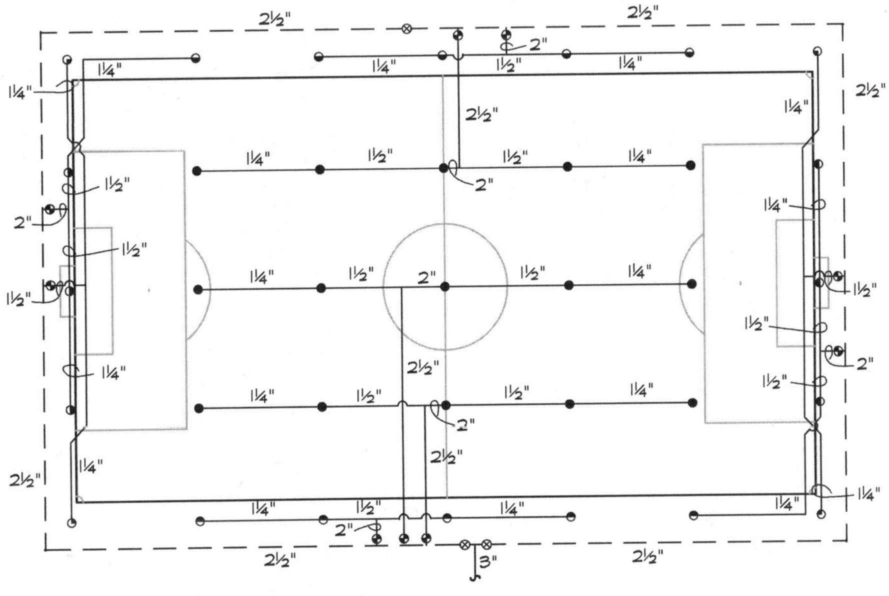

图 14.1　大型足球场的五排灌溉系统(设计由亨特工业公司提供)

管或条形排水管(条形排水管是布包裹的塑料或纤维结构，宽1英寸、深6英寸)，然后用粗砂填充至沟渠表面。沙缝排水沟是一个狭窄的沟渠系统(通常3~4英寸宽、12英寸深，中心相距20英尺)，底部有一个2英寸的多孔管。沟渠被沙子填到了表面。垂直于这些沟渠的是另一组20英尺中心间距的填砂沟渠，有助于将水导入多孔排水管。

第6.4.2节和第6.4.3节分别详细讨论了砂槽排水沟和砂缝排水沟。冠状拱起的和边到边倾斜的平坦足球、长曲棍球或曲棍球场地的砂槽排水系统设计分别如图13.5所示和图13.6所示。如图14.2所示，砂槽排水沟也可用于纠正场地排水问题。

(2)集水池

许多场地的场边都有集水池作为排水系统的一部分。集水池的主要价值在于其作为地下排水系统集水沟的“接线盒”的功能。集水池必须至少离接触线/边线15~20英尺远以避免球员受伤。然而，在空间有限的情况下，可能有必要将集水池放置在靠近场地边缘的位置(例如，一个四周有400m跑道的宽阔足球场)。在这种情况下，保持集水池顶部与场地坡度保持一致(不低于坡度)，并在集水池上放置一个橡胶盖，如图22.1所示。

图14.2　砂槽排水沟可用于针对容易积水的问题区域，如跳远跑道前的区域

14.2.7　草坪草选择

经验表明，对于大多数暖季区域的足球场、长曲棍球场和曲棍球场，狗牙根是首选的草坪草。除了它的耐用性，狗牙根可以形成一个快速、可靠的场地表面，并能耐受低修剪提高球的反应。在美国最南部，海滨雀稗是另一个可行的选择，在质量上可与狗牙根场地表面相媲美。

在过渡地带，如在暖季节地区，足球和相关场地的首选草坪草还是狗牙根。在秋季赛季的相当早的时间内(9月初至中旬)，可以用多年生黑麦草对狗牙根场地进行交播，这些时间安排对于交播作为春季赛季的准备工作也是足够的(通常，最高质量的黑麦草草坪不会在橄榄球赛季出现，而是在翌年春季出现)。这种草坪草组合既能承受比赛的机械压力，又能承受温度变化，而狗牙根是良好的脚下摩擦力的基础。但是，如果决定交播，不要在种子质量、交播准备、播种量和交播后的养护上偷工减料以节省几美元。无论是在秋季还是春季，休眠狗牙根草坪都是一个更好、更安全的运动场地，而不是由于交播不当或交播失败而导致的交播很差的场地(图14.3)。

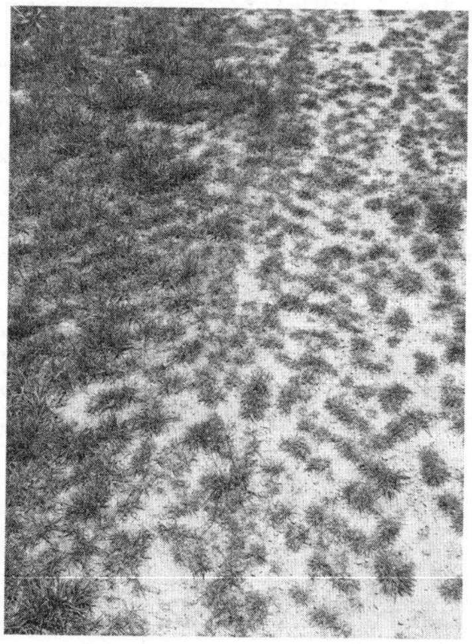

图14.3　与这张照片中因秋季补播效果不佳而长得参差不齐的黑麦草相比，处于休眠期且没有黑麦草的狗牙根草坪，能为春季足球运动提供更安全的场地(照片由布洛克多尔蒂提供)

草地早熟禾/多年生黑麦草混合在过渡区也很受欢迎。对于进行秋季橄榄球的场地，确保在橄榄球赛季用适当的施肥和播种计划处理磨损的场地，而不是等待春季足球开始。如果在秋季运动季结束后仍然存在磨损区域，则通过应用适当的草坪覆盖物，可以大大增强通过种子和草皮的后期草坪建植(见第 20 章)。

在北部地区，草地早熟禾/多年生黑麦草组合可能是足球和相关场地的最佳选择。草地早熟禾积极的恢复潜力有助于草坪对机械应力/胁迫的反应。在潮湿的条件下，草地早熟禾枯草使球员远离泥泞，保持稳定的立足点并允许安全的比赛。然而，如果草地早熟禾产生过多的枯草层影响场地表现，可以垂直修剪以在夏末/初秋恢复一个坚实、快速的比赛场地。补播多年生黑麦草也能提高草坪的性能。

在任何气候区，播种的场地需要时间(3~4 个月足够的生长温度)才能完全适应训练或比赛。草地早熟禾需要更多的时间才能成熟；通常需要 5~6 个月的足够生长温度。

如前所述，如果预算允许铺草皮，一定要指定一个成熟的，编结良好的草皮，这样草皮将在安装和使用期间能结合在一起。在比赛季节之前和期间，在北部地区将多年生黑麦草播种到草地早熟禾草坪中的做法增加了林分密度，减少了对草地早熟禾草皮的磨损。这种做法也有助于消除在这三项运动中的每一个球门前面通常出现的裸露无草位置的情况。使用草坪覆盖物延长秋季草皮和种子播种建植的窗口，这样对春季非常有利。

参见“业余足球场专业化”一章末尾的实地研究。草坪草选择是实地研究的一个基本部分。

14.3　施工

第 13 章详细讨论了建造和重建过程。有关此类项目的信息，请参见第 13.3 节。

14.4　改造

整修是修复一个比赛季节的损伤，并协助草坪恢复，为下一个赛季的赛场做好准备的过程。典型的改造步骤包括打孔通气、整平和种植新的草坪草。整修还必须特别注意场地的不同部分，如球门前板结压实和胁迫最大的地方。

然而，在南部和过渡带的大部分地区，狗牙根的播种应等到春季，因为秋季播种会导致幼苗过早发芽，随后冬季冻死。然而，在南部和过渡带早在 2 月的休眠播种在最低践踏条件下几乎可以于 5 月中旬前完成播种狗牙根的全部发芽和覆盖率。(有关休眠播种的更多信息，请参见第 1.8.3 节)

狗牙根草皮铺装必须考虑草的当前生根潜力(即足够温暖的土壤，以便根系发育)或草皮厚度(在 1.5 英寸或以上深度切割的草皮可能有足够的重量和稳定性，以支持一年中任何时候的比赛)。如果至少在球场使用前 7~10 d，黑麦草交播的草皮可以成功地用于冬末/早春替换磨损的足球球门区域；黑麦草将能令人满意地生根，将草皮固定到位。

如果天气允许养护车辆在草坪上行驶的话，秋季可以对北方的场地进行补播。晚秋播种被认为是“休眠播种”，因为种子要到春季才会发芽(有关休眠播种的更多信息，请参见第 1.8.3 节)。秋季播种允许新的生长在春季提前开始，并防止因春季播种天气延迟而导致的不成熟草坪。休眠播种在练习场上特别有用，因为场地在第一场比赛开始前几周就得到了广泛的使用。如果磨损区域至少有 75%的草坪覆盖，则以每 1000 平方英尺 2 磅的量播种 100%的草地早熟禾。如果覆盖率低于 75%，使用 2 磅草地早熟禾和 5 磅多年生黑麦草的混合。完全光秃秃的地区应该增加额外的 5 磅多年生黑麦草。

在任何区域播种磨损区域之前，积极地打孔以疏松压实的土壤(最容易磨损的区域也是那些最有可能被比赛运动压实的区域，并且草坪很难在极度压实的土壤中恢复)。用类似的土壤填充低洼处和凹地来平整场地。切缝/划破播种机有助于改善种子与土壤的接触。

对于像球门前这样的人员践踏密集地区，由于比赛的磨损，几乎不可能保持整个赛季长时间的有草，需要考虑“种子储备”策略(详见第1.6.4节)。在整个比赛季节，在这些人流密集的地区定期播种快速发芽的草种，如多年生黑麦草或高羊茅，这可能是在草地上或泥地上比赛的区别，并且该策略确保始终有种子在适当的地方潜在地发芽和坚持。有关在交通践踏繁忙地区保持草地的另一种方法，请参阅有用的提示“如何在练习足球场的践踏严重地区保持草坪”。

有用的提示

如何在足球练习场严重践踏区域保持草坪的一种做法

(1)问题

我们练习场上的球门前几乎不可能长满草。我们能做些什么来保持这些地区的草?

(2)原因

从早春到秋季，低年级和高年级的男生和女生几乎不停地使用场地，这使得践踏严重的区域在赛季结束时变成了一片裸地。

(3)解决方案

一个练习场可以转换成为提供更多机会的安全、高质量的比赛表面的多个“更小”的练习场。这主要通过购买便携可移动球门和承诺负责任地使用场地计划的教练和球员来实现。使用便携式球门将球场“东西向”分成两半用于练习，并使用与常规场地的标记不同的颜色标记场地(图14.4)。

(4)结果

以这种方式划分场地基本上会给你三个场地(两个半场和一个规则场地)可以在其上定期分配练习的人流。这是在练习场上保持可接受、安全的运动条件的最实惠的方法之一。

图14.4 便携式球门和替代颜色条纹提供利用三个练习“场”而不是一个的机会

播种前表施土壤/铺沙可以改善不均匀的场地。首先，给草坪打孔通气；然后铺上一层3/8英寸厚的土壤，用整平机将表面整平(图13.7)，然后狭缝播种以有利于种子与土壤接触。(将一个典型的足球场、长曲棍球场或曲棍球场覆沙3/8英寸的厚度需要80立方码的材料，约61m^3)

整修场地时，应考虑是否需要调整坡度。如果赛季期间地面排水不充分，则进行测量，以确定场地的实际坡度和是否需要进行完全的重新平地。如果坡度与预期相差太大，需要重新整修调整坡度，请遵循第13.4节“重大改造”中概述的步骤。

对于那些被长期压实板结的区域(比如球门前的区域)，一种翻新技术是在这些区域安装至少1/2英寸厚枯草层的草皮。草皮通常会产生比播种更好的效果，因为枯草层提供额外的保护，防止磨损。在铺装草皮之前，一定要把压实的土壤完全打碎。

14.5 维护管理程序

一个真正有效的草坪管理计划需要定期检查场地，因为这是作出关于促进最好的草坪养护明智决定的唯一的方式。在定期检查计划开始时，进行土壤测试，以帮助了解土壤的营养值。

理想的情况是，即使在非比赛季，每一个场地都应该至少每隔一周进行一次快速检查。这看起来可能是很多不必要的工作，但即使是定期的 5min 检查也可以在一旦赛季来临节省以小时计的工作时间。在比赛季节，每一块场地每周都要检查一到两次。

当草坪正在积极生长时，要仔细观察剪草问题的迹象。草坪上厚厚的一层草屑意味着这片场地草坪在两次修剪间隔之间长得太高，然后又被剪得太短。这种修剪在草坪上散布了太多的碎屑，不夸张的说可以杀死草坪。而剪掉超过三分之一的植物会削弱草的生命力，使其对各种胁迫的抵抗力降低。

除检查剪草高度外，撕下两个叶片，检查草的切割端是否干净，边缘是否粗糙；钝的割草机刀片会撕裂草叶，使草坪容易生病。如果剪草机剪草后地面上有白色的痕迹，那就是剪草机刀片不够锋利的迹象。仔细观察就会发现，草叶的末端可能是撕碎的，而不是干净利落的修剪（图 4.1）。

进行检查时，检查场地的湿度。如果天气太潮湿或太干燥，这些问题最好在非赛季解决，那时没有迫在眉睫的比赛日期。如果场地有大量降水，目视检查将显示草坪排水的有效性。

检查土壤湿度的一种快速方法是将十字螺丝刀推入土壤中，直到遇到阻力为止。螺丝刀应该很容易穿透潮湿的土壤 4～6 英寸（10～15cm）。即使是在人流量大、磨损严重的场地，也可以通过土壤水分充足来保持场地的安全，以允许有鞋钉的鞋子穿入。如果螺丝刀只能穿透 1 英寸，那么就需要适当浇水。后期可能会从这些场地区域打空心孔通气中受益匪浅（另一种称为“土壤探针/土钻”或“土壤剖面仪”的工具可以帮助检查土壤压实度、枯草积累、根系结构以及水分）。

在场地人流量大的区域，尤其是最密集的区域，查看杂草的出现情况。例如，在北方，蓼属杂草如萹蓄通常是过度压实的迹象。在南方，指示植物通常是牛筋草。减轻压实板结会使草坪健康生长挤掉杂草。

上一章包括一份现场检验报告的样本，这对记录和比较结果非常有帮助（见表 13.1，“现场检验报告样本”）。以这种方式记录所有观察结果有助于记住所有应检查的因素，并使管理者了解场地全年对各种条件的反应。

请参阅“业余足球场专业化”一章末尾的实地研究。有一些维护程序可以帮助业余足球场、长曲棍球场或曲棍球场达到最佳状态。

14.5.1　暖季维护

表 14.1 显示了一个示例维护计划，可根据暖季区域的任何足球、长曲棍球或曲棍球场地的需要进行定制。这个特殊的球场是一个普通狗牙根的青少年足球场。请记住，这只是一个在特定场地成功使用的维护程序。在为任何给定的场地规划施肥计划时，管理者应利用土壤测试数据并查阅第 3 章中的更详细信息。

（1）施肥

表 14.1 中概述的维护计划包括非常积极的施肥，使用最便宜的水溶性肥料，特别是在春季，以促进多年生黑麦草生长和狗牙根从上一季节的比赛胁迫中恢复。如果施肥后浇水，可以一次施完浓度大的氮肥；否则，肥料应分两次施，间隔两周。

根据土壤测试建议，一种全效的复合肥料（13-13-13）被纳入该计划，并可用于未来 5 月的施用，以确保进入夏季的磷和钾水平足够，而夏季施肥则利用尿素（45-0-0）维持每 1000 平方英尺施用 1 磅氮的水平。在 9 月交播前，施用（13-13-13）的复合肥有助于促进幼苗的形成，并添加 P。在 10 月补充施用 K 肥（交播建植后）有助于提高草坪的耐寒性，冬季施肥利用尿素（46-0-0）维持黑麦草的充分生长。

表 14.1　暖季维护方案

(球场)维护计划示例(暖季)

场地名称：斯塔克维尔青少年足球
场地类型：比赛场
条件：很好
草的种类：狗牙根
割草机类型：60英寸，连枷割草机
土壤类型：原生黏土
土壤测试：磷15 ppm，钾78 ppm
年份：2019
酸碱度pH：6.4

地址：机场路
斯塔克维尔，密西西比39759
压实板结度：中等
排水：表面
灌溉：移动式洒水器
枯草：1/4英寸
备注：球门区域必须在
5月重新铺草皮

时间	施肥[a]	打孔通气	覆沙	交播	"三分之一法则"剪草高度	1英寸/周浇水	控制杂草
5月	13-13-13 9磅	穿刺打孔两次	1/4英寸沙		1英寸，一周两次	根据需要移动洒水器	磺酰脲类除草剂 黑麦草的选择性控制 足球赛季结束后
6月	45-0-0 2磅				1英寸，一周两次	每3天一次	点喷2,4-D+ 芽后禾草除草剂
7月	45-0-0 2磅				1英寸，一周两次	每3天一次	点喷2,4-D+ 芽后禾草除草剂
8月	45-0-0 2磅	穿刺打孔两次	1/4英寸沙		1英寸，一周两次	每3天一次	
9月	13-13-13 9磅		1/4英寸沙子交播后	15磅多年生黑麦	1英寸，一周两次	每3天一次	
10月	45-0-0 2磅 0-0-61 1.5磅			点播	2英寸，一周一次	根据需要 移动洒水器	
11月	45-0-0 1磅				2英寸，一周一次	根据需要 移动洒水器	
12月	45-0-0 1磅				2英寸，根据需要	根据需要 移动洒水器	
1月					2英寸，根据需要		
2月	45-0-0 1磅				2英寸，根据需要		
3月	45-0-0 1磅				2英寸，根据需要		
4月	45-0-0 2磅				2英寸，根据需要		

注：a. 在质地较重的土壤(主要是粉土或黏土)上，每个活跃生长月在任何单一的一次应用每1000平方英尺施用不超过1磅的水溶性N肥，沙质土壤中使用时，分次应用提供不超过每次处理每1000平方英尺0.5磅N肥，以最大程度地减少淋滤。对于更高的N肥施用量，使用含有超过50%的归类为水不溶性N肥（WIN）或缓效N肥(SAN)N源。遵照土壤测试后建议，原生土壤的3个生长季节可能不需要大量的P肥；每年在沙质土壤上进行一次pH和P肥的土壤测试。由于土壤中钾的流动性更大，并且希望提高草坪对环境和践踏压力的耐受性，保留有规律的K肥的施用。

(2)打孔通气和铺沙

对于足球项目全年使用的场地，在生长季节只有 5 月初和 8 月初是有限使用期。在这些时候，一个有 6 英寸弯曲刀片的穿刺打孔设备至少从两个方向在草坪上运行。然后，用沙子覆盖场地，以平滑穿刺造成的凹坑。在 9 月对场地进行交播后，再施用 1/4 英寸的沙子，以促进种子与土壤的接触。

(3)交播

在 9 月下旬，最好以每 1000 平方英尺 15 磅的纯活/净活种子的播种量和 3 种多年生黑麦草的混合来交播这片场地。建植不好的区域可以在 10 月进行点播。如果需有全年使用草坪和期待场地翌年春天黑麦草高峰的质量生长良好，则交播是很有必要的。

(4)剪草

从 5~9 月，每周在 1 英寸的高度上剪草两次，效果最好。在这个高度修剪最大限度地提高狗牙根草坪的强度，并刺激横向匍匐生长。经过交播，修剪高度提高到 2 英寸，以促进冬季耐寒性和狗牙根在冬季比赛中最大限度的耐磨损能力。

(5)浇水

从 6~9 月，每隔 3d(如果需要的话)给场地浇水较好，在一年剩下的时间里也可以根据需要浇水。目标应该是每周至少提供 1 英寸的水，以最大限度地提高草坪草的生长。在交播下，对草坪进行少量而频繁地灌溉，以促进黑麦草建植。

(6)杂草防治

在践踏严重的场地上，宜制订一个芽后除草剂方案，在点喷处理的基础上处理杂草。有一系列磺酰脲类除草剂(三氟啶磺隆、甲酰胺磺隆、甲基甲磺隆等)可用于狗牙根的各种杂草，这一系列化学物质也将在春季选择性地清除黑麦草(见第 9 章)。在环境胁迫时期应避免使用除草剂。

14.5.2　过渡区维护

过渡区的养护方案很大程度上取决于所用草坪草的品种。如果场地有像狗牙根这样的暖季型品种，遵循暖季维护方法，但是要意识到凉爽的天气会缩短狗牙根一年生长季节两端的时间(春季返青开始较晚，秋季休眠较早)。如果场地有草地早熟禾或其他冷季型的品种，使用北方的草坪维护做法，但要记住，生长将在春季开始较早，并在秋季延长。

14.5.3　冷季维护

冷季型草坪草在春季和初夏年生长周期中生长最好，在一年中最热季节生长减少(可能休眠)，在夏末和秋季呈生长良好状况。冷季型草坪草维护实践需要考虑这个生长周期。表 14.2 显示了一个维护计划的示例，该计划可以根据北方任何足球、长曲棍球或曲棍球设施的需要进行定制。

(1)施肥

冷季的场地在春季应施用少于其年需氮量 30% 的氮肥，其余的应在秋季施用。在这个项目中，利用更多的水不溶氮肥(WIN)可以在一年中为草坪提供持续的养分，并减少地上部分的旺盛生长。春季限制施氮肥有助于防止地上部分过度生长，并促进根系强劲生长，这对草坪的健康至关重要。在夏季开始前，施用复合肥料 16-5-11 以符合土壤测试建议，在夏季炎热时补充钾以帮助保护植物健康，并提高草坪的抗病性。

秋季施用大量的氮肥有助于草坪形成一个强大的根系。施用氮肥的最佳时间是在本季最后一次剪草之后，此时草地仍然是绿色的。在此期间，地上部分生长减缓或停止，但根系生长仍在继续。根据温度和湿度的不同，氮水平可以在特定的季节进行调整。多余的氮由根系储存，有助于早春的返青，也有助于草坪抵御夏季的胁迫。

(2)打孔通气

利用不同的设备频繁地打孔通气，有助于使草坪变得更强壮。4 月，将整个场地打空心孔，准备覆沙和补播。在这个季节的后期，使用实心孔针打孔来松动土壤，而不会让场地散落着土芯。在比赛季节结束时，再次给场地打空心孔通气。

(3)覆沙和补播

将这两个过程结合在一起可以大大提高草坪的质量，也有助于平整表面(有关重新播种的更多信息，请参见第14.4节)。

(4)浇水

在春季，少量而频繁地浇水可帮助培育新的草苗。随着草坪的成熟，逐渐减少浇水频率，同时增加一次浇水使用量。

如果秋季干燥，要注意天气预报。在赛季中，最好让草坪稍微干一点，而不是太湿，因为比赛前或比赛中突然下雨会严重影响比赛。

(5)杂草防治

作为一般规则，对运动场草坪的要求决定应避免使用除草剂地毯式对整个场地进行杂草处理。为了鼓励草坪赛季后充分休养恢复，大多数场地应该每年重新播种，这使得应用芽前除草剂是不明智的，因为它们会阻止草的发芽。

表14.2　冷季维护计划

(场地)维护计划示例(冷季)

场地名称：NCAA足球场	地址：俄亥俄州中部
场地类型：比赛场	板结压实度：球门和板凳区域
条件：很好	排水：安装地下排水系统
草的种类：草地早熟禾	灌溉：安装自动喷灌系统
割草机类型：60英寸，滚刀	枯草：1/2″
土壤类型：黏土/壤土	备注：球门区散落着一些三叶草
土壤测试：磷18 ppm，钾75 ppm	蓼属杂草
年份：2019	检查喷头高程
酸碱度pH：6.8	

时间	施肥[a]	打孔通气	铺沙	交播	“三分之一法则”剪草高度/英寸	1英寸/周浇水	杂草控制
4月	16-5-11 3磅 50%WIN	整个场地 打空心孔	用于表面平整	整个场地 草地早熟禾	1.25		
5月	16-5-11 3-6磅 50%WIN				1.25	少量多次	
6月		打实心孔			1.25	少次多量	
9月	32-5-7 3磅 50%WIN	打实心孔			1.25	谨慎浇水	局部点喷处理
10月	20-5-10 5磅 50%WIN				1.25	谨慎浇水	
11月	21-0-0 最后1次割草后 2.5~5磅	整个场地 打空心孔			1.25		

注：a. 在质地较重的土壤(主要是粉土或黏土)上，任何一次施用水溶性N肥，每个活跃生长月每1000平方英尺施用0.7~1磅N，建议使用硫酸铵(21-0-0)，以降低土壤pH值。在砂土上，分次施用的N肥每1000平方英尺不超过0.5磅每处理，以尽量减少淋溶。对于较高的施氮水平，使用含氮量为水不溶性氮(WIN)或缓效氮(SAN)超过50%的N肥。在遵循土壤测试建议后，在天然土壤上，三个生长季可能不需要大量P肥；每年在砂基土壤上进行土壤pH值和P肥测试。由于土壤中K肥的流动性更大，如希望提高草坪对环境和践踏耐受性，则需要定期施K肥。

当遵循扎实合理的养护管理措施后，杂草侵扰通常是相当容易控制的。在赛季开始前几周进行一次点喷处理通常足以控制杂草直到最后一场比赛结束。如果由于特别严重的杂草入侵而需要进行地毯式全面喷施处理时，则仅在草坪和杂草生长活跃的情况下进行施用，并确保土壤至少具有正常的水分水平。避免杂草控制应用在草坪处于干旱胁迫状态的时候。

14.5.4　养护程序变化(练习场地)

在冷季地区，表 14.2 中概述的计划将支持对草坪损害最小的日常练习。(当然，理想的情况是有一个以上的练习场地来进行休养轮换，但这对于大多数项目来说是不切合实际的)只有一个练习场地的球队通常在一个赛季比赛中需在这块场地上进行大约 100 次练习，最后练习时场地一般都会出现几个裸露的区域。给这些光秃秃的没有草坪地方打孔通气和施肥也不会有多大帮助。一个更好的策略是从 4~7 月每月每 1000 平方英尺施用 1 磅 N 肥，以便在使用前增强草坪耐受性。通过精心修剪和浇水及积极地施肥方式将有助于场地承担起赛季的需求。如果这些区域在赛季结束时仍然光秃秃没有草坪，可以考虑只在这个区域铺草皮。

14.6　规章制度

14.6.1　布局规则和尺寸

在我们研究这三项运动的线和边界尺寸之前，应该注意长曲棍球的终点线和边线在比赛场地外(界外)，而曲棍球和足球的相应线条则在比赛场地内。

(1)足球

沿着球场长度的线被称为接触线/边线，而较短的线被称为球门线/底线。中线/半场线把场地一分为二。一个半径为 30 英尺的中心圆/中圈围绕着直径为 9 英寸的中心点，在半场开始时(或者对于年幼的孩子，是四分之一场)或进球后，球就从这个中心点开始踢球。

球队替补席和教练区位于场地的同一侧。官员区域占据了场地边中央 30 英尺的区域，板凳区域从官员区域开始 15 英尺的距离。每个队的区域都有 60 英尺长，板凳和官员区域都离底线 5 英尺(大学)到 10 英尺(高中)。观众限制线距离两个边线分别为 10 英尺(高中)和 20 英尺(大学)。

高中和大学男女足球场尺寸和线条见图 14.5。表 14.3 显示了最小和最大尺寸。

(2)长曲棍球

男子长曲棍球场对于高中来说应该是 160~180 英尺宽，330~360 英尺长。大学场地宽 180 英尺、长 330 英尺。沿着场地长度的线称为边线，而较短的线称为终点线/端线。球门位于球场长轴上，距离终点线 45 英尺。每个球门周围都有一个半径为 9 英尺的圆圈。一条 4 英寸宽的中心线将场地分成两半。一条 2 英寸宽的线用来表示球门线。所有其他线的宽度至少为 2 英寸，最大为 4 英寸。

表 14.3　高中和大学足球场的最小和最大尺寸　　单位：英尺

不同层次学校	足球场		推荐
	最小值	最大值	
高中 NFSHSA 规则	165×300	240×360	
高中			195×330
初中			165×300
大学 NCAA 规则	210×345	225×360	225×360

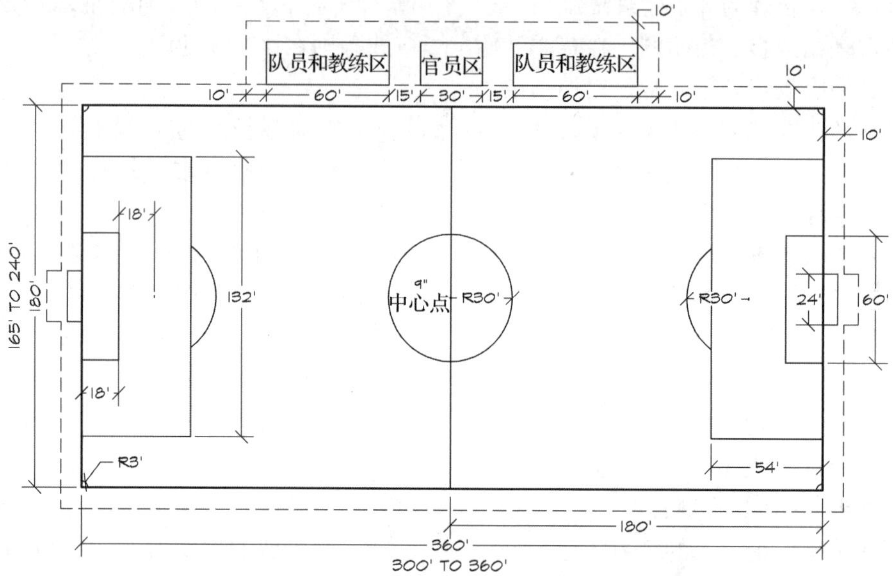

图 14.5　高中和大学男女足球场尺寸和线条(″,′分别为英寸，英尺)

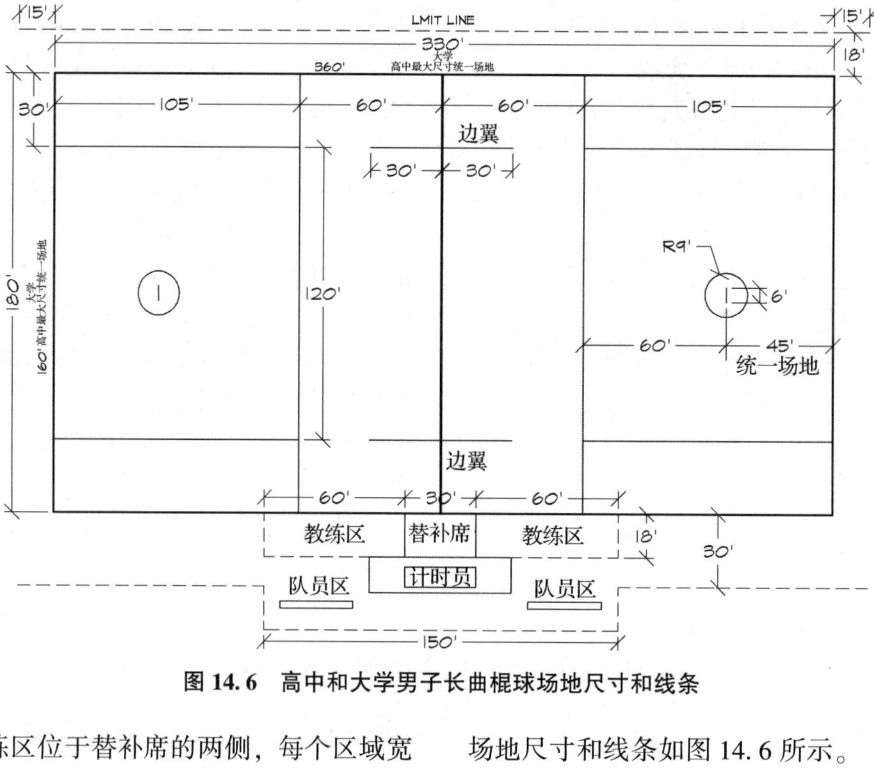

图 14.6　高中和大学男子长曲棍球场地尺寸和线条

教练区位于替补席的两侧，每个区域宽 18 英尺、长 60 英尺。球队的板凳区在距离边线 30 英尺的地方。场地两边都有一条“限制线”，供观众站在后面。限制线在球场的板凳区这边距离边线 30 英尺，另一边距离边线 18 英尺。高中和大学男子曲棍球场地尺寸和线条如图 14.6 所示。

高中和大学的女子长曲棍球场必须宽 180～210 英尺、长 330～360 英尺，球门相距 270～300 英尺。最佳场地尺寸为 195 英尺宽、360 英尺长，球门相距 300 英尺。每个球门线后面必须有 30 英尺的空间。一个

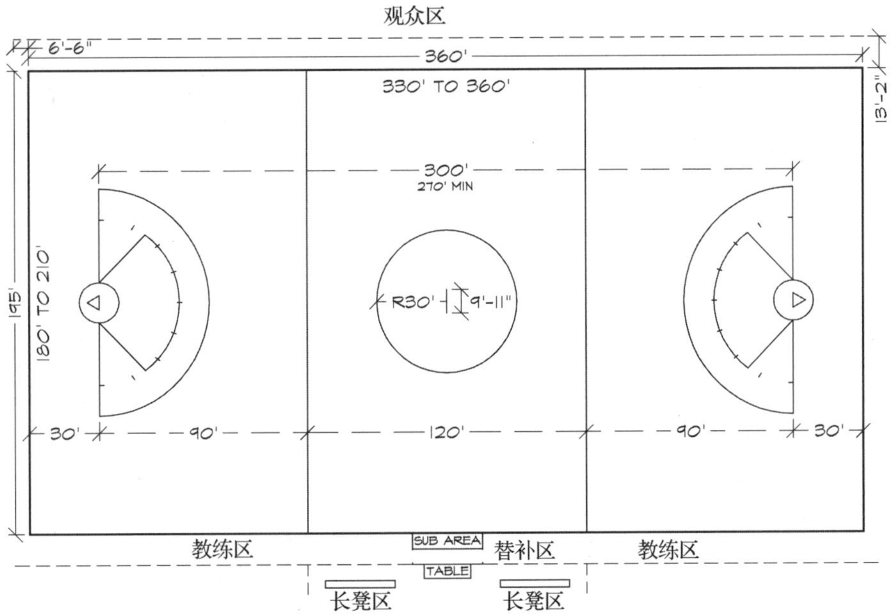

图 14.7　高中和大学女子曲棍球场地尺寸和线条

半径为 30 英尺的中心圆围绕着一条与球门线平行的 9 英尺 11 英寸长的线。从 6 英尺长的球门线的中心算起球门圆圈的半径为 8.5 英尺。有关每个球门区 8 m 弧线和 12 m 扇形的详细信息，请参见规则手册。观众限制线距离每条边线 13 英尺 2 英寸。观众不得进入终点线或板凳区。高中和大学女子曲棍球场地尺寸和线条如图 14.7 所示。

一个统一的男生和女生的长曲棍球场图可以在高中女生的长曲棍球规则手册中找到。球场必须有 360 英尺长，球门距离终点线 45 英尺，限制线距离球门线 75 英尺。宽度可以在 160 ~ 180 英尺。场地应标上女孩和男孩的场地线，包括男孩的中心线和直径为 30 英尺的圆，用"X"或 4 英寸的正方形表示场地的中心。标志还应包括在每个球门线的女孩的 8 m 和 12 m 扇形区域。具体图表看高中女生的规则书。

(3) 曲棍球

高中和大学男女曲棍球场地的规定长度为 300 英尺、宽度为 180 英尺，场地上有一条中场线和两条 25 码线。球门宽 12 英尺，位于球门线上，球门周围有一个半径为 48 英尺的弧线。在球门正前方，一条 12 英尺长的线连接着两个弧线。从每个球门前方一个半径为 63 英尺的折线圆，也有一条 12 英尺长的线连接两个弧。在距离球门 21 英尺的场地中央，标有一条 12 英寸的"罚球线"。不超过 24 英寸的内场标记线应标记场地的准确中心。

在距离端线/底线 48 英尺处，从球场两侧的边线向内标记线，以与球门弧线的顶部相对应。最后，在球门外 15 英尺和 30 英尺的终点线上做一个小的散列标记。所有线必须至少 3 英寸宽。

球队的板凳区域在球场的同一侧，在官员桌区域的两侧，距离边线 15 英尺。"观众线"在长凳所在一侧的边线外 30 英尺处标明，另一侧的左边线外 15 英尺处标明。

高中和大学男女曲棍球场地尺寸和线条如图 14.8 所示。图 14.8 中的场地布局来自高中规则手册。NCAA 遵循美国曲棍球和国际曲棍球联合会的规则，场地布局与高中规则手册相同。

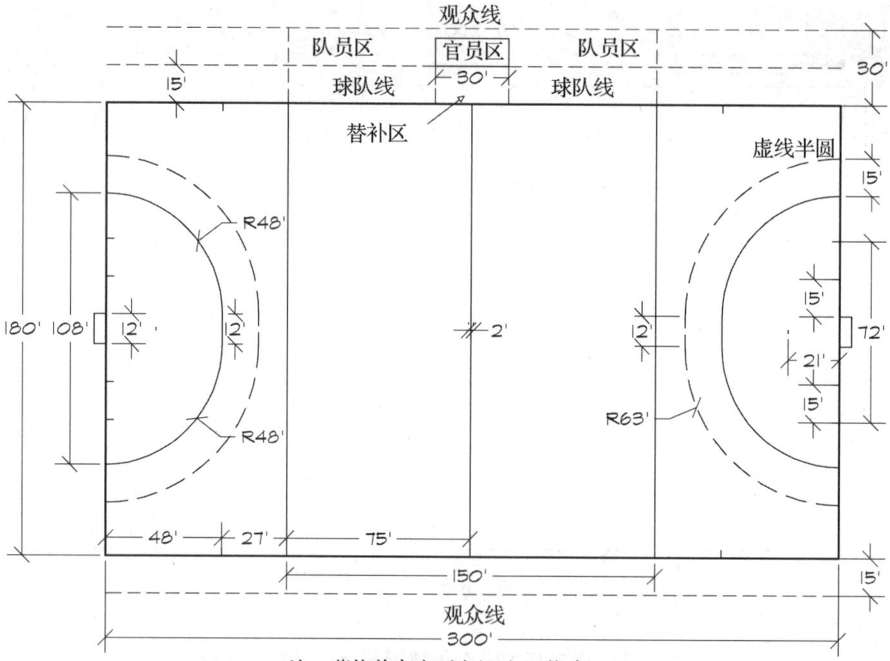

注：草修剪高度不应超过1.5英寸。

图 14.8　高中和大学男子和女子曲棍球场地尺寸和线条

14.6.2　管理和制裁机构

(1)足球

• 美国青年足球组织

佛蒙特大道 19750S 号，200 号房间，加利福尼亚州霍桑 90502，(800)872-2976

https://www.ayso.org/

• 全国大学生体育协会

邮政信箱 6222，印第安纳州印第安纳波利斯 46206，(317) 917-6222

NCAA 规则手册可在线获取，网址为：https://www.ncaapublications.com/

• 全国州立高中协会联合会

邮政信箱 690，印第安纳州印第安纳波利斯 46206，(317)972-900

https://www.nfhs.com/

(2)长曲棍球

• 美国长曲棍球基金会

洛弗顿圈 2 号，马里兰州斯帕克斯 21152，(401)235-6882

https://www.uslacrosse.org/

• 全国大学生体育协会

• 全国州立高中协会联合会

(地址如上)

(3)曲棍球

• 美国曲棍球

科罗拉多州科罗拉多斯普林斯市北学院大道 5540 号 100 室，邮编：80918

(719) 866-4567

https://www.teamusa.org/USA-Field-Hockey/

• 国际曲棍球联合会

瓦伦丁街 61，洛桑 1004，瑞士电话：+41(21)641 0606

https://www.fih.ch/

实地考察

业余足球场转为职业足球场

作者：吉姆·普哈拉

在过去的 25 年里，我写了好几篇关于体育场杂志的文章，和人合著了 4 本体育场的书籍。在所有这些文章和书籍中，有一个运动场仍然是最受欢迎的：足球场。我接到过很多关于足球场具体问题的咨询电话，比所有其他运动场的总和都要多。大部分电话都是来自青年足球联盟的教练和老板。许多打电话来的人问我对建立一个光滑而致密的草坪球场的看法，就像欧洲的专业球场一样。我从来都不知道如何回答他们的问题，我脑子里同时闪过一百个念头。我肯定我的答案没有达到他们的要求。

由于足球场得到了青少年足球联盟最多的响应，我决定探索不仅可以用于青少年足球场，也可以用于高中和大学球场的可能性。在这次实地考察中，我的目标是找到业余足球场和职业足球场之间的共同点。我认为我的发现也应该与本章中的其他运动场地以及长曲棍球和曲棍球相关。

(1)探索可能性

我最初的想法是包括成功的天然草场地所需的所有的维护程序。然而，这本书的第1部分已经是一个对这些程序全面的介绍，同时第2部分包括了暖季和冷季区域的足球场样本维护时间表。我尝试过在这里寻找一个可以用于所有不同分类的足球场的统一的因素。

草坪草的类型也被认为是业余场地和专业场地的一个连接。虽然枯草生产型的草坪草将是这些场地的最佳选择，但这似乎不足以模仿专业场地。

我想采访职业足球场经理，看看他们是否有办法帮助业余足球场经理更像他们。但由于我不认识任何职业足球场经理，我继续根据自己的经验寻找想法。

(2)发现解决方案

当我想起90年代末在得克萨斯州圣安东尼奥举行的得克萨斯州运动场草坪经理协会会议和行业展上听到的一个演讲时，我产生了一个想法。在演讲期间，我参加了已故的吉姆·麦克菲博士的一个学习课程，他是达拉斯得克萨斯州农工大学推广服务中心的草坪专家。他谈到了一个草坪维护过程，这一直伴随着我。这个想法是如此的基本，它可以用于每一个层次的比赛(从青年到专业领域)和所有类型的生长介质(从原生土壤到沙基场地)。

他的整个报告都是基于他认为最重要的草坪维护程序："适当的剪草"。他将剪草哲学缩小到了简单的"三分之一法则"；每次剪草时割掉的草叶不超过三分之一。在较低的修剪高度遵循这一规则意味着修剪更频繁。例如，如果场地保持在1.5英寸，那么当草达到2.25英寸时，就需要修剪。两次剪草之间允许长3/4英寸。如果把场地保持在1英寸，那么当草长到1.5英寸时就需要剪草了。这草只长了1/2英寸就需要再次修剪了。他经常开玩笑说，在高尔夫球场果岭的生长旺季修剪狗牙根。他说："你可以在早上剪草，看着它生长，到那天晚些时候，它就需要再次剪草了。"

这个想法让我想到了业余足球场和职业足球场之间可能存在的联系；两者都希望自己的场地草坪高度尽可能地降低。毫无疑问，在本章中，降低三种运动场的修剪高度是可取的，因为球在上面滚动时摩擦较小。事实上，所有级别的曲棍球规则手册在球场布局图中都有这样一句话："草的高度不能超过1.5英寸。"我确信自己找到了业余足球场和职业足球场之间缺失的联系；我开始思考青年足球场管理者需要什么来尽可能短地修剪场地草坪。

(3)发展业余场地的理念

多亏了我从青年足球教练和俱乐部老板那里接到的电话，我根据他们要找的东西作了一些简单的思考：一个光滑茂密的草坪。为了在尽可能低的剪草高度(从1.5英寸到3/4英寸)剪草，管理人员需要考虑草的种类、剪草机类型和表面平整度。

①草的种类。每种草都有一个可接受的最低可修剪水平(见第4.4节)。成功将被定义为：为您的特定场地"合理低修剪草"。场地中的草坪草种/品种可以接受尽可能低

的修剪，以及维护人员能够更频繁地修剪草坪。

②剪草机类型。滚刀式剪草机是低修剪场地的最佳剪草机。然而，由于购买成本高和日常维护支出，它们可能仅限用于知名大学场地修剪。对于低预算场地，旋刀割草机与一个滚子(多个)连接到割草台的后面(而不是轮子)提供了一个更均匀的修剪高度，并能防止剪秃草坪。

③表面平整度。表面的平整度不仅对球的滚动和良好的立足点很重要，而且对低修剪高度也很重要。为了产生一个平整的表面，剪草要尽可能低，并用沙子或匹配的土壤覆沙(取决于场地的平整性)。然后用如图14.9所示拖拉机平整附件将表面整平。如果场地相当平整，棒球场拖垫也可以。另一件对于场地表面平整的重要设备，是一个拖拉机后面拉的庭院滚轮，5~6英尺宽，充满水时重约800磅。它可以在表面修整后使用，以创建一个真正平整的表面。在冷季区域，春季使用滚轮有助于平整因不断冻融导致的凹凸不平的表面。记住，滚轮滚压会导致土壤板结压实，因此在某些时候需要对场地进行打孔。

致密的草坪覆盖。产生密集的草坪的最佳草种是那些通过根茎和/或匍匐茎扩展的草坪草。(参见第1.2至第1.5节)狗牙根作为暖季型场地草有根茎和匍匐茎，草地早熟禾适合北方的场地，通过根茎扩展。使用

图14.9　设计用作草地平整附件的表面平整器示例

这两种草的另一个好处是它们是枯草生产类型草坪草。枯草层是草坪和土壤之间的良好缓冲区，尤其是用于运动场。然而，通过覆沙和垂直修剪保持1/2英寸厚的最大枯草层很重要。参见第7章“打孔和铺沙”，以及第8章“枯草层”。

(4)足球场维护程序

在开始施肥计划之前，进行土壤测试并将其发送到合格的实验室寻求施肥建议。土壤测试报告允许就化学应用来调整土壤pH值或大量营养素(磷、钾、钙和镁)水平。达到推荐的pH值也是确保充足微量营养素供应的最重要因素。大多数富含粉粒和/或黏土的原生土壤至少三年不会需要另一次测试，但是考虑到土壤测试相对便宜的成本，如果一块场地的表现没有达到预期，测试土壤从来都不是一个坏主意。暖季型草坪和冷季型草坪的养护计划样本见表14.1和表14.2。

(5)结论

听了那么多业余足球联盟的要求，要建一个能与欧洲球场媲美的球场，我才发现业余足球场和职业足球场之间的联系。事实证明，吉姆·麦克菲博士的剪草哲学再次成立。“适当的剪草”是生产高质量运动场草坪的最重要程序之一，特别是足球场、长曲棍球场和曲棍球场。这是一个缺失的环节，我需要结合其他一些基本要素来写这项实地研究。

虽然这一过程可能需要几年才能完成目标(尤其是如果球场一开始状态不好的话)，但只要持之以恒，就有可能实现一个职业质量的足球场。你所需要做的就是平整场地，购买一台好的剪草机(最好是带滚轮的剪草机)，把场地改成狗牙根和草地早熟禾或其他可以修剪得低的品种。我期待着在不久的将来看到越来越多的业余足球场成为职业足球场。

第 3 篇

其他运动场地

体育设施通常包括许多用于各种体育和娱乐活动的场地，有些有草地，有些没有草地。负责设计和维护这些场地表面的人通常是负责其他场地的人。

第 15 章至第 17 章提供了设计、建造、翻新和维护运动场地表面(除草坪之外)的建议，这些建议可分配给设计师或场地设施经理，后者也负责场地。这些场地表面包括网球和田径用表面，以及人造草坪表面。

这些场地表面与草坪场地有许多共同之处。例如，它们的设计必须能够保护使用者和观众的安全，并且能够在各种温度和天气条件下保持可玩性，并提供均匀的球响应。另外，排水系统也有共同之处；事实上，所有排水系统都是为地面排水而设计的，许多排水系统的安装类型与草坪场地相同。

同样，其他运动场地出现的问题与草坪场地上常见的问题相同：降雨延迟、积水等。第 3 篇提供了详细的信息，以帮助设计者、安装者和管理者使设施更安全、更易于维护和使用。

第15章 网球场

15.1 简介

在网球场的设计、建造和维护中，其目标与任何其他运动设施相同：做到可运动性/可用性、安全性和表面的耐久性。一个好的设计结果使网球场可以使用很多年，省去了几年后的重建，减少了翻修和维护成本。

与其他体育设施相同，建造错误通常是由于不完整或错误的设计造成的。最常见的错误是场地和周围地区的轮廓不正确，以及没有正确解决地下排水。例如，尽管球场不是完全水平的(轻微的坡度允许地面排水)，但它需要平坦，这样网的高度将保持平衡。球场还必须与周围地形隔离，以便外部地表水不会流入比赛区域。设计得当的网球场会很快使水从地面上流走，因此雨后很快就可以使用。如果某些球场不包括地下排水，铺砌的球场可能会开裂或崩塌。

尽管北美的草地网球场数量有限，但这些设施与铺装的硬地网球场和黏土网球场一起包含在本章中，因为草地网球场的设计标准与其他网球场表面的设计标准相同。

本章还包括匹克球场(约为普通网球场的三分之一大小)，因为其设计原则和施工技术与规则与网球场相同。

15.2 设计

网球场是本书中讨论的最小的运动场地。然而，网球场每平方英尺的建筑成本是本书中所有运动场中最高的。一方面，如果加上球场周围的“净运动区”，通常认为“网球场”区域的面积是划线球场本身的2.5倍多。由于需要额外的预算，如高栅栏、风挡、网柱、网甚至照明，场地每平方英尺的成本迅速上升。

15.2.1 布局

单打和双打的标准网球场是36英尺×78英尺(单打场地为27英尺×78英尺)。加上场地两侧各12英尺，两端各21英尺，这样整个标准尺寸的场地为60英尺×120英尺。匹克球场地为20英尺×44英尺，净场区域大小没有标准的尺寸。

美国北部的网球场与南部的网球场的朝向需要稍有不同，特别是当南部的网球场全年都使用时。在北方，网球场通常从5~9月使用，最常采用南北朝向。在南部，最好将球场朝向西北—东南方向，偏离正北15°~25°，尤其是如果球员将在下午使用球场。这个方向可以防止打球的人在冬季太阳较低的时候直视太阳。

15.2.2 新建工程设计标准

在设计网球场时要处理的最关键的问题是网的高度，即网的中心离地面36英寸，网柱离地面42英寸。另一个关键问题是正向的表面排水，这对网球场和对棒球场上泥地区域同样重要。

15.2.3 具有首选轮廓的球场设计

网球场的首选坡度是一个平坦的表面，从一侧到另一侧倾斜。如果现有地形的坡度使得端到端的坡度效果更好，则此外形/轮廓将是第二个选择。第三种选择是将坡面从一个角倾斜到另一个角。无论现有的地形如何，网球场表面在网的位置都不应该有拱起或洼地。任何拱起或洼地都会影响网的高度。

无孔球场（沥青或混凝土）的建议坡度百分比为 1 英寸/10 英尺（0.8%）到 1¼英寸/10 英尺（1%）。多孔球场（草地或黏土）的坡度百分比为 1 英寸/30 英尺（0.25%）到 1 英寸/20 英尺（0.4%）。只有采用改良的沙培基质建造的草地才建议最低坡度百分比（0.25%），预计水可以通过重力作用排至地下排水管网，从而维持球场的可玩性。当坡度百分比为 0.4%时，黏土场地或快干场地的干燥速度会更快，因为这些场地必须依靠地表排水而不是内部排水。

15.2.4　多场地布局

如果有足够的空间容纳多个场地，建造这些场地肯定有成本优势。成本较低的原因是多个球场（并排建造）共享清晰的比赛区域。例如，单独建造的球场需要在球场两侧留出 12 英尺的空地。在多个场地的情况下，12 英尺的净空由两个场地共享，消除了 12 英尺宽、120 英尺长的区域。这样就节省了大约第二个场地 20%的费用。

对于俱乐部比赛，美国网球协会（USTA）建议将共享的净空限制在三个连续的球场上，中间球场两侧有一个 15 英尺的共享净空区域。

15.2.5　网球场表面

网球场表面可分为无孔表面和多孔表面。重要的是要记住，所有的系统仍然需要地面排水。

（1）无孔铺面场地

网球场最常见的无孔表面是铺有彩色涂层的混凝土或沥青表面。这种彩色涂层可以有几种形式，从油漆到橡胶材料。无孔场地需要最少的维护，当建造得当，它们只需要每 4~6 年翻新一次。翻新通常仅限于彩色涂层和漆线。（按照当地规范进行适当的基底材料和表面安装）

（2）填砂人造草坪球场（无孔和多孔）

沙子填充人造草坪提供了一个持久的比赛场地，减少了球员的脚、背部和腿部的压力。填充沙子的人造草坪还具有快速排水特性和有限的维护需求（主要包括将沙子施用、分布和铺平到草坪纤维中或穿过草坪纤维）。这种类型的表面有在草地和红土场之间的经验交叉的比赛特点。在使用此类表面时，请参考制造商关于砂的尺寸和均匀性的规范。无孔合成草坪安装在混凝土或沥青上，而多孔合成草坪安装在砾石上，带有地下排水系统。

（3）多孔黏土球场和快干球场

快干球场有时被称为“黏土球场”，但两者之间有区别。主要区别在于所谓的“黏土”实际上是由沙子、粉土和黏土的混合物组成的天然材料。快干材料由碎石或砖制成，有时与化学黏合剂混合。快干球场比黏土球场应用更广泛。事实上，大多数黏土球场最终通过在黏土之上添加一层薄薄的快干材料（3/8 英寸）升级为快干球场。

无论是黏土球场还是快干球场，都需要每天或每周进行维护，如涂线、刷扫和滚压表面，甚至每天进行灌溉，以确保在炎热干燥的天气下，球场表面保持良好可玩性。每年进行一次整修是必要的，更新表面以供下一年使用。快干球场在网球俱乐部很受欢迎，网球俱乐部通常将快干球场与铺装的硬地球场结合使用。

（4）多孔草地球场

现今存在的大多数草地网球场都在高尔夫或乡村俱乐部。它们稀有的原因是草地球场需要专业草坪经理的关注才能得到妥善维护。（乡村俱乐部已经有了这样的专业人员来维护高尔夫草坪）

由于草地网球场比其他网球场表面设计的坡度更小，因此需要高透水率以避免表面潮湿。为了获得高渗透率和较少的土壤压实，主要使用高尔夫果岭建设中使用的沙基土壤。然而，美国网球协会的一项调查发现，大多数草地球场并未采用高尔夫果岭建设中使用的典型沙基土壤系统。原因是，随着草地的磨损，立足的稳定性降低。美国的许多草地球场设施只是管理其现有的表土(如适用)，购买和安装理想的表土，如砂壤土，或者如果选择使用第 19 章所述的基于砂基的系统，则满足允许混合沙中有一些细颗粒的规范。这些土壤的物理和化学性质明显不同，必须进行相应的管理。对特定土壤进行适当的土壤水分管理，对于其如何影响立足和表面硬度(即球反弹)至关重要。毋庸置疑，选择和妥善维护高质量的草地网球场并非易事。

网球场用草的种类取决于球场所在这个国家的地域。在美国南部，最常用于草地网球场的草是狗牙根。在冷季节的网球场上，北方使用匍匐翦股颖、匍匐翦股颖和细羊茅的混合，以及多年生黑麦草和匍匐紫羊茅的混合。

美国材料试验学会(ASTM)国际组织与美国网球协会(USTA)合作制定了草地网球场建设和维护的新标准。ASTM 标准 F1953-10 (2018)，即“草地网球场建设和维护的标准指南”已经出台，涵盖土壤物理和化学性质、地表与地下排水、草种选择、球场朝向及比赛场地维护。作者建议将这些标准作为草地网球场地建设和维护的良好起点。

15.2.6 固定安装式灌溉系统

如图 15.1 所示的灌溉设计可用于黏土、快干和草地球场表面。不同的是，对于黏土和快速干燥的球场，建议使用旋转速度更快的洒水喷头，以避免表面迅速饱和。旋转速度越快，对单次用水量的控制就越精准。

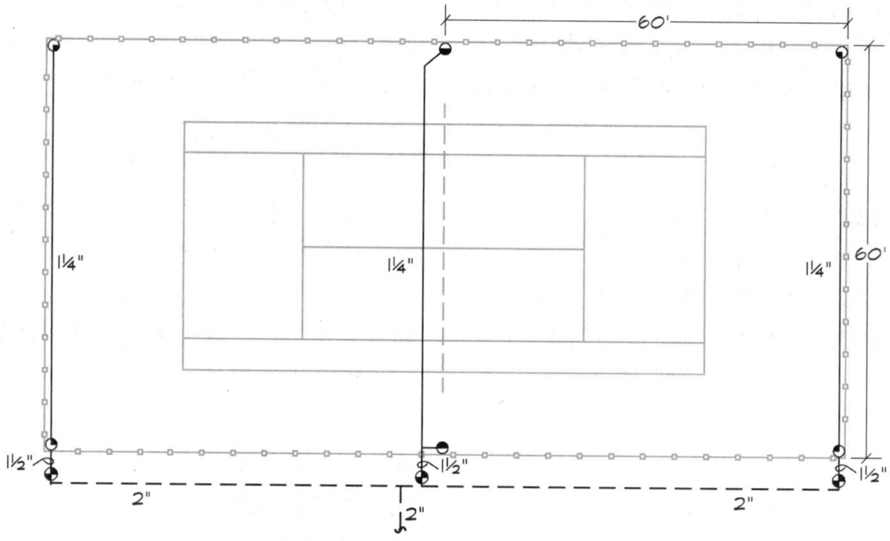

图 15.1 多孔网球场表面的灌溉系统(设计由亨特工业公司提供)

(图 15.1 中的灌溉系统指定了亨特的 I-40 喷头。对于黏土和快干表面，应更换为 I-42 喷头；I-42 旋转速度为 I-40 的 3 倍，旋转时间从 3min 缩短为 1min。但是，要达到相同的喷洒距离，可替换为下一个较大的喷嘴尺寸。这个大喷嘴将增加每分钟喷水加仑数，但数量仍不及 I-40 喷头应用水量一半)

这种设计要求场地边缘的水压为 75 磅/平方英寸(PSI)，喷头底部的工作压力为 60 PSI。

15.2.7　安装式排水系统和集水池

(1) 无孔表面

设计用于低洼地区或已知地下水位高的地区，甚至这个国家有反复冻融的地区的无孔表面应安装地下排水管网，以防止水在球场下积聚。下面的水最终会通过过度开裂和隆起使铺砌表面退化。检查当地土壤状况，看是否需要地下排水。

当地表水从球场流出时，可能有必要拦截它，这样它就不会到达邻近的场地设施。在球场的底端设置一个拦截器排水管可以达到这个目的。这种类型的排水管有一个多孔管，一直到表面都是豌豆砾石。此外，有时需要在球场周围设置洼地、截污干管和/或集水池，以阻止地表水进入球场。从球场外流出的水会将垃圾碎片冲刷到球场上，并使球场表面恶化。图 15.2 显示了球场下方地下排水系统的设计以及防止地表水进入球场的排水沟设计细节。

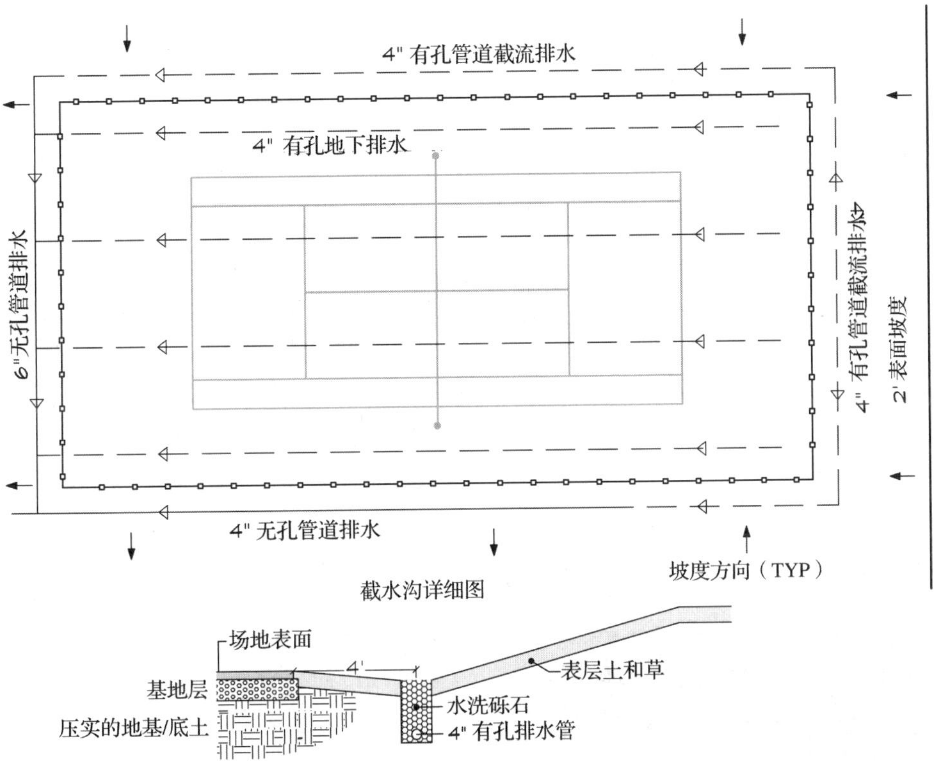

图 15.2　球场下方地下排水和为防止地表水进入球场的球场外截水沟的设计详图

(2) 多孔表面

多孔网球场，特别是那些在砾石上铺有草或人造草皮的球场，需要安装排水系统。第 19 章讨论了建议用于改良砂的草地球场的地下排水系统类型。砾石上的人造草坪使用与砂基球场相同类型的暗沟。对于黏土或快干场地，唯一推荐的排水系统是传统的管道排水系统，用 4 英寸的管子和砾石铺在离地面 4 英寸以内。然而，应该注意的是，这种排水系统只能帮助清除地下的水。由于黏土或快干材料的多孔性不足以让水快速通过，因此表面的水可能会在那里停留数天。黏土和快干球场的行为很像棒球场的泥地区域，所以表面排水是最重要的因素，以确保在潮湿的天气可玩的表面。

与无孔表面一样，多孔网球场也需要与周围地形隔离，用洼地和/或集水池阻止地表水进入球场。

15.3 施工

有了规划，任何类型网球场的施工过程都从安装坡度桩开始以达到适当的坡度。首先，设置地基并安装地下排水结构(如有规定)(图 15.3)和颗粒层。然后铺设表面材料以达到精细平整最后的坡度(图 15.4)。

图 15.3 在球场下方安装地下排水沟和截流器排水沟(前景)，用于拦截来自地势较高区域的水流

图 15.4 沥青面层材料的安装

(前景中的砾石被用作截水沟，以阻止水进入球场)

网柱通常在最终表面完成后安装，这样网柱不会妨碍平整或摊铺设备，同时网柱将位于表面上方的适当高度。然后，对于无孔表面，在沥青或混凝土安装后大约 30 天，应用色彩饰面系统。对于多孔球场，安装灌溉系统。最后，将种子或草皮用于草地球场。

在无孔球场上绘制线条时，确保油漆与颜色饰面系统兼容。如果不兼容，即使球场上其他地方没有裂缝，线条也会裂开。与色漆系统供应商核实，确保油漆的性能符合要求。

(有关沙基草地球场建设的更多信息，请参见第 19 章)

15.4 改造

每个网球场最终都需要某种类型的翻新。问题是多久一次以及达到什么程度。无孔场地翻新需求最少，而多孔场地则需要每年翻新一次。

15.4.1 无孔场地

无孔球场上的颜色铺面系统需要每四到六年重新使用一次，这取决于球场的清洁程度以及球场表面和球场线条之间的对比度。污垢会使表面退化，而阳光会使颜色逐渐褪色。当这种情况发生时，唯一的解决办法是重新涂抹表面并重新刷画油漆线。

这也是一个解决任何场地建设或最后一次翻修以来出现的“鸟澡盆”问题的很好时机。消除这些湿点的有效方法因球场施工中使用的表面材料而异，并且市面上已开发出与其中一些材料配合使用的特定产品。

剥落或散裂是沥青表面上材料的损失，这种损失是以小“块”的形式观察到的，而不是以光滑的磨损形式观察到的。这种情况通常是由无保护沥青的氧化引起的。为了改变表面松散状况，覆盖一层薄薄的沥青(1 英寸)，然后涂上为此目的设计的密封剂或类似产品。

网球场表面锈斑是一个常见的问题。锈斑是沥青在搅拌站被氧化铁污染的结果。这个问题有时以生锈的痕迹从污染点向低处场地延伸的情况被观察到。一旦氧化铁进入表面，这种污染就无法消除，但已经开发出新的涂层来阻止锈迹的扩散。

另一个常见问题是表面隆起或开裂，这些问题无法通过简单的整修进行修复，它们需要移除现有表面，修复地下和/或平整，并重新铺设球场表面。较小的问题，如细线裂纹和表面的“鳄纹/皱裂”可以用表面涂层来解决。适度的裂缝，就像不规则收缩裂缝的网状结构一样，可以通过相应的方案适度解决，比如涂上 1 英寸厚的沥青面漆。与涂料经销商核实涂装方法。

15.4.2　黏土球场和快干球场

一个黏土球场应该至少一年进行一次疏松和平整以填补低点。USTA 建议表施与现有表面匹配的材料对表面进行表面修整(每个球场建议 10 立方码，约 7.6m^3)。

一个好的方法是先用一个充水的滚筒(直径 30 英寸，宽度 36 英寸)来压实表面。下一步，用钉子拖耙在表面划破 2 英寸深，把新的黏土带到表面。然后表面覆土，用平整器使表面光滑，用垫子拖平表面，然后再次滚压。最后，在表面撒上一薄层干净、有棱角的沙子，然后再次滚压。这样，场地就准备好了，可以做标记。

快干球场应采用类似的表面处理，但不应翻松。这些球场将只需要约 10%(按重量计)的黏土球场上使用的表施材料。快干材料可以用专门设计的机械撒布机撒布。

另一个常见的翻新工艺是在黏土上添加一层薄薄的快干材料(3/8 英寸)，而不使用化学黏合剂。这个过程需要大约 5 吨的速干材料来重新铺设整个 60 英尺×120 英尺的区域。首先，将黏土翻松至少 1/2 英寸并平整表面。然后，用 1 吨快干材料，用耙子或 1/2 英寸的拖耙之类的翻松工具将其混合到黏土中，然后滚压。在整个场地进行额外的铺施，直到所有的材料都被使用掉。

15.4.3　草地球场

在每一个比赛赛季结束后，草地球场都应该重新翻修，以保持比赛的质量。为了补救低洼点，在至少 36 平方英寸的地方清除草皮(大多数低洼点需要清除相当大的部分)并翻松土壤。然后加入与现有土壤基质相匹配的土壤和种子或草皮。草皮是一个更好的选择，因为播种需要一个较长的建植期(几个月或更长取决于不同物种)草坪才能达到适当的能够运动的成熟度。一定要使草皮的土壤与场地的土壤相匹配，以防止不必要的分层。需要定期对场地进行修复，以确保其维持良好的状态。对于常规的场地，即使表面平整且无低洼点，也要使用合适的土壤均匀覆盖整个场地，并拖平至水平。在表施土壤前，需打空心孔以减轻土壤压实和板结现象。

15.5　维护

所有网球场的一项年度维护实践是在赛季结束时拆除球网和风挡，除非网球场在冬季仍需使用。拆除球网和风挡将延长它们的使用寿命。此外，在美国较冷的地区，如果球网被留至冬季，无孔球场网柱周围表面很可能会开裂。球网的张力对柱子产生持续的拉力，由于表面的膨胀和收缩，可能导致柱子附近出现裂缝。

与翻新一样，无孔表面需要的维护很少，多孔表面需要的维护最多。

15.5.1　无孔场地

无孔球场/硬地场地最重要的维护注意事项是保持球场表面清洁。球员进入球场表面的泥土会因此出现退化，用柔软的尼龙扫帚定期清洁表面。如果降水量不足以保持球场无污垢，则每月用软管和扫帚清洁一次球场表面，以防止碎屑垃圾堆积。污渍可以用冷水、洗涤剂和软刷子去除。两份水和一份家用漂白剂的混合物能有效去除真菌和藻类，它们可能因食物、饮料或场地表面腐烂的有机物而生长。

15.5.2 黏土球场和快干球场

除了保持标线可见外，黏土和快干球场最重要的日常维护过程是监测表面湿度。太湿或太干，或有积水的球场，可能会推迟球场的使用直到条件更有利。一个正常工作的灌溉系统和良好的表面平整设备和滚子是实现这一目标的最佳工具。每天检查表面湿度是提供可玩黏土或快干球场的最佳方法。每天(或至少 1 周 1～2 次)，表面应刷扫，浇水(如果需要)，并滚压。

15.5.3 草地球场

毫无疑问，草地球场的日常维护要求是所有网球场地中最高的。在生长季节，每天剪草和监测土壤水分是耗时(但必要)的维护措施。对于修剪得较低的草坪(通常是 5/32 英寸到 5/16 英寸)，必须使用滚刀剪草机，为了遵守“三分之一法则”，草坪必须在生长期每天剪草。对于冷季型的草坪草，在炎热的夏季，通常需要在下午进行人工浇水(短时间叶面喷洒)，以保持表面凉爽。当然，在比赛季节重新粉刷线条是一项定期维护要求。

除了精心规划的剪草外，枯草层管理在草地网球场上也是至关重要的。在大多数情况下，1/2 英寸或更小的枯草层是提高草坪耐磨性的理想材料。最好的枯草层管理是通过在表面频繁的少量施用类似于现有土壤的土壤材料(通常在进行打空心孔时，厚度为 1/8 英寸)来实现的。此外，定期轻的垂直修剪(刀片设置为穿透草坪冠层以下不超过 1/8 英寸)将尽量减少枯草的发展以及纹理的发展。用于高尔夫果岭上的三联或手扶式滚刀剪草机的垂直剪草和梳草附件也适用于网球场。非常有效的肥力和灌溉管理(既不太多也不太少)进一步减少了枯草积累的机会。

由于打空心孔会破坏场地表面，因此在大量使用期间，可以使用高压水注入打孔和/或实心孔临时缓解土壤板结。高压水打孔可以经常使用，而不会对比赛场地产生明显影响。然而，在一年中的某个时候，仍然需要打空心孔通气来维持健康的草坪草。在冷季区域，这个过程可以在比赛季之前或之后进行。最好的做法是在春天至少在比赛开始前两周打孔一次，在比赛结束后的秋天打孔两次。在常年使用球场的南方，有必要关闭球场几天，让草坪从打孔中恢复。打孔的最佳时间是从晚春到仲夏，这时草坪有能力迅速恢复。

与许多草坪表面相比，网球场上的病害问题通常较少，原因很简单，因为灌溉通常保持在最低限度，以保持坚实的基础；许多病害是由促进真菌活动的长时间叶片湿润引起的。因此，在清晨安排灌溉活动(如果可能的话)，以尽量减少叶片湿润的持续时间。大多数草地网球场上的病害通常可以通过以治疗方式施用杀菌剂来控制。然而，像匍匐翦股颖这样的易感草有时需要在一年中的某些时候使用预防性杀菌剂(详见第 9 章)。

如本章前面所述，ASTM 国际组织已经制定了草地网球场建设和维护的新标准。ASTM 标准 F1953-10(2018)，“草地网球场建设和维护的标准指南”，将是草地球场维护的良好参考来源。

15.6 规章制度

15.6.1 标线和外形/边界尺寸

图 15.5 显示了如何为单打和双打布置网球场。

15.6.2 管理和制裁机构

(1)美国网球协会

西红橡巷 70 号，新泽西州怀特平原 10604，(914) 696-7000

(2)美国匹克球协会

邮政信箱 7354，亚利桑那州，85374，geninfo@ usapa. org

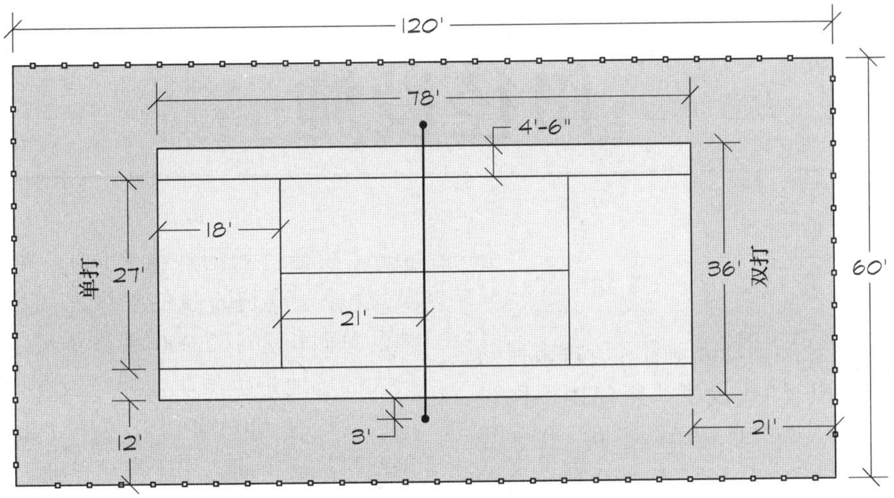

所有的线均两英寸宽，包括在场地外形尺寸的里面

图 15.5　网球场布局

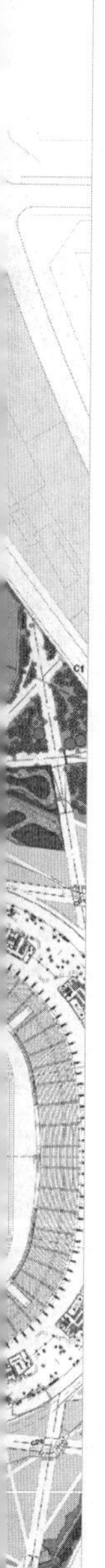

第16章
田径设施

16.1 简介

正如大多数运动场规划者和管理者所熟知的那样，“田径”代表了一组使用不同设施的体育赛事。与其他运动队不同，田、径队是由独立的单位组成的，可能永远不会看到彼此竞争。“径赛”方面相当简陋；参赛队在一条赛道上进行一系列跑步项目的比赛。然而，“田赛”方面包括一系列对可用设施提出不同要求的跳跃和投掷项目。

在本章中，当我们谈到“田/场地”时，我们指的是被跑道本身包围的天然草地。在棒球运动中，有独立但完全整合的部分(内场、泥地区域和外场)，田径场(跑道和场地)应该整合成一个整体。这两个区域在诸如坡度设计、安装排水系统和灌溉等方面相互作用。理想情况下，这些独立的系统将作为一个单一的设施在一起，提供满足运动员表现和安全期望的表面。

更复杂的是，与大多数其他运动场不同，有专门设计和建造跑道的专家，也有专门设计和建造天然草地的专家。除非这两者是规划和建设作为整体在一起工作，否则必然会发生错误。

在本章中，我们将介绍田径的成功融合，以及田径同时建成时可能出现的一些常见施工问题。

16.2 设计

16.2.1 布局

本书中讨论的最大和最昂贵的运动场是一个周围有400m跑道的场地。长度近600英尺(在赛道弧的外缘之间)，宽度近270英尺(位于赛道直线的外缘之间)，比赛场地的总面积为162 000平方英尺。(下一个最大的场地是美国职业棒球大联盟的场地，围栏内约有120 000平方英尺)在跑道周围需预留足够空间，用于挖填作业、设置集水池和洼地(通常每个方向至少40英尺)，这样将空间需求增加到238 000平方英尺或约5.5英亩。当然，赛道外侧40英尺的最小空间甚至不足以容纳看台。有了观众座位，总的空间需求很容易接近7英亩。

设计过程从铺设跑道的外部边界开始，以确定是否有足够的空间来建造设施。验证空间要求后，通过设置两个半径点和相距328.08英尺的中心线来确定跑道的准确位置。等象限(最常见的类型)400m跑道分为四段，两条直线和两个半径，每段100m。(有关跑道尺寸的更多信息，如图16.7所示)

假设已经进行了专业地形测量，确定是否需要挖填、集水池和洼地。与其他任何运动场一样，田径设施必须与其周围环境隔离，并且只能排出落在设施上的水。

16.2.2 新建工程设计标准

由于场地的建设与跑道的建设有很大的不同，因此确保所有承包商了解所采用的方法存在重大差异。跑道的建造很像道路，需要压实到98%，但在施工过程中，天然草场地土壤需要不断翻松，以防止过度压实。

一个常见的错误，也是在许多建造运动场的规范中发现的错误，就是将天然草地压实到95%。这种过度压实会阻止内部排水，抑制根系生长，结果将是在下雨的天气中形成稀疏的草坪和泥泞的场地。处理此问题的最佳方法是在规范中包含以下说明：“避免底土过度压实，在安装表土之前翻松底土”，以及“在安装期间或之后不要压实表土”。这些说明将提醒承包商注意现场工作中的排水动态。（有关普氏密度值，请参阅“测量原理”第 2 部分导论中的“运动场设计”）

跑道应该在整个场地周围保持水平，因此场地的最高点是赛道两个半径点之间的中心线。场地呈冠状拱形，并以一致的 1%～1.5%坡度从各个方向偏离中心线。

对于高中场地，跑道和跑道横向（侧向）坡度的最大百分比为 2%。然而，使用 1%的坡度是明智的，因为这对于地表径流来说是足够的。除跳高项目外，高中规则允许在跑步方向上最大 0.1%的坡度。对于跳高，助跑坡度的百分比为 1%。

对于大学，跑道和跑道横向（侧向）坡度的最大百分比为 1%。跑道、所有跑道和所有着陆区在运行方向上的最大总向下坡度为 0.1%。标枪跑道的最后 20m，其他跑道的起点和终点不超过 40m，和每个着陆区的全长其坡度不超过 0.1%。在跳高助跑和起跳区，最后 15m 的最大坡度百分比在朝向横杆中心的运行方向上不得超过 0.4%。跑道长度应为 400m，宽度至少为 6 道。

16.2.3　具有首选轮廓的设施设计

正如我们在上面所观察到的，一个田径场及其周围的场地与棒球场有一些共同点，因为每个场地都是由独立的区域组成的，必须作为一个功能单元一起工作。这两个设施的主要区别在于，棒球场有许多可能的轮廓组合，可以很好地协同工作，而田径场和封闭场地的设计只有一种方式。同样地，唯一的办法是让整个内侧边缘水平，比外侧边缘低 1%，这样水就会从跑道流向球场。由于跑道内部是水平的，因此跑道包围的场地必须冠状拱起。

在设计场地坡度方案时，保持坡度百分比一致是避免湿点的最佳方法。如果坡度百分比不一致，设计师将面临两个问题之一：要么是坡度小于 1%的大面积湿区，要么是难看的丘陵和山谷（坡度百分比远高于 2%）以防止积水情况（图 16.1）。

图 16.2 显示了获得一致的坡度百分比并避免这些问题的唯一方法。在本图中，跑道和封闭场地的坡度均为 1%。没有其他坡度计划会提供这种一致性。

图 16.1　这个不必要的集水池和雨水浅沟就在球门柱后方几英尺处，且比足球场底线低近 2 英尺

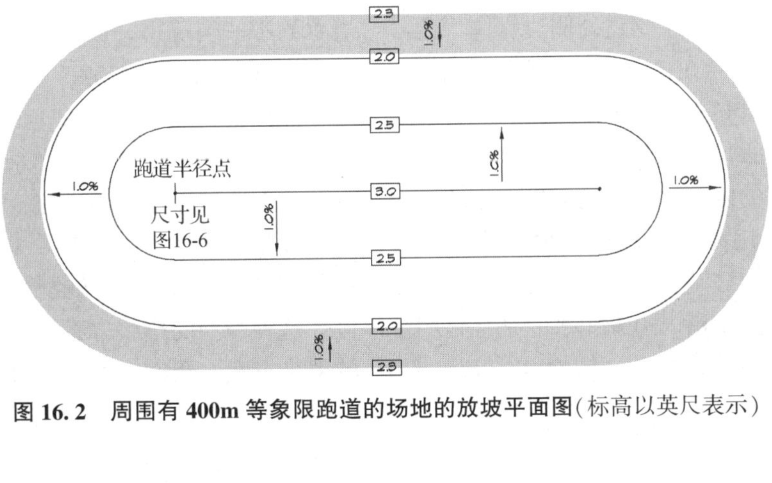

图 16.2　周围有 400m 等象限跑道的场地的放坡平面图（标高以英尺表示）

16. 2. 4　跑道铺面材料

跑道材料的选择从底基层材料或骨料的选择开始。为了使跑道保持牢固的支撑基础，并使表面经得起比赛压力和天气条件的考验，底基层必须是一种通常用于在特定区域修建道路或人行道的集料/骨料，且不含可能导致表面起伏的有害污染物。对于全天候跑道，底基层骨料的类型取决于是否将沥青或混凝土用作全天候表面下的铺路材料。

全天候跑道

全天候赛道是在上面覆盖一层用黏合剂黏合在一起的橡胶片。这些橡胶涂层安装在沥青或混凝土基层上 3/8 ~ 1/2 英寸的厚度，以提供柔软的跑步表面。

橡胶涂料最常用的选择是乳胶或聚氨酯，通常乳胶是两种涂料中较便宜的。胶乳表面是通过在表面上涂上黏合剂，然后将橡胶片分为多层(六到七层)并在顶部涂上黏合剂和密封剂来安装的。聚氨酯表面通常由一台类似于路面摊铺机的机器安装，上面有结构喷涂器(系统中最昂贵的部分)。

16. 2. 5　固定安装式灌溉系统

图 16. 3 所示为被 400m 跑道包围的场地安装的地埋式灌溉系统。这个系统设计用来灌溉跑道内的整个区域(根据跳高和跳远等场地项目结构的布局，可能有必要对该计划进行调整)。

这种设计要求场地边缘的水压为 75 磅/平方英寸(PSI)，喷头底部的水压为 60 PSI。

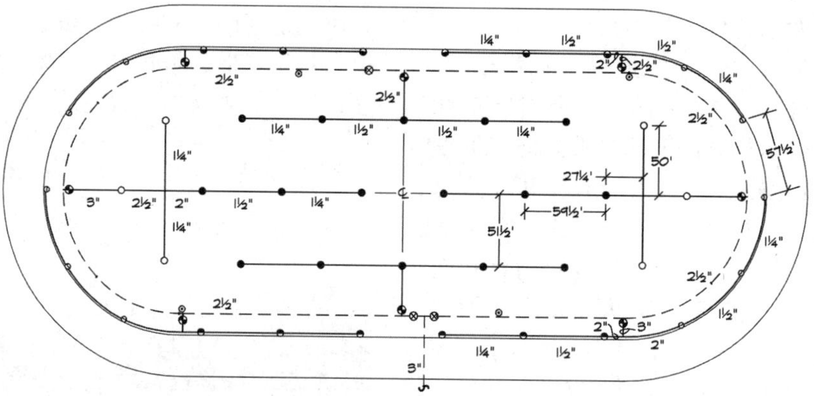

图 16. 3　场地灌溉系统设计(设计由亨特工业公司提供)

16. 2. 6　排水系统和集水池

为了完成田径运动的成功整合，安装排水系统和集水池与正确的地面平整同等重要。通常，跑道排水的最大问题是清除跑道内边缘的地表水。由于跑道外侧边缘高于内侧边缘，地表水会在最低点(内侧边缘)聚集，最终可能会停留在内侧跑道上。当然，由于场地的中心位置较高，地表水从场地流出，流向跑道的内侧边缘。地下排水系统和集水池结合使用是清除田径场地表水的好方法。

另一种清除跑道内边缘积水的系统是明渠排水系统。该系统由塑料或金属制成，5 英寸宽、6 ~ 12 英寸深，置于混凝土层中。一个 4 英寸宽的塑料或金属格栅安装在完工坡面的顶部。

有时，集水池被用作跑道内边缘拦截地表水的唯一构筑物。在这个方案中，从一个集水池到另一个集水池，需要 12 个距离跑道 5 英尺，间隔 115 英尺，6 英寸深的洼地的集水池。在设计这样一个系统时，重要的是要避免安装太少的集水池，这些集水池看起来像是山丘和山谷(图 16. 4)(更少的集水池需要更深的洼地，以提供足够的地表径流。这种类型的排水方案可能导致一些极端的解决方案；我们已经看到过距跑道 5 英尺

图 16.4　在一个场地中设置的集水池数量过少，可能会导致跑道旁出现难看的低洼区域

远的集水池深达 24 英寸）。

集水池必须有一个将它们连接在一起的无孔管道网络（直径通常为 8~12 英寸），并且至少需要一个主出水管来服务跑道内的所有集水池。将水从设施中带走的主出水管通常是一根大管道（直径通常为 12 英寸），连接到经批准的（当地法规规定的）雨水排放系统。

在美国的一些地方，有必要在跑道旁安装多孔管排水沟，以排除跑道底部的水，防止因冻融引起的表面隆起和开裂。在这种情况下，集水池用作排水管的接线盒，以收集从跑道地下排出的水。

（1）跑道旁砂井

另一个解决跑道内边缘积水问题的方法是安装一个由集水池连接在一起的砂排水系统。这种系统只需要四个集水池，因为它们的目的不是收集地表径流而是作为接线盒。使用该系统的主要优点是改善了内跑道的排水，消除了洼地和集水池系统所需的恼人的丘陵和山谷。然后，场地可以在一个均匀的坡度百分比上进行平整，一直到跑道的内侧边缘。

这些砂沟首先在铺有布的沟渠中铺设多孔管，然后在距离地面 4~6 英寸的范围内铺设豌豆粗砾石。然后在豌豆粗砾石上覆盖粗砂，并播种或铺洗净的草皮上。一旦这些砂沟就位，地表水就会被粗砂截留，并通过粗砂和豌豆粗砾石向下过滤，进入下面的管道排水沟（图 16.5）。

如果安装多孔管，使其最高点低于跑道地下，则安装的排水系统可用于两个目的：清除跑道地下的水以及田径场的地表径流。

如果场地需要安装排水系统，可考虑采用砂槽排水系统，帮助收集部分地表水和地下水。该系统的集水管可以是用于上述跑道旁砂沟排水系统的同一管道。在这种情况下，跑道旁排水系统起到第三个作用，即作为场地砂槽排水系统的集水沟（图 16.6）。

16.2.7　草坪草选择

草坪草的选择取决于将在球场上进行的运动类型。对于学校的使用，大多数跑道围绕橄榄球或足球场，也可能用于一些现场活动（请参阅不同运动的章节，了解每种运动的最佳草坪选择）。

对于暖季场地的场地活动，狗牙根是最好的选择，海滨雀稗在最南方地区也有应用。对于冷季的场地，草地早熟禾和多年生黑麦草或草地早熟禾和高羊茅的组合都是可供使用的选择。

16.3　跑道施工

激光水准仪是跑道建设中最有价值的工具之一。由于跑道的内外边缘是水平的，因此该仪器可在跑道周围提供准确的读数。激光水准仪应放置在一个中心位置，如场地的中心，可以在跑道边缘移动一个带有激光探测器的高程杆，以确定坡度是否正确（激光探测器也可放置在一台平整设备上，以协助操作员进行场地平整，通常称为激光平整）。

如果一条跑道和一个场地同时建造，最好把用于跑道的重型设备留在场外，以防止过度压实。设计和规范可能要求承包商压实场地，以避免过度沉降，但请记住，每次压实土壤时，都需要翻松土壤，以提高其作为

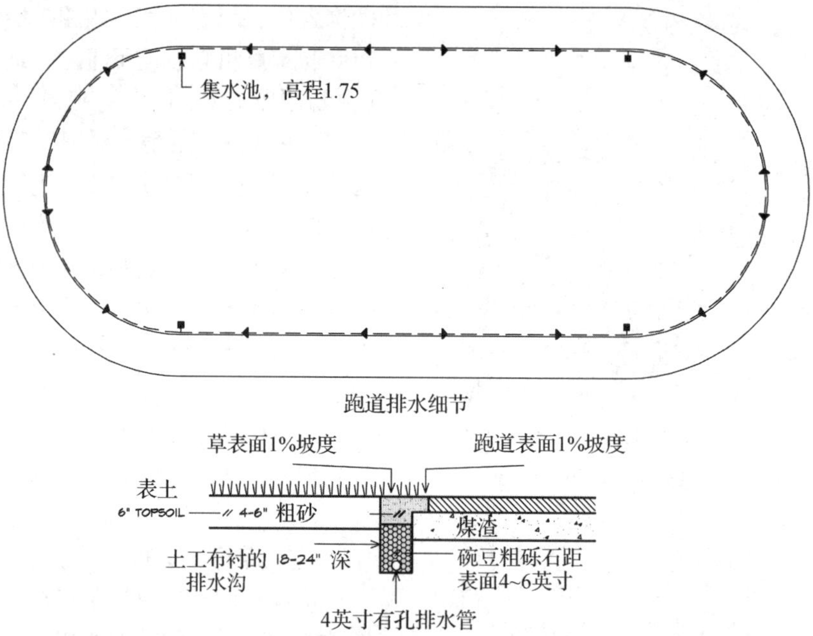

图 16.5　跑道旁沙沟排水系统

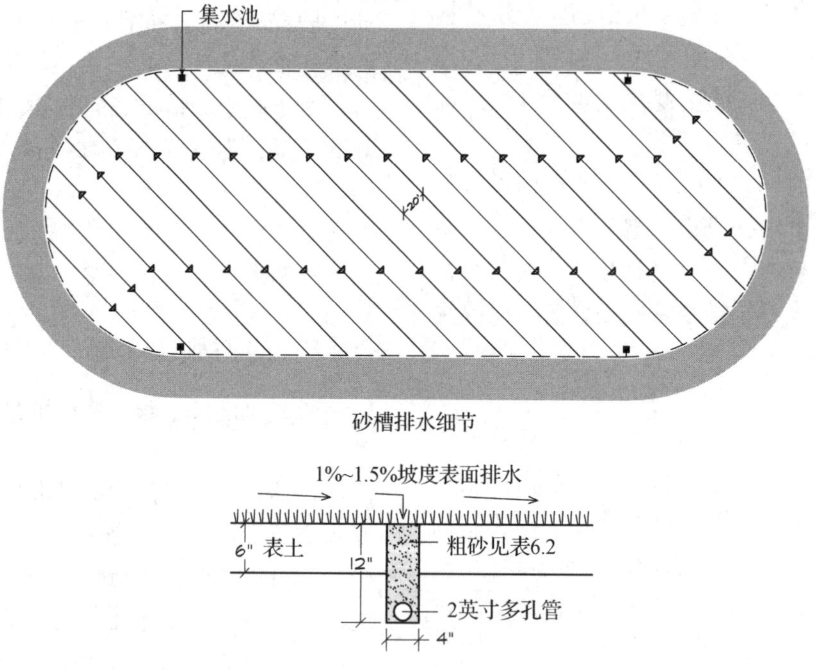

图 16.6　砂槽排水系统

生长介质的性能。

16.4　跑道改造

16.4.1　小修

每隔 5~7 年，必须进行几次翻新，以抵消全天候赛道正常“磨损”的影响。这些过程包括清洁表面、修复损坏或磨损的区域、重新表面处理和划线。跑道 1 和 2 可能需要进行维修，因为这些跑道是最常使用的。由于这些过程的复杂性，聘请专门修理全天候跑道的承包商是明智的选择。

16.4.2　重大改造

完全翻新跑道可能的原因是转换是一个几十年的煤渣跑道设施为全天候跑道。这一过程从清除所有炉渣材料和安装适当的底基层开始。挖掘煤渣时，在跑道中间寻找一个旧的排水管；许多煤渣跑道都是在这些中央排水管上铺设建造的。如果发现这样的排水管，就把它拆掉，因为它们通常弊大于利(根据经验，安装不好的排水系统比没有排水系统更糟糕)。

现有沥青跑道的主要改造包括拆除沥青和底基层。与所有类型的体育设施一样，真正的问题可能远远不在表面。例如，底基层中可能使用了错误的颗粒材料或材料不足，或者底土可能未充分压实或排水不畅。在施工新表面之前，找出存在的问题并制定纠正措施。

在整修跑道时，一定要计划好适当的地表径流和地下水排除。按照第16.2.6节“地下安装式排水系统和集水池”中的新施工步骤进行施工。记住用截水沟、洼地或集水池隔离跑道，以便在水到达跑道之前收集周围地形的地表水。

16.5　跑道维护

所有全天候跑道不需要工作人员定期维护。然而，延长全天候跑道寿命的最佳方法是保护它。当车辆、运动队甚至军乐队等通过时，用横跨油布或其他保护措施覆盖跑道。最好使用多层胶合板或第20章讨论的其他现场保护系统来支撑重型工程车辆的重量。将地毯放在胶合板下面，以防止胶合板产生的切割或凹陷。使用鼓风机清除碎屑，特别是树叶，保持表面清洁。

16.6　规章制度

16.6.1　通用跑道布置规则

术语测量线通常被一些设计师误认为是建造跑道的主要尺寸。但是测量线是一条不可见的线，用来确定跑步者将要跑动的距离。它是从给定跑道内线外8英寸的一个点获取的。有时测量线是给出的唯一尺寸，承包商必须找到建造跑道的适当尺寸。在铺设跑道时，重要尺寸是两个半径点之间的距离以及半径点到路面内外边缘的距离。图16.7显示了设计和建造跑道的最重要尺寸。

16.6.2　线路和外形尺寸

下面的说明和插图是高中和大学田径场。国际规则(如奥运会比赛规则)不包括在本节中。有关国际规则，请联系国际田联(IAAF)，其地址见本章末尾。

跑道

图16.7显示了具有100 m曲线和100 m直线的等象限跑道(最常见的类型)的布局。这种布局将容纳一个高达195英尺×360英尺的场地(需要注意的是，跑道内195英尺宽的足球场在球场边缘和跑道内边缘之间只有5.5英尺。在空间有限的情况下，必须安装沟槽排水沟或跑道旁沙沟，而不是集水池，因为洼地和集水池的空间不足。图16.5)。对于较大的足球场(最宽225英尺，最长360英尺)，需要一个非等象限跑道。在这样的跑道上，两个曲端长度相等，两条直线长度相等，但直线比曲线短(这种设计以“国际断背曲线”为特色，是唯一能在赛道内容纳225英尺×360英尺足球场的设计)。对于大学来说，建议在内外边缘设置至少1 m宽的无障碍区。

高中的标准跑道宽度为42英寸，大学的最小为42英寸，最大为48英寸(对于高中比赛跑道宽度可能会有所不同，这取决于跑道的大小和所需的跑道数)。如果在内侧跑道上安装路缘，则建议高中和大学都使用高2英寸×宽2英寸的永久或可移动结构(带圆边)。使用路缘/边道时，第一条跑道的测量线距离路缘的最近边缘11.81英寸，而不是距离2英寸绘制线的最近边缘7.87英寸，使第一条跑道比其他跑道宽3.94英

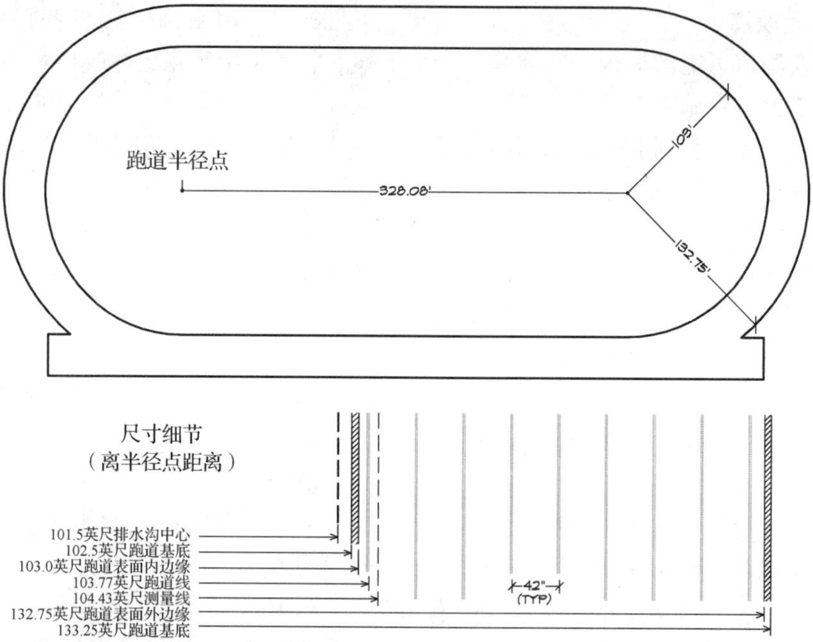

图 16.7　等象限跑道布局

寸。如果想要或需要，图 16.7 所示的总体尺寸可容纳 2 英寸宽的路缘；只需将外侧跑道线移近跑道外侧边缘 3 英寸即可。这将允许在路缘最近边缘之前至少有 6 英寸的路面。

从 2021 年 1 月 1 日开始，一条正在修建或重新铺设用于比赛的大学跑道必须有一条规定的边道。

16.6.3　管理和制裁机构

(1) 国际机构

国际田径联合会(International Association of Athletics Federations，IAAF)

6-8，Quai Antoine 1er B. P.

359 98007 Monaco Cedex Monaco

(+377) 93 10 88 88

https：//www. iaaf. org/

(2) 美国

• 美国全国大学生体育协会(The National Collegiate Athletic Association，NCAA)

P. O. Box 6222

Indianapolis，Indiana 46206

(317) 917-6222

NCAA 规则手册可在线获取，网址为：https：//www. ncaapublications. com/

• 美国全国州立高中协会联合会(National Federation of State High School Associations)

P. O. Box 690

Indianapolis，Indiana 46206

(317) 972-6900

https：//www. nfhs. org

• 美国田径协会(USA Track and Field，USATF)

130 East Washington Street，Suite 800

Indianapolis，Indiana 46204

(317) 261-0500

https：//www. usatf. org/

更多信息，请参阅美国体育建筑商协会建筑的维护手册和国际田径运动联合会田径设施手册。

第 17 章
人造草坪

17.1　简介

人造草坪是一个多合一的系统，有一个衬垫或垫与成簇的尼龙或聚丙烯纤维丝，模仿天然草的结构、使用和感觉。最初的发明者们立即获得了卓越的草坪视觉质量，然而他们的第一个原型在性能和可玩性、运动性方面并未达到天然草坪的标准。

人造草坪曾成为天然草坪的替代品，那些认为天然草坪和体育赛事是同义词的人就抵制人造草坪。球员、教练和训练员最初支持改为人造草坪，但很快这群人开始抱怨新的草坪表面造成的伤害。

20 世纪 90 年代，人造草坪的命运受到了考验，体育场业主们从天然草坪到人造草坪，再从人造草坪到天然草坪。今天，人造草坪和以前的远远不同了，现在的人造草坪已提高了性能，并增强了可运动性，并且外观很吸引人。由于人造草坪的安装，带屋顶和大使用量的体育设施在场地性能和安全性方面比以前好很多。人造草坪现在已经在运动场行业中得到了很好的应用，虽然关于损伤和运动性的争论仍在继续，但是现在很多的焦点都集中在使用人造草坪保持安全的比赛场地所需的护理和维护问题上。

本章的目的是总结人造草坪的历史，建议选择制造商和安装商，并概述其护理和维护指南，而不是讨论其安全性或性能与天然草相比等。尽管人造草坪制造商和安装商已经为其产品制定了完善的维护说明，但本章将结合从业者的经验对这些建议进行回顾。应用工业各个领域的从业者都利用创新来修改、改进和管理每一个新产品。人造草坪场地管理人员应用了这种方法以解决共同的以及独特的管理问题。

17.2　历史与创新

20 世纪 60 年代初，专门从事地毯制造的工程师在孟山都公司的实验室内制造出人造草坪。负责地毯研究和制造的部门叫 Chemstand。这些地毯工程师面临的挑战是开发一种人造草坪，模拟天然草坪的性能和审美情趣。这个新产品的行业目标是看起来、玩起来、感觉起来像天然草坪，但有最小的维护和无限使用的最终优势。“时机就是一切”这句话发生在 Chemstand 身上，当时得克萨斯州休斯敦新建的太空巨蛋球场（Astrodome）的管理层需要一块草坪替代他们的天然草坪，这块天然草坪在封闭的太空巨蛋体育场内严重退化无法使用。人造草坪被安装在太空巨蛋体育场，太空草坪/阿斯特罗人造草坪（Astroturf）品牌诞生，天然草坪的替代品被发现。这种人造草坪和其他早期人造草坪的原型满足作为天然草坪的替代品的挑战，但在可玩性和安全性方面还需要改进。

20 世纪 70 年代初，由于新闻界关注人造草坪的缺点，出于安全和质量考虑，人造草坪受到了广泛关注。早期的人造草坪织物有许多问题：接缝会裂开并产生缝隙或隆起，纤维因暴露在阳光下而退化，霉和霉菌会在垫子上滋生，暴雨会淹没场地，在炎热晴朗的日子，表面温度难以忍受。除了这些问题，运动员和队医开始抱怨人造草坪表面造成的伤害。他们指责地面造成摩擦伤和水泡；脚趾、手臂和腿部因牵引摩擦力问题受伤；头部和身体因跌倒而受伤。

这些问题导致一些体育场恢复天然草坪。这种在人造草坪和天然草坪之间的转换发生在许多体育场，尤其是在大学里。似乎每一位新的大学教练都偏爱天然或人造草坪，因此做出了相应的改变。在同一时期，由于场地经理受到更好的教育，以及美国运动场草坪管理者协会(STMA)的继续教育努力，天然草坪的性能也在提高。

随着时间的推移，人造草坪已经发展到可以解决安全性和可玩性的问题了。在 20 世纪 90 年代后期，人造草坪的生产商对设计和安装进行了几次关键性的改变。采用柔软灵活的椭圆形尼龙或聚丙烯纤维改善人造草坪的手感和性能。耐用的泡沫背衬取代了旧的泡沫化学物，并创造了一种新的纤维结构，可以用沙子和/或有机材料(填充系统)填充。

填充系统现在被认为是人造场地的一个世代改进。填充系统增强了场地的垫层，改善了地基，减少了表面磨损。该系统需要长纤维进行填充，以占据纤维尖端下方的空间。开发过程中使用了多种填充材料。沙子是第一个填充物，但被证明是研磨性的，并导致眼睛受伤。橡胶屑(磨碎的轮胎)和其他有机材料的尝试取得不同程度的成功。如今，最常见的填充材料由以下材料层和/或混合物组成：砂和橡胶屑，但新的填充材料不断进行评估，业界对橡胶屑和砂的有机替代品保持兴趣。人造草坪的另一个创新是包括内部排水系统。起初，没有内部排水系统的场地表面会积聚雨水。如今，新的人造场地有一个内部排水系统，依靠覆盖在地下排水管阵列上的透水垫将地表水排出场外。人造草坪成功排水的关键与天然草坪基本相同。

从人造草坪发明之初，球员受伤就一直是一个问题。一些数据表明，与天然草坪相比，下肢关节损伤更常见于人造草坪。相反的是，其他使用从低水平运动员收集的数据的报告表明，人造草坪实际上可以防止受伤。最终解决球员受伤与人造草坪的关系将可能仍然是一个悬而未决的问题。另一个归因于人造草坪的健康问题引起了全国的关注，因为橡胶屑填充物被认为与癌症有关。华盛顿大学足球副总教练艾米 · 格里芬把这个问题提到了最重要的位置，并推动了对橡胶屑填充物及其与癌症可能联系的研究。目前，还没有确凿的证据表明与橡胶屑接触有关的癌症。这个问题已经引起了公众的注意，导致一些城市找到了一种替代橡胶屑填充物。橡胶屑填充物和癌症肯定仍然是一个悬而未决的问题，更多的研究正在进行中以解决这个问题。

保持人造场地性能和安全的关键是选择合适的鞋。宾州州立大学运动场地研究中心和田纳西大学运动研究和表现中心的草坪和医学背景科学家合作团队的研究表明，不同场地表面、它在某一天的具体状况(湿度等)和不同运动选择合适类型的鞋钉是非常关键的。

1994 年，在美国材料与试验协会(ASTM)的帮助下，人造草坪采用了质量保证。美国材料与试验协会公布了一份包含二十多项试验的人造草坪系统试验和质量保证标准方法清单。今天，人造草坪产品需要测试质量保证和回收利用纤维和垫子的指导方针。

表面硬度是用于评估场地质量的主要标准，通过测定最大剪切模量(G_{max})读数来测量。最大剪切模量是通过使用一个装置来确定的，比如克莱格冲击土壤测试仪(Clegg Impact Soil Tester)，它配备了一个 20 磅重的“弹头”，从 24 英寸的高度落下(图 17.1)。

一次测量包括在同一地点投放“弹头”三次，每次投放间隔 3min。最大剪切模量值是相同位置第二次和第三次跌落的平均值。可接受的最大剪切模量值的确切细节和范围是制造商规范的一部分。

图17.1　使用克莱格冲击土壤测试仪测定场地表面的 G_{max}（照片由卡罗琳娜格林提供）

17.3　选择合适的制造商和安装商

有大量的人造草坪的安装商和制造商，所有这些公司都很有竞争力，并会努力争取新的业务。作为一个新的人造场地的消费者，业主和/或场地经理在根据自己的情况选择最佳人造草坪制造商和安装商时，应运用批判性思维技巧。产品和安装程序的选择应基于公司文献和销售演示、过去客户的参考资料以及对经过时间考验的场地的第一手访问。实地考察，和其他业主和场地经理见面方面是值得花时间和金钱的。业主和场地经理应制定一份问题清单，以帮助评估经过时间测试的场地的性能（表17.1）。

表17.1　建议新人工草坪的潜在客户在评估和与经历时间考验场地的所有者和经理交谈时应提出的问题

评估问题
你对你所在场地的表现和耐用性有多满意？
制造商和安装商是否及时交付产品和安装时间表？
制造商和安装人员是否支持他们的工作，他们是否可以获得安装后的帮助和咨询？
教练或球员有没有抱怨球场的表现？
你对这个球场的表现最惊讶的是什么？
你在这个球场最大的维护问题是什么？
如果要建造另一个场地，是否会再次使用相同的制造商或安装商？

所有安装商和制造商通常都愿意向潜在消费者提供先前安装的场地的参考和位置。如果现场经理在场，应作为业主的代理人安排这些访问和收集参考资料。一旦选择了产品和安装人员，场地经理应参与进行质量控制，并对施工过程中使用的过程和程序进行第一手观察。

施工过程中，现场经理应在场，包括路基成型和压实、排水系统安装、总水管和支管的位置以及缝合或胶合接缝所用的技术。在施工过程中，场地经理应根据需要保存和修改“竣工图”，以记录地下排水管线、电气、供水和/或供气管线的地点和位置。

产品选择中经常被忽视的一个方面是，一旦场地超过预期寿命，就要对其进行处理。制造商应提供一种可回收的替代方案来处理使用过的场地部件。回收或处置的价格应是业主在选择最适合其应用的产品时使用的标准的一部分。现场经理的主要职责是通过确保业主的金钱和时间得到合理利用来保护和顾及业主。

17.4　维护和保养

人造草坪的保养和维护指南将始终是制造商文献的一部分，应仔细阅读并放在附近以供参考。制造商产品的成功或失败取决于现场经理的适当护理和维护。在任何情况下，场地经理都应依赖制造商的建议和指南，以确保适当的维护和保留有效的保修。

使用橡胶屑填充的人造草坪的养护包括定期维护（表17.2）和“根据需要”的活动，以保持场地完整性和增强使用（表17.3）。定期维护包括通常标记为梳理和更新的活动。

17.4.1　梳理和更新

梳理和更新需要日常维护和护理，使表面恢复到原始状态或安全比赛场地所需的可接受质量水平。梳理实践用于恢复被人员践踏压实的塑料纤维的架构和结构，并重新分配填充材料以平整表面（图17.2）。

表17.2　填充系统人造草坪的定期维护

梳理和更新	规范	频率
清扫——清除有机物和金属碎片	草皮纤维上方刷子的机械旋转以清除碎屑。过度刷扫会导致过早磨损	每周根据使用情况而定。尽快清除碎片，防止填充物受到污染
耙填——填充物再分配、找平	穿透填充物1/2英寸或以下的固定弹齿	2~6周，视使用而定。特别注意高磨损区域
刷——纤维垂直排列	接触填充物上方纤维的固定刷	2~8周，视使用而定
去板结——填料机械提升	以地面行进速度旋转刀片，提升并增加填充物的缓冲	每年3~4次，具体取决于使用和时间安排
填充物补充——添加新填充物以补充因使用、维护和风化而损失的填充物	测量填充物的深度，以确定是否需要补充	每年2~4次，取决于使用和日程安排

图17.2　使用GSK打孔器在人造草皮上对填充物去板结，以破碎橡胶屑颗粒团块并降低表面硬度
(照片由卡罗琳娜格林提供)

图17.3　使用Verti-Top机器使纤维竖立。梳理前的草皮(右侧)和梳理后的草皮(左侧)
(照片由卡罗琳娜格林提供)

人工草坪场地产品的制造商对刷子、扫帚或耙齿设备的类型提出了建议，这些设备最适合梳理和更新产品。几乎所有用于现场维护的梳理和刷毛设备都是专门为人造草坪护理而制造的(图17.3)。

在实践中，场地管理人员应轻轻地耙或梳理现场，以竖起纤维并清除小垃圾和碎片。有时，在初步整理后，可能需要一个穿过场地的深齿处理器来重新分配填充材料，特别是在人流量大或草坪掀起的区域，如球门线、守门员禁区、足球角球区或一垒终点(图17.4)。

由于观众或自然导致的场地满是残渣垃圾时，吸尘和吹垃圾(树叶)是另一种需要的维护和更新的做法。应调整抽真空以限制填充物的移除。在某些情况下，带有料斗的自行式叶耙是清除碎屑的有效方法。对场地向边线进行吹扫也是一种行之有效的清除残渣的方法。鼓风机排气应水平指向场地表面的平面，以避免推高填充物和使场地不平整。一种安装在轮子上的吹风机，在靠近和水平于场地的平面上有一个定向吹风口通常比灵活手持排风棒的背包吹风机更好。清除碎片残渣的最佳维护方法是首先限制或防止碎片垃圾进入场地。场地经理应进行游说，防止球员和观众吐出葵花籽壳、嚼口香糖、掉花生壳，或将塑料饮料容器和包装纸留在场地表面。梳理和更新实践试错始终是寻找

图 17.4　安装和清扫橡胶填充物的旋转刷或扫帚
（照片由卡罗琳娜格林提供）

图 17.5　使用 RedeximVerti top 1800 草坪清洁机从场地表面清除的碎屑样本
（照片由卡罗琳娜格林提供）

保持良好整洁和无垃圾场地的最佳设备和使用顺序的有效方法(图 17.5)。

垃圾会让场地变得难看，更容易磨损，尤其如果垃圾是金属制成的，球员在比赛或练习中，可能会因摔在锋利或坚硬的金属物体上而受重伤。要找到金属垃圾，应该定期在场地上拖动磁铁寻找，如果物体是有色金属，则用金属探测器巡视。

最后，也是最重要的一点，场地经理应该认识到，所有的梳理实践都会对合成纤维施加磨损应力。过度或长时间的梳理会使塑料草纤维碎裂或纤维化，缩短草地的寿命。如果梳理和/或刷扫操作导致过度磨损，请立即联系制造商讨论问题。

17.4.2　维护场地完整性和提高适用性的活动

在人造场地的生命周期内，场地管理人员将开展一些“按需”活动，以保持场地的完整性并加强其利用(表 17.3)。人造场地一个经常被忽视的方面是运动员通过将多少填充物(他们的袜子和鞋子及衣服)带离场地。问题不在于这种情况是否会发生，而在于这种情况何时会成为必须解决的严重问题，以确保场地安全和那个特定场地的表现，人造草坪制造商提供不同类型的深度计，用于评估其合成草坪系统的填充深度，并提供关于应用频率和应用填充量的建议，以保持最佳的场地可运动性。

表 17.3　“根据需要”开展活动，以保持场地的完整性和增强使用性

项目	修理	打扫	卫生	冷却	杂草	涂漆
问题说明	接缝分离撕裂	口香糖、油和烟草污渍	细菌	太阳辐射产生的热量	杂草和苔藓定植	标记线和图形
解决方案	使用制造指南手工缝和/或黏合	使用商业溶剂和清洁剂	抗菌洗涤剂和表面活性剂的使用	使用水雾和喷雾来减轻热量积聚	手工除草和低毒性除草剂	使用易去除的无毒水溶性涂料

除了由于“携带走”而需要添加填充材料以保持填充物处于适当深度之外，表 17.2 中还提到了另一个重要的定期维护程序：填充物重新分布和整平。如果不能通过精确的耙平(使用适当的设备和训练有素的维护人员)将填充物保持在一致的深度，可能会导致草坪过早老化，并导致草坪更换比预计的保修期更早。

(1)清洁和修理

场地经理清洁和维修一个场地包括各种不同程序和行动。在合成纤维上口香糖是一个最令人沮丧的清洁与人造草坪护理问题。在服装工业中使用的清洗液已被证明在去除口香糖和烟草残留物或污渍方面是有用的。冰等冷敷在口香糖上会使其碎裂，随后可以用梳子或刷子去除。

新场地的橡胶填充物通常存在静电和疏水性问题。在这些情况下，现场管理人员应使用商用织物柔软剂和/或土壤润湿剂，以帮助减少橡胶屑填充物的静电和疏水性。

有关细菌感染运动员的报道提出了一个问题，即填充人造草坪设施是否藏有细菌并导致感染。人造草坪长期以来被认为是通过场地表面作用造成皮肤擦伤的，如果细菌定植了人造草坪或填充物，有可能与人类感染有关。宾夕法尼亚州州立大学研究了这一关系，并公布了人造草坪的研究结果，结果显示室内外人造草坪上的微生物数量很少甚至不存在。这些信息可以在他们的网站上找到http://ssrc.psu.edu/microbious/index.cfm。

2009年，宾夕法尼亚州州立大学在人造草坪和天然草坪样本中进行了金黄色葡萄球菌接种试验(他们从无菌培养物中引入细菌)。结果在他们的网站上进行了讨论http://ssrc.psu.edu/staph/index.cfm。他们评估了接种细菌的存活率，并测试了设计用于控制或清除细菌种群的多种处理方法。在温和的温度和低光照下(即室内体育场)，接种的细菌存活数天，但仅在低水平。他们还发现，这种细菌在草坪纤维上的存活率比在橡胶屑填充物上的存活率要高，这通常与大多数人的猜测相反。与接种时间相比，抗菌洗涤剂和表面活性剂的应用减少了细菌水平，这取决于应用时间。一般来说，在接种时或接近接种时施用这些产品最有效。在室外环境中，高温和紫外线对接种的细菌是致命的，而控制细菌的处理是无关紧要的。宾州州立大学关于使用清洁产品的研究中的一个关键发现是，这些消毒化学品应该在细菌接种时或接近接种时使用。对此的解释是在比赛之后或之前立即使用消毒化学品。

在某些情况下，杂草种子可以吹到地里，在填充材料上发芽。一种广谱系统(低毒)除草剂，如草甘膦(Round-up-PRO)的点喷将控制大多数发芽的幼苗，根据杂草科学家的说法，标签允许在施药者和所有再入间隔要求仍得到满足的条件下施药。各种各样的有机化合物被吹捧为杂草控制剂，但它们应该在一开始进行小规模的测试，以确保它不会损害草坪。霉和霉菌(真菌)可能在场地的低洼或潮湿区域定植，需要用杀菌剂处理以管理这些有机体。所有制造商都将向场地经理提供处理这些生物问题的消毒溶液、除草剂和杀菌剂选择方面的知识和建议。

由于球员践踏或设备压力，可能需要修理垫子。场地制造商通常会向场地经理提供或销售必要的胶水、线和针，以重新连接分离的接缝或角落。发现后应立即进行接缝修补，以防止梳理和梳刷设备钩住末端或边缘，造成更大的损坏(图17.6)。

因为人造草皮是一种石油化工产品，机油、液压油、柴油和气体燃料会与之发生反应，扭曲合成纤维的完整性，并熔化橡胶填充物。这些液体从机动设备泄漏可能会在没

图17.6 在旧场地发现的裂缝，需要重新黏胶
(照片由卡罗琳娜格林提供)

有警告的情况下发生，并且如果操作员不知道，会破坏场地。设备操作员应定期查看其操作路径的后方，并在现场检查设备液体泄漏的任何迹象。尽管对大多数操作人员来说很明显，但设备在场地时不应充加燃料。加油应在车间区域进行，在那里可以看到任何事故并立即清理，而不会造成场地损坏。

其他常见的事故是由香烟、热的烹饪工具、户外烤架、焰火和其他与热或火有关的活动引起的。场地经理应进行游说，禁止或限制在场地表面进行这些高温或火灾相关活动。场地区域应始终配备多个灭火器，放置在场地附近和附挂到维修车辆上，以方便获取。当加热或用明火点燃时，合成纤维能迅速熔化。橡胶填充物非常易挥发，点燃后会燃烧。在所有与人造草坪清理和修复相关的问题中，一个被烧毁的场地是一个灾难性的事故，需要花费数千美元来修复。

其他一些场地的清理问题包括冬季除雪。除雪过程很简单，使用犁和前端装载机将雪运离现场。然而，犁耕本身会卡住场地的裂缝或角落，造成大面积的破坏。经过场地管理人员的反复试验，人们发明了底部弯曲或底部连接圆管的犁，以防止人工草皮被绊到。用前端装载机除雪也会卡住垫子并造成损坏。在任何情况下，都应该把雪从地里犁出来后清除，以避免这个问题。

(2)冷却

当天气炎热晴朗时，可能需要冷却室外场地。场地表面温度可上升至高于环境空气温度至少30~50℉，并对运动员构成潜在的健康危险。人造草坪行业在提高其产品的可玩性和性能方面取得了长足的进步；然而，人造草坪场地的“热箱”效应仍然是一个困难和具有挑战性的问题。

人造场地上的空气温度上升立即发生在垫子表面，并向上逐渐降低。由于阳光照射到绿色纤维上，垫子表面会产生热量积聚。纤维由于吸收阳光而变热，然后热量向外辐射，使周围的空气变暖。纤维对热量的吸收和再辐射是累积的；阳光照射草皮纤维的时间越长，纤维就越热，表面和空气温度上升的幅度就越大。评估填充物对加热的贡献的研究表明，主要是纤维吸收热量，这是对热汇效应的最大贡献。

人造草坪的冷却可以通过水分蒸发的能量耗散来实现。冷却场地的灌溉仅限于体育赛事开始前的时间。在这个时间窗口内，应用的水量应该是轻和频繁的。场地经理应该通过反复试验来了解可以使用多少水以及需要什么频率来促进冷却。在某些情况下，由于人造草坪上方的高湿度或空气停滞，水分蒸发可能受到限制或不存在。在这种情况下，灌溉水将无法冷却地表空气温度。一旦体育赛事开始，选择灌溉冷却场地显然是不可能的。

大多数新安装的人造草坪场地都将安装灌溉系统，通过允许水分蒸发来供水和调节地表温度。有些场地可能有快速连接器附件，允许场地经理根据需要手动向场地浇水。在阳光和环境空气温度季节性较高的地区，如美国南部地区(图17.7)，人造草坪的温度改变一直是并且将继续是最具挑战性的。总的来说，用水冷却人造草坪的效果是非常短暂的。

图17.7 体育赛事前操作安装式灌溉设备冷却场地表面(照片由卡罗琳娜格林提供)

(3)涂漆

涂画人造草坪是场地护理和维护一个最困难和最耗时的方面。同样，应首先咨询人造草坪产品的制造商，以获得他们关于涂料选择、施涂方法以及涂料去除和重新施涂方法的建议。类似于在天然草坪场地上作画，标志或团队名称中使用的艺术作品和文字在应用于场地前应经过测试和尝试。如果选择的油漆不在制造商批准产品清单上，确保油漆适用于人造草坪。

均匀和全覆盖是重要的，但比这些属性更重要的是油漆要容易去除。温度和湿度已被证明能改变脱漆的容易程度。高温气候和低湿度通常是最难去除油漆的环境。

油漆的喷涂方法包括高压和低压喷涂、无空气喷涂、充二氧化碳喷涂和油漆辊或刷。成功施涂油漆涂料的关键是只涂纤维，避免涂在填充物上，尽可能少地使用涂料，同时保持纤维的总覆盖率。记住选择最容易去除的油漆产品。

第 4 篇

辅助信息

虽然发展和维护健康的草坪显然是任何草坪管理者的首要关注点，但必须牢记几个相关主题，以便专业人员能够为使用草坪的球员和教练以及参观草坪的观众提供完整的体育设施。在第 4 篇中，我们将考虑其中几个问题。

第 18 章回顾了有效测量的价值。设计师依靠测量开始建立场地等高线，使设施上的雨水能够迅速流走，并进行比赛。承包商每天在工作中都使用测量工具。运动场管理人员应进行日常测量任务，以保持场地处于最佳状态。

在第 19 章中，我们考虑了改造后的沙基场地的设计和施工，这些沙基场地通常安装在高规格的设施中。改良后的砂土由于其多孔性和快速排水的能力，是草坪草理想的生长介质。

第 20 章介绍了用于运动场上场地标记或装饰艺术品（或获得统一颜色）的各种涂料，以及用于进行此类应用的设备。在本章中，我们还将考虑三种常见的草坪覆盖物，用于保护场地免受天气或其他胁迫的影响。

第 21 章介绍了高质量场地的组成部分以及场地美学和质量之间的联系。我们还将研究场地表面特征如何影响球员和球的性能，以及一些用于评估场地表面的设备。

第 22 章通过场地或综合体设计中的安全要求、施工期间的安全问题以及维护设施时对安全的关注来考虑运动员和观众的安全。

第 23 章挑战运动场草坪管理者，研究他们如何在展示/证明环境管理、资源保护和可持续性的同时，提供高质量、安全的运动场地。

第 24 章着眼于旨在帮助天然草场地变得比以往更好的创新。虽然这里提出的想法主要涉及专业和高知名度的大学场地，最终它们找到了适用于较低层次场地的方式。

第 25 章通过与主管、员工和社区沟通的方式，将自己提升为专业人士，从而帮助运动场经理在工作中更有效地发挥作用。美国运动场草坪管理者协会（STMA）已经制订了一些计划，帮助运动场草坪管理者向社区推广他们的场地设施，并帮助他们提升自己的专业水平。

书末的附录由两部分组成。第一部分考虑设计师、承包商和维护人员最常用的计算。第二部分介绍了美国运动场草坪管理者协会如何帮助运动场管理者紧跟最新趋势的例子。我们还考虑了美国运动场草坪管理者协会制订的一项教育计划，向中学生介绍草坪行业。

第18章 测量坡度

18.1 简介

运动场经理通常认为测量最好留给专家，但测量是每个行业的重要实践。测量工具和过程的基本知识有助于运动场专业人员对场地设计、施工、改造甚至维护做出正确的决策。

为了简化与运动场有关的测量的含义，可以将测量视为定义“坡度”的一种方法。坡度是指从一个点到另一个点的高程差，可以是升高的，也可以是降低的。坡度通常被称为“坡度百分比”。实际上，坡度百分比是每个运动场的基础。没有适当的坡度百分比，场地可能永远无法正常使用。

对于运动场经理来说，基础测量知识有助于完成整修和维护任务，如表面平整和安装排水系统。例如，如果不知道垒球场的坡度，就不可能解决球场泥地区域的积水问题。安装的排水系统只有在朝出口向下倾斜的情况下才能正常工作。

对于运动场承包商来说，如果不了解坡度，没有必要的工具来确定所需的坡度百分比，就不可能建造或翻修场地。坡度对于提供充足的地表径流以确保在各种天气条件下的可玩性至关重要。即使有一套详细的工程计划，承包商通常也有必要提供施工图，根据适当的坡度百分比逐项列出现场高程。

对于运动场设计师来说，了解场地的空间要求和坡度的百分比是创造一个成功的运动场设计以达到可运动的目的，并确保运动员和观众安全的重要组成部分。参见第二部分“运动场设计原理”前言和与设计一个特定类型的场地有关的相关章节。

18.2 测量设备

每个运动场承包商或管理者应具备并了解如何使用的最少测量设备包括测量距离的卷尺、投射光束的激光水准仪(设置在三脚架上)和用于读取点高程的高程杆。

18.2.1 卷尺

卷尺有多种不同的尺寸和类型。对于运动场测量最为实用的卷尺长度为200英尺和300英尺。测量卷尺通常由玻璃纤维、尼龙涂层钢丝或普通钢丝制成。对于运动场用途而言，玻璃纤维卷尺是一个不错的选择，因为它们可以环绕在设备(例如倒置的油漆罐或标线枪)上来划定弧线和圆圈。

选择测量卷尺时另一个重要的考虑因素是计量单位：“英寸和分数”刻度，或者是英尺的“十分位和百分位”刻度。最实用的计量单位是英尺的十分位和百分位刻度。如果使用英寸和分数刻度，则需要将测量值转换为十分位和百分位，以便计算两个高程之间的落差(高差)并计算坡度百分比。

请记住，无论使用英寸刻度还是十分位刻度，一英尺仍然是一英尺。唯一的区别在于一英尺被细分成了多少个单位：对于英寸刻度是分成12个单位(英寸)，对于十进制刻度则是分成10个单位(十分位)。英寸换算成十分位和百分位的计算方法将在附录第1.6节“高程换算”中讨论。

18.2.2 旋转激光水准仪

旋转激光水准仪是一种360°投射红光或绿光的仪器，配有测量员用的三脚架和激光探测器（接收器）。最便宜的用于运动场的激光水平仪投射出水平光束。更昂贵的仪器可以调整到一个特定坡度或多个坡度。标高应放置在中心位置。在现场周围移动时，探测器沿棒向上或向下移动，直到箭头形成一条恒定的线和/或哔哔声变得恒定。使用激光水准仪的优点是只需要一个人操作。图 18.1 所示的旋转激光水准仪是一种很好的体育场地测量仪器。它投射一个直径为 1200 英尺的水平光束，在 100 英尺处的精度为 1/8 英寸。

图 18.1　使用旋转激光水平仪在木桩上标记设计坡度，木桩上系着绳子，这些绳子标明了最终坡度和场地平整区域的边缘

18.2.3　高程（坡度）杆

通过比较一个高程与另一个高程，高程杆用于测量坡度差异。与卷尺一样，高程杆的校准单位为英尺和英寸或英尺和十分之一英尺。最有用的读数是以英尺和十分之一英尺为单位的，因为计算海拔差异所涉及的数学较少。有两种类型的高程杆需要考虑：标准坡度杆和直接高程杆。

（1）标准坡度杆

标准坡度杆的标记底部数字较小，顶部数字较大。图 18.2 显示了如何以“英尺、十分之一和百分之一英尺”为单位读取标准坡度杆。右栏是以英尺和十分之一英尺为单位标定杆的整体视图。图的中心显示了杆的放大部分。左边的一栏显示了如何以英尺、十分之一和百分之一英尺为单位读取标尺。

在读取标准坡度杆上的数字时，重要的是要记住它们是杆读数，而不是高程。使用此高程杆时，数字越高，地面越低，反之亦然。海拔正好相反；数字越高，土地就越高。因此，必须将杆读数转换为高程，如下文第 18.3 节所述。

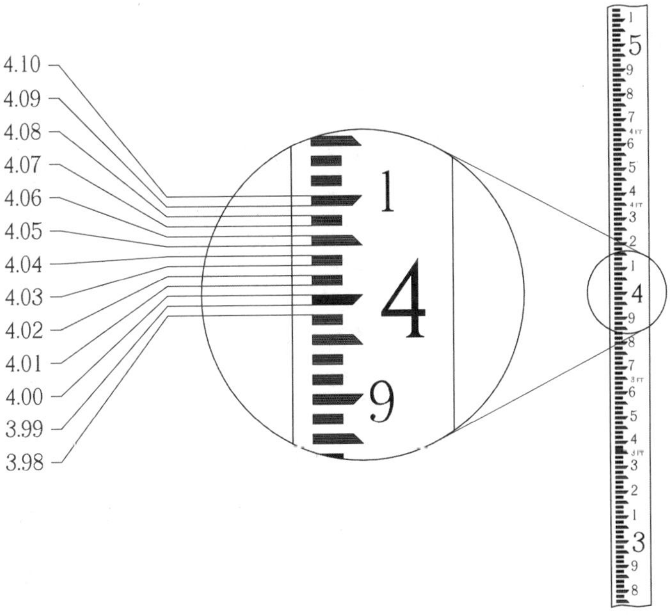

图 18.2　以英尺和十分之一/百分之一英尺为单位的标准坡度杆

(2)直接高程杆

直接高程杆(也称为真高程杆)的数字是向下读取的，而不是像标准坡度杆那样向上读取的。图18.3显示了如何以“英尺、十分之一和百分之一英尺”为单位读取直接高程杆。右栏是以英尺和十分之一英尺为单位标定杆的整体视图。图的中心显示了杆的放大部分。左边的一栏显示了如何以英尺、十分之一和百分之一英尺为单位读取标尺。

较低的数字代表较低的高程，反之亦然，就像真实的高程一样。承包商和维护人员强烈建议使用直接高程杆，因为不需要计算高程。有关使用此类高程杆的详细信息，请参见第18.3.3节。

18.3 确定高程

重要的是要明白，高程高度几乎总是作为比较来表述的。只有将一个高程读数与另一个高程进行比较，才能提供有意义的信息。比较高程的原因是确定场地上两点之间的坡度差，并计算两点之间的坡度百分比。坡度百分比计算见附录。

18.3.1 确定基准

确定高程的第一步是确定基准。基准是固定参考点的高程，如集水池盖、现有路缘或类似固定结构。基准用于使高程一致。使用基准的优点是，即使仪器被移动到另一个位置或在另一天被移除和重置，所有以前的读数(坡度)都将具有相同的数字。无论使用哪种类型的杆(标准或直接读取)，确保选择基准并在每次设置仪器时在该位置读取读数是绝对必要的。

建立基准后，可以检查高程，并与以前的读数进行比较，以帮助确定问题的解决方案。此外，在规划翻修项目时，永久性参考点将有助于开展工作。有两种基准可用于运动场测量：现实基准或假设基准。

(1)真实世界基准

真实世界基准表示为海拔。所以，如果基准是851.12，那么这个点就是海拔851.12英尺。在许多情况下，以前的测量

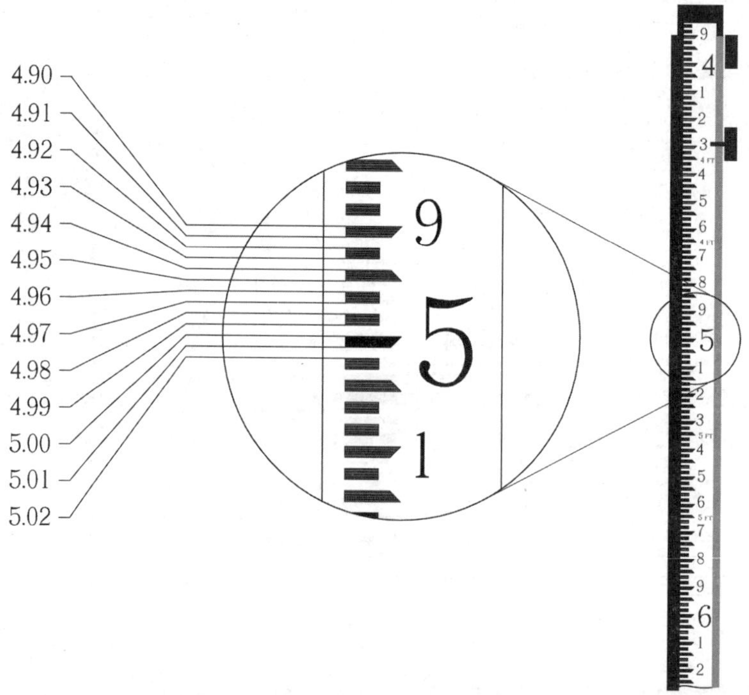

图18.3 以英尺和十分之一/百分之一英尺为单位的直接高程杆

已经确定了附近点（如地面上的集水池）的真实高程，可以用作现场的基准。对于新建工程，有时专业测量员通过放置参考中心和高程桩，将实际基准转移到现场。

（2）假定基准

“假定基准点”是一个固定的物体（不会移动的物体），它被指定了一个高程。例如，选择第一垒球员休息区中混凝土地板的前角，并将其命名为100。即使这是一个虚构的数字，它也可以用作特定项目的假定基准。假设基准用于大多数运动场改造项目。

18.3.2　使用标准坡度杆

（1）仪表高度（HI）

使用标准坡度杆确定高程的第二步是计算HI。基准确定后，可以计算HI。在被测区域中心附近设置激光水准仪，并将高程杆放在水准点上。然后取一个标尺读数，把这个读数加到基准上。两者之和称为仪器高度（HI）。图18.4显示了一个示例，其中基准为100（位置A），基准处的杆读数为5.00。该仪器位置的HI为105（100+5=105）。在现场进行测量的每一天，或在移动仪器时，找到仪器位置的HI。

（2）将杆读数转换为高程

建立高程的最后一步是将杆读数转换为高程。在第一个要测量的点上读取杆读数。如果此时的杆读数为6英尺（如图18.4位置B所示），从HI中减去该读数，高程为99（105−6=99）。该点的高程比基准低1英尺。从HI中减去每个后续的杆读数，得到该点的高程。

图18.4是一个很好的例子，说明了为什么不能将标准坡度杆的读数用作高程。当地面下降（位置B）时，水平激光束在杆上投射出一个更高的数值，这个数值与高程相反。

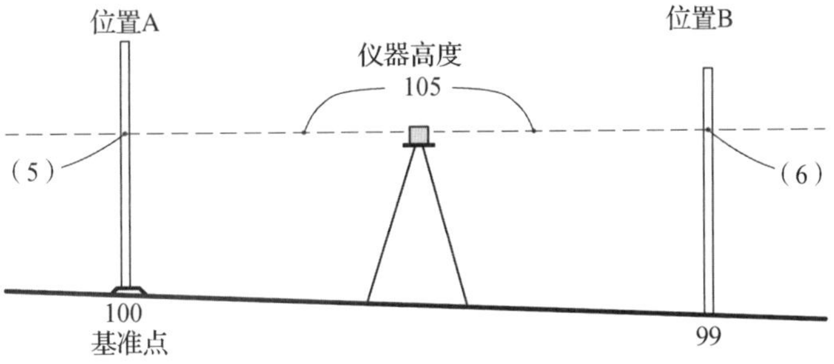

图18.4　使用标准杆确定基准高程

18.3.3　使用直接高程杆

直接高程杆由两部分组成：上部是杆的前部，下部是杆的后部。当杆的前部一直向下时，可以读出5英尺的坡度差。当前面一直向上延伸时，可以读出10英尺的坡度差。杆的后部在地面上保持静止。杆的前部左侧有一个轨道，一个带有激光探测器的支架在其中上下滑动。前面还有一圈可移动的钢卷尺，用于锁定基准。前面也可以向上延伸以读取较低的高度。直接高程杆详图见图18.5。

要使用直接高程杆，将其设置在基准上，上下移动激光探测器，直到显示实线和/或发出持续的哔哔声。松开锁定可移动卷尺的下支架，并根据基准高程向上或向下滑动卷尺。

使用4.00的“假定基准”，移动钢尺，直到激光束与最后一个数字加上两个小数（十分位和百分位）对齐，即4.00。然后把钢尺锁在杆上，防止它移动。例如，如果使用1215.37的“真实基准”，移动钢尺，直到激光束与5.37对齐，并将其锁定到位。

将钢卷尺锁定在基准标高上，移动现场

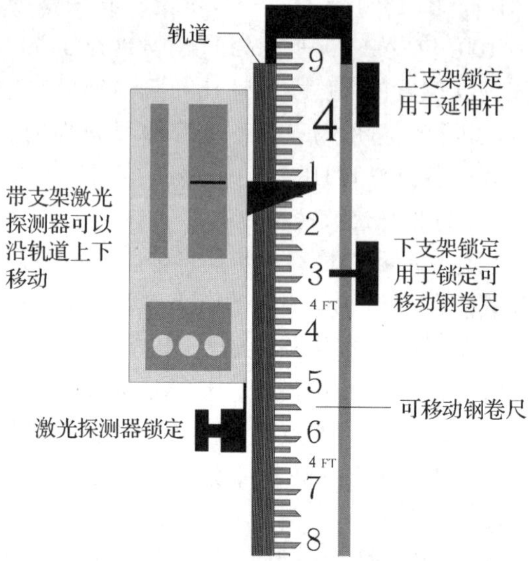

图 18.5　直接高程杆详图

任何地方检查坡度。向上或向下移动激光探测器，直到激光束读数水平。即基于假定基准 4.00 的场地上该点的高程。使用这根杆子时不涉及数学计算。

要在坡度桩上确定拟定高程，请将激光探测器移动到杆上的拟定高程，并将其放置在桩旁边。升起杆，直到探测器显示水平。让人用渗透性标记笔在杆的底部做标记。一根细绳可以从一个桩系到另一个桩，表示最终坡度。当翻新或建立一个棒球或垒球内场时，这种方法是非常有用的。这条线还表示它与草相交的泥地区域的边缘，如图 18.1 所示。

第 19 章

沙基根区

19.1　简介

沙基根区/根系层土壤坪床可以设计为具有良好的内部排水，同时保持足够的水分和营养以确保草坪健康。土壤介绍性文本通常讨论“理想土壤”作为 50% 的矿物质、有机质和 50% 的总孔隙度。总孔隙度在大孔隙度和微孔隙度之间达到理想平衡（图 19.1）。大孔隙是土壤中的管道，将水和空气通过根区。微孔隙保持水分，其中一部分可供草坪植物利用。这种大孔隙和微孔隙的平衡是任何坪床设计的理想标准。

原生土壤场地的压实破坏了土壤结构（作为一个单元而不是个体响应的颗粒聚集）。压实板结减少了大孔隙，从而减少了内部排水和通气，同时增加了保水性。运动场草坪行业已经跟随高尔夫球场行业的发展，在某些情况下，现在用高质量的沙子建造运动场，在践踏严重和高压实力的情况下，这些沙子可以保持充气和充水孔隙的平衡。在高质量的沙基根区，压实板结不再是一个胁迫问题，因为沙基根区依靠颗粒大小（土壤质地）而不是聚集（土壤结构）来创造良好的孔隙度平衡。砂粒不会聚集或黏在一起形成骨料/团聚体。在建立和维护沙基根区时，目标是最大限度地发挥土壤质地（粒径）的作用。当管理主要由粉土和黏土组成的原生土壤时，目标是使土壤结构或团聚体最大化。这两个管理目标以沙或土壤为基础的场地可能会导致相反的维护做法。沙基根区的成功维护通常需要不同的理念、维护策略，甚至不同的维护设备。

虽然高质量的砂基场地具有增加内部排水的优势，但与土壤场地（粉土和黏土含量较高）相比，它们有局限性。通常认为，沙基坪床将支持一个草坪草使其比相同的生长在更高粉土和黏土土壤的草坪草有更高的践踏耐受度。Carrow 和 Petrovic（1992）将践踏损害分为四种类型：土壤压实板结、磨损、车辙和撕裂草坪。在土壤湿度过大的时期使用场地时，沙基根区可减轻土壤压实和车辙的影响。然而，研究表明，同样的草坪草生长在沙基根区可能有较低的耐磨性。他们将磨损定义为由于撕裂和植物组织擦伤而对草坪植物造成的损伤，即字面意义的草坪植物的研磨。由于适当维护的沙基根区更具起

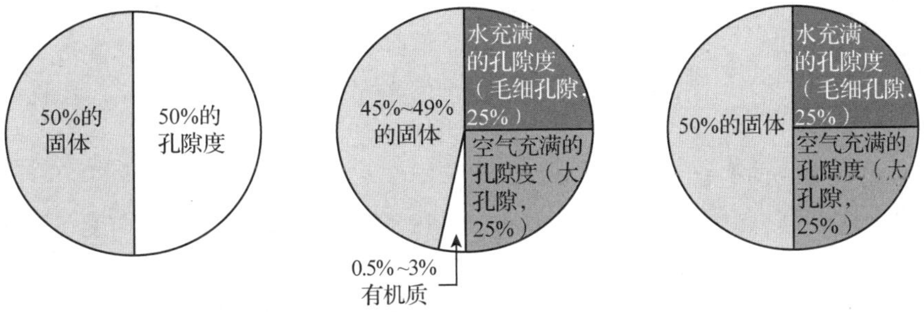

图 19.1　土壤相关书本中描述的理想土壤，显示了大孔隙和毛细孔隙的平衡

（插图由安迪·麦克尼特提供）

伏，草坪表面可能是更不耐摩擦性的磨损。

假设在水分过多的时期，运动场管理人员对场地使用进行适当的控制，那么用优质壤土(富含有机物，表面排水良好)建造一个高使用的多用途练习场可能是有利的。与沙基根区相比，磨损可能是这些场地的主要践踏因素。当然，如果不实行使用控制，并且在土壤湿度过大的时期使用原生土壤表面，一次践踏活动可能会破坏该场地一个季节的管理工作。

沙基根区的另一个潜在限制是撕裂。由于沙粒表现出较低的内聚力，并且不容易相互黏附，因此草皮撕裂可能是沙基运动场表面损坏的主要来源(图19.2)。在美国橄榄球联盟的一些场地上，草皮撕裂断片产生的凹坑，或者场地缺乏脚底稳定性是运动场经理最关心的问题。

职业橄榄球运动员体型庞大，移动速度非常快，因此他们产生的剪切力可能会因撕裂草皮而造成相当大的伤害。然而，重要的是要记住，有些球场并不支持大量的比赛(尽管许多球场会举办许多其他赛事)。职业橄榄球场上践踏造成的损害与多用途高中练习场上的损害截然不同。

在决定选择坪床类型之前，确定将应用于场地的践踏应力是很重要的。任何一个运动场要想成功，其设计必须符合使用要求。

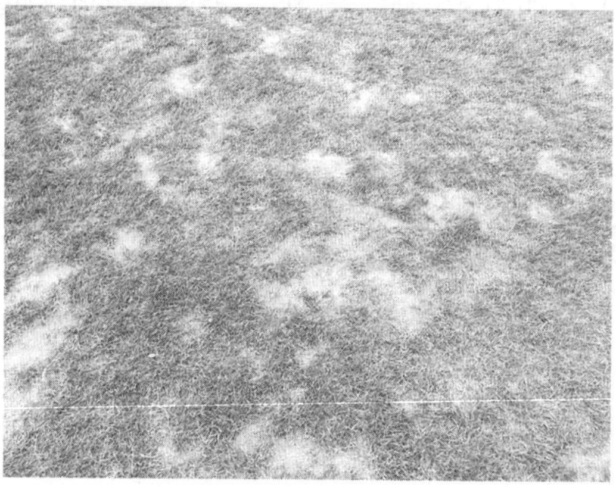

图19.2 美国大学橄榄球联赛1区球队比赛的橄榄球场上的草皮撕裂造成的践踏损失
(照片由安迪·麦克尼特提供)

必须在整个施工过程中保持质量控制，维护实践应与根区类型相匹配。本章将总结这一过程中的关键步骤。

19.2 选择沙基根区时的注意事项

砂基场地的设计、建造和维护阶段所需的知识和对细节的关注可能是不熟悉的，似乎是多余的，甚至是没有根据的。对于设计、建造和维护沙基根区的专业知识和费用来说，场地应该始终处于“比赛就绪”状态，对吗？实际情况是，功能良好的沙基根区是一个高度工程化的系统，与土壤场地相比，它通常不那么宽容，而在建造沙基场地时，对细节的关注是确保成功的关键。

19.2.1 设计和项目管理

基于沙子的场地需要一个合格的建筑师或工程师来管理这个过程。大多数学区都与当地建筑和/或工程公司有关系，该公司负责管理该学区的各种项目。虽然这些专业人员通常对公共建筑和硬结构场地项目非常有经验，但他们不太可能在设计或管理沙基运动场建设项目方面有足够的经验。

这并不意味着当地的设计和管理公司将在该项目中没有任何作用。当地公司可以完成所有的许可、主要土方工程和场地平衡等工作。然后，公司可以将根区和草坪设施的设计和项目管理分包给一家具有建造沙地或土壤运动场专业知识的公司(这一步经常被忽视)。同样地，当地承包商可以执行大部分体育场工程或主水管道等的重新布置等。但是，应使用具有建造沙基场地经验的承包商来完成地下排水、根区、灌溉设施和草坪建设。

19.2.2 知识、劳动力和设备要求

在与原生土壤场地几乎所有的比较中，基于沙的场地都需要更多地关注相关的细节。基于沙的系统在需水量、肥力需求和土壤物理性质管理方面的容差较小。结合增加

的农艺要求和期望(由于安装了“最先进”的场地)，都将提高管理投入的水平。沙质场地需要持续关注。应更频繁地作出水分管理决定。需要一个带自动控制器的地埋铺设的灌溉系统。施用可溶性氮源的肥料应更频繁地采用低氮量(即勺施)或施用控释产品，以减少肥料的淋溶(见第 3 章“肥力和肥料”了解更多有关为沙地施肥的信息)。由于期望值提高，以及为满足运动和草坪的需要而调整的剪草高度，可能需要更频繁地修剪。表面将需要更频繁地使用商业覆沙机和高品质的沙子进行覆沙。每次土壤耕作后，应使用机械孔芯收获机或清扫机收获通气土芯或深垂直切割/疏草的碎屑。

沙质运动场既能满足运动员、教练员和管理者的需要，又能满足他们的期望，但仅仅正确地建造场地是不够的。它是一个有生命、有呼吸、不断进化的实体，如果没有适当的维护，场地表面将在相对较短的时间内失去功效。

19.2.3　厚切大卷草皮

虽然可以用种子或嫩枝在新的沙基根区上建立草坪，但草皮可以改善建植结果，因此应在项目总成本中加以考虑。通常，一个新的场地建设项目是在时间限制下进行的，并且场地不能在用种子或小枝建立高质量耐用草坪所需的时间内处于休眠状态。(有关厚切草皮的更多信息，请参见第 24.4.1 节)

沙基根区缺乏土壤根区(大量粉土和黏土)中存在的土壤凝聚力。因此，需要一种能产生大量根茎和/或匍匐茎的草坪草来提供良好的立足点。在较冷的地区，草地早熟禾是最好的选择。草地早熟禾种子建植缓慢，暴露在大量的践踏之前应给予两个凉爽的季节生长。这不是两年，而是两个凉爽的季节(即春季和秋季为春季建植，或秋季和春季为秋季建植)。如果场地在 8 月下旬播种，要到翌年 5 月或 6 月才能准备好用于比赛。对于春季建植，最早应在深秋前使用，最好在次年春季前使用。

温暖地区的主要草坪草是狗牙根，其中一些品种有种子，但大多数最高质量的品种仅通过营养茎(根茎和匍匐茎，通常称为“小枝”)种植。种子种植场地或小枝建植场地的理想立地期为春季中旬至初夏，因为狗牙根生长越成熟，在南部靠北地方和过渡带越冬的机会就越大(第一章讨论了休眠播种或狗牙根草枝的可能性和局限性)。使用最佳的种植日期、量和种植程序，预计整个狗牙根草坪可能会在 6~8 周内完成建植。然而，从种子或小枝建植的 100% 草坪覆盖率场地设施不等同于一个场地为高强度的使用准备好了，即使是一个侵占性的植物，如狗牙根。种子建植的场地尤其不能忍受第一季密集的交通践踏，因为根茎和匍匐茎在建植当年的发展非常有限。晚春的狗牙根建植将在夏末准备就绪，但场地使用计划应考虑到第一季的场地还不成熟。

一般来说，如果一个运动场经理拥有以前在沙基根区生长草坪的知识和经验，只要他/她有足够的资源获得成功，他/她就可以更快地建立场地。这里有一句话值得注意：为了降低项目成本，草皮有时被排除在预算之外。通常情况下，这会导致不太理想的结果。虽然有许多经验丰富的运动场承包商能够建造一个高质量的场地，但有经验和知识，能够成功地用小枝或种子建立沙基场地的却少得多。草皮如果负担得起，并能在兼容的沙基培养基上生长，则建议用于场地建植。重要的是要记住，场地表面的质量永远不会比第一季使用时受到更高的关注。作为成功的保证，应制定应急预算，以便在需要时进行完全或部分季节性再铺草皮。在知名度高、使用量大的场地，可能需要按年度计划进行季节性再铺草皮。

19.3　沙基根区要求

在选择根区成分和混合比时，场地经理必须高度依赖项目工程师/建筑师和土壤物理性质实验室，该实验室具有测试沙基根区的经验。提供准确选择根区材料所需的所有细节和信息超出了本章的范围。

沙基根区的物理性质是通过控制沙粒大小和有机物成分来控制的。适当设计的砂根区将在100%压实时正常工作。为了在100%压实时实现大孔隙和微孔隙的良好平衡，必须准确规定砂的粒径和砂与有机物的比例。

19.3.1 砂的大小分级

砂的大小分级主要有两个因素需要考虑，即平均粒径和粒径均匀性。图19.3显示了平均粒径对所有土壤质地等级孔隙度的一般影响。同样的效果也适用于砂粒尺寸范围(0.05~2.0 mm)。

通过大学研究和几十年的实践经验，美国高尔夫协会(USGA)选择了粗砂(0.5~1.0 mm)和中砂(0.25~0.5 mm)的首选粒径，以及控制数量的细砂(0.15~0.25 mm)。这三种砂粒尺寸介于砂粒极限范围(0.05~2.0 mm)。因此，沙基根区的平均粒径应在中粗砂范围内。

控制物理性质的第二个因素是颗粒大小的均匀性。虽然平均粒径可能在0.25~0.5 mm，但用于生成此平均值的颗粒大小可能

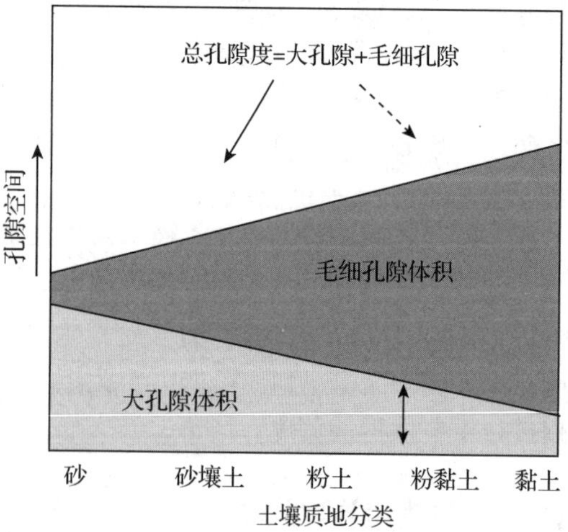

图19.3 平均粒径对孔隙率的影响
(插图由安迪·麦克尼特提供)

会有所不同。为了直观地了解这些不同的颗粒大小是如何相互关联的，让我们考虑一下与人们在日常生活中容易看到和涉及的项目相关的各个土壤颗粒大小。例如，考虑一个满是棒球的房间。想象一下，大量的孔隙空间占据了堆叠的棒球之间的空白区域。现在考虑一个房间，满是混合好的保龄球、垒球、棒球、高尔夫球、弹弹球和玩具枪弹(BBs)。保龄球之间的空间被棒球或高尔夫球占据，而高尔夫球之间的空间可能被玩具枪弹占据。不同尺寸的混合球(尺寸不均匀)的孔隙率要比只有垒球和棒球混合球的房间(尺寸均匀得多)产生的孔隙率低。一个类比表明，如果垒球和棒球代表粗砂和中砂，一个适当构建的基于砂的根区应该主要由垒球和棒球组成，并带有有限数量的弹弹球和玩具枪弹。此外，组合中保龄球的数量也应该受到限制。不应该有足够多的这些较小的颗粒来填充较大颗粒之间的空隙。其结果是，粗砂和中砂的颗粒含量至少为60%，细砂的颗粒含量不超过20%。非常粗和非常细的颗粒含量是很小的。

研究人员试图通过尽可能降低粒径的均匀性，同时保持足够的大孔隙率，来提高沙基根区的表面稳定性(抗裂性)。亨德森等人通过使用不均匀的砂和添加最多10%的粉土和黏土，发现承载强度增加。这项研究记录了创建仍然排水的非均匀沙为基础的根区其潜在的极限强度增益。然而，肯特等认为，与运动员产生的压倒性剪切力相比，土壤强度的增加幅度很小。尽管应注意根区的颗粒大小不能太均匀，但有意采购接近亨德森等规定的非均匀粒度极限的材料可能不可取。不太均匀的根区不会最大限度地促进生根和侧枝的发育，这两者都是表面稳定性的主要驱动因素。

19.3.2 砂粒稳定性

砂粒稳定性是指砂粒对天气风化或碎裂的相对阻力。天然砂或人造砂来自风化或压

碎的岩石，由石英、长石、云母和/或方解石组成，记住定义为“砂”是基于它的粒径，而不是成分。石英是一种坚硬耐用的矿物，其化学成分是惰性的，代表了大部分的砂粒。纯石英砂在美国的一些地方不容易找到。长石、云母和方解石是较软的矿物，尽管许多含有长石的砂已成功地用于砂基根区。来自非石英岩的砂子可能加速风化(即破裂)，或在交通和耕作压力下破裂。随着时间的推移，这些颗粒的大小可能会减小，并改变根区的物理特性。这些较软矿物的显著风化和破裂所需的时间没有很好的定义，但有证据表明，这种风化过程确实发生在场地安装之后，并且通过施肥、打孔和灌溉等养护措施增强了风化作用。美国高尔夫协会(USGA)认为，“许多，如果不是大多数的话，用于建造果岭的沙子是由石英、长石和其他材料组成的二氧化硅复合材料”。

应避免使用含有大量云母的砂，因为云母砂的形状可能是平的，不会产生所需的物理性能。富含碳酸钙(方解石)和含碳酸钙镁(白云石)的沙子在缓慢降解时会增加根区的 pH 值。当根区物理上由大量这些矿物组成时，pH 值很难降低，降低根区的 pH 值会加速矿物的分解。即使碳酸盐含量为1%，根区的 pH 值也能达到 7.0 以上。

值得注意的是，许多成功的高尔夫果岭和运动场都是用含有大量方解石或白云石的沙子建造的。可进行测试以确定根区中碳酸盐的含量(ASTM D4373)。一些指导建议，碳酸盐含量低于 3%不会导致根区随时间发生明显的物理变化，但可能会导致持续的高 pH 值。碳酸盐含量在 3%～9%的砂值得关注，建议尝试寻找碳酸盐含量较低的砂。应避免碳酸盐含量大于 9%的砂。

19.3.3　有机添加物

有机改良剂通常混合到砂中，以向下调整大孔隙和毛细孔隙率的比例。尺寸均匀的沙粒可能无法保持足够的水分或保持足够的营养。添加到沙子中的有机物占据了一些大孔隙，并作为小海绵来增加保水性。在确定砂和有机物的混合比时，理想的结果是通气孔隙率(大孔隙)和毛细孔隙率(微小的孔隙)的平衡。随着时间的推移，草坪植物的根、茎和叶的分解将在根区产生丰富的有机物，因此，与毛细孔隙率相比，从稍高的通气孔隙率开始可能是有利的。两者差 4%～5%可能是最佳的(例如：通气孔隙率 26%，毛细孔隙率 22%)。

泥炭是从土壤中开采的分解植物组织，是沙质根区最常用的有机改良剂。泥炭不是100%的有机质，可能含有一些矿物质或土壤。与有资质的土壤测试实验室合作，评估有机物来源。合适的泥炭应至少含有 85%的有机质(按重量计)，并在水中保持至少两倍自身重量的水。纤维状泥炭，如泥炭藓和芦苇—莎草泥炭，通常优于沉积泥炭，因为沉积泥炭可能含有大量的粉土和黏土。

堆肥已被成功地用作沙基根区泥炭的替代品。堆肥应有良好的质量和一致性，并定期检查。有关优质堆肥的采购指南，请访问 https://extension.psu.edu/using-compo-ststo-improve-turf-performance。

19.3.4　无机改良剂

市场上有许多无机改良剂用于沙基根区。煅烧黏土和沸石是两个常见的例子。与土壤测试实验室密切合作，评估无机改良剂的价值。虽然其中一些改良剂已被记录为对根区有利(可能增加养分和/或持水能力)，但成本通常很高，在选择其中一种矿物改良剂之前，应进行成本/效益比较。

19.3.5　根区深度

美国高尔夫协会建议把果岭安装在 12 英寸根区深度。需要注意的是，果岭的根区深度必须足够深，以允许洞杯切入果岭。运动场没有这样的要求，美国的许多专业体育场都采用 10 英寸深度的安装方式。许多已经成功地保持使用这个深度超过十年。

在过去，有人提出过细或不够均匀的劣质砂可以产生足够的草坪根区，前提是增加砾石上方根区的总深度。在这种情况下需要格外小心。表 19.1 显示，即使是所有粒径都在很窄范围内(单粒径)非常均匀的砂，创建最小通气孔隙率所需的深度也可能变得不合理。当考虑具有更典型的砂粒尺寸分布的砂粒时，随着砂粒变得更细，将更快地达到该限制。

在备受瞩目的运动场上，以这种方式做出根区决定是极为罕见的。考虑到根区的未来物理特性，以这种方式做决定是不明智的。例如，砂的来源比示例规范中建议的粒度细得多(见第 19.4.2 节)，但是由于实验室试验表明，这种砂具有足够的渗透率(饱和导水率)，并且只要有机物含量保持在 0.3%(按重量计)以下(可能是 95-5 混合)，并且根区的总深度增加到 18 英寸，就可以使通气孔隙率达到规范要求，因此进一步提出这一论点。让我们假设这是一个练习场，重新通过顶级制造商和新的草皮安装修整表面很少(10 年以上)。有机物管理成为该场地未来十年成功的主要驱动力(见第 19.5.4 节)。这种细砂没有粗砂具有的较大孔隙数量。大孔隙的定义不仅取决于其直径，而且取决于其直径及其在地下水位或砾石上方的位置。虽然测试结果是可以接受的(而且一开始很可能是可以接受的)，但是由于有机物堆积而产生的允许出错范围变小了。与较粗的沙子相比，根区可能在较低的有机物含量下堵塞，并且更快地导致表面几英寸处容纳过多的水，无论整个根区深度如何。在这种情况下，可能更容易形成有害的表层滞水，而运动场管理员可能无法有效管理有机物积累。

建议选择通常符合 USGA 规范的砂，允许第 19.3.1 节中概述的最小变化。此示例规范仅用于说明目的，不是一套完整的根区规范和调整。样本规范基于 USGA 建议的果岭施工方法，2018 年修订版。当使用下文所述的施工土壤的不同成分和规格时，人们将很快理解与声誉良好的土壤测试实验室合作进行所有物理和化学测试的重要性，这可以确保基于砂的场地按预期运行。

表 19.1　形成足够的通气孔隙率所需的最小深度

类别和粒度范围 /mm	需要达到的足够的通气孔隙率最小砂深 /英寸	饱和导水率 /(英寸/h)
粗砂(0.5~1.0)	4.7	216.5
中砂(0.25~0.5)	8.7	59.1
细砂(0.10~0.25)	15.7	17.7
极细砂(0.05~0.10)	35.4	5.1

改编自 Adams 和 Gibbs 的《草坪草系统中的土壤成分和性质》用于运动和休闲的天然草坪：科学与实践，CAB 国际(沃林福德，英国)，p. 19。

总之，10 英寸深沙基根区基质放置在最小 4 英寸的砾石排水层上。20 英尺中心间距(最大)的排水沟位于砾石排水层下方。排水沟是最小 6 英寸×6 英寸，包含 4 英寸波纹 PVC 管或等效物，周围有用于 4 英寸排水层的排水石(较浅的沙基根区或沙盖根区的评估不在本章的范围内)。

密歇根州立大学的研究人员发表了一篇非常好的关于沙覆盖土壤系统的文章，这篇文章被证明是成功的“密歇根州沙层覆盖系统”，可以在 https://www.canr.msu.edu/uploads/236/68630/Built-Up-Sand-Capped-System.pdf 下载。

19.3.6　排水层

排水层应由冲洗过的、均匀平整的碎石混合物或粉碎或未粉碎的砾石组成，符合 ASTM D 448 标准，100%通过 1/2 英寸筛，通过 10 号(2mm)筛的不超过 10%，通过 18 号(1mm)筛的不超过 5%。使用上述参数的砾石大小标准应基于成品根区材料的粒度分布。

D85(根区)定义为 85%的土壤颗粒(按

重量计）低于该粒径的粒径值（PD）。D15（砾石）定义为15%的砾石颗粒（按重量计）低于该粒径的粒径值。D15（砾石）PD必须小于或等于D85（根区）PD的8倍。D15（砾石）PD必须大于或等于D15（根区）PD的5倍。砾石的均匀系数D90/D15必须小于或等于3.0。

软石灰岩、砂岩或页岩不适用于根区砂或砾石成分。有问题的材料应使用硫酸盐安定性试验（ASTM C-88）进行风化稳定性试验，其损失应小于12%。应使用洛杉矶（LA）磨耗试验（ASTM C-131）对任何怀疑机械稳定性不足以承受正常施工交通的砾石进行试验。获得的值不应超过40。代替硫酸盐安定性和LA磨损试验，可以使用Micro Deval试验（ASTM D6928）。使用这种方法，材料损失超过18%是不可接受的。

19.3.7　沙基根区基质

砂成分应至少占混合料的80%（体积基础），并由经过清洗的自然风化硅砂（最好是石英）组成。主要砂体形状应为棱角状、次棱角状或次圆形，具有中等至低的球形度。沙子的碳酸钙当量应小于3%（按重量计）。沙粒尺寸应符合以下规范（所有百分比均以干重为基础）：

无大于3.4mm的颗粒。

少于10%的颗粒在2.0~3.4mm。

少于10%的颗粒在2.0~1.0mm。

少于35%的颗粒在0.5~1.0mm。

至少55%且不超过80%的颗粒介于0.25~1.0mm。

少于30%的颗粒在0.15~0.25mm。

少于15%的颗粒小于0.15mm。

少于10%的颗粒在0.05~0.15mm。

少于8%的颗粒小于0.05mm。

提供上述粒径尺寸限制作为指导，以帮助采购砂。超出USGA规定范围的限值作为参考。应注意的是，如果接近其中两个以上的限值，砂可能不符合以下规定的性能参数。

泥炭成分应占混合料的5%~20%（体积基础），并且应为芦苇或泥炭藓泥炭（研磨和过筛），其最小有机质百分比为85%（按重量计），通过燃烧损失测定（美国材料试验学会ASTM D 2974-87方法D）。根据土壤测试机构的批准，可用适当的有机堆肥替代。砂/泥炭混合物的最终粒径分布必须符合下列规定，并符合表19.2所述的物理性质。所有物理性质应由土壤测试机构使用美国材料试验学会ASTM F 1815测定。

表19.2　砂/泥炭混合物的最终物理性质

总孔隙度/%	充气孔隙率（在30 cm张力下）/%	毛细孔隙率（30 cm张力下）/%	饱和导水率/（英寸/h）	有机质含量（按重量计）/%
35~55	15~30	15~30	7~22	0.3~1

充气和毛细管孔隙率应相等或相差不超过10%或最好不超过5%的差值。最终根区混合物的最小阳离子交换容量应为2.0 cmole/100g，pH值应在6.0~7.3。草坪草养分含量的适当调整应建立在建植草坪草养分分析的基础上。

19.3.8　根区和砾石材料试验

业主的土壤测试代理应在投标前阶段测试所有指定材料、作为替代品接受的材料和通过资格预审的材料。测试应在以下阶段进行：

第一阶段：施工前材料选择

砾石排水层试验。砾石应与根区砂样一起提交。在批准砾石排水材料后，试验结果必须确定施工期间批准或拒绝所有后续样品的规范。

根区混合试验。根区混合料应使用ASTM F-1815测试方案进行评估。

加工砂和泥炭试验。应测试加工砂样和加工泥炭样是否符合规范要求。在砂和泥炭样品获得批准后，试验结果将确定施工期间批准或拒绝所有后续提交材料的规范。

根区混合料配方和试验。业主的土壤测试机构应使用不同比例的经批准的砂和泥炭，生产出若干具有代表性的拟定根区混合料样品。这些样品的物理和性能特征应在实验室进行测试，并与在规范中建立的标准进行比较。批准的根区配合比将为施工期间所有后续根区配合比样品的批准或拒收制定规范。

土壤搅拌机校准后，最终校准运行将成为标准混合料。USGA已经确定了该标准混合料的允许偏差。他们将这些允许偏差称为置信区间，表19.3给出了每一类的偏差百分比，表19.4给出了一个例子。

表19.3 后续混合料的置信区间

试验参数	置信区间*
细砾石	50
极粗砂	50
粗砂	10
中砂	10
细砂	15
极细砂	30
粉土	25
黏土	25
总孔隙度	10
充气孔隙率	10
毛细孔隙率	10
饱和导水率	20
混合有机物百分比	0.2*

注：*有机物百分比的置信区间不以百分比表示。因此，报告的0.7%有机物的值可能在0.5%~0.9%。来自USGA根区规范。

表19.4 显示质量控制样品测试期间允许的计算可接受范围(基于USGA置信区间，CI)的根区示例

试验参数	USGA置信区间	根区示例	间隔	可接受最低范围	可接受最高范围
砾石/%	50	2.0	1.00	1.0	3.0
极粗砂/%	50	3.0	1.50	1.5	4.5
粗砂/%	15	27.8	4.17	23.6	32
中砂/%	15	39.2	5.88	33.3	45.1
细砂/%	15	22.0	3.30	18.7	25.3
极细砂/%	30	3.0	0.90	2.1	3.9
粉土/%	25	2.0	0.50	1.5	2.5
黏土/%	25	1.0	0.25	0.8	1.3
总孔隙度/%	10	44.0	4.40	39.6	48.4
充气孔隙率/%	10	24.0	2.40	21.6	26.4
饱和导水率/%	20	20.0	4.00	16.0	24.0
有机质百分比/%	0.2	0.6	0.20	0.4	0.8

第二阶段：施工期间的质量控制测试

建议样本采集。一个直径2.5英寸标号40 PVC管4~5尺长在一端呈45°角切口可用作样本采集管。该土壤取样管应在任意位置推入根区料堆。根据料堆的大小，通常对4~8个位置(子样品)进行取样。收集的材料应放入一个干净的桶中并混合，以代表料堆的整体组成。混合多个子样品后，根区材料的样品应储存在贴有标签的拉链冰箱袋(1加仑)中，用于土壤测试。要对新料堆进行取样，要先清洁桶和收集管，然后重复此过程。记录混合样品(非子样品)的位置和相应的料堆。包括样品寄送函，以确定样品来源和样品位置。不要使用标签来识别样品，而是使用防水标记和双袋装样品。用胶带或订书钉固定拉链端，并将样品送至业主指定的土壤测试机构。

砾石排水材料试验。每500 t砾石中应测试1加仑的样品。每批材料经批准后，应将砾石运至现场，供施工使用。

根区混合试验。在业主的土壤测试机构批准泥炭并确定泥炭和沙子材料合适之前，不得将加工过的泥炭与任何沙子混合。在第一阶段根区组分和混合批准后，将加工好的砂每500t分批放。在与泥炭混合之前，应提交每500t砂中1加仑的样品，以供测试和批准。使用经批准的土壤搅拌机，按照业主土壤测试机构确定的比例，在砂厂将砂与处理过的泥炭混合。

每500t根区混合物的1加仑样品应仅用于有机物测试和目视观察，除非土壤测试机构确定材料中存在明显的不一致性。

每批根区混合料经批准后，应将材料交付至运动场。

应从最终安装现场的随机卡车上取样，并提交实验室测试，以确保交付的土壤混合物均匀。这些随机质量控制试验应包括(但不限于)含粉土和黏土以及有机物含量的砂分级。

草皮认可。提交包含枯草层下面至少1英寸厚土壤的1平方英尺草皮样品。根据ASTM F2396的规定，附着在草皮上的土壤必须与根区相匹配。本标准为已知草皮土和根区材料的粒径特性时草皮土和根区材料之间的相容性提供了指南。总结见表19.5，材料应由业主的土壤测试机构进行评估。

表19.5 草皮土壤与根区砂的相容性建议

标准	首选	可接受	基本可接受的	不可接受
$D_{50}R/D_{50}S$	<2.5	2.5~5.0	5~10	>10
粉土和黏土/%	<5	5~10	10~15	>15
粉土黏土比	<2	2~5	5~7	>7
砾石(>2mm)/%	0	0~2	2~5	>5

注：R=根区；S=草皮土。

19.4 维护

运动场经理必须认识到，在沙基根区种植草坪所经历的一些压力和问题与在高粉土和黏土根区种植相同的草坪不同。沙基根区的维护实践与原生土壤根区的维护实践有显著差异。

19.4.1 修剪

第4章第4.4节讨论了标准剪草高度范围。沙基根区的适当剪草高度将取决于草坪草的种类、运动以及场地上举办活动的数量和种类。与草地早熟禾(可能从1~2.5英寸，在不同的环境和种类下)相比，狗牙根通常保持在较低的修剪高度(范围通常为0.5~1.5英寸，根据物种、场地使用和维护预算)。球滚动很重要的运动(足球和曲棍球)通常比橄榄球需要更低的修剪高度。

施加的运动压力也主要影响草地早熟禾的最佳修剪高度。让我们考虑两个极端，都是砂基根区，压实和排水问题已经最小化。首先，考虑一个小学操场，那里的交通由许多小脚组成，一周中每天在操场上跑几次。在这种情况下，摩擦磨损可能是主要的交通压力和更高的修剪高度将导致更高质量的草坪，也许高达3英寸的早熟禾。

另一个极端可能是大学橄榄球场，几乎每隔一周就有一场比赛，而没有其他活动。这里的践踏事件数量较少，而单个事件的强度较高。在这种情况下，草皮撕裂将是主要的运动压力。接近范围下限的修剪高度将是有益的。众所周知，与较低的修剪高度相比，接近一个物种适当范围上端的修剪高度将导致更大的总根质量。然而，仔细看看草地早熟禾的数据。较低的修剪高度虽然降低了总根质量和深度，但实际上增加了根区顶部1英寸处的根质量。由于根系是抵抗草皮撕裂的主要因子，这种较低的修剪高度已证明有利于减少草皮撕裂的数量和大小。在表面6英寸以下根几乎不会增加土壤顶部1/2英寸的抗剪强度。大学和美国橄榄球联盟的一些草地早熟禾的橄榄球场被修剪到只有7/8英寸。

大多数体育场馆正在经历比以往更大的赛事负荷，其中许多用途不是体育赛事。随着运动频率的增加，运动造成的损害类型会变得更加复杂。贸易展览或青年露营活动增加了磨损量。这可能需要更高的修剪高度来减轻此类损坏。在这种情况下，会出现一种权衡。场地经理可能会牺牲一点草皮撕裂阻力，以减少磨损损坏。任何场地的确切修剪高度必须根据场地经理的经验确定，并考虑场地要求、种类和赛事负荷。草地早熟禾球场的平均修剪高度约为$1\frac{1}{8}$英寸。在狗牙根场地上，由于匍匐茎和根茎形式的侧枝茎组织丰富，这种切割高度较低导致草皮断片较少的关系可能并不重要。

在草地早熟禾场地上，一种比较常见的做法是在夏季提高剪草高度。在秋季的比赛中，这可能不是最好的做法。虽然在初夏它可能有利于草坪草，但秋季通常从8月开始，这是典型的草地早熟禾最繁忙的几个月。场地经理在什么时候开始降低修剪高度，以使表面准备好进行秋季比赛？7月还是8月？这对草坪施加了额外的压力。通常，草坪会由于同时施加的多重压力而失败。在协迫的天气期间，通过降低剪草高度，然后将草地暴露在比赛践踏中，在比赛季节开始时对草坪同时施加三个胁迫。在这种情况下，最好在整个夏季保持草坪在适当的剪草高度，只要剪草频率足够。

19.4.2 灌溉

最先进的地面灌溉系统应该是沙基根区场地的标准组成部分。自动控制器可设置为在一天中的任何时间供水，并可多次循环供水，以确保适当的渗透和最大限度地利用水。

与任何系统一样，应经常监测根区的含水量，并在一天中决定何时用水和浇多少水。依靠少量频繁的浇水可以引起浅生根、疾病和过度多汁的草组织。周期性地让草坪经历水分胁迫可以刺激根系的生长。

土壤含水量可以使用地埋传感器或土壤水分探头进行监测。虽然使用传感器的经验对现场管理人员来说是一大优势，但应使用土壤湿度探头进行频繁检查，以补充传感器数据。

如果草坪在这个季节没有遇到一点水分胁迫，则表明场地存在过量灌溉问题。灌溉期间应允许根区干燥。应根据场地使用和自然降水情况进行动态调整。

19.4.3 氮肥

有关草坪草林分施用的详细资料见第3章。本节简要讨论了可能的沙基根区氮肥量和应用时间的调整。

让我们考虑运动频率和强度的两个可能极端，如第19.5.1节所述。一方面，如果在沙基根区表面(例如小学操场)上施加高频低强度运动，则年氮量应接近第3章建议的范围上限，因为草必须从磨损中恢复。另一方面，如果施加的运动是不频繁的，但激烈(例如大学足球)，最佳氮量可能接近草地早熟禾的下限。后一个例子主要适用于草地早熟禾场地。

下面是草地早熟禾大学足球场氮计划的一个例子。在5月底之前的春季生长季节，应施用总共每1000平方英尺2磅的实际氮(约9.89 gN/m^2，分为2或3次施用或更频繁的施用，以减少淋溶损失)。然后整个夏季和初秋，施入地表的氮很少。根据气温和降水量的不同，在整个夏季和初秋，有时可以使用十分之一磅的氮。随着9月下旬甚至10月上旬部分地区天气转凉，可以恢复高施氮量。

如果整个夏季都有充足的氮供应给早熟禾，那么植株将更加多汁，夏末或初秋的践踏会导致更多的草皮撕裂。对于剪草高度，如果在场地表面上除每月两次的比赛以外还有其他的运动事件，磨损造成的损坏可能成为一个因素。在这种情况下，场地管理者必须平衡从磨损中恢复和由于草皮撕裂而造成的损害，并调整氮肥的时间表和用量。类似的策略可以在狗牙根场地上采用，但由于是暖季型草，因此需要翻转施肥量和时间季节。一个重要的变化是，在第一级别的橄榄球场上，通常在夏季生长季节没有太多的使用，但那是狗牙根应该主要施肥的时候。然而，不要施肥太多，以至少一周中的每一天都需要修剪。调整施氮方案，以适应夏季中后期即将到来的比赛季节，使狗牙根在夏末至初秋保持活跃。当生长速度开始放缓时，使用较低的施氮水平(每2~3周每1000平方英尺0.25磅或更少)。当霜冻来临时，不需要额外施氮。当然，如果用黑麦草来交播这片场地，冷季草坪需要施氮，但在从休眠狗牙根向积极生长的黑麦草过渡期间仍需要限制施氮量。有关沙地肥力计划的完整讨论，请参阅第3章。

19.4.4 有机物管理

一个健康的草地早熟禾每年每英亩能产生超过5000磅的干有机物进入根区。想象一下每英亩有2.5 t棉球。这种有机物就像小海绵，堵塞了沙子形成的孔隙，降低了渗滤率，增加了保水性。这种沉积大部分发生在从表面到根区的前4~6英寸，并且随着有机材料的沉积，可以在这个区域观察到颜色的变化。而再下面的根区组合在剖面中的位置在20年的时间里通常保持不变。

草地早熟禾和狗牙根在每个季节都会失去和再生根(早熟禾通常在夏天失去根，狗牙根在冬天)。新根通过大孔隙向下生长。当它们死亡时，它们会把有机物质留在孔隙中(图19.4)，明年这个循环就会重复。

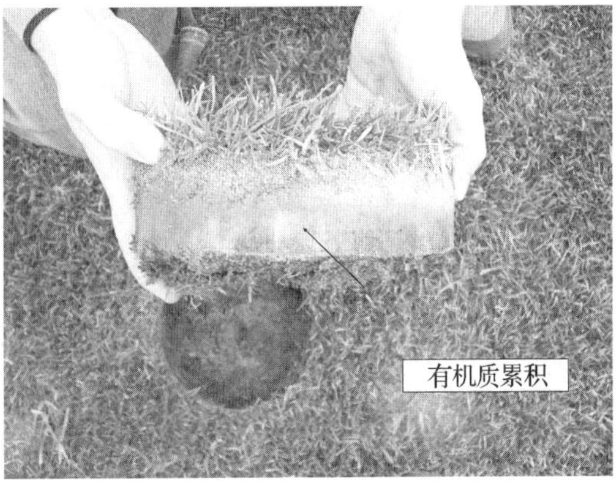

图19.4 高砂比时土壤剖面图，显示有机物堆积过多(照片由安迪·麦克尼特提供)

记住，砂基根区用于消除压实的影响。有机物沉积通过将大孔隙变为微孔来模拟压实效应。砂基根区耕作不是用于减少压实板结，而是为了去除有机物。这种有机物管理是维持砂基根区长期健康所需的最重要的维护措施之一。

研究和经验表明，当砂基根区顶部2~3英寸处的有机物重量达到3%时，场地经理应积极管理有机物堆积。当有机物达到4%(按重量计)时，可能会出现持续潮湿表面和低渗透率等问题。当有机质的质量分数达到5%时，土壤的物理性质就可能出现问题。

图 19.5　一个 10 年的高沙含量根区，每年接受 0.7 英寸的覆沙，没有明显的迹象表明草地早熟禾草坪的有机物积累
(照片由安迪·麦克尼特提供)

重要的是要认识到，一个典型的 80/20 砂/泥炭根区是在体积的基础上混合的。平均 80/20 的混合物的有机物含量约为 0.7%(按重量计)，90/10 的混合物的有机物含量可能只有 0.35%。如果根区的顶部几英寸含有 3% 的有机物(按重量计)，这是原来 80/20 的混合物中有机物含量的 4 倍。

有机物的积累应该通过稀释(表施土壤)和去除(耕作)来管理。研究表明，防止有机物积累的最佳方法是经常用与原始根区粗砂、中砂和细砂比例相同的干净砂子进行覆沙。当枯草被沉积时，应该用沙子表面覆沙处理来稀释，这样有机物就永远不会形成一个明显的层。在一些场地，每年使用 10 次或更多次的覆沙来铺多达 0.7 英寸的沙(图 19.5)。在积极管理的狗牙根场地，即使如此频繁的覆沙也不太可能有效地管理枯草，因此需要在活跃的生长季节定期采用垂直修剪来清除有机层。

随着时间的推移，添加如此多的表施土壤将导致表面上升，最终灌溉喷头将不能再延伸。图 19.5 中的区域在开始覆沙 11 年左右达到这个极限。一旦达到这一限制，几英寸表面必须移除和草坪重建。这种每十年一次的翻修应该在未来的预算中做好计划并指定用途。

如果有机物堆积已经存在，如图 19.4 所示，它不能简单地被沙覆掉。图 19.4 中

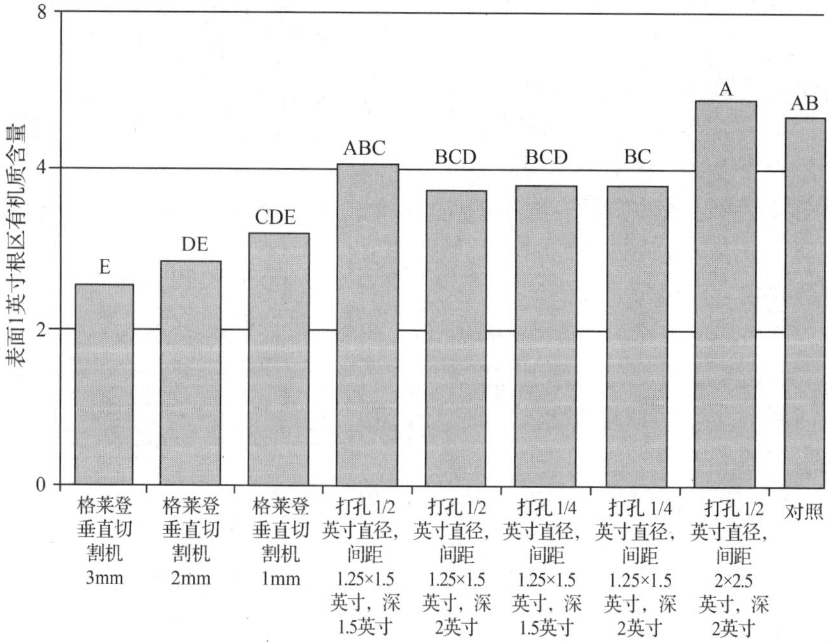

图 19.6　土壤表层有机质含量(改编自 Landreth 等)

注：耕作处理对根区的影响，在应用三组处理两个月后收集的数据，具有相同字母的柱状图代表的处理方法之间没有区别。

的枯草层非常严重，应去除前3英寸根区，施用新鲜的根区混合物，并重建草坪。对于不太严重的堆积，有机物含量可通过采用打空心孔通气和/或使用格莱登(Graden)型垂直切割机或同等设备以深垂直修剪的方式进行耕作管理。图19.6显示了3次耕作处理后根区残留的有机物。虽然随着打孔孔径的增大和间距的减小，有机质的减少幅度增大，但是结果说明深垂直修剪对有机质的减少幅度最大。

当草根在这个季节的最大生长期时，应该进行积极的深垂直修剪。应使用远离比赛场地主要部分的试验区试验，以确保草皮不会过度撕裂或扯起。

有机物监测应在每年的同一时间使用标准取样技术进行。请咨询草坪土壤测试实验室以获取详细说明。

在打空心孔或深垂直修剪后，应收集残渣，包括完整的土芯，并从场地移除。有许多优秀的商业孔芯收获机。如果一部分的打孔土芯破裂，无法收起也不必担心。通常，破裂的部分不包含大量的有机物。另外，重要的是要记住，耕作沙基根区的目的是去除有机物。不建议重新整合土芯到土壤中。

在某些情况下一个有效的以帮助管理枯草的工具是弗雷兹修剪(fraze mowing)。枯草只是根区有机物的一个组成部分，只是弗雷兹修剪机很可能无法控制根区所有的有机物含量。

备注

1. R. N. Carrow, A. M. Petrovic. 1992. Effects of traffic on turfgrass. p. 285-330, in D. V. Waddington et al. (ed.), Turfgrass. Agron. Monogr. 32, ASA, CSSA, and SSSA, Madison, WI.

2. J. J. Henderson, J. R. Crum, T. F. Wolff, and J. N. RogersIII. 2005. Effects of particle size distribution and water content at compaction on the saturated hydraulic conductivity and strength of high sand content rootzone materials, Soil Science 170(5): 315-324.

3. R. Kent, J. L. Forman, D. Lessley, J. Crandall. 2015. The mechanics of American football cleats on natural grass and infill-type artificial playing surfaces with loads relevant to elite athletes, Sports Biomech. 14(2): 246-257.

4. Henderson et al.

5. E. C. Mascitti, A. S. McNitt, T. J. Serensits. 2017. Divot resistance of thickcut sod as influenced by preharvest nitrogen and sand topdressing. Int. Turfgrass Soc. Res. J. 13: 1-8.

6. J. Landreth, D. Karcher, M. Richardson. 2007. Cultivating to manage organic matter in sand-based greens. USGA Turfgrass and Environmental Research Online 6 (19): 1-7. Available at http://gsrpdf. lib. msu. edu/ticpdf. py? file =/2000s/2008/080116.

pdf.

第20章 油漆和覆盖物

20.1 简介

本章涉及油漆和覆盖物，这些油漆和覆盖物可被视为运动场建设中的“收尾工作”，代表了作为体育比赛场地设施的组成部分。

油漆/涂料在体育场地管理中起着重要的作用。几乎每一个运动场都有一些绘涂的线条来界定边界和划分比赛区域。因为这些线条会影响球队场地策略和决策行使，所以直线、清晰的边缘和最小的过度喷涂是线条应用的重要目标。在多运动场上，涂料被用来区分各种运动的界限。涂料也用于装饰目的，如在50码线或橄榄球场的末端区域(端区)标记球队标志。它们也可以用来给整个草坪涂上颜色，比如休眠草坪，或者由于存在多种草坪草品种，因此在具有不同绿色的草坪上实现均匀性。

覆盖物用于保护场地免受过度降水或极端温度的影响，促进草坪生长，并保护草坪免受极端交通践踏的影响。每种情况使用不同的覆盖物。

我们将仅讨论草坪本身的覆盖物，尽管用于围栏、门柱和其他结构表面的材料也被称为覆盖物(这些结构覆盖通常用于为球员提供额外的安全，或允许在外场围栏上喷涂赞助商的标志或其他艺术品)。

20.2 油漆/涂料

20.2.1 涂装设备

目前市场上有各种各样的涂装设备。尽管有些区域的线条是用标准的4英寸滚筒喷涂的，但绝大多数的喷涂都是用喷涂设备进行的。这种喷雾设备通常采用压缩机驱动或“无空气”喷雾器，可以是步行装置或骑乘设备。其他的场地涂漆和画条纹的选择包括手动泵压力机器(使用一种类似于家庭园丁在乔木和灌木上使用杀虫剂的机制)和装有喷雾罐油漆的划线器。通常使用高压喷枪或气雾罐通过模板涂刷油漆来标记码标线数字或球队标识。

为了给整个场地上漆(或涂上着色剂)，最常见的喷涂设备是悬挂式喷杆喷雾器，就像用来喷洒化学杀虫剂的那种。这些喷雾器的喷杆通常为5~15英尺宽，泵的工作压力为每平方英寸30~75磅(PSI)。手持式草坪喷枪附在带泵的水箱上，也可以大面积使用，背负式喷枪也可以用于补漆。

20.2.2 草坪标记漆

在为运动场草坪上的标线和其他艺术品选择涂料时，最好的建议是使用专门为这些应用而配制的涂料。这些产品被设计成对草坪无害，也对球员的皮肤和眼睛无害，而且其配方也不会污染制服。避免去油漆店买工作人员说“应该有用的”产品，因为这些涂料不能指望有真正的草坪标记涂料的好处，并可能杀死草坪。

草坪涂料有各种类型和形式。目前市场上使用最广泛的涂料是一种环保型水性丙烯酸涂料。气雾罐提供了一个廉价的应用机器和不与水混合的方便性。气溶胶源的每单位油漆昂贵，但它们的方便性使它们成为许多人的热门选择。其他类型的油漆通常被称为乳胶混合和优质油漆。这些产品所含的颜料和增白剂通常是其他油漆的三倍左右，从而形成耐用、持久的标记，而不会对草地或环境造成损害。这些油漆完全覆盖在草叶上，而不影响其“呼吸”能力，涂料的强度越高，用户在调整涂料以满足其特殊需求(混合/稀释比)时的灵活性就越大。这种类型的油漆也可以用肥皂和水进行方便、安全的清洁。在研究涂料时，不要只根据价格购买，因为一些每加仑材料更贵的高级涂料可以用水进一步稀释，因为它们含有更高的颜料含量。

运动场涂料不应含有碳酸钙，这会使涂料在地上晒干后看起来“粉状”，很容易从草地上脱落。碳酸钙涂料的成本也很高，因为如果不尽快使用，任何剩余的涂料都会像混凝土一样硬化。良好的现场标记涂料也不应含有乙烯基共聚物；乙烯基涂料会杀死草。运动场用涂料应能防止霉菌生长、膏化、起皮、腐败和颜料的硬凝固。任何沉淀的颜料都应该是均匀的，没有持久的泡沫[1]。

为了应用油漆，前面提到的气溶胶源因其易于应用而广受欢迎。然而，如果一个人需要做大量的涂漆，那么无论是压缩空气或无空气系统通常更具成本效益。加压系统配备有一个压缩空气罐，定期对其进行补充，并使用现场混合或预拌的油漆/水混合物。无空气系统有一个独立的泵，其优点是能够直接从未稀释的油漆源泵送。压缩空气和无空气系统可用于骑行和步行式使用。

机器人现场涂漆装置不再是什么可以想象的，因为现在有许多全球定位连接的系统在市场上。这些设备的精度高达 1/2 英寸(或更高)，并配备了智能设备应用程序，允许运动场管理员对任何需要标记的运动场地进行编程设计。这些设备的优点是可以为其他任务释放劳动力。

在过去，一些场地用石灰粉进行画线标记，众所周知这会造成皮肤和眼睛刺激。如今，没有喷洒设备的设施基本上都改用研磨的大理石粉尘产品，这种产品不太可能引起刺激。这些干燥产品被广泛用于棒球场和垒球场的泥地区域。作者建议从运动员和草坪的安全角度来看，不要在运动场上使用任何石灰基产品。

20.2.3　线条、边界和模板喷涂

(1)线和边界标记

在画标志特定的比赛区域或界外地区的线时，不仅要知道线应该画在哪里，而且它们的确切宽度也是很重要的；一些权威管理机构通常规定了关键边界线的尺寸(图 20.1)。

图 20.1　橄榄球场上的线条绘制必须认真进行，以避免给球员和裁判员带来问题

可能最常见的违反线绘制原则的情况是使用一条细绳来指定线的位置。在绳子的一边作画会产生与在另一边作画略有不同的尺寸。知道这条线是在边界内还是在边界外，以及在细绳的适当一侧作画，也是很关键的。例如，在橄榄球场上，边线是界外的，必须画在绳子的外侧(有关各单项运动比赛场地的确切尺寸和线的要求，请参见各运动项目的章节)。

(2)模板

模板可以购买或自制。它们用于在橄榄球场上绘制数字，或在橄榄球场的端区或中间以最小的过喷量绘制徽标(图 20.2)。也可以不用模板画数字和艺术品；使用此方法时，保持喷雾器靠近草坪表面，以保持边缘清晰，并尽量减少漂移导致的模糊。

20.2.4　现场标记程序示例

标记大学橄榄球场的标准顺序：

图 20.2　模板提供了一种便捷的方式来在球场上绘制清晰的码线数字[照片由认证运动场地经理(CSFM)杰森·鲍尔斯提供]

①确定场地的四个外角。(除非工作人员包括熟练的测量员，最好让当地的测量公司进行这一关键测量)一旦确定了角的位置，在草地下放置某种类型的永久、凹陷的标记(木楔是很好的标记，不会像更硬的东西那样严重损坏设备)。

②使用长钉，用 3/4 英寸胶带缠绕在顶部，并涂上明亮的油漆。这使得他们很容易找到，减少了他们遗留在球场上的风险。

③用钉子作记号，用 360 英尺的尺子量出每一码线。长卷尺可防止在测量时必须拿起卷尺并移动卷尺。

④拉伸一根长细绳或轻的粗绳来指定两条边线和两条终点线。在这些绳上涂上油漆，然后在移动前给绳子一些时间晾干，以防止在码线之间留下不必要的油漆痕迹。

⑤然后把绳子从一条边线拉到另一条边线上，在钉头上对齐，从一条边线画到另一条边线。

⑥完成画线后，开始标记数字。从码线到码线的间距必须精确。模板使这项工作相对简单。

⑦完成数字后，标记各个码标线。

⑧最后涂上端区和中场的标志；这样的话，如果天气干扰了画线过程，球队仍然可以在一个正确标线的场地上比赛。末端区域字母和标志设计用模板布局，然后用手绘的方式填充(图 20.3 和图 20.4)。

以下是成功进行场地画线标记的一些额外建议：

油漆通常以 2∶1 或 3∶1 的水漆体积比混合(根据所选产品)，所有混合和油漆机灌装均在场外进行。根据所需的线条颜色和所用油漆的质量，多(或少)稀释油漆。无空气喷雾器通常是首选设备，因为它提供了最大允许压力，以更好地覆盖草地，但最大

图 20.3　正在开发的一种图案模板(或样板)，用于精确绘制学校标志和其他场地艺术图案。模板上正在切割出孔洞，以便涂抹工具能勾勒出图像轮廓和边界

(照片由德鲁·米勒提供)

图 20.4　标志设计随模板转移到草上后，工作人员可以手绘完成后面的设计

(照片由德鲁·米勒提供)

限度地减少了实际的油漆用量。明亮、清晰的画线的重要性是显而易见的，但是施涂者应该始终记住，在一个活的表面上的油漆对植物没有任何好处。北卡罗来纳州立大学的大量研究表明，遮阴、蒸腾作用的减少(即气孔受阻)和热应激的增加都是影响草坪健康的重要因素，尤其是长期使用较深颜色的涂料进行标记。

生长调节剂抗倒酯(Primo Maxx™)有一个专门规定其作为涂料混合物的添加剂使用，以延长现场标记等的使用寿命的产品标签说明。这种植物生长调节剂的使用通常使涂料使用寿命变为两倍或三倍。然而，因为生长抑制过于明显，以至于这种策略通常只在练习场或其他不太明显的比赛场地上使用，在这些场地上，它在减少时间和劳动力成本方面获得了巨大的回报。抗倒酯以每 1000 平方英尺应用面积添加 1 盎司产品的量添加。(为了计算添加到油漆中的生长调节剂的量，必须首先计算覆盖 1000 平方英尺所需的油漆量)初次涂抹画线时每 5 加仑油漆使用 0.5 盎司，以后几周重新涂抹时使用 0.25 盎司。

20.2.5　草坪着色剂

由于球场在秋季比赛季节结束前开始休眠并变为棕色(有时是狗牙根球场的一个问题)，许多运动场经理选择通过喷涂一层“着色剂”来保持草坪的外观而不是用黑麦草交播场地。

着色剂分为三类：油漆、颜料或染料，它们在产品中含有不同量的黏合剂。北卡罗来纳州草坪草管理团队发表了一篇非常详尽的文章，讨论了这些分类之间的差异，以及为什么这些差异可能会影响特定情况下产品的选择。对于我们的讨论，我们将使用“着色剂”一词来指专门配制的产品，用于对草坪进行永久性着色，而不是指有时与杀虫剂和其他化学试剂混合以帮助员工确保均匀喷洒的临时染料。

传统上，在音乐会等活动结束后，着色剂被用来恢复草坪的统一外观，音乐会等活动会导致舞台或其他设备放置几天后，草坪区域变黄。另一个潜在的应用是均匀性，其中问题区域的重新铺草皮造成了不均匀的外观。这种情况有时会出现在知名度很高的足球场上，赛季中期更换球场中间的草皮会导致明显的颜色差异。请记住，添加到杀菌剂中的色素也在第 9 章中讨论过，这些产品现在基本上全年都在使用，甚至在积极生长的草坪上，因为它们在缓解植物胁迫方面有好处(例如，Stress Guard 配方)。

在 21 世纪，各种永久性草坪草着色剂已进入市场，典型的标签稀释率从 1 份着色剂 7 份水到 1∶20 不等。人们应该在他们的地点和草坪上试验颜色，以确定哪些颜色能提供理想的即时和长期视觉颜色反应。作为涂料销售的产品具有更高的黏合剂含量和更长的使用寿命(对休眠的草坪很重要)，而颜料没有那么长的使用寿命，但在积极生长的草坪上能更好地增强颜色。

在应用这些产品时，一些谨慎的做法将有助于取得最佳效果。明智的做法是在使用前稍微提高修剪高度，并将着色剂涂喷在轻微有点潮湿但不很湿的草地上。在进行一般应用前，在小面积上测试着色剂，以确保最终的颜色符合要求。相邻区域可能需要用纸板遮盖，以防止人行道或其他表面着色。一些专家建议彻底湿润不需要着色的区域，然后在着色后立即冲洗掉任何过度喷涂的区域。使用吊杆式喷雾器时，喷雾杆应位于骑乘设备的后部，以避免轮胎印条纹。使用手动设备时，请走在喷雾器前面，以避免踩着色剂。当然，最好在无风的日子喷涂着色剂，以防漂移。着色剂的另一个优点是，它们可以帮助草坪在春季迅速变绿，因为它们较深的颜色可以吸收阳光并使土壤稍微变暖。

与任何喷涂产品一样，请认真遵循标签说明。

20.3 覆盖物

覆盖物的使用有很多原因，每种用途都需要选择不同的覆盖材料。同样重要的是要注意覆盖草坪的养护管理实践因覆盖类型和使用原因而异。

20.3.1 防雨罩

最著名的一种可能是防雨罩，当恶劣天气来袭时，棒球迷们可以看到这种防雨罩散布在内场上。防雨罩的作用是让雨水从球场排出，而不会渗入球场表面。然而，重要的是要记住，这种径流仍然必须远离球场，以防止潮湿的地区，例如，在外场或在棒球场的界外区域。有些场地在覆盖区域的边缘建有垂直排水系统或小型集水池，以协助排水。这种做法可以大大改善覆盖区域的整体状况，因为它减轻了未覆盖区域处理覆盖区域径流的需要(作者建议使用填砂垂直排水沟，而不是集水池，因为集水池需要更多的维护，以防止其成为安全隐患或影响球的响应)。

防雨罩由防风雨塑料制成，通常用尼龙或其他材料加固，以提高强度和耐用性。这些覆盖物有浅色和深色两种。深色覆盖层吸收太阳能，从而使下面的土壤更温暖，而浅色覆盖层反射更多的阳光，使草坪获得阳光更少。有些覆盖物一面是深色的，另一面是浅色的，这样草坪管理员就可以在温度较低时安装防雨罩“黑暗面朝上”，而在更热的天气里“浅色面朝上”。

尽管防雨罩对确保草坪(以及棒球泥地区域)的可玩性有很大帮助，但了解特定场地对其可运动性的反应也很重要。例如，由于“温室效应”下面的封闭环境，一些场地在防雨罩刚刚拿掉时会比较湿滑。在这种情况下，显然应该在每场比赛之前有充分时间移除防雨罩，以便让场地充分干燥。

防雨罩只能用于确保一场比赛的可运动表面，在温暖的天气条件下，一次不得在球场上停留超过一天。长时间盖上防雨罩会增加某些病害的风险，尤其是腐霉枯萎病。冷季型草坪草，无论是在北方永久种植，还是在南方临时种植，都特别容易受到腐霉病的影响。虽然腐霉枯萎病通常与高温和高水分条件有关，但重要的是要了解，水分过多是驱动腐霉攻击的最关键因素，在适当的水分条件下，它可以发生在任何类型的草上。如果在一个雨天里，雨布可能会因为需要而被搁置多日，要预防性地管理腐霉，请参考第9章中的腐霉专用杀菌剂。曾经发生过由于冰暴阻碍了防雨布的移除，防雨布覆盖下的草因为腐霉死掉的情况。

20.3.2 草坪增强覆盖物

第二种类型的覆盖物称为“草坪增强罩”，它的设计和使用都是为了在寒冷的天气里保持土壤的温度。它们还可以用来刺激种子发芽或保护草坪免受冬季伤害，并提供额外的好处，使春季更快地绿起来，防止土壤侵蚀，在秋季保持草坪更长的绿色时间。

草皮增强罩非常轻便和透明，通常由纺纱或编织聚丙烯制成。这些覆盖物大多是多孔和半透明的，因此空气、水和阳光可以通过到地面的草坪。由于它们的多孔性，草坪增强覆盖物可以一次放置数周或数月，甚至整个冬天。然而，应注意的是，即使在多孔覆盖物下，疾病压力仍然可能是严重的，当覆盖物在较温暖的天气期间保持在原位时，可能需要使用预防性或治疗性杀菌剂，如图20.5所示。

应该选择什么覆盖物来源和颜色？这取决于位置、草种和草坪经理的特殊需要。在旨在评估延长覆盖期(14~21d)可提高晚秋草坪质量和生长速度实验中，弗吉尼亚理工大学的研究人员观察到，允许足够的光合有效辐射(PAR)通过的覆盖物(在他们的试验中，这些橙色和红色不透水的雨布和Evergreen™草坪毯)在秋季后期维持了早熟禾的质量和生长。不透水的蓝色油布比未覆盖的

图 20.5　虽然由于覆盖草坪毯而导致的温度和湿度的增加会加速冬季的草坪生长，但病害压力也会增加，1 月中旬在多年生黑麦草上看到的丝核菌枯萎病就证明了这一点

对照草坪的质量和生长等级低，他们进一步观察到，透水的 Evregreen™ 草坪毯在秋季温暖的天气期间表现更好，因为它允许温度适中。然而，当在冬末用相同的覆盖物覆盖时，评估其对早熟禾春季返青和促进生长的效果，不透水雨布(不论颜色)的表现优于 Evregreen™ 草坪毯。

这些结果告诉我们什么？即使是传统上用于防雨的不透水覆盖物，也可以在较冷的条件下用于短时间覆盖事件，通过的光线和它们改变温度的能力都会产生不同的响应。为了在秋季凉爽的天气下维持早熟禾的生长和颜色，使足够的光线穿透草坪冠层的覆盖物是最重要的因素。然而，在春季，任何促进和维持较高温度的覆盖物都会加速春季草坪的返青而光照起初并不那么关键。

弗吉尼亚理工大学运动场经理将这些数据应用到他们对草地早熟禾训练场的管理中，在 4 月初春季橄榄球训练开始前 3 周，他们用可透水的白色或橙色毯子覆盖草坪。结果是呈现一个郁郁葱葱、绿色的早熟禾的运动表面，这比它通常会在布莱克斯堡的气候下早几周出现(图 20.6)。草坪研究人员还观察到，初夏覆盖地区的早熟禾质量下降。由于覆盖，储存的食物储备用于提供早期生长响应，最终导致后期夏季草坪质量短暂下降。这种质量损失对这一特定场地来说

图 20.6　用可渗透的橙色聚丙烯覆盖 3 周后，草地早熟禾的春季返青加速了 4~6 周

是最小的担忧，因为直到 8 月它才被再次使用，但是这种仲夏增长的滞后对于一个场地持续使用的场地经理来说是很重要的。

草坪增强覆盖物的一个更传统的用途是延长生长季节，为狗牙根提供冬季保护，并在后期建植冷季草坪。即使改良的狗牙根品种增强了耐寒性，它仍然是一种暖季型的草，在极端的冬季条件下受益于草坪覆盖的保护。密西西比州和弗吉尼亚州的研究人员报告表明，定期使用轻质、可透气透水的覆盖物进行防冻保护，可以将秋季狗牙根的生长期延长 5 ~ 8 周。在冬季，这些覆盖物被继续放置在草坪上以防低温，翌年春季，它们使狗牙根返青早了 6 ~ 8 周。同样，在严格的秋季大强度使用计划之后，在冷季场地(或黑麦草交播的狗牙根场地)的新种子建植上使用透水性覆盖物，可能是第二年春季在草地或泥土上比赛的区别。同样，在冬季异常温暖的季节需要定期检查覆盖下的草坪，作为冷季型草尤其会暴发严重的疾病。在狗牙根上，早春返青面临的最大挑战之一是根据需要重新覆盖草坪，以保护草坪不受后期冻害的影响。具有讽刺意味的是，如果草坪早春冻害不保护的话，使用草皮覆盖物进行冬季保护和加速春季返青实际上会增加冬季受伤的可能性。

覆盖整个场地的成本可能很高，但极端

寒冷和随后在中南部和过渡区可能出现的草坪退化的影响可能需要更昂贵的补救措施(包括全部重新种植)。在多用途场地上，冬季冻死几乎总是发生在践踏最繁忙的区域，因此如果预算不允许覆盖整个场地，考虑在码标线和30码线之间进行覆盖，以保护草坪和/或提高春季运动的草坪覆盖率。

2017年，弗吉尼亚理工大学的研究人员公布了实地研究的结果，比较了各种商用覆盖物对土壤温度和湿度、光和水孔隙度的影响，以及它们的湿重和干重对操作使用的影响。[4] 这些数据继续清楚地表明，没有什么"最佳覆盖物"可以满足运动场草坪经理可能具备的所有需求(防雨、低温保护、生长和颜色增强、生长和颜色维持等)。除了有关草坪性能及其成本的性能标准外，在选择覆盖物时考虑处理、安装和储存要求也同样重要。如果覆盖物太难操作处理(尤其是面对有限的工作人员协助使用它时)，则不太可能在需要时能够用上它。最后，考虑一下经常被忽视的覆盖物的最后一个好处，它可能和前面提到的任何细节一样有价值：它是一种特殊的交通践踏控制手段，在冬季让人们远离场地。

20.3.3 草坪保护覆盖物

第三种类型的覆盖物是"草坪保护覆盖物"。这些覆盖物用于保护践踏繁忙地区的草坪，如橄榄球场的长凳区，或球队进出设施的地点。在诸如毕业典礼、宗教集会和音乐会等活动中，当球迷们站在或坐在球场上时，它们也可以用来保护草坪。草坪保护覆盖物的组成因场地上的活动以及它们打算保持在原位的时间长短而变化很大。一些保护覆盖物是多孔的，无纺布合成纤维。它们可以让水、空气和有限的阳光到达草坪，但可以保护草坪不受践踏的严重影响，尤其是有鞋钉的鞋。由于它们的多孔性，草坪保护覆盖物可以一次放置几天，但由于它们限制阳光照射到草坪上，因此不应长时间放置。

对于长期的现场保护情况，如音乐会，音乐会舞台和安装设备的重量所在的区域，以及可能在场地上的座位和密集的步行交通践踏等，加利福尼亚州立大学河滨分校的同事在20世纪90年代进行的开拓性研究的许多原则仍然有用。他们评估了草坪草的耐用性，以及在受到不同类型覆盖物保护时对模拟交通影响的恢复情况。[5] 他们研究试验中的"交通践踏"是通过一辆7吨重的铲车，每天20次，持续两天或四天，经过各种旨在保护多年生黑麦草基底的场地覆盖处理。在模拟交通期结束后，移除覆盖物，将场地划破打孔，草皮然后短时间浇水淋湿。所有地块在移除覆盖层后4h进行彻底灌溉。

覆盖层处理的有效性评定如下：最有效的覆盖层为3/4英寸厚胶合板，覆盖两层土工织物。下一个最有效的覆盖层是一层土工布上的胶合板。Enkamat™ 加一层土工布上的胶合板虽然效果差一些，但比单独使用胶合板更有效，而且所有测试选项都比完全不覆盖要好。

弗吉尼亚理工大学的研究扩大了加州大学的工作，包括最新一代的高密度聚丙烯保护盖的比较。这些聚丙烯覆盖物的优点是，它们允许大量的光通过覆盖物，从而维持一定程度的草坪光合作用。对于高密度方形保护覆盖物能接收到阳光的地方，白色高密度聚丙烯覆盖层因为辐射能通过，因此保持了草坪旺盛生长。然而，在弱光条件下(如舞台下)，其性能与标准胶合板、土工布和Enkamat™ 组合相当。为了解决这一限制，弗吉尼亚理工大学的研究人员约翰·罗伊斯在高密度聚丙烯覆盖物上配合光合有效LED照明，可以在遮阴条件下保持草坪的旺盛生长，结果非常良好。保护覆盖系统和来源继续在发展，并需要更多的研究和评估。

所有的研究试验和运动场管理人员的实际经验继续表明：①在覆盖前通过减少灌溉来干燥场地是至关重要的；②在覆盖前适当调整植物生长调节剂(如Primo Maxx®)的时

间，以降低植物生长率，具有明显的好处；③使用预防性杀菌剂疾病控制计划（特别是腐霉特异性杀菌剂处理）很重要。在覆盖层去除后的恢复阶段，频繁地对土壤进行短暂浇水淋湿和划开/通气有利于草坪草的恢复。[6]

备注

1. Information supplied by World Class Athletic Surfaces, Leland, MS.

2. W. C. Reynolds, G. L. Miller, D. P. Livingston, T. W. Rufty, 2016. Athletic Field Paint Color Impacts Transpiration and Canopy Temperature in Bermudagrass, Crop Sci. 56: 2016-2025. doi: 10.2135/cropsci2016.01.0028.

3. G. Miller, D. Pinnix, 2018. "Guide to Using Turf Colorants?" NC State Extension, Publication AG-843.

4. M. Goatley, W. Askew, S. Askew, J. Dickerson, D. McCall, 2017. Turfgrass Cover Sources Vary in Temperature, Light and Moisture Penetration, and Weight, International Turfgrass Society Research Journal 13: 297-304, doi: 10.2134/itsrj 2016. 06. 0484.

5. S. T. Cockerham, R. A. Khan, G. H. Pool, R. Van Gundy, V. A. Gibeault, 1994. Events Traffic on Sports Fields: Protection and Recovery. California Turfgrass Culture 44(1&2): 6-7.

6. J. P. Royse, 2012. "Protection Covers for Trafficked Turf, MS Thesis," Virginia Tech, http://hdl.handle.net/10919/32883.

第21章
场地评估与草坪草评价

21.1 简介

体育场和生活的许多方面一样，“质量”在很大程度上取决于旁观者。球迷通常通过外表来判断运动场的质量。球员和教练根据摩擦力和控球标准评估草坪。但即使这些，标准也各不相同；一支速度较慢的球队要打快一点的球队可能更喜欢潮湿的地面，以使脚底变软，中和对手的优势。

当然，在现实世界中，评价的多样性更大。场地经理的判断包含了一些因素，比如保持场地可玩性/运动性所需的维护时间。学校董事会或公园管理部门将成本因素纳入其质量评估中等。

在讨论场地评估和草坪评价时，我们考虑了一些用于评估运动场质量和安全的设备和测试方法，这些设备和方法与场地硬度、摩擦力、土壤压实度、湿度和温度有关。

最后，我们考虑了由运动场草坪管理者协会开发的一种场地评估方法，称为比赛条件指数(PCI)，并详细说明了其定期使用如何成为评估和监测场地比赛条件的一种重要方法。

21.2 场地质量构成

球场的“质量”很大程度上取决于球场对球员安全和表现的影响。在评估场地安全性时，硬度和摩擦力是显而易见的考虑因素。场地太硬会增加运动员摔倒的严重程度，而潮湿、泥泞的场地会造成运动员腿部肌肉的早期疲劳，并可能导致拉伤和抽筋。

在考虑球的响应时，均匀性是关键特性。颠簸不平的比赛场地会导致球的弹跳和滚动不稳定和不可预测，也会对落脚造成不利影响。球的速度也是一个需要考虑的因素，它会受到剪草高度、场地类型和条件的很大影响。连续的草坪对场地的均匀性至关重要。

21.3 美感和质量

正如任何一位运动场经理都会说的那样，球迷通常会根据场地的外观来评价它。而这个简单的标准通常是指草坪养护的另一个不太明显的方面。尽管还必须考虑其他因素，但通常情况下，一个看起来不错的场地比一个看起来不好的场地质量更好。举例来说，一个中间磨损或泥泞的橄榄球场显然不如一个完整密实草坪覆盖的场地。棒球或垒球场泥地区域看起来像沼泽没有一致的坡度，因此是不均匀的。一个足球场，看起来像一个被撕碎的烂摊子，可能是维护不善，很难在上面比赛。

然而，缺乏视觉外观并不总是等同于缺乏“可玩性”。例如，在春季橄榄球和棒球赛缺乏视觉吸引力的休眠、无交播的狗牙根场地通常会比秋季不适当交播的场地比赛更安全场地(图14.3)。

对所有职业场地经理来说，一个重要的美学因素就是剪草图案。一些最有吸引力的场地是那些有创造性的修剪图案的场地，这也反映了对这些模式的外观在设施作为一个整体的前瞻性思考。职业棒球为创造性的剪草提高场地的整体质量设定了标杆，如图21.1所示。

由于剪草机图案的主要控制因素是基于

图21.1 职业棒球设定了有吸引力的条纹图案的标准，这些条纹图案可以增强对高质量场地的感知(照片由匹兹堡海盗队的场地运行主任马特·布朗提供)

剪草机在草地上行驶方向的颜色变化，应向缺乏经验的操作员传授直线剪草的重要性。许多橄榄球场在给定的5码范围内所有的草地都是朝着同一个方向修剪的，而其他运动则倾向于前后交替的条纹。在剪草机图案较轻或对比度最小的情况下，可以将与剪草机切割宽度相同的轻型滚筒拖到后面，以增强预期剪草机图案效果。

改善场地外观的另一种方法是在场地上和周围使用彩绘徽标和文字。视觉吸引的标志可以作为体育设施中一个建立团队精神和自豪感的伟大方式。虽然他们的视觉效果是惊人的，有太多的场地，更多的关注标志和设计，而不是草坪质量，一些专业人士将此称为"漂亮场地综合征"。多年来已有数百份报告向运动场草坪管理者提出，提醒他们运动场草坪管理的原则重点应放在场地可玩性和安全性上，而不仅仅是外观上。

21.4 影响球和球员反应的表面特征

在任何运动场上，运动员与地面的相互作用都受到两个关键场地特性的影响：硬度和摩擦力。研究人员开发了专门的设备，以便对草坪表面的这些特性进行精确且科学的测量。

从技术角度来看，硬度是指表面吸收物体与之碰撞所产生能量的能力，换言之，它就是减震性能。在比赛中，物体可以是球，也可以是球员的脚或身体。为了测量硬度，在草皮上投放加重的"投掷物"，以模拟运动员在地面上摔倒或奔跑。通过把投掷物从一个恒定的高度和重量扔到不同的表面上，可以测量和比较表面硬度的变化。

摩擦力被定义为"附着摩擦力"，也就是说，一个球员的脚在施力于它时能够安全地保持在一个地方，而不打滑。在运动场草坪的情况下，这种摩擦力体现了球员的脚和场地表面之间的关系。摩擦力通常使用模拟鞋钉压入地面动作的设备进行评估。

本章中讨论的其他可供运动场管理人员测试场地的设备与土壤压实度、土壤湿度和土壤温度有关。

21.5 评估比赛场地的测试设备

选择下面介绍的运动场表面测试设备是因为它对所有运动场从业者都有价值。该设备提供的信息有助于场地经理评估运动场的质量，并提示他们何时需要进行维护和翻新。如果参与第21.6节讨论的"比赛条件指数"，那么其中一些设备是美国运动场草坪管理者协会要求的。

21.5.1 硬度评定设备

测试场地硬度最常用的设备是克莱格锤，如图21.2所示，也称克莱格冲击试验机(CIT)。克莱格锤及其配套的计算机设备根据通过测量投掷物落在草坪上的反应来计算表面的硬度。CIT重量轻，携带方便。它可以很容易地运到现场进行测试，然后返回实验室进行结果分析(图21.2)。

21.5.2 摩擦力评估设备

叶片剪切测定仪通常用于测试摩擦力。它由12个与切割头呈直角焊接的翅片组成。它被脚的压力压入草坪表面。将脚移开，通

图 21.2　克莱格冲击试验机(或克莱格锤)
根据“投掷物”通过导管落下时的冲击反应测量表面硬度

过向同一方向转动相反的手柄手动施加扭矩。草坪或土壤发生剪切时进行测量(图21.3)。从仪器顶部的校准仪表上读取最大扭矩。

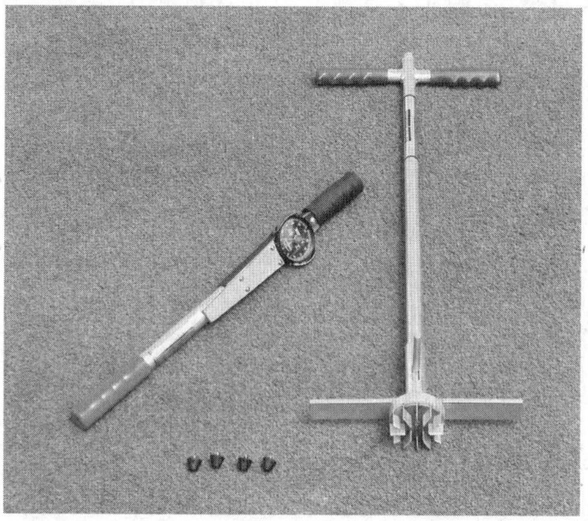

图 21.3　用于测试摩擦力的叶片式剪切仪
(照片由约翰·马斯卡罗提供)

21.5.3　土壤压实试验设备

表盘贯入度仪用于测试土壤中不同深度的土壤压实度。使用该设备获得的信息将提醒管理者何时需要对场地进行打孔通气，以及需要打孔孔针的深度(图21.4)。

图 21.4　测试土壤压实度的表盘贯入度仪
(照片由约翰·马斯卡罗提供)

21.5.4　土壤水分测试设备

大多数湿度传感器的设计是提供1~4英寸深的土壤读数。它们提醒用户需要对灌溉控制器进行调整，以便在系统每次运行时向给定区域或整个场地多或少加水。它还用于在出现任何胁迫迹象之前确定干燥点。通过使用可变深度功能，用户可以识别渗透和渗滤问题，否则很难检测(图21.5)。

图 21.5　土壤湿度传感器
(照片由温德尔·哈钦斯提供)

21.5.5　温度测试设备

(1)草坪土壤温度计

数字袖珍温度计用于检查1~3.5英寸深处的土壤温度。这些信息可以用来预测杂草的萌发和交播时间。它还可用于检查田间覆盖物和防水油布下的土壤温度(图21.6)。

(2)人造草坪表面温度计

红外温度计用于检测人造草坪的表面温

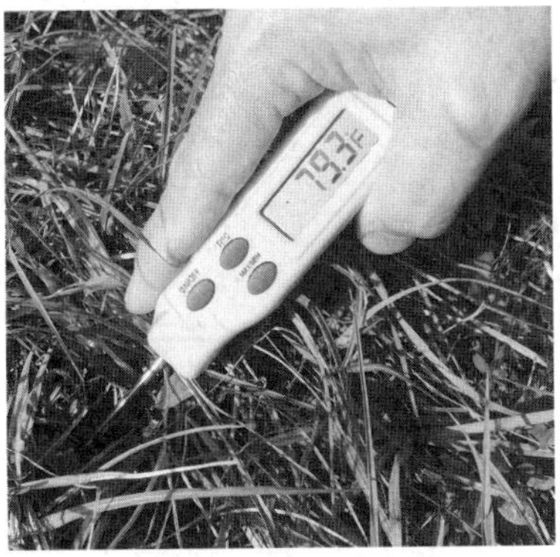

图 21.6　草坪土壤温度计
（照片由约翰·马斯卡罗提供）

度。它主要用于提醒参与者为了自身的安全注意运动环境炎热的情况（图 21.7）。

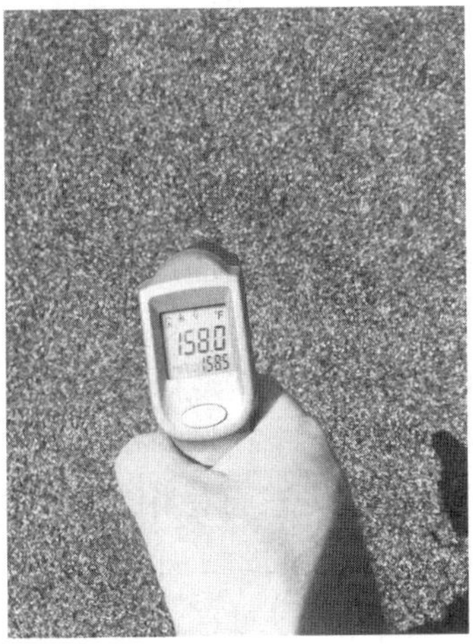

图 21.7　人造草坪红外温度计
（照片由本·波利默提供）
（照片显示温度为华氏度，158℉＝70℃）

21.5.6　比赛条件指数

美国运动场草坪管理者协会（STMA）开发了比赛条件指数（PCI），以帮助会员评估其场地的可运动性。比赛条件指数 2008 年开发，并于 2018 年更新，以进一步解决运动场的安全性、可玩性和球迷享受的条件。场地条件直接输入由运动场经理们制作的 Excel 电子表格。电子表格会自动为测试的场地生成比赛条件指数。每当数据被输入时，即可将结果发送至美国运动场草坪管理者协会，从而帮助运动场草坪经理们明确场地需要重点关注的区域。比赛条件指数现在有数字格式用于天然草场地和人造草坪场地。（要输入有关场地硬度、压实度和土壤体积含水量的数据，需要使用克莱格冲击锤、土壤湿度传感器和表盘贯入度仪）

每个美国运动场草坪管理者协会成员可能会发现在不同场地比赛条件指数非常有用。他们可以用一种特定条件最有意义的方式来使用它。比赛条件指数能够为雇主、运动员、教练和球迷提供关于如何打造高质量比赛场地所需技能和知识的见解。这些工具还能增进公众对提供安全、适宜比赛的运动场地所需工作类型和专业知识的理解，进而提升运动场地管理人员及场地使用者在专业领域内的认可度。

要下载比赛条件指数的 Excel 电子表格以供使用，或获取有关其开发和/或利用的更多信息，请登录 https://www.stma.org 网站。

第22章 安全

22.1 简介

运动员和观众的安全是设计、建造和维护任何体育设施的重要考虑因素。因为运动员在运动场上及其周围高速移动，因此在运动场上，安全因素如明确的停止距离和草坪上轻微的不规则，相较于在住宅庭院草坪上的要求更严格。对于像棒球和垒球这类运动，球以极高速度离开比赛区域，对观众造成伤害的实例是有据可查的。

在本章中，我们将考虑影响运动场和相关设施整体安全的一些主要因素，并探讨在设计、建造和维护优质设施时应牢记的一些常见安全问题。

其他安全问题可在第2部分“运动场设计原则”的引言和第2部分各章开头找到。

22.2 球员安全和表现

在讨论安全问题时，一个很好的出发点是这样一个想法：一个旨在提高性能的场地也可能是一个更安全的场地。除了硬度和摩擦力等因素外，球员的安全还直接受到场地平整度和均匀性以及草坪覆盖层厚度的影响。场地和界外区域应无障碍物。例如，暴露、凹陷和/或升高的浇水喷头可能会导致球员绊倒和受伤。棒球场或垒球场上突出到场地里的栅栏底部存在安全隐患(这种突出的栅栏底部通常是由于轻抛击球练习造成的，所以要限制在专门购买或搭建的练习网中进行此类练习)，集水池应该位于远离比赛场地的地方，或者如果太靠近场地的边缘，应该被覆盖起来。

一个安全的场地也是一个有能力容纳降水的场地。例如，在潮湿的天气里，一个设计合理的棒球场比一个设计拙劣的棒球场更安全。更好的棒球场将更有效地排水，从而使基础更稳固，防止滑倒和摔倒。一个过度使用和践踏的橄榄球场，有薄薄的草坪或光秃秃的地面，这将迫使球员们在坚硬的地面上比赛，这也会妨碍良好的摩擦力(或者，在潮湿的天气，在泥泞的场地上)。

在许多运动场上，最大的安全障碍是安装在运动场上或附近的固定物体。记分牌、栅栏、墙壁、安装不当的足球球门，甚至像集水池这样的排水结构，如果放在运动员可能撞到的地方，都会造成严重伤害。在这本书关于特定类型的运动场的章节中，列出了推荐的间距，以便进行适当的场地设计。这些建议是最小安全间距，并且比最小值更大的间距允许更大的空间并相应地增加安全性。

查看最新的规则手册，了解其他的运动员安全要求和建议。一些棒球和垒球规则书要求在球员席前设置围栏，以保护球员不受界外球的影响。在橄榄球场上，许多规则书也推荐或要求在球门柱下面8英尺处使用垫子包裹。

也要记住，球员必须安全进出赛场区域。有些表面在潮湿的天气里会像冰一样滑，所以在比赛前后要确保运动员有安全的立足点。如果球队成员在斜坡上或下坡时接近场地，请使用防滑材料防止滑倒。此外，在发生事故时，允许应急车辆方便地进入场地比赛区。

22.3 观众安全

与运动员安全一样，观众安全取决于设施的正确设计、建造和维护。避免可能绊倒人的不必要的危险，如集水池或小台阶。记住，那些在大白天看起来安全且没有障碍物的区域，在夜间比赛结束时可能会灯光昏暗且危险。当观众上下看台到人行道或地面时，“小心脚下”等警告标志对他们很有帮助。为观众提供从停车场到场地的安全通道。如果通道太崎岖或太陡，可能会造成观众受伤。最好提供最大坡度不超过8.33%的铺面区域，与残疾人无障碍走道相同。

对于单个棒球场或垒球场，场地设计中的几个考虑因素对观众安全有直接影响：保护观众不受从比赛区域飞出的跑偏球的影响，提供足够的挡球网保护以确保观众的安全，以及保护特许货摊处的球迷不受界外球的影响。

对于多个棒球或垒球场的布局，保护球迷的问题更大。一个多场地的综合设施设计有背靠背的本垒板，甚至是并排设计的场地，中心区域必须受到保护，防止来自四面八方的界外球。因为在同一时间同一场地进行多场比赛，这意味着需要使用更多的保护网。球迷很难留意到他们正在观看的比赛的界外球，更不用说注意他们没有观看的比赛的界外球了。

棒球和垒球比赛中，观众因球打出球场而受伤是最常见的问题。防止此类事件发生的最佳策略是在观众区前面放置围栏或网。对于业余比赛球场，露天看台应该放在本垒板和休息区附近，而不是沿着垒线放，那里通常是最硬实的击球落点。

也许在足球比赛中，球员们跑出球场并挤进观众群是最常见的情况。近年来，这项运动的迅速普及导致了许多多个场地复合体的建设，其中一些场地之间只有几英尺，几乎没有任何净空。这就造成了危险，因为观众被挤到球场沿线的小区域，通常有一半的观众面对相反的方向。当运动员高速跑出比赛区域时，他们可能会撞到观众，或者为了避免碰撞而受伤。尽管这种危险在足球中最常见，但青少年橄榄球、曲棍球和长曲棍球在使用多个场地布局时也会造成类似的危险。

为了防止这种危险的环境，场地规划者应该尽量为运动员和教练保留场地的一侧，并限制观众在不是场地之间受挤压的场边。这一做法在许多青少年足球组织的规定中得到了正式规定，不允许家长和其他观众与球队站在同一边。高中和大学规则书建议或要求在距离场地边缘10~15英尺或更宽的地方设置限制线，所有观众必须站在限制线后面。这就给了球员更多的空间停下来或者改变路线来避免碰撞。

足球运动中的第二大安全隐患是足球场底线飞出场外球的可能导致人员受伤，这些球在射偏离开比赛区域时，往往会以高速移动。虽然足球比棒球或垒球更大、更软，但其额外的质量可以提供足够的力量，对注意力不集中的球迷造成伤害，尤其是对儿童。把小路和走道远离球场底线可以真正提高安全性。

事实上，一般来说，提供围屏和围栏以保护人行道上站在货摊处和其他场外区域的观众，这可能是提高安全性的最佳方法之一。虽然看台上的观众都把注意力集中在比赛上，因此如果有球靠近，他们可以让开，但那些走到洗手间或等着买热狗的人可能根本不知道场上比赛的进展，因此更容易受伤。

22.4 安全设计

一个安全的场地始于一个精心设计的场地。运动场设计师应考虑(但不限于)本章中提到的安全建议。以下各节解释了设计单个场地或多个场地综合体时应牢记的具体安全注意事项。

22.4.1 布局和坡度设计

单个场地或多场地综合体的平面图从概念平面图开始，该概念平面图显示了土地以及场地如何与整个地块的规模相适应。概念规划应显示道路和停车场尽可能靠近场地。该平面图还应包括通往现场的行人和设备通道。这也是考虑方向、场地间安全净距、集水池和/或洼地、保留/滞留区、观众座位、售货区、走道和景观美化的最佳时机。对概念图进行调整比对全套施工图进行更改更容易。

概念规划完成后，下一步的运动场建设规划就是坡度整地规划。为了球员的安全，请确保球场轮廓地形从一个地形到下一个地形是均匀的。将每个场地隔离为一个单独的排水单元。这意味着任何球场都不应该排水到另一个球场上，在潮湿的天气里造成不安全的比赛条件。在球场上和周围有足够的场地标高，以保护球员和观众在潮湿天气中免受湿滑的影响。与概念图一样，分析坡度平面图中可能导致球员或观众受伤的任何情况。

22.4.2 排灌设计

另一个可能影响平面布置图的设计细节是排水方案。确保场地之间和周围有足够的空间来容纳集水池和洼地，并且还有足够的空间来容纳球员板凳和观众区。在设计排水结构时，将集水池放置在远离场地的地方，并在顶部使用一个小网格。洼地可能是一种危险，特别是如果坡度变化太剧烈的话。毫无防备的球员会突然发现自己好像在稀薄的空气中奔跑。如果场地排水系统包括洼地，洼地底部的拦截器排水将使步行和车辆交通更加安全。拦截器排水沟也可用于规划低洼区的底部。低洼地区的底部不必倾斜以排除积水。实际上，底部可以是水平的。有关截污干管/拦截器排水管/沟的更多信息，请参见第6.4.1节中图6.4和图12.15。

浇水喷头应带有橡胶盖，并根据其预期用途进行选择；有些喷头是专门为运动场设计的，使用其他喷头可能会导致球员受伤。这些头部有一个小的外露表面。作为一个一般规则，安装在比赛区的浇水喷头应该覆盖大面积，以便减少喷头数目的需要。尽量避免将喷头放在人流量大的区域，如橄榄球场中心。阀箱应位于远离比赛场地或靠近围栏或墙壁的位置，以防止球员绊倒或滑倒。

22.5 施工和改造期间的安全问题

很显然，在建的场地应该用建筑围栏加以保护，以防止公众在场地内游荡。场地可能有许多他们可能没有意识到的危险。安装集水池时，用自密实材料填充集水池周围的孔，以防止结构周围沉降。经常检查这些挖掘区域，必要时进行填充。它们不仅在施工过程中可能会绊倒，而且在工程完工后也可能会绊倒公众。如果安装不当，灌溉系统也可能存在安全隐患。为防止绊倒，应安装浇水喷头和阀箱时，使结构顶部位于地面。一定要压实灌溉沟，以防止沉降和表面不平整。如果发生沉降，填充所有低洼区域，形成光滑均匀的表面。

在整修工程中，让运动员和观众离开球场比在施工期间更困难。通常情况下，施工围栏不用于仅需一周或两周的项目，但请记住，为了施工期间的安全考虑，应采用上述段落中详述的相同预防措施。当翻修棒球场和垒球场时，移除唇形边缘、丘脊和草丘，以防止球员受伤和场地积水。有关泥地区域翻新的更多信息，请参见第12.4.1节。

无论是在施工还是翻修场地，都应遵循以下安全注意事项：①用胶合板覆盖施工孔和沟渠，或用条板和警示带围绕这些危险。②当使用细绳来定义坡度和/或不同类型的材料时，解开细绳以释放张力，这样毫无防备的过路人就不会被它们绊倒。③当用钉子绑绳子时，在钉子旁边放一个至少三英尺长的板条(上面有一条缎带)，以警告人们要小心。④如果施工或翻新设备导致车辙，则将其填充以提供光滑一致的表面。

22.6　维护安全的设施

提高运动场安全性的一个好方法是在每个赛季结束时给运动场打孔通气、表施土壤和整平。这一过程减轻了土壤压实板结问题，而土壤板结会导致草坪损失和摩擦力相应减小。整平过程消除了可能导致球员表现不佳以及不必要摔倒的不均匀性。丛生型草坪草管理不当造成的草丛可能导致产生不安全的比赛场地(图 14.3)。

在棒球和垒球场上，使用正确的拖平程序，防止泥地区域和草地边缘形成唇形堆积。如果一个球击中唇形区域，它将在空中飞行，并可能造成球员伤害。这些唇形边缘会导致积水和滑溜的泥地区域。有关泥地区域维护的更多信息，请参见第 12.5.1 节。

经常检查集水池，以确保土壤没有沉降，避免其以危险的方式突出地面。如果有沉降，应及时填充沉降区域，确保结构与周围土壤保持齐平。图 22.1 所示为一个集水池，由于其位置非常靠近场地，因此确定其高低位置正确，并包括一个橡胶盖。像排水系统一样，灌溉喷头应该在整个季节进行检查，损坏的应该更换。上下调节喷头，使其与地面平齐。如果喷头周边土壤已经沉降，则填充低洼处，以确保喷头不会绊倒球员。

图 22.1　这个集水井位于场地边缘附近，上面有一个带孔的橡胶井盖，以保障球员安全并实现地面排水。要经常检查井盖，确保它正确地盖在集水井上

良好的剪草实践有助于提高球员和观众的安全。剪草太高或太低，会导致球场产生多余草屑，并增加球员绊倒和摔倒风险。同样重要的是剪草机的所有制造商的安全防护罩安装规范。不正确地安装或拆卸安全防护罩可能会导致人身伤害和保修失效。在附近有人或车辆的情况下剪草时，一定要使用一种可以防止物体在空中飞过，从而伤人或损坏东西的剪草机或附件。当地面太湿时，剪草机轮胎造成的车辙应填充，以提供安全、光滑的表面。

第23章 环境管理、资源保护和可持续性

23.1 简介

环境管理是负责自己环境(比如地球)的人的责任。人的责任级别可以在个人、团体、社区、州、国家或全球范围内承担。在运动场环境中，环境管理可在场地经理一级采用，并向上转化为愿意分担这一责任的利益集团或各方(即工作人员、利益相关者、公民领袖、学校或政府官员、球队或俱乐部成员等)。资源节约是对所有自然资源的保守消耗。场地经理负责场地管理中使用的自然资源和合成资源的评估、应用、保护和处理。可持续性是基于减少、再利用和循环利用自然和合成资源的原则，这些资源可以在不损失或污染自然资源的情况下长期使用。一个可持续的球场应该用最少的投入来管理，这将优先用于提高土壤和水质，同时达到一个安全的比赛场地的目标。

运动场草坪管理者协会通过向运动场草坪设施提供“环境设施认证计划”来拥护接受环境管理、资源保护和可持续性的原则和概念(详情见第25章第25.2.6节)。该项目允许场地管理人员评估他们的设施，发现不足，进行改进，并在10个不同方面接受独立评估，如果认证成功，则由美国运动场草坪管理者协会认可他们的成就。

我们撰写本章的目的是为场地经理提供可采取的行动领域，以节约资源，保护环境，建立可持续的管理体系，确保安全的比赛场地。这些潜在的行动领域相互依存，相互联系；一个主题领域的变化或修改将影响其他领域(图23.1)。

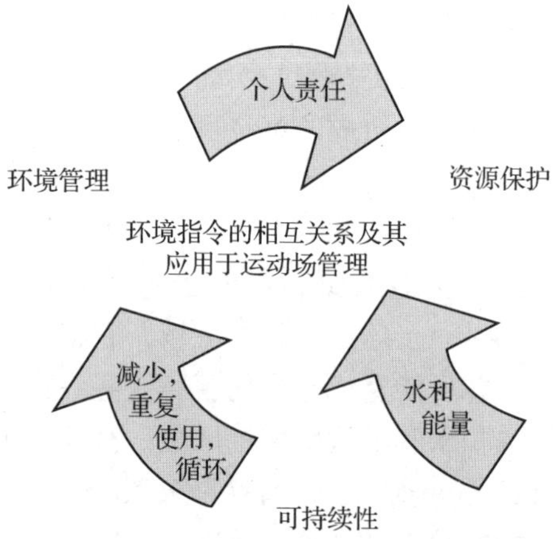

图23.1 环境管理、资源保护和可持续性是相互关联的指令方针，当采取行动时，将在运动场管理的背景下保护土壤和水资源

23.2 环境管理

场地经理可以通过多种途径引入和实施环境管理行动和活动。个人责任是环境管理定义中的关键词汇。其中一项职责是传达或教育共同环境保护愿景的概念，尽管构成运动场社区(工作人员、利益相关者和观众)的人员和观点多种多样。以下是一系列建议和语言，场地经理和利益相关者可以使用这些建议和语言来沟通和实施环境管理计划。①

- 以书面形式确立环境管理倡议的目标。
- 审查当前的程序/做法，以建立当前活动的基线。
- 要求所有缔约方针对环境管理的定义和确定的目标确定替代行动(最初的重点应放在易于实施或中断的行动/变更上，以便

这些行动得到广大利益相关者的认同）。

• 向利益相关者传达新的或更新的环境保护目标。

• 记录并维护与该组织公关部门的沟通渠道（例如新闻稿），以通报目标/目的的实施状态，从而激发并保持该倡议的推进动力。

• 定期审查目标和战略的相关性和有效性，并根据需要更改目标。

• 在三年或五年纪念日出版一份关于倡议成就的文件，记录目标/目的中概述的成功或失败。

• 许多书籍和网站涉及与环境管理相关的沟通、战略和创新。所有环境管理行动中最受限制的部分是愿意承担责任并坚持到底的人。

23.3　资源节约

资源节约是对自然资源的保守消耗。自20世纪30年代和沙尘暴十年以来，美国自然资源保护一直是社会关注的焦点。场地经理每天处理各种可以保存的资源。主要资源水和能源应该受到最大的关注，因为这些资源有竞争力的定价，并由一个社区的所有成员在供应、需求和保护的基础上使用。

23.3.1　水

节约用水对每个人来说都是至关重要的，因为它扩大了更多人的用水范围，降低了开发新水资源的成本。在沙漠、降水量有限和人口稠密的州（即西南部州、雨影州和大都会集中的州），节约用水的努力尤其重要。即使在雨量充足的地区，夏季用水高峰也会引发节水问题。

采用节水策略的途径包括物种选择、节水养护实践和节水灌溉计划与设计。物种选择是减少用水的最直接手段。在冷季型禾本科植物中，最好或最低的水分利用种类是细叶的羊茅/细羊茅。不幸的是，这类草坪草不适合用于运动场，因为它们缺乏足够的活力和交通践踏耐受力。然而，在冷季地区，细羊茅可以用于体育综合设施低维护、低践踏区域中。草地早熟禾，高羊茅和多年生黑麦草是最适合的场地选择，但这组物种水分用量高。在这些物种中，每个物种都有不同的水分利用的品种，但运动场栽培条件下的节水品种评价尚未发表。高羊茅是一种冷季节场地的选择，具有很高的避旱机制（即这些物种最深的根系）。这一特点有利于节约用水，前提是灌溉计划应加以调整，以利用这一特点（即对“深而不频繁”灌溉策略的承诺）。

狗牙根是目前最受欢迎的暖季运动场草坪选择，因为它广泛适应美国南部和过渡区。狗牙根同样具备低水分消耗的特性，这一特性在过渡带区域得到充分利用，在这些区域，无论是选择冷季或还是狗牙根，都是可以接受的。有许多正在进行的大学领导的研究项目，评估在限制用水条件下的不同草坪草性能，甚至狗牙根。为了合理规划用水需求，我们可以假设标准狗牙根的周用水量在1/2~1英寸，而冷季草的周用水量在1~2.5英寸，具体数值取决于环境条件。同时，我们还需密切关注低水分利用品种的持续市场化推广，以及它们如何有效应用于运动场草坪。

在适合使用的地方，海滨雀稗作为一种暖季运动型草坪植物表现出了极好的潜力，并且由于其对盐水资源的异常耐受性，在用水方面具有重要优势。研究继续定义和完善海滨雀稗的使用限制，在这个时候，其适用范围通常由于有限的耐寒性而受到限制。然而，与美国最南部区域的狗牙根相比，这种草的改良品种表现出了肥力和水分使用的下降。海滨雀稗常被称为“环保型草坪草”，随着其开发和应用的不断扩大，它值得关注。

水的利用信息很难应用于实际环境，因为水的利用量可能是所报告平均量的1.5~2.5倍。水分利用值范围如此之广的原因是土壤湿度(从无限的土壤湿度到水分胁迫的土壤)和冠层气候差异(太阳辐射、温度、相对湿度和风力水平)对水分利用量的影响。通常报道的草坪周用水量为1英寸。1英寸的水用量规则作为草坪需水量(灌溉+降雨)的指南被广泛发布，但是这个数字不应该作为节水策略的目标值。为了在有意义的节水策略中充分利用物种或品种选择，草坪草的耐旱性应与最小水分利用量相结合，以获得水分利用效率。在草坪中，水分利用效率是指维持可接受的草坪质量水平所需的水量(加仑或英寸/天)(可接受的质量等级在1~9的范围内等于或大于5，1为劣质，9为优良质量)。遗憾的是，基于草坪草质量的草坪草物种或品种的水分利用效率信息非常有限，但这很可能会因对低水分利用物种和品种的关注而改变。

据报道，养护管理措施可以改变水的使用，可以成为节水战略的一部分。研究表明，草坪草冠层特性影响水分利用量或蒸散速率。草坪草冠层密集、匍匐、表面光滑、生长速度相对较慢，表现出比开放、直立、表面不规则、快速生长的草坪较低的蒸散率。低草坪冠层的特点不仅有利于节约用水，而且有利于安全的比赛场地。有利于低水分使用冠层的栽培措施包括中等至低的修剪高度、频繁的剪草计划、良好的打孔通气计划、良好的枯草控制、中性土壤pH值和无其他土壤矿物质缺乏的持续氮(N)肥计划等。中等到较低的修剪高度对密集和俯卧的冠层较好；频繁剪草可提高密度和表面光滑度(减少表面不规则)。良好的打孔通气计划、良好的枯草控制和持续的营养状况促进了良好的活力和较高的密度。

植物生长调节剂的使用，结合适当的剪草实践，已被证明能促进草坪冠层的茂密程度和减少水分的使用(在第4章中详细讨论)。研究表明，用钝的剪草机刀片剪草，或者用旋转割草机而不是滚刀剪草机剪草，会增加草坪的水分使用量。适当运用化学生长调节和适当的设备养护和选择将进一步加强良好的节水养护实践。

有意识的节水灌溉调度与设计是节水的有效手段。在同一块场地部分区域的过度或过少浇水，消除水坑，避免在草坪区域外的硬表面上浇水是显而易见的，但是当灌溉作为一个成功的节水倡议计划的一部分被忽视时，这些是常见的情况。

最直接、最长期的节水方式是亏缺灌溉。亏缺灌溉是在消除过量蒸散作用(ET，土壤蒸发+植物蒸腾)的水平上浇水，同时保持足够的土壤水分(根区剖面内的土壤水分水平在田间持水量和永久萎蔫点之间)，以获得可接受和安全的比赛场地。研究表明，当一个草坪是给予无限的水时，水分吸收将超过植物生存所需的数量(奢侈消费)。进入植物的水分分配大约90%用于蒸腾作用(水分通过叶片的运动)，7%~8%用于组织光合作用，1%~3%用于进行代谢活动。蒸腾作用是植物水分利用的最大部分，它可以调节组织温度，并将土壤中的养分通过根系输送到地上部组织。成功的亏缺灌溉或限制水的数量和频率可以减少蒸腾流的体积，同时保持足够的水流量来调节温度、养分运动、组织水合和代谢活动。根据物种和环境条件，使用亏缺灌溉的场地管理者可以减少20%~60%的用水。

另一种灌溉方法是水分传感器控制灌溉。植物水分传感器设计用于模拟植物对土壤水分胁迫的响应，包括以下仪器：张力计、石膏块、介电信号和散热块。这些传感仪器可以连接到灌溉控制器上，也可以独立提供灌溉时间信号，一些最新技术是无线的，直接连接到计算机和灌溉编程软件。除了使用灌溉调度方程和湿度传感仪器外，还提供了新的高效灌溉设备，该设备使用了水分区(在土壤类型、暴露场景和植物类型相似的区域浇水)、创新的喷嘴和喷头设计，并将计算机编程扩展到灌溉水的应用。别忘了，减少灌溉系统不必要浇水的最有效方法之一往往是最便宜的方法：在大多数系统上安装一个简单的雨水传感器，可能只需 20 美元。

灌溉创新和技术方面的许多专业知识都来自主要的灌溉设计和设备公司。寻求节水灌溉方案的场地经理，应当主动联系灌溉行业或其所在州大学的灌溉领域专家，寻求专业帮助。

最终，场地经理是所有节水措施的负责人。高效灌溉设备和湿度传感器的使用可能超出了场地管理人员的预算。然而，没有什么可以取代场地管理人员的时间、知识和能力，他们可以在场地行走，观察水分胁迫的细微迹象（即暂时枯萎），调整喷头和控制器，用小刀或手指触摸测量土壤湿度，并对植物的需水量作出现场决定。

23.3.2　灌溉用雨水保留

近年来，许多市政当局制定了有关雨水径流的新分区要求。在许多情况下，保留池/滞留池是满足分区要求所需的全部，分区要求可减缓雨水进入雨水管排水系统的速度。然而，在某些情况下，市政当局要求雨水管道系统零排放。在这种情况下，有必要开发一个能够储存大量水以用于未来灌溉的水箱。对于从附近和现场收集水的系统，请参阅有用的提示“创新雨水保留系统”。

有用的提示

创新的雨水保留系统

（1）问题

我们新的人造草坪场地的设计和施工有一个特殊的雨水保持分区要求：零排放到现有的雨水管道。设计能否满足雨水排放的许可要求，以及支持天然草坪灌溉？

（2）原因

涉及雨水滞留的分区法的最新变化要求零排放以及限制天然饮用水供应草坪灌溉。这些限制和/或限定导致需要一种处理人造草坪雨水排放的创新解决方案并满足天然草坪灌溉的需求。场地在弗吉尼亚州法姆维尔的朗伍德大学的兰瑟公园。

（3）解决方案

在 Duraturf Service 和 ACF Environmental（两者都在弗吉尼亚州里士满）的合资企业，雨水箱（RainTank）系统被设计并安装在人造草坪场地的南端区域，用于收集内部排水和雨水场地径流，如图 23.2 所示。

图 23.2　兰瑟公园（弗吉尼亚州法姆维尔朗伍德大学）**正在建设的雨水箱系统用于保水和再利用目的**

（照片由梅丽莎·雷诺兹提供）

人造草坪场地是在天然草坪多用途场地的旁边和下方建造的，该场地内有一个垒球场地和一个 400 英尺×400 英尺大小的外场，以支持其他体育活动。现场的城市静水压极低，为每平方英寸 35 磅（PSI）。低压和有限的水量是规划和设计灌溉天然草坪运动场的二次供水系统的主要考虑因素。美国这个地区经历了长期的夏季干旱，因此限制了城市灌溉用水。雨水箱系统提供了储存和再利用场地水的机会。人工草坪场地在整个场地下方有地下排水管，直接通向边线集水沟。这些集水沟被引至雨水箱，该装置暴雨径流收集的主要来源。一口湿井和一个泵站位于人造草坪场地的另一端。

挖掘区域约为 29 英尺×198 英尺（5742 平方英尺），深约 3.7 英尺，可容纳约 21 370 立方英尺的水（1 立方英尺等于约

7.5加仑的水×21 370立方英尺=总持水能力超过160 000加仑)。水池衬有一个热焊接的30密耳厚的不透水内衬，安装了1500多个雨水槽单元(图23.2)。预计一次蓄水量(实际的雨水池本身)将接近160 000加仑，二次蓄水量(水池和开挖侧之间的砾石回填)将增加2569立方英尺或预计19 268加仑。据估计，在这种设计中，将储存170 000~179 000加仑($678m^3$)的水以供再利用。

安装了一条10英寸的水密管道，从雨水池内部延伸到场地的另一端，在那里，水通过重力被排到一个湿井抽水站。在没有降雨的情况下，城市用水可与湿井/雨水池系统连接，作为补充水源。沿上部天然草场地两侧设置集水沟，并排入湿井。在降雨过多的时期，雨水槽溢流被导入一系列安装在运动场下方的人造湿地。

(4)结果

有可以利用的灌溉水对人工草坪地表面进行降温，对天然草坪地进行灌溉。创新的设计和施工技术使雨水的收集和利用成为可能，而不是让它成为一个潜在的环境问题。最终的设计部分实现了：主要是从一个人工草坪场地收集的雨水满足天然草坪场地大部分的水需求。在设计阶段所能做的任何关于收集、捕获和保持水的策略与技术，在未来几年都将变得愈发重要。

23.3.3 再生水、中水和盐碱水

一个古老而又创新的节约人类用水的策略是利用再生水、中水和盐碱水进行灌溉。再生水是指经过一个人类使用周期，在排放或作为灌溉水源再利用之前，在污水处理厂进行处理的水。中水是人们使用可处理的水，但不包括厕所或其他粪便污染源的水。中水一开始似乎是一种低成本、直接的灌溉替代品。然而，由于回收成本高(两个收集和排放系统)，监管机构通常将中水归为不可用于灌溉，并考虑到水中可能存在人类致病微生物，因为它缺乏污水处理厂的消毒处理。盐碱水资源丰富(海水和微咸水)，但因为高盐浓度对植物健康非常有害。

这三种水源的使用对美国干旱和半干旱地区来说并不新鲜，在那里，水的循环利用已经持续了40多年。目前使用再生水、中水和盐碱水进行灌溉，也是在水资源成本高、供应充足的地区节约淡水资源的一种手段。经过处理、回收或盐碱水等可用于灌溉，草坪通常是其最佳使用场所。然而，由于场地使用的特点，在运动场上使用它有时需要某些限制或注意事项。场地管理人员应接受再生水或盐碱水作为灌溉水源，以落实美国全国所有地区的节水倡议，而不仅仅是在美国西南部沙漠地区。在年降水量为30英寸或以上的地区，有机会利用再生水并促进淡水资源的保护；大自然母亲可以很好地利用周期性降雨定期冲洗土壤中的盐分和钠。当然，如果所有这些降雨主要发生在季风季节或类似季节，这会影响再生水的使用或草坪草种类的选择。

再生水水源应经常进行测试，因为它们的成分在季节间会发生变化；有些水源的营养水平足够高，需要修改肥力管理方案。虽然草坪通常是耐再生水的最佳植物材料之一，但要注意，在地面上可能许多观赏灌木和花卉对这些水源具有不同程度的耐受性。

许多出版物、书籍和网站提供了使用再生水或盐碱水所需的设备改造。美国农业部(USDA)有着长期的研究和推广活动，帮助干旱和半干旱州的农民管理盐碱水和再生水。灌溉和草坪专家在使用再生水或盐碱水进行灌溉方面也受过良好的培训，人们在利用这些水资源之前，应咨询他们，并制订适当的计划，尽可能落实再生水或盐碱水灌溉策略。

23.3.4 能源

节能是一个宽泛的标题，从灯泡转换(白炽灯到荧光灯或者LED灯)到将剪草设

备从燃气转换为电力或者氢能。在资源保护计划中，所有的途径都可供场地经理使用。

在草坪设备行业，从化石燃料到电动或电池驱动的剪草设备的转变一直很缓慢。电动推式绳索割草机已经有 20 多年的历史了，但目前市场上还没有专门由电池供电的商用骑乘式剪草机。这些类型的创新和化石燃料能源的许多其他替代品仍在研究和开发中，并应随着节能需求的增加而商业化。

在高尔夫草坪行业，手扶式无绳电池驱动的绿色剪草机已经在市场上销售了大约 10 年。随着环境管理的发展，这个部门已经展现出了很好的表现，并且受到了越来越多的关注。使用类似电动高尔夫球车技术的电动多用途车可用于草坪。购买一辆电动多用途车是减少汽油使用量的一种快速而简单的方法。

多年来，在农业和交通运输行业，从汽油到柴油的转换一直被认为是一种节能策略。在草坪行业，这种转变发生得较晚，但现在已在所有型号的剪草机和辅助设备(耕作、覆沙等)中全面实施。

最近一种与燃料相关的节能方法是使用生物柴油。生物柴油是由石油和植物源性柴油混合而成，大约由生物柴油和石油源柴油 1∶5 组成。柴油发动机可以很容易地转换为燃烧生物柴油，几乎所有草坪设备制造商都提供了购买“生物柴油就绪”产品的选择。生物柴油可降低温室气体的净排放量，燃烧更清洁(二氧化硫排放更少)，可生物降解，对人体无毒。

还有其他节能方法。改进所有燃油动力车辆的维护和保养已被证明可提高燃油效率。电力需求可以减少到体育场、场地照明(尤其是 LED 照明在新的或翻新的体育场继续扩大使用)、商店和附属建筑。建筑物的温度控制可以显著地节省能源。运动感应照明仍然是提高能源利用效率的重要手段。谨慎的用电管理或自动规划用电是提高节能的直接途径。

与运动场管理相关的利益相关者往往看不到资源保护倡议。然而，这项工作应直接(降低预算费用)和间接(承认环境管理)向场地管理经理和场地管理人员支付红利。有关资源保护的更多信息，请访问 www. energy. gov。

23.4　可持续性

可持续性是减少、再利用和循环利用自然和合成资源的行动，这些资源可以在不损失或污染自然资源的情况下长期存在。一个可持续的球场应当以最少的投入进行管理，其重点在于提升土壤和水质，同时确保比赛场地的安全。传统的(合成的)或有机的养护或两个系统的组合可以调整，以满足可持续发展的倡议。第 1 篇(第 1 章到第 10 章)讨论了传统的管理方法，提供了实现安全比赛环境的原则、概念和指南。有机场地管理(在第 11 章中讨论)概述了有机场地管理的原则、概念和指导方针，从而形成一个安全的场地。根据其定义和目标，有机场地管理是一种养护体系，其重点是可持续的场地表现、最小的环境影响和可忽略的农药暴露。选择遵循狭窄战略的可持续场地管理的场地管理人员应采用有机办法(第 11 章)。那些选择通过使用传统的场地管理方法来遵循广泛的可持续战略的管理人员可以制定至少达到部分可持续水平的做法(见表 23.1)。

在传统的管理方案中，有多种方法来解决有效的可持续性倡议。通过使用合成不可溶氮源或有机氮源可以减少氮的使用和淋溶。始终避免高施氮量，尤其是当草坪是苗期或稀薄时，在预测暴雨事件之前，沙质的土壤，和/或在休眠季节等情况下。通过实施综合防治，可以减少或避免农药的使用(第 9 章)，合成农药可以与有机或天然的害虫防治方法相结合或交替使用。应根据土壤测试表明的不足情况施用磷和钾(许多社区将草坪上的磷作为地表水污染的主要来源)。无磷肥料的增加和使用有助于运动场草坪经理解决这些问题(根据土壤测试，当不需要补充磷时)。在施工期间，始终将磷作为种植前施用添加到土壤中，以减少沉积物中的径流。在施用磷时要小心，避免将磷洒到人行道和其他易流入排水系统的硬表面，如果化学物质或(甚至)草屑最终落在硬景观上，则应将其刷扫回或吹回草坪冠层。如果一个社区有一个磷管理条例，要求在施用前土壤缺乏磷，遵守这些条例，以避免风险，并保持一个环境管理负责人的形象。所有养分的施用应始终基于土壤测试。在任何情况下，不加区别地施用化肥或农药都是不可取的。

节约用水是一项重要举措。社区的所有部分和成员都需要干净和充足的水供应，无论地理位置、需求或成本如何，都应采取节约保护措施。当强制节约用水时，场地经理应制定应急计划，以尽量减少用水。同时，管理机构、管理人员和家长都必须认识到，如果在干旱期天然草坪场地仍在使用，那么场地安全仍然是使用者最关心的问题。有足够的水维持草坪的可用性和降低比赛场地的表面硬度对维护球员安全至关重要。

表 23.1 传统场地管理做法和可持续成果

常规场地管理实践	可持续发展倡议	结果
合成水溶性氮肥	1. 仅在质地较重的壤土和/或成熟草坪上使用水溶性氮 2. 尽可能使用低施用量(小于 1/2 磅 N/1000 平方英尺)和分次施用 3. 仅在草坪生长活跃时使用，以便立即吸收	最大限度地减少氮的淋溶和损失。优化氮利用效率和改善草坪健康
合成或有机水不溶性氮肥	1. 在不需要旺盛生长的成熟草坪上使用缓效氮肥 2. 在草坪生长活跃、环境条件促进氮释放的情况下施用有机氮	最大限度地减少氮的淋洗和损失。缓慢、持续的生长反应可以进一步减少剪草需求
农药施用	1. 基于害虫综合治理的应用 2. 用天然产品替代合成杀虫剂	减少农药使用和潜在的不良非目标效应
磷钾肥施用	1. 基于土壤测试的应用 2. 作为种植前的土壤应用	提供植物所需的营养物质，减少对环境造成不良影响的可能性
灌溉(水)	1. 使用再生水、盐水或收获的水作为水源 2. 采取亏缺灌溉策略 3. 调整减少用水的物种选择和养护实践 4. 在灌溉系统中安装和/或修改节水硬件(喷嘴、雨量传感器等)	尽量减少用水。提高用水效率。提高草坪健康
能源(碳足迹)	1. 把化石燃料转换成电力、电池或生物柴油 2. 对设备进行日常维护，提高油耗效率 3. 监控和执行能源使用清单，制定减少、再利用和再循环的策略	减少温室气体排放的影响

节能和可持续性是对美国各阶层人口的挑战。应当制定能源可持续发展战略，以实现既定的可持续发展目标。在设备维护和运行中寻找降低能耗的机会，同时也要关注维护和运动设施本身的能耗问题。

请参阅“在专业体育设施中设计和实施可持续性”的有用提示，以了解如何将可持续管理实践实施到您的运动场综合体中。

有用的提示

在专业体育设施设计和实施可持续性

(1)目标

成为能源与环境设计(LEED)认证设施的领导者。

(2)解决方案

将LEED友好的设计、建筑和管理理念纳入完整的体育场运营指南。

(3)结果

位于华盛顿特区的国民公园于2008年开业，是美国第一个在LEED评级体系下获得美国绿色建筑委员会环境认证的体育场。国民公园获得了银牌评级，通过提供具有实际环境效益的以下改进，获得了LEED认证：

①安装高效照明，预计比标准场地照明至少提高20%的效率。

②在整个设施内安装节水管道，预计每年可节约360万加仑水。

③使用散发低挥发性有机化合物的油漆、地毯和黏合剂。

④至少有10%的建筑材料是可回收的。

⑤园林绿化低投入植物材料的选择和安装种植。

⑥屋顶材料具有高反射性，以减少对整个设施环境的热传导，并有6300平方英尺的绿色屋顶覆盖外场特许经营区域。

⑦安装水过滤系统，将公园内使用清理场地的水(以及与清洗水混在一起的物品，如花生壳等)与雨水分离，并在排放到雨水系统之前对这两种水源进行处理。

此外，国民公园内到处都有回收容器，体育场内到处张贴着关于回收重要性的友好提醒。柑橘类清洁用品比标准清洁剂更受欢迎。所有的引座员都经过培训，能够及时清理溢/洒出物，从而保护环境，为球迷提供一个闪闪发光的干净球场。

就LEED设计中采用的特定场地维护策略而言，场地工作人员在开发和管理运动场草坪时实施了以下策略：

①使用了一个“脏”的根区，从它的含沙量看它仍然有理想的排水特性，但也包含一些表土和煅烧黏土。根区提供了额外的营养和保水能力。

②强调叶面施用肥料，特别是通过施用铁和氨基酸化合物来补充传统肥力。

③所有设备的喷洒、冲洗或清洗均在警示道上进行，而不是在混凝土清洗垫上进行。这利用了体育场广泛的过滤系统。

④每天都对灌溉进行密切监测，并根据维护人员的决定而不是使用自动设置进行具体的灌溉。

⑤第一年在草地早熟禾草坪上没有使用任何芽前或芽后除草剂或杀虫剂。最大的杂草压力来自一年生的早熟禾，正如人们所注意到的，这些植物被人工积极清除。备草区草皮作为苗圃用于替换移走的一年生早熟禾侵染的草坪区域(草塞)。最大的有害生物问题是严重的病害压力，而华盛顿特区夏季的高温和高湿又加剧了这种压力。从4月到9月，每三到四周交替使用具有不同作用模式的杀菌剂，确保草坪在2008年春天教皇到来时舞台和座位安装之前得到很好的保护！

⑥对于日常剪草，在最初几个剪草来回的所有泥地区域周围草坪的修剪时剪草机使用收草斗，以防止草屑落到泥地上。之后，在剩余区域，收草斗被移除，草屑则留在草坪上，这对于一个引人注目的球场而言，算是一个新奇的做法。

(4)结论

国民公园是第一个获得LEED银牌认证的体育场。虽然并非所有设施都能实现其设计中的某些特征，但国民公园可持续管理中概述的许多步骤可由国内任何体育综合体和/或场地实施，并进行仔细规划和注重细节。

备注

1 个人通讯，Wallace C. Thiel，威斯康星州Hartland村村长。

第24章 旨在促进天然草场地的创新

24.1 简介

科技进步继续改变着运动场的建造和维护方式，天然草地运动场的种植方式、地点和时间的界限也在不断扩大。运动员调查表明，绝大多数运动员喜欢维护良好的天然草场地，而不是人造草坪。但在大量重复使用的情况下，与塑料草地相比，生物系统对频繁践踏的耐受性总是相形见绌。为了使天然草场地能应对这一挑战，企业家们不断开发新的工具、技术和策略，以提供尽可能高质量、最安全的天然草地比赛场地。这些创新几乎总是从最显眼、预算最高的设施开始，但很多时候，技术(或至少是其原理)最终会应用到预算低的运动场。

24.2 光照

运动场照明仍然是该行业的一个部分，在灯光选择、系统设计和安装方面最好留给专业人士。现在很难想象，过去很多年没有任何级别或类型运动的“夜间比赛”场景，当然还有使用不同形式技术的圆顶体育场种植天然草是一种以前只存在于想象中的设施。灯光场地是福利(考虑有多少人可以参与或享受观看体育赛事、夜间比赛带来的收入和经济影响)和破坏(很简单的一点是因为人工照明导致天然草地受到更多的践踏损害)。

24.2.1 光源的变化

在调查全国各地的体育场地管理者时，似乎有一个共识，即更多的体育设施正在从金属卤化物或高压钠灯转向LED(发光二极管)光源。LED技术仍在不断发展，大多数设施仍采用传统光源照明，但新设施越来越多地采用LED光源，体育场也在不断翻新。使用LED可以显著节约能源，而其成功的关键原因在于能够提供相同质量和数量的光，满足运动员、粉丝以及可能的电视市场的观看需求。LED光源的不断发展正满足这些目标，运动员们通常会说，LED的运动场照明质量与金属卤化物或高压钠灯相当甚至更优，在高清电视屏幕上的图像更清晰。这项技术现在是为特定的场馆改造选择的临时照明光源的一部分，比如从仅为白天的场馆改造为夜间的体育场馆。

24.2.2 移动照明

很明显，天然草对光照的数量和质量都有非常特殊的要求(更多关于生理学的讨论见第1章)。很简单，在许多现代体育场，种草因光线方面带来了诸多挑战，因为看台越高，根据一天中的时间或天空中太阳的季节/角度，就越有可能出现光照不足的草坪区域。对于这些情况，显然有必要在这个等式中加入光照，这最好通过移动照明来解决。移动照明基本上可以替代阳光(图24.1)，这些系统大多使用LED光源，提供足够的光合有效辐射来维持草坪的生长。通过这项技术，可以在太阳不照射的情况下种植草坪。对于使用密集且知名度高的场馆而言，它可能是保持设施内天然草地状态的最重要工具。这方面的技术正在迅速发展，预计成本将继续下降，以便预算较低的体育设施能够利用补充照明。新一代系统提

图 24.1　移动式生长灯系统提供适当的光质和光量，以帮助草坪草生长和恢复(照片由 SeeGrow 公司提供)

供温度调整和补充二氧化碳以配合光照，并已经被用于高尔夫球场和一些体育场馆。

24.3　性能增强型草坪草

大自然和/或运动场设计/建筑使得在某些条件下几乎不可能提供安全和可比赛的场地表面。极端天气事件，特别是寒冷的温度，如果表面冻结，可能会使场地使用不安全。因此，建筑师和农学家都制定了超越常规养护做法的策略和工具，以提高场地表现。

24.3.1　土壤加热

水的/液体循环的(水基)、加压空气和电的土壤加热系统是控制运动场土壤温度的最常用方法，其中大多数用于在美国较冷气候下加热土壤。在草坪表面以下 6~10 英寸处安装一个长度为 14~20 英里的 8~10 英寸中心间距的管道或电线网络。对于液体循环系统，管内充满循环热水或水加聚乙二醇(防冻剂)混合物。大多数循环系统的目标土壤温度为 55~65℉(转化为根系区域保持在 40~50℉)，通过与已安装的土壤温度传感器相连的计算机编程组合，以及一个专注的运动场管理者的专业知识和判断力和他对一个系统的复杂性和一个场地的某些特别区域的了解，可实现整个场地的均匀温度。水循环系统的目的是在环境生长条件之外，尽可能多地保持草坪生长(最终空气温度和阳光将决定是否成功)，并防止场地受冻，以确保比赛安全。当场地被加热时，在其上覆盖一层不透水的覆盖层显然有助于保持热量，并可用于延长生长季节早期或晚期的生长。

一块用循环系统加热的场地将有助于融化雪，但对于这个加热系统来说，除雪的最终因素是雪的累积速度有多快。密歇根州立大学垒球场和棒球场上安装的最新电加热系统之一(Heating Solutions International 公司的“加热带”)。它们在东兰辛(East Lansing)的棒球场和垒球场上显示出了一种非凡的融化雪和提供相当强的干燥泥地区域的能力(图 24.2)。加热系统安装在场地泥土和草地区域之间的不同深度，该系统完全改变了密歇根州冬末春初练习和/或比赛的可能性。

24.3.2　气流风机/空气流动风扇

封闭式体育场有时会在场地上存在“死空气”区域，通过搅拌空气来促进草坪和大

图 24.2　密歇根州立大学垒球场内场泥地区域地下的加热带对于东兰辛冬季比赛的除雪和场地干燥非常有效(照片由艾米·福蒂提供)

气之间的气体交换，从而提升草坪的整体性能。这一概念与高尔夫主管通常会战略性地将风扇安置在高尔夫果岭周围类似。这些果岭因为在山谷或被一簇树木环绕几乎没有空气流通，风扇增强了草坪的蒸发蒸腾冷却，也有助于缩短叶片湿润的持续时间，从而减少草坪病害的发生。风机在一个区域内产生的风速仅为3~4英里/h通常就足以达到这一目的。

24.4 现场即时更换

在20世纪70年代，城市体育场的建设通常是为了容纳该市镇几乎所有的专业运动队，也许还可以在体育场增加偶尔举行的户外音乐会或摩托车越野赛创造额外的收入。然后，在20世纪后期，职业队建造自己独特的体育场变得更为普遍，这些体育场具有特定于这项运动增强的视线，使球迷更接近于比赛，体育场的配置和建筑视觉上也更加愉悦。与许多配备上一代设施的人造草皮的千篇一律/“饼干模子”体育场不同，这些现代体育场通常根据球员的愿望和比赛的可运动性，用天然草皮进行植草。然而，其中许多设施的经济现实是(而且仍然是)需要产生比仅仅举办一项运动可能产生的更多的收入。因此，这些场馆现在提供各种各样的活动和促销活动来吸引球迷，而这些活动中的许多对种植高质量的天然草地并不特别友好。为了继续在天然草地上比赛而不受(或仅限于)其他活动的干扰，一些新颖的管理策略和工具应运而生。

24.4.1 厚切草皮

厚切草皮(通常为1.5英寸)随着新的草皮收获和安装策略，已经成为预算更高的专业和大学运动场上的游戏规则改变者。经济压力和/或欲望导致这些场馆的用途远不止一项专门的运动。即使现场保护系统到位，场地的可运动性和安全性也可能会受到影响。在讨论如何在几个小时内将一个运动场地恢复到一个安全和可比赛的天然草地表面时，请考虑厚切草皮。卡罗来纳州格林公司(北卡罗来纳州夏洛特市)生产一种沙基营养建植的狗牙根草皮(Game on Grass™，如图24.3所示)。这种草皮是在塑料上种植的，已经运卖到全国各地。草皮种植者如塔卡霍(茯苓)草皮公司(哈蒙顿，新泽西州)在其现有的砂壤土农场土壤生产自己的厚切草皮。这些产品几乎可以立即用作比赛场地。其成功的关键在于产品的稳定性，因为它的重量约为每平方英尺17磅，而且草皮卷的长度和宽度大(至少3.5英尺宽、45英尺长)。如果是场地整修，现有的天然草坪通常是用一台铣刀式剪草机(fraise mower)收割，以保持现有的场地坡度。大卷草皮是用一种叫作Sidekick®的专用机器安装和压紧的，以确保没有接缝会影响立足或可玩性。安装完成后，场地即可以准备好进行标记画线用于比赛了。

利用厚切草皮以取代更新整个场地(甚至场地码标线之间的区域)显然有一个显著的价格标签(成本较高)，但它是一个行之有效的系统，能够提供业主、管理人员和运动员在天然的草地上进行比赛的选择。为了满足预算较低的比赛设施的需要，目前正在探索和调整厚切草皮的安装策略，以满足那些负担不起(或不需要)更换大部分场地的人的需要，但可以肯定地利用这些策略来帮助践踏严重的足球球门区域或长曲棍球的守门员区域。

24.4.2 托盘系统

密歇根州立大学在20世纪90年代初进行了一些最早的大学研究，探讨了在运动场上使用移动式天然草地模块的可能性。这个概念涉及整个运动场的精确安装，包括几千个轻质金属或重型塑料模块(每个模块16~20平方英尺)，填充特定的土壤材料，然后种草。当庞蒂亚克银球馆举办的1994年世界杯首轮比赛在室内天然草地上进行时，密歇根州立大学的研究成果被大量的国际观众所见证，在这之后，移动式模块化系统在20 世纪 90 年代末在新泽西巨人体育场，为美国职业棒球大联盟和美国橄榄球联盟球队短暂使用。21 世纪初，GreenTech® ITM™ 系统被用作弗吉尼亚理工大学莱恩体育场百慕大草坪场地和密歇根州斯巴达体育场草地早熟禾场地的“永久设施”（密歇根州在 2019 年将其模块化系统替换为更传统的沙基土壤），这两个场馆的重点是要有一个排水能力很强的场地。最初的概念是基于草坪在某些区域的草坪磨损后进行定期的模块化更换。尽管这仍然是一个有效的理念，但实际上，这种模块化更换从未得到广泛应用。然而，GreenTech® ITM 系统已被用作多个夏季奥运会场馆的移动式设施（注：包括北京 2008 年奥运会的中国国家体育场“鸟巢”，2017 年其被更换）。这个系统（和其他类似系统）也被用于移动式网球场、高尔夫发球台和绿色屋顶。

终极托盘系统从尺寸角度来讲，其大小是一个完整的“滚动场地”，自 2006 年以来这已经在美国全国橄榄球联盟（NFC）亚利桑那州格伦代尔的州农场体育场红雀队的主场使用（图 24.4）。滚动球场由一个 1200 万磅（5443 t）的托盘组成，托盘上有指定的土壤

图 24.3　“Game on Grass”牌狗牙根草皮由厚度达 1.5 英寸的茎和根组成，这种结构使得草皮具有一定的重量和稳定性，安装后几乎马上就可以投入使用（照片由马修·赫尔曼提供）

和天然草运动表面，整个场地可以根据举办的赛事原封不动地进出体育场。拉斯维加斯掠夺者队的新球场（2020 年 7 月建成使用，译者注），计划有一个类似亚利桑那州的天然草地，而托特纳姆热刺球场（2019 年 4 月建成使用，译者注）的建筑奇迹的到来让体育界兴奋不已，该球场将有两个不同的表面——一个真假混合草地足球场和一个在下面的人工合成的场地表面将被用于 NFL 比赛。这座体育场的特点是在场地撤出体育场前分成三部分的场地，而不是一个单一整块滚动场地。热刺体育场也将有自己的综合生长照明系统，可以当足球场在体育场内时用以管理生长在遮阴区的草坪。当场地撤出时可以使用移动式照明。

图 24.4　位于亚利桑那州格伦代尔的单托盘“滚动场地”，在运动员身处州立农业保险体育场内时，能为他们提供优质的天然草皮比赛场地；而当这个场地移至室外时，体育场的潜在用途便有了无限想象空间（照片由萨姆·多克提供）

24.5　无线技术、遥感和预测模型

你口袋里的智能设备的计算能力比任何阿波罗太空任务的设备都要强大得多。我们现在认为在智能手机上都是理所当然的最简单的应用程序，随着新应用程序的开发，再加上即将到来的第五代移动互联网连接（5G）的速度，这项技术的威力会大很多。关于 5G 技术的利弊、成本、可用性等将会有很多争论，但这确实意味着运动场管理人

员很快将拥有更大的能力，通过各种无线遥感技术和不断扩大的传感器阵列，实时监测运动场的表现和“健康状况”。

多年来，草坪草科学家一直通过计算归一化植被指数(NDVI)的传感器来监测草坪的整体健康状况和绿色，NDVI 是一种基于特定光合有效辐射光谱的反射率(或缺乏反射率)的测量方法。植物对辐射的反射因其“健康”而不同。草坪草在温度、湿度或虫害引起的胁迫下，反射或吸收的光与健康植物不同，这可以通过捕捉反射光的遥感器检测到。因为 NDVI 产生了数字化的数据，研究人员利用这些数据来评估绿色、一般植物健康状况或草坪冠层覆盖率，以此消除人类评级的主观性和可能的偏差。把这项技术(以及其他不断发展的传感器类型)放到无人机上，安装在剪草机或其他地面驱动设备上，想象一下有多少数据可以实时生成，如关于草坪的健康和性能，土壤中发生了什么，等等。

当专门的传感器和发射器将定期与个人智能设备进行交互，帮助作出有史以来在运动场管理最明智的决定，这只是一个时间问题(不是如果)。预算较高的设施显然将首先利用这些工具，但最终这项技术可能在几乎任何水平上都能负担得起。这些工具不会取代运动场的管理者，因为总是需要人为要素来决定一个场地或表面比赛起来是怎么样的。然而，这些工具显然会影响劳动力的使用，以及如何在管理运动场上花费时间和资源。一个显示植物胁迫压力的智能手机设备和应用程序怎么样？图 24.5(A)和(B)中的图像显示了智能手机 FLIR-One 热摄像头记录的天然草坪(左侧)和合成人工草坪(右侧)场地表面温度的差异。的确，未来已至，就是现在。

21 世纪都有什么类型的技术可以利用？利用基本土壤和气候数据的疾病、昆虫和杂草发生的预测模型在市场上广泛存在，其预测能力被证明是极其准确的。它们帮助草坪管理者改进杀虫剂的选择、时间和应用，以优化害虫防治。其中许多预测模型是免费的。一个非常流行的资源是先正达® GreenCast 网站，提供大量疾病、杂草和昆虫发生的预测工具。自动割草机和自动场地画线机已经上市，随着传感器和软件的进步，它们的性能只会随着时间的推移而提高。安装在草坪根区用于提供土壤水分、温度和盐分水平的实时数据传感器已经存在好多年了。现场和远程传感器监测土壤特性和植物健康的能力将继续发展。

在第 9 章中，我们简要地提到弗吉尼亚理工大学草坪病理学家戴维麦考尔博士的研

(A)

(B)

图 24.5　使用与标准智能手机应用程序配合使用的热成像相机，捕捉天然草坪(两幅图像中均为左侧)和人造草坪(右)场地的表面温度差异

(照片由卡勒布·亨德森提供)

究小组成功地利用地理空间制图来绘制狗牙根春季死斑病发生的发病率图。麦考尔博士的研究真正让人感兴趣的是，他将疾病地图数据与 GPS 卫星连接的喷雾器配对。喷雾器只在疾病发生的区域使用特定的杀菌剂。发病区根据上一季的疾病地图进行处理。这在农艺、环境和经济方面都有直接的改善。

预计这类遥感技术将迅速发展并扩展到管理草坪疾病、杂草和昆虫。许多商业肥料撒布机将基于计算机的土壤测试数据与 GPS 卫星连接的施用技术相结合，以便在田间施用可变比例的肥料。喷雾器配备了基于 ND-VI 的传感器，可以触发特定地点的精准施肥等。

或许，人们更想知道，在 21 世纪，凭借如此迅速的无线数据传输能力，运动场管理工具的技术革命将迅速成为常态。

第25章 公共关系和职业化

25.1 简介

每一位运动场经理都有机会(为了持续的成功，也有必要)被公认为专业人士，而不管他们所维护的场地水平如何。被公认为专业人士意味着什么？好吧，它与预算和这个场地本身的名声关系不大，而更多地与其所表现出的方式有关；如何管理或与同事、主管或公众互动；如何在个人和职业上发展；以及如何回馈他人。成为公认的运动场草坪行业专业人士并不容易，需要一个成长过程，在概念上与种植最好的草坪非常相似。正如这本书所展示的，一个人需要很多领域的专业知识和工具来完成这项工作，而所有这些都需要时间(在繁忙的工作中常常被遗忘的东西)。一个人必须在日常和危机沟通，以及有效地提升他们的设施，他们的工作，以及该设施对公众和社区的价值等方面是一个成功的沟通者。对职业精神的承诺还必须伴随个人成长和发展的战略，而所有这一切无疑都需要一个计划。

25.2 公共关系

25.2.1 了解角色并考虑其呈现方式

作为一名运动场经理，关键是要明白，在“服务行业”中，部分角色是“服务提供者”，提供服务和产品，供他人使用。要能接受客户服务并不总是那么容易的事实。那么，其他人对服务的期望是什么呢？一个成功的服务提供者必须是细心的、开朗的、反应迅速的、欣赏的和感激的。面对面交流时做眼神交流，握手，点头，微笑。了解这个人的一些情况总是有帮助的。在结束谈话时，用一些发现的关于他们有趣的东西，并感谢他们抽出时间。

想想在与某人的互动中几乎立刻做出的无数可能性和判断。总是寻找机会与别人见面和/或给别人留下深刻印象，记住只有一次机会给人留下第一印象。一次又一次地证明，介绍或会议的前30秒和后30秒是最重要的。如果你今天过得不好，不要表现太明显。人们会做最坏的打算。社会科学研究表明，改变第一印象需要多至7次互动。运动场经理在给人留下第一印象时面临的最大挑战之一(有时工作的性质根本帮不上忙)就是着装。选择这份工作的原因之一是在户外工作，远离商业职业人士的着装世界。然而，这种印象很重要，所以考虑一下服装如何反映出一个运动场经理的角色，并根据情况穿着得体。这一定“公平”吗？不，但生活是不公平的。一种行之有效的着装策略是穿有助于确定某一特定职位的衣服或制服。

最后，在演讲中至少还有两个与外表无关的因素。①做一个诚实的人，对同事和上级诚实，但要记住，诚实并不意味着什么都要告诉别人。不要以诚实为幌子伤害别人的感情。②流露出自信。这向同行和主管发出了正确的信号。保持积极的态度，迎接挑战，而不是逃避挑战。专业人士不怕挑战和辩论不同的观点，也不怕周围有最优秀、最聪明的人。想想那些在任何领域都被认为是最优秀的人，并意识到他们周围都是一个完整的专业团队。

25.2.2　有效沟通的关键

几乎所有最好的运动场地经理在各个层面都是非常有效的沟通者：面对面、电话和社交媒体（稍后将详细介绍）。不要急于沟通，不要太忙而不友好，要时刻记住，成功的沟通是双向的。记住，微笑可以走很远的路，无论是在脸上还是在声音里。

一个成功的策略是“通过沟通来操纵”，因为这才是成功沟通的根本所在。想想说话的语气，并考虑到行为可能是实现结果的一个重要部分。考虑听众并相应地调整风格、用词和语调。思考交流过程中期望的结果，以及这些互动如何成为提高职业素养的机会。密苏里大学的认证运动场经理（CSFM）乔希·麦克弗森在全国范围内发表了一份积极的指导演讲，围绕着“成功的沟通可能要求很高，但不应有失体面”这一已被证实的策略传达了一个很好的信息，所以试着放慢速度，不要心烦意乱。

很多有效的沟通都涉及冲突管理。这都是与他人合作的一部分，分歧是可以预料的。然而，当有分歧时，请以尊重地方式这样做。如果你错了怎么办？立即道歉。如果你是对的呢？接受道歉并尽快解决冲突。直接沟通，不要被动/咄咄逼人。始终以显示自尊和尊重他人的有尊严的方式回应。

事实证明，当你试图被视为专业人士时，用词的选择很重要。几十年前在弗吉尼亚理工大学草坪管理课上，弗吉尼亚理工大学草坪科学荣誉退休教授大卫·查尔默斯教授发表了一句话，如今这句话仍然正确：“不要把工作场所说成铺子或谷仓，工作场所应该被称为维修设施。”杰弗里·克兰斯博士总是对密西西比州的学生说，“要被视为专业人士，在与公众谈论设施时，要用夸张之词。农药和化肥使用通用的化学名称，用科学名称来识别草和害虫，告诉公众修剪草坪所涉及的技术和策略，而不仅仅是以‘割草’为生。”这些都是简单有效的策略，也需要有意识的努力和实践。

21 世纪最强大的传播工具之一是社交媒体，这种力量同时具有启发性和可怕性。在推特等其他平台上，每天都有大量关于运动场地管理的创意涌现，这些创意在推动更安全、更高质量运动场地建设方面，确实发挥了变革性的作用。有什么比使用文字、照片和视频的组合更好的方式来展示修建和维护运动场中发生的令人惊奇的事情呢？社交媒体是一种很好的职业沟通方式，它为每个人提供有关日常比赛条件、球场定期维护活动的最新信息、球场上面临的挑战以及如何应对这些挑战的信息。

然而，随着这些交流机会带来的所有积极因素，负面反馈的可能性也在增加，无论是否有必要。重要的是要记住，不要让社交媒体的负面影响施加给自己。一个人不必花费太多时间在推特、脸书或照片墙等社交媒体上，就能较易找到一些“不要相信他们说的或表现的”的片段。向人力资源部咨询关于社交媒体发布的任何政策。在许多情况下，诸如“此处所表达的观点仅为个人观点而非协会观点”之类的说法仍然被认为是不可接受的。此外，那些原本是朋友之间的内部笑话的声明，一旦被发布到互联网上，就不再是保密的谈话了。一辈子在赢得尊重和散发专业精神方面的努力，可能在几分钟内就被摧毁。

最后，最好的沟通者也是最好的倾听者。这听起来很容易，但实际上非常有挑战性，因为听众通常不会集中精力听别人说什么，而是在制定一个回应。倾听是另一项需要练习和专注的技能。

25.2.3　危机沟通

没有计划的和不愉快的管理事宜随时可能会发生，然而，为应对这种情况做好准备有助于有效地管理它们。可能是场地的管理存在错误，或者场地未达到预期表现（但这可能不是场地经理之过）。这可能是对员工的负面宣传，也可能是运动员在赛场上受伤。会有人提出问题，这些问题必须迅速且机智地得到回应。

美国运动场草坪管理者协会（STMA）的“危机沟通”出版物在STMA.org网站上建议遵循以下一般步骤来解决危机：

- 24h内回复。
- 不要推卸责任。
- 始终向媒体开放。
- 可见并在现场。
- 说实话。
- 不要说“无可奉告”。

在某些情况下，危机会引发当地媒体成员在现场提问。这种情况可能缓和，也可能恶化，这完全取决于处理进程的方式。总的来说，保持答案简短是很重要的。准备危机沟通面谈时，请遵循以下步骤：

- 通过教育记者和纠正误解，及早控制局面。
- 澄清问题。
- 咨询团队和人力资源部，准备两到三条主要信息。
- 提供事实——谁、什么、何时、何地——但不提供方式和原因。
- 表示关注安全始终是重中之重。
- 避免使用行话，不要使用幽默。
- 构建积极正面的回答。
- 告知反应有多快，已经做了多少，以及将来会做什么。
- 感谢或感激任何帮助。
- 避免使用带有负面含义的词语，如致命、危险、死亡、致残、有毒等。
- 不要重复“指责”或任何负面词汇，如“不”“不是”“从不”。
- 注意肢体语言。
- 指出可能会有更多的说明，但使用诸如“我能告诉你的是……”这样的短语，“到目前为止，我们知道的是……”
- 保持回答简短。

25.2.4 通过新闻稿进行沟通

媒体正在寻找大的故事来报道，特别是那些不寻常的事情，随着科学、技术和艺术在运动场管理中的不同结合，有许多人们感兴趣的故事，对一个设施来说有着巨大的宣传价值。几乎所有有新闻价值的东西都适合做新闻稿。利用人力资源部的技能开发新闻稿。如果没有这样的帮助，从网上获取想法并复习例子来写一篇文章。新闻稿应该简洁（500字或更少），经验法则是关注五个W：谁、什么、何时、何地和为什么。页面的顶部应该写着“及时发布”。创建一个吸引人的标题、一个日期行、一个总结信息的开头段落、提供更多细节的正文以及底部完整的联系信息是很有帮助的。不久，我们将与媒体建立有价值的联系，通过免费宣传推广运动场经理和设施。

25.2.5 促进设施改进的需要

不要回避宣传设施的重要性，以及通过改进、新设备、增加劳动力等可以做更多的事情。在与管理人员、总经理、家长、运动员等交谈时，这些说法必须得到支持，这一点很重要。讨论场地质量和性能的预期改进，场地使用的时间可能增加多少，以及改进设备可以节省多少工时。人力资源部、当地商会和/或经济发展局可协助确定设施对社区的经济影响类型。许多运动场改善计划都是从一些硬数据开始的，这些硬数据表明，当将比赛收入以及游客的相关酒店、餐饮和购物消费考虑在内时，运动场能对社区产生影响。简单地说，设施越好，一个体育综合体通过提供安全、高质量的运动场地吸引用户的竞争力就越强。

25.2.6 美国运动场草坪管理者协会环境设施认证计划

长期以来，运动场管理人员在草坪行业内一直被认为致力于将对环境的影响降至最低的场地和设施管理实践。美国运动场草坪管理者协会提供环境设施认证，官方确认美国运动场草坪管理者协会环境最佳实践在整个设施的 10 个管理领域得到实施：雨水管理、施肥、杀虫剂/综合虫害管理（IPM）、回收、堆肥、剪草、节能，维修铺建筑物和储存区、灌溉和水质检测以及教育推广。该计划允许参与者创建和提供管理的记录介绍给外部世界，包括他们的雇主和当地社区。

当设施完成评估时，美国运动场草坪管理者协会会给它打分。如果 10 个部分中的每一个都达到了 80%的合规性，则认证人通过对设施进行现场走查来验证环境实践。如果认证人验证了设施的环境实践，该设施将被指定为美国运动场草坪管理者协会认证的环境责任管理设施。此证书有效期为三年，颁发给设施，而不是个人。有关更多信息，请访问 https://www.stma.org/environmental-facility-certification-program/。

25.3　职业化

25.3.1　个人和职业成长与发展

要想在运动场管理行业取得持续的成功，就必须在个人和职业上不断成长。确定工作中的“核心群体”、朋友之间的“核心群体”，以及在最好和最坏的时候可以倾诉的家庭成员。同时，寻找机会扩大关系网，使之超越直接的朋友和行业领域。将会有机会认识许多各行各业的人，他们将以某种方式利用体育设施。

永远不要停止在个人和职业发展方面挑战自己，但通常最好不要在工作相关领域。成为专业人士的另一个重要方面是，在需要帮助时能够接受他人的帮助。另外，记住“不”是一个完整的句子，在必要的时候愿意表达出来。专业化团队和关系随时准备给予信任和提供他们尽可能帮助。好的主管会建立对同事的信任，并允许他们在适当的情况下进行监督管理的活动。这使主管能够确定并实施适当的工作与生活平衡策略，并帮助下属在管理方面的职业成长。作为一名专业人士，另一个经常被忽视的部分是“自我照顾”——要做到最好，就要照顾好自己。你多长时间花一次时间做一次，无论是身体上还是精神上？找点时间远离工作，拔掉电器插头，每天至少留出几分钟的时间。

25.3.2　回馈和感谢的重要性

作为专业人士成长的一部分是通过指导和服务他人。指导发生在各个层面，基本上是一种通过行动尊重他人的肯定。在主管级别，好的领导者会通过关心团队来回馈；当需要时，他们不怕用“强硬的爱”来管理，他们会表扬和奖励成功，最重要的是，他们对每个人都一视同仁。回馈可通过社区内其他人的支持、参与和志愿加入当地美国运动场草坪管理者协会分会、在需要帮助的运动场和学校投入时间等多种途径实现。尽管有很多种方式可以在经济上回馈这个行业，但显然，最为宝贵的是奉献时间。

最后一步定义了一个专业人士：当面或用纸条、信件或卡片表示感谢。没有什么比通过某人的好意或努力收到一封个人的感谢信更令人满意和有意义的了。这张纸条验证了专业人士对值得感谢的专业人士的感谢和奖励，这对每个人来说都是双赢的！

25.3.3　美国运动场草坪管理者协会认证运动场经理

认识到培养和提高运动场草坪行业专业精神的重要性后，美国运动场草坪管理者协会为运动场管理人员制订了一个认证计划。获得认证运动场经理（CSFM）个人得到了可以验证其知识、技能和能力的专业称呼。为了达到这一目标，个人必须通过满足各种要求（包括教育和经验）来获得参加认证运动场经理考试的资格。

成为认证运动场经理意味着挑战管理运动场的知识，并利用某人在教育和经验方面的知识来证明此人处于行业的最高水平。迎接挑战有助于提高运动场管理者的专业水平。该计划的目的是：

- 提高运动场草坪行业的专业性。

- 推广更好、更安全的天然草场地。
- 建立表示特定专业水平的资格证书。
- 增加职业机会，提升运动场经理和业内人士。
- 为达到专业水平和表现的行业内专业人士提供认可。
- 增加教育和培训机会。

要获得认证运动场经理认证，参加者必须通过考试。认证必须以三年为一个周期，通过重新认证的方式以保持认证有效性。在每三年的周期中，获得认证的运动场经理需要积累继续教育单元(CEU)和行业服务分(ISP)以保持认证有效。有关更多信息，请访问 https://www.stma. org/csfm program/。

附　录

附录涵盖计算和教育两部分。在第1部分专注于运动场设计、建造和维护中最为常用的计算。第2部分通过美国运动场草坪管理者协会(STMA)探索运动场经理的教育，美国运动场草坪管理者协会赞助了一个包括教育课程在内的全国性年度行业贸易展，特许各州拥有自己的运动场草坪经理协会，并为中学教育提供草坪科学课程。许多学院提供学士和副学士学位课程，并通过草坪和场地设计短期课程继续教育。

第1部分　计算

计算包括基于纯活/净活种子(PLS)的种子用量、基于碳酸钙当量(CCE)的石灰施用量、肥料分析(计算袋中N、P和K的百分比)、每磅N的成本以及基于每1000平方英尺N肥磅数的颗粒肥料施用量。我们还包括校准施肥播种机/撒播机和喷雾器，并分析高程，以计算坡度百分比。

1.1　种子用量

基于纯活种子(PLS)

PLS是用纯度/净度百分比乘以发芽率来计算的。例如，一袋50磅的ABC多年生黑麦草，纯度为95%，发芽率为95%，其PLS约为90%。

0.95×0.95＝ 90百分比PLS

假设PLS为90%，一袋50磅的种子含有45磅的PLS。

50×0.90＝ 45磅PLS

在计算每1000平方英尺的种子施用量时，用PLS的百分比除每1000平方英尺所需的磅数。例如，如果需要10磅PLS，则PLS为90%的品种的使用量为每1000平方英尺11磅种子。

10÷90% PLS＝11磅每1000平方英尺

1.2　石灰用量

基于碳酸钙当量(CCE)

如果建议每1000平方英尺使用20磅石灰，并且特定石灰源的CCE值为90%(将在标签上指定)，则每1000平方英尺使用22.2磅石灰。

20÷0.9＝ 22.2磅每1000平方英尺

白云质石灰($CaCO_3×MgCO_3$)的CCE值为110%(该组合的石灰化值超过纯$CaCO_3$)。如果建议每1000平方英尺使用20磅石灰，则每1000平方英尺使用18.2磅白云质石灰。

20÷1.1＝ 18.2磅每1000平方英尺

1.3　肥料分析

N＝氮

P＝磷又名磷酸盐(P_2O_5)

K＝钾又名钾肥(K_2O)

(1)N的百分含量和P、K的元素形态

使用下面的颗粒肥料标签来计算袋子里到底有什么。(如第3章所述，用磷酸盐百分比乘以0.44计算磷值，用钾盐百分比乘以0.83确定钾百分比)图A.1。

①这种肥料的养分比例为4份N∶1份P_2O_5∶2份K_2O，与草坪草的养分比例相似。

②75%的氮是水不溶性氮(WIN)。

0.12(WIN)÷0.16(总N百分比)＝75%

③50(磅)×0.16 N－8(总N的磅数)

50(磅)×0.12 WIN＝6(WIN磅)

8(总N的磅数)－6(水不溶性N磅数)＝2(水溶性N磅数)

杰夫、吉姆和迈克的 运动场草坪专用颗粒肥 16-4-8	
	百分比
总氮*	16
总磷酸盐	4
总钾	8
*12%水不溶性氮(WIN)净重：50磅。	

图 A.1　颗粒肥料标签样本

④50 (磅)×0.04 (P_2O_5) = 2 (磅 P_2O_5)

2(磅 P_2O_5)×0.44 = 0.88 (磅元素磷)

⑤50 (磅)×0.08 (K_2O) = 4 (磅 K_2O)

4(磅 K_2O)×0.83 = 3.32(磅元素钾)

使用下面的液体肥料标签来计算罐子里到底有什么。图 A.2。

①这种肥料的养分比例为 1 N：0 P_2O_5：0 K_2O。

②必须计算净重，因为标签上通常没有提供净重。

2.5(加仑)×11.8(磅/加仑) = 29.5(磅净重)

29.5(磅净重)×0.16(N 的百分比) = 4.72(罐内总氮的磅数)

③29.5(磅)×0.06(铁的百分比) = 1.77(罐中总铁的磅数)

杰夫、吉姆和迈克的 运动场草坪液态铁肥 16-0-0	
	百分比
总氮	16
总磷酸盐	0
总钾盐	0
总铁	6
总体积：2.5加仑每加仑重量：11.8磅。	

图 A.2　液体肥料标签样本

(2)每磅 N 的成本

比较两种产品：15-5-10　12.00 美元/40 磅袋与 24-4-8 15.00 美元/40 磅袋(均为水溶性氮)以找到最佳价值产品。

15-5-10

40(磅/ 15-5-10)×0.15 = 6(磅 N)

$ 12.00 ÷6(磅 N) = 2.00 $ (每磅 N)

24-4-86

40(磅 24-4- 8)×0.24 = 9.6(磅 N)

$ 15.00 ÷9.6(磅 N) = 1.56 $ (每磅 N)

根据每磅氮的成本，选择 24-4-8 每磅氮可节省 0.44 美元。

(3)基于氮的颗粒肥料施用量

假设运动场面积为 90 000 平方英尺，用于：

例 1：用 15-3-6 的肥料施 0.5 磅氮每 1000 平方英尺。

0.5(磅的氮)÷0.15(袋中的氮) = 3.33(磅肥料 1000 平方英尺)

3.33×90(1000 平方英尺) = 300(磅肥料或 6×50 磅袋)

译者注：或 90 000 平方英尺÷1000 平方英尺×0.5 磅氮÷0.15 = 300(磅肥料或 6×50 磅袋)

300(磅肥料)÷50(50 磅/袋) = 6(袋)

例 2：用 25-5-10 的肥料施 1 磅氮每 1000 平方英尺。

1(磅的氮)÷0.25(袋中的氮) = 4(磅肥料 1000 平方英尺)

4×90 (1000 平方英尺) = 360(磅肥料或 7.2 ×50 磅袋)

1.4　覆沙量

在一块场地上用沙子覆盖到 3/8 英寸的厚度，每 1000 平方英尺需要 1.5t。这是一个简单数学问题：在表 7.2 中，1000 平方英尺深 3/8 英寸的覆沙 = 1.1 立方码沙子×1.35t/立方码 = 1.5t。

1.5 校准撒布机和喷雾器

(1)撒播(旋转/抛掷式)撒布机

校准旋转撒布机的目标是通过调整撒布机的开口大小，并保持恒定的行走速度以及40%的重叠，以确保应用所需数量的材料。在下面的例子中，我们希望每1000平方英尺施用4磅25-5-10肥料，相当于每1000平方英尺施用1磅氮。

例如，让我们假设撒播的宽度是12英尺(对于大多数商业步行旋转撒布机来说很常见)。标记场地宽度和长度，以确定一个特定区域，该区域将包括至少4个如图中所示的行走路径来回。

30×84=约2500平方英尺

将预先称重的材料装入料斗(关闭)。假设这个例子是20磅。在距离起跑/起始线前4~5英尺处开始行走，以达到所需的步行速度。在起始线上打开撒布机开口，然后以一致的速度走到终点，并关闭撒布机。转身，从最后一次行走位置开始移动7英尺(中心到中心)。该间距允许5英尺或40%的重叠。图A.3。

12(撒布宽度)×0.4(40%)=5(英尺重叠)

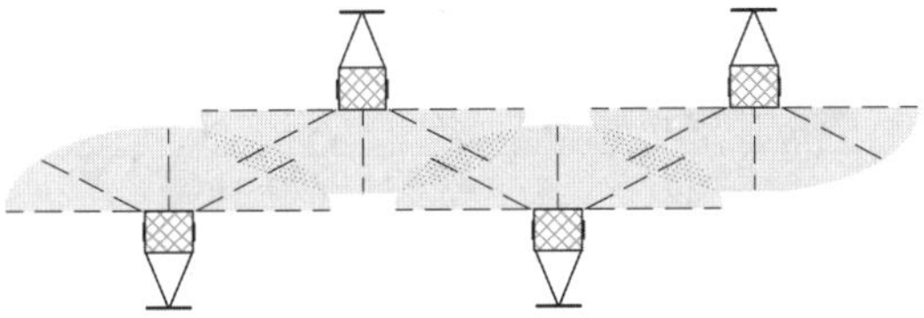

12英尺撒播宽度-7英尺中心间隔=5英尺或40%重叠
测试区域地块大小30′×84′=2500平方英尺

图A.3 为达到40%的重叠，寻找肥料末端与最后一道最近的轮迹

与第一次行走一样，在打开撒布机之前，先在起始线后4~5英尺处启动行走。在中心7英尺处再来回3次，总共4次。覆盖整个区域后，移除剩余肥料并称重。假设撒布机里还有10磅。从原始重量中减去剩余重量。这个程序的结果表明，每1000平方英尺施用4磅肥料。

20(磅开始)-10(磅撒布机中剩余)=
10(磅施肥量)2500平方英尺

2500(平方英尺)÷1000(平方英尺)=2.5

10(施肥磅数)÷2.5=
4(磅施肥量每1000平方英尺)

如果实际施用量与所需用量不符，请调整撒布机的开口或行走速度，并在另一位置重试。保持相同重叠。

这种校准方法的一个挑战是，肥料材料不断地应用于同一区域。因此，一些撒布机配备了专门的附件，以便在确定撒布宽度后收集材料，以尽量减少实际输送的材料量。在完成撒播撒布机校准的所有具体步骤后，最后需注意的是：务必要记录这些信息，以便下次校准更加迅速，并大致了解撒布机设置的起始位置。

(2)跌落式撒布机

对于本例，我们将考虑将草种应用于种子边缘必须精确的区域(例如棒球场泥地区域旁边的草区域)。

首先，需要确定跌落式撒布机的宽度。在本例中，假设其宽度为2英尺，并测量至少50英尺的路线长度。

2(撒布机宽度)×50(场地长度)=100(平方英尺)

向撒布机装载预先称重的种子。假设这个例子是5磅。在校准区域试播。从撒布机中取出剩余的种子并称重。假设撒布机中还有4.5磅。

5(磅开始)-4.5(磅撒布机中剩余)=
0.5(磅应用)100平方英尺

将1000平方英尺除以校准区域中的平方英尺数，以确定下一次转换中使用的系数，该系数与每1000平方英尺应用的材料磅数有关。

1000(平方英尺)÷100(平方英尺)=
10(换算系数)

将应用的材料量乘以10，以确定每1000平方英尺应用的材料量。

0.5(使用磅数100平方英尺)×10=

5(磅数1000平方英尺)

如果实际施用量与所需用量不同，请调整撒布机开口和/或行走速度，然后重试。

校准完成后，将种子撒在场地上，确保与轮子稍微重叠，使每一次的种子接触上一次的种子。

对于撒布机宽度可能只有2~3英尺的跌落式撒布机，校准实际上可以在已知长度的塑料板、干净的车间地板等上进行。对于此校准，只需收集并称量每个已知区域所用的材料。在使用过程中，通常需要在类似的地形上进行校准，因此，在这种情况下，您可以使用一段PVC管制作自己的“接盘”，将该PVC管锯成两半，端部加盖，并用链条固定在撒布机下方，如图10.6所示。

(3)喷雾器

下面是如何校准喷雾器的示例。首先测量喷雾的宽度，然后将1000除以该宽度，以确定喷雾器必须行驶多远才能覆盖1000平方英尺。例如，如果喷幅为8英尺宽，则喷洒器必须移动125英尺才能覆盖1000平方英尺。

1000(平方英尺)÷8(喷雾模式宽度)=125(英尺)

记下以推荐速度行驶该距离所需的时间。在本例中，喷洒系统在30秒内移动了125英尺。当拖拉机静止且其泵以制造商建议的转速运行时，确定喷雾器在30秒内输送的液体量。在桶中收集每个喷嘴的液体30秒。假设喷嘴输出为每个喷嘴32盎司液体，则由4个喷嘴输出液体总体积为128盎司喷雾。确保所有喷嘴输出接近平均喷嘴输出(±5%)。

4(喷嘴)×32(oz)=128(oz或1加仑总体积)

最后一步是计算用量。在本例中，标签说明要求每1000平方英尺1盎司产品。每加仑水混合1盎司产品。使用量为每1000平方英尺1盎司产品(混入1加仑水)。

1/128英亩喷雾器校准方法

这种简单的喷雾器校准方法还有许多其他常用名称，包括“盎司到加仑”方法、“罐子”方法和“婴儿奶瓶”方法。该方法考虑了这样一个事实，即由于一加仑含有128液体盎司，如果我们校准喷雾器以覆盖1/128英亩，那么我们在校准期间收集的盎司等于每英亩加仑。了解喷臂支架杆上的喷嘴间距将有助于确定允许覆盖1/128英亩的场地长度。

43 560(一英亩的平方英尺)÷128=340(平方英尺)

20-英寸喷嘴间距需要移动204线性英尺

20(英寸喷头间距)÷12(英寸每英尺)=1.67(英尺)

340(平方英尺)÷1.67(英尺)=204(线性英尺)

基于标准喷嘴间距的校准场地长度见表A.1。当使用背负式喷雾器校准单个喷嘴时，确定单个喷嘴的喷雾宽度(单位：英尺)，并将其划分为340平方英尺以确定路线长度。

表A.1 校准1/128英亩(340平方英尺)所需的场地长度，基于支架杆喷嘴间距(英寸)

支架杆喷嘴间距/英寸	场地长度/英尺
12	340
16	255
20	204
24	170
28	146
32	127
36	113
40	102

假设支架杆的喷嘴间距为20英寸。使用该表，确定204英尺的校准场地长度，以获得所需的1/128英亩。操作系统就像真实喷洒一样(即向打药箱注水，以所需速度操作，将PTO设置为适当的转速等)，并驱动

系统完成测试过程，计时204英尺的行驶时间。假设需要45s。接下来，保持系统静止，但运行泵，通过喷嘴输送液体，并保持45秒的输出。计算平均喷嘴输出。假设捕获了42盎司的喷雾溶液。由于校准是基于1/128英亩，喷雾器每英亩输送42加仑(这里盎司等于加仑)。

作为弗吉尼亚合作推广部肥料施用器认证培训计划的一部分，培训模块中包含了大量固体和液体肥料农药等应用校准练习的示例。如果您想进一步培训或练习校准数学，请查看免费提供的资源 http://www.ext.vt.edu/fact。

1.6 高程转换

(1)英寸和百分之一英尺

百分之一英尺乘以12，这样把百分之一英尺换算成英寸。

0.08(英尺，百分之一)×12=1(英寸)

把英寸除以12，把英寸换算成一英尺的百分之一。

3(英寸)÷12=0.25 (英尺，百分之一)

表A.2显示了英寸与十分之一和百分之一英尺的比较。记住，“英尺和十分之一”和“英尺和英寸”之间的唯一区别是一英尺被划分成12个单位(英尺和英寸)或10个单位(英尺和十分之一)的单位数。

表A.2 英寸与十分之一英尺和百分之一英尺的比较

英寸	百分之一英尺
1	0.08
2	0.17
3	0.25
4	0.33
5	0.42
6	0.50
7	0.58
8	0.67
9	0.75
10	0.83
11	0.92

一个简单的粗略计算始于理解0.01英尺等于1/8英寸。因此，0.51英尺的十进制读数等于6 $\frac{1}{8}$英寸。通过记住3英寸是0.25英尺，6英寸是0.5英尺，9英寸是0.75英尺，人们可以快速地用英寸和分数来表示十进制读数。

(2)杆读数和高程(使用标准坡度杆时)

使用已知基准和标准高程杆(以英尺和百分之一为单位)将杆读数转换为高程。

3.55(基准)+(基准处的杆读数)6.25 = 9.80(仪器高度)

9.8(仪器高度)-4.60(场地某处的杆读数)=5.20(该点的高程，单位为英尺和百分之一)

(3)设置建议标高(使用标准坡度杆时)

在场地上预定的地点放置坡度桩。在坡度桩处读取杆读数，将其转换为高程，然后从拟定高程中减去该高程。例如，如果建议的高程为101，而现有高程为99，则需要向该区域增加2英尺。

101拟定标高-99现有标高 = 2

如果建议的高程为97，而现有高程为99，则需要从该区域减少2英尺。

97拟定标高-99现有标高= -2

在坡度桩上标记拟定高程的另一种方法是将高程转换为杆读数。(如果拟定标高高于现有标高，这一点尤其有用)如果拟定标高为101，则从仪器高度中减去该标高。

105仪器高度-101拟定标高 = 4

将高程杆上的激光探测器设置为4.00，走到该坡度桩处，将高程杆靠在桩上。升高或降低杆，直到激光探测器显示水平。另一个人可以标记杆底部的桩，作为需要添加多少填充物的指示。所有建议的高程可以用同样的方法转换为杆读数。

请记住，使用直接高程杆绘制高程不涉及任何计算(见第18章)。

(4)坡度百分比

坡度百分比是基于在一个特定距离的两

个海拔高度/高程(英尺和百分之一)。要求出坡度的百分比，请取两个高程之间的差值除以两个高程之间的距离。这两个高程相距35英尺。

5.0−4.58＝0.42(两个高程之间的差值)

0.42 ÷35(ft)＝0.012(1.2%为坡度百分比)

要计算两个高程之间的距离，请将两个高程之间的差值除以已知的坡度百分比。

1(ft是两个高程之间的差值)÷0.0125(1.25%已知坡度)＝80(ft是两个高程之间的距离)

若要查找两个高程之间的差异(较高或较低)，请将两个高程之间的距离乘以所需的坡度百分比。

6(ft是两个高程之间的距离)×0.015(1.5%的期望坡度百分比)＝0.09(1英寸是两个高程之间的差值0.09×12≈1英寸)

第2部分　运动场草坪管理教育

随着许多新的和翻新的场地的增加，运动场草坪行业继续发展。密苏里大学运动场草坪产业情况说明书估计，中小学的运动场数量为16 000个，大专院校的为2200个，公园和娱乐中心的为13 000个，专业运动队的为800个。随着美国人口城市化进程的加快，公园和娱乐业的设施增长最快。除了运动场本身的直接就业和经济影响外，设备、化工和技术等辅助支持行业增加了新的就业机会和经济价值。总的来说，运动场草坪行业雇用了50多万名工作人员。

过去，工人进入运动场草坪管理是基于先前的工作经验。今天，据密苏里大学的情况说明书报道，2/3的运动场草坪经理拥有两年或四年制学院或大学项目的高级中学学位(注：介于中学和大学学习之间)。满足运动场草坪行业需求的大学课程通常在农学和园艺学学科的植物和土壤科学中找到。除了副学士和学士学位外，许多大学课程还为寻求其他教育方式的人提供有价值的证书或短期课程教育。在运动场草坪行业寻求学位和职业生涯的人应联系当地、地区或州一级的大专课程，这些课程包括专门从事草坪或景观管理的农学或园艺学课程。许多这样的课程现在提供在线课程，方便学生和降低成本。

通过继续教育和专业标准，行业内的运动场草坪从业人员能够跟上新的信息和趋势。美国运动场草坪管理者协会(STMA)的成立正是为了满足这些教育和职业需求。美国运动场草坪管理者协会提供的核心项目和标准包括第25.3.3节中介绍的认证运动场经理(CSFM)、第25.2.6节中详细讨论的环境设施认证(EFC)、年度会议和展览以及草坪科学课程。美国运动场草坪管理者协会在美国各地设有34个附属分会，为地方一级的运动场草坪管理提供各种教育和信息共享机会，它还为全球志同道合的专业运动场草坪管理团体设立了越来越多的国际附属组织类别。

2.1　美国运动场草坪管理者协会年会及展览会

作为美国运动场草坪管理者协会成员与其他成功成员分享信息的一种方式，美国运动场草坪管理者协会的年度会议和展览在美国的著名地点开始。为期四天的活动包括专业的、大学和市政设施参观；户外教育示范；广泛的社交机会；贸易展；教育研讨会。

这场盛会通常会吸引来自世界各地十几个国家的1400多名体育界精英和900多家参展商，展示该行业的最新技术。与会者可以参加由专家学者和著名行业领袖举办的50多场学习会和座谈会。为了扩大继续教育行业的兴趣，并作为一种可能的职业选择，美国运动场草坪管理者协会每年举办一次学生挑战赛，面向全国各高校的两年和四年制学生，参加与运动场地相关的学术项目。

会议结束时，将举行颁奖招待会和宴

会，众多专业、学院、学校和公园类别的"年度最佳场地"获奖者以及获奖学生挑战队的成员将获得表彰。此外，享有盛誉的创始人奖还授予四位对该行业做出重大贡献的个人。

成千上万名会员来自世界各地，分享创新理念和最佳实践。每个成员都获得了宝贵的知识，以便更好地管理场地表面，为运动员提供最安全的条件。有关更多信息，请访问 https://www.stma.org/conference。

2.2 美国运动场草坪管理者协会草坪科学课程

2015 年，美国运动场草坪管理者协会制定了草坪科学课程，为农业教育工作者提供课程，向中学生介绍草坪行业。课程的目标之一是在草坪管理的科学和实践中建立坚实的基础，因此中学学生可以成功地照管草坪表面。通过向学生介绍草坪管理和天然草坪表面提供的许多好处，各种职业机会也成为一种选择的可能。该课程为有兴趣在草坪行业接受高等教育的学生提供了竞争优势，也可以帮助他们在日常生活中管理家庭草坪，或作为志愿者帮助照管公园或社区的娱乐休闲区域。

作为一种教师资源，该课程可以很容易地实施到中学农业教育课堂，无论教师的经验和背景如何。这种形式使教师能够轻松地调整标准和基准，以满足州教育部门提出的要求。五个单元介绍草坪科学、草坪生长发育、解剖学和鉴定、土壤、养护实践和建植。每个单元包括完整的课程计划、PowerPoint 演示、工作表、个人和课堂项目、测验和实践学习实验(室内和室外)。该课程是为农业教育工作者提供的课程，可以补充任何中学植物科学课程。这些单元可用于加强植物科学课程或取代植物科学课程中的其他单元。单元应按顺序整体使用，以使学习者最大受益。

课程也以在线形式提供。在线工具提供了自学的机会，可用于培训草坪草行业的新人。农业教师、运动场的工作人员、公园和娱乐场的员工以及其他新接触草坪科学的可以从在线课程获益的人员。有关更多信息，请访问 https://www.stma.org/knowledge_center/turfgrass-science-curriculum。

词汇表

Acidic 酸的　pH 值低于 7.0(中性)。

Active ingredient(AI)活性成分　农药配方中的有效成分，能破坏、驱赶、减轻、干燥、落叶或延缓目标害虫或植物的生长。

Aeration 打孔通气　土壤和大气之间的气体交换，或通过机械手段干扰土壤以减轻压实并使草坪的空气、水和养分的有效性最大化的过程。

Aeration, deep drill 深钻打孔通气　使用钻头在土壤中形成垂直通道；通道通常为 12 英寸深，直径为 1 英寸，通气后通常填入土壤改良剂。

Aeration, deep tine 深齿/孔针打孔通气　使用不同直径的实心或空心孔针在土壤中形成 8~12 英寸深的垂直通道。

Aeration, hollow-tine 打空心孔通气　用空心圆柱孔针在土壤中形成垂直通道，将草坪和土壤的土芯部分物理移除到指定深度，也称孔芯通气。

Aeration, solid-tine 打实心孔通气　在土壤中形成垂直通道而不需要物理移除土芯。

Aeration, water-injection 注水打孔通气　使用细的高压喷水穿透草坪冠层和根区。

Aggregate 团聚体/骨料　由许多土壤颗粒组成的土壤结构，或建筑工程中使用的粒度均匀的矿物材料。

Alkaline 碱性　pH 值高于 7.0(中性)。

Amendments, inorganic 无机改良剂　不含碳的土壤添加剂，如沙子或煅烧黏土，用于改善土壤的物理和化学性质，包括排水和保持水分和养分。

Amendments, organic 有机改良剂　碳基土壤添加剂，如泥炭、稻壳、锯末或腐殖质，用于改善土壤的物理和化学性质，包括排水和保持水分和养分。

Annual 一年生(植物)　在一个生长季节内完成一个生命周期的植物。

Apex, root 根部顶端/根尖　植物根部末端的生长点。

Apex, stem 茎部顶端/茎尖　植物茎末端的生长点，以及产生新茎和叶组织的顶端芽的位置。

Application logbook 使用日志　一本书或活页夹，用来记录在某一特定地点使用农药等的详细情况。

Application threshold 应用阈值　害虫侵染严重到足以保证使用化学药剂的程度。

Application, postemergent (POST) 芽后使用(除草剂)　使用除草剂来控制已经从土壤中长出来的杂草。

Application, preemergent (PRE) 芽前使用(除草剂)　使用除草剂来防止尚未发芽出现的杂草。

As-built drawing 竣工图　显示建筑工程所有构件实际安装位置的图纸。

ASTM 美国材料与试验协会　一个为各种各样的产品建立安全和性能标准的协会，包括用于体育和娱乐设施建造的产品。

Astroturf 阿斯特罗草坪/人造草坪　一种原始的人造草坪产品，以它在休斯敦的太空巨蛋体育场(Astrodome)的第一个草坪装置命名。

Axillary buds 腋芽　出现在叶腋或叶鞘内褶的生长结构。

Backflow prevention 防回流　防止污染水倒流到饮用水供应系统的过程。在大多数地区，场地灌溉系统和供水系统之间需要防回流设备。

Bacteria 细菌　在整个生物圈中以各种形式生活的微小的单细胞有机体；大多数在土壤和宿主有机体中发挥有用的功能。

Ball response 球反应　篮板投掷、击球或踢出的球接触并从场地反弹的方式。理想的球反应是一致的方向和速度。

Bench area 板凳区/替补席区域　在比赛进行时教练和预备队坐或站的与运动场相邻的区域。

Benchmark 测量基准　在测量过程中用来精确测量高程的固定参考点。

Biennial 两年生(植物)　在两个生长季节完成一个生命周期的植物。

Biological control 生物防治　通过使用自然发生的肉食动物或寄生虫来减少有害生物的数量。

Blanket application 地毯式施用/全喷　在包括没有感染症状的部分区域的整个区域施用一种物质尤其是农药的施药方式。

Bridging 桥接　土壤颗粒之间形成空间的混合方式，使空气、水和养分得以通过土壤。

Buds, apical 顶芽　位于草坪草茎的顶端或顶端的芽。

Buds, axillary 或 Axillary buds 腋生芽/侧芽　芽位于叶鞘的腋部或内折处。

Bunch-type 丛生型(草坪草)　草坪草的四种形态类型中的一种，簇生或丛生，如多年生黑麦草。

Calcined clay 煅烧黏土　一种无机土壤改良剂，由黏土在高温(煅烧)下膨胀而成，通过影响其保持水分的能力来改变土壤强度。

Calcined diatomaceous earth 煅烧硅藻土　一种由硅藻土煅烧而成的产品。硅藻土是一种被称为硅藻的微小生命体的钙化残骸，通过改变土壤保持水分的能力来调节土壤。

Calcite sand 方解石砂　一种富含碳酸钙的物质，在土壤风化时具有提高土壤 pH 值的作用。

Calcium carbonate 碳酸钙　用于提高土壤 pH 值的石灰源，但由于其潜在的烧草特性，很少在已建成的草坪上使用。

Calcium oxide 氧化钙　常用于提高土壤 pH 值的石灰源。

Calibration 校准　调整设备以达到所需的化学药品使用量的过程。

Canopy 冠层　草坪草的叶子形成的连续层。

Catch basin 集水池　一种常见的排水结构，允许地表水流入地下管网，也可作为已安装排水系统的“接线盒”。

Cation 阳离子　带正电的离子。

Cation exchange capacity (CEC) 阳离子交换容量　在土壤科学中，土壤能吸附的可交换阳离子的总和；通常用来描述土壤的养分保持能力；含有大量黏土和有机质的土壤通常比有机质含量低的砂土具有更高的阳离子交换能力。

Caution 小心/注意安全　在化学试剂分类中，用于危害最小产品的名称。更多危险的物质被标记为警告或危险。

Chelates 螯合物　一种化学配方，其中金属原子(通常是像铁一样的微量营养素)与有机成分结合，以提高微量营养素的整体吸收。

Chlorotic 褪绿　在描述叶片时，不正常变黄的情况。

Clay 黏土　一种具有直径小于或等于 0.002mm 的颗粒土壤材料，以其高的水分和养分保持能力而闻名，也用于描述土壤的结构，如“土壤结构三角形图”所示。

Cleaning and repairing 清洁和修理　与人造草坪护理和维护相关的一个阶段过程，用于清除碎屑、清洁表面和修复损坏。

Clegg Impact Tester (CIT) 克莱格冲击试验器/仪　最常用的场地硬度测试装置，也称克莱格锤。

Coated fertilizer 包膜/包衣肥料　一种涂有一种已知渗透性材料的颗粒肥料，允许养分有控制地释放到土壤中。

Coefficient of restitution (COR) 碰撞恢复/回弹系数　棒球击中场地表面后的速度

除以击中前的速度之比。

Compaction，soil 土壤压实板结　土壤的压缩，主要是由于步行或车辆通行造成的。过度压实会阻止空气、水和养分进入土壤，可能需要通过打孔通气使土壤松动。

Compost 堆肥　一种复杂的被微生物转化成稳定的腐殖质的有机物质。

Conditioners 调节剂　添加到土壤中以改善其性能特征的材料，通常用于纠正在场地的一小部分区域出现的问题，如棒球场的泥地区域。

Contact pesticide 触杀型农药　一种农药，只作用于化合物覆盖的植物(动物)部分。

Continuous pressure main line 连续压力干线　灌溉系统与供水管线的连接点和系统区域控制阀之间的管道。

Contour plan 等高线图　表示场地或其他指定区域的现有和/或拟定轮廓的图纸；坡度变化以 1 英尺或 1/2 英尺的均匀增量表示，也称坡度图。

Controlled-release fertilizer 控释肥料　一种经过特殊设计的产品，能在指定的时间内将养分释放到土壤中。

Controller charts 控制器图表　显示自动喷水系统阀门及其覆盖区域的图表。

Conventional field management 常规场地管理　一种依靠使用合成或制造的肥料、杀虫剂和植物生长调节剂来维持草坪的养护系统。

Cool-season zone 凉爽/冷季区域　北美洲的一个地区(本书)，包括加拿大和美国大陆北部的大约三分之一，那里的气候条件支持一组特定的草坪草品种，冷季型草坪草，适应在生长季节 60~75℉的温度下的最大生长。

Core aeration 孔芯打孔通气　见打空心孔通气。

Court，clay 黏土网球场　由砂子、粉土和黏土混合而成的网球场表面。

Court，fast-dry 快干网球场　一种网球场表面，由碎石或砖制成，有时与化学黏合剂混合。

Court，grass 草地网球场　一种网球场，由非常光滑和修剪低矮的草坪建成。

Court，nonporous 无孔网球场　表面是沥青或水泥的网球场。

Court，porous 多孔网球场　表面是草或黏土的网球场。

Court，sand-filled synthetic turf 填砂人造草坪网球场　一种网球场，用一种松散编织的人造草坪材料铺在沥青或混凝土上，然后铺上沙子；沙子填充草坪材料，提供一个缓冲的运动场地。

Cover，rain 遮雨覆盖物/防雨罩　一种用防风雨塑料制成的覆盖物，设计成允许雨水从球场排出而不渗入球场表面。

Cover，turf-enhancement 草坪增强覆盖物　一种由各种颜色的合成纤维织物制成的覆盖物，用于在寒冷的天气中保持土壤温暖，以保护冬季或促进草坪生长和/或建植。

Cover，turf-protection 草坪保护覆盖物　一种由多孔无纺布合成织物制成的覆盖物，用于保护人流量大区域的草坪。

CPSC 消费者产品安全委员会　一个负责监督和认证在公开市场上销售的产品安全的联邦机构。

Crown，turfgrass 草坪草根颈/茎基　位于中心的压缩茎的集合，也称节簇。

Crown，sports field 龟背/拱形运动场　运动场的中心部分拱起，用来促进地表水的径流。

Crowning 加冕/拱起　建造一个场地，使中心部分升高。

Cultivar 品种　一种植物的一个变种或亚类，由于形态和性能特征的不同，可以与该种植物中的其他植物区别开来。

Cultivar，hybrid 杂交品种　通过杂交不同遗传结构的品种而产生的品种。

Cultivator，agricultural 农业耕耘机　也

称松土机，用于在种植前松土。

Curative application 治疗性施用　在病害或虫害暴发后施用农药，与预防性施用相反，预防性施用是在病害等暴发前施用农药。

Curtain drain 帷幕/截流排水管道　见排水管、拦截器。

Cuts 开挖/挖方　在场地或其他设施的施工中，为达到所需轮廓而清除土壤的区域，与填方相反，填方是添加土壤的区域。

Danger 危险　用于标记最危险的化学试剂的标识。危险性较低的药剂贴上小心/注意或警告标签。

Defoliation 落叶　在特定地区破坏植物叶片，通常是通过使用除草剂。

Desiccation 干燥　由于极度缺乏水分而使植物组织枯萎。

Design, sports field 运动场设计　包括测量、布局、等高线图、规范、排水和灌溉系统。

Dethatching 去枯草层　用机械方法除去或稀释土壤表面和草坪冠层之间的枯草层的过程。

Diatomaceous earth (DE) 硅藻土　硅藻史前微生物的骨骼残骸，称为硅藻类，常用作无机土壤改良剂。

Dicots 双子叶植物　从种子中长出两个子叶(种子叶)的植物；通常是阔叶植物。

Diffusion 扩散　当不同浓度的物质被可渗透的环境连接起来时发生的过程。

Discharge Point 排放点　在已安装的排水系统中，比向下倾斜的集水管低的一个坡点，在该坡点将水排出。

Disease 病害　通过另一个有机体或非生物实体在宿主体内或宿主上的干预而损害宿主有机体的正常功能。

Dispersible granule (DG) 分散颗粒/粒剂　一种农药或肥料的干燥配方，以颗粒状施用，湿润后可分裂成成千上万的小颗粒。

Dolomitic limestone 白云质石灰岩　一种石灰源，含有碳酸钙和碳酸镁，通常用于提高土壤的 pH 值。

Dormant seeding 休眠播种/顶凌播种　在正常生长季节以外的一段时期内分配种子(播种)，以便在条件允许的情况下种子就位并准备发芽。

Dormant sodding 休眠草皮铺装　铺处于休眠期的草皮植物。

Drain, French 法式排水　严格地说，排水沟是用石头或砾石回填的，不含管道；该术语也指任何管道排水沟。

Drain, interceptor 截流排水沟道排水　排水沟用石头、砾石或粗砂填充至地面，用于防止水流从邻近地区流入场地；也用于场地外的洼地和低洼地区；该术语也称帷幕排水沟。

Drain, pipe 管道排水　任何一种安装式排水系统，包括地下管道排水沟、截水沟、砂槽排水沟、条形排水沟和跑道旁砂沟。

Drain, sand-slit 砂槽排水沟　一种安装式的排水系统，在狭窄的沟渠中使用多孔管，上面有垂直的填砂沟渠以收集水并将其导入管道。

Drain, subsoil pipe 地下管排水　铺设在表层土下砾石填充沟渠中的多孔管道系统。

Drain, trackside sand 跑道旁砂沟排水　沿跑道内圆周安装的排水管，用于排跑道表面和封闭的场地区域的水；多孔管铺设在沟槽中并覆盖砾石，然后用 4～6 英寸的粗砂填充至沟槽表面。

Drain, vertical 垂直管排水　布包裹聚乙烯结构约 1 英寸宽，4~6 英寸深，铺设在浅沟中以清除地表水；通常称为条形排水沟。

Drainage, internal 内部排水　水向下流入、穿过和流出土壤剖面，这可以通过安装排水系统来加强。

Dry flowable (DF) 干悬浮剂　一种干燥的颗粒状农药制剂，用于与水混合使用，与水分散颗粒(WDG)同义。

Elevation 高程　在测量中，海平面以上的高度，用英尺或米表示。

Elevation rod 高程测量杆　高程差异的测量工具，用英尺和英寸或英尺和十分之一校准，也被称为“坡度尺”。

Elevation rod, direct 直接高程杆　用于提供高程而无须任何计算的高程杆，也称“真高程杆”。

Elevation, spot 点高程　在体育场地测量中，场地内外某一特定点的高程。

Emulsifiable concentrate（EC）乳油　一种农药制剂型，含有悬浮在另一种液体中的一种液体，通常是悬浮在水中的油基农药载体。

Endophyte-enhanced varieties 内生菌强化品种　种子和组织中含有有利于草坪整体健康的内生真菌的草。

Enkamat™恩卡马特™　一种在人流量大区域用来防止草坪损坏的保护覆盖层。

Entomopathogenic nematodes 昆虫病原线虫　微小的鳗鱼状蠕虫，攻击并杀死某些害虫。

Environmental stewardship 环境管理　照顾自己环境(即地球)的个人责任。

Establishment 建植　在种植草坪种子、小枝、草塞或草皮后，为促进草坪的成活而采取的所有步骤。

Ester 酯　一种油溶性化学制剂，因此通常能有效地渗透蜡质叶片表面；酯通常与“硬”水反应不好，通常比其他制剂更易挥发。

Extraction procedure 提取程序　测定给定土壤样品中各种养分比例的实验室方法。

Fertilizer analysis 肥料分析　肥料产品中氮、磷和钾的重量百分比。

Fertilizer, natural organic 天然有机肥料　一种源于植物或动物的营养源，通常营养分析含量较少，需要土壤微生物活性将营养物质转化为植物有效形式。

Fertilizer, synthetic organic 合成有机肥料　一种化学工程碳基营养源，可以是水溶性或水不溶性的。

Field contour 场地轮廓/地形/等高线　在运动场中，场地表面的整体形状，设计成便于地表水离开比赛场地。

Field, crowned 龟背状/拱形场地　有一个从中心增高的轴线向各边倾斜的场地。

Field, flat sloped 平坡场地　向一边或一端倾斜的平坦运动场。

Fills 填充/填方　在场地或其他设施的施工中，为达到所需轮廓而添加额外土壤的区域，与挖方形成对比，挖方是指土壤被移除的区域。

Filter cloth 滤布　松散编织的纺织材料，安装在场地土壤不同层之间或管道排水沟周围，以防止土壤颗粒渗入；有时预先安装在排水管上，这种情况称为“袜子”。

Fines 细颗粒　矿物土壤组分的颗粒小到足以通过 100 目筛网。

Finish grade 完工坡度　最后确定场地表面轮廓的过程。

Flow-by 旁边流走/侧漏　密封件磨损导致喷头泄漏。

Foliar absorption 叶面吸收　一种通过叶片角质层的气孔和裂缝吸收养分的方法。

Foliar burn 叶面烧伤/灼伤　由于施用过高浓度的肥料或其他物质而使叶子脱水干燥甚至死亡。

Foliar feeding 叶面饲喂/施肥　通过叶子引入养分的做法。

Footprinting 足迹　在干旱条件下，草坪在步行或车辆通行后不能迅速恢复形成的印迹。

French drain 法式排水沟　见排水沟，法式的。

Fumigant 熏蒸剂　当被吸收或吸入时形成对动植物有毒气体的杀虫剂。

Fungicide 杀菌剂　用来控制真菌的农药。

Fungicides, localized 局部杀菌剂　一组

渗透杀菌剂，进入植物体内，但很少发生移位，因此只能保护植物的有限部分或"局部"部分。

Fungicides, penetrant 穿透杀菌剂　被植物吸收的杀菌剂。见渗透剂。

Germination 发芽　植物发育过程根和茎系统开始生长的；需要种子吸收水分。

Gibberellic acid（GA）赤霉酸/赤霉素　一种植物激素，加速种子发芽。

Gibberellin 赤霉素　是影响细胞伸长、光周期反应和耐冷性的植物激素。

GPS（Global Positioning System）全球定位系统　一种导航系统，利用卫星信号确定无线电接收器在地球上或地球上方的位置。测量员使用此系统对现有或拟建运动场进行地形测量。

GPS grading GPS 放坡/平地（设备）　GPS 引导的设备，用于场地及其周围环境的拟定轮廓（坡度）的造型。

Grade rod 坡度杆　见高程杆。

Grade stakes 坡度桩　在场地周围的选定点打入地面的木桩，以指示每个点所需的高程。

Grade 坡度　一种斜坡或逐渐的倾斜，或用移土设备达到这种斜坡。

Grass, modular 模块化草　一种草坪，分块固定在坚硬的托盘中，以便能迅速地放在场地上，使用后再移走。

Grooming and refreshing 梳理和刷新　与人造草坪养护和维护相关的一个阶段，将人造草坪表面恢复到其原始状态或安全场地所需的可接受质量水平。

Growing medium 培养基/生长基质　见基质，生长。

Growing points 生长点/分生区　植物中形成新组织的部分。

Hardness 硬度　表面吸收物体碰撞所产生能量的能力，或其减震性能。

Hash marks 散列标记/界内线　场上的短线，垂直于把场地分成几部分的主线。

Height of the instrument（HI）仪器高度　在测量中，基准高程和基准点的一个高程杆读数之和，从中减去所有随后的读数以确定高程。（基准高程可以从旧的测量中确定，也可以是假设高程，以提供一致的比较基础）

Herbicide 除草剂　用来控制不需要的植物的农药。

Herbicide, nonselective 非选择性除草剂　杀死所有与之接触的植物组织的除草剂。

Herbicide, postemergent 芽后除草剂　一种除草剂，用于在杂草从土壤中发芽和出苗后控制杂草。

Herbicide, preemergent 芽前除草剂　一种用于草坪的除草剂，用来控制正在发芽的杂草种子。

Herbicide, selective 选择性除草剂　以特定杂草或杂草群为目标的除草剂，对理想植物的影响最小。

Hub 中心标桩　测量员使用的 2 英寸×2 英寸的桩。

Hybrid 杂交种　由两个遗传结构不同的个体杂交而成的品种。

Hybrid, interspecific 种间杂种　通过在同一属内杂交两个不同物种而形成的杂交种；许多用于运动场草坪的狗牙根是普通狗牙根和非洲狗牙根的种间杂交种。

Hybrid, intraspecific 种内杂种　通过在同一物种内杂交两个植物而形成的杂交种；许多种子狗牙根品种是狗牙根品种的杂交种。

Hydrated lime 熟石灰　用于提高土壤 pH 值的石灰源；特点是叶片灼烧潜力大，土壤 pH 值反应快。

Hydrology 水文学　对地球表面水的行为和特征的研究。

Hydrophobic 疏水的　在草坪草栽培中，用来描述土壤的一个术语，它倾向于排斥水分，而不是让水分通过表面进入根区；通常是枯草过多或土壤材料混合不当的症状。

Infield 内野/内场　严格地说，棒球或垒球场垒内部的区域；在通常的用法中，也指相邻的泥地区域。

Infiltration 渗透　水向下进入土壤的过程。

Inoculum 接种物　能引起疾病的病原体或病原体的一部分。

Insecticide 杀虫剂　用来控制昆虫的农药。

Installed drain system 安装式排水系统　一种管道排水系统或垂直(带状)排水系统，用于收集和清除地表或土壤剖面中的水。

Installed irrigation system 地埋固定安装式灌溉系统　见灌溉系统，安装。

Interceptor drain 截污干管　见排水管，拦截器。

Internal drainage 内部排水　见排水，内部。

Interpacking 内压实　在含有各种大小颗粒的沙子中，一种可以降低沙子渗透性的压实过程。

Interspecific hybrid 种间杂种　见杂种，种间。

Intraspecific hybrid 种内杂种　参见杂种，种内。

Irrigation system, installed 安装式灌溉系统　由手动或自动阀门控制的地下管道和弹出式洒水器组成的网络，向运动场或其他指定区域供水。

Irrigation 灌溉　为草坪或其他植物栽培提供水源的过程。

Irrigator, rain gun 雨枪喷灌机　一种大型的固定或移动的撞击式洒水器，用于灌溉草坪区域。

Irrigator, quick coupler 快速连接器灌水器　由快速接头连接的一系列地下压力管道，阀门由“快速接头键”激活，软管或可拆卸的洒水装置连接在其上。

Irrigator, traveling 行走式灌溉机　连接在软管上的旋转洒水器，通过逐渐卷绕延伸的软管或沿着线推动自身移动，也称卷轴式灌溉机。

Laser grading 激光平地　激光引导设备，有助于根据所需轮廓对场地进行平整。

Laser level 激光水准仪，见水平仪，激光。

Lateral lines 侧线　连接控制阀和喷头的非压力管道。

LC_{50} 半数致死浓度　在急性研究中杀死一半受试生物的致命浓度。

LD_{50} 半数致死剂量　在急性研究中杀死一半受试生物的致命剂量。

Level 水平仪　在测量技术中，与高程杆结合使用的一种仪器，用于读取坡度差。

Level, laser 水平仪，激光　一种可以由一个人在没有帮助的情况下使用的水准仪，它使用一束激光、一个升降杆和一个激光探测器来确保精确的读数。

Liming agent 石灰剂　一种施于土壤的物质，用来增加土壤的酸碱度，使土壤的酸性降低。

Lip 唇形边缘　在棒球或垒球球场上，草坪草中与泥地区相邻的一个稍高的“山脊”，由泥地区土壤侵入草坪而引起，这会妨碍适当的排水和不一致的球反应，也称丘状山脊。

Loam 壤土　一种由适量的沙子和粉土以及少量的黏土组成的土壤。

Localized penetrant 局部渗透(杀菌剂)　一种进入植物但在植物内流动性很小的杀菌剂，因此只能保护植物的一个有限的或“局部的”部分。

Longitudinally 纵向沿长轴方向。

Macronutrients 大量营养元素　草坪所需的九种营养元素：氮、磷、钾、钙、镁、硫等来自土壤；碳、氢、氧来自二氧化碳和水。

Macropores 大孔隙　通过重力自由排水的土壤中的大孔隙。

Magnesium carbonate 碳酸镁　一种石灰

源，通常用于提高土壤的 pH 值；其特点是叶片灼烧可能性低，土壤 pH 值反应慢。

Measure line 测量线　跑道上的一条看不见的线，用来确定跑步者要走的距离。

Mechanical stresses 机械应力/胁迫　由物体的物理作用施加的应力，物体将力传递到表面，如运动员在运动场上的脚。

Medium, growing 生长基质　植物生根的土壤、沙子或其他物质，植物从中吸取水分、空气和养分。

Meristematic zones 分生区　在茎或根尖的生长点。

Mesh elements 网格元素　一种材料，由小块合成网组成，加入土壤中以增加稳定性。

Micronutrients 微量营养元素　植物所需的七种微量营养素：锰、铁、硼、锌、铜、钼和氯。

Micropores 微孔/毛细孔　细小的毛孔，能保持水分，不能在重力作用下自由排水。

Monocots 单子叶植物　从种子中长出一个子叶(种子叶)的植物，草是单子叶植物。

Monostand 单一林分　由一种植物组成的草坪。

Mounded ridge 丘脊　见唇形边缘。

Mower, flail 连枷剪草机　带绕水平轴高速旋转的旋转刀片或连枷的剪草机。

Mower, Fraze/Fraize 弗雷兹/磨损/铣刀剪草机　一种专用的垂直割草机，旋转轴装有专用刀片以可调节的深度机械地清除植被、枯草和有机物。

Mower, reel 滚刀剪草机　一种剪草机，在旋转的卷轴上的刀片和切割装置底部的固定床刀之间剪草。

Mower, rotary 旋刀剪草机　通过水平高速旋转刀片的冲击进行切割的剪草机。

Mower, triplex 三联剪草机　一种滚刀式剪草机，由一组三个旋转的滚刀和工作在一起的床刀组成，可以修剪一个宽的修剪带。

Mowing, vertical 垂直修剪　用一种带有垂直切割草皮冠层刀片的装置来切割侧茎、打薄草坪和除枯草，也称为垂直切割。

Mycelia 菌丝体　分枝的线状细丝，构成真菌的主要生长结构。

National Turfgrass Evaluation Program (NTEP)(美国)国家草坪草评价计划　由美国农业部管理的一个项目(通常与赠地大学合作)，用于分析五到六年内不同地区不同草坪草品种的总体表现。

Native soil 原生土　通常在特定地区发现的未改良土壤。

Natural organic fertilizer 天然有机肥　见肥料，天然有机。

Nematicide 杀线虫剂　用来控制线虫的杀虫剂。

Nematodes 线虫　土传的、微小的蠕虫状动物，其中一些攻击植物的根系。

Nitrogen, water-insoluble (WIN) 水不溶性氮　一种肥料形式，其中的氮不易被植物吸收，并提供持续的颜色和生长反应，延长植物反应持续时间，降低叶片灼伤和淋溶潜力；每磅养分的来源通常比水溶性氮来源更昂贵。

Nitrogen, water-soluble (WSN) 水溶性氮　一种肥料形式，其中的氮易于被植物吸收，并提供快速的颜色和生长反应，但反应时间有限，具有较高的叶面灼伤和淋溶潜力，水溶性氮源通常比水不溶性氮源每磅养分的成本更低。

One-third rule“三分之一法则”　以这种方式修剪草坪以鼓励健康草坪养护的一条规则：在任何一次修剪时，切掉的叶片不超过三分之一。

Organic 有机物　从天然植物、动物或矿物残渣或副产品中提取的有机物质或化合物，这些物质或化合物并非来自合成原料。

Organic field management (OFM)有机场地管理　一种维护草坪草的养护体系，其基础是：①植物和动物产品或副产品的天然补充；②通过添加开采的矿物质纠正土壤缺陷；③严格遵守良好的养护实践。

Organic soil amendments 有机土壤改良剂　天然植物或动物残留物或副产品，包括有机肥料、矿物质补充剂、天然水提取溶液或悬浮液，以及有益于改变土壤剖面的化学、生物和/或物理性质的活的或非活的微生物混合物。

Overseeding 交播　在现有草坪上施用额外的草坪草种子；在暖季地区，将冷季型草坪草种植到狗牙根中，为冬季和春季运动提供活跃生长的草坪。

Particle size distribution 粒径分布　在土壤或沙子样品中，颗粒大小的范围和种类。

Pathogen 病原　任何引起疾病的因素。

Pea gravel 豌豆砾石　大小均匀的洗过的砾石，大小从 1/8 英寸到 3/8 英寸不等，含有少量的沙子、粉土和黏土。

Peat 泥炭　一种常用的有机改良剂，主要由未分解(或仅轻微分解)的有机物组成，在水分过多的情况下积累。

Pennbounce 宾州反弹器　(美国)宾州州立大学开发的一种装置，通过计算球的碰撞恢复系数(COR)来测量球的速度。

Penetrant 渗透剂(农药)　被植物吸收的一类农药，也通常称为系统性杀虫剂/农药。

Penetrants, acropetal 向顶的渗透(杀菌)剂　一类杀菌剂，进入植物内，通过木质部经蒸腾流向上转移。

Penetrants, localized 局部渗透(杀菌)剂　一类渗透杀菌剂，进入叶片组织并停留在进入点附近。

PENNFOOT 宾州足部模拟器　宾夕法尼亚州立大学研制的一种装置，用于测量草坪草的旋转摩擦力和线性摩擦力。

Perched water table 栖止水位/上层滞水面　分层的土壤条件阻止水分在重力的作用下向下通过土壤而形成的水层。

Percolation 渗滤　水通过土壤向下运动。

Perennial 多年生(植物)　能在几个生长季节多次繁殖的植物。

Permeability, water 水渗透性　水进入或穿过土壤的运动，单位为英寸/h，也称为“水力传导性”。

Pest 有害生物　在草坪管理中，与草坪植物竞争养分、光、水、空气和空间的任何生物，其程度对草坪的性能产生不利影响；例如杂草、昆虫、真菌和线虫。

Pesticide 杀虫剂/农药　用于消灭害虫、控制其活动或防止其造成损害的化学药剂的总称。

Pesticide resistance 农药抗药性　一种特定的害虫群体逐渐获得抵抗农药的能力，这种农药可以有效地控制同一生物体的其他种群。

Pesticides, general use 一般用途农药　公众可能合法使用的农药。

Pesticides, restricted use 限制使用农药　只能由有执照的施药者合法使用的农药。

Photodegradation 光降解　暴露在阳光下会分解。

Phytotoxicity 植物毒性　对植物有毒的性质。

Pickleball 匹克球　在美国发展最快的运动(类似于网球)，由 8 岁到 100 岁的人参与进行。球员在球场上使用球拍和塑料空心球，中间有一个网。球场是 20 英尺×44 英尺(大约是网球场的三分之一)。

Pipe drain 管道排水　见排水，管道。

Pitot tube 皮托管　用来测量灌溉系统喷头工作压力的仪表。

Plant growth regulator (PGR) 植物生长调节剂　用来抑制/调节植物生长的化学药剂。

Plugging 塞植　通过种植有根的草块或“草塞”的活草坪来建植草坪草的过程，这种草坪将扩展分布在所需的区域。

Point of connection (POC) 连接点　灌溉

系统接入主要供水管道的点。

Polystand 多林分(草坪)　由一个以上种类的草组成的草坪。

Portable vibration analyzer 便携式振动分析仪　测量土壤硬度的装置。

Postemergent herbicide 芽后除草剂　见除草剂，芽后。

Precipitation rate 降水率　水施加到场地表面的速率，单位为英寸/小时。

Precipitation, matched 匹配降水量　整个场地从灌溉系统得到的水量差不多，浇水均匀。

Preemergent herbicide 芽前除草剂　见除草剂，芽前。

Pregermination 预发芽　一种减少种子发芽时间的方法；将种子浸泡或放在潮湿的环境中以促进部分发芽，然后尽快种植以防止干燥；在浸水中加入赤霉酸可以增强这一过程。

Preventive application 预防性施用　在预期的害虫暴发之前使用农药；通常在有暴发或侵染历史的草坪上使用。

Probe, soil 土钻　一种能取出 4~6 英寸深的小土芯样品的工具。

Profiler, soil 土壤剖面仪　一种工具，用于移除约 1 英寸×4 英寸×8 英寸深的土壤剖面的完整样品，以便准确评估枯草和根区。

PTO Power take-off 动力输出　拖拉机或其他车辆上的一种装置，允许从发动机向其他工具和附件提供动力。

Pure live seed (PLS) percentage 纯活/净活种子(PLS)百分比　用草种的纯度乘以发芽率计算。

Rain gun 雨枪　见灌溉机，雨枪。

Raveling 散裂/磨损散开　沥青路面上材料的损失。

Reconstruction 重建　毁掉现有设施并以实质性改进的方式重建的过程。

Reel irrigator 卷轴式灌溉机　见灌溉机，行走。

Renovation 翻新　在运动场中，在经历了一个比赛季节的压力后，将场地恢复到原来状态的过程。

Resource conservation 资源节约　对所有自然资源的保守消耗。

Restricted use pesticides 限用农药　见农药，限制使用，其应用仅限于经认证的农药施用者或经认证施用者的雇员的农药。

Rhizomes 根茎　一种地下水平生长的植物茎，从节处产生向上生长的嫩枝和新根，与根的区别在于它有芽和节。

Rod reading(高程)杆读数　在测量技术中，用水准仪和标准高程杆测量的一种比较高程；较低的读数意味着在放置高程杆的地方坡度较高，反之亦然。当使用直接高程杆时，杆上的读数就是高程。

Roller, sheepsfoot 羊蹄型压路机　一种在表面有明显的球状突起的夯土机，因此得名，广泛应用于筑路和类似的建筑中，它会造成过多的压实，除了建造跑道外其不适用于运动场。

Roller, vibrating 振动压路机　一种将振动和重量结合起来以增加土壤压实度的土壤压实工具，广泛应用于道路建设和类似建设中，它会导致过多的压实，不适用于建造跑道以外的运动场应用。

Rootzone 根区/坪床　草坪草植物的根所在的土壤层，它们必须从中吸取空气、水和养分。

Rubber 橡胶(板)　棒球中的投手板，位于投手丘的顶部。

Safety Data Sheet (SDS)安全数据表　联邦政府规定的产品作用的书面说明，包括清理溢出物和处理意外接触的说明。

Sand particle stability 砂粒稳定性　砂对风化或破裂的相对抵抗力。

Sand, calcite 砂，方解石　见方解石砂。

Sand, concrete 混凝土砂　由各种大小的颗粒组成的沙子。

Sand, masonry 砌筑砂　大多数颗粒为中细粒(0.1~0.5mm)的砂。

Scarify 翻松　为播种、撒草枝或铺草皮而松动土壤表面的过程，有时在铺设表土之前在底土上进行，以促进水在层间向下排水；这个术语也用来描述用化学或机械方法刮擦种皮(结缕草的典型做法)以提高种子发芽率。

Seeding, dormant 播种，休眠　见休眠播种。

Shear vane 叶片式剪切仪　在天然草坪上测量摩擦力的仪器。

Sheepsfoot roller 羊蹄辊/压路机　见压路机，羊蹄。

Sieve screen 筛网　用来过滤土壤和相关材料的筛子；材料有时根据它们能通过的筛子的细度来分类。

Sign, disease 疾病病征　有机体的物理存在，例如真菌菌丝体或子实体。

Silt 粉土/淤泥　一种主要由0.002~0.05mm的微小土壤颗粒组成的土壤材料。

Skinned area material, soil 泥地区材料，土壤　一种计划中的沙、粉土和黏土的混合物，用于棒球和垒球泥地区域，以确保稳固的基础、均匀的球反应和有效的径流。

Skinned area material, soilless 泥地区材料，无土　由烧结黏土(砖)、红色白云质石灰岩、风化花岗岩(DG)或页岩的骨料组成，不含土壤。

Skinned area material, hybrid 泥地区域材料，混合　土壤和无土混合物的组合/混合。

Skinned area 泥地区　棒球场的一部分，有意使其没有植被，以促进球的均匀反应。

Slicing, soil 切/划开，土壤　垂直切割进土壤中以切割水平茎并促进通气的过程。

Slip fix 滑动固定　一种PVC伸缩修复部件，用于替换现有灌溉管道的一部分。

Sodding 铺草皮　成卷或成块地种植成熟草皮的过程，而不是在准备好的裸地上撒播种子或小枝。

Sodding, dormant 铺草皮，休眠　见休眠，铺草皮。

Soil aggregates 土壤团聚体　土壤在自然力的作用下固结，形成混合成分的较大颗粒。

Soil health 土壤健康　土壤质量的一种衡量标准，包括大量多样的微生物种群、丰富缓冲的营养基础和优良的土壤结构。

Soil porosity 土壤孔隙度　在土壤颗粒之间有充满空气的空间的特性，表示为不被固体颗粒占据的土壤体积的百分比。

Soil profile 土壤剖面　穿过土壤各层并延伸到其生长介质的垂直部分；这个术语也用来指棒球场泥地区域的相应层。

Soil reaction 土壤反应　以pH值表示的土壤的酸碱度；低pH表示酸性土壤，高pH值表示碱性土壤。

Soil solution 土壤溶液　土壤的液相，含有从土壤成分或其他可溶物质中释放出来的离子形式的元素。

Soil stability 土壤稳定性　土壤处理机械应力和水分而不失去土壤结构并变成泥浆的能力。

Soil strength 土壤强度　土壤抵抗外力(如鞋钉或轮胎)位移的能力。

Soil structure 土壤结构　土壤颗粒成团聚体的结合或排列。

Soil textural triangle 土壤质地三角形图　一个三角形的图表，说明了12种质地的土壤的粒径范围。

Soil texture 土壤质地　土壤的相对粗糙度或细度，由砂、粉土和黏土颗粒的相对比例决定。

Spalling 剥落　沥青路面上材料的损失。

Spiking, soil 刺(入)/穿刺，土壤　使用带有刀片状突起的设备垂直刺入土壤，切割水平茎并促进通气的过程；与切开不同的是，穿刺孔不是土壤中像切开设备所产生的切口一样连续的开口。

Spot application 点喷施用　仅在有侵染有害生物迹象的区域使用农药。

Spot elevation 点高程　见高程，点。

Spreader，centrifugal 离心式撒布机　也称为旋转撒布机/播种施肥机，一种用来撒播种子、肥料和其他颗粒状材料的装置。

Spreader，drop 跌落式撒布机　一种农具，通过使颗粒物质从特定尺寸的开口落下，从而将颗粒物质散布在某一区域。

Sprigging 铺小枝　通过将匍匐枝条(根茎或匍匐茎)铺在准备好的种子床上，并将其压入土壤中，以促进小枝与土壤接触，从而建植草坪草的过程，主要用于暖季地区。

Stolons 匍匐茎　匍匐的地上茎，在节上生根形成新植物。

Stresses，turfgrass 草坪草胁迫　任何倾向于限制或破坏草坪草栽培养护的力量，例如干旱、极端温度、害虫和运动员践踏的机械应力。

Striping 压条纹　在场地上通过剪草、滚动或交替使用“烙铁”/滚子来创造美观的条纹图案。

Subbase 底基层　运动场表土下或跑道或其他表面下的土层，有时称为底土。

Subgrade 地基/地基坡度　坡度通过布置底土形成的一组等高线轮廓，以允许安装一层表土、骨料、沥青、砂或其他材料，从而达到项目所需的完工坡度。

Subsoil pipe drain 地下排水管　见排水，地下管。

Subsurface drip irrigation (SDI) 地下滴灌　通过专用管道和发射器/滴头将水直接输送到草坪根区。

Subsoiler 深松机　用来松底土的设备。

Surface firmness 表面硬度　运动场表面在不受损害的情况下支持比赛或维护过程的能力。

Surfactant 表面活性剂　一种化学添加剂，能改善农药混合物的铺展、分散和/或润湿性能。

Surveying 测量　通过测量角度、距离和高程来确定一块特定土地的边界和高程。

Suspension 悬浮　固体颗粒在液体中的分散，不同于真正的溶液，在喷洒过程中，必须搅拌悬浮液，以使颗粒在喷洒过程中均匀分散。

Sustainability 可持续性　基于减少、再利用和循环利用自然和合成资源的原则，这些资源可以在不损失或污染自然资源的情况下长期存在。

Swale 洼地　一种山谷状的挖掘，宽度大于深度，旨在将地表水从设施引至集水池或低洼地区；与沟渠不同，沟渠深大于沟渠宽。

Symptom，disease 疾病病状/症状　由于疾病引起的植物生长或外观的可察觉的变化，如植物的颜色、形状或功能的变化。

Synthetic organic fertilizer 合成有机肥　见肥料，有机合成。

Synthetic turf 合成草坪/人造草坪　一种由尼龙或聚丙烯等纤维和制成的衬垫或垫子组成的一体化系统，模仿天然草的结构、用途和手感。

Syringing 草坪叶面喷洒　少量浇水的过程，主要是给草坪冠层降温。

Testing，tissue 测试，组织　见组织，测试。

Thatch 枯草层　在土壤表面和草叶之间发现的由活的和死的草茎、根和其他有机物混合而成的层。

Thrust blocks 止推块　当方向发生变化时，保护灌溉系统管道连接的现浇混凝土块。

Tissue testing 组织测试　对植物叶片进行化学分析，以确定植物中营养物质的含量。

Topdressing 表施土壤/覆沙　在草坪表面添加沙子或土壤，使草坪表面平整，促进枯草分解。

Touchline 接触线　足球场的边线。

Track, all-weather 全天候跑道　沥青或混凝土基层的跑道，上面覆盖一层用黏合剂黏合在一起的碎橡胶或橡胶颗粒。

Track, cinder 煤渣跑道　用细煤渣或其他细骨料铺在底基层上的跑道。

Trackside sand drain 跑道旁砂井　见排水沟、跑道旁砂。

Traction 摩擦力　黏着摩擦力，或在施加力时，脚能安全地保持在一个地方而不打滑的能力。

Traction, linear 线性摩擦力　在直线上施力时的附着摩擦力。

Traction, rotational 旋转摩擦力　通过旋转施加力时所经历的附着摩擦力。

Transition zone 过渡带　一个草坪气候带，大致包括美国中部的三分之一，在这里可以种植北方和南方的草坪草品种，由于气候的原因，每个品种都有其固有的优势和挑战。

True elevation rod 真高程杆　请参见高程杆。

Vegetative planting 营养繁殖种植　通过用活的植物材料部分来种植草坪草，如嫩枝、草塞和草皮。

Vertical drain 垂直排水沟　见排水管。

Vertical mowing 垂直剪草　请参见剪草。

Viruses 病毒　致病的亚微观有机体。

Volatilization, chemical 化学挥发　从液体到气体的转换。

Warm-season zone 暖季区　一个气候区，大致相当于美国南部的三分之一，有自己的一组适合的草坪草品种；暖季型草坪草适合在生长季节80~95℉的温度下生长。

Warning track 警示道　棒球场或垒球场围栏内的一个区域，表面铺有草皮以外的材料，以便运动员在不看就知道他们正在接近围栏。

Water hammer 水锤　灌溉管道系统打开或关闭时的剧烈震动。

Wettable powder (WP) 可湿性粉剂　一种化学药剂剂型，可以悬浮在水中，通过喷洒的方式使用，小颗粒尺寸使它们难以处理并在水中保持悬浮。

Yard lines 码线　橄榄球场上垂直于边线并与5码线平行的短线，将场地分成100(美国)或110(加拿大)等分刻度。

威利终端/最终用户许可协议

到 www. wiley. com/go/eula 访问威利的电子书 EULA。